과학기술의 철학적 이해 · 1

제6판

제6판

과학기술의 철학적 이해 · 1

한양대학교 과학철학교육위원회 편

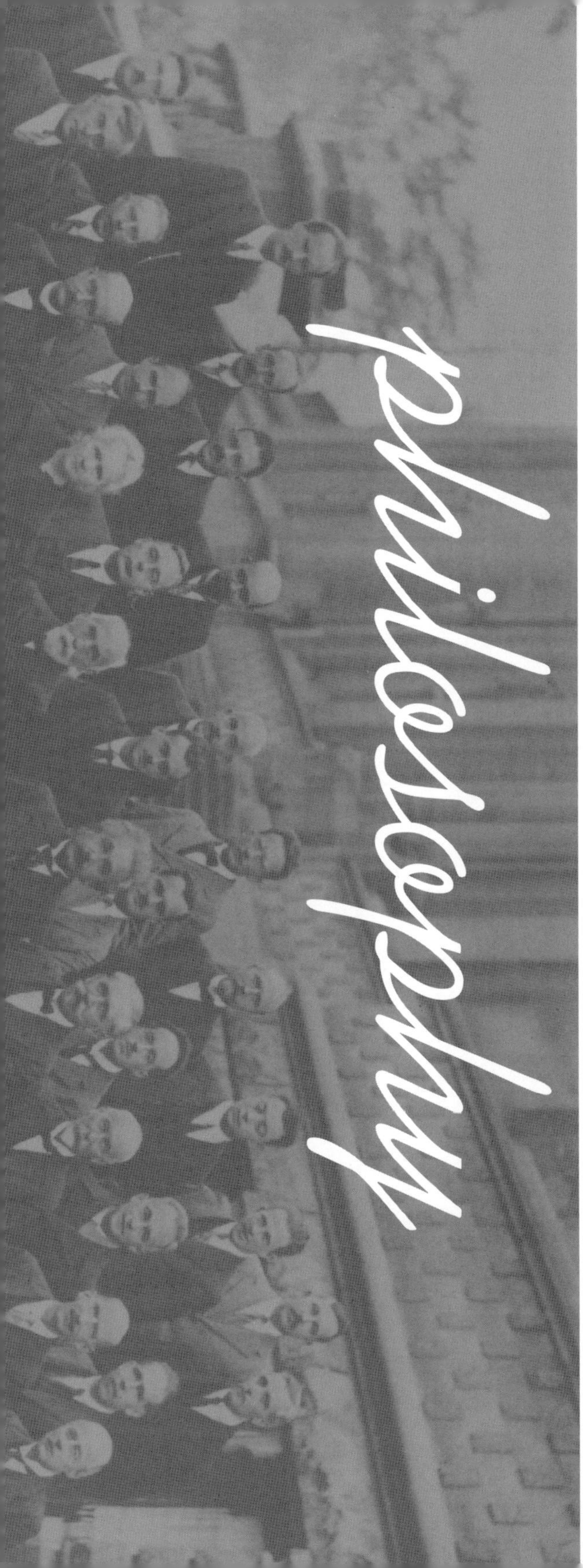

한양대학교 출판부

philosophy

이 책은 2017년 현재 한양대학교 서울 캠퍼스 대부분 단과대학에서 기초필수 교양과목으로 채택하고 있는 〈과학기술의 철학적 이해〉의 교재로 준비되었다. 〈과학기술의 철학적 이해〉는 현대 사회의 여러 영역에 걸쳐 특별히 중요한 위치를 차지하고 있는 과학기술의 전개 과정과 핵심적 내용, 그리고 그것의 개념적·사회문화적 함의를 수강생들이 (넓은 의미의) 철학적 분석 도구를 사용하여 논의해볼 수 있는 기회를 제공하는 것을 목적으로 한다.

특별히 〈과학기술의 철학적 이해〉를 수강하는 학생들은 현대 과학기술이 그전 시기의 과학기술과 대비하여 몇 가지 두드러진 차이점을 보인다는 점을 인식할 필요가 있다. 이는 과학기술 연구의 역사적 전개과정이 갖는 연속성과 함께 현대 과학기술의 특수성을 동시에 이해하는 데 필수적이다. 이 점을 파악하기 위해 수강생들은 책에 포함된 구체적인 사례들을 꼼꼼하게 살펴보기를 권한다. 이런 사례를 철학적 분석 도구를 사용하여 공부해가면서 수강생들은 현대 과학기술의 독특한 성격을 올바로 이해하는 것이 과학기술 연구를 성공적으로 수행하고 과학기술에 대한 균형 잡힌 시각을 견지하는 데 매우 중요하다는 점을 배우게 될 것이다.

또한 이 과목은 과학기술 활동이 윤리적, 정책적 결정과정과 관련될 수 있는 여러 상황을 살펴봄으로써, 사회적 합의도출 과정에서 과학자, 공학자, 인문학자, 행정가들 사이의 합리적 토론의 중요성을 부각시킨다. 그러한 토론이 지속가능한 과학연구와 사회적으로 유익한 결론에 도달하기 위해 필수적이라는 점, 그리고 그러한 결론에 도달하기 위해서는 서로 다른 지적 배경을 가진 사람들 사이의 상호이해가 절실하게 요구된다는 점 또한 강조되고 있다. 이 책의 저술 동기 중 하나는 이처럼 중요한, 상이한 지적 배경을 지닌 사람들 사이의 생산적 상호이해를 위한 기초를 제공하는 것이다.

『과학기술의 철학적 이해』 초판은 2003년 동일 명칭의 과목이 한양대학교에 처음 이공계열 학생들의 교양필수로 설강되면서 출간되었다. 초판은 여러 가지 부족한 점이 많았음에도 과학기술에 대한 통합교과적 교재로 교내외에서 높은 관심을 끌었다. 이는 과학기술에 대한 인문사회과학적 고찰의 필요성이 우리나라에서 상당한 정도로 인식되고 있었음을 시사한다.

그 후 2004년, 다양한 지적 배경과 관심을 가진 수강생들의 제안과 강의교수들의 경험을 토대로 이공계와 인문사회계로 나뉘어 개정판이 출간되었고, 2006년도에는 두 권으로 묶인 제3판이 출간되었다. 그리고 2008년에는 제3판에 대해 제기된 수강생들과 강의하시는 선생님들의 의견을 지속적으로 반영하여 체제와 내용을 대폭 바꾼 제4판이 출간되었고, 2010년에는 빠르게 변화하는 현대 과학기술의 쟁점을 반영하기 위해 10편의 글이 추가된 제5판이 출간되었다.

이번 제6판의 특징은 무엇보다 시의성을 높였다는 점이다. 특히, 최근 대중매체를 통해 부각되고 있는 '4차 산업혁명' 관련 과학기술의 여러 측면을 다룬 새로운 사례 연구 10편을 모아 "현대 테크노사이언스 사례 연구"라는 새로운 묶음을 제6부로 추가했다. 여기에 묶인 글들은 현대 첨단 과학기술 연구는 더 이상 과학 연구와 기술 연구가 구별되기 어려울 정도로 융복합적 성격이 분명하게 드러난다는 의미에서 '테크노사이언스(technoscience)'라는 개념으로 이해하는 것이 적절하다는 문제의식을 공유한다. 또한 테크노사이언스가 제기하는 여러 쟁점을 올바로 이해하기 위해서는 테크노사이언스의 학제적 특징, 더 나아가 초학제적 전망을 진지하게 성찰해야 한다는 점에도 함께 공감한다.

이런 공감대를 고려하여 제6판은 계열을 나누지 않고 51편의 글을 두 권으로 나누어 담기로 했다. 당연히 51편의 글 모두를 한 학기 강의에서 모두 소화한다는 것은 불가능한 일이다. 하지만 이 책은 초판부터 강의교수가 처음부터 끝까지 남김없이 '진도를 나아가는' 전통적인 의미의 교과서로 의도되지 않았다. 그보다는 과학기술의 여러 측면을 이해하는 매주 수업에 도움을 줄 수 있는 다양한 시각을 담은 자료글을 모아놓은 일종의 과학기술학(Science and Technology Studies) 핸드북으로 기획되었다. 그러므로 강의를 담당하는 교수들이나 일반 독자들은 처음부터 끝까지 책을 읽어야 한다는 부담감을 갖지 말고 매 시간 수업 목표나 흥미 있는 주제를 중심으로 관련 글을 활용할 것을 권한다.

최근 연구윤리에 대한 관심이 높아지면서 자기표절이나 이중출판을 둘러싼 논란이 끊이지 않고 있다. 특히 문제가 되는 것은 이미 출판된 글을 마치 '새 글'인 것처럼 다시 출판하는 일이다. 이에 비해 자신이 예전에 쓴 글의 일부를 적절하게 인용한 후 새롭게 작성하는 글에 가져다 쓰는 일은 연구윤리적으로 문제가 된다고 보기 어려운, 국제학계의 관행이다.

이 책에 실린 글 중에는 집필진이 이전에 다른 목적으로 발표한(대부분 전문 학술지에 출판된) 글을 대학생 수준에 맞게 고친 것도 있고, 〈과학기술의 철학적 이해〉 교과목을 위해 새롭게 작성한 것도 있다. 본 위원회는 이 책이 교양과목 교재 혹은 일반인을 위한 교양서로 기획된 점을 고려하여 학술적인 각주나 출처 표시를 따로 하지 않기로 결정했다. 또한 본 위원회가 집필진에게 원고를 청탁할 때 새 글을 제공할 것을 요구하지도 않았을 뿐더러, 대부분의 경우 이미 다른 곳에 출판된 글을 본 교재의 성격에 맞게 수정해 줄 것을 명시적으로 요구했다. 그러므로 본 교재에 실린 글의 내용이 다른 곳에 출판된 글의 내용과 상당 부분 중복된다고 해도 의도적으로 마치 '새 글'인 것처럼 출판한 것이라고 볼 수 없다는 것이 본 위원회의 입장이다. 결론적으로 본 위원회는 이 책에 실린 글 모두가 연구윤리를 위반하지 않는 방식으로 출판된 것임을 확인한다.

이번 제6판이 여러 모로 더 나아진 모습을 보여주고 있다면, 이는 모두 지난 6년간 부족한 교과서로 열심히 강의해주신 교수님들과 그 강의에 적극적으로 참여하고 교과서의 각 장에 대해 유용한 제안을 해주었던 수강생 여러분, 그리고 이런 제안을 받아 좋은 원고를 써주신 집필진 덕분이다. 이들에게 모두 깊이 감사한다. 더불어 촉박한 기한 내에 책을 만드느라 애써주신 한양대학교출판부 안광일 선생님께도 감사드린다. 이번 제6판의 개정 작업은 한양대학교 인문과학대학이 수행 중인 미래인문학 코어사업과 한양대학교출판부의 지원을 받아 이루어졌음을 밝혀둔다.

아무쪼록 이 개정판이 미래 한국사회의 주역이 될 우리나라 대학생들이 현대 한국사회에서 과학기술이 갖는 다양한 함의를 보다 넓은 맥락에서 토론하고 이해하여, 과학기술과 관련된 의사결정 과정에 생산적으로 참여할 수 있는 소양을 기르는 데 도움을 줄 수 있기를 바란다.

2017년 2월

한양대학교 과학철학교육위원회

차례

005 6판 서문

제1부
—
이론적 기초

013 01 | 침대, 해왕성, X-레이, 연주시차: 과학철학 첫걸음
이상욱 ▪ 한양대학교 철학과 교수

027 02 | 토머스 쿤과 과학혁명의 구조
이상욱 ▪ 한양대학교 철학과 교수

041 03 | 과학적 사실의 가치중립성
이상욱 ▪ 한양대학교 철학과 교수

054 04 | 과학사회학의 최근 경향
홍성욱 ▪ 서울대학교 생명과학부 교수

067 05 | 기술사회학의 최근 경향
홍성욱 ▪ 서울대학교 생명과학부 교수

079 06 | 과학과 예술
홍성욱 ▪ 서울대학교 생명과학부 교수

092 07 | 과학기술과 여성
이은경 ▪ 전북대학교 과학학과 교수

103 08 | 과학과 종교
장대익 ▪ 서울대학교 자유전공학부 교수

121 09 | 기술이 철학을 만났을 때
손화철 ▪ 한동대학교 글로벌리더십학부 교수

136 10 | 과학기술과 위험, 어떻게 볼 것인가?
강윤재 ▪ 동국대학교 교양학부 교수

제2부

과학기술의 개념적 이해

157 01 | 포퍼, 라카토슈, 파이어아벤트의 과학철학
신중섭 ■ 강원대학교 국민윤리교육학과 교수

172 02 | 시공간의 철학: 절대적 또는 상대적 관점
김명석 ■ 국민대학교 교양대학 교수

188 03 | 인지과학의 철학적 문제
이영의 ■ 강원대학교 HK 교수

205 04 | 다원주의적 과학
장하석 ■ 케임브리지대학교 과학사 및 과학철학과 한스 라우징 석좌교수

225 05 | 소칼의 목마와 낯선 문화 익히기
이상욱 ■ 한양대학교 철학과 교수

243 06 | 논쟁적인 현대 과학 고전, 도킨스의『이기적 유전자』
이상욱 ■ 한양대학교 철학과 교수

255 07 | 유교의 진리탐구 방법론: 격물치지론
김용헌 ■ 한양대학교 철학과 교수

270 08 | 도교와 중국 과학
김태용 ■ 한양대학교 철학과 교수

제3부

과학기술의 윤리적 이해

289 01 | 과학기술인의 사회적 책임
손화철 ■ 한동대학교 글로벌리더십학부 교수

304 02 | 생태 위기: 그 뿌리와 전망
송상용 ■ 전 한양대학교 석좌교수

314 03 | 동물실험
김명식 ■ 진주교육대학교 도덕교육과 교수

327 04 | 인간 유전자 조작과 과학윤리
정혜경 ■ 한양대학교 창의융합교육원 교수

342 05 | 과학 연구의 첫걸음
조은희 ■ 조선대학교 생물교육학과 교수

360 06 | 본질적이고 생산적인 연구윤리
이상욱 ■ 한양대학교 철학과 교수

376 07 | 공학윤리 이해하기
김준성 ■ 명지대학교 철학과 교수

제 1 부

이론적 기초

01

침대, 해왕성, X-레이, 연주시차 : 과학철학 첫걸음

1. 상식적 과학관의 한계

현대 사회에서 과학이 차지하는 비중과 영향력은 놀라울 정도이다. 이러한 영향력은 흔히 '문명의 이기(利器)'라고 하는, 과학과 기술이 결합하여 만들어진 여러 편리한 인공물에서 두드러지게 나타나지만 그것에 국한된 것은 아니다. 차세대성장동력산업, 환경오염, 핵발전소, 줄기세포 등 최근 사회적으로 쟁점이 되고 있는 주제들이 많은 경우 직간접적으로 과학과 깊은 관련을 맺고 있다. 게다가 과학지식은 여러 지식 중에서도 가장 '전형적인' 지식으로 간주된다. 이는 과학지식이 지식을 지식답게 만드는 기준을 탐구할 때 연구사례로 활용되는 경우가 많다는 의미에서이다.

그래서인지 우리는 일상적인 대화에서 '과학적'이라는 수식어를 '믿음직한', '체계적인', '참된' 등의 의미로 사용하는 경우가 많다. 다른 누구보다도 광고제작자들은 이 사실을 잘 알고 있다. 그래서 우리는 어느덧 '과학적으로 설계되고 만들어진 침대' 정도로는 부족해서 아예, '침대가 아니라 과학입니다'라는 식의 광고 문구를 접하게 되었다. 멀쩡한 침대를 가져다놓고서 침대가 아니라고 우기는 이 역설적인 주장에는 그냥 적당히 나무를 깎고 용수철을 달아 침대를 만든 것이 아니라 수많은 경험적 연구와 객관적 사용 테스트를 거쳐서 가장 편안하게 잠을 잘 수 있도록 침대를 만들었음을 강조하려는 의도가 숨어있을 것이다. 이렇게 지속적 연구를 통해 신뢰할 만한 지식을 산출해내고 그에 입각해서 훌륭한 침대를 만들었다는 호소를 '과학입니다'라는 한 마디로 대신할 수 있다는 사실은 우리 사회에서 과학이 신뢰할 만한 지식으로 특권적 지위를 누리고 있음을 단적으로 보여준다.

그리고 현대 과학은 그러한 대접을 받을 만한 특징을 가지고 있다. 현대 자연과학이 세련된 연구방법을 사용하여 물질과 생명의 다양한 영역들을 체계적으로 탐구하고 있음은 누구도 부인할 수 없다. 물론 과학자들도 연구 과정에서 의견이 엇갈리고 서로 끊임없이, 어떤 경우에는 격렬하게 논쟁한다. 그럼에도 불구하고 인류의 다른 지적 활동과 비교해 볼 때, 과학적 탐구에서는 비교적 빠른 시간 내에 경쟁하는 이론들에 대한 합의된 평가가 이루어지고 지식의 축적적 성장이 이루어진다.

과학과 공학(혹은 기술) 사이의 관계는 과학을 응용한 것이 공학이라는 식의 단순한 이해로는 결코 파악될 수 없는 복잡한 성격을 가진다. 그럼에도 불구하고 과학이 세계를 관찰과 실험에 기반하여 이론적으로 탐색한 결과가 겨우 100년 전과 비교해보아도 우리 삶의 여러 측면에 진정으로 획기적인 기술적 변화를 가져왔음도 부인하기 어렵다. 이 사실은 현재 우리가 할 수 있는 것 중 많은 것들(예를 들어 서울에서 파리를 하루 만에 다녀오는 일)을 100년 전 사람들은 오직 초자연적 방식으로 상상할 수만 있었다는 점에만 주목해 보아도 알 수 있다. 그러므로 과학이 세계에 대한 풍부한 지식을 제공해줌과 동시에 물질적인 면에서도 우리가 자유로울 수 있는 가능성을 제공해주고 있다는 점은 분명하다.

흔히 현대과학을 과학기술문명이 가져온 환경오염이나 대량살상무기의 존재와 같은 부정적인 측면의 근원으로 간주하여, 이들 문제가 모든 것을 환원적으로 분석하는 과학적 사고방식에 기인한다고 매도하곤 한다. 비록 자연에 대한 분석적 연구가 항상 효율적인 것도 아니고 모든 연구주제에 적합한 것도 아니지만, 분석적 방법 자체가 무조건 비난의 화살을 받아야 할 이유는 없다. 오히려 차분한 토론과 경험적 증거에 입각한 판단이 사회적 결정과정에서 보다 중요한 역할을 수행해야 하는 우리의 현실에 비추어볼 때, 객관적 실험에 호소하고 관련 전문가들의 합의도출을 통한 문제해결 방식은 보다 적극적으로 우리 사회에 확산될 필요가 있다.

그럼에도 불구하고 과학을 사실에서 관찰이나 실험을 통해 엄밀하게 도출된, 절대적으로 신뢰할 수 있는 지식으로 이해하는 상식적 과학관은 여러 가지 결정적인 문제를 가지고 있다. 이러한 문제는 실제로 과학이 무엇인지를 보다 정확하게 밝히려다 보면 그 일이 그다지 쉽지 않다는 데서 잘 드러난다. 우선 우리의 상식적 과학관이 과학자들이 실제 실험하고 이론을 제시하는 모습이나, 과학자들이 성공적인 과학 활동으로 간주하는 역사적 사례에 대한 엄밀한 과학사의 연구 결과와 어긋나도 한참 어긋난다는 사실에 주목할 필요가 있다.

예를 들어보자. 과학자들은 다양한 형이상학적, 이론적 이유에서 자신들이 오랫동안 선호했던 이론이 설사 관찰이나 실험결과와 일치하지 않더라도 고수하려는 경향이 있다. 20세기 초 최고의 실험 물리학자였던 카우프만은 여러 차례에 걸친 정밀한 실험을 통해 아인슈타인의 특수 상대성이론이 아니라 막스 아브라함이라는 다른 물리학자의 이론에 유리한 결과를 얻었다. 아인슈타인은 이를 알고도 자신의 이론을 수정하기는커녕 눈 하나 깜짝하지 않았다. 그에게는 역학법칙과 전자기 이론 사이의 근본적 모순을 해결한 자신의 이론이 '참'이라는 점이 너무나 명백했기 때문이다. 아인슈타인은 당시 카우프만의 실험에서 무엇이 잘못되었는지를 찾아낼 수 없었지만, 카우프만이 분명히 어디선가 실험상의 오류를 저질렀을 것이라고 확신했다.

근거는? 아인슈타인의 이론은 순수하게 이론적 이유에서 옳을 수밖에 없다는 생각에서였다. 결국 아인슈타인이 옳고 아브라함이 틀렸다는 것이 한참 뒤에 밝혀지기는 했다. 그러나 이런 이론가의 '고집'이 항상 이렇게 행복한 결말로 끝나는 것은 아니다. 대단히 많은 과학이론들이 이론적으로 매우 아름답고 훌륭해 보임에도 불구하고 결국에는 그냥 '그럴듯하지만 틀린' 이론으로 밝혀지곤 한다. 그렇지만 과학자들이 종종 '명백한 경험적 증거에 반해서' 이론을 전개함으로써 성공하기도 한다는 점은 분명하다. 이로부터 얻을 수 있는 과학철학적 교훈은 단순하다. 과학 연구는 이론을 제안하고 이를 경험적으로 검증하는 단순한 과정의 반복을 통해 진행되는 것이 아니라는 것이다.

게다가 아인슈타인의 이러한 태도를 그의 독특한 개성의 산물이라고 치부해버릴 수도 없다. 태양계의 일곱 번째 행성인 천왕성의 궤도는 뉴턴역학을 연구하는 학자들을 오랫동안 괴롭혀 온 난제였다. 문제는 천왕성의 궤도가 뉴턴역학의 예측과 명백하게 어긋난다는 점이 천체관측 기술이 발전할수록 더욱더 분명해졌던 것이다. 천왕성이 처음 발견되었을 당시 천문학자들도 이 사실을 잘 알고 있었지만 당시 망원경으로는 천왕성 궤도를 충분한 정확도로 결정할 수 없었기에 관측기술의 발전을 통해 뉴턴역학과 천왕성의 궤도가 조화로운 것으로 판명나기를 기대해볼 수라도 있었다.

하지만 19세기가 되자 그런 기대는 전혀 근거 없다는 점이 분명해졌고, 몇몇 과학자들은 천왕성 궤도라는 분명한 반증사례에 근거하여 뉴턴역학을 다른 역학체계로 바꾸어야 한다고 주장했다. 그들은 두 물체 사이 거리의 제곱에 반비례하는 뉴턴의 만유인력 개념을 약간 수정해서 태양이 천왕성에게 미치는 인력을 아주 조금만 작게 하려는 시도를 하기도 했다. 그러나 뉴턴역학이 그때까지 이룩했던 눈부신 성공에 깊이 빠져 있던 대다수의 물리학자들은 이런 '경험적 사실' 따위에 쉽게 항복할 수는 없었다.

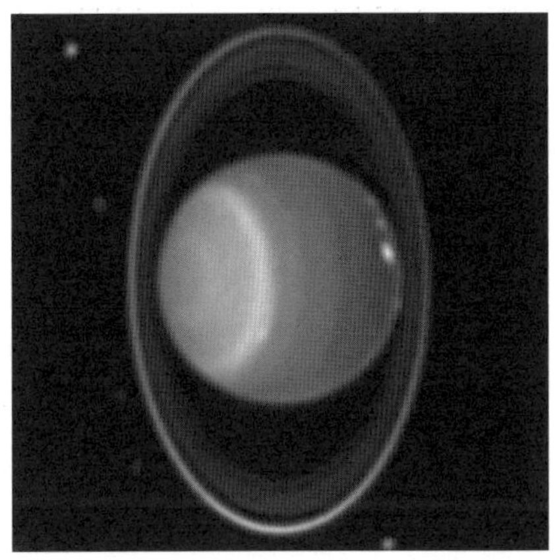

그림1 | **독특한 띠를 두르고 있는 천왕성의 모습**

그래서 1844년에 영국의 아담스와 1846년에 프랑스의 르브리에가 각각 독립적으로 이 문제를 다음과 같은 '황당한(!)' 방법으로 해결했다. 그때까지 알려진 뉴턴역학의 예측과 천왕성의 실제 궤도 사이의 차이를 정확하게 상쇄시킬 수 있도록, 저 하늘 너머에 적당한 질량을 가진 행성 하나가 천왕성 바깥, 적당한 위치에 있다고 주장했던 것이다. 물론 이러한 예측이 나오기 전까지 이런 행성은 발견되지도 않았고 그런 행성이 존재하리라는 어떤 경험적 증거도 없었다. 실은 그전까지 유행했던 우주론적 가정에 따르면 이런 행성이 존재하지 말아야 할 강력한 이유조차 제시할 수 있었다. 그러므로 이 두 사람의 제안은 상식적 과학관으로 볼 때는 억지에 가까운 것이었다. 하지만 얼마 지나지 않아 이 두 사람이 예측했던 장소에서 해왕성이 발견되었고, 과학자들은 뉴턴역학의 승리라며 축배를 들었다. 이처럼 천왕성의 궤도라는 반증 사례에 직면했던 뉴턴역학을 구하기 위해 해왕성의 존재를 가정하는 것을 '보조가설(auxiliary hypothesis)'의 도입이라고 한다. 여기까지만 보면 해왕성의 발견처럼 인상적인 과학적 성공을 위해서 과학자들은 경험적 증거에 너무 겁먹지 말고 오랜 시간 성공적이었던 기존 이론을 새로운 별의 존재와 같은 보조 가설을 동원하여 계속 지켜나가고 발전시켜야만 하는 것처럼 보인다.

하지만 문제는 이렇게 단순하지 않다. 과학 연구의 어려움은 보조 가설을 동원해서 성공을 얻는 일이 항상 가능하지는 않다는 점에 있다. 수성은 태양에 가장 가깝게 다가가는 점(근일점)을 매년 조금씩 바꾼다. 이미 뉴턴이 살던 시대부터 뉴턴역학이 수성의 근일점 변화를 설명할 수 없다는 사실은 잘 알려져 있었다. 르브리에는 해왕성을 예측했던 방법을 똑같이 사용하여 수성 근일점의 이동을 설명하려고 했다. 그는 수성 궤도 안쪽에 수성에 끌어당길 수 있는, 적당한 질량을 가진 행성(벌컨이라고 명명)이 존재한다고 주장했다. 그러나 물론 우리는 현재 수성 안쪽에 그런 행성이 없다는 점을 잘 알고 있다. 혹은 적어도 우리가 현재 가진 경험적 증거는 그렇다고 말한다. 결국 수성 근일점 이동은 뉴턴 역학으로는 해결 불가능한 '진짜' 문제인 것으로 판명되었다. 이 문제는 뉴턴 역학을 대체하면서 등장한, 아인슈타인의 일반상대성 이론이라는 새로운 이론을 통해서만 해결될 수 있는 문제였던 것이다.

그러므로 과학연구 과정에서 이론이 틀렸음을 경험적으로 입증하는 일은 분명히 가능하다. 과학연구를 어렵게 만드는, 그래서 과학방법론에 대한 단순한 생각으로는 파악하기 어려운 사실은 성공적인 기존 이론에 대한 경험적 반대 증거가 있을 때, 그것에 보조가설을 덧붙여서 해결하려는 전략과 기존 이론을 깨끗이 포기하고 새로운 이론을 통해 해결하려는 전략 중 어느 것이 항상 타당하다고 말할 수 없다는 점이다. 1960년대의 과학방법론 논쟁을 통해 과학철학자들은 이 점을 분명하게 깨닫게 되었고, 과학연구 과정과 이론평가 과정에 개입하는 경험적 증거를 포함한 다양한 요인들에 대한 분석에 관심을 기울이게 되었다. 이처럼 과학의 진보는 단순히 경험적 증거를 맹종해서도 혹은 이론적 근거를 절대적으로 생각해서도 보장되지 않는다. 오히려 과학연구의 묘미는 경험적 증거와 이론적 근거 사이의 긴장과 균형을 창조적인 방식으로 유지하는 데 있다.

상식적 과학관의 또 다른 문제는 과거에 여러 경험적 증거를 통해 의심의 여지가 없는 것으로 여겨지던 많은 과학이론이 후대의 연구에 의해 잘못된 것으로 드러난 경우가 많다는 사실과 관련이 있다. 상식적 과학관에 따르면 과학이란 경험적 자료를 차곡차곡 모아 세계에 대한 객관적 지식을 축적해나가는 활동이다. 이 과정에서 과학자들은 전 세대 과학자들보다 '더 많이' 알게 되지만, 일단 확립된 지식이 유효기간이 지난 상품처럼 반품 처리되는 일은 상상하기 어렵다. 그러나 과학연구의 역사를 살펴보면 매우 성공적이었던 이론이 폐기처분되는 일이 허다하다. 18세기 화학을 풍미하던 플로지스톤 이론이나 19세기 물리학에서 널리 받아들여졌던 에테르이론이 대표적이다. 이들 이론은 현대 과학자들이 보기에는 터무니없어 보일지 모르지만 그 당시까지 알려진 경험적 증거에 의해 잘 지지된 이론이었다. 그럼에도 불구하고 현재 우리의 화학이나 전자기학은 이 두 이론과는 전혀 다른 존재론적 토대 위에 재건축되었다.

비유를 들어보자. 상식적 과학관에 따르면 과학연구는 고대부터 현대에 이르기까지 수많은 과학자들이 바벨탑과 같은 완결되지 않은 거대한 건축물을 조금씩 쌓아가는 것과 같다. 하지만 과학연구의 역사를 통해 밝혀진 바에 따르면 과학연구는 오랜 기간 다양한 양식으로 지어진 유럽 성당에 더 가깝다. 오랜 세월을 거쳐 서로 다른 건축가의 서로 다른 영감에 의해 건축된 오래된 유럽 성당들은 흔히 맨 아래층은 로마네스크 양식, 그다음 층은 고딕 양식, 그 다음은 르네상스 양식 등으로 다양한 양식이 혼재되어 있는 경우가 많다. 이런 다양한 양식이 오랜 시간에 걸쳐 시도되면서 기존 건물의 일부를 헐어내고 다시 짓거나 자연재해나 전쟁, 화재 등으로 건물 일부가 손상되어 전체 구조를 새로 짜야 할 경우도 있게 된다. 이렇게 건물 전체에 대한 다양한 설계안과 건축방식, 세부 디자인을 아름답게 짜깁기하는 활동이 과학연구인 것이다.

문제의 핵심은 플로지스톤 이론 같은 사례들이 과학연구가 바람직하지 않게 이루어졌거나 불완전하게 이루어진 결과 받아들여지게 된 것이 아니라는 점이다. 즉, 상식적 과학관에 반하는 사례들이 관련 과학자들이 부주의하거나 능력이 부족해서 (물론 그런 경우야 어떤 지적 활동에서도 늘 있는 일이지만) 보다 좋은 과학 활동을 수행하지 못한 결과로만 생각될 수는 없다는 것이다.

카우프만의 실험 예에서 아인슈타인의 직관은 자연에 대한 심오한 통찰을 담은 이론을 체계적으로 발전시키려면 상당 기간 동안은 반대 실험증거를 인정하되 잠시 제쳐두는 것이 유용할 수도 있음을 보여준다. 갈릴레오나 뉴턴과 같은 근대과학의 거장들도 자신들의 이론이 수많은 반례들에 직면하고 있음을 알고 있었지만 그럼에도 불구하고 후속 연구를 통해 차근차근 그 반례들을 해결하려고 노력했다.

한편 플로지스톤 이론과 에테르 이론은 매우 성공적인 이론이라도 세계에 대해 반드시 참이라는 보장은 할 수 없음을 보여준다. 이러한 사실들은 상식적 과학관이 단순히 현실적인 과학연구가 달성하지 못하더라도 이상으로 추구해야 하는 지향점으로조차 적당하지 않음을 보여준다. 성공적인 과학 연구가 상식적 과학관을 따르지 않았기에 성공적일 수 있었음을 고려할 때, 상식적 과학관은 과학이 작동하는 방식과 과학이 왜 성공적일 수 있는가에 대해 지나치게 단순한 견해임이 분명하다.

재미있는 점은 과학지식이나 연구 활동에 대해서는 결코 상식적이지 않은 과학자들도 과학 연구가 무엇인지에 대한, 즉 '과학관'에 있어서는 앞서 지적한 이유로 옹호되기 어려운, 상식적 과학관을 그대로 받아들이고 있는 경우가 흔하다는 점이다. 물론 과학자들은 이런 평가에 동의하지 않을 수 있다. 아마도 자신들이 연구하는 과학에 대해서는 자신들이 가장 잘 알고 있다고 생각하기 때문일 것이다. 하지만 과학자는 과학을 연구하고 과학이론을 평가하는 데는 전문가이지만, 과학연구가 이루어지는 모습을 연구하고 과학이론이 평가되는 방식을 고찰하는 데 꼭 전문가일 필요는 없다. 게다가 과학자는 과학연구의 성격에 대한 체계적으로 고찰하는 활동에 대해서는 일반적으로 아무런 보상을 받지 못한다. 그러므로 과학자는 과학철학적 주제에 대해 깊이 생각해야 할 동기도 부여받기 힘들다.

직접 법을 집행하는 판사는 법이 실제 적용되는 구체적인 상황에 대해서는 분명히 전문적인 지식을 가지고 있다. 하지만 판사는 상황의 구체성에 파묻혀서 법의 전체적인 조망을 놓칠 수도 있다. 그래서 법철학이나 법학이론 교수가 필요하게 된다. 역으로 법학이론 교수는 법에 대한 일반이론이 법이 실제로 이루어지는 모습과 부합하는지에 항상 주의를 기울여야 할 것이다. 이와 비슷한 관계가 과학자와 과학철학자들 사이에도 성립한다. 구체적인 주제를 연구하는 과학자는 자신의 과학관이 지나치게 단순한 것이 아닌지에 대해 과학철학자들의 연구 결과에 관심을 기울일 필요가 있다. 또한 과학철학자들은 실제 과학연구가 이루어지는 방식에 주의를 기울여 가면서 보다 만족스러운 '과학관'을 가다듬어야 한다.

이 글은 과학철학에 대한 간단한 맛보기를 제공한다. 이 글을 통해 독자가 과학 철학적 연구와 사고가 현대 과학의 이해에 도움이 될 수 있다는 점을 깨닫게 되기를 기대한다.

2. '과학적'의 두 의미

우리에게 과학적인 것은 신뢰감을 주고 지적 권위를 높여주는 것처럼 보인다. 반면 경험을 통해 얻은 결론이나 민간요법은 비과학적이라 여겨지고 체계적이지 못한 방식으로 일을 하는 사람은 비과학적이라고 비판받는다. 그러므로 우리는 과학적인 것은 좋은 것이고 비과학적인 것은 나쁜 것으로 받아들여지고 있는 세계에 살고 있는 것처럼 보인다. 그러나 한편에서는 원자폭탄과 '침묵의 봄'으로 상징되는 현대 과학기술과 관련된 여러 폐해들을 지적하는 목소리도 높다. 다소 혼란스러워지는 대목이다. 이런 혼란스러움에서 벗어나기 위해서는 '과학적'이라는 개념을 좀 더 꼼꼼하게 따져보자.

우선 과학적·비과학적이라는 말은 일반적으로 두 가지 서로 다른 의미로 사용되고 있음에 주목하자. 예를 들어 이유식이 과학이라는 주장은 어떤 성분의 식재료를 어떻게 조리하여 유아에게 먹였을 때 소화도 잘 되고 알레르기도 유발하지 않을 수 있는지를 여러 체계적인 연구를 통해 이유식을 만든다는 의미일 것이다. 이런 의미를 잘 생각해보면 이는 과학적 '방법(method)'을 강조하는 것임을 알 수 있다.

물론 모든 연구주제에 적합한 보편적인 과학적 방법이 존재하는 것은 아니다. 그래서 자신이 해결하려는 구체적인 문제에 가장 적절한 연구방법이 무엇인지를 알아내는 일이 과학자들의 연구활동에서 매우 중요한 부분을 차지한다. 그럼에도 불구하고, 일반적으로 과학적 방법은 대략 다음 네 특징으로 요약될 수 있다.

첫째, 과학연구의 대상으로 '자연적(natural)' 원인만을 인정한다. 이는 흔히 초자연 현상이라고 불리는 영역에 과학적 방법이 적용될 수 없음을 의미하는 것이 아니라, 초자연적 현상은 그것이 자연적인 원인으로 분석될 수 있는 한에서만 과학의 타당한 연구주제가 된다는 뜻이다.

둘째, 과학적 방법은 적어도 원칙적으로는 '경험적 증거(empirical evidence)'에 근거하여 모든 주장이 평가될 것을 요구한다. 물론 매번 새로운 이론이 등장할 때마다 그것의 모든 내용을 경험적으로 완벽하게 검증할 수는 없다. 그러나 이미 관련 분야에서 받아들여지고 있는 배경지식을 제외한 부분에 대한 평가는 경험적인 방식으로 이루어져야 한다.

과학적 방법의 셋째 특징은 '분석적(analytic)'이라는 것이다. 우리가 이해하려는 자연현상이나 사회현상은 질적으로 다양한 여러 인과적 영향이 복합적으로 작용하는 경우가 대부분이다. 그럼에도 분석적 방법은 이런 복잡한 상황을 비교적 단순한 요소로 분해하여 그 각각을 이해한 후 나중에 그 연구결과를 종합하여 복잡한 전체상황에 대한 최종적인 이해를 얻어내려고 노력한다. 당연히 이렇게 복잡한 전체를 더 단순한 부분으로 분해하여 이해하다 보면 연구대상의 중요한 특징을 놓치게 될 위험성이 있다. 조심스러운 과학자라면 이 점을 잘 알고 있다. 그러나 흔히 손쉬운 대안으로 제시되는 전체론적(wholistic) 관점이란 실제 연구에 어떻게 적용될 수 있는지가 분명해지기 전까지는 '그림의 떡'에 불과하다.

과학적 방법의 마지막 특징은 그것이 '체계적(systematic)'이라는 것이다. 이는 과학적 방법을 사용하는 연구자 집단끼리는 서로 정보를 공유하고 상대방의 문제점을 비판하는 방식으로, 여러 연관된 주장들 사이의 관계를 정합적으로 밝히려 함을 의미한다.

이렇게 이해하고 보면 방법론적 의미의 '과학적'이라는 수식어는 대체적으로 긍정적인 의미를 담고 있음을 알 수 있다. 분명 초자연적인 것을 배제하고 분석적 방법을 선호한다는 점에서 세계에 대한 특정 존재론적 입장을 취하고 있으며 그런 점에서 연구방법으로 절대적으로 중립적인 것은 아니다. 하지만 적어도 이런 의미의 '과학적' 태도는 반드시 자연과학이 아니라도 경험적 증거를 사용하는 모든 지적 활동이 정도의 차이는 있을망정 함께 공유하고 있는 방법론적 특징이다.

물론 이 '과학적' 방법이 연구주제에 따라 구체적으로 얼마만큼 유용한지에 대해서는 논란의 여지가 있을 수 있다. 예를 들어 생명체에 대한 연구에서 분석적 방법과 기계적 모형의 사용이 전체론적 접근방식에 비해 어떤 장점과 한계를 지니는지에 대해서는 일선 생물학자들 사이에서도 많은 논의가 있어왔다. 그러나 적어도 방법론적 의미의 '과학적'이라는 수식어는 지적 활동에 관한 한 상당히 긍정적으로 평가될 수 있다.

그러나 우리가 '과학적'이라는 수식어로 다른 것을 의도할 수 있다. 최근 대중매체 광고에서 '이유식도 과학'이라고 선전하는 것은 종종 볼 수 있다. 이러한 광고가 단지 최근 급증하는 유아 아토피나 장염 등을 피하려면 아기에게 먹이는 분유나 이유식은 철저한 위생관리와 경험적 연구를 통해 만들어져야 한다는 점만을 이야기한다고 보기는 어렵다. 소중한 아기에게 먹이는 이유식을 이런 의미에서 '비과학적'으로 만드는 회사는 없을 것이기 때문이다. 그렇다면 광고제작자들이 엄마 품에 안긴 아기를 모델로 사용하며 이유식을 과학이라고 강조하는 이유는 무엇일까? 아마도 그것은 과학이 현대사회에서 가지고 있는 지적 권위에 기대어, '과학'과 동일시될 수 있는 이유식이라면 시중에서 판매되는 모든 이유식에 비해 훨씬 더 좋은, 혹은 안전한 것이라는 점을 보장할 수 있다고 생각하기 때문일 것이다.

이러한 방식으로 '과학적'이라는 수식어를 보장적 혹은 정당화(justification)의 의미로 사용하는 것은 상당한 위험성을 내포하고 있으며 바람직하지 않다. 우선 '과학적'이라는 표현만으로는 수식하는 대상의 참을 보장하거나 정당화할 수 없다. 과학사 연구를 통해 현재 확실해진 점은 지극히 '과학적' 방법을 사용해서 얻어진 과거의 과학지식 중 상당 부분이 나중에 틀린 것으로 판명되었다는 사실이다. '과학적' 방법의 사용은 연구결과의 참을 보장하지 않는다.

하지만 이 사실로부터 과학지식과 가령, 신화적 믿음 사이에는 아무런 차이가 없다는 상대주의적 결론이 도출되는 것은 아니라는 점에 주의해야 한다. 왜냐하면 많은 경우 우리는 앞선 과학이론이 왜 실패했는지 그리고 어떤 측면에서 한계를 가졌는가를 뒤에 등장한 과학이론을 사용하여 설명할 수 있기 때문이다. 신화적 믿음은 이러한 설명적 연관성을 갖는 경우가 거의 없다. 설사 세계관과 개념체계에 있어 극단적으로 상이한 '공약불가능한' 이론들이 관련된 복잡한 상황이어서 이런 식의 설명이 불가능한 경우에도 대개 우리는 경험적 지식의 수준에서는 연속적인 과학지식의 축적을 가진다.

그러므로 '과학적' 방법을 사용하여 얻어진 지식이 '비과학적' 방법을 사용하여 얻은 지식보다 대체적으로 더 믿을만한 것은 사실이다. 그럼에도 불구하고 어떤 지식이 '과학적'이라는 이유만으로 아무런 단서조항 없이 무조건적으로 참이나 믿음직하다는 점이 보장되는 것은 아니다. 이는 과학적 방법의 사용이 연구결과가 참이라는 보장이나 연구결과가 유일하게 결정된다는 보장을 해줄 수 없기 때문이다. 만약 이러한 보장이 가능했다면 인류는 이미 오래전에 전지(全知)한 신과 같은 존재가 되었을 것이다. 과학연구의 진정한 매력은 성공을 보장해주는 지적 능력이나 방법론적 도구를 가지지 않은 인류가 어떻게 때로는 흥분될 정도로 짜릿하고, 때로는 피를 말리도록 고통스러운 과정을 거쳐 세계에 대한 신뢰할 만한 이론을 구성해왔는가에 놓여있다.

3. X-레이와 관찰의 이론적재성

다음과 같은 상황을 상상해보자. 건강검진 후에 담당의사가 내 X-레이 사진의 어느 부분을 가리키면서 "여기 이거 보이시죠? 여기 종양이 생겼지만 양성인 것 같습니다. 하지만 이 대장 근처의 혹은 조금 수상합니다. 정밀 진단을 받아보셔야 할 것 같습니다." 용기를 내서 질문해 본다. "저기, 여기 하얗게 보이는 부분은 괜찮은가요?" 의사가 대수롭지 않게 대답한다. "아, 그거요? 그건 원래 그렇게 나와요. 신경 쓰지 않으셔도 됩니다."

위 이야기에서 과학철학적으로 중요한 점은 전문적인 훈련을 받지 않은 내가 아무리 들여다보아도 '신경 쓰지 않아도 되는' 부분과 '양성 종양처럼 보이는 부분'과 '조금 수상한 부분'은 전혀 구별이 되질 않는다는 사실이다. 물론 내가 장님은 아닌 이상 검은 색 바탕에서 희끄무레한 형태를 구별해낼 수도 있고 어림짐작으로 폐와 갈비뼈 정도는 알아볼 수 있다. 하지만 담당의사의 확신에 찬 진단은 내게는 '관찰'의 영역을 훨씬 넘어서 있다.

물론 상황은 뒤바뀔 수 있다. 나는 입자물리학자일 수 있다. 이 경우 소립자 실험사진에서 기껏해야 예쁜 모양으로 우아하게 휘어진 여러 나선 형태만을 볼 수 있는 내 담당의사와는 달리 나는 각각의 형태에 대응하는 소립자의 종류와 그들 사이의 상호작용 그리고 그로부터 유추할 수 있는 중요한 실험적 함축을 '볼' 수 있을 것이다. 나도 담당의사도 상대방의 '관찰' 영역에 들어오지 않은 능력을 얻기 위해 상당 기간 동안 '훈련'을 했어야 한다. 이렇게 그냥 '보는 것'과 '특정 과학적 방식으로 보는 것' 사이에는 중요한 차이가 있다. 이 점이 '관찰의 이론적재성(theory-ladenness of observation)'의 핵심이다.

조금만 생각해보면 과학연구의 대부분이 우리의 오감을 특정한 방식으로 훈련시킴으로써만 가능하다는 점을 알 수 있다. 미생물학자는 꼬물꼬물 반점들 사이에서 먼지와

원생동물을 구별해내고, 고생물학자는 돌에 새겨진 흔적에서 오래 전에 살았던 생물들을 판별해낸다. 과학자들은 어떻게 이런 일들을 할 수 있을까? 그것은 그들이 훈련이나 연구과정에서 기존에 받아들여지고 있는 여러 사실이나 이론의 도움을 받기 때문이다. 내 담당의사도 처음에 X-레이 사진을 보았을 때는 검은 바탕에 하얀 반점 이상을 '보지' 못했다. 그러나 배경이론과 수용된 사실을 수많은 X-레이 사진에 지속적으로 적용해봄으로써 점차 '양성 종양'과 '배경잡음'을 구별해낼 수 있게 된 것이다. 이 사실은 부분적으로 과학자들이 가진 '전문성'이 어떤 내용인지를 말해준다. 과학자들의 전문성이란 그들이 과학지식을 단순히 '알고' 있다는 데에 있는 것이 아니라 그 지식을 적용하여 자연현상을 적절하게 '관찰할' 수 있다는 데에도 있는 것이다.

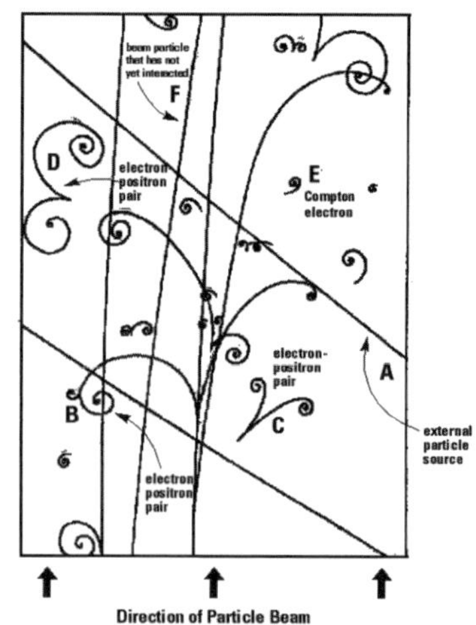

그림2 | **거품상자로 측정한 여러 소립자의 궤적**

관찰의 이론적재성은 이처럼 과학연구의 숨겨진 면에 대해 알려주는 바가 많다. 그러나 거기에 더해서 객관적 이론평가에 중요한 도전을 제기하기도 한다. 소박한 경험론에 따르면 과학지식은 현상을 설명할 수 있는 이론을 제시하고 이를 관찰이나 실험을 통해 얻은 실험증거에 비추어 입증하거나 반증하는 방식으로 얻어진다. 그러나 우리가 경험적 증거를 얻는 방식 자체가 이미 이론적재적이라면 경쟁하는 이론 사이에 '중립적' 판단을 내려줄 수 있는 객관적 방법은 존재하지 않는 것처럼 보인다. 만약 아리스토텔레스는 아침에 해를 보고 (대다수의 우리가 거의 모든 아침에 그러하듯) '해가 떠오른다'고 관찰한 반면 코페르니쿠스는 '지구가 자전하여 해가 떠오르는 것처럼 보인다'고 관찰했다면, 두 관찰내용은 각각 지구중심설과 태양중심설에 부합하므로 두 이론 중 하나를 선택하는 과정에서 사용될 수 없다.

일부 과학철학자들은 이런 점에서 대부분의 과학적 관찰이 이론적재적이라면 이론평가는 결국 관찰과정에서 어떤 이론이 사용되었는지에 따라 달라질 수밖에 없어서 경쟁하는 이론을 믿는 과학자들 사이에는 합리적 토론이 불가능할 수도 있지 않을까 걱정을 했다. 그러나 이런 인식론적 위험성은 관찰에 적재되는 이론과 관찰에 의해 평가되는 이론이 대부분의 경우 분명하게 구별된다는 점에 의해서 어느 정도 완화된다. 현대 천문학에서 서로 경쟁하는 은하형성 가설들 중에서 어떤 이론이 더 관찰된 은하 분포를 잘 설명하는지를 근거로 선택하는 상황을 생각해 보자. 이 경우 관련된 관찰 자료를 얻는 과정에서 적재된 이론은 망원경이 작동하는 원리와 자료를 통계적으로 처리하는 기법 등과 같이 이미 다른 분야나 다른 시기에 그 이론의 신뢰성이 확보된 것들이다. 게다가 많은 경우 관찰 결과의 내용과 무관하게 그것이 믿을 만한 과정을 통해 얻어졌는지를 독립적으로 검증할 수 있는 기준도 마련되어 있다.

요약하자면, 관찰의 이론적재성은 과학이 문장의 집합인 명제적 '지식'만으로 환원되지 않으며 그 지식을 적용하는 '능력'까지 포함하여 포괄적으로 이해되어야 함을 우리에게 상기시켜 준다는 점에서 의의가 있다. 또한 관찰의 이론적재성은 과학연구 과정이 '지식'에 의해서만 주도되는 것이 아니라 특정한 방식으로 '볼' 수 있는 능력을 포함하는 수많은 장인적 능력의 훈련과 사용을 통해 이루어진다는 점도 알 수 있게 해준다. 하지만 인식론적 상대주의자가 주장하듯이 '제 눈에 안경이다'는 식의 결론이 지지되지는 않는다. 관찰에 적재되는 이론은 대부분의 경우 관찰로 평가되는 이론과는 구별되기 때문이다.

그럼에도 불구하고 이러한 구별이 항상 가능하지는 않다는 점을 마지막으로 지적할 필요가 있다. 이런 난처한 상황은 서로 매우 다른 과학이론 사이의 평가가 걸려 있을 때 발생할 수 있다. 흔히 갈릴레오가 망원경을 제작하여 지상계와 천상계의 경계에 위치한 달이 분화구로 얼룩져 있는 '불완전한 세계'라는 점을 보였음에도 불구하고 종교적 편견에 사로잡힌 그 당시 동료 과학자들이 그의 관찰내용을 인정하지 않았다고 알려져 있다. 천상계가 지상계와 마찬가지로 불완전할 수 있음을 관찰한 것은 갈릴레오가 지지하던 코페르니쿠스 이론에 대한 중요한 지지 증거로 여겨질 수 있었기 때문이라는 것이다.

그러나 갈릴레오가 자신이 직접 제작한 망원경으로 하늘을 관찰하던 시기는 망원경이 믿을 만한 관찰도구로 자리잡기 전이라는 점을 명심해야 한다. 그 시대에는 망원경이 어떻게 멀리 떨어진 사물을 가깝게 보이게 할 수 있는지에 대한 광학적 설명조차 제대로 정립되어 있지 않았다. 게다가 갈릴레오가 사용한 초기 망원경은 빛의 번짐이나 상의 일그러짐이 매우 심하여 외부 세계에 대한 객관적인 재현을 하는 기구로 인정되기 어려운 점이 많았다.

더욱 결정적이었던 사실은 망원경으로 달을 관찰한 내용은 믿을 수 없다는 충분한 인식론적 근거가 존재했다는 것이다. 망원경으로 지상의 물체를 관찰한 경우 그 관찰내용이 대체적으로 맞는지에 대해서는 사후적인 확인이 대부분 가능했다. 멀리서 오는 친구의 옷 색깔을 망원경으로 미리 '예측'한 후 그 친구가 가까이 다가오면 확인할 수 있기 때문이다. 그러나 천상계에 속하는 달과 같은 물체에 대해서는 그러한 독립적인 확인이 불가능했다. 게다가 그 당시 '배경이론'이자 코페르니쿠스 이론의 경쟁이론에 해당되던 아리스토텔레스의 이론에 따르면, 천상계와 지상계는 아예 다른 물질로 구성되어 있었다. 그러므로 저급한 4원소로 만들어진 망원경으로 보다 고귀한 5원소가 부분적으로 섞여 있을 달의 모습을 정확하게 담아낸다는 것은 원리적으로 불가능한 일이었다. 이런 여러 이론적재적 이유를 들어 그 당시 과학자들은 갈릴레오가 망원경에서 '보았던' 것을 다르게 '보았던' 것이다. 갈릴레오의 사례는 현대 과학에서도 최신의 관찰기구의 경우에는 비슷한 방식으로 관찰에 적재된 이론과 평가 대상이 되는 이론 사이에 복잡한 연관이 있을 수도 있음을 시사한다. 이런 경우에 대한 인식론적 분석은 현대 과학철학의 주요한 연구 주제 중 하나이다.

4. 연주시차와 반증의 오류가능성

반증의 오류가능성에 대한 역사적 사례는 경험적 증거와 이론 선택 사이의 관계가 얼마나 미묘한 것인지를 다시 한 번 깨닫게 해준다. 코페르니쿠스 체계에 대한 동료 천문학자들의 부정적 평가는 흔히 그들의 비합리적 종교적 편견으로 해석된다. 아마도 일반인이나 성직자가 코페르니쿠스 이론을 못마땅하게 생각한 이유는 종교적이었을 것이다. 하지만 당시의 천문학자들이 코페르니쿠스 체계를 거부한 데는 보다 합리적인 이유가 존재했다. 코페르니쿠스 체계는 당대 최고의 관측 천문학자였던 티코 브라헤에 의해 완벽하게 '반증'되었기 때문이다.

티코 브라헤는 망원경이 없던 시절에 육안으로 1도의 50분의 1도 정도의 미세한 각도까지 정확하게 천체를 판별해내는, 자타가 공인하는 유럽 최고의 천문학자였다. 티코 브라헤는 코페르니쿠스 체계가 옳다면 지구가 태양을 가운데 두고 서로 대척점에 있을 때 멀리 떨어진 별을 서로 다른 각도에서 보게 된다는 점에 주목했다. 이처럼 지구가 공전 궤도에서 차지하는 상대적 위치에 따라 달라지는 별의 겉보기 각도 차이를 연주시차(parallax)라고 한다. 티코는 이 연주시차가 관찰되는지를 오랜 시간에 걸쳐 공정하고 꼼꼼하게 조사했고, 결론은 연주시차가 전혀 관찰되지 않는다는 것이었다. 만약 코페르니쿠스 이론이 옳다면 연주시차가 존재해야 한다. 연주시차가 관찰되지 않는다는 사실과 티코 브라헤가 당대 최고의 관측가라는 점을 결합하면 연주시차가 존재하지 않는다는 결론에 이르게 되고 이는 논리학의 유명한 논증법인 모두스 톨렌스(modus tollens)에 따라 코페르니쿠스 이론이 거짓이라는 결론을 함축하게 된다. 티코 브라헤는 반증주의 철학자 포퍼가 탄복할 만큼 정확하게 이 절차를 따랐고 그 결과 코페르니쿠스 체계는 반증되었다. 티코 브라헤의 설득적인 논증에 다른 합리적인 천문학자들이 크게 영향을 받았음은 당연하다.

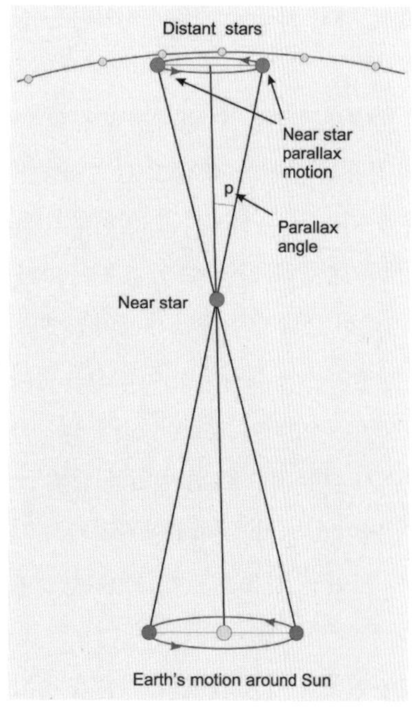

그림3 | **연주시차**

어떻게 이런 일이 발생한 것일까? 현재 우리가 알게 된 사실은 가장 가까운 별조차 연주시차가 10초 이하여서 티코 브라헤조차 관측할 수 없었다는 것이다. 이는 별이 태양계로부터 아주아주 멀리 떨어져 있다는 것을 의미한다. 이로부터 얻을 수 있는 가장 초보적인 교훈은 아무리 완벽해 보이는 과학적 반증도 후일 오류로 판정될 수 있다는 점이다. 과학지식의 오류가능성이란 단순히 논리적 가능성만으로 존재하는 것이 아니다.

흥미로운 점은 티코 브라헤가 자신이 관찰한 별이 너무 멀리 떨어져 있어서 연주시차가 관찰되지 않을 가능성을 고려했다는 사실이다. 그러나 티코 브라헤는 이런 가능성이 그럴듯하지 않다고 거부하고 대신 코페르니쿠스 체계를 반증하는 선택을 했다. 그가 제시한 이유는 관찰의 이론적재성의 또 다른 사례를 제공한다. 별이 그렇게 멀리 떨어져 있다면 별은 어떻게 태양 주위를 돌 수 있을까? 코페르니쿠스 이론도 그 별이 하늘을 가로질러 가기 위해 어마어마하게 큰 천구에 업혀서 움직인다고 가정할 수밖에 없었다. 당시는 뉴턴 역학이 등장하기 전이었으므로, 별이나 행성이 도는 이유는 만유인력 때문이라고 설명할 수 없었고, 아리스토텔레스 동역학 이론이 가정하는 원운동의 '자연스러움'에 호소할 수밖에 없었다. 하지만 별이 그토록 멀리 있다면, 별이 놓여 있는 천구는 너무나 엄청나게 커지고 빛의 속도보다 빠른 속도로 회전해야 한다. 이 점은 직관적으로 받아들이기 어렵다. 게다가 별이 그토록 멀리 있다면 태양계와 별 사이에 엄청나게 큰 빈 공간이 생기게 되는데, 이러한 빈 공간은 그 당시 믿어졌던 낭비를 싫어하는 자연의 속성과도 부합하지 않았다. 이런 이유로 티코 브라헤는 자신이 관찰할 수 없을 정도로 별이 멀리 떨어져 있을 가능성을 부인했다. 연주시차가 존재하지 않는다는 관찰 내용을 확정짓기 위해서는 특정 이론적 설명에 의지하지 않을 수가 없었던 것이다.

과학은 분명 경험적 연구를 통해 세계에 대한 가설을 입증하거나 반증하면서 지식을 축적해 나간다. 하지만 경험적으로 특정 가설을 반증시키는 과정은, 연주시차의 예에서도 알 수 있듯이 그렇게 단순하지 않다. 티코 브라헤처럼 현대의 과학철학자조차 탄복할 만한 치밀한 추론을 전개한 과학자의 반증도 나중에는 추론 과정에 사용된 특정 보조가설(별이 연주시차가 관찰되지 않을 만큼 멀리 떨어져 있지는 않다)이 틀렸기에 오류로 판명될 수 있다. 티코 브라헤처럼 위대한 과학자도 오류가능하다면, 현대 과학 연구의 어느 부분도 논리적으로나 실제적으로 오류에서 자유로울 수 없을 것이다. 아인슈타인의 말처럼 우리는 우리가 과학연구를 통해 세계를 설명하고 이해할 수 있다는 사실에 감탄하는 동시에, 그러한 이해가 늘 불완전할 수밖에 없음을 겸손하게 인정해야 할 것이다.

더 생각해볼 주제

—

이 글의 내용을 염두에 두고 과학연구와 다른 지적 활동을 구별할 수 있는 구획기준(demarcation criteria)에 대해 생각해 보시오. 현대 과학철학이 상식적 과학관의 많은 부분이 지나치다고 밝혀낸 지금에도 과학과 과학이 아닌 다른 지적 활동 사이의 구획을 짓는 문제가 의미를 가진다면 어떤 점에서 그러한지 생각해 보시오.

더 읽어볼 거리

—

A.F.차머스, 신중섭·이상원 역, 『과학이란 무엇인가?』, 서광사, 2003.

이상욱 외, 『과학으로 생각한다』, 동아시아, 2007.

이중원 외 엮음, 『인문학으로 과학읽기』, 실천문학사, 2004.

이필렬 외, 『과학, 우리 시대의 교양』(유네스코 한국위원회 기획), 세종서적, 2004.

트레버 핀치·해리 콜린스, 이충형 역, 『골렘』, 새물결, 2006.

홍성욱, 『과학은 얼마나』, 서울대학교출판부, 2004.

02

토머스 쿤과 과학혁명의 구조

1. 머리말

토머스 새뮤얼 쿤(Thomas Samuel Kuhn, 1922-1996)은 과학의 역사와 철학 연구 분야 모두에서 중요한 업적을 남긴 학자이다. 하지만 토머스 쿤의 지적 업적은 과학사와 과학철학의 전문분야에만 국한되지 않는다. 쿤 스스로 자랑스럽게 여겼듯이, 그의 주저인 『과학혁명의 구조(The Structure of Scientific Revolutions)』는 인문사회과학 분야에서 가장 많이 읽히는 책 중 하나가 되었다. 그리고 과학이 발전하는 방식과 과학의 본성에 대한 그의 생각은 심리학에서 교육학에 이르기까지 수많은 분야의 학자들에 의해 다양한 방식으로 해석되어 그들의 연구에 매우 큰 영향을 끼쳤다. 이런 점을 고려해볼 때 쿤의 과학관을 살펴보는 일은 지성사적으로도 중요한 의의를 지닌다.

그림1 | 『과학혁명의 구조』 출간 시기의 쿤

〈과학기술의 철학적 이해〉라는 이 과목의 성격에 비추어 쿤의 과학관이 중요해지는 이유가 몇 가지 더 있다. 첫째, 쿤이 젊은 시절 하버드 대학교에서 이 과목과 비슷한 성격의 강좌를 가르치면서 자신의 과학관을 발전시켰다는 사실이다. 하버드 대학은 1960년대에 과학의 본질을 학생들에게 체계적으로 교육시키고자 과학사와 과학방법론에 대한 강의를 일반교양강좌로 개설했다. 이 과목개설에 핵심적인 역할을 했던 그 당시 하버드 대학교 총장 코넌트의 제안으로, 쿤은 물리학 박사학위를 준비하면서 이 과목의 수업준비를 도왔고, 결국에는 졸업 후 이 과목을 위한 조교수로 임용되었다. 그가 자전적 인터뷰에서 고백하듯이, 쿤은 이 시기에 강의 준비와 관련된 연구를 수행하면서 과학에 대한 자신의 독특한 관점을 형성시켰다. 그런 생각을 책으로 정리할 마음을 먹게 된 것도 이 시기였다. 그러므로 토머스 쿤의 과학관은 〈과학기술의 철학적 이해〉가 추구하는 과학기술에 대한 인문사회과학적 고찰과 밀접한 관련을 가진다.

둘째, 쿤은 과학기술에 대한 진정한 의미의 '종합적' 이해를 추구한, 몇 사람 안 되는 학자 중 한 사람이었다는 사실이다. 쿤은 대부분의 사람들에게 과학사학자로 알려져 있지만, 그의 지적 작업을 과학사나 과학철학 중 어느 한 분야로 분류하기는 어렵다. 쿤은 물리학을 전공하던 시절부터 물리학이나 그 당시 주류 과학철학이었던 논리경험주의와 같은 특정 시각에 제한을 받지 않으며 과학에 대한 궁극적 '진실' 찾기를 열망했다. 그의 지적 여정은 그런 열망을 실현시키기 위한 쿤의 지속적인 노력을 보여준다. 그러므로 쿤의 과학관을 살펴보는 것은 과학기술의 다양한 측면에 대한 이해를 성공적으로 종합했던 한 사례를 살펴보는 일도 될 것이다. 그리고 이러한 사례를 통해서 현대 과학기술의 전반적인 모습을 파악하는 데 유용한 분석도구들을 배울 수 있을 것이다.

그림2 | 「과학혁명의 구조」 개정판 표지

2. 토머스 쿤의 생애

토머스 쿤은 1922년 7월 18일 미국 오하이오 주의 신시내티에서 태어났다. 고등학생 시절 사회주의적 생각에 경도되어 활발한 학생활동을 했던 쿤은 하버드 대학교 물리학과에서 제2차 세계대전 중 학부생활을 하게 된다. 쿤의 회고에 따르면 전쟁 중이라 수업은 제대로 진행되지 않았고, 2학년 때부터 군사 연구와 관련된 일을 하게 되었다고 한다. 2차 대전 말기에 잠시 참전하여 유럽에서 송수신 안테나를 세우는 일을 하기도 했다. 그 후 쿤은 대학으로 돌아와 1949년 고체의 성질에 대한 연구로 이론물리학 박사학위를 취득한다. 쿤은 매우 우수한 학생이었지만 아인슈타인과 같은 최고 수준의 물리학자가 되기에는 자신의 재능이 부족하다고 느끼고 있었다. 또한 워낙 지적 야심이 커서 물리학 공부 초기부터 물리학의 구체적인 이론이 아니라 왜 물리학 이론이 세계를 설명한다고 할 수 있는지와 같은 보다 궁극적인 질문들에 관심이 있었다.

학부시절 들었던 과학사와 과학철학 과목들은 너무 '따분한' 방식으로 수업이 진행되어 쿤의 흥미를 유발하지 못했다. 하지만 박사논문을 준비하면서 과학사에 흥미를 가지게 되었는데, 특별히 그 당시 '수용된 견해(received view)'로 불리던 주도적 과학관(주로 논리경험주의의 과학철학의 과학에 대한 이론)이, 과학연구가 이루어지는 방식에 대해 자신이 알고 있던 것이나 과학이 역사적으로 전개해 온 방식에 대한 엄밀한 연구결과와 동떨어져 있다는 점에 주목하게 된다. 박사학위 취득 후 쿤은 하버드 대학교의 교양교육 및 과학사(General Education and History of Science)를 위한 조교수로 임용되었고, 이 시기에 자신의 생각을 코페

그림3 | **쿤의 논문 모음집 『본질적 긴장』의 표지**

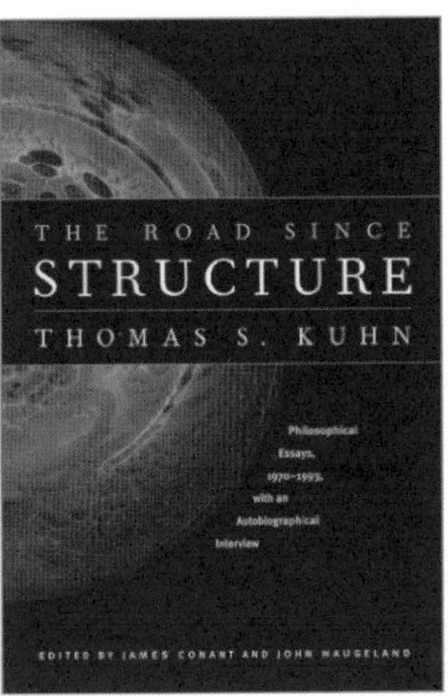

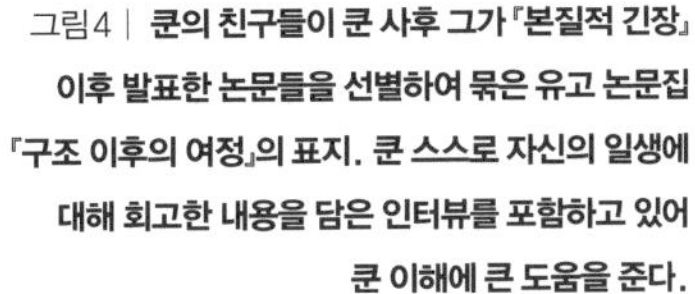
그림4 | **쿤의 친구들이 쿤 사후 그가 『본질적 긴장』 이후 발표한 논문들을 선별하여 묶은 유고 논문집 『구조 이후의 여정』의 표지. 쿤 스스로 자신의 일생에 대해 회고한 내용을 담은 인터뷰를 포함하고 있어 쿤 이해에 큰 도움을 준다.**

르니쿠스 연구를 통해서 더욱 정교한 것으로 만들었다. 코페르니쿠스의 업적에서 나타나는 혁명적인 모습과 보수적인 모습에 대한 분석을 담은 그의 저서 『코페르니쿠스 혁명(The Copernican Revolution)』이 1957년에 나왔고, 이 책은 쿤을 물리학자가 아닌 과학사학자로 확실히 자리매김하게 하였다.

쿤이 이 책을 쓰지 않고 바로 『과학혁명의 구조』를 출간했다면 학계에 그다지 큰 반향을 불러일으키지 못했을 가능성이 크다. 이 책의 다른 글에서도 알 수 있듯이, 특정 전문분야에서 연구자로서의 신빙성(credibility)을 정립하는 것은 자신의 견해가 그 전문분야에서 얼마나 영향력을 가질 수 있는지와 밀접한 관련이 있다. 쿤이 이 사실을 의식하고 있었는지는 확인할 수 없다. 하지만 이미 『코페르니쿠스 혁명』으로 능력 있는 과학사학자로 학계에서 인정받았던 쿤이 도전적인 내용을 담은 『과학혁명의 구조』를 출간하자마자 이 책은 곧바로 과학사와 과학철학 연구자들에게 엄청난 충격을 주었다. 책 출간 후 얼마 지나지 않아 쿤의 견해를 주제로 한 학회가 여러 곳에서 열렸다는 사실이 『과학혁명의 구조』가 학계에 불러일으킨 파장을 짐작할 수 있게 해준다.

그렇지만 『과학혁명의 구조』는 현대과학에 대한 해명으로서는 상당한 한계를 가지고 있었다. 쿤이 이 책에서 다룬 사례들은 주로 20세기 이전의 과학에서 나왔기 때문이다. 이 사실은 그때까지의 쿤의 과학사 연구가 현대과학에는 아직 미치지 못했음을 보여준다. 그 후 쿤은 양자역학의 형성과정에 대해 막스 플랑크라는 물리학자를 중심으로 연구를 수행했고, 그 결과는 양자물리학의 발달과정의 주요 논문을 모은 『양자물리학의 역사에 대한 자료집(Sources for the History of Quantum Physics, 1967)』과 『흑체이론과 양자적 불연속(Black Body Theory and the Quantum Discontinuity 1894-1912, 1978)』으로 출간되었다. 이 중 특히 후자의 책은 쿤이 『과학혁명의 구조』에서 제기했던 여러 새로운 개념들, 특히 '공약불가능성(incommensurability)'의 좋은 보기로 막스 플랑크의 흑체복사 이론을 분석하고 있다. 이와는 별도로 쿤은 평소 자신이 과학사와 과학철학에 대해 보다 이론적인 수준에서 써 두었던 글을 모아서 『본질적 긴장(Essential Tension, 1977)』이라는 책을 출간했다. 쿤은 1996년 죽기 직전까지 『과학혁명의 구조』의 후속편에 해당되는 저서의 집필에 몰두하고 있었다.

3. 아리스토텔레스 경험과 쿤식 사료 읽기

과학사 연구에서 쿤은 독특한 방식의 사료읽기를 강조했다. 쿤 자신이 아리스토텔레스의 저술을 읽는 과정에서 게슈탈트 전환을 경험하면서 정립한 이 방법론은, 과거 과학자의 사료를 읽을 때 현재의 시각을 그대로 적용해서는 이해하기 어려운 경우가 많다는 문제의식에서 출발한다. 이런 상황에서 쿤은 과거 과학자들이 나름대로 정합적인 과학이론을 전개하고 있다는 가정을 일종의 '작업가설'로 삼고 사료를 읽어나가야 한다고 권고한다. 이 때 명심해야 할 점은 과거의 사료들이 현재 우리의 인식론적, 형이상학적 가정과는 다른 것에 바탕해서, 종종 다른 목표를 달성하기 위하여 저술되었다는 사실이다. 거기다가 한 개념이나 용어가 서로 다른 과학적 전통하에서는 다른 방식으로 이해될 수 있다는 점에도 주의해야 한다. 이런 점에 명심하면 과거의 터무니없어 보이는 과학이론이 점차적으로 정합적인 것으로 보이게 될 수 있다.

그림5 | 『구조 이후의 여정』 뒤표지에 실린 말년의 쿤의 모습

예를 들면, 우리에게는 패스트푸드로 널리 알려져 있는 햄버거(hamburger)는 원래 독일의 항구도시 함부르크에 사는 사람을(함부르거: Hamburg+er) 의미했다. 함부르크에는 고기와 야채를 다져서 구워 먹는 독특한 방식의 스테이크가 그 지역 토속음식으로 유명했다. 그런데 어쩌다보니 우리가 흔히 햄버거 스테이크라고 부르는 그 음식이 세계적으로 널리 퍼지면서 원래는 함부르크 사람들을 뜻하던 '함부르거'가 이 음식을 지칭하는 용어로 사용되게 되었다. 그러다가 좀 더 시간이 흘러 이 '함부르거'를 빵 사이에 다른 야채와 소스를 곁들여 끼워 먹게 되고 그 음식을 영어식으로 부르면서 현재 우리가 알고 있는 햄버거가 된 것이다.

자, 이제 누군가가 16세기 독일 문헌을 읽다가 'Hamburger가 토지를 구입했다'는 문장을 발견했다고 가정해 보자. 만약 이것을 '(우리가 패스트푸드로 먹는) 햄버거가 토지를 구입했다'로 읽으면 전혀 무의미한 헛소리로 읽힐 것이고, 그 구절을 쓴 저자의 정신 상태를 의심하게 될 것이다. 하지만 이 문장을 '함부르크 시민 한 사람이 토지를 구입했다'로 읽으면 그 뜻을 명료하게 이해할 수 있게 된다. 햄버거의 예처럼 극단적인 경우가 아니라도 과거의 문헌을 읽을 때는 우리에게 현재 익숙한 용어들이 과거에는 미세하게라도 다른 의미나 뉘앙스를 가질 수 있음을 인식하는 것이 역사를 공부하는 기본적인 방법론이다. 중요한 점은 이런 '지성사적' 방법론이 과학기술의 역사를 연구할 때도 유효하다는 사실이다.

쿤이 말하는 '아리스토텔레스 경험'은 이런 사실을 깨닫게 한 사건이었다. 쿤은 수업 준비를 위해 과거 과학자들의 고전적 저작을 읽어야 했다. 그때 쿤이 주의를 기울였던 것은 과거의 과학자들이 현대과학을 기준으로 얼마나 많이 알고 있었는가 하는 점이었다. 이 점을 확인해가면서 쿤은 당혹스러움을 느꼈다. 최고의 철학자로 간주되는 아리스토텔레스의 저술에서조차 현대과학을 기준으로 볼 때 '옳은' 문장은 거의 찾아볼 수 없었기 때문이다.

이런 난처한 상황은 근대과학의 시조라 할 수 있는 코페르니쿠스, 갈릴레오, 케플러, 보일, 뉴턴 등의 저작에서는 사정이 나아졌다. 하지만, 여전히 이들의 저술에서도 이해하기 어려운 다른 특징이 나타났다. 매우 논리정연하게 '옳은' 주장을 한참 펴다가 어느 순간 도저히 납득할 수 없는 주장으로 이어지는 것이다. 문제는 그런 대목을 단순한 실수로 보기 어렵다는 데 있었다. 즉, 현대과학을 기준으로 케플러의 저작에서 '옳은' 부분과 '틀린' 부분이, 적어도 케플러의 사고의 흐름에서는 매끄럽게 연결되고 있는 것처럼 보였던 것이다. 그렇다면 드는 의문은 수많은 옳은 생각을 할 수 있었던 케플러가 어떤 대목에 가서는 왜 멍청한 생각을 하게 되었는지였다. 쿤의 회고에 따르면, 이런 지적인 '당혹스러움'을 해소하는 과정에서 그의 과학사 연구방법론이 싹트게 되었다고 한다.

아리스토텔레스의 '진공(vacuum)' 개념을 예로 들어보자. 아리스토텔레스가 '진공'은 존재하지 않는다고 말한 것은 잘 알려져 있다. 현대 실험과학자들에게 이 말은 단순히 '헛

소리'에 불과한 것으로 들린다. 현대 실험과학의 여러 분야에서 진공은 존재가 의심스럽기는커녕 매우 익숙한 연구대상이다. 진공에서의 실험은 실험상황에서 보고 싶은 현상 이외의 간섭을 줄여주기 때문에 극저온 현상이나, 공기 중에서 잘 보이지 않는 미세한 효과를 보고 싶을 때 자주 이용된다. 그러므로 현대 과학자들에게 '진공'이 존재하지 않는다는 주장은 논의의 여지없이 경험적으로 틀린 주장인 것이다.

물론 실험과학자들이 다루는 진공은 엄격한 의미의 절대적 진공은 아니다. 아무리 성능이 좋은 진공펌프로 몇 달 동안 공기를 빼내도 완벽한 진공을 만들 수는 없다. 하지만 점점 더 높은 수준의 진공을 만드는 것에 어떠한 원리적 장벽도 존재하지 않는다. 게다가 실험실에서 일상적으로 진공을 만들고 그 정도를 조절하고 있는 실험과학자들에게 진공이 존재하지 않는다는 주장은 설득력을 가지기 힘들다. 이론과학자들이 진공에서의 여러 가지 상황에 대한 이론을 전개할 수 있는 것도 진공이 원칙적으로는, 경험적으로 접근 가능하기 때문이다.

그렇다면 문제는 무엇인가? 문제는 아리스토텔레스에게 '진공은 존재하지 않는다.'는 주장이 단순한 '경험적' 주장이 아니라는 데 있다. 다시 말하자면 아리스토텔레스에게 진공 개념은 그의 자연철학 전반에 걸쳐 다른 개념들과 연결되어 있어서, 아리스토텔레스의 철학체계를 완전히 바꾸지 않으면서 그저 진공이 현실적으로 존재한다고 인정하는 방식으로 그의 자연철학을 '교정'할 수 없는 것이다.

좀 더 자세히 알아보자. 아리스토텔레스의 운동이론에서도 위치를 바꾸는 것이 운동에 해당된다. 그런데 아리스토텔레스에게는 특정 장소에 위치한다는 사실 그 자체가 그 위치를 점유하는 대상의 '상태'를 구성한다. 그런데 운동은 위치의 변화이므로, 운동은 상태를 바꾸는 것이 된다. 그리고 아리스토텔레스 운동이론에 따르면 상태의 변화는 반드시 원인을 필요로 한다. 가령 지구상에서 물체를 일정한 속도로 던지면 결국에는 속도가 느려져서 정지하게 되는데 이는 그 물체가 통과하는 매질의 밀도가 저항력이라는 원인으로 작용하기 때문이다. 즉, 던짐이라는 초기 원인이 물체의 초기속도라는 효과를 가져왔다면, 매질의 밀도라는 다음 원인이 물체를 결국 정지하게 하는 효과를 가져온 것이다.

아리스토텔레스는 물체의 속도가 매질의 밀도에 반비례한다는 공식을 이런 과정에 대한 정량적 분석으로 제시했다(즉 $v \propto 1/d$: v는 물체의 속도, d는 물체가 운동하는 매질의 밀도). 그런데 진공에서는 밀도가 0이므로 속도($\propto 1/0$)는 무한대가 된다. 무한대의 속도란 순식간에 무한한 거리를 갈 수 있음을 함축하므로 자연세계에서는 일어날 수 없다. 그러므로 귀류법에 의하여 진공은 존재할 수 없게 된다.

게다가 진공은 사방팔방이 모두 균질하기 때문에 어떤 방향도 다른 방향에 선호될 수가 없다. 그러므로 아리스토텔레스 운동학 관점에서 볼 때, 진공에서는 위치의 변화를 위한 원인이 존재할 수 없다. 즉 진공에서는 각각의 위치를 구별해줄 어떤 자연적 원인도 존재할 수 없는 것이다. 그런 이유로 진공에서는 어떤 운동도 가능하지 않다. 그런데 어떤 운동도 가능하지 않다는 것은 불합리하므로 진공은 존재하지 않는다.

이상에서 살펴본 것처럼 현대 독자들에게는 전혀 말이 안되는 것처럼 보이거나 명백한 경험적 사실을 부정하는 듯이 보이는 과거 과학자들의 진술들도 그 진술이 포함된 이론체계를 고려하면 나름대로의 정합성을 가질 수 있다. 쿤은 이러한 교훈을 얻고 나서 과거의 과학을 연구할 때에는 현대과학의 기준에서 과거의 과학자들이 얼마나 '맞는' 이야기를 하는지에 논의를 집중할 것이 아니라 오히려 도저히 이해할 수 없는 구절들로부터 분석을 시작하라고 권고한다. 쿤과 다른 여러 선구적 학자들의 노력으로 '도저히 이해할 수 없는 구절을 어떻게든 정합적으로 이해할 수 있게 만들기'가 현재는 과학사 연구방법의 근본이 되었다.

4. 교과서 / 종설논문 전통

쿤은 과학연구에 갓 들어선 신참자에게 기존의 연구 성과를 단시간에 교육시키는 데 매우 유용한 교과서나 종설논문(review paper)이 과학연구의 본질에 대한 올바른 이해에 방해가 될 수 있음을 지적했다. 교과서나 종설논문의 목적은 현재까지 합의된 과학내용을 개념적으로 가장 잘 이해될 수 있도록 정리해서 학습자에게 제시하는 것이다. 그렇기에 과학연구가 역사적으로 어떤 전개과정을 거쳤는가에 대해서는 일반적으로 부정확한 모습을 보여주게 된다. 가령 A라는 연구 이후에 수많은 다른 방향의 연구가 진행되다가 B라는 연구가 이루어졌다고 하자. 만약 현대적 관점에서 연구사를 정리할 때 A 다음에 B를 연이어 서술하는 것이 이해하기 쉽다면, 교과서는 A의 연구 이후 B의 연구자들이 A의 연구에 직접적으로 자극을 받아서 B의 결과물을 얻게 된 것처럼 서술하는 경우가 많다.

예를 들어 움직이는 지구에서의 서로 다른 방향에 대한 빛의 속도를 측정하려던 마이켈슨과 모올리의 실험(1887)은 흔히 모든 방향에 대해서 빛의 속도는 측정자의 운동속도와 무관하게 일정하다는 아인슈타인의 특수 상대성이론(1905)을 실험적으로 입증한 것으로, 시간의 순서를 뒤집어서 서술된다. 하지만 마이켈슨과 모올리는 빛의 속도 자체를 측정하려고 그 실험을 했던 것이 아니었다. 그들이 측정하고자 했던 것은 에테르의 움직임과 관련된 지구 공전의 속도였고 그 속도를 서로 직각인 방향의 빛의 속도 차이에서 계산해내고 싶었던 것이다. 그러므로 그들의 실험은 아인슈타인의 상대성이론과는 개념적으로도 별 관련이 없었다. 실제로 마이켈슨과 모올리는 빛의 속도차이가 발견되지 않자 실망하여 계속해서 동일한 실험을 반복했고, 모올리는 밀러라는 다른 연구자와 함께 보다 정밀한 실험을 수행하여 속도 차이를 확인하기도 했다! 하지만 물리학 교과서가 그런 과학연구의 복잡한 과정을 다루는 경우는 거의 없다.

과학 교과서를 서술하는 이러한 방식이 가지는 문제점은 과학연구가 이루어지는 과정에 대해 학습자가 잘못된 이해를 갖게 하기 쉽다는 것이다. 즉, 과학연구가 마치 어떤 문제가 주어지면 그 문제에 대한 해법이 무엇인지 그리고 그 해법을 어떻게 얻을 것인지에 대해 모든 연구자들이 항상 동일한 생각을 가지고 있으며 단지 그 해법을 누가 먼저 발견하는가가 중요할 뿐이라는 식의 사고방식이 그것이다. 물론 이런 식으로 이루어지는 과학연구도 존재한다. 인간유전체계획(Human Genome Project) 이후 최근 여러 연구자들이 각종 유전자의 염기서열을 경쟁적으로 분석하여 논문으로 발표하는 경우가 이에 해당한다.

그러나 대부분의 과학연구는 현재 과학계가 당면한 문제를 어떤 방식으로 정식화할 것인지, 그리고 어떤 형태의 답이 그 문제에 대한 답이라고 생각될 수 있는지, 그리고 그 답을 어떻게 찾을지에 대해, 서로 다른 의견이 존재하는 상황에서 이루어진다. 실제로 DNA가 유전정보를 어떤 방식으로 저장하고 전달하는 지에 대한 왓슨과 크릭의 연구는 유전현상에 대한 다양한 연구계획 중 하나에 불과했다.

이런 다양한 문제제기의 가능성과 연구의 복잡성을 무시하면 과학연구는 자칫 창조성이 결여된 기계적인 작업이나, 수학적 능력과 같은 상당히 선천적인 능력에 의해서만 전적으로 결정되는 따분한 지적 게임으로 여겨지기 쉽다. 하지만 실제로 과학연구는 수많은 우연성과 노력 등이 어우러지는 방식으로 이루어진다. 과학연구의 이런 다양한 측면을 잘 이해할 때만이 연구자들은 과학연구를 즐길 수 있고, 도전해볼 만한 보다 '인간적인' 활동으로 여길 수 있을 것이다.

그럼 도대체 이와 같은 역사적 '왜곡'이 왜 일어나는가? 이는 과거의 과학이론들이 현재의 과학이론으로 바뀌어나가는 과정을 자연스럽고 필연적인 것으로 묘사할 때, 학습자들이 훨씬 쉽게 그 과정을 이해할 수 있기 때문이다. 즉, 연속되는 이론들이 그 전 이론의 단점을 하나씩 극복해나가는 과정으로 과학의 역사를 서술하는 것이 교과서의 목적을 달성하는데 절대적으로 유리하다는 것이다.

예를 들어 톰슨의 원자모형이 러더포드의 원자모형으로 그리고 보어의 원자모형으로 대체되는 과정에 대한 교과서적인 설명을 살펴보자. 톰슨의 원자모형에 따르면 원자 내에서 양의 전하와 음의 전하는 서로 고르게 섞여있다. 그런데 러더포드가 알파입자를 원자에 쏘아주었더니 일부가 매우 큰 각도로 튕겨져 나왔다. 만약 톰슨의 원자모형이 맞는다면 원자 내부의 모든 지역에서 평균 전하의 값은 대강 0에 가까울 것이기에, 양의 전하를 가진 알파입자는 거의 영향을 받지 않고 원자를 통과해야 한다. 그러므로 큰 각도로 튕겨져 나온 알파입자가 존재한다는 사실은 양의 전하가 매우 작은 공간에 엄청난 밀도로 뭉쳐있음을 시사한다. 러더포드는 이를 원자핵이라고 명명했고 러더포드의 원자모형은 양의 전하를 가진 원자핵의 주위를 음의 전하를 가진 전자가 마치 지구가 태양 주위를 돌듯 회전하는 형태로 되어있다. 그런데 고전전기역학에 따르면 원운동을 하는 전자는 전자기파를 방출해야 하는데, 전자기파는 에너지이므로 전자는 곧 에너지를 잃고 원자핵으로 추락해야 한다. 그러나 이렇다면 이 세상의 모든 원자들은 순식간에 붕괴해야 하므로 우리 주위의 물질이 대부분은 오랫동안 안정된 형태로 존재한다는 사실을 설명할 수 없게 된다. 보어는 이 문제를 해결하기 위해 전자의 궤도가 특정한 정상파 조건을 만족하면 전자가 원자핵으로 추락하지 않고 안정된 상태로 있을 수 있다고 제안했고, 이것이 보어의 원자모형이다.

이상의 발전사는 이해하기 쉽다. 그리고 톰슨-러더포드-보어로 이어지는, 과학자들이 그 전 원자모형의 단점을 고쳐나가는 활동은 거의 필연적인 것으로 생각된다. 하지만 실제 역사는 이보다 훨씬 복잡하다. 톰슨, 러더포드, 보어는 각자 독자적인 연구계획들을 가지고 있었고, 그 계획들에서 원자모형은 서로 다른 방식으로 이해되었다. 그리고 각 모형의 주창자들이 자신들이 모형을 제안할 때 그 함의를 즉각적으로 인식했던 것도 아니었다. 많은 경우 자신이 제안한 모형이 무엇을 의미하는지를 다른 학자들이 설명해주는 일도 일어났다.

때로는 이러한 '왜곡'이 실시간으로 일어나기도 한다. 쿤은 미국물리학회의 요청으로 현대물리학의 기초를 세웠던 거장들을 인터뷰했다. 인터뷰 대상자 중에서 양자물리학의 형성에 중요한 역할을 한 닐스 보어도 끼어 있었다. 쿤은 이번 기회에 보어의 한 논문에 대해 그가 평소 가지고 있던 의문점을 풀고 싶어 했다. 그 논문은 세 편으로 구분되어 있고 우리가 현재 알고 있는 보어의 모형을 처음 제시한 것이었다. 쿤의 의문점은 3부작 논문의 첫 번째 논문과 마지막 논문에서 보어의 생각이 일치하지 않는 것처럼 보인다는 점이었다. 쿤이 아무리 꼼꼼하게 읽어보아도 첫 번째 논문에서 보어는 자신의 스승이었던 러더포드의 고전물리학 연구전통에 입각하여 원자의 문제에 접근하고 있었다. 그러나 약간 혼란스러운 두 번째 논문을 지나 세 번째 논문에 이르면, 보어는 현재 우리가 양자물리학적 사고방식이라고 부르는 것에 상당히 접근한 모습을 보여주었다.

쿤이 이 점을 보어와의 첫 번째 인터뷰에서 지적했을 때 보어의 반응은 간단한 '부인'이었다. 그럴 리가 없다는 것이었다. 자신은 그 3부작 논문을 처음부터 끝까지 분명히 양자물리학적 사고방식에 입각하여 저술했다는 주장이었다. 얌전히 물러나온 쿤은 보어와의 두 번째 인터뷰 때 그 문제의 논문을 복사해서 보어에게 보여주었다. 보어는 잠시 말문을 잃더니 어쩔 줄 모르면서 '그 논문을 그때 너무 급히 써서…… 그렇게 서둘러 발표하지 말았어야 했는데……' 등의 말을 우물거렸다.

왜 보어는 그토록 당황했을까? 그것은 보어 '자신도' 표준적 교과서에서 왜곡시킨 양자물리학의 역사를 어느새 그대로 믿고 있었기 때문이다. 즉 교육목적을 위해 과학연구의 과정을 단순하게 보여준 교과서의 보어 모형에 대한 서술을, 보어는 자신이 실제로 어떻게 작업했는지를 까맣게 잊어버리고 다른 후학들이 그랬듯이 믿어버린 것이다. 여기서 우리는 과학연구의 전개양상에 대한 교과서 전통의 위력을 실감할 수 있다. 쿤의 보어 인터뷰의 예에서 우리는 교과서나 종설논문이 쓰여지는 방식이 현재의 과학지식을 교육시키고 후속 연구자들을 훈련시키는 데 매우 유용하고 효율적이긴 하지만, 과학의 본질에 대해 왜곡된 이미지를 심어줄 수 있다는 점에 주목해야 한다. 원래 쿤은 보어를 세 번 인터뷰하게 예정되어 있었지만 마지막 인터뷰는 끝내 이루어지지 않았다. 쿤과의 두 번째 인터뷰에서 워낙 충격(?)을 받은 탓인지 보어는 세 번째 인터뷰 전에 숨을 거두고 말았다.

5. 『과학혁명의 구조의 과학관』(1): 패러다임

이제 『과학혁명의 구조』에 나타난 과학관의 중요 개념들을 간단하게 살펴보자. 쿤에 의하면 성숙되지 않은 과학(가령 쿤은 사회과학이 아직 성숙되지 않았다고 평가했다)은 여러 경쟁하는 학파들 사이에 합의가 존재하지 않는다는 특징을 갖는다. 그런 이유로 이런 상황에서는 각각의 연구전통에 따라서 다양한 문제들에 대해서 다양한 형태의 답이 시도된다. 그러다가 한 학파가 유명한 문제에 대해 모범적인 답을 제시하고 이 답이 다른 학파의 구성원들을 유혹(?)할 만큼 혁신적이었다면, 그 후부터 그 학파의 연구방향이 전체 연구를 주도하게 된다. 이때 연구할 가치가 있는 주제와 그 주제에 대한 해답이 가져야 할 특징, 표준적인 연구방법 등을 제시해주는 것이 바로 패러다임(paradigm)이다. 패러다임은 크게 둘로 나뉠 수 있다. '모범사례(exemplar)'와 과학연구 과정에서 배경적 믿음의 체계를 제공해주는 '전문분야 기반(disciplinary matrix)'이 그것이다.

모범사례는 교과서에 자주 등장하는 연습문제나, 특정 연구 분야에서 잘 알려져 있는 고전적 문제와 그에 대한 표준적 해법이 해당된다. 모범사례를 공부하면서 연구자들은 어떤 것들이 자신의 패러다임 하에서 풀 가치가 있는 문제로 간주되며, 어떤 형식의 답이 그러한 문제에 대한 답으로 여겨지는가를 배우게 된다. 전문분야 기반은 한 패러다임이 가지고 있는 인식론적, 형이상학적 가정이나, 이론이 가져야 하는 바람직한 특징들(가령 단순성, 생산성 등)을 포괄한다. 뉴턴 물리학과는 달리 현대 물리학에서는 '원거리 작용(action-at-a-distance)'을 인정하지 않고 오직 '국소적 서로작용(local interactions)'만을 인정하는 것이 전문분야 기반의 한 예가 될 수 있다.

6. 『과학혁명의 구조의 과학관』(2): 정상과학과 혁명적 과학

특정의 주도적 패러다임에 의하여 '정상과학(normal science)'의 시기에 이루어지는 과학연구의 특징은 그 패러다임의 근본원리에 대한 검증이나 반증이 허용되지 않는다는 것이다. 과학연구를 하다보면 몇 번의 시도에도 불구하고 풀리지 않는 변칙사례(anomaly)가 존재하기 마련이다. 하지만 연구자들은 이러한 변칙사례를 자신의 패러다임에 대한 반증으로 인식하지 않는다. 이러한 '고집'은 많은 경우 합리적이다. 우선 특정 시점의 어떤 연구전통도 모든 문제를 해결할 수는 없다. 그러므로 변칙사례가 등장할 때마다 자신의 연구의 기반이 되는 패러다임을 던져버린다는 것은 효율적이지 않다.

또한 오랫동안 변칙사례로 남아있던 문제들이 자신의 패러다임에 대해 굳은 믿음을 가지고 계속해서 그 문제에 도전한 과학자들에 의해 성공적으로 풀린 사례가 많이 있다. 한때 천왕성의 관측된 궤도가 뉴턴 역학의 예측과 어긋나는 것이 알려지자 뉴턴 역학을 포기해야 한다는 비관적인 주장이 많이 있었다. 그러나 뉴턴 역학 패러다임의 궁극적 성공을 믿었던 천체 물리학자들은 천왕성의 관측된 궤도가 새로운 별이 천왕성 바깥, 적당한 위치에 적당한 질량을 가지고 존재하면 뉴턴 역학의 예측과 일치할 수 있다는 그야말로 '과감한' 제안을 내놓았다. 예측과 관찰결과의 차이를 행성 하나를 더 만들어냄으로써 해결하려 했던 일견 무모해 보이는 이 시도는 이 행성(해왕성)이 예측된 위치에서 예측된 질량을 가진 채 발견됨으로써 결국 성공으로 끝났다.

게다가 패러다임이 처음 등장하는 시기에는 경쟁 패러다임에 비해 연구전통이 짧기 때문에 해결하지 못하는 문제(변칙사례)의 수도 자연스럽게 많기 마련이다. 이럴 때마다 새롭게 등장하는 패러다임을 반증해버린다면, 과학연구에서 새로운 패러다임으로의 혁명적인 변화는 불가능할 것이다. 그럼에도 불구하고 특정 패러다임 하에서 변칙사례의 수가 지나치게 증가하면, 주변부의 과학자들을 중심으로 대안적인 패러다임('혁명적 과학')을 모색하게 된다. 즉 정상과학이 위기(crisis)에 처하게 되는 것이다.

이때 대안적 패러다임이 인상적인 문제풀이의 성공사례를 통해 유능한 학문 후속세대를 끌어들이는 데 성공하면, 새로운 정상과학이 탄생하게 되고 이를 '과학혁명(scientific revolution)'이라 한다. 고전역학이 양자역학으로 대체되는 과정에서 흑체복사에 대한 연구로 양자역학의 성립에 단초를 제공했으면서도 죽을 때까지 고전역학을 지키고자 노력했던 막스 플랑크라는 물리학자는 과학혁명 과정에 대한 재미있는 언급을 했다. 그는 기존 학설(고전역학)을 지지하는 노쇠한 세대가 모두 죽고 새로운 학설(양자역학)을 지지하는 세대가 학계의 주류를 형성하는 방식으로 과학혁명이 일어난다고 푸념조로 이야기했던 것이다. 이런 식으로 패러다임이 교체되는 것을 그의 이름을 따서 '플랑크 원리(Planck's Principle)'라고 부른다.

과학혁명에서 중요한 점은 기존의 패러다임에 남아있는 사람들과 새로운 패러다임에 합류하는 사람들 모두가 대부분 나름대로 근거있는, 합리적 선택을 한다는 것이다. 이는 아무리 변칙사례가 많다고 하더라도 기존의 패러다임이 앞의 예에서 행성을 하나 발견하는 것과 같은 혁신적인 시도로 '재기'에 성공하는 일이 종종 가능하기 때문에, 기존 패러다임을 반드시 포기해야 하는 특정 시점이 있을 수 없기 때문이다. 이런 주장 때문에 쿤은 과학이론의 선택과정을 비합리적인 것으로 만들어버렸다고 종종 비난을 받았다.

하지만 쿤은 과학활동을 비합리적인 것으로 만들었다기보다는 과학자의 합리성을 보다 유연하게 이해할 수 있게 만들었다고 평가되어야 한다. 합리성에 대한 좁은 해석에 따르면 현재 관점에서 볼 때 '옳은' 이론을 과거의 선택상황에서 선택한 과학자만이 합리적이고 그와 다른 결정을 내린 과학자들은 모두 다 비합리적이다. 물론 이들 과학자들 중에서 근거없는 편견에 사로잡혀서 정말로 비합리적인 이유로 새로운 이론을 거부한 사람들도 있었을 것이다. 그러나 대다수의 과학자들은 자신에게 주어진 여러 증거들을 나름대로 잘 분석하고 그 타당성을 음미하여 '합리적인' 방식으로 결론에 도달한다. 그 결론이 과학자마다 다른 것은 과학자의 지적배경이나 주어진 증거에 대한 상대적 평가, 과학이 이룩해야 할 이상에 대한 견해 등이 다르기 때문이다.

가령, 플랑크나 아인슈타인과 같은 일급 물리학자들은 양자역학이 세계를 근본적으로 비결정론적으로 만들고 특정 사건에 대한 '완전한' 설명을 더 이상 제공하지 않으려 한다는 사실에 매우 실망했다. 그들은 그 때문에 양자역학이 예측력에 있어서 놀라운 성공을 거두었다는 점을 인정하면서도 끝끝내 양자역학을 세계에 대한 올바른 물리이론으로 받아들이지 않았다. 이런 상황에서 우리가 플랑크나 아인슈타인을 '비합리적'이라고 할 수 있을까? 과학연구에서 중요한 것은 나중에 누가 승리하는 지만이 아니다. 그것만큼이나 연구자가 자신에게 이용 가능한 증거들을 공정하게 판단하고 가능하면 각자가 이치에 맞는 판단을 내릴 수 있는 능력을 키우는 것도 중요하다.

7. 『과학혁명의 구조의 과학관』(3): 공약불가능성과 과학지식의 부분 – 축적적 성장

쿤 과학관의 혁신적 특징 중 하나는 전통적인 과학관의 기본믿음 중 하나인 '과학지식의 축적적 성장'에 타격을 가했다는 점이다. 쿤에 의하면 서로 경쟁하는 패러다임은 일반적으로 공약불가능(incommensurate)하다. 다시 말하자면 한 패러다임의 개념이나 연구업적이 다른 패러다임으로 완전하게 번역되는 것이 불가능하다. 이런 특징이 나타나는 이유는 패러다임이 단순히 '주어진' 문제들을 어떻게 풀 것인가에 대한 다른 방법론만을 제시하고 있는 것이 아니라, 자연현상을 이해하는 방식, 그런 이해에 바탕하여 문제를 구성하는 방식, 문제에 대한 해답의 형태 등에 대한 다른 생각을 제시하고 있기 때문이다. 이런 이유로 서로 경쟁하는 패러다임 사이에서는, 한 패러다임에서 매우 중요하게 생각되는 문제가 다른 패러다임에서는 문제로조차 취급되지 않는 상황이 종종 발생한다.

이런 이유로 과학혁명의 시기를 거쳐서 대체되는 패러다임과 대체하는 패러다임 사이에는 그 설명능력에 있어서 완벽하게 축적적인 관계가 성립하지 않는다. 많은 경우 대체되는 패러다임이 풀 수 있었던 여러 문제들을 대체하는 패러다임이 그와는 다른 방식으로 풀어내고 그에 더해서 새로운 문제들을 더 풀어내는 것이 사실이다. 하지만 대체되는 패러다임에서는 풀 수 있었던 문제들이 대체하는 패러다임에서는 문제로조차 인정되지 않거나 풀 수 없는 문제가 되는 상황이 일어나기도 한다. 이런 점들 때문에 쿤의 과학관은 과학의 발전과정을 패러다임에 의존해서만 이해할 수 있고, 패러다임을 가로질러서는 이해할 수 없게 만들었다고 비판받기도 한다.

8. 사례: 코페르니쿠스 혁명

그러나 코페르니쿠스 체계가 프톨레마이오스 체계를 대체하여 천문학의 혁명을 이룩한 과정을 살펴보면 쿤의 견해가 상당 부분 정당하다는 점이 드러난다. 단적으로 말해서, 코페르니쿠스 체계는 프톨레마이오스 체계에 비해서 절대적으로 우수했기 때문에 선택된 것은 아니었다. 지동설을 핵심으로 하는 코페르니쿠스 체계도 천체의 운동은 반드시 원의 형태를 가져야 한다는 점을 고수했기 때문에, 프톨레마이오스 체계를 괴롭혔던 주심원(epicycle)을 거의 프톨레마이오스 체계만큼이나 많이 사용해야만 성공적인 예측을 보장할 수 있었다. 그런 이유로 프톨레마이오스 체계보다 코페르니쿠스 체계가 절대적인 의미에서 단순했기에 선택되었다는 견해는 올바르지 않다.

게다가 아리스토텔레스 우주론을 뒤엎는 코페르니쿠스 체계의 혁신적인 특징과 그것을 뒷받침할 역학 체계가 없었다는 점은 많은 천문학자들로 하여금 티코 브라헤의 절충적인 체계를 선호하게 했다. 티코 브라헤의 체계는 지구 주위를 태양이 돈다는 점에 있어서는 전통적인 프톨레마이오스 체계와 같지만 나머지 행성은 모두 태양의 주위를 돌게 함으로써 코페르니쿠스 체계와의 절충을 시도했다. 고전적 우주론의 특징과 새로운 우주론의 장점을 결합한 듯이 보이는 티코 브라헤의 체계가 당시의 천문학자들의 '합리적' 선택을 받았으리라는 점은 쉽게 이해할 수 있다.

그렇다면 코페르니쿠스 체계는 어떻게 프톨레마이오스의 체계, 혹은 티코 브라헤의 체계를 제치고 천체에 대한 기본 패러다임이 되었는가? 여기에는 물론 여러 이유가 있지만, 무엇보다도 코페르니쿠스 체계의 몇몇 특징들이 갈릴레오나 케플러, 그리고 뉴턴처럼 똑똑한 학문 후속세대들에게 '미적으로' 강한 매력을 주었고, 그 결과 그들이 코페르니쿠스 체계를 더욱 더 매력적인 체계로 발전시켰다는 점을 들 수 있다. 이 과정에서 코페르니쿠스 체계를 발전시킨 뉴턴의 우주론은 프톨레마이오스 체계가 설명할 수 없었던 많은 현상들을 설명할 수 있었지만, 엄청나게 큰 수정천구가 어떻게 하루에 한 번씩 돌 수 있는가와 같은 역학적 문제들이나 천구 바깥에 무엇이 있는가와 같은 우주론적 질문들은 의미없는 것으로 치부되어 더 이상 논의되지 않았다. 쿤이 지적했듯이 과학혁명은 단순히 설명되는 현상을 증가시키는 것만이 아니라 몇몇 현상들을 더 이상 설명을 필요로 하지 않는 무의미한 것으로 판단하는 과정도 포함해서 일어나는 것이다.

더 생각해볼 주제

—

쿤의 과학관의 주요 개념들(모범사례, 전문분야기반, 변칙사례, 정상과학, 과학혁명, 공약불가능성 등)의 예를 자신들이 공부하고 있는 분야에서 찾아보자.

더 읽어볼 거리

—

김영식, 『과학혁명』, 아르케.

조인래 편역, 『쿤의 주제들: 비판과 대응』, 이화여자대학교출판부.

이상욱 · 홍성욱 · 장대익 · 이중원, 『과학으로 생각한다』, 동아시아.

토머스 쿤, 『과학혁명의 구조』, 까치글방.

가볼 만한 사이트

—

쿤의 생애와 업적에 대한 간단한 논의는

http://www.emory.edu/EDUCATION/mfp/kuhnobit.html,

http://the-tech.mit.edu/V116/N28/kuhn.28n.html,

http://www.sciam.com/2000/0900issue/0900reviews1.html 참조.

03

과학적 사실의 가치중립성

1. 과학적 사실의 가치중립성이 왜 문제가 되는가?

친구들과 쉽게 판가름 나기 어려운 문제, 예를 들어 아주 뜨거운 물에서 사는 생명체가 있는지를 놓고 말씨름을 벌이는 장면을 떠올려보자. 얼핏 생각하기에 뭐든지 끓는 물에 집어넣으면 살균이 된다는 것이 상식이기에 뜨거운 물 속에서 맘 편히 살아가는 생명체란 처음부터 터무니없는 소리처럼 들린다. 하지만 다른 한편으로는 지구와 너무도 다른 환경인 화성에도 생명체가 있을 수 있는지 탐색이 진행 중이라는 최근 보도를 떠올려보면 뜨거운 물에서 살아남는 것쯤은 그다지 어려워 보이지 않을 수도 있다.

이렇게 여러 근거를 놓고 옥신각신하다가 누군가 뜨거운 물처럼 극단적인 환경에서도 살아가는 생명체가 있다는 건 '과학적 사실이야!'라고 말하면 그 지점에서 논쟁이 끝나는 경우가 많다. 과학적 사실이라는 데 더 이상 논쟁은 무의미해 보이기 때문이다. 그만큼 과학적 사실은 우리 일상생활에서 거의 절대적인 지적 권위를 가지고 있다.

물론 누가 봐도 건물인 아파트를 두고 과학이라고 우기는 최근 세태를 보면, 과학적 사실의 권위가 과도하게 남용되는 면이 없지 않다. 그럼에도 불구하고 엄밀한 과학연구를 통해 얻어진 사실은 지적 권위를 가질 만한 충분한 자격을 갖추고 있다. 과학연구란 자연 현상이나 사회 현상에 대해 꼼꼼하고 체계적으로 관찰과 실험을 수행하여 현상의 배후에 작동하는 인과적 메커니즘을 밝혀낸 후, 그것을 바탕으로 왜 그런 현상이 일어나는지를 설명하고 가능하다면 통제할 수 있게 하는 일이라고 할 수 있다. 그러므로 과학연구를 통해 얻어진 과학적 사실이 개인적인 취향이나 편향된 정보에 비해 많은 사람들의 신뢰를 얻는 것은 당연하다고 볼 수도 있다.

그런데 이렇게 높은 신뢰를 얻고 있는 과학적 사실이 가치중립적이 아니라면 언뜻 생각하기에도 큰 문제가 생길 것 같다. 예를 들어, 심각한 병에 걸린 사람이 이미 임상시험에 의해 효과가 입증된 기적의 신약이라고 하기에 비싼 돈을 치르고 어떤 약을 복용했다고 하자. 하지만 사실은 그 임상시험이 제약회사의 이해관계를 고려해서 약의 장기적 부작용을 확인할 수 없을 정도의 매우 짧은 기간에 걸쳐 실시되었고, 좀 더 오랜 기간 약을 투여하면 상당히 심각한 부작용이 나타날 수도 있다고 해보자. 이런 경우 약에 대한 과학적 사실의 권위를 믿고 이를 복용한 다수의 환자들이 큰 피해를 볼 수밖에 없을 것이다. 이에 대해 우리 대부분은 기업의 이윤추구에 의해 과학적 사실의 가치중립성이 훼손되었다고 평가할 것이다.

이처럼 전반적으로 높은 신뢰를 받고 있는 과학적 사실이 특정 가치에 의해 편향되거나 왜곡된다면 사회적으로 상당한 혼란과 공공복지의 피해가 예상된다. 우리가 살아가면서 내리는 중요한 개인적, 사회적 판단이 많은 경우 과학적 사실을 포함한 믿을 만하고 객관적인 정보에 근거하여 내려진다. 물론 판단을 요구하는 상황과 관련된 과학적 사실이 특정한 판단을 '강요'할 수 있는 것은 아니지만(왜냐하면 과학적 사실 말고도 우리에게는 함께 고려해야 할 다른 요인, 예를 들어 관련된 가치판단 등이 있기 때문에) 그럼에도 불구하고 과학적 사실이 중요한 의사결정 과정에서 필수적으로 고려되어야 함에는 의심의 여지가 없다. 그런데 만약 이렇게 중요한 참고자료의 역할을 하는 과학적 사실이 특정 이해관계나 특정 이데올로기에 오염되어 관련 상황에 대한 객관적 정보를 제공하지 못한다면 결국 최종 판단의 정당성이 심각하게 훼손될 수 있다. 많은 사람들이 과학적 사실이 객관적이고 신뢰할 만한 정보의 원천이 되기 위해서는 가치중립적이어야 한다고 생각하는 이유가 여기에 있다.

그러므로 과학적 사실이 항상 가치중립적인지, 만약 그렇지 않다면 어떤 경우에 어떤 가치를 담아내고 있는지, 가치중립적이지 않은 과학적 사실은 항상 위험하거나 경계해야 하는지 등을 따져보는 일은 과학적 사실에 근거한 판단의 정당성을 평가하기 위해서도 필요한 일이다. 이 글에서 우리는 이런 질문에 대해 주로 자연과학의 예를 고찰하면서 답을 찾아보기로 한다. 대부분의 사람들이 자연과학이 사회과학에 비해 보다 안정적으로 과학적 사실을 축적해나가고 있다는 점에 동의하므로 자연과학 사례에 근거한 우리의 결론은 사회과학이나 공학에도 여전히 적용될 수 있을 것이다. 하지만 이 질문에 본격적으로 답하기 전에 과학적 사실이 무엇인지 그리고 가치란 무엇인지에 대해 짚고 넘어갈 필요가 있다.

이런 논의가 필요한 이유는 다음과 같다. 앞선 신약의 사례에서조차 우리는 신약의 부작용이 알려지게 된 다음에는, 신약의 효과에 대해 처음 발표된 소위 '과학적 사실'은 실은 사실이 아니라 과학의 권위로 포장된 거짓이었다고 재규정할 수 있다. 이렇게 되면 과학적 사실은 항상 가치중립적이라는 판단을 유지할 수 있을 것이다. 왜냐하면 처음에는 과학적 사실로 간주되었더라도 나중에 오류로 밝혀지거나(그래서 세계에 대한 객관적 지식을 제공하지 못하거나), 아니면 실은 여러 복잡한 이해관계의 영향을 받았다는 점이 알려져서 더 이상 가치중립적이라고 보기 어려운 경우 처음부터 과학적 사실이 아니었다고 재규정함으로써 과학적 사실의 가치중립성에 대한 반례를 항상 무력화시키는 일이 가능하기 때문이다.

하지만 이런 식으로 과학적 사실은 항상 가치중립적이라는 주장을 옹호하는 것은 타당하지 않다. 왜냐하면 이는 오직 정직한 사람의 눈에만 보이는 옷감으로 지은 옷이라고 어리석은 왕을 속인 사기꾼 재단사들이 '임금님이 벌거벗었다!'고 소리치는 아이를 두고 '저 아이가 정직한 사람의 눈에만 보이는 옷을 보지 못하는 것을 보니 틀림없이 거짓말을 하고 있습니다'라고 말하며 자신들이 속임수를 쓰고 있음을 감추려 하는 것과 다를 바가 없기 때문이다. 과학적 사실의 가치중립성이 무엇인지에 대해 설득력 있는 설명을 내놓지 않은 채 과학적 사실이 가치중립적이 아닐 수 있는 반례마다 '그것은 과학적 사실이 아니다!'고 대응하는 것은 마치 정직한 사람 눈에만 보이는 옷이 어떤 것인지에 대한 독립적 판단기준을 제시하지 않은 채 그것의 존재를 의심하면 자동적으로 거짓말쟁이가 되도록 정의하는 것과 결국은 마찬가지 대응방식이라고 할 수 있다.

게다가 명백히 가치판단이 개입된 것처럼 보이는 신약의 효능에 대한 앞선 예조차 조금 더 조심스럽게 살펴보면 반드시 가치중립적이지 않다고만 볼 수는 없다. 제약회사가 신약을 통해 막대한 이윤을 얻기 위해 무책임한 선전을 한 것은 도덕적으로 비난받아 마땅하지만, 짧은 기간에는 약의 부작용이 나타나지 않았다는 임상시험의 내용 자체는 실제로 수행된 임상시험의 결과에 근거한 가치중립적인 과학적 사실이라고 볼 수 있기 때문이다. 이 경우 도덕적으로 비난받아야 할 가치의 개입은 임상시험에서 얻어진 가치중립적 사실을 이윤추구라는 과학 외적 가치를 위해 부당하게 (즉 원래 사실보다 더 과장해서) 사용하는 과정에서 이루어졌다고 볼 수도 있다. 같은 상황을 놓고서도 이처럼 다양한 판단이 나올 수 있으므로, 과학적 사실이 항상 가치중립적인지 여부를 정확하게 판단하기 위해서는 과학적 사실이나 가치와 같은 기본적 개념을 명확하게 이해할 필요가 생기는 것이다.

2. 두 종류의 과학적 사실

우리가 일상적인 의미에서 사실(fact)이라고 부르는 것에는 두 종류가 있다. 첫째는 실제로 일어났거나 현재 진행 중인 사건을 가리키는 의미의 사실이다. 예를 들어, 훈민정음은 세종대왕에 의해 집현전 학자들의 연구로 만들어졌다는 역사적 주장이나 최근 발표된 통계수치상에서 확인되는 우리나라의 빈부격차가 커지고 있다는 상황에 대한 진술이 이런 의미에서의 사실이다. 이는 진정으로 발생한 세상의 일에 대한 진술이므로 앞으로의 논의에서 실재-사실이라고 부르겠다. 중요한 점은 실재-사실은 세계가 존재했던 혹은 존재하는 혹은 존재할 사태 자체에 의해 참과 거짓이 결정될 뿐, 우리가 그에 대해 어떤 믿음을 가지는 지와는 무관하다는 것이다.

이에 비해 사실에는 관찰이나 경험 등을 통해 참이나 믿을만한 것으로 확립된 내용이라는 의미도 있다. 예를 들어, 재판과정에서 특정 피고인의 무죄를 법률적 사실로 확정하는 과정은 여러 관련증거와 법정 진술을 토대로 가장 합리적으로 수용가능한 판단에 따라 이루어진다. 물론 이 경우 피고인이 무죄라는 법률적 사실은 나중에 잘못된 것으로 판명될 수도 있다. 그러므로 이런 의미의 사실은 실재-사실과 달리 오류의 가능성이 있다. 하지만 우리가 '그건 사실이야. 내가 다 확인해봤어!'라고 말할 때의 사실의 뜻은 이처럼 여러 종류의 관련 증거에 입각해서 가장 합리적으로 믿을 만한 내용이라는 것에 가깝다. 이런 의미의 사실은 세상에 대한 우리의 판단 내용에 대한 진술이므로 판단-사실이라고 할 수 있다.

실재-사실과 판단-사실은 개념적으로는 이렇게 구별될 수 있지만 실제 상황에서는 물론 서로 긴밀하게 연관되어 있다. 우리가 신이 아닌 이상 실재-사실을 오류가능성 없이 확실하게 알 방법은 없다. 당연히 우리는 관련된 판단-사실을 통해 실재-사실을 추론하고, 그러다가 새로운 증거가 등장하거나 믿고 있던 판단-사실이 수정되면 그때까지 받아들여지던 실재-사실을 바꾸기도 한다. 예를 들어, 최근 한글창제가 집현전 학자에 의해 주도되었다는 일반적 '상식'에 반하여 세종의 직계 자손이 보다 중요한 역할을 수행했다는 주장이 학계에서 논의되고 있다. 만약 이 주장이 존재론적으로 옳다면, 즉 실재-사실이라면 한글창제 과정에 대해 우리가 내린 여러 판단-사실들이 거짓이 될 것이다.

하지만 물론 우리는 전지전능한 신이 아니기에 실재-사실이 어떠한지를 오류 없이 알아낼 방도가 없다. 우리가 할 수 있는 최선은 판단-사실을 확정하는 매 시기마다 그 순간에 이용 가능한 증거들을 최대한 균형잡힌 시각에서 고려하여 실재-사실을 추론해내려고 노력하는 것이다. 그럼에도 불구하고 아무리 조심스럽게 얻어진 판단-사실조차 여전히 원칙적으로는 나중에 오류도 밝혀질 수 있으므로, 우리가 이러한 판단-사실에 근거하여 추론한 실재-사실(후보)도 여전히 미래에 사실의 지위를 잃을 가능성이 존재한다.

이런 일은 과학의 역사에서 흔하게 일어난다. 뉴턴 역학은 지구와 태양의 운동을 비롯한 천체의 운동을 정확하게 예측하고, 산업혁명을 이끌었던 여러 기계장치를 만들어내는 과정에서 기본 이론으로 사용되었다. 우주의 어느 곳에서도 질량을 가진 두 물체가 서로 거리의 제곱에 반비례하고 질량에 비례하는 힘으로 끌어당긴다는 과학적 실재-사실은 적어도 20세기 초까지는 수많은 관찰경험과 이론적 근거에 입각한 수많은 과학적 판단-사실에 의해 잘 지지되고 있었다.

우리에게는 절대온도의 창시자로 유명한 켈빈 경은 뉴턴역학의 실재-사실성에 대해 너무나 확고한 자신감을 갖고 있었기에, 1900년 볼티모어에서 한 연설에서 이제 우주의 근본법칙은 다 알려졌으므로 남은 일은 세부사항을 채워 넣는 일뿐이라고 선언했다. 현대

물리학 발전에 지대한 공헌을 한 막스 플랑크는 박사학위 논문주제를 물리학으로 하려다 이를 말리려는 지도교수의 진심어린 충고를 들어야 했다. 물리학은 이미 연구가 다 끝났으니 수학을 전공으로 택하라는 것이었다. 하지만 실제로 일어난 일은 그토록 확고부동해보였던 뉴턴역학과 관련된 수많은 실재-사실들이 부정되고, 세계를 전혀 다른 모습으로 그려내는 양자역학이 20세기 초에 등장한 것이었다. 이 양자역학은 살아 있기도 하고 죽어 있기도 한(혹은 그 둘 중 어느 쪽도 확실하게는 아닌) 이상스러운 고양이를 비롯한 수많은, 기묘한 실재-사실(혹은 어떻게 이해해야 할지 아리송한 실재-사실)을 함축하는 이론이다.

물론 엄격하게 말하자면 뉴턴역학에 대한 실재-사실이 부정되었다고 말하는 것은 옳지 않을 것이다. 일단 양자역학이 세상을 올바로 기술하는 이론이라는 점이 분명해지고 나면 뉴턴역학이 그리는 세계상은 원래부터 참인 실재-사실이 아니었고 단지 실재-사실(후보)이었을 뿐이라고 말해야 한다. 뉴턴역학과 관련된, 수많은 판단-사실이 워낙 그럴듯해서 양자역학 이전의 과학자들이 착각에 빠져 있었을 뿐이라고 생각해야 한다는 것이다.

논리적으로 볼 때 이러한 평가는 정확히 옳다. 과거, 현재, 미래에 걸쳐 세계가 존재하는 방식에 의해 결정되는 실재-사실은 세계의 본질을 오류 없이 파악할 수 있는 능력을 갖추지 못한 우리에게는 항상 실재-사실 '후보'로서만 경험될 뿐이다. 아무리 잘 확립된 판단-사실에 의해 지지된 실재-사실(후보)이라도 원칙적으로 수정이나 완전 폐기의 가능성은 여전히 남아있는 것이다. 자신의 세대에 의해 과학이 완성되어 과학연구가 끝났다고 주장한 수많은 과학자들이 이 사실을 역설적으로 잘 보여주고 있다.

그럼에도 불구하고 이렇게 주장하는 과학자들이 현재까지도 끊임없이 등장하고 있다는 사실은 실재-사실 자체와 실재-사실(후보) 혹은 잘 확립된 판단-사실 사이의 구별이 과학연구자에게는 그다지 절실하지 않음을 시사한다. 왜 그럴까? 그 이유는 과학연구의 동기적 요인에서 찾을 수 있다.

결국 우리가 세상이 진정으로 어떻게 되어 있는지 알 수 있는 방법은 경험적 탐구와 이론적 탐구를 결합한 과학연구를 통해서일 뿐인데 과학연구는 오류가능하고 수정가능한 판단-사실만을 확립할 수 있다. 그래서 아무리 판단-사실과 실재-사실이 개념적으로야 분명히 구별되더라도 과학연구자로서는 자신의 연구가 세계에 대해 참된 것을 밝혀내는 의미있는 작업임을 강조하다보면 어느새 자신의 연구를 통해 확립한 결과물이 단지 잘 확립된 판단-사실이 아니라 아예 실재-사실이라고 자연스럽게 생각하게 되는 것이다. 과학자들이 과학지식에 구성적 측면이 있음을 애써 부정하고 과학연구가 자연을 있는 그대로 '발견'하는 것이라는 은유를 좋아하는 것 역시 두 종류 사실의 혼동과 관련이 있다. 이처럼 연구 현장에 있는 과학자들이 실재-사실과 판단-사실의 차이를 인식하는 데는 많은 어려움이 있지만 그 두 사실의 차이점을 개념적으로 명확히 하는 일은 과학지식의 성격을 이해하는 데 매우 중요하다.

3. 사실과 가치

가치란 사실을 넘어서서 사건이나 대상에 추가적으로 부여되는 어떤 것이다. 예를 들어 우리는 이번 겨울이 유난히 춥다는 사실에 더해서 "겨울이라면 모름지기 확실하게 추워야 제 맛이지!"라는 평가를 덧붙일 수 있다. 이는 겨울의 추위 정도에 대한 사실에 대해 바람직함이라는 가치를 부여한 것이라고 볼 수 있다. 마찬가지로 옆 집 아이는 항상 동네 어른들에게 인사를 잘 한다는 것은 사실이지만 그 아이가 예의 바르다고 칭찬하는 것은 가치와 관련된 것이다.

물론 사실과 가치를 구별하기 어려운 경우도 있다. 예를 들어, 남성의 뇌와 여성의 뇌가 본질적으로 다르다는 주장은 일단은 신경과학의 경험적 연구에 기초한 사실 주장이라고 여겨질 수 있지만, 정작 꼼꼼하게 살펴보면 사회적으로 고착된 성차별적 가치가 우리 뇌에 대한 사실 주장에 은연중에 투영된 것으로 생각될 수도 있다.

여기서 문제가 되는 표현은 '본질적으로 다르다'는 부분이다. 여자의 뇌와 남자의 뇌가 다르다는 주장을 직설적으로 이해하면 너무나 뻔하게 사실적 참이 된다. 구태여 여자와 남자를 나누지 않아도 개별 인간의 뇌는 서로 매우 다르기 때문이다. 실은 '동일한' 인간의 뇌도 시점에 따라 경험과 기억이 축적되면서 달라진다. 그러므로 여자와 남자의 뇌가 다르다는 주장은 여자의 뇌와 남자의 뇌가 '평균적으로' 다르다고 이해되어야 한다. 즉, 뇌는 여자들 사이에서도 남자들 사이에서도 모두 다르지만 개인의 뇌가 서로 다른 평균적 정도에 비해 여자의 뇌와 남자의 뇌가 다른 '평균적' 정도가 더 크다는 의미인 것이다.

그런데 '본질적'이라는 수식어는 개념적으로 '평균적'이라는 말과 잘 어울리지 않는다. 일반적으로 개체의 본질적 속성은 개체를 규정할 정도로 중요하거나 바꾸기 어렵거나 필연적인 속성을 의미한다. 인간의 본질은 부끄러움을 안다는 데 있다든가 기린은 본질적으로 목이 길다는 주장이 이에 해당된다.

본질적 속성에 대한 주장은 단순한 사실적 판단을 뛰어넘는 경향이 있다. 그러므로 인간이 평균적으로 부끄러움을 모르는 파렴치한 경우에도 인간의 본질이 부끄러움을 아는 것이라는 주장은 여전히 타당할 수 있다. 또한 기린이 목이 긴 것은 사실적으로는 참이지만 진화의 역사에서 우연적으로 그렇게 된 것이기에 필연적이거나 바꿀 수 없다는 의미에서 본질적은 아니라는 지적이 가능하다.

이렇게 개념적으로 다소 까다로운 경우가 아니라, 분명히 특정 (종종 바람직하지 않은) 가치가 개입한 거짓 주장이면서도 사실 주장이라고 우기는 상황도 종종 발생한다. 서로 다른 인종 사이에는 절대적인 우열의 차이가 있다는 우생학적 주장은 지금 우리에게는 이를 주장하던 학자들이나 이런 생각이 널리 퍼졌던 사회가 가지고 있었던 부당한 편견을 드러내고 있는 가치가 개입된 주장으로 여겨진다. 하지만 당시 많은 사람들에게 우생학적 주장은 철저하게 경험적이고 사실적인 주장으로 이해되었고, 그렇기에 가난한 자를 도우려는 자선행위가 자비로움이라는 가치를 구현하고 있지만 인간의 본성에 대한 사실을 무시한 비효율적 행위라고 평가되기도 했다.

여기에 더해 아예 모든 가치 주장은 결국에는 사실 주장으로 설명될 수 있기에 사실과 가치는 결국 사실 하나로 환원될 수 있다는 견해도 있을 수 있다. 예를 들어, 겨울은 추워야 좋다는 가치 주장은 실은 겨울이 추우면 다음해 봄에 해충 발생이 적어 농사가 잘된다는 경험적 사실에서 파생된 것이라는 식으로 이해할 수 있다는 것이다. 이처럼 가치를 사실로 환원하려는 학자들은 세상에 존재하는 것은 오직 사물이 전개되는 사건뿐이고 그 사건의 인과관계를 간결히게 표현한 것이 가치 주장이라고 제안하기도 한다.

대부분의 사람들은 가치 주장이 사실로 남김없이 환원될 수 있다고 믿지는 않지만, 추운 겨울의 예처럼 특정 가치 주장이 설득력을 갖는 이유의 상당 부분이 관련된 사실 주장으로부터 올 수 있다는 점을 인정한다. 즉, 가치는 분명 사실과 구별되지만, 특정 가치를 담고 있는 주장에 대한 평가가 관련된 사실들과 무관하게 이루어져서는 안 된다는 것이다. 예를 들어, 남성과 여성을 차별 없이 동등하게 대우하여야 하지만, 무조건 동일하게 취급하는 것은 바람직하지 않다는 가치 주장은 남성과 여성의 생리적 차이에 대한 과학적 사실로부터 설득력을 얻을 수도 있을 것이다.

4. 인식적 가치와 비인식적 가치

이처럼 가치는 다양한 방식으로 사실과 관계를 맺지만, 과학의 맥락에서 중요한 점은 두 종류의 가치를 분명하게 구별하는 일이다. 첫째 종류의 가치는 과학자들이 세상에 대해 가장 그럴듯한 판단-사실을 결정하는 과정에서 흔히 사용하는 가치들이다. 예를 들어, 과학자들은 더 많은 현상을 더 적은 가정을 사용하여 설명하는 이론을 선호하는 데, 이는 이론의 단순성이나 설명력과 같은 가치를 바람직하게 생각하기 때문이다. 이들 가치는 세상에 대해 과학적 지식을 얻어가는 과정에서 사용되므로 인식적 가치라 부를 수 있다. 이에 비해 배아를 사용하여 줄기세포를 얻는 일은 바람직하지 않다고 평가할 때 개입되는 가치는 과학 지식의 형성과정 자체와 관련된 것이 아닌 윤리적이거나 사회적인 가치들이다. 그러므로 이런 가치를 비인식적 가치라고 부르자.

상식적인 수준에서 우리에게 가치란 '좋다' 혹은 '나쁘다'처럼 도덕적인 평가와 워낙 밀접하게 연관되어 있기에 인식적 가치(epistemic value)란 용어 자체가 어색하게 느껴질 수 있다. 물론 아름다움과 추함에 대한 미적 가치나 특정 사회 내에서 통상적으로 용납되는 행위인지에 대한 문화적 가치와 유비해서 과학적 판단과 관련된 어떤 가치를 상정할 수는 있을 것이다. 하지만 그러한 가치의 개입은 왠지 순수하게 경험적 증거에만 근거해야 할 과학의 객관성을 훼손시킨다는 느낌을 준다.

그러나 이러한 느낌은 과학 연구가 철저하게 경험적으로만 이루어질 수 있다는 잘못된 과학관에 근거한 것으로 실제 과학 연구에 비추어볼 때 올바르지 않다. 과학 연구에서 인식적 가치는 과학의 객관성을 훼손하기는커녕 실제로는 과학자들을 경험적 근거의 한계로부터 벗어날 수 있게 해주는 중요한 역할을 한다. 과학연구를 하다 보면 경험적 증거에 의해 지지되는 정도에서 별 차이가 없는 여러 이론이 경쟁하는 경우가 종종 발생한다. 이 경우 만약 과학은 경험적 증거에만 입각해서 이론 선택을 해야 한다고 고집한다면, 우리는 경쟁하는 이론 사이에서 이러지도 저러지도 못하는 난처한 상황에 처하게 될 것이다. 이런 상황을 이론의 미결정성(underdetermination of theories)이라 부른다.

과학자들은 이론의 미결정성 상황을 대개 좀 더 단순한 이론이나 좀 더 설명 잠재력이 높은 이론을 선택하는 것처럼, 다양한 인식적 가치를 활용하여 헤쳐 나간다. 예를 들어, 코페르니쿠스의 태양중심설과 프톨레마이오스의 지구중심설은 코페르니쿠스의 『천체의 회전에 대하여』 출간 당시에는 경험적 설명력에 있어서는 별 차이가 없었다. 하지만 케플러나 갈릴레오와 같은 뛰어난 자연철학자들은 코페르니쿠스 이론의 간명함과 설명 잠재력을 높이 평가하였고 지속적인 연구를 통해 더 나은 이론으로 발전시켰다. 이처럼 인식적 가치는 과학연구에서 핵심적이고도 생산적인 역할을 담당한다.

인식적 가치가 과학연구에서 종종 결정적 역할을 한다는 사실은 엄격하게 논리적이고 차가운 이성적 판단만이 가득해 보이는 과학연구가 실은 개별 과학자마다 달라질 수 있는 가치판단을 상당히 생산적으로 사용하고 있음을 보여준다. 이는 마치 화가들이 저마다 세상이나 생각을 화폭에 담아내는 수많은 방식 중에서 선택하는 과정과 유사하다. 이런 의미에서 과학연구는 예술적인 성격을 가진다. 여기서 과학연구와 예술활동이 공유하는 측면은 개별 연구자(예술가)가 특정 시점에서 타당하게 내릴 수 있는 판단이 복수로 존재하고 이같은 복수의 선택지 중 특정 인식적(예술적) 가치를 동원하여 이후 연구(예술) 작업에 생산적으로 기여하는 판단을 내린다는 점이다. 하지만 이와 같은 유사성에도 불구하고 과학연구와 예술활동 사이에는 분명한 차이점도 존재하는데 이 차이점의 상당 부분은 바람직한 과학연구가 인식적 가치와 주로 관련된다는 사실로 설명될 수 있다.

인식적 가치와 비인식적 가치의 구별은 과학연구와 과학지식의 성격을 이해하는 데 결정적으로 중요하다. 대부분의 경우 과학적 사실은 가치중립적이라는(혹은 가치중립적이어야 한다는) 주장은 과학적 사실이 정치적 이데올로기나 도덕적 가치에 의해 영향 받지 않고 오로지 과학자 사회 내부의 이론평가 기준에 입각하여 확립된다는 점을 강조하는 것이다. 일반적으로 과학자들은 자신들이 이론평가 과정에서 단순한 이론이나 수학적으로 '아름다운' 이론을 선호한다는 사실을 부정하지는 않겠지만, 이러한 선호는 충분히 객관적이어서 논란의 여지가 많은, 비인식적 가치를 과학연구에 끌어들이는 것과는 전혀 다르다고 생각한다.

여기서 우리는 과학적 사실의 가치중립성이 주장될 때 중요한 점은 어떤 종류의 가치든 개입되었는지의 여부라기보다는 과학적 사실의 객관성을 훼손할 수 있는, 개인마다 극명하게 의견이 갈리는 비인식적 가치의 개입 여부라는 사실을 알 수 있다. 즉, 과학 연구를 통해 얻어진 결과가 개별 과학자의 주관적 가치에 의해 휘둘리지 않으며 객관적인 성격을 갖는다는(혹은 가져야 한다는) 점이 일반적으로 과학적 사실이 가치중립적이라는(혹은 가치중립적이어야 한다는) 주장의 핵심이라는 것이다. 중세 유럽에 흑사병이 창궐했을 때, 순진무구한 어린이들도 흉악한 범죄자와 마찬가지로 죽어나갔다. 페스트 균이 면역력 없는 사람에게 치명적이라는 과학적 사실은 감염자의 '가치로움의 정도'와 무관하게 타당했던 것이다.

인식적 가치와 비인식적 가치 사이에는 상당한 차이가 있다. 똑같은 음악을 듣고도 취향에 따라 사람들은 아름답다고 하기도 하고 끔찍하다고 하기도 한다. 그에 비해 과학자들 어떤 이론이 다른 이론에 비해 더 좋은지에 대해 합의하는 경우가 많다. 이러한 정도의 차이를 무시하게 되면, 종종 과학연구에서 과학자들이 '논쟁', 즉 사실 판단에 대한 견해 차이를 보인다는 사실이 과학연구 결과도 결국에는 사람들 사이의 가치 차이를 반영하는 선호의 문제에 불과하다는 식의 잘못된 결론에 이르게 된다. 이 결론이 잘못인 이유는 과학연구 결과를 '다 정치적으로 결정되는 것 아니에요?'라는 식으로 냉소적으로 바라보는 것이 그 결과가 대부분 객관적인 인과관계를 반영하고 있다는 '사실'을 무시하고 있기에 철학적으로 정당화되기 어렵기 때문이다.

그럼에도 불구하고 두 종류의 가치는 근본적으로 중요한 공통점을 가진다. 설사 동일한 인식적 가치들을 공유하는 과학자라도 이론 평가에서 합리적으로 의견을 달리 할 수 있다. 예를 들어, 이론 A는 단순하지만 몇몇 현상밖에는 설명하지 못하고 이론 B는 다소 복잡하지만 다양한 현상을 설명할 수 있다고 하자. 이때 단순성과 설명력을 모두 과학이론이 가져야 할 바람직한 특징으로 생각하는 두 과학자는 어느 가치를 더 우선시하는 지에 따라 이론 A를 선호할 수도 있고 이론 B를 선호할 수도 있다. 이는 인식적 가치도 정도의 차이는 있겠지만 원칙적으로는 비인식적 가치와 마찬가지로 그 가치를 적용하는 사람에 따라 다른 결론을 가져올 수 있음을 의미한다.

우리에게 『과학혁명의 구조』의 저자로 유명한 토마스 쿤은 이 점에 주목하여 과학적 사실들이 형성되는 과정은 단순히 관찰이나 실험 결과를 축적하여 기계적으로 가장 잘 부합하는 가설을 선택하는 것이 아니라는 점을 강조했다. 쿤이 보기에, 과학자들이 특정 과학적 사실에 합의하는 과정에는 필수적으로 다양한 인식적 가치가 개입되며, 이러한 다양한 인식적 가치가 개별 과학자에 의해 다르게 사용된 결과, 합리적인 의견 차이가 나올 수 있다는 것이다. 과학자들이 인식적 가치를 합리적으로 적용하면서도 여전히 의견 차이를 보일 수 있다는 사실은 객관적으로만 보이는 과학에서 자료의 해석이나 이론의 설득력을 놓고 논쟁이 벌어진다는 점을 설명해준다. 그리고 이러한 논쟁을 통해 과학 혁명이 일어나기도 하며 궁극적으로 과학이 더 나은 단계로 발전할 수 있는 것이다.

5. 과학적 사실은 가치중립적인가?

이제 과학적 사실은 가치중립적인지에 대해 살펴보자. 이 주제는 과학적 사실의 가치중립성을 옹호하는 사람들이나 부정하는 사람들 모두 서로 다른 각도에서 문제를 제기하기에 논쟁이 더 복잡해지는 경향을 보인다. 그러므로 일단 쉬운 부분부터 이야기를 풀어나가기로 하자.

과학이 밝혀주는 세상에 대한 실재-사실이 가치중립적일까? 앞서 설명했듯이 실재-사실이란 그 본성상 우리의 주관적 견해와 무관하게 참, 거짓이 결정되는 것이다. 그러므로 실재-사실이 인간이 부여하는 정치적, 도덕적 가치와 같은 비인식적 가치와 독립적이라는 점은 분명해 보인다. 게다가 실재-사실은 비인식적 가치에 반드시 중립적이어야만 한다. 예를 들어, 특정 습지를 개발하려는 측과 보존하려는 측 사이의 팽팽한 대립이 지속되는 상황을 생각해보자. 이때 습지개발이 습지생태계에 미치는 실재-사실이 환경이 지니는 가치에 대해 어떤 견해를 갖는지에 따라 달라진다면, 즉 실재-사실의 내용이 비인식적 가치의 영향을 받아 결정된다면 그러한 실재-사실은 대립의 양 당사자 모두에게 객관적이고 중립적인 사실로 받아들여질 수 없을 것이다. 그러므로 실재-사실이 사회적으로 유용하게 활용되기 위해서는 비인식적 가치에 중립적인 것이 바람직하다. 그리고 과학연구는 비인식적 가치에 중립적인 실재-사실을 추구함으로써 사회적 분쟁 상황 해결에 부분적으로 이바지할 수 있다.

그렇다면 인식적 가치에 대해서는 어떨까? 실재-사실은 세상이 어떠한지를 말하고 있으므로 우리가 세상에 대해 연구할 때 사용하는 여러 인식적 가치와도 무관해야 하지 않겠냐고 생각할 수 있다. 하지만 이 질문에 대해서는 인식주체로서의 우리가 가진 한계를 염두에 두고 생각해 보아야 한다. 우리는 세상을 단숨에 파악할 수 있는 초월적 존재가 아니기에, 세상을 개별적 현상으로 쪼갠 후, 이를 이해하기 위해 수학적 분석이나 간단한 모형을 적용하게 된다. 이 과정에서 우리는 무궁무진할 정도로 복잡 다양한 세상을 우리가 선택한 인식적 가치의 틀 내에서 파악하고 있다고 할 수 있다.

물론 이렇게 파악된 세상에 대한 실재-사실은 분명 세상이 가진 진정한 특징을 묘사하고 있다고 보아야 하지만 그렇다고 해서 이 실재-사실이 인식적 가치에 의존하여 얻어진 것이라는 점이 바뀌는 것은 아니다. 또한 우리의 인식적 가치를 적용하여 파악된 실재-

사실은 진리이긴 하지만 진리 전체는 아니라고 보는 것이 합당하다. 예를 들어, 웅장한 산맥의 모습을 흑백 필터를 통해 본다고 생각하자. 그때 얻어진 산맥의 흑백 이미지는 분명 '진리'이지만 산에 핀 수많은 꽃들과 나무들의 풍부한 색조를 담아내지 못하고 있는, '조각 진리'일 뿐이다. 마찬가지로 수학적 방법을 사용하는 과학자는 전체 세상 중에서 수학적 기법으로 이해될 수 있는 부분만을 실재-사실로 밝혀낼 수 있을 것이다.

이처럼 과학적 실재-사실은 우리의 인식적 한계 때문에 특정 인식적 가치에 의존적일 수 있다. 하지만 이러한 의존은 실재-사실을 왜곡시키거나 그것이 사회적으로 유용하게 활용되는 것을 방해하지 않는다. 오히려 설명력이나 포괄성과 같은 인식적 가치가 높은 실재-사실은 사회적 활용면에서 더욱 바람직하다고 볼 수도 있다. 실재-사실을 활용하는 과정에서도 여전히 인식적 가치가 개입하기 때문이다. 다만, 특정 시점의 과학이 제시하는 실재-사실이 세상을 단숨에 담아낸 총체적 진리라기보다는 거의 항상, 이후의 연구를 통해 보완되거나 가끔씩은 극적으로 대체될 수 있는 '조각 진리'라는 점을 명심하는 것이 중요하다.

이제 과학적 판단-사실에 대해 생각해보자. 앞서 예로 든 우생학의 예에서처럼, 과학적 판단-사실은 비인식적 가치에 의해 '오염'되어 끔찍한 결과를 불러올 수 있다. 그러므로 우리는 일차적으로 과학적 판단-사실이 비인식적 가치로부터 중립적일 것을 요구해야 하는 것처럼 보인다. 과학적 판단-사실의 비인식적 가치의존성은 과학의 객관성을 해치는 주요 원인이라고 생각될 수 있기 때문이다.

하지만 과학적 판단-사실은 과학의 객관성을 훼손하지 않는 보다 미묘한 방식으로 비인식적 가치에 의존할 수도 있다. 과학자들은 한정된 연구자원과 시간을 최대한 활용하여 '연구할 가치'가 있는 주제를 택해 과학적 판단-사실을 얻으려 노력한다. 이때 어떤 주제가 연구할 가치가 있는지를 숙고하는 과정에서 비인식적 가치가 개입하는 것을 반드시 나쁘다고 할 수는 없다. 동일한 자원과 시간, 능력을 동원해서 세균전에 사용될 세균의 정확한 생활주기를 밝혀내는 연구와 말라리아처럼 널리 퍼진 악성 전염병의 원인을 밝혀내는 연구를 할 수 있다고 하자. 두 연구 모두 객관적인 판단-사실을 얻는다는 점에서는 동등하겠지만, 인류 복지라는 비인식적 가치를 고려할 때 어느 것이 바람직한지에 대한 평가에 있어서는 결코 동등하지 않을 것이다.

이처럼 비인식적 가치는 연구결과를 오염시키는 방식이 아니라 어떤 것이 연구할 만한 가치가 있는 주제인지를 선정하는 과정에서 정당하게 개입할 수 있다. 그리고 이는 최종적으로 얻어진 과학적 판단-사실의 객관성을 훼손시키지 않으면서도 그것이 사회문화적, 윤리적 가치에 의존할 수 있는 경로를 열어둔다. 특히 제한된 연구자원을 어떤 연구 주제에 배당할 것인지를 결정하는 과정에서 정치적, 사회적 가치와 같은 비인식적 가치가 개입하는 것은 너무나 당연하다고 볼 수 있다.

마지막으로 과학적 판단-사실이 인식적 가치에 의존하는지 여부를 살펴보자. 이 질문에 대한 답은 너무도 당연하게 '그렇다' 이다. 앞서 지적했듯이 과학연구 과정은 끊임없이 다양한 인식적 가치에 의해 영향을 받는다. 그러므로 그 과정의 최종 산물이라고 할 수 있는 판단-사실이 인식적 가치에 영향을 받는 것은 너무도 당연하다. 다만 인식적 가치에 의해 영향을 받을 수밖에 없는 과학연구 과정에서 얻어진 판단-사실의 객관성을 확보하기 위해서는 비인식적 가치는 연구과정 자체에는 개입하지 않아야 한다는 점이 분명하게 강조될 필요가 있다.

이상의 논의를 정리해보자. 과학적 사실은 가치중립적인가에 대해 우리는 네 가지 경우로 나누어 해답을 모색했다. 그 중 과학적 실재-사실만이 비인식적 가치에 중립적일 뿐 나머지 경우에서는 모두 미묘한 방식으로 과학적 사실의 가치의존성이 확인되었다. 하지만 이러한 가치의존성은 과학적 사실의 가치중립성이 강조되는 사람들이 주로 염두에 두고 있는 과학의 객관성을 훼손하지 않을 수 있는 특징을 가진다.

과학적 실재-사실의 인식적 가치의존성과 이와 연관된 과학적 판단-사실의 인식적 가치의존성은 지적으로 한계를 가진 인식주체로서의 우리의 상황과 관련된 것이지 결코 과학연구의 객관성을 훼손하는 것이 아니다. 오히려 이 두 사실의 가치의존성은 과학연구의 객관성을 옹호하면서도 과학적 사실이 오류가능하고 보완가능하다는 점을 설명할 수 있게 해준다.

그에 비해 과학적 판단-사실이 비인식적 가치의 영향을 받을 수 있다는 사실은 부당하게 사회적 편견이 과학 연구에 개입할 가능성만이 아니라, 연구주제의 선택과 연구 자원의 배분과도 관련된 것이다. 이 부분 역시 과학의 객관성을 훼손하지 않으면서도, 과학연구가 보다 사회적 공감대를 얻으면서 이루어질 수 있기 위해서는 '적절한' 방식으로 비인식적 가치를 고려해야 함을 함축한다.

마지막으로 과학적 사실이 가치중립적인 것이 바람직한가에 대해 생각해 보자. 과학적 사실은 (그것이 실재-사실이든 판단-사실이든) 과학의 객관성을 훼손하는 방식으로 가치의존적이라면 바람직하지 않다. 과학적 사실이 객관적이지 않다면, 즉 세상에 대해 참되지 않거나 최소한 참에 가깝도록 끊임없이 교정되지 않는다면 과학적 사실에 대해 우리가 부여하는 사회적 신뢰나 유용성이 모두 근거를 잃게 되기 때문이다. 하지만 과학연구에서는 과학의 객관성을 훼손하지 않으면서도 가치의존적일 수밖에 없는 상황이 발생할 수 있다. 이때 중요한 물음은 과학적 사실이 가치중립적이어야만 하는가라는 단순한 질문이 아니라, 과학적 사실이 어떤 방식으로 가치의존적일 때 바람직할 수 있는지에 대해 꼼꼼하게 따져보는 일이다.

더 생각해볼 주제

—

- 사실과 가치가 개념적으로라도 꼭 구별되어야 하는가? 만약 그렇다면 어떤 이유에서 그러한가? 만약 그럴 필요가 없다면 왜 그러한가?
- 사회과학에서의 인식적 가치와 비인식 가치의 예를 고려해보고 그들 사이의 관계에 대해 생각해보자. 자연과학과 어떤 차이가 있는가?
- 공학은 우리에게 유용한 인공물을 만드는 학문 분야로 흔히 이해된다. 그렇다면 공학적 사실에 대해서는 비인식적 가치에 대한 중립성이 필요없지 않을까?

더 읽어볼 거리

—

래리 라우든 지음, 이범 옮김, 『과학과 가치』, 민음사.

장회익 지음, 『물질, 생명, 인간』, 돌베개.

이상욱·홍성욱·장대익·이중원 지음, 『과학으로 생각한다』, 동아시아.

이상욱 외 지음, 『욕망하는 테크놀로지』, 동아시아.

04

과학사회학의 최근 경향

1. 들어가는 말

과학은 논리적인 과정에 의해서, 인식적인 추론과 검증을 거쳐서 만들어지는 것일까? 아니면 과학도 인간의 활동이기 때문에 과학의 발전에는 인간의 다른 활동과 마찬가지로 사회적, 문화적 요소가 영향을 미치는 것일까?

사회구성주의 과학사회학은 "과학이 사회적으로 구성된다"라고 주장한다. 그런데 그 의미는 무엇일까? 만약 이 말이, 과학자들의 과학 활동이 사회적 배경 속에서 이루어진다는 것을 의미한다면, 여기에는 센세이셔널할 것이 전혀 없다. 과학이 사회적 맥락 속에서 성장했으며 사회와 상호 작용한다는 것을 부인할 사람은 아무도 없을 것이기 때문이다. 사회 구성주의가 주장하는 바는 과학이 사회와 상호작용하고 있다고 하는 상식적인 사실에서보다는 좀더 나아가 있다. 간단히 표현한다면 사회 구성주의는 과학 지식이 과학 외적(外的)인 요인들, 즉 사회적·정치적·경제적·철학적·이데올로기적·성(gender)적* 요인들에 의해 구성된다는 주장을 편다. 사회가 곧 과학 지식의 핵심에 있다는 것이다. 이것은 "스트롱 프로그램(Strong Program)"이 취하는 입장이다. 물론 스트롱 프로그램이 사회 구성주의 과학사회학의 전부는 아니다. 이러한 흐름과는 반대로, 사회에 의한 과학의 구성보다 과학에 의한 사회의 구성을 강조하는 또 다른 흐름도 존재한다. 이러한 주장은 "행위자 연결망 이론(actor-network theory)"에서 가장 잘 드러난다. 최근에는 이러한 두 접근을 섞어서 과학과 사회의 "공동구성(co-construction)"이나 "공동형성(co-shaping)"에 대해서 논의하기도

* gender: 영어의 sex가 유전적으로 결정되는 생물학적인 성(XX 염색체를 지닌 개체는 여성, XY 염색체는 남성)을 의미한다면 젠더는 사회적인 의미의 여성성, 남성성을 의미한다. 이것은 1995년 북경 제4차 여성대회 정부기구 회의에서 결정되었다.

한다. 이번 장은 이러한 사회 구성주의 논의들을 자세히 살피면서 이들의 새로운 주장과 그 시사점을 검토하려고 한다.

2. "스트롱 프로그램" 사회 구성주의가 등장한 배경

사회가 지식에 영향을 준다거나 지식이 사회적 요인을 반영한다는 생각은 20세기 전반에 이미 칼 만하임(Karl Mannheim)이나 에밀 뒤르껭(Emil Durkheim) 같은 유명한 사회학자들에 의해 제기되었다. 그러나 만하임, 뒤르껭 같은 사상가들에게 지식이란 자연과학이 아닌 사회과학이나 인문학을 의미했다. 반면에 1970년대에 에딘버러(Edinburgh) 대학의 데이빗 블루어(David Bloor)와 배리 반즈(Barry Barnes)와 같은 과학 사회학자들은 "스트롱 프로그램(Strong Program)"이라는 새 과학사회학 프로그램을 제안했는데, 이들은 지식 사회학의 범위에 사회과학만이 아니라 자연과학도 포함시켰다. 즉 자연과학의 지식도 사회적으로 구성된 것이라고 주장했던 것이다.

스트롱 프로그램의 등장에는 대략 다음과 같은 세 가지 요인의 영향을 생각해 볼 수 있다. 첫째, 토마스 쿤(Thomas Kuhn)의 『과학혁명의 구조』는 과학 이론의 의미가 과학자들이 공유하고 있는 특정한 과학적 패러다임(paradigm) 아래서 온전히 찾아진다고 제시했다. 달리 말하면 쿤은 과학 작업이 본질적으로 갖는 공동체적이고 사회적인 성격을 강조했고, 이는 자연과학에도 과학공동체(scientific community)와 같은 '사회적' 성격이 있음을 드러냈다.

둘째로 몇몇 철학적 개념 또한 영향력을 행사했다. 과학철학자 핸슨(R. Hanson)이 주창한 관찰의 이론적재성(theory-ladenness)은 과학자의 관찰이 그가 알고 있는 이론에 의존한다는 것을 보여주었다. 여기에서 이론이란 한 과학자가 가지고 있는 모든 선입관으로 확대될 수 있었고, 따라서 이 이론적재성이라는 개념은, 한 과학 이론을 지지하는 증거나 데이터가 다른 과학 이론도 지지할 수 있다는 콰인(W.V.O. Quine)의 '과소결정이론(underdetermination theory)'과 결합했다. 콰인의 이론이 과소결정이론이라 불린 이유는 증거나 데이터가 한 가지 이상의 과학 이론을 지지할 수 있기 때문에, 하나의 과학 이론은 증거나 데이터로 충분히 결정되지 않는다는(즉 '과소결정된다는') 이유에서였다. 만약 과학 이론이 언제나 과소결정된다면, 무엇이 그것을 (비유적으로 말해서) '온전히' 결정지을 것인가? 스트롱 프로그램은 과학 외적인 사회적 요인들, 또는 과학 외적인 이해관계가 인식론적인 요소와 결합함으로써 과학 이론을 온전히 결정짓는다고 주장했다.

셋째로 과학과 사회의 밀접한 연관성을 보여 준 과학사의 몇몇 저작의 영향을 생각해 볼 수 있다. 1970년대 이후의 과학사의 연구는 과학이 제도적·사회적·정치적 요인들로부터 분리되어 있지 않음을 더 극명하게 보여주었다. 과학 연구가 유지되고 추진되는 방식은 연구가 수행되는 제도적 배경과 깊이 연관되어 있었으며, 다른 제도나 사회는 때로 다른 과학을 발전시켰다. 예를 들어 19세기의 마지막 25년간 영국의 전자기학은 독일이나 프랑스의 전기역학과 본질적으로 달랐고, 18세기 프랑스의 라부아지에(Lavoisier)* 의 화학은 영국의 프리스틀리(Priestley)** 의 화학과 달랐던 것이다. 과학사학자 로버트 영(Robert Young)은 다윈의 진화론이 빅토리아 시대의 정치경제학과 상호영향을 주고받으면서 발전했고, 이런 의미에서 이 둘이 뗄레야 뗄 수 없는 관계에 있었음을 설득력 있게 보여주었다. 물리학사가 폴 포먼(Paul Forman)은 바이마르 공화국*** 시대의 독일에서 비인과적인 양자역학이 발흥한 이유를 물리학자들이 결정론적 물리학에 적대적이었던 바이마르 공화국의 지적 환경에 적응하려고 노력한 결과 인과론에서 멀어졌기 때문이라는 데에서 찾았다. 이러한 역사적인 사례에 대한 연구는 과학 지식이 자연 속에 존재하는 진리를 반영할 뿐이라는 우리의 믿음을 상당히 약화시켰다. 순수하고 객관적으로 보이는 과학지식 조차도 사회적, 문화적 맥락의 영향하에 만들어진 측면을 가지고 있었기 때문이다.

3. 스트롱 프로그램

데이빗 블루어는 향후 커다란 영향을 미친 그의 저서 『지식과 사회의 상(Knowledge and Social Imagery, 1976)』에서 이런 세 가지 흐름을 통합해 냈다. 이 책에서 블루어는 "스트롱 프로그램"이라는 과학사회학 프로그램을 처음 정의했다. 간단히 말해서 스트롱 프로그램은 1) 사회적 조건을 사용해서 과학 지식의 형성과 발전을 인과적으로 설명해야 하며, 2) 뉴턴 과학처럼 진리라고 밝혀진 과학만이 아니라 지금 우리가 틀렸다고 생각하는 연금술과 같은 과학도 설명해야 하고, 3) 같은 사회적 원인이 과학적 진리와 과학적 오류를(즉 뉴턴 과학과 연금술을) 동일한 방식으로 설명해야 하며, 4) 이러한 사회학적인 설명이 스트롱 프로그램 그 자체에도 적용되어야 한다는 특성을 지닌 것이었다('성찰성 명제'). 이러한 네 가지

---

* Antoine Laurent Lavoisier(1743-1794): 프랑스의 과학자. 물질의 연소 연구를 통해 산소를 발견하고 화학에 정량적인 방법, 새로운 화학원소 명명법 등을 도입하여 "화학혁명"을 수행했다고 평가받는다. Lavoisier는 물질의 연소가 공기 중의 산소와 결합하는 반응이라고 주장했다.

** Joseph Priestley(1733-1804): 영국의 신학자 겸 화학자. 기체를 물 또는 수은 속에서 모으는 장치를 고안하여 일산화질소, 암모니아, 염화수소 등의 기체를 발견했다. 연소를 물질 안에 포함되어 있는 열을 내는 원소(플로지스톤)가 빠져나가는 현상으로 파악하는 "플로지스톤 이론"을 옹호하여 라브아지에와 대립되는 입장을 취했다.

*** 바이마르 공화국: 제1차 세계대전 후 1919~1933년까지 존재했던 독일 공화국. 독일의 바이마르에서 소집된 국민의회에 의해 그 기틀이 되는 바이마르 헌법이 제정되었기 때문에 바이마르 공화국으로 불렸다. 1933년 히틀러의 등장으로 소멸되었다.

명제 위에 블루어는 방법론적 상대주의를 주창하고, "(과학의) 객관성은 사회적이다"라고 선언했다.

블루어의 스트롱 프로그램은 일련의 논쟁을 불러일으켰고 이에 대한 수많은 비판이 쏟아져 나왔다. 특히 같은 원인을 사용해서 합리적 믿음과 비합리적 믿음, 과학에서의 성공과 실패를 모두 설명해야 한다는 주장은 설득력이 떨어지기 때문이다. 또 다른 비판은 '성찰성 명제'에 대한 것이었다. 비판자들은 성찰성이 스트롱 프로그램 그 자체의 기반을 침식한다고 주장했다. 왜냐하면 만약 그 논제가 참이라면 스트롱 프로그램의 네 가지 명제 또한 사회적으로 구성된 것이 되고, 따라서 스트롱 프로그램 역시 참이 아닐 수 있다는 말이 되기 때문이다. 만약 모든 주장이 상대적이고 모든 객관성이 사회적이라면, 바로 이를 주장하는 스트롱 프로그램 자체의 타당성을 판가름할 길도 없는 것이다.

그렇지만 스트롱 프로그램이 서로 경합 중인 주장을 판단할 수 있는 '실질적' 기준이 없다고 주장한 적도 없을 뿐더러, 자신들의 이론이 절대적으로 옳다고 주장하지도 않았기 때문에, 이러한 비판은 과녁을 빗나간 것이라고 할 수 있다. 비유를 들어 말하면, 우리는 일상생활 가운데 서로 다른 여러 의견과 마주치지만, 만약 우리가 그 주어진 의견들과 그들이 속한 맥락을 자세히 살펴본다면 무엇이 '절대적으로' 옳은지는 알 수 없더라도 누구의 의견이 옳고 그른지는 판단할 수 있는 것과 마찬가지다.

과학 논쟁은 이론의 결정에 사회적 요인들이 주입되는 과정을 선명히 보여주는 예이다. 스트롱 프로그램에 따르면 논쟁은 과학이라는 '블랙박스(black-box)'를 열어서 우리에게 "만들어지고 있는 과학(science-in-the-making)"을 살펴볼 수 있게 해 준다. 사회 구성주의자인 해리 콜린즈(Harry Collins)는 스트롱 프로그램 사회구성주의자들이 과학을 연구하는 세 가지 단계를 설명했다. 첫 단계는 과학 논쟁의 분석을 통해 과학의 "해석적 유연성(interpretative flexibility)"을 발견하는 단계이다. 즉 과학이 여러 가지 서로 다른 방향으로 나아갈 수 있었던 상태를 발견해서 이를 제시하는 것이다. 둘째 단계에서 연구자는 해석적 유연성을 제한하고 그럼으로써 논쟁을 종결지은 기제(mechanism)를 찾아야 한다는 것이다. 셋째 단계는 이러한 기제와 좀더 넓은 사회 구조 사이의 관계를 찾는 것이다. 이렇게 과학에서의 해석적 유연성을 찾고(블랙박스를 열고), 이 유연성을 공고히 하는 기제를 찾고, 이러한 기제 배후에 있는 사회적 요인을 찾는 것이 콜린스가 제안한 사회구성주의 프로그램의 경험론적 원칙이다.

여기서는 통계학의 구성에 대한 스트롱 프로그램의 초기의 연구 한 가지를 소개하려

한다. 19세기 말과 20세기 초엽에 영국의 통계학자 피어슨(Karl Pearson)* 과 율(G. U. Yule)은 '변수 결합에 대한 계수 이론'**에 대해 두 가지 다른 접근을 시도했다. 간단히 말하면 결합 계수를 참작할 때, 율의 접근은 변수의 분포를 불연속적인 것으로 본 반면, 피어슨은 연속 정상분포에 기초해서 자신의 이론을 발전시켰다. 이 차이를 놓고 스트롱 프로그램의 멤버였던 도널드 맥켄지(Donald MacKenzie)는 다음과 같이 질문했다. "어째서 이 두 사람은 같은 문제에 대해 두 가지 다른 접근을 채용하고 발전시켰는가?" 그의 답은 피어슨이 당시에 전문직 계층이 노동 계층이나 토지소유 귀족보다 우월하다는 주장을 폈던 우생학*** 이데올로기의 신봉자였다는 것이다. 연속적인 변수를 다루는 정상분포는 우생학 프로그램에서 중요한 점이었고 바로 이것이 그가 계수이론을 다룰 때 불연속적인 방법이 아닌 연속적인 방법을 선호한 이유였다.

자신의 우생학적인 신념이 옳다는 것을 보이기 위해 피어슨은 교사들을 통해서 약 4000쌍의 형제, 자매, 남매들의 두지수(머리의 형태를 백분율로 나타내는 수치), 눈 색깔, 능력(ability), 양심의 정도(conscientiousness) 등에 대한 자료를 수집하였다. 이 데이터를 자신의 계수이론을 사용해서 분석한 결과 피어슨은 인간의 정신적인 특성도 육체적인 특성과 마찬가지의 정도로 유전된다는 것을 주장하였다. 좋은 부모가 좋은 자식을 낳는다는 것이다. 피어슨은 당시 영국이 미국이나 독일과의 제국주의적인 경쟁에서 뒤지고 있는 것이 지능과 리더십의 부족 때문이라고 주장하였는데, 그의 통계학적 이론이 맞다면 이 문제에 대한 해결책은 우수한 특질을 가진 자손을 인위적으로 많이 생산하는 일이라고 할 수 있었다.

반면 율은 피어슨과는 달리 우생학적인 생각에 적대적이었으며, 아니면 적어도 그에 대해 무관심한 편이었다. 예를 들어 우생학자들은 극빈층의 사람들은 유전적으로 게으르고 타락하기 때문에 그렇게 된 것이라고 생각했지만 율은 그러한 생각을 받아들이기보다는 행정적인 개혁을 통해서 빈곤층의 비율을 낮출 수 있다는 생각을 가졌다. 이렇게 순수통계학의 과학이론의 선택에는 과학 외적인 요소, 즉 우생학 이데올로기가 개입했고, 이런 의미에서 맥켄지는 과학이 사회적으로 구성되었다고 주장했던 것이다.

---

* Karl Pearson(1857-1936): 영국의 수리통계학자, 우생학자. 런던 대학교 응용수학 교수가 되었다가 후에 우생학, 생물통계학 연구에 뛰어들었다.

** 두 개의 변수가 상관된 정도를 나타내는 계수에 대한 이론. 예를 들어 전염병이 돌 때의 생존여부를 변수 A(A1은 생존, A2는 사망), 예방백신 접종 여부를 변수 B(B1은 접종, B2는 미접종)라고 할 때 A와 B가 어느 정도로 상관되어 있는지를 나타내는 계수를 정의하는 여러 가지 방법이 있을 수 있다. 만약 백신을 접종한 거의 모든 이가 생존하고 접종하지 않은 거의 모든 이가 사망했다면 두 변수는 높은 정도로 연관되어 있다고 할 수 있다.

*** 우생학: 1883년 영국의 Francis Golton이 창시한 학문으로 유전학, 의학, 통계학 등을 기초로 하여 유전적으로 우수한 인구의 증가를 목적으로 했다. 우생학의 영향 하에서, 유전적으로 열등한 인구의 증가를 방지한다는 명분 아래 유전성 정신병, 정신박약, 혈우병 등의 환자를 강제로 단종 시키는 우생법안이 여러 나라에서 시행되었다.

4. 새로운 경향: 실험으로의 복귀

스트롱 프로그램은 완성된 이론으로서의 과학보다는 '만들어지고 있는' 과학 활동에 초점을 맞추었다. 이 과정에서 사회구성주의 과학사회학은 실험, 기구, 실험실에 대한 새롭고 흥미로운 연구를 많이 내놓았다. 그중 대표적인 연구가 콜린즈에 의한 중력파를 둘러싼 논쟁이었다.

중력파란 중력을 가진 물체의 운동에서 방출되는 파동을 말하는데, 일찍이 아인슈타인의 일반상대성이론이 부피가 큰 운동체에서 발생하는 중력파를 예측했지만 그 검출은 실패를 거듭했다. 일반상대성이론을 지지하는 사람들은 중력파가 너무 약해서 탐지되기가 어렵다고 간주했지만, 대부분의 물리학자들은 그 존재 자체를 의심했다. 이러던 중, 1969년 미국 메릴랜드대학교의 물리학자 조셉 웨버(Joseph Weber)는 중력파를 발견했다고 공표 했다. 이 발표는 많은 센세이션과 비판을 초래했으며, 1970년에는 열 개의 서로 다른 연구그룹이 웨버의 결과를 재현하려는 실험을 했다.

여기에서 콜린즈는 흥미로운 점을 발견했다. 그것은 이 열 개의 연구그룹 중에 웨버가 사용한 것과 똑같은 거대한 원통형 알루미늄 검파기를 만들어서 웨버의 실험을 정확히 재현하려 했던 집단은 단 하나도 없었다는 것이다. 그들은 각자 자기들 나름대로의 검파기를 (비록 그 원리는 웨버의 검파기와 같았지만) 만들었고, 이를 통해 실험을 한 뒤에 중력파를 발견하지 못했고 웨버가 틀렸다는 부정적인 결과를 발표했다.

물리학자들은 어떻게 웨버와 같은 방법 및 기구를 쓰지 않고도 웨버가 틀렸다는 결론을 내릴 수 있었을까? 이러한 차이점에도 불구하고 이들은 자신들이 중력파에 대해 동일한 실험을 하고 있다고 생각했는데, 그렇다면 이 '동일함'의 기원은 무엇인가? 이 질문들에 대한 답으로 콜린즈는, 물리학자들 사이에는 서로 분명히 다른 실험을 동일한 것으로 생각하게끔 하는 '사회적인 협상'이 존재한다고 주장했다. 달리 말해 물리학자들은 중력파의 성격을 협상하고, 중력파 실험의 타당성의 범위를 합의한다는 것이었다. 사회적인 성격의 '협상'이 과학 이론의 구성에 개입하는 것이었다.

이에 기초해서 콜린즈는 '실험자의 회귀(experimenters' regress)'라는 매우 흥미롭고 논쟁적인 개념을 제시했다. 간단히 말해서 실험자의 회귀란 다음과 같다. 아직까지 아무도 중력파의 존재를 발견하지 못했고, 물리학자는 이를 발견하기 위해 훌륭한 중력파 검파기를 조립해야 한다. 하지만 과연 그것이 좋은 중력파 검파기인지는 그 장치를 써서 중력파를 찾아낼 때까지는 알 수 없는 것이 사실이다. 반면에 우리는 중력파를 한번도 발견하지 못했기 때문에 어떤 신호가 중력파인지 알 수 없고, 결과적으로 그 검파기가 잘 작동하는 것인지도 알 수 없는 것이다. 원칙적으로 무한히 일어나는 이런 회귀를 콜린스는 실험자의 회귀라고 명명했다.

그렇지만 과학에서 이러한 무한 회귀는 결코 일어나지 않는다는 것 또한 사실이다. 100여 년 전에 독일의 물리학자 하인리히 헤르츠(Heinrich Hertz)*는 처음으로 스파크 검파기(spark-gap detector)를 고안해서 전자기파를 발견했다. 만약 실험자의 회귀가 일어난다면, 사람들은 검파기가 전자기파를 발견할 때까지는 이 검파기가 제대로 만들어진 것인지 알 수 없었고, 헤르츠 이전에는 전자기파라는 것이 발견된 적이 없기 때문에 헤르츠가 발견한 것이 과연 전자기파인지 알아볼 방법이 없었다는 결론에 도달한다. 그러나 헤르츠의 발견은 곧 19세기의 가장 중요한 실험적 업적으로 간주됐고, 그는 전자기파의 발견자라는 명예를 얻었다. 무한 회귀는 일어나지 않았던 것이다.

사실, 콜린즈는 실험자의 무한 회귀가 일어나지 않는다는 것을 잘 알고 있었다. 콜린스의 의문은 왜 무한 회귀가 일어나지 않는가, 즉 무엇이 이렇게 무한정 이어지는 회귀에 종지부를 찍는가 라는 것이었다. 그는 이런 종지부에 서로 다른 기기의 캘리브레이션(calibration, 표준 등을 사용해서 서로 다른 기기들을 비교할 수 있는 것으로 만드는 작업)이 중요한 역할을 한다고 보았는데, 그 이유는 캘리브레이션에 의해 서로 경합 중인 주장을 비교할 수 있는 기술적인 기준이 마련되기 때문이다. 웨버를 비판한 다른 물리학자들은 자신들의 중력파 검파기가 잘 작동하는지 아닌지를 알기 위해 검파기를 약한 정전기력(electrostatic force)을 사용해서 캘리브레이션 했다.

하지만 이 캘리브레이션은 또 무엇을 의미하는가? 캘리브레이션이 사회적 요소로부터 자유로울 수 있을까? 중력파의 효과가 정전기력의 효과와 비슷할 것이라는 가정은 (중력파라는 것이 발견되지 않은 상황에서) 어떻게 그 타당성을 인정받을 수 있을 것인가? 콜린즈는 이에 대한 아주 명료한 대답으로, 사회적 협상이 이 캘리브레이션 과정에 연관되며, 실험자의 회귀를 종결지어주는 것이 바로 이 캘리브레이션 과정에 얽혀 있는 일종의 '사회적 협상'이라고 지적했다. 중력파에 대한 논쟁을 종식시킨 것도 웨버의 비판자들 사이에서 형성된 이런 종류의 사회적 협상이었다는 것이 콜린스의 주장이었다.

콜린즈의 저작에 대해서는 과거와 마찬가지로 지금도 여전히 다양한 비판이 쏟아지고 있으며, 이 비판의 대부분은 콜린즈가 실험에서 과학 이론적인 요소보다 사회적 협상을 지나치게 강조했다는 것이다. 그렇지만 이런 비판에도 불구하고 콜린즈의 저작은 최소한 실험이 사람들이 생각하는 것보다 간단치 않고 훨씬 더 골치 아프다는 사실을 잘 드러냈다. 비록 그의 구체적 주장들은 비판을 많이 받았지만, 실험의 재현이 때로는 골치 아픈 문제이며, 합의를 이끌어내는 과정에 종종 사회적 협상과 같은 사회 문화적 요인이 연관된

---

* Heinrich Rudolf Hertz(1857-1894): 독일의 물리학자. 영국 물리학자 맥스웰이 예견했던 전자기파를 검출하고 그것의 속도가 빛의 속도와 동일하다는 것을 실험으로 검증하여 맥스웰의 전자기학을 공고히 하는 데 기여했다.

다고 하는 그의 생각은 실험을 새롭게 이해하는데 큰 영향을 미쳤다고 볼 수 있다.

1980년대 초반에 실험에 대한 이론의 우위에 강력하게 반대하는 일격이 과학철학자 진영으로부터 날아왔다. 1983년에 출판된 과학철학자 이언 해킹(Ian Hacking)의 『재현과 개입(Representing and Intervening)』이라는 책은 서너 가지 측면에서 주목할 만하다. 무엇보다 해킹은 관찰의 이론적재성이라는 핸슨의 개념을 실험 데이터의 이론적재성을 가리키는 것으로 확대 해석해서는 안 된다는 것을 매우 설득력 있게 보여주었다. 관찰이 이론으로부터 독립해 있음을 지지하는 증거로 해킹은 18~19세기 영국의 천문학자 허셸(W. Herschel)의 적외선 발견 사례를 제시했다. 허셸은 천문관측을 하기 위해 각기 다른 색의 필터를 사용했는데, 어느 날 우연히 서로 다른 필터 아래 손을 놓았을 때 자신의 손이 다른 정도의 열을 느끼고 있다는 것을 알아차렸다. 이로 인해서 그는 색깔이 다른 광선이 전달하는 열의 투과와 흡수를 탐사하게 되었고, 이렇게 해서 결국 눈에 보이지 않던 적외선을 발견하게 되었던 것이다. 해킹은 다음과 같이 묻는다. "허셸의 관측 뒤에는 어떤 종류의 이론이 있었는가?" 살펴보았듯이 여기에 이론이라곤 하나도 없었다. 오히려 이 관측을 통해 허셸은 열선에 대한 새로운 이론에 도달하였던 것이다.

해킹은 이론적 제약들이 가끔은 실험과학자들에게 부담이 되는 것을 부정하지 않는다. 그리고 많은 경우, 실험과학자는 자신의 실험의 이론적 함의를 잘 알고 있으며 심지어 자신이 얻은 데이터를 이론에 꿰어 맞추려고 노력하기도 한다. 하지만 이런 이론적 제약이 반드시 이론에 근사하게 들어맞기만 하는 데이터를 만들어 내는 것은 아니라는 것이다.

19세기 말엽 미국의 물리학자 마이클슨(Michelson)* 의 실험을 예로 들어보자. 마이클슨은 당대의 다른 과학자들과 마찬가지로 우주 공간에는 전자기파와 빛을 통과시키는 매질 에테르(ether)가 틀림없이 존재한다고 생각했고, 지구는 에테르를 통과해서 움직이는 까닭에 적절한 실험을 통해 에테르에 대한 지구의 운동의 상대효과를 발견할 수 있을 것임을 추론할 수 있었다. 그래서 그는 빛의 간섭을 이용하는 광학 기구를 고안해 일련의 실험을 수행했다. 하지만 첫 번째 실험에서 그는 에테르의 효과를 발견하지 못했다. 이 때문에 에테르 이론에는 동요가 일어났고, 이론 물리학자 로렌츠(Lorentz)**가 더욱 많은 가정을 도입해서 에테르 이론을 구해냈다. 마이클슨은 나중에 실험 기구를 수정 개선하고, 정확성

---

* Albert Abraham Michelson(1852-1931): 미국의 물리학자. 빛의 속도를 측정하는 연구에 몰두하여 1881년에는 정밀도가 높은 마이클슨 간섭계를 제작하였다. 에테르 속에서 지구가 운동함으로써 나타나는 빛의 속도 변화를 측정하려고 했으나 실패했다.

** Hendrik Antoon Lorentz(1853-1928): 네덜란드의 뛰어난 이론 물리학자. 마이클슨의 광속 측정 실험에서 예상했던 결과가 도출되지 않자 이를 설명하는 "로렌츠-피츠제랄드 수축"을 제안했다. 이 식은 특수 상대성이론에 등장하는 길이 수축과 동일한 형태이다. 1902년에 노벨물리학상을 수상했다.

을 높여서 다시 한번 실험을 시도했지만 역시 에테르의 효과를 발견하지 못했다. 지금 우리가 알다시피, 아인슈타인의 특수 상대성이론은 결국 에테르가 존재하지 않는다는 것을 보여주었다. 비록 마이클슨이 에테르 이론의 신봉자였고 실험을 통해 에테르의 존재를 증명하고자 했지만, 실험 데이터는 그가 원하는 대로 나와 주지 않았던 것이다.

이에 기초해 해킹은 "실험에는 그 나름의 삶이 있다"고 주장했다. 흔히 우리는 실험실의 실험과학자들이 이론을 테스트하기 위해서 실험을 고안한다고 생각하는데, 이는 잘못된 생각이라는 것이다. 더욱이 그들은 변수의 수치 값을 재는데 많은 시간을 보내지도 않는다. 측정(measurement)은 사실상 실험자의 작업에서 아주 작은 부분만을 차지한다. 의식적이든 무의식적이든 실험과학자들이 목표로 하는 것은 자연적 요소와 기구를 결합해서 (자연에서가 아니라) 실험실에서 신기한 현상들을 창조하는 것이다(creation of phenomena).

실험을 이런 새로운 시각에서 이해하면서 과학사와 과학철학을 포함하는 과학학자들은 실험, 실험실, 기구, 측정과 같은 과학적 실천에 점점 더 주의를 기울이기 시작했다. 최근에는 실험 데이터의 생산이 과학사학자, 과학철학자, 과학사회학자들의 중요한 연구 대상이 되었다. 이에 따라서 이론과 실험 사이의 관계도 더욱 복잡해졌다. 이론과 실험의 상호작용은 각기 나름대로의 자율적인 삶을 가진 두 영역의 상호작용이었기 때문이다.

5. 구성주의와 행위자 연결망 이론

스트롱 프로그램은 '과학의 사회적 구성' 즉, 과학 지식이 사회적 맥락에서 어떻게 형성되는가에 관심을 두었다. '실험으로의 복귀'라는 방법론은 과학적 실천과 기구, 또한 과학 실험이 발생하는 장소에 초점을 맞추었는데, 이는 때때로 과학자의 실천을 그의 사회적 요소로 설명하는 사회 구성주의의 방법론을 사용하기도 한다.

그런데 과학사회학에는 '과학의 사회적 구성'이라는 방법론을 채용하지 않은 또 다른 흐름이 존재했는데, 이는 "행위자 연결망 이론(actor- network theory)" 혹은 "구성주의"('사회'를 뺀)라고 불린다. 행위자 연결망 이론, 혹은 구성주의는 다음과 같은 두 가지 측면에서 스트롱 프로그램식의 사회 구성주의뿐 아니라 실험으로의 복귀와도 차별성을 가진다. 첫째, "구성주의"는 사회가 과학을 구성하는 것만 아니라, 과학이 사회를 구성하는 것에 더 관심을 기울인다. 둘째, 이들은 인간 행위자(human actor)보다는 비인간 행위자(non-human actor), 가령 기구, 기계, 전자(electron), 세균 등에 더 관심이 있다. 좀 더 정확히 말하면 이들은 인간 행위자와 인간이 아닌 행위자 사이의 "대칭"을 주장한다.

1979년에 출판된 브루노 라투어(Bruno Latour)와 스티브 울가(Steve Woolgar)의 책 『실험실 생활: 과학적 사실의 사회적 구성(Laboratory Life: The Social Construction of Scientific Facts)』은

구성주의 전통의 시작으로 볼 수 있다. 이 책은 제목에 "사회적 구성"이라는 말을 처음으로 쓴 책 가운데 하나이지만, 1987년 프린스턴 대학교 출판부에서 2판을 냈을 때 라투어와 울가는 제목에서 "사회적"이라는 말을 삭제해서 부제를 "과학적 사실의 구성"으로 바꾸었다. 이것은 라투어와 울가가 사회 구성주의, 즉 에딘버러 학파의 스트롱 프로그램과 자신들과의 차별성을 부각시키려 했기 때문이었다. 『실험실 생활』에 나타난 핵심적인 주장을 보면 이들이 왜 그랬는가 이해할 수 있다.

이 책은 과학 지식의 사회적 구성에 대한 여타의 사회학적, 철학적 연구들과는 그 접근 방법에서부터 달랐다. 라투어와 울가는 기본적으로 사람들을 아주 가까운 거리에서 (하지만 그들에게 전적으로 동화되지는 않고) 관찰하는 인류학적인 방법을 사용했기 때문이다. 라투어와 울가는 실제로 인류학자로서 싸크 연구소(Salk Institute)라는 유명한 분자 생물학 실험실에서 근무하면서 그곳의 과학자들과 대화를 나누면서 실험실에서의 그들의 일상과 실험적 실천을 관찰했다. 이런 관찰로부터 라투어와 울가는 과학자들의 실천에서 이제까지 소홀하게 다루어졌거나 주의를 끌지 못한 새로운 특징을 많이 발견했다.

그들이 주목했던 한 가지는 과학적 사실의 생산에 대한 것이었다. 그들이 근무했던 싸크 연구소는 TRH 또는 TRF라는 호르몬* 의 발견으로 유명한 연구소이며, 이를 발견한 연구소의 과학자들은 노벨상을 받았다. TRF는 호르몬, 즉 일종의 유기 물질이기 때문에 전 우주에 걸쳐 존재하는 TRF의 총량은 매우 적다. 이 물질을 동물의 뇌에서 추출하기 위해 싸크 연구소는 돼지 머리를 500톤이나 소비했고, 수고스럽고 복잡한 일련의 실험 과정을 거쳐야 했다.

이런 어려운 실험을 진행하다가 싸크 연구소의 연구원들은 어느 순간에 TRF를 발견하는 데 성공했다. 그렇지만 여기에서 콜린즈가 말한 실험자의 회귀를 생각해 보자. TRF는 이전에는 사람들에게 알려져 있지 않던 물질이다. 그렇다면 무엇이 싸크 연구소의 분자생물학자들로 하여금 그들이 관찰한 데이터가 TRF 의 존재를 가리킨다고 결론짓게 만들었는가?

이 질문에 대한 라투어와 울가의 대답은 사회학적인 것이었다. 그들은 싸크 연구소가 TRF를 발견하려고 애쓰고 있을 때 또 다른 분자생물학자 집단도 같은 주제를 놓고 작업에 열중하고 있었다는 것을 알게 되었다. 이 두 집단은 데이터와 정보를 교류했고, 상대방의 저작을 인용했다. 경쟁이 진행되고 그들의 데이터가 축적되면서, 이들 두 집단 사이에서는 TRF의 존재를 정하는 데이터의 표준에 관하여 사회적 타협이 이루어졌다.

---

* TRH(thyrotropin releasing hormone) 또는 TRF(thyrotropin releasing factor): 갑상선자극호르몬분비촉진호르몬. TRH는 시상하부에서 분비되며 이것의 작용에 의해 뇌하수체 전엽에서 갑상선자극호르몬(TSH)의 분비가 촉진된다. TSH는 갑상선을 자극하여 티록신(thyroxine)이 분비되도록 한다. 티록신은 물질대사를 촉진시키는 작용을 한다.

예를 들어, 만일 한 집단이 그들이 생각하기에 TRF의 존재를 보여주는 것으로 해석될 수 있는 하나의 지표를 발견해서 공표했지만 상대편이 그 지표가 너무 약해서 설득력 없다고 생각했다면, 사회적 타협은 실패한 셈이 된 것이었다. 이럴 경우에 이들은 더욱 강력한 데이터를 발견해서 또 다른 협상의 라운드로 진입했고, 이런 사회적 협상이 계속 진행되면서 어느 시점이 되었을 때 과학자들은 드디어 TRF를 나타내는 시그널을 배경잡음(noise)으로부터 구별할 수 있게 해 주는 규준에 대해 최종 타협했다는 것이다. 라투어와 울가에 의하면 이 순간이 바로 TRF가 발견된 순간이었다.

『실험실 생활』 이후 라투어는 과학과 권력(power)의 문제, 즉 과학이 왜 우리 사회에서 그렇게 큰 힘을 가지는가라는 문제를 계속 탐구했다. 어째서 후원자들은 그저 논문을 생산하는 것으로 밖에는 안 보이는 싸크 연구소의 연구를 지원하느라 수백만 달러를 쓰는가? 무엇이 과학자를 여타의 전문가와 다른 존재로 만드는가? 라투어는 과학자들과 여타 전문가들, 가령 정치가나 변호사들 사이의 차이점을 찾아내는 것부터 시작했다. 그가 발견한 사실은 아주 간단했다. 과학자들한테는 실험실이 있는 반면, 정치인들이나 변호사한테는 실험실이 없다는 것이었다. 그런데 대체 과학자들은 실험실에서 무엇을 하고 있는가? 실험기구가 잔뜩 있을 뿐인 실험실이 어떻게 과학자들에게 권력(power)을 주는가? 무엇보다도, 왜 과학자들한테는 실험실이 필요한가?

19세기 프랑스의 생리학자 겸 세균학자였던 파스퇴르*에 대한 그의 연구는 이런 문제에 대한 답을 제공했다. 파스퇴르가 살았던 시절에 박테리아나 세균은 심각한 사회 문제였다. 사람들이 세균에 대처할 수 있는 능력이 없었다. 다른 모든 사람들과 마찬가지로 파스퇴르 역시 한 인간으로서 세균보다 약했다. 그러나 파스퇴르는 실험실에서, 그리고 오직 실험실에서만, 세균보다 더 강해질 수 있었다. 파스퇴르는 페트리 접시에서 박테리아를 배양하고 그 박테리아를 하나의 집단으로 눈에 보이게 드러냄으로써 그들을 약하게 할 수 있고, 통제할 수 있는 존재로 만들었다. 그리고 그는 실험실이라는 통제된 공간을 세상으로 확장했다. 그는 실험실에서 얻은 특별한 조건을 안정적으로 만들어서 '블랙박스(black-box)화'한 다음에, 이를 실험실 밖으로 조심스레 유포했다.

이 '블랙박스'가 바로 파스퇴르의 이름과 함께 기억되는 백신이었다. 백신은 그의 실험실의(즉 인간이 세균보다 강한 공간의) 축소판이었다. 그가 사람들을 예방 접종하는데 성공했을 때 그는 사실상 사회를 '실험실화'한 것이었다. 라투어는 사회에 대한 이런 예방 접종을 과학자가 할 수 있는 가장 중요한 '정치적', '사회적' 활동으로 간주해야 한다고 주장했다. 파스퇴르 자신은 매우 미숙한 정치인이었지만 어떤 정치인보다도 세상에 큰 영향력을 행사

---

* Louis Pasteur(1822-1895): 프랑스의 화학자, 미생물학자. 발효와 부패를 연구했고 탄저병과 광견병 백신을 만들었다.

한 인물이었던 것이다.

실험실은 마치 지렛대에서 우리가 무거운 물건을 들어올릴 수 있도록 해주는 추축점(樞軸點)과도 같은 것이다. 라투어는 그의 초기 논문의 제목을 "내게 실험실을 달라, 그러면 세상을 들어올리리라"라고 붙였다. 그러나 실험실이라는 공간에 대체 어떤 특별한 것이 있기에 이것이 과학자에게 힘을 불어넣을 수 있는 것일까? 법정이나 교회 같은 여타의 사회적 공간과 실험실의 본질적 차이는 무엇인가?

라투어의 해답은 실험실에 "비인간 행위자(non-human actors)"가 한 가득 존재한다는 것이었다. 실험실에는 다양한 효과를 만들어내는 기기, 기록기, 검파기, 분석표, 센서, 컴퓨터와 같은 다양한 기구가 필수적이며, 세균이나 전자(electron) 등의 비인간 행위자들도 존재한다. 라투어에 의하면, 실험실에서 일어나는 일은 과학자와 이 비인간 행위자 사이의 "힘겨루기(trial of strength)"이다. 과학자는 비인간 행위자를 엮어서 새로운 네트워크를 만들며, 이 일을 성공적으로 해낼 때마다 비인간 행위자들이 가졌던 힘을 동맹군으로 사용할 수 있게 된다. 이렇게 함으로써 과학자는 새로운 동맹 네트워크—본질적으로 인간 행위자와 비인간 행위자로 이루어진 동맹의 네트워크—를 만들어내는 것이다.

인간 행위자와 비인간 행위자 사이의 동맹은 우리 시대 현대 과학의 핵심을 특징지으며, 바로 이 점이 과학을 다른 인간 활동과 구별되게 해 준다. 이런 동맹에는 두 가지 중요한 결과가 뒤따른다. 첫째, '물건(things)'들이 과학과 기술에 똑같이 중요하기 때문에 현대 과학과 기술의 차이는 거의 무시할 만큼 작아진다. 라투어는 과학과 기술을 분리시키기보다는 기술과학(technoscience)이란 말을 즐겨 사용했다. 둘째, 백신과 같은 과학의 결과들은 "사회의 실험실화"를 위해 중요한 '마디(node, 네트워크의 분기점)'였다. 사람들이 백신을 이용할 때마다 파스퇴르와 그의 실험실은 힘을 얻었던 것이다. 라투어는 이런 마디를 '의무 통과점(obligatory passage point)'이라고 명명했다. 의무 통과점은 현대사회를 사는 사람이 반드시 통과해야 하는 지점을 말하며, 사람들이 이 지점을 통과할 때마다 (파스퇴르의 경우, 사람들이 의무적으로 백신을 맞을 때마다) 과학과 과학자는 더 많은 힘을 얻게 되는 것이었다.

라투어는 현대 과학 연구의 상당부분이 이런 의무 통과 지점을 창조하고 유지하는 데 관련되어 있음을 주장한다. 예를 들어, 단위와 표준에 대한 연구에 국가가 엄청난 돈을 지출하는 이유는 단위와 표준이 가장 기본적인 의무 통과점이기 때문인 것이다. 과학 활동은 점차로 대중으로부터 고립된 대학이나 회사의 실험실에서 수행되어 왔지만, 이 의무 통과점 때문에 우리의 일상생활에 더 큰 힘을 발휘할 수 있게 되었다. 실험실 속에서 인간-비인간 행위자들의 동맹, 의무통과점의 형성을 통해 과학은 현대 사회에서 독특한 '권력'을 획득하게 되었다는 것이 라투어의 핵심적인 사상인 것이다.

6. 맺는말

이번 장에서는 1980년대 이후 최근까지 과학사회학의 흐름을 "(사회)구성주의"를 중심으로 살펴보았다. 간단히 정리하자면 스트롱 프로그램과 같은 사회 구성주의 과학사회학에서는 과학 지식의 구성에 과학 외적인 요인들, 즉 사회적·정치적·경제적·철학적·이데올로기적·성(gender)적 요인들이 중요한 요소로서 작용한다고 본다. 이러한 흐름과는 대조적으로 사회에 의한 과학의 구성보다 과학에 의한 사회의 구성을 강조하는 행위자 연결망 이론도 과학사회학의 중요한 또 다른 흐름을 형성한다. 최근 과학사회학자들은 이 두 흐름의 대립적 성격을 극복하고 두 접근을 섞어서 과학과 사회의 "공동구성(co-construction)"이나 "공동형성(co-shaping)"에 대한 이론을 발전시키고 있다.

수많은 논쟁이 있었지만 이러한 (사회)구성주의 과학사회학은 예전에는 자연스럽고 당연한 것으로 여겨지던 근대 과학의 특징들을 매우 논쟁적인 것으로 바꾸어 놓았다. 최근 과학사회학의 연구 덕분에 우리는 과학적 사실의 생산, 실험의 복제, 이론, 기구, 실험들 사이의 관계 등이 흔히 추측했던 것보다 훨씬 더 복잡하다는 것을 알게 되었다. 이제 우리는 실험실, 실험실의 생산물, 문서, 실험, 과학과 사회의 관계, 과학과 권력의 관계를 완전히 다른 각도에서 보기 시작했다. 이러한 이유 때문에 21세기에도 당분간 (사회)구성주의 과학사회학은 과학사회학의 주요 경향으로 남아 있을 것이라고 예측할 수 있다.

더 생각해볼 주제

—

- 실험자의 회귀란 무엇인가? 실험자의 회귀가 나타나는 실험의 예를 하나 들어볼 것.
- 스트롱 프로그램의 사회구성주의와 라투어의 구성주의(혹은 행위자-연결망 이론)의 차이는 무엇인가?

더 읽어볼 거리

—

데이비드 블루어, 김경만 역, 『지식과 사회의 상』, 한길그레이트북스, 2000.

홍성욱, 『과학은 얼마나』 21-67, 서울대학교출판부, 1999.

해리 콜린스·트레버 핀치, 이충형 역, 『골렘』, 새물결.

05

기술사회학의 최근 경향

"사람은 도구를 만드는 동물"이라는 말이 있듯이, 인간은 기술과 떼어놓고 생각할 수 없다. 그렇지만 기술은 마치 우리가 숨쉬는 공기처럼 우리 주변에 널려 있기 때문에, 우리는 우리가 얼마나 기술에 의존해서 살고 있는지 감지하지 못한다. 대신 기술 시스템에 큰 사고가 생겨야 우리는 기술의 중요성을 실감한다. 예를 들어 2003년 6월에 뉴욕과 토론토 같은 북미의 대도시에 며칠 동안 전기가 들어오지 않는 정전 사고가 생겼는데, 사람들은 전기 없이 며칠을 지낸 뒤에야 우리의 의식주는 물론 문화생활, 교통, 통신 등 일상생활의 거의 대부분이 전기에 의존하고 있음을 알 수 있었다.

기술이 이렇게 중요하지만 우리는 왜 우리가 지금의 기술을 가지고 있는지 잘 모른다. 지금은 모든 가정에서 사용하는 전기냉장고에서 윙윙하고 귀에 거슬리는 모터 소리가 나지만, 우리들은 이를 당연하게 생각한다. 서구에서 전기냉장고가 대중화되던 무렵에 동시에 시장에 나왔던 가스냉장고에서는 윙윙 소리가 나지 않았다는 사실을 알고 있는 사람은 거의 없다. 전기냉장고와 가스냉장고를 비교 연구한 기술사회학자들은 가스냉장고가 전기냉장고에 비해서 결코 뒤떨어지지 않았음을 강조한다. 전기냉장고가 보편적인 기술로 채택된 이유는, 그 냉장고를 만들던 GE 같은 회사의 막강한 광고력과 전기에 대한 소비자들의 이미지(전기는 가스와 달리 '첨단 기술'이고 깨끗한 기술이라는 이미지)가 결합한 데에 있었다는 것이다.

기술사회학은 이렇게 기술과 사회, 기술과 인간과의 상호작용을 연구하는 학문 분야이다. 기술의 경제적 효과를 연구하는 기술 경제학과는 달리, 기술사회학은 주로 사회학적인 방법론을 빌어 기술과 사회의 관련이나 상호작용을 연구한다. 기술사회학은 또한 인접 학문인 기술사와 과학사회학의 영향을 받으며, 이에 영향을 주기도 하는데, 특히 최근 들어서 기술사회학과 기술사, 과학사회학 사이의 관계는 더 밀접한 것이 되었다. 앞의 과학사회학에 대한 장에서도 지적을 했지만, 1980년대 이후 과학사회학에서는 구성주의나 사회

구성주의가 주류를 이루고 있다. 기술사회학도 이에 영향을 받아서 구성주의적 방법론과 사회구성주의적 방법론을 사용해서 기술은 물론 기술과 사회와의 관련성을 연구한다. 그렇지만 과학과 기술이 가지는 차이점 때문에 과학사회학의 방법이 그대로 기술사회학에 적용되는 것은 아니며, 기술을 분석하는 데 적합한 나름대로의 독특한 방법론이 등장하기도 한다.

이 장에서는 기술에 대한 네 가지 주제를 분석함으로써 기술사회학의 최근 동향을 살펴보려 한다. 그 네 가지 주제는 1) 기술 결정론과 기술의 사회적 구성론, 2) 기술 시스템 이론과 이종적 엔지니어, 3) 과학과 기술의 관계, 4) 기술의 가치 중립성이다. 이러한 주제를 깊이 있게 이해하는 것은 기술 사회를 살아가는 시민에게 "기술적 교양"으로 중요할 뿐 아니라 기술사회를 보다 책임 있게 디자인하는 엔지니어들을 위해서도 꼭 필요하다고 할 수 있다.

1. 기술결정론에서 기술의 사회적 구성론으로

1960년대에 기술에 대해서 연구하는 학자들 중에는 "기술이 사회를 결정한다"고 믿는 사람이 많이 있었다. 중세 기술을 연구한 역사학자 린 화이트 주니어(Lynn White, Jr.)는 말에 사용하는 작은 마구인 등자(stirrup)가 말을 타고 창을 휘두르며 싸우는 것을 가능케 했고, 그 결과 기사(騎士)가 등장했으며, 중세 권력이 기사를 거느린 전투적인 영주 중심 체제로 개편이 되어 궁극적으로 중세 봉건제가 정착되었음을 주장했다. 아주 작은 마구 하나가 봉건제의 성립이라는 거대한 사회 변화를 가져왔다는 것이었다. 기술이 인간의 통제를 벗어났다는 주장(technology-out-of-control)도 비슷한 시기에 제기되었다. 이러한 주장에 따르면 어떤 기술은 그 기술이 발명되었던 것과는 전혀 다른 목적으로 사용되며(핵분열에 대한 호기심에서 비롯된 원자탄의 예를 생각해 보라), 이러한 기술의 궤적은 인간의 통제 밖에 있다는 것이다.

1980년대 이후 기술사회학자들은 이러한 "기술 결정론(Technological Determinism)"을 비판하면서 "기술의 사회적 구성론(Social Construction of Technology)"을 주장했다. 기술이 사회를 결정하는 것이 아니라, 사회가 기술을 "구성"한다는 것이다. 그렇지만 "뉴턴의 만유인력의 법칙이 사회적으로 구성되었다"는 주장과 비교해볼 때 "에디슨의 송전 기술체계가 사회적으로 구성되었다"는 주장은 당연한 얘기 같아 보인다. 기술이 사회 속에서, 사회의 영향을 받아 만들어졌다는 주장은 마치 상식처럼 들리는 것이다. 그렇다면 기술의 사회적 구성론에서 새로운 점은 무엇인가?

여기서 약간의 철학적인 사고를 할 필요가 있다. 무엇이 기술적 발전을 추동하는가?

왜 우리는 150볼트가 아닌 110볼트 또는 220볼트 전기 체계를 가지고 있는가? 한때 많은 사람들이 비행기가 크기가 줄어드는 쪽으로 발전해서 결국 누구나 소형 자가용 비행기를 갖게 될 거라고 예상했음에도 불구하고 어째서 비행기의 크기는 커지는 쪽으로 발전 했는가? 왜 우리는 지금 우리가 타고 있는 자전거를 갖게 되었는가? 자전거가 처음 대중화된 19세기 후반기에는 다른 형태의 자전거도 많이 있었는데 어째서 "안전 자전거"—다이아몬드 형태의 틀과 고무 타이어를 쓰고 두 바퀴의 크기가 비슷한 모델—가 경쟁에서 이겨서 지금 보편적이 되었는가? 이런 문제에 대한 상식적인 답은 대체로 지금 우리가 쓰는 모델이 다른 모델보다 편하고 안전하다는 것이었다. 간단히 말해 이것이 더 효율적이기 때문에 경쟁에서 이겼다는 것이다. 사실 우리의 자본제적 사회에서 효율성이란 좋은 것, 합리적인 것, 추구해야 할 것, 심지어 운명 지어진 어떤 것을 의미한다. 그렇지만 이런 관점은, 논쟁적인 기술을 분석할 때 문제를 야기한다. 핵폭탄도 효율적인 기술이라고 볼 수 있을까? 인간복제기술도 필연적인 것으로 받아들여야 하는 것인가? 이런 기술들 모두가 다른 기술과의 경쟁에서 승리해서 오늘날 우리가 가진 기술이 되었는가? 지금 우리가 가진 기술이 다 효율적인 것이라면, 왜 재앙에 가까운 기술적 실패가 빈번히 발생하는가?

기술 결정론에서는 기술의 발전은 물론 기술이 사회에 미치는 영향이 이미 기술 속에 결정되어 있음을 강조한다. 반면에 기술의 사회적 구성론은 기술 발전의 궤적이 이미 기술 내에 결정되어 있다는 식의 "본질주의(essentialism)"를 비판하면서 시작한다. 대신, 기술의 사회적 구성은 기술의 발전에서 중요한 역할을 한 사회 집단(relevant social groups)들을 강조한다. 예를 들어 자전거의 발전에 대해 생각할 때 우리는 자전거를 만든 기술자와 남성 이용자뿐 아니라 여성 이용자, 스포츠 자전거 이용자, 심지어 자전거 반대론자도 고려해야 하는데, 그 이유는 각 집단이 특정한 자전거 디자인에 대해 그들 나름의 선호와 이해관계를 가지고 있었기 때문이다. 예를 들어 스포츠 자전거 이용자들은 56인치짜리 커다란 앞바퀴가 달린 모델을 좋아했다. 이러한 자전거는 치마를 입는 여성 이용자들을 위해서 특별히 설계된 자전거를 만들어야만 했다. 이런 식으로 분석해보면, 자전거의 초기 발전 단계는 표준 자전거로의 단선적 발전을 반영한다기보다, 오히려 인공물(artifact)과 사회 집단, 풀어야 할 기술적 문제들의 분산된 네트워크를 반영함을 알 수 있다. 그 당시에는 아무도 공기 타이어가 자전거 설계에 없어서는 안 될 요소라고 생각지 않았다. 기술자들에게 공기 타이어는 매우 골치 아픈 문제였고, 스포츠 자전거를 즐겼던 사람들에게는 불필요한 것이었다. 큰 자전거를 타고 언덕을 오르내리는 스포츠 자전거를 타던 사람들에겐 타이어가 아닌 자전거의 용수철 프레임이 울퉁불퉁한 길을 지나는 문제를 해결해 주었다.

그렇다면 어째서 이 초기의 불안정한 네트워크가 마침내 안정적인 것으로 되었을까? 어떻게 종결이 일어났을까? 기술의 사회적 구성론자들은 자전거 경주가 "종결"에서 중요한 역할을 했다고 주장한다. 자전거 경주가 당시 사람들의 관심을 끌면서 공기 타이어를 장착한 안전 자전거가 다른 자전거보다 빠르다는 것이 경주를 통해 입증되었고, 초기 자전거 설계에서 중요하게 고려되지 않았던 속도가 주목받는 중요한 특징으로 부각되었다. 자전거 설계에서 속도가 다른 특징들보다 중요해졌고, 이는 속도를 더 낼 수 있는 안전 자전거 쪽으로 경쟁을 종결시키는 방향으로 나아갔다.

기술 디자인을 종결하는 데 중요했던 또 다른 요소는 여성 자전거 애호가들이었다. 자전거를 격렬한 스포츠로 여기던 남성들은 큰 앞바퀴가 있는 자전거를 선호했지만, 여성들은 (당시 주로 치마를 입는 복장 때문에) 앞바퀴가 작고 타이어가 쿠션 역할을 해 주는 안전 자전거를 선호했던 것이다. 그러므로 안전 자전거가 다른 자전거보다 우월하다는 결론은 기술적 논리(가령 효율성)에 의해서가 아니라 사회 집단, 이들의 이해관계, 그리고 자전거라는 인공물 사이의 상호작용에서 나온 여러 가지 우연한 사건들에 의해 도출되었다. 안전 자전거가 다른 자전거보다 더 효율적이라는 생각은, 논쟁이 끝난 뒤에 재구성된 것이다.

그림 1 | **치마를 입는 여성을 위해 개량된 앞바퀴가 큰 초기 자전거**

특정한 기술 디자인이 선택되는 것은, 꼭 그 자체의 효용이나 유용성 때문이 아니라 다양한 디자인을 둘러싼 사회 집단 사이의 이해관계의 절충에 의해 "우연적으로" 이루어진다는 것이 기술의 사회적 구성론의 핵심적인 주장이다. 즉, 기술이 사회를 만드는 것이 아니라, 사회가 기술을 구성한다는 것이다. 이런 점을 볼 때, 기술의 사회적 구성 프로그램은 과학의 사회적 구성 프로그램과 비슷한 점이 많다. 기술의 사회적 구성 프로그램에 따르면 초기 단계에 있는 기술적 인공물들은 앞으로의 진화방향뿐 아니라 그 용도도 아직 정의되지 않았다는 의미에서 유연(flexible)하다. 이러한 기술적 유연성은 과학의 사회적 구성이 가지고 있는 해석적 유연성에 상응한다. 기술의 사회적 구성론은 상이한 기술 디자인들 사이에 경쟁이 한 가지 기술로 마무리되는 종결 메커니즘을 규명하려 하는데, 이 메커니즘은 수사학적인(rhetorical) 것이거나(즉 사람들이 문제가 해결되었다고 생각하기 시작하거나) 실질적인 것, 둘 중 하나이다. 그리고 기술의 사회적 구성은 이 종결 메커니즘과 더 넓은 사회적 컨텍스트 사이의 관계를 규명하기 위해 노력한다. 이런 세 단계를 통틀어 사회 집단들과 사회적 이해관계의 개입은 기술의 용도를 정의하고 초기의 유연한 네트워크를 종결짓는 데 중요한 역할을 한다.

2. 기술 시스템 이론과 이종적 엔지니어

행위자 연결망 이론은 과학자, 기술자, 사업가와 같은 인간 행위자와 세균, 전자(electron)와 같은 비인간 행위자들 사이에 이종적인 행위자 연결망(heterogeneous actor network)의 형성에 주목한다. 행위자 연결망 이론가들도 '구성(construction)'이란 개념을 중요하게 생각하지만, 여기에서 구성이란 사회적 요소에 의한 과학기술의 구성이라기보다, 과학기술에 의한 사회의 구성과 사회에 의한 과학기술의 구성이 동시에 진행된다는 의미에 가깝다.

행위자-연결망 이론가들은 기술의 구성에 대해 기술의 사회적 구성론과는 조금 다른 프로그램을 출범시켰다. 유명한 예는 존 로(John Law)의 "이종 공학(heterogeneous engineering)", "이종 공학자(heterogeneous engineers)"라는 개념이다. 기술의 사회적 구성론과 이종 공학의 차이는, 전자가 기술의 안정화 과정이 기술의 설계에 대한 사회 집단들의 협상을 통해 일어난다고 간주함에 비해, 이종 공학에서는 안정화란 이질적 요소(heterogeneous elements)간의 상호작용이 빚어내는 한 가지 기능이라고 보는 데에 있다. 달리 말하면 이종 공학에선 기술-사회의 연결망(네트워크)이 안정되었을 때 기술의 안정화가 일어난다고 보는 것이다. 사회적 이해가 기술을 안정화시키는 것이 아니라, 사회적인 것은 기술적인 것과 서로 맞물려 있기 때문에 이종적 엔지니어의 노력에 따라서 이 기술-사회의 연결망 자체가 안정적으로 바뀌는 것이다.

이종 공학이라는 개념을 더 잘 이해하려면 먼저 기술사회학과 기술사에서 널리 사용되는 기술 시스템 이론(technological systems theory)에 대해 살펴볼 필요가 있다. 토마스 에디슨(Thomas Edison)을 생각해 보자. 에디슨은 이론적인 인물도 과학자도 아니었다. 그는 자신의 전기 체계와 관련된 물리학 법칙조차 제대로 이해하지 못했다. 많은 사람들이 에디슨의 방법을 주먹구구와 시행착오에 불과하다고 비판했다. 그런데 그렇다면 그는 어떻게 그런 대단한 성공을 거둘 수 있었을까? 무엇이 그를 기술사를 통해 가장 위대한 인물 중 하나로 만들었을까? 기술사학자 토마스 휴즈(Thomas Hughes)에 따르면 에디슨은 기술자였을 뿐 아니라 기술 시스템의 건설사(system-builder)였다. 그는 전기 에너지가 발생되고 전송되며 소비되는 새로운 전기 조명 "시스템"을 발전시킨 사람이었다. 그가 만든 전구는, 상징적 의미가 컸지만, 전체 시스템의 한 구성 요소에 불과했다. 전구 외에도 에디슨은 점보 발전기, 전압을 분배하는 수단, 전기의 소비를 측정하는 계량기(미터)를 만들었다. 그는 또한 가정에서의 전기의 새로운 역할과, 당시의 가스 조명과 비교되는 전기 조명의 새로운 이미지를 창조했고, 정치인들에게 압력을 넣어 전기 조명에 찬성하는 새로운 법규를 법제화하게 했다. 간단히 말해 그는 새로운 전기-조명 체계를 구축해 사회와 우리의 생활 방식을 근본적으로 변형시켰던 것이다.

이렇게 기술 시스템은 사회적으로 구성되며 동시에 사회를 구성한다. 기술 시스템은 개별 기술과 같은 인공물(artifacts), 사회적 집단, 법규, 자연적 재원 등으로 구성되며, 이러한 점에서 인간 행위자와 비인간 행위자의 연결로 만들어진 행위자 네트워크와 흡사하다. 약간 도식적으로 얘기하자면 기술 시스템은 급진적인 발명에서 그 싹이 자라서 1) 개발과 혁신의 단계, 2) 기술 이전의 단계, 3) 성장과 경쟁의 단계, 4) 안정화의 단계를 거친다. 이 중 개발과 혁신의 단계에서는 "역돌출(reverse salient)"—시스템의 전체의 발전을 가로막는 특정한 문제—을 해결하는 것이 중요하게 부상한다. 예를 들어 에디슨의 초기 전력 송신 시스템에서는 송전선에 사용하는 구리의 값이 너무 비싸서 에디슨의 전기 시스템이 당시 가스 시스템과 경쟁하기 힘들었다는 것이 역돌출이었다. 에디슨과 같은 기술자들은 이 역돌출을 기술적인 "결정적 문제(critical problem)"로 환원해서 해결했는데, 에디슨의 직류 시스템은 결국 송전 반경을 적게 해서 너무 두꺼운 구리 도선을 쓰지 않은 상태에서 전압이 떨어지는 것을 막았고, 에디슨과 경쟁했던 교류 시스템은 고전압을 얇은 구리선을 사용해서 송전함으로써 가격 상승을 막을 수 있었다. 기술 시스템은 성장하고, 치열한 경쟁을 거치며 이 경쟁에서 살아남은 시스템이 안정적으로 자리 잡는다. 성장하는 시스템의 경우에는 종종 시스템의 관성(momentum)이 등장하는데, 이 관성은 시스템의 발전 방향을 한두 사람의 엔지니어가 바꾸기 힘들다는 것을 의미한다. 시스템의 관성은 기술자를 비롯한 다른 이해 집단들의 이해관계가 기술 시스템에 고착되었음을 의미한다.

기술 시스템이나 시스템 건설자라는 생각은 이종 공학, 이종 공학자라는 개념과 아주 흡사하다. 이종 공학자는 새로운 네트워크를 창조하기 위해 이질적인 요소들—기술적, 사회적, 경제적, 정치적, 자연적인 요소들—을 모아야 하고, 각 요소는 이 새로운 네트워크에 의해 새로운 역할과 의미를 부여받게 된다. 이종 공학은 사회적 이해관계에 의한 기술적 인공물의 구성보다, 기술에 의한 사회의 구성, 또는 기술-사회 네트워크의 "공동 구성(co-construction)"을 강조한다. 사회적인 것과 기술적인 것은 동시에 발전하며, 이들은 본질적으로 분리될 수 없다. 이런 의미에서 이종 공학이라는 개념은 기술학 분야의 행위자-연결망 이론이라 할 수 있다.

지금까지 우리는 기술 결정론, 기술의 사회적 구성론, 기술 시스템 이론, 이종 공학과 같은 기술사회학의 주요한 개념들을 살펴보았다. 그렇다면 이제 우리는 기술과 사회와의 관련을 어떻게 이해해야 하는가? 기술과 사회와의 관계를 개념화할 때 가장 중요한 것은 기술결정론, 기술 시스템 이론, 기술의 사회적 구성론, 이종 공학이 모두 기술 발전의 한 면만을 보고 있는 것임을 인식하는 것이다. 기술의 초기 디자인 단계에서는, 그 기술의 용도나 미래의 궤적에 분명히 기술적인 유연성이 존재한다. 그 기술이 어떻게 발전하고 변할 지가 결정되어 있는 것이 아니라, 이를 둘러싼 사회의 다양한 이해관계에 의해서 영향을 받는다는 것이다. 그러다가 이 개별 기술이 발전해서 안정화되고, 특히 그것이 기술 시스템의 일부로 편입되고 또 그러한 기술 시스템이 성장해서 거대 기술 시스템이 되는 과정에서는 시스템 건설자나 이종적 엔지니어의 역할이 중요하다. 시스템 건설자나 이종 공학자는 개별 발명가들과 달리 개별 기술 보다는 전체 시스템, 네트워크에 주목한다. 발전한 기술 시스템은 우리의 삶과 사회를 변화시키는 요소로 작용하면서, 개별 기술에는 없던 관성을 가지게 된다. 이 때가 되면, 종종 기술은 그것을 처음 만들었거나 디자인한 사람의 의지대로 변하지 않는다. 엄청난 관성을 가지게 되며, 어떤 경우에는 마치 인간과 무관하게 기술 그 자체가 독자적인 삶을 가진 것으로 보이기도 하는 것이다. 그렇지만 그렇다고 기술이 인간과 무관한 '생명'을 가진 존재는 아니다. 관성을 가진 기술 시스템의 발전 방향을 바꾸는 것은 결코 쉽지 않지만, 그렇다고 불가능한 것은 아님을 인식하는 것도 또한 중요하다.

3. 과학과 기술의 상호작용

"과학과 기술은 하나인가 아니면 서로 다른 별개의 활동인가?" 현대 사회에서 과학과 기술의 경계가 없어졌다고 믿는 사람들도 과학과 기술이 하나라고 선뜻 얘기하지는 못하는데, 그 이유는 과학과 기술이 제도적으로 분리되어 있을 뿐만 아니라, 그것들이 추구하는 가치가 과학의 경우는 자연현상을 깊은 수준에서 이해를 하는 것임에 반해서 기술의 경우는 실제적으로 쓸모있는 유용한 것을 만들려는 데에 있기 때문이다. 특히 서구의 과학사와 기술사를 보면, 적어도 16~17세기 이전까지는 과학과 기술이 거의 관련이 없던 별개의 활동이었다. 과학은 대학에 속한 철학자, 신학자들에 의해서 수행되었던 정신적 활동이었고, 기술은 문맹에 가까운 장인과 엔지니어에 의해서 수행되던 육체 노동이었다. 지금 과학과 기술이 무척 가까워졌다고 해도, 이렇게 서로 달랐던 전통의 영향은 지금도 과학과 기술에서 각각 감지된다.

그렇다면 16-17세기 이후에 과학과 기술은 어떻게 상호작용을 하기 시작해서, 지금의 밀접한 관계에 이르렀는가? 일견 단순해 보이는 이 질문은 사실 지금까지 수많은 과학·기술사회학자, 과학·기술 사가를 골치 아프게 했던 문제이다. 보통의 경우 과학자들의 연구는 기존에 발전한 과학의 기반 위에 이루어지고, 기술자들의 활동 역시 기존의 기술적 기반 위에서 이루어진다. 이들은 자신들의 좁은 전공만을 천착하고, 주변이나 밖을 살펴볼 필요를 거의 느끼지 않기 십상이다. 과학자가 과학만 알고 기술의 내용, 언어, 방법론을 모르고, 또 역으로 기술자들이 기존의 기술은 잘 알지만 과학의 이론과 방법론은 잘 모른다면, 과학과 기술의 상호작용은 거의 일어날 수 없다.

앞에서 언급했듯이 서양의 역사에서 17세기에 이르기까지 과학과 기술은 이를 담당하는 사람, 방법론, 가치 체계에서 상이한 인간의 활동이었다. 그렇지만 17세기 이후에 이런 강고한 벽은 세 가지 서로 다른 '경계 존재(boundary objects)'에 의해 서서히 무너졌다.

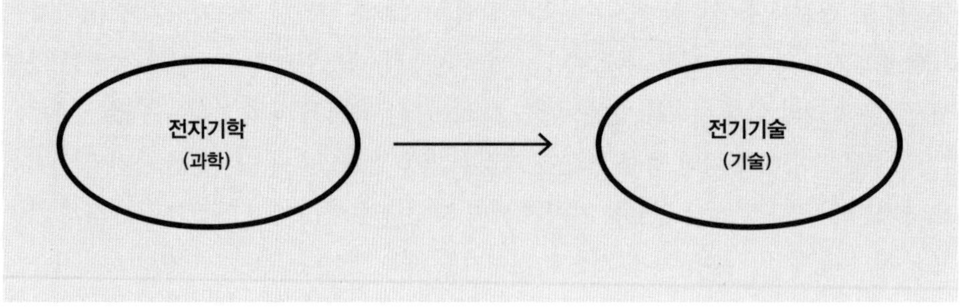

그림2 | **과학(전자기학)과 기술(전기기술)의 상호작용에 대한 단순한 이해**

그 첫 번째는 과학기기(instruments, 기구)였다. 17세기 이후 등장한 망원경, 현미경, 프리즘, 기압계, 진공펌프와 같은 과학기기를 통해 기술은 과학으로 침투했으며, 과학자는 기술의 발전에 기여했다. 이러한 과학기기는 '물질적 경계 존재(material boundary objects)'였다. 두 번째는 과학자와 기술자들이 함께 만나서 대화를 나누고 관심사를 공유할 수 있는 '공간적 경계 존재(spatial boundary objects)'가 형성된 것이었다. 18세기 영국 런던의 왕립학회, 버밍검의 '월광 학회(Lunar Society)'와 같은 크고 작은 학회들이 과학자, 엔지니어, 사업가가 만나는 공간을 제공했다. 마지막으로는 과학과 기술 모두에 관심을 가진 다양한 유형의 '인적 경계 존재(human boundary object 혹은 boundary people)'의 등장이었다. 이러한 경계인들은 과학을 전공하고 기술로 온 사람들, 기술을 전공하고 과학으로 온 사람들, 과학과 기술을 오갔던 사람들, 이 두 영역에 '양다리'를 걸친 사람들로 구성되었다.

이 경계인들을 조금 더 살펴보자. 19세기 말엽에는 에디슨(T. Edison)의 송전 시스템 같은 전기 기술이 등장했으며, 맥스웰(J. C. Maxwell)에 의해서 고전 전자기학이 완성되었다. 잘 알다시피 에디슨은 최초로 전력 시스템을 디자인했던 사람이었다. 그렇지만 결국 승리한 시스템은 에디슨의 직류(DC) 시스템이 아니라 무척 복잡한 교류(AC) 시스템이었다. 교류 시스템을 이해하고 통제하는 데에는 어려운 수학과 전자기학이 필요했는데, 이 분야는 에디슨이 접근할 수 없었던 영역이었다. 그렇다면 당시 교류 전기 기술의 발전과 전자기학 사이에는 어떤 상호작용이 있었는가? 당시 전기 기술과 전자기학이라는 과학 사이에 긍정적인 상호작용이 있었는가?

1980년 이전까지 사람들은 19세기 말엽에 전기기술이 급속하게 발전한 이유는 전자기학이라는 물리학이 기술에 응용되었기 때문이라고 생각했다(그림 2). 그렇지만 이러한 단순한 개념화는 1980년대 이후에 비판을 받았다. 맥스웰의 전자기학이 기술에 바로 응용된 경우가 실제로 극히 적었다는 것이 그 비판의 근거였다. 전자기학이라는 과학과 전기기술이라는 기술은 더 미묘하고 복잡한 방식으로 상호작용을 했음이 밝혀졌는데, 그 핵심은 이 둘을 매개하는 매개 그룹이 형성되었다는 것이었다.

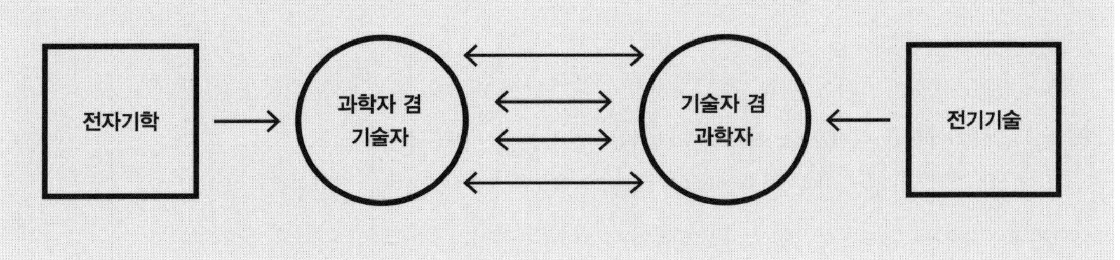

그림3 | **과학과 기술의 상호작용에 대한 새로운 이해**

이 상호작용을 매개했던 첫 번째 그룹은 이론·실험 물리학을 전공한 뒤에 전기 기술자로서 기술의 영역에 뛰어들었던 사람들이었다. 이들은 자신들이 배운 전자기학 이론과 실험을 기술에 적용하려고 했다. 두 번째 그룹은 공장과 워크숍(workshop) 같은 현장에서 훈련받았지만, 자신들의 경험을 이론화했던 전기기술자들이었다. 이들은 다른 기술자들에 비해서 상대적으로 과학의 중요성을 인식했고 전자기학에 대해서 열린 마음을 가지고 있었다. 전자의 그룹에 속한 "과학자 겸 기술자(scientist-engineer)"들은 과학의 이론과 실험으로 무장했지만 현장 기술자들의 언어와 방법을 이해했고, 후자의 그룹에 속한 "기술자 겸 과학자(engineer-scientist)"들은 경험과 숙련을 중시하던 기술자였지만 스스로 과학 이론을 공부하고 받아들였던 그룹이었다. 이 두 그룹은 협력하고 경쟁하면서 과학과 기술의 상호 침투를 매개했고(그림 3), 이 두 그룹의 상호작용을 통해 서로의 언어와 개념, 방법론을 섞음으로써 만들어졌던 "교역 지대(trading zone)"* 가 바로 현대적인 전기공학(electrical engineering)으로 발전했다.

이렇게 과학과 기술의 상호작용을 가능케 한 것은 다양한 유형의 "경계존재"들이다. 이 중 "경계인"의 역할이 특히 중요한데, 두 분야가 활발한 상호작용이 일어나기 위해서는, 한 분야를 전공했지만 다른 분야의 언어와 방법을 이해할 수 있는 사람들이 협력하고 경쟁하면서 그들의 언어와 방법이 섞이는 교역 지대를 형성하는 것이 무엇보다도 중요함을 알 수 있다.

---

* "교역지대"라는 개념은 과학사학자 갤리슨(Peter Galison)이 제시한 개념이다. 그는 서로 다른 전공을 가진 사람들이 종종 자신의 지식의 경계를 뛰어넘어 다른 분야의 사람들과 지적으로 교류해서 다학문적인(multi-disciplinary) 문제를 해결하는 경우를 분석하면서, 이렇게 서로 다른 분야의 사람들이 공통적인 언어를 만들어서 이를 통해 지적인 "협상"을 해나가는 공간을 "교역지대"라고 불렀다. 이 교역지대의 성립과 공통적인 언어의 진화는 결국 교역지대를 뛰어넘은 영역에서도 지적 교류를 가능케 해 준다는 것이 그의 생각이었다.

4. 기술의 가치 중립성의 문제

21세기를 사는 엔지니어는 자신이 만들거나 디자인한 기술의 발전을 주시하고 이에 대해서 더 많은 책임을 져야한다. 이에는 다음과 같은 세 가지 이유가 있다.

그 중 첫 번째는, 앞에서도 지적했지만, 기술의 초기 디자인에 (엔지니어가 의도적으로 그러했건 혹은 자기도 모르는 상태에서 그렇게 되었건) 사회적 가치가 각인되는 경우가 많기 때문이다. 로버트 모제스(Robert Moses)는 1930년대에서 1950년대에 이르기까지 뉴욕시의 지형을 디자인했던 유명한 건축가였다. 그가 야심적으로 추진했던 프로젝트 중에는 로드 아일랜드에 존스 비치(Jones Beach) 공원을 조성한 것이 있었다. 그는 이 과정에서 기존의 도로를 진입로로 사용하는 대신에 새로 포장된 공원로를 만들면서 이 길 위를 지나가는 교각을 버스의 높이보다 낮게 만들어서 흑인들이 주로 타는 버스가 공원에 접근하지 못하도록 했다. 존스 비치는 자가용을 가진 중산층 이상의 백인들의 공원이 되었던 것이다. 공원의 디자인에 당시 미국사회의 인종차별주의가 각인되어 있었다고 볼 수 있다.

두 번째 이유는 기술이나 디자인이 기술 시스템의 일부가 되면, 그것을 바꾸기 무척 힘들다는 것이다. 발전한 시스템은 개별 기술에는 결여된 거대한 관성을 가지며, 이에 이해관계를 가진 사람들과 집단이 늘어난다. 인간복제 기술은 지금은 법으로 금지시킬 수 있지만, 일단 그것이 시행되고 이에 이해관계를 가진 의사, 병원, 제약회사, 시민들이 늘어나면 그 다음에는 이를 막기가 무척 힘들다. 원자탄 연구도 1939년에 연쇄반응이 발견되었을 당시에는 중지할 수도 있었지만, 일단 원자탄이 성공적으로 개발된 1945년 이후에 강대국들 사이의 경쟁적 이해관계가 이에 집중된 다음에는 그 연구와 개발을 중단하는 것이 무척 힘들어졌다. 그렇기 때문에 기술을 담당하는 엔지니어들은 기술의 초기 발전 단계에서부터 이것이 나중에 어떤 사회적 영향을 미칠 것이며, 혹시 가능할 수도 있는 나쁜 영향에 대해서 다양하게 평가해 보아야 하는 것이다.

마지막으로 20세기 이후에는 기술이 가진 파괴력이 그 어느 때보다도 증가했다는 사실을 생각해야 한다. 냉전이 종식되었지만 아직도 많은 과학기술 연구가 전쟁과 관련해서 이루어지고 있으며, 심지어는 컴퓨터 게임의 발전에도 미국의 국방부의 고등방위연구계획국(DARPA)과 해군, 공군이 큰 영향력을 미치고 있다. 전투적인 파괴력만이 아니라, 기술의 환경에 대한 파괴력도 증대했다. 대규모 댐 건설, 방조제 건설, 간척 사업, 자연을 관통하는 도로와 철도, 원자력 발전소, 난파 유조선은 20세기 기술이 생태계 같은 환경은 물론 인간 사회에 미치는 영향이 그 어느 시기보다도 증대했음을 잘 보여준다. 인간과 환경에 대한 파괴는 한 번 일어나면 돌이키기 힘들다. 기술을 개발하고 시스템을 건설하는 엔지니어들은 그렇기 때문에 자신의 기술에 대해서 진정한 책임감을 가져야 하는 것이다.

기술의 경우 기술자의 사회적인 책임을 회피하는 데 많이 사용되는 담론이 "기술은

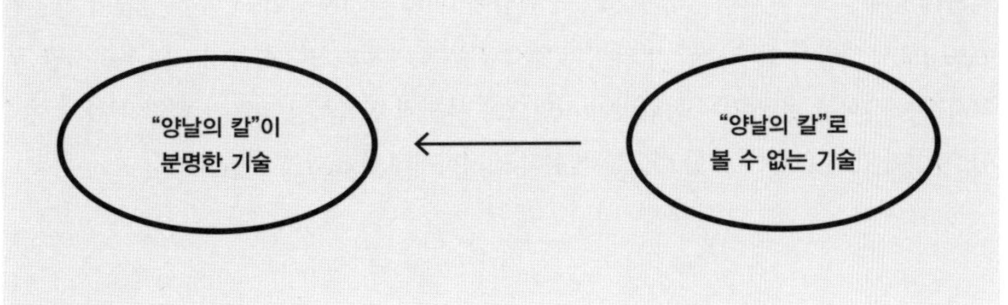

그림4 | **기술의 가치중립성을 보는 관점**

가치 중립적이다" 혹은 "기술은 양날의 칼이다"는 것이다. 이러한 담론들은 기술이 선한 방향으로도 혹은 악한 방향으로도 사용될 수 있으며, 따라서 기술의 오용은 이를 오용한 사람의 잘못이지 기술을 디자인한 엔지니어의 몫이 아니라는 의미를 함축한다. 그런데 정말 기술 디자인은 가치중립적인 것이고, 기술은 양날의 칼인가?

분명히 어떤 기술은 양날의 칼로 볼 수 있는 경우가 있다. 외과 의사의 칼은 사람의 생명을 구하지만, 그 칼을 강도가 쥐었을 때에는 사람의 생명을 위협한다. 이 경우 동일한 칼이 그것을 사용한 사람에 따라 좋은 방향으로도 나쁜 방향으로도 사용된 것으로 볼 수 있다.

그렇지만 이런 기준을 모든 경우에 적용하는 것은 문제가 있다. 왜냐하면 어떤 기술은 분명히 그것의 가치가 뚜렷하게 한쪽 방향으로 경도된 경우가 있기 때문이다. 고대 철학자 플라톤(Platon)은 "배(ship) 위에서는 평등한 민주주의가 구현되기 힘들다"는 얘기를 했는데, 몇 명이 타는 카누와는 달리 큰 배를 운항하기 위해서는 선장, 부선장, 항해사, 선원, 노 젓는 사람들로 이루어진 위계가 필수적이기 때문이다. 미국에서는 총이 사람을 죽이는 것이 아니라, 사람이 (단지 총을 사용해서) 사람을 죽이는 것이다는 식으로 총의 사용을 옹호하는 사람들이 없지 않은데, 이런 사람들은 사실 총이 사람을 죽이는 데 이외에는 사용될 확률이 거의 없다는 명백한 사실을 무시하고 있는 것이다. 원자탄의 '좋은 사용' 역시 상상하기 힘들다. 이런 경우를 두고도 "기술은 양날의 칼이고 따라서 가치중립적이다"라고 주장한다면, 이는 기술의 문제를 덮어두려는 이데올로기로밖에는 볼 수 없다. 그래서 엔지니어들은 "기술은 양날의 칼이다"는 기술의 가치 중립성 담론에 만족하지 말고, 자신의 기술이 양날의 칼이 아니라 혹시 한 쪽 방향으로만 쓰일 개연성이 큰 기술인가를 세밀하게 관찰하고 주시해야 하는 것이다.

결국 자신의 기술 디자인이 어느 범주에 속하는가, 혹은 사회에 어떤 영향을 미치는가는 초기 기술의 궤적은 물론, 그것이 기술 시스템에 어떻게 편입되는가를 예의 주시해야만 알 수 있다. 기술과 기술 디자인은 인간의 의도적 노력의 산물이다. 기술자가 만들어서 세상에 내놓는다는 뜻이다. 내가 만들어 세상에 내 놓은 것에 대해서 나는 그것의 창조자(creator)로서 책임이 있다. 부모가 자식의 일생 전부를 계획하거나 통제하지는 못하지만, 부모에게는 자식을 잘 키워서 독립적인 시민으로 사회에 편입시킬 의무와 책임이 있는 것처럼, 자신이 만든 기술에 대한 비슷한 책임이 엔지니어에게도 있는 것이다.

더 읽어볼 거리

—

위비 바이커 외, 송성수 역, 『과학 기술은 사회적으로 어떻게 구성되는가』, 새물결, 1999.

홍성욱 · 이장규, 『공학기술과 사회』, 지호, 2006.

한국공학교육학회 편, 『공학기술과 인간사회』, 지호, 2005.

06

과학과 예술

1. 과학과 예술의 만남

과학과 예술의 차이에 대해서 물어보면, 과학은 진리를 추구하고 예술은 아름다움을 추구하기 때문에 이 둘이 근본적으로 다르다고 답하는 사람들이 있다. 실제로 많은 미학자들이 우리가 예술에서 느끼는 아름다움은 참과 거짓의 잣대로 잴 수 없는 것이라고 한다. 어떤 것이 옳기 때문에 아름답거나, 틀렸기 때문에 추하다고 느끼는 것이 아니라, 논리적인 이유 없이 아름다운 것은 그냥 아름답다는 것이다. 비슷한 식으로 보자면, 눈으로 보기에 아무리 아름다워도 오류는 오류이다. 참·거짓은 객관적 논리 체계에 속하며, 아름다움·추함은 인간의 심미적 주관에 속하기 때문에, 이 두 체계 사이에는 과학철학자 토머스 쿤(Thomas Kuhn)이 지적한 일종의 '공약불가능성'이 있어 보인다.

그런데 이와는 반대로 진리와 미(美)가 밀접한 관계에 있다고 생각한 사람들도 있었다. 서양의 속담 중에 '아름다움은 진리의 광채이다'라는 말이 있을 정도로 진리와 미는 밀접하다고 간주되었다. 영국의 천재 시인 존 키츠(John Keats, 1795-1821)는 「고대 그리스 항아리에 바치는 송시」(1819)에서 다음과 같이 노래했다.

> "아름다움은 진리이고, 진리는 아름다움이다" — 그것이
> 지상에서 너희들이 아는 전부이고, 알아야 할 전부이다.

그런데 과학자들 중에도 이와 비슷한 얘기를 한 사람들이 있다. 프랑스 수학자 앙리 푸앙카레는 "과학자들은 자연에서 즐거움을 느끼기 때문에 자연을 탐구하며, 그가 즐거움을 느끼는 이유는 자연이 아름답기 때문이다"라고 했으며, 아인슈타인도 과학 이론을 평가할 때 그것이 옳은가 틀린가보다 그 이론이 아름다운지 그렇지 않은지를 훨씬 더 중

요하게 생각했다.

과학과 예술의 상호작용을 분석하는 이 글은 아래와 같은 세 가지 목적을 가지고 있다. 첫 번째 목적은 과학과 예술의 상호침투의 가능성과 양상을 철학적·역사적으로 분석함으로써 과학과 예술이라는 두 문화 사이에 놓여있는 간극을 좁히고 서로에 대한 관심을 유발한다는 것이다. 두 번째는 과학적 실행(practice)과 예술적 실행이 창의성의 추구라는 공통점을 가지고 있음을 보이고, 과학적 창의성과 예술적 창의성의 본질에 한발 더 접근한다는 것이다. 이 장의 세 번째 목적은 과학과 예술의 창의성의 공통점을 조명함으로써 예술과 마찬가지로 과학에서도 '상상력(imagination)', '직관(intuition)', '감정(emotion)', '시각화(visualization)'의 중요성을 강조하는 데 있다. 특히 지금까지 한국의 과학 교육은 과학자들의 창의적인 연구가 마치 교과서에서나 볼 수 있는 논리적 추론과 실험적 검증, 수학적 연역으로만 이루어진 것처럼 강조하곤 했는데, 이 논의를 통해서 우리는 과학에 대한 이러한 이해가 협소하고 기계적인 것이며, 오히려 과학에서 상상력과 직관, 감수성과 시각화를 복원하는 것이 창의성을 한 단계 더 높이는 길임을 알 수 있을 것이다.

2. 과학과 예술의 차이점을 강조하는 관점과 그 비판

사람에 초점을 맞추면, 과학과 예술은 과학자와 예술가라는 거의 겹치지 않는 전문가 집단에 의해서 수행되는 상이한 활동처럼 보인다. 과학자와 예술가는 상이한 훈련을 받고, 상이한 개념적·실제적 도구를 사용해서 세상을 지각하며, 그렇게 지각한 세계를 다르게 재현해서 상이한 독자에게 전달한다. 따라서 사람들은 과학과 예술이 인간의 다양한 활동 중에서 양 극단에 위치하며, 더 나아가서는 과학과 예술이 물과 기름처럼 상극 관계에 있다고 보는 경향이 있다. 과학과 예술의 만남이 무의미하며, 가능하지도 않다는 견해는 보통 다음과 같은 세 가지 근거를(혹은 이 근거들의 조합을) 내세움으로써 그 타당성을 주장한다.

과학과 예술이 무관하다는 첫 번째 근거는 과학과 예술이 인간의 상이한 지적(知的) 능력에 기초하고 있다는 것이다. 과학은 주로 분석, 이성, 판단과 같은 지적 능력에 기인하는 반면에, 예술은 종합, 직관, 상상력 같은 능력에 기인한다는 것이 이러한 주장이다. 이러한 생각은 마치 상식처럼 인구에 회자되며, 과학자와 예술가들 사이에도 널리 퍼져 있다. 시인이자 화가인 윌리엄 블레이크(William Blake, 1757-1827)는 "대체 이성이 그림 그리는 데 무슨 소용이 있단 말인가? 시인에게는 오직 한 가지 능력, 즉 신성한 비전인 상상력만이 필요하다"고 이성을 폄하했다.

두 번째 주장은 과학과 예술이 상이한 대상을 다룬다는 것이다. 과학자들은 인간의 외부에 실재하는 자연의 사실과 법칙을 발견하는 데 반해서, 예술가들은 인간의 내면에 존재하는 심성을 탐구해서 미적 가치를 '창작'(create)한다는 것이 이러한 주장이다. 상식적으로도 우리는 "뉴턴이 운동 법칙을 발견했다"고 하지 "법칙을 창작했다"고 하지 않으며, "베토벤은 합창 교향곡을 창작했다"고 하지 "합창 교향곡을 발견했다"고 하지 않는다. 1970년대 초엽에 동료 생물학자들을 인터뷰한 분자생물학자 스텐트(G. Stent)는 대다수의 생물학자들이 왓슨(James Watson)과 크릭(Francis Crick)이 없었어도 누군가가 DNA의 이중나선 구조를 발견했겠지만 셰익스피어가 없었으면 『오델로』는 결코 씌어지지 않았을 것이라고 생각한다는 것을 알게 되었다. 여기서 우리는 과학자들까지도 과학은 객관적 실재나 사실의 발견이고, 예술은 주관적 심성의 구성이라는 생각을 자연스럽게 공유하고 있음을 알 수 있다.

세 번째로 과학 발전의 구조적인 특성이 과학과 예술을 본질적으로 구별 짓는다는 주장이 있다. 토머스 쿤에 의하면 과학은 패러다임하에서 주어진 문제 풀이에 열중하는 정상과학(normal science)과 패러다임의 급격한 변화와 대체로 특징 지워지는 과학혁명(scientific revolution)이 반복된다. 과학에서는 과학혁명을 거치면서 패러다임의 전환이 생기고, 그 결과 과학혁명 전후 과학 사이에 본질적인 단절이 나타난다. 따라서 과학에서는 과거의 과학이 지금의 과학자들에게 더 이상 중요하지 않다. 과학박물관은 대중들을 위한 공간이지 과학자들이 과학을 훈련받는 공간이 아닌 것이다. 반면에 과학과 달리 예술의 발전은 비교적 과거의 기반 위에 차곡차곡 쌓이는 식의 누적적인 진보를 특징으로 하며, 따라서 예술에서는 미술관에 전시된 '과거의 예술'이 현재 예술가들의 훈련에 무척 중요하다는 것이 쿤의 주장이다.

이러한 주장들은 부분적으로 타당한 측면이 없지 않다. 그렇지만 이러한 차이를 확대해서 과학과 예술 사이에 아무런 접점도 있을 수 없다고 주장하는 것은 잘못인데, 과학과 예술은 인간의 지적 능력, 대상과 방법론, 전통과 현재와의 관계라는 세 가지 측면 모두에서 공통점 또한 공유하고 있기 때문이다.

우선 과학과 예술, 이성과 상상력이 모든 시기를 통해 양립불가능하다고 간주되지는 않았음을 이해할 필요가 있다. 예를 들어, 고대 그리스 철학자 플라톤은 예술과 과학이 수와 계산을 사용한다는 점에서 서로 비슷하다고 보았으며, 르네상스 예술가들은 자신을 자연의 비밀을 탐구하는 '과학자'로 여겼다. "이성에 의해서 버림받은 상상력은 괴물을 만들어 낸다"는 화가 고야(Francesco Goya, 1746-1828)의 경구는 18세기까지도 상상력과 이성은 상호 배타적인 관계가 아니었음을 보여준다. 이러다가 18세기 말부터 이성과 상상력이 철학적으로 엄격하게 구분되는 개념으로 자리 잡았다. 독일 철학자 칸트는 과학의 특징으로 위대한 과학자의 업적이 평범한 과학자에 의해서 완벽하게 이해되고 재연된다는 점을 들었는데(뉴턴의 실험이 대학생에 의해서 물리학 실험시간에 재연되는 것을 생각해 보라), 예술에서는 이것이 불가능하다는 것이었다. 즉 과학은 이성을 가진 누구에게나 이해되는 객관적이고 보편적인 것으로, 예술은 영감과 상상력에 근거한 천재들의 주관적이고 열정적인 활동으로 간주되기 시작했다. 여기서 볼 수 있듯이, 과학과 이성을 동일시하고 예술과 상상력을 동일시함으로써 과학과 예술을 양극화하는 태도는 전 역사를 통해 누구나 동의하던 생각이 아니라, 19세기 이후 서구에서 나타난 독특한 현상이었다.

두 번째로, 과학은 인간의 외부에 존재하는 자연의 객관적 법칙과 사실을 발견하고 예술은 인간의 내부에 숨어 있는 주관적 심성을 탐험하고 창작하는 활동이라는 주장은, 비록 어느 정도 타당성을 가짐에도 불구하고, 과학과 예술의 특성을 너무 단순화시킨다는 문제점을 안고 있다. 그 이유는 과학이 단순한 발견이 아니듯이 예술도 순수한 창조나 구성이 아니기 때문이다. 예를 들어, 화가들은 자신들의 작업에 어떤 종류의 '제약'이 있음을 잘 알고 있다. 20세기 화가 호안 미로(Joan Miro, 1893-1983)는 자신의 활동의 "첫 번째 단계는 자유롭지만 두 번째 단계는 신중하게 계산된다"고 술회했고, 피카소도 자신의 그림들이 모두 논리적인 순서를 가진 연구와 실험이라고 보았다. 반면에 과학에도 자유로운 창조와 구성의 측면이 있다. 아인슈타인 같은 과학자는 과학이 "개념을 가지고 자유롭게 노는 것(free play with concepts)"이라고 하면서, 과학의 본질이 상상력을 이용해서 단순성과 같은 미적 가치를 추구하는 활동임을 강조했다. 이렇게 자유롭게만 보이는 예술 활동에도 특정한 규칙과 어기기 힘든 제약이 있는 반면에, 필연적으로만 보이는 과학적 발견에도 과학자라는 인간 주체의 창의적 과정이 개입된다. 창작과 발견의 내적 과정을 들여다보면, 이 둘의 차이는 크지 않다.

이제 세 번째 쿤의 주장을 다시 살펴보자. 쿤의 주장의 가장 큰 문제는 예술에 대한 그의 이해가 피상적인 차원에 머물고 있다는 것이다. 20세기 화가가 미술관에서 과거의 그림을 감상하고 이 그림들을 습작해 보면서 예술적 자질을 함양하는가? 이러한 생각은 예술에 대한 전형적인 오해에 불과한데, 지금의 화가들은 결코 17세기 네덜란드 화가들이 그린 정물화나 19세기 인상파 화가들이 그린 그림을 따라 그리면서 창의적인 작품을 모색하지 않기 때문이다. 지금 예술 활동을 하는 진지한 화가들 중에 램브란트가 그렸던 그림을 그대로 그리기 위해 애쓰는 사람은 아무도 없는데, 그 이유는 과거의 화가들이 고민했던 예술적 문제는 이미 오래전에 해결이 되었고 지금의 화가들은 새로운 문제를 해결하기 위해서 애를 쓰는 중이기 때문이다. 화가들이 예전 그림을 반복하지 않는 것은 실험실의 물리학자가 갈릴레오의 자유낙하 실험을 반복하지 않는 것과 흡사하다. 오직 학생 신분의 미술학도들만이 램브란트의 그림을 모방하고 미술관에서 다른 사람들이 그린 그림을 진지하게 관찰하는데, 이는 과학을 전공하는 학부생들이 실험실습 시간에 갈릴레오의 실험을 반복하는 것에 대응한다. 이러한 연습은 초보자를 전문가로 만드는 훈련 과정의 일부로는 매우 중요하기 때문이다.

과학과 마찬가지로 예술 역시 예술가들이 고민했던 문제들이 충분히 해결되었다고 여겨질 때, 한 시대를 풍미한 사조가 다른 사조로 바뀐다. 이렇게 볼 때 예술가들 중에는 다빈치나 피카소와 같이 우리가 세상을 새롭게 보는 방법을 창안한 '혁명가'들도 있지만, 이들과 달리 하나의 사조 속에서 '문제풀이'에 몰두하는 예술가들도 많이 있다. 즉 과학과 예술은 모두 누적적이고 혁신적인 측면을 가지고 있는데, 과학과 예술에서 이후 세대는 그 이전 세대로부터 배우지만 동시에 그 이전 세대가 풀지 못했던 문제를 해결하고 이들의 한계를 뛰어넘기 위해서 노력한다. 이는 과학과 예술 모두 창의성, 독창성, 새로움을 강조하는 활동이기 때문이다.

3. 예술에서 영감을 얻은 과학자들

르네상스 시기에 원근법의 기초를 만든 브루넬리스키(Brunelleschi)와 알베르티(Alberti), 건축과 의학은 물론 예술의 영역에서도 뛰어난 작품을 남긴 레오나르도 다빈치, 독일에 원근법을 소개한 화가 뒤러(Dürer)는 예술가이자 동시에 기하학자였다. 이들은 기하학에 기초한 원근법을 제창하고 발전시키는 데 공헌했으며, 당시 발견되지 않았던 13개의 아르키메데스 다면체(Archimedean polyhedra: 두 가지 서로 다른 면을 가지고 만든 대칭형 3차원체)를 발견함으로써 순수 기하학의 발전에도 크게 기여했다. 이렇게 르네상스 시기까지만 해도 과학자와 예술가를 겸한 사람들이 많았다.

르네상스가 끝나고 17세기 과학혁명기가 되면 과학과 예술이 직업적으로 멀어졌다. 그렇지만 과학과 예술이 섞여 있던 르네상스의 전통은 이 당시까지도 이어졌는데, 우리는 그 전통의 흔적을 갈릴레오에게서도 찾아볼 수 있다. 갈릴레오는 1609년에 망원경을 이용해서 달을 관찰하고 달의 표면에 마치 지구처럼 산과 계곡, 분화구가 널려 있음을 보였다. 이는 당시까지 2천년을 지배하던 아리스토텔레스 우주론을 논박하는 경험적인 증거가 되었다. 그런데 갈릴레오가 달을 관찰하고 그린 첫 번째 스케치인 〈그림 1〉에서 보듯이 그가 망원경을 통해 보았던 것은 달에 분화구와 산이 있다는 '사실'이 아니라, 달의 밝은 부분과 어두운 부분을 가

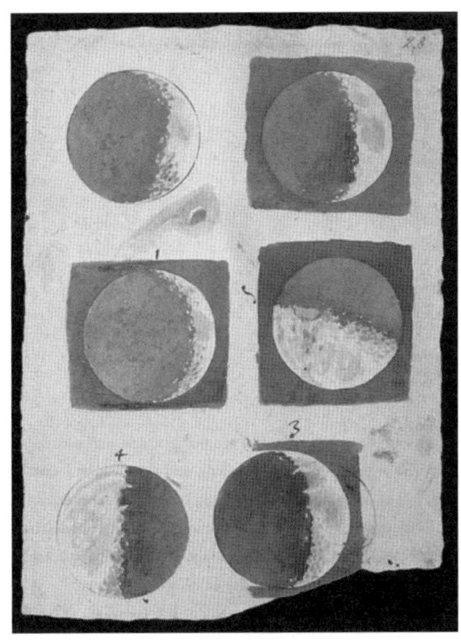

그림1 | **1609년 갈릴레오가 망원경을 통해 관찰한 달의 표면 스케치들. 표면의 어두운 부분과 밝은 부분을 나누는 경계가 매끄럽지 못하다는 사실로부터 달 표면이 울퉁불퉁하다고 결론지었다.**

르는 경계선이 육안으로 볼 때와는 달리 울퉁불퉁하다는 것이었다. 그는 이러한 관찰결과에서 달에 산, 계곡, 분화구가 있다고 결론지었는데, 갈릴레오가 그림자에서 달의 모양을 추측할 수 있었던 데에는 그가 플로렌스의 디자인 아카데미에서 배운 드로잉, 원근법, 명암법(chiaroscuro)이 중요한 기여를 했다.

뉴턴은 중력과 천체역학만이 아니라 빛과 색깔에 관한 광학 분야에서도 매우 중요한 업적을 남겼는데, 당시 예술가들의 색채론은 빛과 색깔의 본질에 대한 그의 생각에 중요한 영향을 미쳤다. 뉴턴 당대에 빛과 색깔에 대한 이론에는 아리스토텔레스의 이론과 이를 비판했던 데카르트의 이론이 있었다. 이 둘은 빛과 색깔을 보는 시각에서 본질적으로 달랐지만, 자연에 존재하는 모든 색깔이 흰색과 검은색의 중간에 존재한다고(따라서 흰색과 검은색을 섞어서 만들 수 있다고) 보았던 점에서는 동일했다. 그런데 르네상스 화가들은 물감과 빛을 가지고 실험을 하면서 이러한 색깔 이론이 매우 잘못되었다는 것을 알게 되었는데, 이들의 실험에 의하면 흰색과 검은색을 아무리 섞어도 색깔을 만들 수 없음이 자명했기 때문이었다. 뉴턴은 당시 화가들의 저술을 읽으면서 빛과 색깔에 대해서 혁명적으로 새로운 이론 체계를 발전시켰다. 뉴턴에 따르면 태양빛과 같은 백색광 속에 빨주노초파남보의 단색광들이 이미 혼합되어 있는 것이었으며, 색깔은 이러한 색광의 혼합에서 만들어지는 것이지 흰색과 검은색을 섞어서 만들어지는 것이 아니었다.

과학자와 화가가 공동작업을 한 경우는 정밀한 그림이 요구되는 해부학과 같은 학문 분야에서 자주 나타났다. 베잘리우스(Vesalius)의 『인간 육체의 구조에 대해서』(1543)에 나타난 세밀하고 사실적인 해부도는 화가 칼카르(Jan Calcar)의 도움을 받았으며, 18세기에 정밀 해부도의 새로운 지평을 개척한 라이든의 의사 알비누스(Albinus)에게는 화가 반델라(Jan Wandelaar)의 도움이 결정적이었다. 최근에는 컴퓨터 그래픽스, 전자 음악, 애니메이션, 인간-컴퓨터 인터페이스와 같은 주제에 대해서 과학자들과 예술가들의 협동연구가 과학과 예술 모두에 기여하는 결과를 낳는 경우들이 늘고 있다.

예술이 과학에 주는 도움은 여기에서 그치지 않는다. 과학이 어려워지고 전문화되어 일반 대중이 과학에 직접 접근하는 것이 힘들어지면서, 예술은 과학 대중화의 기능을 담당하기도 한다. 물론 예술가의 역할이 과학을 대중적으로 선전하는 데에 머무는 것은 아니다. 다른 대중적 매체와 달리 예술은 과학기술의 발전이 낳을 수 있는 부작용과 윤리적 문제에 대해서 성찰할 수 있는 기회를 제공한다. 예술을 통해 나타나는 과학의 대중화는 단기적으로는 과학자가 생각한 과학의 이미지와는 상이한(심지어 과학자가 보기에는 종종 비과학적이거나 부정적인) 이미지를 대중에게 전달할 수도 있다. 그렇지만 예술을 통해 구현된 과학은 시민들로 하여금 과학의 발전이 야기하는 다양한 결과들을 미리 상상해보고 예측해보게 함으로써, 과학에 대한 무비판적인 찬양과 맹목적인 비판이라는 극단적인 태도를 지양할 수 있게 해 주며, 이는 장기적으로 보았을 때 과학과 시민사회와의 관계를 더 건강한 것으로 만들 수 있다.

예술을 통한 성찰적 과학 대중화의 한 가지 사례는 독일의 조각가 베르크만(Christoph Bergmann)이 그리스 조각의 남신상과 여신상에서 형상을 빌어와서 조각한 〈이놀라 게이(Enola Gay)〉와 〈오펜하이머(Oppenheimer)〉에서 볼 수 있다(그림 2). 이놀라 게이는 일본에 원자폭탄을 떨어뜨렸던 비행기이며 오펜하이머는 원자탄을 만든 로스알라모스 연구소 소장을 지낸 물리학자였다. 베르크만은 이놀라 게이에게는 여성의 상체와 비행기 꼬리 날개의 하체를, 오펜하이머에게는 남성의 상체와 그가 제작해서 일본에 투하한 원자폭탄의 꼬리의 하체를 부여했다. 이 작품들은 남성성과 여성성을 대조하며, 동시에 고대 조각의 아름다움과 현대 과학의 무시무시함을 비교하면서, 관객으로 하여금 아름다운 외양 속에 감추어져 있는 현대 과학기술의 정치적, 사회적 영향력에 대해서 다시 한 번 생각하게 만든다.

그림2 | **독일 조각가 크리스토프 베르크만의 조각 오펜하이머(우)와 이놀라 게이(좌). 원자탄을 만든 핵물리학자 오펜하이머와 원자탄을 싣고 일본에 투하한 폭격기 이놀라 게이를 그리스 조각의 남녀 조각상에 원자폭탄과 비행기의 꼬리 부분을 붙임으로써 표현했다.**

마지막으로 예술에 대한 이해는 과학적 사고에도 도움이 된다는 점을 강조할 필요가 있다. 물론 과학자들이 예술작품을 자신의 과학에 응용하거나 예술작품에서 받은 영감 때문에 안 풀리던 문제를 해결하는 식의 도움을 받는 것은 아니다. 그렇지만 예술적 상상력의 본질이라는 것이, 전체 작품 속에서 부분과 부분 사이의 조화와 부분과 전체의 조화를 동시에 추구하고, 이 각각의 요소들의 관계에 대한 시각화를 꾀하고, 이성과 감성 모두를 사용한 직관을 통해 세상에 대한 총체적 이해를 도모하며, 관련이 없어 보이던 것들 사이에 새로운 관련을 만들거나 비슷하다고 생각된 것에서 차이를 발견하고, 서로 다른 것 사이에 친화성을 찾고, 이미 존재하는 것을 새로운 각도에서 재평가하며, 몇 가지 사례의 연속에서 패턴을 찾는 것이라고 한다면, 이러한 사고는 과학자들이 새로운 사실이나 법칙을 발견하고 또 이렇게 발견한 것의 중요성을 평가하는 과정에도 그대로 적용되는 사고의 유형이라고 볼 수 있다. 아인슈타인은 과학자가 교과서의 공식처럼 생각하지 않는다는 점을 강조했는데, 예술에 대한 이해는 과학을 형식 논리나 수식으로 환원시키는 오류를 피할 수 있게 한다. 위대한 업적을 냈던 과학자일수록 직관, 시각화, 상상력, 감성, 즐거움, 온전한 이해, '자연과 하나됨'을 강조했는데, 그 이유는 이것이 바로 그들의 사고와 실행을 구성하는 요소였기 때문이다.

예술과의 만남이 과학자들로 하여금 방정식을 해결하는 구체적인 문제풀이 과정에 직접적인 도움을 주지는 않을 것이다. 그렇지만 예술과의 만남은 과학에서의 상상력과 직관, 감수성과 시각화의 중요성을 복원할 수 있고, 과학자들에게는 과학적 창의성을 고양시킬 수 있는 교육과 연구의 환경을 제공해 줄 수 있다. 현대 과학이 예술로부터 얻을 수 있는 가장 중요한 도움은 과학을 포함한 인간의 창의적인 활동에 대한 더 깊은 이해라고 볼 수 있는데, 뛰어난 업적을 냈던 과학자들 중 다수가 예술에도 깊은 조예가 있었던 것은 과학과 예술과의 유사성과 공통점을 생각해 볼 때 결코 우연이 아니었던 것이다.

4. 과학에서 영감을 얻은 예술가들

과학은 예술에게 새로운 대상, 새로운 재현 매체(medium), 새로운 과학적 세계관, 새로운 기록 방식, 인간과 예술 과정에 대한 새로운 이해, 과학의 비전과 언어를 제공한다. 르네상스 시기에는 주로 원근법이나 다면체와 같은 기하학이 회화에 영향을 주었지만, 18세기 이후에는 미생물과 같이 맨눈으로는 보이지 않던 생명체의 발견과 다윈의 진화론처럼 가시화하기 힘든 과학 이론이 예술에 영향을 미쳤다. 먼저 17세기 후반부터 현미경은 눈에 보이지 않는 미시세계의 낯선 모습을 인간에게 드러냈고, 사람들은 세상이 눈에 보이지 않는 기묘한 모양의 박테리아와 같은 미생물체로 가득차 있다는 것을 알게 되었다. 이러한 미생물의 형상은 프랑스의 아르누보(Art Nouveau) 운동의 기반이 되었다. 아르누보는 특히 독일 생물학자 헤켈(E. Haeckel)의 미생물 형태론 등에 영향을 받아서, 현미경으로 보는 생명체의 형태에서 받은 영감을 그림, 건축, 장식에 재현하려고 했다.

프랑스 인상주의(Impressionism)도 과학의 영향을 받았다. 19세기 물리학의 색깔 이론은 인간의 각막이 세 가지 색깔만 인식한다는 것을 과학적으로 입증했는데, 이것은 인간의 인식이 세 가지 색을 사용해서 다양한 색깔로 가득 찬 세상을 구성한다는 것을 함축했다. 인상주의 화가들은 이러한 새로운 색채론을 받아들여서, 사물의 객관적인 색깔이라는 것은 신기루에 불과하며, 화가들의 역할이 개인의 주관적 지각의 의미를 능동적으로 해석하는 데 있다고 보았다. 이러면서 이들은 원근법 식으로 단지 눈에 보이는 것을 과학적으로 재현하려는 시도에서 거리를 두고, 보이는 것을 재현하기 전에 대체 눈은 무엇을 보는가, 아니 본다는 것이 대체 무엇인가라는 근본적인 질문을 제기했다. 시시각각으로 변하는 풍경, 쏟아지는 빛, 순간순간 변하는 빛에 의해 다르게 반사하는 대상에 대한 느낌을 표현하는 것이 인상주의의 화두였다. 또한 새로운 색채이론은 프랑스 화가 쇠라의 점묘법에도 영향을 주었다. 노랑색과 청색이 합쳐지면 초록색을 만든다고 간주한 오래된 색깔 이론을 비판하면서 19세기에는 노랑색과 청색이 합쳐지면 회색이 만들어진다는 새로운 색깔 이론이 등장했다. 이러한 혼란은 팔레트에서의 색의 혼합과 광학적인 색채 혼합을 구별하지 못한 이유에서였는데, 쇠라는 그의 점묘법에서 팔레트에서의 색의 혼합과 광학적 색혼합을 캔버스 위에 동시에 구현해서 색의 대조를 극대화했다.

실증주의의 영향이 강했던 영국이나 프랑스와는 달리 낭만주의와 독일 자연철학의 영향이 강력했던 19세기 독일 예술계에는 색채론 보다는 다윈의 진화론의 영향이 강했다. 독일 화가들과 조각가들은 진화론을 흡수해서 독특한 유겐트스틸(Jugendstil, 신예술) 운동을 시작했고, 이는 세계와 우주의 진화를 그림으로 표현하려는 러시아의 쉬프레마티슴(Suprematism, 절대주의)으로 진화했다. 이들은 예술을 매개로 인간의식을 고차원적인 존재로 전이하는 것이 가능하다고 보았으며, 이러한 고차원적인 상태를 예술로 구현하려 했다. 쉬프레마티슴은 화가들이 처음으로 '추상'의 문제에 직면하고 이를 재현하려 했던 시도였는데, 이러한 '추상 미술'은 20세기에 들어 양자 물리학의 영향을 받아 추상 미술의 두 번째 단계를 열었던 미래파 예술가들에 의해 계승되었다.

과학과 예술의 상호침투는 모두 혁명적인 변화를 겪었던 20세기 초엽에 활동한 초현실주의와 다다이즘의 대가 뒤샹(Marcel Duchamp, 1887-1968)의 경우에서 잘 볼 수 있다. 20세기 미술에 가장 커다란 영향을 미쳤던 미술가라고도 볼 수 있는 뒤샹은 어떤 의미에서는 화학자였다고 할 만큼 많은 실험을 했으며, 상당한 과학지식을 소유했다. 그의 초기 작품인 〈계단을 내려오는 나부〉는 X선 이미지와 마레(Étienne-Jules Marey, 1830-1904)의 크로마토그래피 이미지 모티브를 사용했고, 그의 걸작 〈그녀의 독신자들에게조차 발가벗겨진 신부〉에서는 신랑이 신부에게 쉽게 접근할 수 없는 상태를 표현하기 위해서 신부의 절반을 로봇으로, 그리고 나머지 절반을 4차원에 머무는 존재로 형상화했다.

피카소, 브라크, 그리스 같은 20세기 초의 입체파 화가들이 '리만의 공간(Riemann's Space)'이나 '4차원 공간'에 대해서 논의했고 프랑스 수학자 모리스 프린세(Maurice Princet, 1875-1973)에게 수학을 배웠음은 잘 알려져 있다. 이들은 푸앙카레의 4차원 시공간을 3차원 도형으로 표현하려 했던 프랑스 수학자 주프레(E. Jouffret)의 〈4차원 기하학에 대한 기초적 논의〉(1903)도 읽었다(그림 3). 이같이 새로운 과학의 언어와 세계관은 기존의 공간 개념과 원근법을 뛰어 넘으려는 예술가들의 혁명적인 시도를 추동하고 이를 정당화하는 데 사용되었다. 최근에도 컴퓨터 그래픽과 시뮬레이션은 레오나르도 다빈치, 폴락, 칸딘스키에 대한 새로운 해석을 제공하고 있으며, 예술가들은 '암흑물질', '빅뱅'과 같은 과학의 언어와 비전을 자유롭게 채용하고 있다.

과학기술을 적극적으로 이용한 예술의 가장 최근 동향에 대한 상세한 분석은 샌프란시스코주립대학교의 예술학과 교수인 스티븐 윌슨의 저서 『정보 예술(Information Art)』에서 찾아 볼 수 있다. 윌슨은 '정보 예술'이 1990년대부터 뚜렷한 독립적인 흐름을 가지기 시작했기 때문에 아직은 주류 예술 속으로 깊이 파고들지 못했지만, 21세기에는 이것이 예술의 주도적인 흐름으로 자리 잡을 것이라고 예측하고 있다. 그는 정보 예술을 여러 가지로 구분했는데, 생물학의 세계와 접목되어있는 정보예술은 주로 미생물학, 동식물, 생태학, 몸과 의학, 유전학, 유전자 매핑과 같은 소재를 다루며, 물리학과 접목된 정보예술은 비선형체계, 나노기술, 재료과학, 지질학, 천문학, 공간과학, GPS, 우주론 등을 소재와 주제로 다

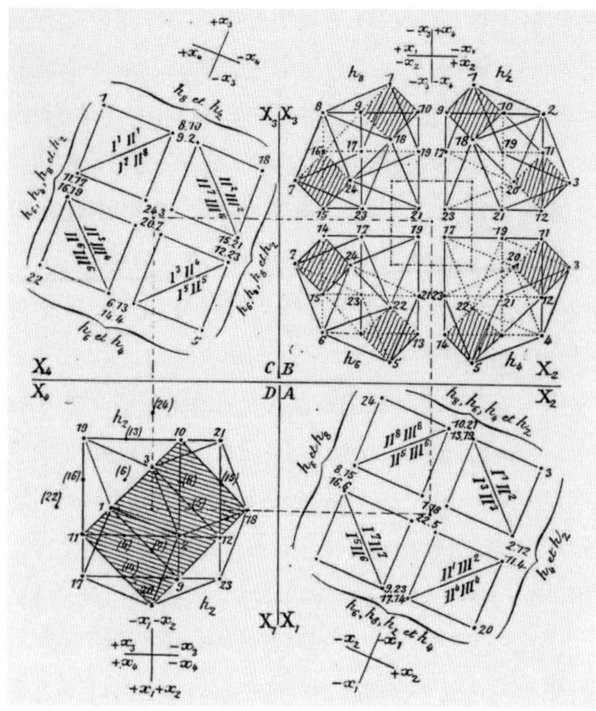

그림 3 | 프랑스 수학자 주프레(E. Jouffret)의 「4차원 기하학에 대한 기초적 논고」(1903)에 수록된 그림들. 주프레는 4차원에 존재하는 대상을 3차원이나 2차원으로 투영해서 그리는 것이 가능하다고 생각했으며, 이를 구현하기 위해 노력했다. 이러한 수학적 논의들은 피카소, 브라크 같은 예술가들에게 영감을 주었다.

룬다. 이것 이외에도 수학과 접목된 정보예술도 많이 있는데, 그 중에는 알고리듬, 대수학, 프랙탈, 인공 지능 등을 다루는 정보예술이 대표적이다. 그가 분석한 경향을 보면, 예술로 전환될 수 없는 과학기술 분야는 거의 없다고 해도 과언이 아닌 것이다.

5. "아름다움"의 추구: 과학과 미술의 경우

이 장의 첫머리에서도 지적했지만 일반적인 상식에 의하면 과학은 진리를 추구하고 예술은 아름다움을 추구한다. 그런데 유명한 과학자들이 자신들의 활동을 설명한 글을 보면, 과학 역시 특정한 아름다움을 추구한다고 하는 경우가 많다. 과학자들은 자신의 분야에서 '가장 아름다운 실험'(the most beautiful experiment)을 선정하는 데 주저하지 않는데, 예를 들어 대중적인 물리학 잡지 〈Physics World〉는 200명의 물리학자들로부터 의견을 받아 물리학의 역사를 통해 가장 '아름다운' 실험 10개를 꼽았다. 지난 수백 년의 역사를 통해 이루어진 숱한 물리 실험에서 물리학자들은 1961년 독일의 클라우스 욘손(Claus Jönsson)이 토머스 영의 이중 슬릿 실험을 한 개의 전자에 적용함으로써 전자가 파동-입자의 이중성을 가지고 있음을 결정적으로 증명한 실험을 1위로 꼽았다.

과학자가 느끼는 아름다움과 관련해서 푸앙카레는 다음과 같이 적었다. "과학자들은 자연이 유용하기 때문에 그것을 탐구하지는 않는다. 과학자들은 그것에서 즐거움을 느끼기 때문에 자연을 탐구하며, 그가 즐거움을 느끼는 이유는 자연이 아름답기 때문이다. 자연이 아름답지 않다면, 자연은 알 가치가 없으며 인생은 살 가치가 없을 것이기 때문이다." 아인슈타인, 하이젠베르크나 바일(Herman Weyl)과 같은 물리학자들은 여러 차례에 걸쳐서 "아름다운 것은 진리일 수밖에 없다"고 했으며, 러시아 물리학자 란다우와 리프쉬츠는 아인슈타인의 일반 상대성이론이 "모든 물리 이론 중에 가장 '아름답다'"고 칭찬했다. DNA 구조의 발견에 결정적으로 공헌한 결정학자 로잘린드 프랭클린(Rosalind Franklin)은 DNA 구조가 이중나선이라는 결과를 접한 뒤에 이것이 "참이 아니라고 하기에는 너무 아름다워서 그 (이중나선) 구조를 받아들일 수밖에 없었다"고 고백했다.

과학이 미적인 요소나 기준을 포함하고 과학 활동이 아름다움을 추구한다는 것 때문에 과학과 예술 사이에 근본적인 공통점이 있다고 볼 수도 있다. 그렇지만 정반대로 과학이 미적 요소를 가지고 있고 과학자가 미를 추구해도 바로 이점 때문에 과학과 예술이 근본적으로 다르다는 주장 역시 가능하다. 그 이유는 단순성과 대칭성 같은 과학에서의 미적 기준은 객관적이고 보편적임에 반해서, 예술에서의 미적 기준은 보편적이지 않고 단지 주관적이라고 할 수 있기 때문이다. 과학의 미와 예술의 미는, 사용하는 단어만 동일하지 실제로는 근본적으로 다른 개념이자 상이한 느낌이라는 것이다.

과학자들 중에는 "자연에 아름다움이 내재해있다"고 보는 사람도 있다. 그렇지만 이러한 본질주의는 다시 "왜 자연에 아름다움이 내재해있는가"라는 질문을 낳으면서, 철학적으로 해결하기 힘든 방향으로 문제를 끌고 간다. 과학철학자 맥칼리스터(James McAllister)는 이 딜레마를 설명하기 위해서 '미적 귀납'(aesthetic induction)이라는 개념을 도입했는데, 이 개념은 성공적으로 자연 현상을 설명한 이론의 경우에는 그 이론의 미적인 특성도 높은 평가를 받고, 이런 과정이 지속되면서 오랜 시간을 걸쳐서 살아남은 특정한 미적 특성이 미적 규범으로 굳어진다는 것을 의미한다. 과학자들은 이러한 미적 규범을 '진리의 광채'로 받아들이는데, 그 이유는 이런 규범이 성공적인 과학적 발견을 낳고 경쟁하는 가설이나 이론 중 더 타당한 것을 선택하는 데 지침이 될 수 있기 때문이다. 성공적으로 발전했던 뉴턴 과학은 그 이론체계와 함께 '결정론'과 '시각화'(visualization)라는 기준을 성공적인 미적 규범으로 받아들여지게 하였고, 반면에 상대성 이론의 성공은 물리학에서 대칭성과 단순성이라는 새로운 미적 규범이 주목받는 결정적 계기를 만들었다는 것이다.

맥칼리스터의 해석은 과학에서의 미적 규범들이 시간에 따라 변화하며, 여러 과학 분야에서 상이한 미적 규범들이 채택되어 사용되고 있는 점을 잘 설명해준다. 뿐만 아니라 이러한 해석은, 과학의 미적 기준은 객관적·보편적이며 예술의 미적 기준은 주관적·순간적이라는 양분법을 극복하는 출구를 제공한다. 과학자들이 과학적 실행의 반복과 축적을 통해서 미적 규범을 확립하고, 이에 비추어 다시 자연을 탐구하고 자연을 해석하는 과정은, 예술가들이 예술적 창작활동을 통해서 미적 기준을 만들고 이에 비추어서 세계와 인간의 내면을 탐구하고 재해석하는 과정과 흡사하다. 물론 과학에서의 아름다움과 예술이 추구하는 아름다움이 그 내용과 형식에서 모두 동일한 것은 결코 아니지만, 과학과 예술 모두 인간이 감각, 이성, 손, 기구를 이용해서 세상을 만들고, 이해하고, 해석하는 과정이며, 이러한 복잡한 실행은 주관-객관, 감정-이성, 종합-분석과 같은 이분법적인 카테고리로는 적절하게 기술될 수 없는 성질의 것이다.

6. 맺는말

과학과 예술은 과학자와 예술가라는 다른 훈련을 받은 전문가들에 의해서, 다른 방식으로 세상을 이해하고, 다른 형태로 독자와 소통을 한다. 그렇지만 과학과 예술의 이러한 차이에도 불구하고 지금까지의 논의를 통해서 우리가 도달한 결론은 과학적 실행과 예술적 실행, 과학적 상상력과 예술적 상상력, 과학적 창의성과 예술적 창의성 사이에 상당한 유사성과 공통점이 있다는 것이다. 이러한 유사성과 공통점을 인식함으로써 우리는 과학과 예술이라는 두 문화 사이에 간격을 좁힐 수 있으며, 과학과 예술 모두에 도움이 되는 교류를 유도할 수 있다. 그러기 위해서 우선 필요한 것은 "과학은 발견하고 예술은 창조한다", "과학은 객관적이고 예술은 주관적이다", "과학은 실제 생활에 도움이 되고 예술은 정신 세계에 도움이 된다"는 식의 단순한 생각을 버리는 것이다.

대신 우리는 과학자가 다양한 '밑천'과 '제약'을 가진 채로 주어진 문제를 해결하면서 종종 기존의 패러다임을 뛰어 넘으려고 노력하듯이, 예술가도 자기에게 주어진 밑천과 제약 하에 비슷한 주어진 문제를 해결하면서 기존의 틀을 벗어나기 위해서 노력하는 방식으로 예술 작업을 수행한다는 관점을 택해야 한다. 이렇게 볼 때, 과학과 예술 사이에는 다양한 접점이 형성된다.

과학과 예술의 상호작용을 고찰함으로써 우리가 도달한 가장 중요한 결론은 예술과 마찬가지로 과학에서도 창의성을 추구하고, 이를 위해 상상력과 직관, 감수성과 시각화가 모두 중요한 역할을 한다는 것이다. 과학적 상상력과 직관의 근저에는, 예술과 마찬가지로, 감성과 이성의 결합, 과학적 '시각화', 지식의 전달이 아닌 세상에 대한 총체적 이해, 대상과의 분리가 아닌 합일의 경험이 존재한다. 지금까지 한국의 과학자와 과학 교사는 마치 과학이 전적으로 논리적 추론과 실험적 검증으로만 구성되었고, 따라서 보편적·객관적인 과학 속에 감성적이거나 미학적인 기준은 개입할 틈이 없는 것처럼 간주하곤 했는데, 이는 과학에 대해 무척 협소하고 심지어 왜곡된 이미지를 제공하는 것이며 진정한 과학적 창의성을 억압하는 것이다. 과학적 창의성이 그 어느 때보다도 절실하게 필요한 지금 우리가 제일 처음으로 해야 할 일은 과학자들이 아름다움과 즐거움을 느끼기 때문에 연구를 한다고 주창했던 푸앙카레의 경구를 다시 되새겨보면서 과학에서의 미학의 중요성에 대해 한 번 더 생각해보는 일일 것이다.

더 생각해볼 주제

—

- 현대 과학은 물론 현대 예술도 무척 난해해서 전문 교육을 받은 사람이 아니고서는 이해하기 힘들다. 과학과 예술의 상호작용이 가능하기 위해서는 서로에 대해서 알아야 하는데, 과학을 배우는 학생이나 예술을 배우는 학생들이 각각 이해하기 쉽지 않은 예술과 과학에 대해서 접근할 때 가져야 할 바람직한 태도는 어떤 것이겠는가? 이 접촉을 보다 효과적으로 할 수 있는 방법은 무엇이겠는가?
- 이번 장에서는 과학과 예술의 관계에 대해서 살펴보았다. 이번 장의 논의를 바탕으로 기술과 예술은 어떤 관계를 맺을 수 있는지 생각해 보라.

더 읽어볼 거리

—

홍성욱 외 저, 『예술, 과학과 만나다』, 이학사, 2007. (과학기술과 예술의 관계를 모색하는 국내 연구자들의 글을 모아놓은 책)

보리스 카스텔·세르지오 시스몬도 저, 이철우 역, 『과학은 예술이다 — 우리가 몰랐던 과학과 과학자의 실상』, 아카넷, 2006. (과학의 창의성, 과학자의 작업과 예술 사이의 유사성에 주목해 과학의 본성을 파헤친 책)

엘리안 스트로스베르 저, 김승윤 역, 『예술과 과학』, 을유문화사, 2002. (르네상스 시기부터 현대에 이르기까지 과학과 예술의 접점을 모색한 책)

가볼 만한 사이트

—

http://www.sciart.or.kr (과학과 예술의 만남을 지향하는 과학문화융합포럼의 웹사이트)

http://www.savinamuseum.com (국내에서 오랫동안 과학과 예술과의 만남을 주도해온 사비나 미술관의 홈페이지)

07

과학기술과 여성

1. 과학기술과 여성, 무엇이 문제인가?

학생들에게 과학자를 그려보라고 하면 대개 하얀 실험복을 입고 시험관을 든 파스퇴르의 모습이나 자유로운 복장을 하고 책상 앞에 앉은 아인슈타인의 모습 또는 이 둘과 비슷한 어떤 모습을 그릴 것이다. 과학기술의 변화에 따라 그 과학자는 시험관이 아니라 컴퓨터나 복잡하고 거대한 기계장치를 이용할 수도 있다. 배경이나 구체적인 모습은 다를지라도 그 과학자들은 대부분 남성으로 그려질 것이다. 교과서, 대중매체, 그리고 현실에서 여성과학자의 모습을 찾아보기란 매우 어렵기 때문이다. 현재 우리나라에서 연구원으로 활동하는 사람을 다 따졌을 때 여성은 11%밖에 되지 않고 그나마 책임 있는 자리에 있는 여성과학자의 수는 훨씬 더 적다. 과학자 10명을 만나도 여성과학자는 그 중 1명이 채 안 되는 것이다. 선진국의 경우 우리나라보다 여성과학자의 비율이 높지만 전체의 30%를 넘는 경우는 거의 없다.

여성과학자의 수는 왜 이렇게 작은가? 여성과 남성의 지적 능력 또는 지적 관심사의 차이 때문인가? 아니면 사회의 관습과 인식, 그리고 과학기술의 제도적 문제 때문인가? 또 과학기술의 여러 특징은 과학기술이 남성과학자들 중심으로 이루어진다는 사실과 어떤 관계를 맺고 있는가?

전통적인 과학관, 즉 과학은 자연의 모습을 반영하는 절대 객관적이고 합리적인 지식이라는 인식 아래서는 이러한 질문이 별다른 의미를 가질 수 없다. 객관성을 보장하는 지식에서 성별은 물론이고 국적, 시대, 지역, 전통과 같은 주관적인 요소는 아무런 작용을 하지 않기 때문이다. 예를 들어 뉴턴의 운동 법칙은 같은 조건이라면 누구에게나 같은 결과를 제공한다. 따라서 이러한 과학관에 따르면 과학에서 주관적인 요소가 작용한다는 주장은 잘못된 주장이거나 아니면 그 주장의 대상이 되는 내용이 진정한 과학이 아니라 사이비 과학이다.

과학기술의 사회적 차원에 대한 논의가 이루어진 것은 그리 오래되지 않았다. 토마스 쿤의 『과학혁명의 구조』 이래로 과학사, 과학철학, 과학사회학 분야에서는 과학기술의 지식과 실천이 지닌 사회적 차원의 문제, 과학기술자와 그들의 연구 활동이 놓인 사회적 맥락의 문제, 그리고 과학기술과 사회의 상호작용의 문제 등에 관심을 가지고 연구를 했다.

그 결과 과학기술에 대해 전통적인 과학관과는 다른 해석이 등장했다. 여기에는 과학기술의 객관성과 합리성을 완전히 부정하고 사회과학이나 문학, 예술과 마찬가지로 사회 구성원들의 이해관계를 대변하는 인공물일 뿐이라는 극단적인 견해부터 과학기술자들의 관계 및 실천 측면의 사회적 문제에 주된 관심을 두는 접근까지 다양한 입장이 존재한다. 과학기술에서 여성의 문제를 논의하는 것 역시 이러한 연구 맥락에서 나왔다.

그러면 과학기술과 여성에 대한 논의 중 여성과학자의 수가 적은 원인, 과학기술이 남성과학자 중심으로 이루어진 데 따른 영향, 그리고 그에 대한 대응과 전망을 중심으로 살펴보자.

2. 여성과학자로 가는 길 (또는 여성이 과학자 되기)

1) 전문화 · 제도화에 따른 진입장벽

여성과학자의 수는 적다. 훌륭한 업적을 남기고 그 업적을 충분히 인정받은 여성과학자의 수는 더 적다. 이러한 사실은 종종 여성이 과학 발전에 기여한 바가 없다거나 여성은 과학 능력이 부족하다는 주장의 근거로 사용된다. 이 때문에 여성과 과학에 대한 논의가 이루어지기 시작한 초창기에는 알려지지 않은 여성과학자를 발굴하려는 노력을 많이 기울였다.

마리 퀴리, 이레네 졸리오 퀴리, 바바라 맥클린톡, 도로시 호지킨, 마리아 괴퍼트 메이어, 크리스티안네 뉘쓰라인-폴하르트, 리타 레비-몬탈치니, 거트루드 엘리언, 거티 코리

모두 노벨상을 받은 여성과학자들이지만 해당 분야 전공자가 아닌 과학자나 학생들에게도 알려진 경우는 마리 퀴리 정도이다. 그러므로 노벨상을 받은 연구업적을 내는 데 결정적인 공을 세웠으나 공동 수상자 명단에 들지 못한 로잘린드 프랭클린, 리제 마이트너, 치엔시웅 우, 조셀린 버넬 등이 잘 알려지지 않은 것은 어찌 보면 당연하다. 여성과학자가 잘 알려지지 않았거나 업적에 상응하는 대접을 받지 못한 것 때문에 사람들은 여성과학자의 수를 실제보다 작게 알고 있다. 그러나 이것이 여성과학자의 수가 절대적으로 적은

것에 대한 설명으로 충분하지는 않다.

여성과학자의 수가 적은 보다 중요한 이유는 과학이 남성적이라서가 아니라 제도화되고 전문화되는 과정에서 여성을 배제하는 구조와 관행이 형성되었기 때문이다. 주위를 둘러보면 여성과학자의 수만 적은 것이 아님을 알 수 있다. 과학기술보다 훨씬 여성적이라고 생각하는 음악, 문학의 영역에서도 전문가로서 여성의 수는 많지 않다. 과학기술만큼이나 오랜 전통을 가진 클래식 음악의 경우 여성 전문가는 성악이나 특정 악기 연주에 집중되어 있을 뿐 여성 오케스트라 지휘자나 여성 작곡가는 거의 없다. 심지어 여성 전문가가 많은 요리 분야에서도 특급호텔의 일등 주방장은 대부분 남성이다. 그에 비하면 여성과학자의 수는 오히려 많은 편이다. 남성적 영역, 여성적 영역의 구분의 문제가 아니라 여성이 전문가로서의 권위와 지위를 가질 수 있는가 여부의 문제인 것이다.

적어도 19세기 이후에 과학자가 되려면 대학 이상의 고등교육을 받아야 했다. 정규 교육과정을 거치지 않고도 개인의 뛰어난 능력을 인정받은 과학자는 19세기에도 마이클 패러데이 외에 거의 없을 것이다. 또 과학자는 과학과 관련된 직장에 종사하거나 과학활동을 업으로 삼았다. 평생 특정한 직업을 가지지 않았던 찰스 다윈같이 특수한 예는 19세기 후반이 되면 점차 사라지기 시작했다. 과학은 제도화되고 전문화된 것이다. 이러한 상황에서 여성이 전문적인 과학자가 될 길은 거의 없었다. 서구에서 여성의 대학 입학이 공식적으로 허용되기 시작한 것은 19세기가 끝날 무렵이었기 때문이다. 마리 퀴리라 하더라도 50년 일찍 태어났더라면 과학자가 될 수 없었을 것이다.

20세기 초반에 여성의 대학 입학이 허용되기 시작했을 때에도 전공으로 과학을 선택하는 여학생은 매우 소수였다. 1891년에 퀴리가 소르본느 대학에, 10년 뒤 마이트너가 1901년에 빈 대학에 입학했을 때는 "여대생을 희귀한 동물 보듯" 했고, 이러한 상황은 1919년에 맥클린톡이 코넬 대학, 1938년에 프랭클린이 케임브리지 대학에 입학할 때도 크게 달라지지 않았다. 이 여성과학자들은 여성 동급생이 없었음은 물론이고 평생 여성 동료과학자와 연구한 경험조차 드물었다. 딸 이레네 퀴리가 방사능 화학자로 성장하여 공동연구를 했던 퀴리는 운이 아주 좋은 예외다.

20세기 초반에 대학에 입학한 여성과학자들은 뛰어난 능력에도 불구하고 정규 직업을 얻지 못하거나 많은 불평등을 감수해야 했다. 마이트너는 베를린 대학의 화학연구소에서 방사능에 대해 연구할 때 여학생의 입학을 허용하지 않는 관례가 사라질 때까지 몇 년 동안 청소부들이 사용하는 반지하 뒷문으로 출입해야 했다.

맥클린톡은 농작물의 유전학과 관련된 연구로 박사학위를 받을 때 동급생 중 최고 실력을 인정받았음에도 불구하고 대학들은 농부들이 여성의 말을 듣지 않을 거라는 표면적인 이유를 내세워 그녀를 채용하지 않았다. 동급생들이 모두 교수로 취직하여 안정적으로 연구활동을 하는 동안 맥클린톡은 지도교수가 주선해 준 2, 3년짜리 장학금으로 근근이 연구활동을 계속했고 간신히 미주리 대학 조교수가 된 후에도 종신직을 받지 못하고 4년 만에 그만두어야 했다.

퀴리는 1903년에 노벨상을 받고도 아무런 직장을 얻지 못한 채 더부살이 연구를 했다. 그러다가 소르본느 교수가 된 남편 피에르 퀴리가 교통사고로 사망하자 그 자리를 물려받았다. 첫 강의 때 모든 수강생이 숨죽이고 퀴리가 무슨 말을 할 지 주시했다는 소르본느 최초의 여성 교수는 이렇게 태어난 것이다.

이러한 불평등과 무시 속에서 여성과학자들이 연구활동을 계속할 수 있었던 데에는 물론 그들의 과학에 대한 애정, 의지, 그리고 능력, 그리고 가족들의 정신적, 물질적 후원이 무엇보다 중요했다. 그에 못지않게 중요했던 것은 당시의 관습에도 불구하고 이들을 동료로 인정하고 적극 도와준 소수의 남성과학자들의 존재였다. 비록 월급을 주지는 않았지만 마이트너에게 방사능 연구를 할 수 있도록 기회를 준 것은 관습보다 재능을 중시한 젊은 화학자 오토 한이었다. 두 사람은 평생 연구 동료로서 함께 했다. 마이트너는 1938년에 한의 실험이 핵분열 현상임을 밝혀 그에게 노벨상을 선물하는 것으로 보답했다. 맥클린톡이 미주리 대학을 그만 둔 후 여기저기 동료들의 연구실을 기웃거릴 때 콜드 스프링 하버 연구소는 맥클린톡의 능력을 인정하여 그녀에게 정교수직을 주었다. 그 결과 40년 뒤에 유전한 분야에서 노벨상 수상자를 배출하는 영광을 안았다.

표 1 | **노벨상을 수상한 여성과학자**

수상년도	수상자	분야	국가(출생국)
1903	Marie Curie	물리학상	프랑스(폴란드)
1911	Marie Curie	화학상	프랑스
1935	Erene Jolio-Curies	화학상	프랑스
1947	Gerty Theresa Cory	생리의학상	미국(오스트리아)
1963	Maria Gertrude Mayer	물리학상	미국(독일)
1964	Corothy Crowfoot Hodgkin	화학상	영국
1977	Rosalyn Yalow	생리의학상	미국
1983	Barbara MacClintock	생리의학상	미국
1986	Rita Levi-Montalcini	생리의학상	미국
1988	Gertrude Elion	생리의학상	미국
1995	Christiane Nüsslein-Volhard	생리의학상	독일

2) 사적인 지원의 제도화

20세기를 지나면서 여성들의 과학 진출을 가로막는 가장 큰 장벽이었던 대학 진학과 전공 선택에서의 공식적인 제한은 거의 다 사라졌다. 적어도 교육훈련 부문에서 여성이 과학을 선택할 것인가는 개인의 선택의 문제가 되었다. 그에 따라 대학 또는 대학원에서 과학을 전공하는 여성의 수가 증가하고 있고, 여성과학자의 수도 느리게나마 지속적으로 증가하는 추세다.

그러나 전공자에 비해 연구 현장에서 활동하는 여성과학자는 여전히 적다. 제도적 장벽이 사라졌고 과학기술은 능력에 따른 평가가 이루어지는 분야이다. 그런데 왜 사회 진출을 꿈꾸는 여성들은 과학자로서의 경력을 성공적으로 쌓지 못하는 것인가?

우선 남성과학자를 중심으로 한 과학의 제도화 과정에서 형성된 의사결정 구조 및 관습의 장벽을 주된 이유로 꼽을 수 있다. 20세기를 지나는 동안 여성이 과학을 교육받을 권리와 기회는 확대되었으나 과학자로서의 경력을 쌓는 과정에 영향을 주는 각종 제도적 장애와 관습의 장벽은 별로 낮아지지 않았기 때문이다. 또한 독자적인 연구를 하기까지의 준비기간이 점점 길어지는 경향과 과학 연구의 규모가 커지고 조직화되는 추세 역시 과학을 전공한 여성이 전문 연구자로 성장하는 데 추가 장애 요인이 되고 있다. 여성이 절대 소수인 과학계에서 여성과학자 지망생들은 모범으로 삼을 역할 모델(role model)이나 이끌어 주고 지도해 줄 선배가 없기 때문이다. 여성들은 남성들로 이루어진 기존의 연구 네트워크에 편입되지 않으면 연구 기회를 얻기 힘들다. 연구 기회를 얻지 못하면 연구 업적을 쌓을 수 없고 안정적인 직장을 구하기도 어렵다. 취직을 했다 하더라도 중요한 의사결정 과정에 참여하는 책임 있는 자리에 오르기 힘들다.

역할 모델은 과학에 대한 관심을 전문적인 수준까지 키우고 과학자로서의 꿈을 꾸게 한다. 과학이 남성 중심으로 이루어져 오면서 여성들에게 가장 부족한 부분 중 하나가 바로 역할 모델이다. 중국에서 태어나 미국에서 활동한 물리학자 우는 버클리 대학에서 공부할 때 문화적 차이, 빈곤과 더불어 일본의 침략 전쟁 때문에 생긴 동양인에 대한 적대감 등의 어려움에 접할 때마다 더 열악한 환경에서 모든 것을 이겨낸 마리 퀴리를 생각하며 참을 수 있었다고 회고했다.

역할 모델보다 더 중요한 것은 특정한 분야 또는 기관에서 일정한 수 이상의 여성과학자가 존재하는 것이다. 일반적으로 집단이나 조직에서 소수자가 일정한 규모를 지속적으로 유지하기 위해 필요한 최소 비율은 20%로 알려져 있다. 적어도 20%는 되어야 내부에 역할 모델, 내부 네트워크 형성, 후진 양성 등이 가능하다는 것이다.

물리학의 경우 일찍부터 퀴리, 마이트너 같은 선구적인 여성과학자를 배출했지만 이러한 임계치를 넘어본 적이 없다. 즉 이들이 예외적인 경우라고 보아야 하는 것이다. 반면 상대적으로 여성의 비율이 높았던 생명과학 분야에서는 여성과학자의 성장이 꾸준하게 이어지고 그 결과가 쌓여 최근에 뛰어난 여성과학자를 많이 낳고 있다. 노벨상이 전부는 아니지만 상징적인 지표로서 살펴보면 1970년 이후 여성과학자들이 받은 노벨상은 모두 생리의학상이다. 또 독일인 뉘쓰라인-폴하르트를 빼면 상을 받은 사람들은 모두 미국에서 활동한 과학자들이다. 미국의 경우 과학의 전문화와 제도화가 유럽에 비해 늦었고, 따라서 상대적으로 여성의 진입장벽이 낮았기 때문이다.

X선 결정학은 물리과학에서도 진입장벽이 낮을 경우 여성과학자의 활동이 특히 두드러진 좋은 예다. 이 예는 임계치 이상의 여성과학자의 존재가 중요함을 잘 보여준다. 엑스선 결정학은 1910년대에 독일의 물리학자 막스 폰 라우에와 영국의 물리학자 윌리엄 브래그, 그리고 그의 아들 로렌스 브래그에 의해 성립되었다. 특히 영국의 지도적 과학자였던 윌리엄 브래그는 일찍부터 이 분야에서 우수한 과학자를 키우기 위해 여러 가지 지원을 아끼지 않았으며 재능이 있으면 남녀의 구분을 두지 않았다. 로렌스 브래그, 윌리엄 애스트베리, 존 버널 등 영국의 1세대 엑스선 결정학 연구자들은 대부분 윌리엄 브래그의 제자들이었으며 이들 역시 연구와 교육에서 여성에 매우 우호적이었다. 즉 엑스선 결정학 분야에서는 여성의 진입장벽이 매우 낮았던 것이다. 이러한 환경에서 영국 왕립학회 최초의 여성 회원 캐더린 론즈데일, DNA 이중나선 구조 발견에 결정적인 실험 자료를 제공했던 로잘린드 프랭클린, 영국의 유일한 여성 노벨상 수상자 도로시 호지킨이 나올 수 있었다.

현대사회에서는 과거에 성공한 여성과학자들이 누렸던 가족과 남성과학자들의 개인적인 후원과 호의를 제도적으로 대신하려는 노력이 이루어지고 있다. 역할 모델의 발굴 및 홍보, 여성과학자들의 채용을 장려하는 각종 제도, 연구기회 제공을 위한 프로그램 등이 그것이다.

역할 모델과 관련해서는 멘토링(Mentoring) 프로그램이 고안되었다. 남성들에게는 자연스럽게 형성되는 역할 모델과의 친밀한 사제관계의 경험을 여성들에게 제공하기 위한 것이다. 멘토링 프로그램에서는 역할 모델인 여성과학자와 여학생을 연결해 과학자로 성장하는 데 필요한 조언과 격려를 해 주고 과학자로서의 비전을 가지도록 돕는다. 또한 진입장벽을 극복하고 임계치 이상의 여성과학자가 활동할 수 있도록 하기 위한 적극적인 소치들이 고안되었다. 대표적인 것이 채용목표제(quota system)다. 이 제도는 원래 미국에서 소수자 보호를 위해 도입되었으며 여성의 과학 참여를 늘이기 위해 우리나라를 비롯한 세계 여러 나라에서 시도되고 있다.

3. 남성주의 과학 vs. 여성주의 과학

1) 남성주의 과학과 자연의 젠더화

여성과학자의 수를 왜 늘려야 하는가? 과학에서 여성의 문제가 남성 중심의 기존 과학계에서 불평등을 당하는 여성들을 구제하는 여성과학자의 '수 늘리기'에 국한되지 않는다. '수 늘리기'는 사회 정의, 양적인 성평등의 실현 뿐 아니라 내용면에서도 성평등적인 과학 발전의 출발점이기 때문이다.

과학은 믿을만한 지식이지만 진공 속에서 형성되는 것은 아니다. 과학의 역사가 보여주듯이 과학은 과학자들이 살아 숨쉬고 상호작용하는 사회 속에서 형성된다. 뉴턴의 연금술이 중력법칙 성립과 밀접한 관계가 있었다는 연구 결과는 과학이 때로 '비과학적인' 요소의 영향을 받기도 한다는 점을 말해준다. 원자폭탄 개발이나 아폴로 계획과 같이 사회적 필요와 요구에 의해 특정한 분야의 과학이 급속히 발전할 때도 있다. 과학은 자연 현상만을 다루는 것으로 생각하지만 인간 배아복제의 경우와 같이 과학연구의 결과가 사회적, 윤리적 관심사와 직결되는 경우도 있다.

다음 스케치의 두 그림은 매우 다르게 보이지만 사실은 같은 세포를 그린 것이다. 두 그림은 발생과정에서 세포질의 역할을 강조하는 발생학자(왼쪽)와 발생의 핵심은 유전자라고 파악하는 유전학자(오른쪽)가 세포를 묘사하는 방식을 나타낸 것이다. 발생학자는 세포질이 세포의 대부분을 차지하는 것으로 표현하는 반면 유전학자는 유전자를 포함하는 핵이 세포의 대부분을 차지하는 것으로 표현한 것이다. 이처럼 동일한 대상에 대해서도 과학자들이 어떤 생각을 가지고 있는가에 따라 표현방식은 매우 다르다. 이는 과학자들이 의도적이든 아니든 자신의 기존 관념에서 완전히 자유롭지 못함을 뜻한다.

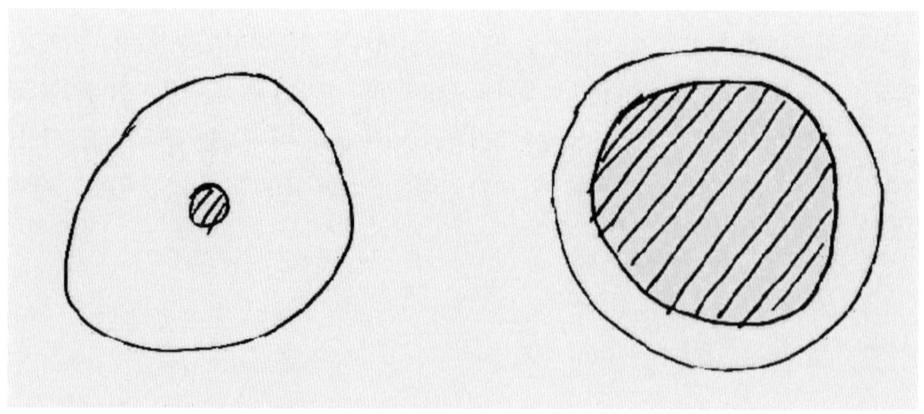

그림1 | **1950년대에 Oscar Schotte가 칠판에 그린 스케치 그림에서**

[출처: T.J. Holder, J.A. Witkowski, C.C. Wylie eds. A History of Embriology (Cambridge Univ. Pr., 1985)]

여성의 문제와 관련해서는 주로 성별이 존재하는 현상에 대한 설명에서 남성주의 사회의 기존 관념이 반영되어 있다. 그런데 이 경우에도 기존 관념과 다른 시각에서 같은 현상에 접근하여 매우 다른 결과를 얻을 수 있음을 보여주는 사례가 있다. 그 중 대표적인 것이 수정에 대한 과학적 이해와 설명 방식의 변화이다. 20세기에 출판된 대부분의 생물학 교과서에서 수정은 '숲 속의 잠자는 공주'와 같은 방식으로 설명되었다. 우리에게 익숙한 이 설명방식은 영화 '마이키 이야기'의 도입부에 재현되었다.

이 설명에 따르면 난자는 '잠자는 공주'이고 정자는 '달려가는 왕자'의 역할을 맡는다. 수정 과정에서 정자는 말을 달려 성으로 달려 들어가는 왕자처럼 "힘차게 꼬리로 헤엄쳐" 난자에 닿으면 "난자의 막을 뚫고" 들어간다고 설명된다. 나팔관을 따라 "떠내려 온" 난자는 잠만 자는 공주처럼 가만히 있다가 "구멍이 뚫리고" 정자가 들어오면 비로소 발생을 시작하는 것으로 묘사된다. 이것은 단순히 이해를 돕기 위한 은유가 아니라 과학의 설명이다. 이러한 '과학적 설명'은 젠더에 대한 통념을 자연현상의 일부로 이해하게 만드는 효과를 낳는다.

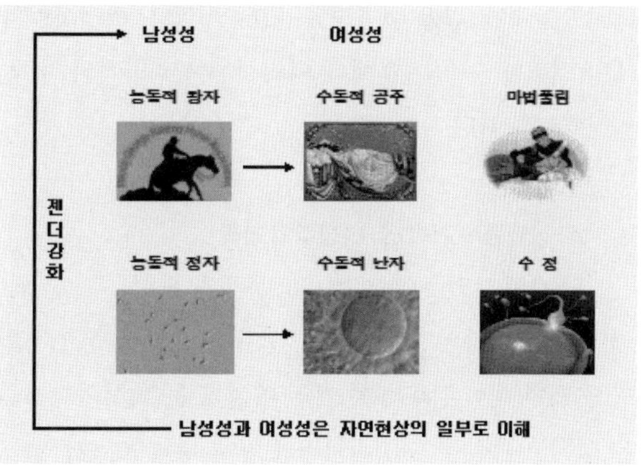

그러나 수정 과정에서 난자의 역할에 주목한 실험 연구의 결과 이러한 설명은 오류임이 밝혀졌다. 후속 연구들에 따르면 정자가 꼬리를 흔들며 다가가는 추진력은 난자의 막을 뚫을 만큼 강하지 않다. 또한 난자는 정자가 오기를 가만히 기다리고 있는 것이 아니라 화학물질을 분비하여 능동적으로 정자를 포획하고 난자막을 녹여 정자가 쉽게 들어올 수 있도록 상호작용을 한다. 즉 정자는 난자를 공격하고 정복하는 것이 아니라 난자의 협조를 받아야만 수정에 성공할 수 있는 것이다. 그 결과 1990년에 출판된 『세포분

Sex vs. Gender

—

Sex : 생물학적 성(남성 vs. 여성)을 뜻하며 자연 현상의 일부로 이해될 수 있음.

Gender : 사회문화적으로 형성된 성별(남성성 vs. 여성성)을 뜻하며 그 내용은 시대, 역사, 사회문화적으로 규정되며 끊임없이 변화함.

자생물학』에는 수정에 대한 설명이 "서로를 발견하여 융합하는 과정"으로 바뀌었다.

이 예는 발생학자와 유전학자의 세포에 대한 묘사와 더불어 과학자들이 기존에 가지고 있는 관념이나 가치 판단이 그들의 과학 활동에 반영되고 영향을 줄 수 있음을 보여준다. 남성 중심 사회에서 형성된 젠더개념을 포함한 통념에 별다른 거부감을 가지지 않을 경우 그러한 통념과 가치관은 남성과학자들의 과학 활동에 영향을 여러 가지 형태로 영향을 줄 수 있다. 그리하여 정자와 난자 같이 성별을 가지지 않는 존재에 젠더 특성을 부여하는 소위 "자연의 젠더화"가 이루어지고 이는 다시 사회에서 젠더 통념을 강화하는 방식으로 작용한다.

여성과학자의 '수 늘리기'는 "자연의 젠더화"를 극복하고 보다 성평등적인 과학을 지향하는 하나의 방법이다. 물론 여성과학자가 반드시 남성보다 더 성평등한 관점을 가지고 있으며 남성과학자가 반드시 통념과 일치하는 가치관을 가진다고 볼 수는 없다. 특히 여성과학자가 극히 적은 분야에서는 여성이라는 점이 특별히 드러나지 않도록 하는 것이 하나의 생존전략이 될 수 있기 때문에 성공한 여성과학자는 남성보다 더 기존 관념에 동화되어 있다는 비판을 받을 때도 있다. 이 역시 여성과학자의 수가 일정 비율 이상 유지될 때에만 해결될 수 있는 문제다. 따라서 여성과학자의 '수 늘리기'는 성평등한 과학을 향한 출발점이기도 하다.

2) 성평등적 과학 vs. 여성주의 과학

앞에서 보았듯이 과학기술 문제에 관심을 가진 페미니스트 학자들은 남성과학자들이 형성한 과학의 남성중심적, 성차별적 특징과 그 사회적 함의를 비판했다. 그리고 이러한 문제에 대한 감수성을 가진 여성 또는 남성과학자들의 성과를 발굴하여 소개함으로써 성평등 관점을 가진 과학의 전망에 대해 논의했다.

그렇다면 성평등적 과학이란 무엇을 말하는 것인가? 이와 관련해서는 다양한 입장이 있다. 온건하게는 여성 또는 다른 소수 집단의 가치와 이해의 관점을 과학에서 관철함으로써 남성주의 과학의 한계를 극복할 수 있다는 주장이 있다. 강하게는 남성주의 과학을 오늘날 과학기술이 야기한 모든 문제의 근본원인으로 지목하고 이에 대한 대안으로서 여성주의 과학을 내세우는 주장이 있다. 각각의 주장은 페미니즘 안에서 남성과 여성의 차이에 대해 매우 다른 가정에 기반한다.

남성주의 과학에 대한 대안으로서 제기된 소위 여성주의 과학에 대해 살펴보자. 이때 여성주의 과학은 지금까지 비판해 온 남성주의 과학기술의 정 반대편에 위치한다. 간단하게 말하면 여성주의 과학은 침략적이고 파괴적이고 소비적인 남성들에 의해 만들어진 남성주의 과학의 결과가 오늘날의 수많은 문제를 낳았으므로 생명을 낳고 기르고 가꾸는 여성들이 과학을 주도할 때 '좋은 과학'이 될 수 있다는 것이다. 이러한 주장은 주로 남녀

간의 생물학적 차이, 특히 여성의 재생산 기능을 매우 중요하게 생각하는 급진적 페미니스트들에 의해 제기되었다. 생태여성주의는 대표적인 예 중 하나다.

생태여성주의(Ecofeminism)의 핵심은, 남성주의 과학이 '어머니 지구'를 파괴하여 생태위기를 몰고 왔고 여성과 아이들이 그 주된 피해자이므로 과학에서 여성성의 실현을 통해 이를 극복해야 한다는 것이다. 그 근거로서 생명을 낳고 기르고 보살피는 여성성의 원리는 자연의 순환적, 전체적, 유기체적 속성과 동일하다는 점을 들고 있다. 이는 여성의 생물학적 기능과 특성, 그리고 부정적으로 인식되던 여성성에 적극적인 가치를 부여했다는 데 뜻이 있다. 또한 생태여성주의는 지속가능한 개발을 위한 과학기술 추구, 환경운동, 여성운동이 공감대를 형성하는 기초가 된다는 실천적 함의를 가진다.

그러나 다른 한편으로는 생태여성주의는 여성의 존재 근거를 재생산으로 한정하고 기존의 젠더 개념을 고정된 것으로 수용했다는 한계를 가졌다. 이는 개인의 보편적인 특성이 생물학적 성별에 의해 결정된다는 것을 인정하는 것이기 때문이다.

4. 결론: 과학기술과 여성 문제의 함의

지금까지 여성과학자가 겪는 제도적, 관습적 장벽의 문제, 남성중심 과학이 가진 한계와 문제를 중심으로 과학기술과 여성의 문제를 살펴보았다. 이러한 논의는 물론 일차적으로는 남성 중심의 과학이 가진 문제를 지적함으로써 더 많은 여성이 과학기술에 참여하고 보다 성평등적인 관점이 과학에 더 많이 반영되기를 바라는 목적을 가지고 있다. 그러나 단순히 여성의 이익만을 위한 것이 아니라 과학기술과 관련해 사회 전체적으로 중요한 함의를 가진다.

첫째, 현실적으로 보면 여성이 과학기술 분야에서 고등교육을 받는 비율은 증가하고 있는데 여성이 과학기술 분야에 들어가기 위한 진입장벽이 여전히 높다면 우리는 열심히 키운 아까운 인재를 놓치게 될 것이다. 이는 사회의 큰 손실이다.

둘째, 역사 사례에서 알 수 있듯이 여성과학자들은 종종 남성과학자와는 다른 경험을 통해 얻은 통찰과 관점을 과학에 적용함으로써 새로운 지식이 발전하는 데 기여했다. 이는 여성이 본질적으로 어떤 특징을 가지기 때문이 아니라, 현실에서 남성들과는 다른 환경과 가치관을 경험하기 때문에 가능한 일이다. 최근에는 과학기술이 과거에는 별로 연관이 없다고 생각되었던 문화, 감성, 일상과 결합하는 정도가 커지는 추세다. 그에 따라 다양한 경험과 가치관을 가진 과학자의 존재가 특히 중요해지고 있다.

마지막으로 과학기술과 여성에 대한 논의는 과학에서 다른 소수집단의 문제와 관련된 논의에 적용될 수 있다. 그 예로 크게는 서구과학자들을 중심으로 형성된 근대과학에 내포된 서구 중심주의적 특징, 백인 중심주의적 내용에 대한 비판적인 연구가 있고, 작게는 특정한 사회 안에서 이해관계를 달리 하는 집단과 과학기술의 상호작용의 문제가 있다.

더 읽어볼 거리

—

오조영란, 홍성욱, 『남성의 과학을 넘어서』, 창작과비평사, 1999.

윤정로, 『과학기술과 한국사회』 제3부, 문학과지성사, 2000.

이영희, 『과학기술의 사회학』 제4장, 한울아카데미, 2000.

주디 와코만, 『페미니즘과 기술』, 당대.

08

과학과 종교

"2001년 9월 11일, 뉴욕의 국제무역센터가 테러범들에 의해 순식간에 주저앉고 말았다. 도대체 왜 그런 어처구니없는 자살 테러가 자행되었을까. 그것은 분명 죽음이 끝이 아니라고 가르치는 종교 때문이다. 만일 모든 사람들이, "죽으면 모든 게 끝"이라고 생각한다고 치자. 그러면 자살 테러 같은 만행은 지금보다 훨씬 더 줄어들 것이고 어떻게든 협상을 통해 문제를 해결하려 들 것이다. 내세를 가르치는 종교는 사람들을 언제든 살인 무기로 만들 수 있는 정신 바이러스의 일종이다."

9·11 테러 직후에 영국의 일간지 〈가디언〉에 실린 논평 기사의 일부이다. 종교에 대한 적대감을 이렇게까지 노골적으로 드러낸 용감한 사람은 누구일까?* 리처드 도킨스(R. Dawkins), 『이기적 유전자』라는 책으로도 유명한 그는 노벨상 수상자인 동물행동학의 아버지 니코 틴버겐(N. Tinbergen)의 뒤를 이어 훌륭한 업적을 남긴 진화생물학자요, 현재는 영국 옥스퍼드 대학에서 과학대중화 석좌교수로 있으면서 왕성하게 활동하고 있는 과학저술가이기도 하다. 일급 과학자이면서 과학대중화를 위해 투신한 그는 왜 종교는 한갓 바이러스라고 여기는 것일까? 종교는 과학과 적대적일 수밖에 없는가? 과학과 종교가 공존할 수 있는 길은 없는 것일까? 도대체 과학은 종교와 어떤 관련이 있는 것일까?

* Dawkins, R.(2003), Religion's misguided missiles, *Guardian*, 2001.9.15.

1. 과학과 종교는 적인가?

과학과 종교의 관계에 대한 통념은 뭐니뭐니 해도 그 관계가 적대적이어 왔고 적대적일 수밖에 없다는 생각일 것이다. 즉, 과학과 종교 중 하나만 참이라는 것. 이런 입장은 과학과 종교가 늘 전쟁 중에 있고 따라서 언제나 상대방은 제거의 대상일 뿐임을 주장하기 때문에 일종의 '제거론'이라 할 수 있다.

과학적 유물론(scientific materialism)과 종교적 근본주의(religious fundamentalism)는 제거론적 관점의 두 가지 대표적인 사례이다.* 과학적 유물론은 흔히 과학주의(scientism)라고도 불리는데, 이 견해에 따르면 우리가 알 수 있는 모든 지식은 과학이 제공하며 초자연적인 것들에 대한 지식을 추구하는 종교는 단지 허상일 뿐이다. 그래서 과학주의자들은 신과 초자연적 세계를 인정하는 유신론을 제거해야할 대상으로만 여긴다. 예컨대, 영국 BBC 방송의 시청자들에게 "과학이 우리에게 말할 수 없는 것을 인간은 결코 알 수 없다"고 말했던 20세기의 위대한 철학자, 버트란드 러셀(B. Russell: 1872-1970)이 바로 그 대표적인 인물이다.

또한 9·11 테러에 대한 도발적 해석에서도 엿보이듯이 종교를 정신 바이러스쯤으로 치부하는 도킨스도 이미 『눈먼 시계공』(1986)이라는 그의 책에서 "다윈은 인간이 지적으로 충만한 무신론자가 되는 것을 가능하게 했다"고 주장한 바 있다. 그렇다면 도킨스는 왜 진화론이 유신론—대표적으로 유태교, 카톨릭, 개신교, 이슬람교—과 양립할 수 없다고 단정할까?

다음과 같은 상황을 상상해보자. 어떤 부시맨이 사막을 지나다가 이상한 물건 하나를 발견했다. 그걸 주워서 마을로 돌아와서는 지혜가 뛰어난 추장에게 보여주었고, 원로들 간의 회의(혹은 실험) 끝에 그것이 때를 알려주는 장치임을 공표하기에 이른다. 모두들 안도의 마음으로 환호성과 함께 고개를 끄덕이는 순간, 어디에선가 질문이 들려온다. "그게 어떻게 그런 기능을 하게 되었을까요?" 아마도 또 한번의 회의가 있었을 것이다. 과연 어떤 결론이 나왔을까? 아름다운 자연, 복잡한 생명체, 조화로운 생태계 등을 바라보노라면 우리는 곧 부시맨이 된다. "어떻게 이런 복잡한 체계가 가능하게 되었을까?"

적어도 서양에서는 거의 200년 전에 이런 물음에 대한 세련된 대답이 마련되어 있었다. 영국의 신학자 페일리(W. Paley)는 『자연신학』이라는 책에서, 인간의 눈과 같은 복잡한 기관들이 자연적인 과정으로는 불가능하기 때문에 지적인 설계자(intelligent designer)에 의

---

* 여기서 종교적 근본주의는 종교 경전들—성서, 코란 등—에 대한 문자주의적 해석에 집착하고 다른 종교에 대해 배타적인 태도를 갖는 종교 사상을 통칭한다. 이슬람 원리주의와 개신교의 근본주의 등이 여기에 해당된다.

해 창조될 수밖에 없다고 논증하였다. 그는 생명의 복잡성과 자연의 질서 등을 들어 신의 존재를 증명해 보이려고 노력하였다. 이런 식의 사고는 마치 놀라운(?) 기능을 하는 시계를 처음 보고 그것의 제작자를 떠올리는 부시맨의 추리와 유사하다. 즉, 복잡한 기능을 가지는 어떤 것이 존재한다면 그것은 틀림없이 어떤 설계자에 의해서 만들어졌을 것이라는 논리이다. 그래서 사람들은 이런 추론을 '설계로부터의 논증(argument from design)', 혹은 '설계 논증'이라고 부른다.

그러나 도킨스에 따르면, 생명의 복잡성과 다양성이 창조자의 개입 없이도 자연선택이라는 자연적인 과정에 의해 생겨날 수 있음을 설득력 있게 보여준 최초의 사람이 바로 다윈이다. 도킨스는 다윈 이전에는 잘 통했던 '설계 논증'이 그 이후에 도통 힘을 못 쓰게 되었다고 주장한다. 더 이상 설계자로서의 신 따위는 필요하지 않다는 말이다. 그렇다면 세계의 수많은 종교와 수십 억의 신자들은 도대체 무엇이란 말인가? 종교가 정신 바이러스의 일종이라는 도킨스의 도발적인 주장은 바로 이런 맥락에서 나왔다.

바이러스는 어떤 놈인가? 생물계에서 바이러스는 자신을 복제하는데 필요한 핵산(DNA 또는 RNA)과 같은 유전물질을 제외하고는 세포로서 어떤 특징도 갖추고 있지 않다. 때문에 바이러스는 살아있는 세포에 기생하지 않고는 대사활동도, 증식도 할 수 없다. 겨울철에 유행하는 독감은 바로 이런 바이러스가 세포에 기생하면서 자신을 마구 복제하기 때문에 생기는 병이다. 그런데 세포를 매개로 하지 않는 바이러스도 있다. '트로이목마', '웜'…… 이것들은 세포에 기생하는 것 대신에 컴퓨터 운영체계나 프로그램, 혹은 메모리 내부에 기생하여 감염된 파일에 접촉하는 다른 파일에까지 자신을 복제한다. 정신 바이러스도 작동 원리는 동일하다. 그것은 인간의 정신을 숙주로 삼아 자신의 정보를 복제하는 기생자다. 인간의 정신은 세포와 컴퓨터만큼이나 바이러스에 쉽게 감염되는 특징을 갖고 있다. 바이러스에 감염된 세포와 컴퓨터가 본래의 작동을 멈추고 그 바이러스의 명령에 따라 엉뚱한 행동을 하듯, 정신 바이러스에 감염된 인간은 그 바이러스를 더 많이 퍼뜨리는 방식으로 자신의 행동을 수정하게 된다.

그렇다면 도킨스는 왜 종교가 일종의 정신 바이러스라는 것일까? 그는 부모에서 자식으로 전달되는 믿음에 주목한다. 어린이들은 어른들이 하는 말이면 대개 의심을 하지 않는다. 언어를 배우기 위해 사회적 관습과 여러 지침들을 숙지해야 하는 아이들에게 그런 태도는 진화론적으로는 다 이유가 있는 행동이다. 예컨대 이른바 '엄마의 잔소리', "뜨거운 데에 손을 얹지 말라"라든가, "뱀을 집어들지 말라"라든가, "이상한 냄새가 나는 음식은 먹지 말라" 등은 아이들이 생존하기 위해 지켜야 할 필수 지침들이다. 도킨스는 이런 상황에서 자연선택이 아이들의 뇌 속에 다음과 같은 지침을 장착했을 것이라고 말한다. "어른들이 하는 말은 무엇이든 믿어라."

물론 좋은 규칙이며 대체로 잘 작동한다. 하지만 도킨스는 그런 지침이 정신 바이러스의 공격으로 인해 큰 피해를 볼 수밖에 없을 것이라고 본다. 이는 모든 입력을 올바른 것으로 받아들이는 컴퓨터 프로그램이 그만큼 바이러스에 치명적일 수밖에 없는 이치와 같다. 그래서 아이들의 뇌에는 "뜨거운 불이 이글거리는 지옥에 가지 않으려면 아무개를 믿어야 한다."라든지, "무릎을 꿇고 동쪽을 바라보며 하루에 다섯 번 절을 해야 한다." 등과 같은 코드들이 쉽게 기생할 수 있다. 도킨스는 이 코드들이 대개 부모의 가르침에 의해 자식에게로 전달된다고 말한다. 즉, 이슬람교인 부모 밑에서 자란 아이들이 결국은 대개 이슬람교인이 되듯, 부모와 자식의 종교가 일치할 개연성은 실제로 상당히 높다는 것이다. 진화론을 발판으로 삼아 무신론으로 도약하길 원하는 도킨스에게 종교는 현대과학으로 치료받아야 할, 전염성이 강한 고등 미신일 뿐이다.

과학과 종교를 갈등 관계로 본 영향력 있는 과학자는 도킨스만이 아니다. TV 다큐멘터리 시리즈에 새 장을 연 〈코스모스〉의 작가 칼 세이건(C. Sagan: 1934-1996)은 비록 도킨스만큼 전투적인 제거론자는 아니었지만 공공연히 종교에 대한 회의적 견해를 표시한 대표적인 천문학자였다. 그는 〈코스모스〉에서 현대 천문학의 놀라운 발견들을 환상적으로 보여주면서 자신의 무신론적 세계관을 간간이 드러내곤 했다. 그리고 말년에는 점성술, UFO학 등과 같은 사이비 과학의 정체를 폭로하는 작업을 하면서 과학의 보편성과 우월성을 위협하는 듯이 보이는 갖가지 미신과 종교(기독교를 포함해서)를 강하게 비판했다. 대신 그가 늘 대문자로 표기하는 'NATURE'를 경외했다.

그의 소설 『콘텍트』와 이를 각색해 만든 같은 제목의 영화(1997)에서 세이건은 주인공인 천문학 박사 에로웨이와 복음전도자 자스를 통해 과학과 종교에 대한 문제를 진지하게 다루고 있다. 짐작할 수 있겠지만 세이건의 메시지는 에로웨이 박사의 언행을 통해 잘 전달되고 있다. 다음은 영화의 한 장면이다.

자스 위원	에로웨이 박사, 당신은 자신을 영적인 사람이라고 생각합니까?
에로웨이 박사	무슨 질문이신지? 전 도덕적인 사람이긴 합니다만……
자스 위원	당신은 신을 믿습니까?
에로웨이 박사	저는 과학자로서 경험적인 증거만을 사실로 받아들입니다. 하지만 그 문제에 관해서는 그런 종류의 자료가 있다고 믿지 않습니다.
위원장	그러면 신을 믿지 않는다는 말씀이십니까?
에로웨이 박사	왜 이런 질문이 이번 일과 상관이 있는지 잘 모르겠습니다.
다른 위원	에로웨이 박사, 세계 인구의 95%는 어떤 형태로든 절대자를 믿고 있습니다. 그렇다면 충분히 상관이 있는 질문이지 않겠습니까.
에로웨이 박사	……저는 이미 답을 했습니다.

그림1 | **세이건의 소설을 원작으로 한 〈콘텍트〉는 과학과 종교의 관계에 대한 매우 진지한 대사들로 가득 차 있다. 엘로웨이와 자스의 시선이 같은 방향을 향해 있는 영화 포스터가 인상적이다.**

이 장면은 외계에서 온 메시지를 해독해 만든 운반체에 탑승할 사람을 선발하기 위해 시행된 인터뷰 장면이다. 선정 위원이 된 복음전도자 자스의 신앙적 양심과 과학자 엘로웨이 박사의 신념이 뚜렷이 대조를 이루고 있다. 이 영화 곳곳에서 세이건은 엘로웨이 박사의 입을 통해 우주와 자연의 광대함에 대한 경외심과 그 신비들을 조금씩 벗겨나가는 인간 정신의 능력에 대한 강한 신뢰감을 인상적으로 피력한다. 반면 '오캄의 면도날'. '불필요한 가정들을 상정해서는 안 된다'는 원리로 중세 영국의 철학자이자 프란체스코 수도원의 수도사였던 윌리엄 오브 오캄(William of Ockham, ca. 1285-1349)이 자주 사용했기 때문에 붙여진 이름이다. '검약의 원리'로 불리기도 하는 이것은 복잡한 현상들을 몇 가지 기본 원리들로 환원해 설명하려는 현대 과학의 정신을 대표하고 있다.

이 뭔지도 모르는 복음전도자 자스는 엘로웨이 박사의 신념과 열정을 점점 더 깊이 이해하게 되는 역할로 그려져 있다. 이런 이미지는 과학과 종교의 관계에 대한 전형적인 모습, 즉 "종교는 아무것도 모르면서 언제나 과학에 딴지를 걸다가 결국에는 과학을 이해하게 된다"는 낡은 리듬의 변주이다. 운반체를 타고 베가성에 다녀왔다는 엘로웨이 박사의 진술에 감동받은 자스의 다음과 같은 결론은, 표면적으로는 과학과 종교의 정당성을 동시에 주장하는 듯이 보이지만, 실제로는 과학에 항복하고 변명하는 종교의 궁색함을 드러내주는 것 같다.

기자들 (자스에게) 당신은 무엇을 믿습니까?

자스 신앙인이기 때문에 저는 에로웨이 박사와 입장은 다르지만 우리의 목표는 동일합니다. 진리를 위한 추구입니다. 저는 에로웨이 박사를 믿습니다.

도대체 과학과 종교의 관계에 대한 이런 전형적인 이미지가 왜 생기게 되었을까? 그리고 이런 이미지는 정당한 것일까? '갈릴레오 재판'은 과학과 종교 사이에 근본적인 갈등이 존재한다는 믿음을 널리 유포시킨 대표적 사례이다. 하지만 그 재판의 진상을 잘 들여다보면 이야기는 달라진다.

잘 알려져 있듯이 갈릴레오는 1610년경에 자신이 직접 고안한 망원경을 통해 아리스토텔레스·프톨레마이오스 우주 구조에 위배되는 많은 사실들을 발견하고 마침내 코페르니쿠스의 태양 중심설을 강력히 옹호했던 인물이다. 그런데, 카톨릭 교회 당국은 코페르니쿠스의 우주 구조가 안정된 우주 구조—즉 인간 중심의 사고 방식에 맞도록 인간이 사는 지구가 중심에 있고 맨 바깥에 신이 사는 하늘이 있는 조화된 우주 구조—를 깨뜨리고 결국에는 기독교의 교리마저도 위협하게 될 것이라고 믿고 있었다. 그래서 결국 1616년에는 코페르니쿠스의 우주론에 대한 금지령을 내린다. 이에 대응하여 갈릴레오는 코페르니쿠스의 우주론을 직접적으로 옹호하기보다는 아리스토텔레스의 우주론을 반박하는 형식으로 논쟁의 전략을 바꾸게 된다. 이런 상태가 계속되는 가운데, 학식이 높고 진보적이며 이해심이 많고 과학에도 조예가 깊다는 평판이 있었던 우르바누스 8세가 1628년에 새 교황으로 즉위하였다. 그리고 교회의 공정성과 관용을 과시하기 위해 아리스토텔레스·프톨레마이오스 우주론과 코페르니쿠스 우주론을 비교하는 책을 출판할 수 있도록 허가해 주었다.

그러나, 갈릴레오는 교황의 참뜻을 오해한 나머지 『두 가지 주된 우주 구조들에 관한 대화』라는 책을 출판하여 코페르니쿠스 우주론의 우월성을 매우 설득력 있게 제시했다. 이에 당황한 교회 당국은 뒤늦게 자신들의 실수를 깨닫게 되었고, 갈릴레오가 자신들을 철저히 우롱한 격이 된 것에 대해 격노했다. 더욱이 그 책에서 시종일관 멍청한 사람으로 등장하는 인물이 바로 교황을 표상한다는 소문이 퍼지면서 교회 당국의 분노는 극에 달했다. 1632년, 마침내 카톨릭 교회는 그를 유죄 판결했고 실질적으로 그가 더 이상 우주 구조에 대해 연구하지 못하도록 만들어 버렸다. 이것이 과학사가들이 대체로 동의하는 '갈릴레오 재판'의 간략한 개관이다.*

---

* 갈릴레오 재판에 관한 과학사적 분석으로는 Lindberg, D. & Numbers, R.(eds.) (1986), *God and Nature: Historical Essays on the Encounter between Christianity and Science*, the University California Press.(『신과 자연』, 이정배·박우석 옮김, 이화여자대학교출판부, 1998)에 수록된 William R. Shea의 "Galilei and Church(갈릴레이와 교회)"를 참조할 것.

이렇듯 갈릴레오 재판은 통념과는 달리 과학과 종교의 충돌을 보여주는 전형적인 사건이라고 보기 어렵다. 상당히 복잡한 여러 요인들이 실제로 크게 작용했기 때문이다. 우선 당시의 카톨릭 교회는 16세기의 종교 개혁 이후에 계속된 개신교 측의 공격에 직면하고 있었기 때문에 자신들의 신학적 배경이 약화되는 일은 그것이 철학적인 것이든 아니면 과학적인 사실이건 간에 방치할 수 없는 상황이었다. 둘째, 갈릴레오가 학문적 자존심을 갖고 있었던 교황을 본의 아니게 자극했던 것도 이 사건의 직접적 원인 중 하나이다. 셋째, 갈릴레오 자신의 낙관적이고 순진한 기대도 이에 한 몫을 했다. 그는 자신이 철저한 카톨릭 신자라는 자신감과, 신이 창조한 우주에 대한 참된 지식을 밝혀내는 것이 신에 대한 거역이 될 수는 없다는 믿음, 그리고 교회 당국도 자신의 합리적인 주장에 결국 동조할 것이라는 순진한 기대를 갖고 있었던 것이다. 마지막으로, 카톨릭 교회 당국도 신학 이론을 억누르듯이 과학 이론을 억누르기만 하면 과학 이론의 발전과 전파를 막을 수 있을 것이라는 순진한 생각을 뛰어넘지 못했다. 이와 같이 갈릴레오와 카톨릭 교회의 충돌은 관련자 개개인의 독특한 개성과 교회를 둘러싼 그 당시 특유의 정치적 상황들이 뒤범벅이 된 복잡한 사건으로서, 단지 과학에 대한 종교의 억압 혹은 과학과 종교의 충돌만으로는 제대로 이해될 수 없는 경우이다.

그렇다면 다윈의 진화론과 기독교의 관계는 어떤가. 명백하게 서로 충돌하는 경우가 아닌가? 실상을 들여다보면 이 경우도 그리 간단하지가 않다. 역사가들에 따르면 소심했던 다윈은 자신의 진화론과 신앙의 양립가능성 문제에 대해 죽을 때까지 고민하긴 했지만 대외적으로 기독교에 대한 자신의 입장을 드러낸 적은 거의 없었다. 오히려 다윈의 이론을 사회·정치적으로 활용하고자 했던 당대 지식인들이 주로 기독교에 대한 반감을 노골적으로 표시했다. 특히, '다윈의 불독'이라는 별명을 마다하지 않았으며 당시 성공회 대주교인 윌버포스(S. Wilberforce)와 벌였던 설전으로도 유명한 토마스 헉슬리(T. H. Huxley)가 그런 일에 가장 적극적이었다. 사회 진화론의 창시자로 볼 수 있는 스펜서(H. Spencer)도 같은 부류의 사람이었다.

그들이 다윈의 진화론을 널리 선전함으로써 얻어내려 했던 것은 빅토리아 사회의 전반적인 개혁이었다. 당시는 러시아와 벌였던 크림 전쟁(1853-1856)과 인도의 벵갈에서 벌어진 폭동(1857-1859)의 여파로 영국 사회가 개혁의 목소리를 필요로 했던 시기였다. 당대의 영향력 있는 지식인이었던 헉슬리와 스펜서 등은 진보와 개혁의 걸림돌이었던 성공회의 영향력을 떨어뜨리고 자신들의 가치를 이념적으로 지지해 줄 버팀목이 필요했다. 냉엄한 경쟁과 진보를 이야기하고 기독교에 도전장을 내민 것 같이 보이는 다윈의 진화론은 그런 그들에게 차라리 성서나 다름없었다. 그렇게 탄생하고 공고해진 것이 사회 진화론이요 자유방임형 사회경제철학이다. 이런 역사적 맥락을 고려해 볼 때 다윈의 진화론이 원래부터 기독교와 원수지간이었다는 통념은 재고되어야 할 것이다.

이런 복잡한 역사적 상황은 인정하더라도 진화론과 기독교가 그 내용상 '네모난 원'일 수밖에 없다고 반박하는 이들도 있을 것이다. 앞서 언급된 도킨스나, 진화론과 종교의 양립가능성 문제를 넘어 인간 종교성의 진화론적 기원 문제로 우리의 관심을 돌리려 하는 하버드 대학의 사회생물학자 에드워드 윌슨(E. O. Wilson)이 그 대표적인 사람들이긴 하지만, 많은 기독교인들도 기독교와 진화론의 충돌에 대해서는 이들과 동일한 입장을 갖고 있다. 여기서는 진화론에 대한 그들의 반감 중 몇 가지만 검토해보기로 하겠다.

첫째, 많은 기독교인들은 인간이 동물들과 밀접히 연관되어 있다는 진화론의 주장이 자신에게 모욕적인 것이라고 생각해왔다. 이는 다윈 이론이 발표된 이래로 계속해서 등장하는 반론으로서 다윈을 소재로 한 만화(다윈의 이론을 비아냥거리기 위해 다윈에게 원숭이 모양을 입힌) 등을 통해 희화되어 표현되기도 했다. 그들은, "우리가 원숭이와 닮았다고? 아니, 원숭이가 우리 조상이라고?"하며 몹시 불쾌해 한다.

그러나 이런 생각은 유전학적으로, 심지어 신학적으로도 지지받기 힘든 인간의 자기중심적 편견에 불과하다. 우선 유전학적으로 볼 때 인간은 침팬지와 DNA에 있어서 1.6% 가량의 차이만을 보이는 가까운 친척 관계에 있다. 또한 신학적으로 보아도 인간이 동물과 친척 관계에 있을 만큼 유사하다는 주장은 매우 건전하다. 왜냐하면, 창세기는 한편으로 우리가 다른 동물과는 달리 신의 형상으로 만들어진 독특한 존재라고 말하지만, 다른 한편으로는 인간이 자연의 다른 부분들과 연속선상에 놓여 있다고 진술하기 때문이다. 가령, 개신교 신학자 존 칼빈(J. Calvin)은 창세기 2:7을, "인간의 몸이 다른 생물들과 동일한 재료로 만들어졌다는 사실에 의해 인간은 자연의 다른 창조물들과 밀접히 연결되어 있고, 신에 의해서 인간 몸에 불어넣어진 생기(영혼) 때문에 그것들과 구분된다"고 해석하기도 했다.

기독교인들이 진화론을 받아들이기 꺼려해 온 두 번째 이유를 검토해 보자. 그것은 앞서 언급된 사회 진화론과 관련되어 있다. 간단히 말해, 사회 진화론은 생존을 위한 경쟁이 진보를 결과한다는 이론으로서 진화론을 사회·윤리적으로 적용한 것이다. 이 이론은 인간들 간의 경쟁이 사회의 진보를 위해서 장려되어야 한다고 말한다. 그래서 다윈 시대 때부터 사람들은, "다윈 이론이 결과하는 사회란 얼마나 살벌한가!"라며 진화론을 경계해왔다. 오늘날에도 진화론을 떠올리는 사람들 중 이런 식의 걱정을 하는 사람들이 적지 않다. 하지만 앞서 살펴보았듯이 사회 진화론은 다윈 진화론에서 논리적으로 도출되는 이념이 아니라 그것에서 힌트를 얻은 하나의 사회 철학일 뿐이다. 오히려 지금은 투쟁과 경쟁에 대한 것들이 다윈 이론의 반쪽 설명이라면 다른 반쪽 설명은 협동에 관한 것이라고 평가받는다. 게다가, 사실에 대한 진술("……이다")만으로 가치 언명("……이어야 한다")을 이끌어 낼 수는 없는데도 불구하고 사회 진화론은 노골적으로 그 선을 넘고 말았다.

이제 앞의 이유들보다는 더 심각한 것으로 보이는 나머지 두 가지 이유들에게로 관심을 옮겨보자. 그 중 하나는 성서를 읽는 방식과 관련되어 있으며 다른 하나는 신적 행위(divine action)에 대한 이해 방식과 연관되어 있다. 문자주의(literalism)란 텍스트의 내용을 글자 그대로 이해하는 독해의 한 방식으로서 기독교 근본주의의 중심 전제이며 창조과학(creation science)의 근간이다. 따라서 이런 방식으로 창세기를 보면 처음 몇 장은 마치 우주와 인간의 기원에 대한 역사적·과학적인 언급이 되어 버린다. 문자주의에 빠져 있는(의도적이든 무의식적이든 간에) 상당수의 기독교인들이 창세기의 내용이 진화론과 결코 양립할 수 없다고 믿는 이유가 바로 여기에 있다. 그들에 의하면 성서는 과학책이요 역사책이기도 하기 때문에 거기서 언급된 창조의 방법과 순서들은 문자 그대로 사실이다. 예컨대 창세기 1~2장을 통해 여러 번 등장하는 '종류대로(after its kind)', '날(day of creation)'과 같은 단어들은 각각 오늘날의 '생물종(species)'대로, '24시간'을 뜻한다는 것이다. 물론 요즘은 연대 측정법의 발전으로 인해 '날'을 '24시간'으로 해석하려는 고집은 다소 줄어들긴 했지만 아직도 대다수의 신자들은 '종류대로'라는 구절을 '생물종대로' 라는 의미로 해석하고 있다. 그러나 창세기의 '종류'가 오늘날 생물학에서 사용되는 '생물종'과 같은 개념일 필요는 없다. 게다가 창세기의 처음 몇 장을 그런 식으로 읽기 시작하면, 명백히 '상징'으로 읽어야 할 것 같은 부분들(가령 이브를 꼬인 뱀, 생명 나무 등)도 문자 그대로 이해해야 하는 이상한 상황(말하는 뱀?)이 발생할 수 있다.

기독교사 초기부터 기독교인들은 성서 속에 다양한 형태의 글들이 수록돼 있기 때문에 각 글들마다 나름의 방식으로 읽어야만 정확한 의미를 알게 된다고 생각해왔다. 따라서 유독 문자주의적 해석에 근거해 진화론이 기독교와 양립할 수 없다고 말하는 것은 공정하지 못하다. 게다가 문자주의적 해석법이 성서에 대한 역사·비평적 연구에 대한 방어 전략 차원으로, 그리고 개신교 내의 '근대주의 대 근본주의' 논쟁의 결과로 빚어진 20세기 작품이라는 사실을 기억할 필요가 있다.

마지막으로 '신적 행위(divine action)'에 관한 특정한 이해가 진화론을 거부하는 기독교인의 논리 중 하나로서 기능하고 있다. 어떤 이들은 과학이 생명의 기원을 설명할 수 있다면 이는 신에 의해 생명이 창조되었다는 주장과 자동적으로 충돌한다고 가정한다. 이들에게 신적 행위는 신 스스로가 자신이 만든 자연법칙을 깨거나 보류하는 방식으로 자연 과정에 개입하는 그런 행위이다. 하지만 신적 행위가 자연적·역사적인 과정들 '안에서' 그리고 그 과정들을 '통해서' 일어난다고 보는 해석은 기독교권 내에서 얼마든지 가능해 보인다.

진화론에 대한 기독교인의 반감들이 이런 식으로 재고될 수 있다면, 기독교에 대한 도킨스류의 반감은 어떤 식으로 해소될 수 있을까? 도킨스의 주장은 한마디로 자연의 설계자는 자연선택이지 신이 아니라는 것이다. 하지만 자연선택이 설계자라는 주장과 신이 없다거나 개입하지 않았다는 주장은 별개의 것으로 보인다. 왜냐하면 '궁극적 설계자'인 신이 자연선택이라는 기제를 통해 이 자연계를 자신의 뜻대로 빚어냈을 가능성은 얼마든지 열려 있기 때문이다. 도깨비 방망이를 들고 있어서 "인간 나와라 뚝딱"하는 신은 도킨스의 말대로 다윈 이후에 노숙자 신세로 전락했지만, 자연법칙을 설계·작동·유지하는 존재로서의 신 개념은 다윈 이후에도 여전히 건재하다. 유신론적 진화론(theistic evolutionism)이 바로 그것이다. 유신론적 진화론자들은 과학으로서의 진화론이 형이상학으로서의 무신론에 자동적으로 연동되지는 않는다고 주장한다.

과학과 종교의 관계에 대한 제거론이 갖는 또 다른 문제점은 과학주의와 종교적 근본주의 모두가 각자의 지식만이 의미 있는 유일한 지식이라고 주장한다는데 있다. 하지만 이런 생각은 과학에 대한 최근의 연구 성과들에 잘 부합하지 않는다. 20세기 중반부터 과학학자(과학사·과학철학·과학사회학)들은 과학 이론이 구성되는 과정에서 경험적 사실들에 대한 고려뿐만 아니라 사물의 존재 양식에 대한 신념과 종교적 신앙 등이 적극적으로 개입된다는 사실을 기본적으로 받아들이고 있다. 따라서 과학적 믿음이 순전히 경험적인 진술들로만 가득 차 있다거나 종교적 믿음에 경험적 진술들이 전혀 없다고 말하는 것은 철지난 주장이다. 한편 종교적 근본주의는 경험적으로 잘 입증된 이론들조차도 자신의 교리에 위배된다는 이유만으로 배척함으로써 자신들의 종교를 세상으로부터 더욱 고립시키고 있다.

지금까지 살펴본 것처럼 제거론은 한마디로 "과학 아니면 종교"라는 식의 양자택일적 관점이다. 하지만 이 입장의 대표적 사례들로 인용되곤 하는 갈릴레오 재판이나 다윈 진화론의 경우를 자세히 들여다보면 과학과 종교의 단순한 충돌로 간주되기 어려운 복잡미묘함이 숨어있다. 현대물리학도 사정은 비슷해 보인다.

현대 물리학의 종교적 기원을 탐구한 과학저술가 버트하임(M. Wertheim)에 따르면, 고대 그리스에서부터 시작된 수리과학이 수와 신성을 연관시키고 주변 세계에서 발견되는 수학적 관계들을 '신적인 것'의 표현으로 간주하는 전통을 오랫동안 유지해왔으며, 특히 13세기~18세기 동안에는 수리물리학의 기수들이 기독교와의 제휴를 의식적으로 원했다. 버트하임은 물리학자들이 신학자들을 대신하여 인식 능력의 열쇠를 쥐게 된 것은 그 이후이며, 심지어 물리학과 종교가 공식적 유대관계를 맺지 않고 있는 오늘날에도 우주에 대한 수학적 탐구를 신적인 과업으로 여기는 문화는 여전히 호소력을 지닌다고 주장한다. 예컨대 그녀의 말대로, 천체물리학자 스티븐 호킹의 '신의 마음'에 관한 발언이라든가, 제목에 '신'이라는 단어가 들어가 있는 일련의 물리학 서적들—『신의 마음』, 『신과 새로운 물리학』, 『신과 천문학자들』, 『신은 주사위놀이를 하는가?』, 『신의 입자』 등—을 보면, 현대

물리학이 여전히 종교적 감성에 깊이 물들어 있음을 짐작할 수 있다.*

과학주의와 종교적 근본주의로 대표되는 제거론은 그 지배적 이미지와는 달리 이렇게 실제의 과학사에 잘 들어맞지 않는다는 문제점을 갖고 있다. 또한 과학과 종교 간의 불필요한 충돌을 조장하기 때문에 바람직하지도 않아 보인다. 그렇다면 과학과 종교의 관계에 대한 또 다른 관점은 무엇인가?

2. 종교와 과학은 남인가?

과학과 종교의 충돌을 영원히 막을 수 있는 방법은 과학의 영역과 종교의 영역을 명확히 구분하고 이 두 영역 간에는 아무런 겹침이 없다고 주장하는 것이다. 이런 분리론적 관점에 따르면, 과학과 종교의 영역은 전혀 다른 차원의 것이기에 원리상 과학이 종교를 도전하지도 종교가 과학을 규제할 수도 없다. 제거론적 관점이 과학과 종교의 '영원한 전쟁'을 나타낸다면 분리론적 관점은 이런 의미에서 '영원한 평화'를 추구하는 방법이다. 예컨대, "과학은 '사실'만을 다루는 반면 종교는 인간 사고와 행위에 관한 '평가'만을 다룬다"고 말했던 아인슈타인이나, "과학은 '어떻게'를 묻지만 종교는 '왜'를 묻는다"고 믿는 현대의 많은 신학자들이 바로 여기에 해당된다.

주류 개신교 신학 중 하나인 신정통주의(neo-orthodox)에 따르면 과학과 신학은 방법과 탐구 대상이 전혀 다르기 때문에 과학자와 신학자는 서로의 간섭없이 독립적으로 연구할 수 있다. 신정통주의자들은 과학이 인간의 관찰과 이성에 바탕을 두고 있는 반면 신학은 신의 계시에 근거해 있다고 말한다. 신정통주의는 문자주의적 성서 해석법을 받아들이지 않는다. 왜냐하면 성서의 기술 자체는 계시가 아니라 계시적 사건들을 증언한 인간의 기록이므로 오류가 있을 수 있기 때문이다. 대신 신의 역사는 성서의 기록 자체를 통해서가 아니라 사람들과 공동체의 삶을 통해 드러난다. 이런 관점에서 보면 창세기의 첫 부분은 신과 인간의 기본적 관계성에 대한 상징적 메시지로 해석되며 천문학이나 생물학과는 무관하다.

20세기 사상에 엄청난 영향을 준 언어철학자 루트비히 비트겐슈타인(L. Wittgenstein)의 후기 철학은 과학과 종교의 분리론을 옹호하는 매우 강력한 무기다. 그는『철학적 분석』(1953)에서 언어는 게임처럼 규칙에 의해 규정되는 하나의 존재양식이며 언어의 규칙이 어

---

* Wertheim,M.(1995), *Pythagoras' Trousers: God, Physics, and the Gender Wars*, Five Continents Music, Inc. (『피타고라스의 바지』, 마거릿 버트하임/최애리 옮김, 사이언스북스, 1997)

떻게 해석·적용되느냐는 언어 사용자의 삶의 형식에 의해 규정된다고 주장했다. 이런 철학에 따르면 과학은 자연 현상에 대한 제한된 범위의 질문을 던지며 주로 예측과 조건을 규정하는 언어를 사용하는데 비해, 종교 언어의 주요 기능은 삶에 대한 가치와 태도들을 이끌어 내며 특정한 도덕 원칙들을 따르도록 격려하는 것이다. 종교 언어는 특정한 신을 숭배하는 공동체의 관습과 예배 의식에서 나온다. 쉽게 말하면 과학 언어는 과학자 공동체가 만들어내는 규칙을 따르며 종교 언어는 신앙 공동체의 관습을 통해 통용되는 규칙으로 작동한다. 따라서 둘은 사실상 다른 언어를 구사하고 있는 셈이다. 과학자와 종교인은 서로 다른 세계에서 다른 언어를 사용하고 있는 이방인이다.

하버드 대학의 고생물학자요 도킨스와 더불어 진화생물학계의 쌍벽을 이뤘던 스티븐 제이 굴드(S. J. Gould: 1941-2002)는 가장 최근에 분리론을 공식적으로 발전시킨 대표적인 과학자이다. 그는 『반석들: 생기로 충만한 과학과 종교』(1999)에서 과학과 종교의 바람직한 관계를 '비중첩 교권역'(nonoverlapping magisteria, 줄여서 NOMA) 원리로 규정했다. 여기서 교권역이란 권위를 갖고 가르칠 수 있는 영역을 의미한다. 굴드는 "과학의 교권역은 실험 영역에 걸쳐 있다. 즉 '우주가 무엇으로 구성돼 있는가(사실)'와 '왜 우주가 이런 식으로 움직이는가(이론)'라는 문제를 다루지만, 종교의 교권역은 궁극적 의미와 도덕 가치를 다룬다"고 설명한다. 많은 사람들이 예술과 과학은 서로 충돌하거나 경쟁하지 않는다고 말한다. 하지만 이 둘은 이 세상에 모두 필요한 지식들이다. 굴드는 종교와 과학의 관계도 그와 동일하다고 주장한다.

하지만, 이런 분리론은 과학의 강력한 도전들 앞에서 '종교 구하기'에 나선 지식인들이 만들어낸 일종의 궁여지책일 수 있다. 예컨대 진화론, 천체물리학 이론과 같은 현대 과학의 맹위를 경험한 지식인들은 자신이 속해 있는 종교 전통을 보호하면서 지적 활동의 정당성을 확보하고자 하는 전략 차원에서도 종교와 과학의 분리를 주장할 수 있다.

분리론의 난점이 바로 여기에 있다. 과학과 종교 간의 화해를 단지 영역을 분리함으로써 얻어냈다는 것. 분리론자들은 단번에 영원한 평화를 얻긴 했지만 과학과 종교간의 의사소통을 가로막는 비무장 지대를 만듦으로써 신에 대해 말하고 싶어하는 과학자, 또는 과학에 대해 말하고 싶어하는 종교인의 입을 원천적으로 봉하고 말았다.

한편 과학적 믿음과 종교적 믿음의 엄격한 이분법도 분리론의 작동 가능성을 의심스럽게 만드는 부분이다. 분리론도 제거론과 마찬가지로, 경험적 요소가 종교적 믿음에 포함될 수 있고 형이상학적 요소가 과학적 믿음에도 들어 있을 수 있다는 사실을 간과하고 있다.

3. 과학과 종교는 친구인가?

그렇다면 제거론도 분리론도 아닌 제3의 입장은 가능한가? 교황 바오로 2세는 과학과 종교의 관계에 대해 다음과 같이 말함으로써 그 가능성을 시사했다. "과학은 오류와 미신으로부터 종교를 정화할 수 있으며 종교는 맹목적 숭배와 잘못된 절대성으로부터 과학을 정화할 수 있다. 과학과 종교는 각각 더 번영할 수 있는 더 넓은 세계로 서로를 끌어당길 수 있다."

제3의 입장은 두 가지 핵심 주장에 근거해 있다. 그 중 하나는 과학과 종교가 '동일한 실재'에 대한 서로 다른 표현 방식이라는 주장이다. 예컨대 빅뱅 우주론은 초월적 실재에 관해, 진화론은 생명의 기원과 다양성에 관해, 그리고 신경과학은 인간의 정신과 영혼에 대해 이야기하지만, 종교와는 다른 방식으로 표현한다는 것이다. 제3의 입장의 근간을 이루고 있는 나머지 주장 하나는, 종교적 교리도 과학 이론과 마찬가지로 하나의 '가설'이기 때문에 원칙상 입증과 반증에 열려 있다는 주장이다. 이런 주장은 종교적 믿음과 과학적 믿음이 실제로는 엄격하게 구분되지 않고 뒤엉켜 있다는 사실을 적극적으로 반영하고 있다. 이런 맥락에서 제3의 입장은 과학과 종교를 적이나 남으로 보지 않고 친구로 보는 견해이다. 친구끼리는 서로의 관심을 나누며 대화한다. 물론 아무리 단짝 친구라 해도 잠깐의 냉전기는 언제나 있기 마련이다. 이처럼 과학과 종교는 접촉점이 무엇인가에 따라 충돌할 수도 있고 사이좋게 지낼 수도 있다. 또한 시간이 지남에 따라 우정의 농도에는 변화가 생길 수 있다. 늘 다툰다거나 남인 양 무관심하다고 보는 견해로는 과학과 종교 사이의 역동적 관계를 제대로 포착해낼 수 없다. 이런 의미에서 제3의 입장을 '친구론'이라 부를 수 있으리라.

진화론의 도전에 대한 기독교의 대응을 분류해보면 친구론의 정체가 보다 분명해진다. 역사적으로 보면 기독교의 대응은 크게 세 부류였다. 그 중 하나는 신의 창조와 생물 진화가 서로 충돌한다고 보고 성서의 창조를 과학적으로 옹호하려는 창조과학(creation science)이고, 다른 하나는 창조가 종교적 신화이기 때문에 진화 과학과는 아무런 관련이 없다고 말하는 분리론이다. 나머지 하나는 진화론을 유신론적으로 해석한 유신 진화론(theistic evolutionism)이다. 유신 진화론이야말로 친구론의 대표적 사례일 것이다. 그렇다면 유신 진화론의 모습은 구체적으로 어떤 것일까?

우선 유신 진화론은 성서의 문자주의적 해석에 기반하여 주류 진화론 전반을 거부하는 창조과학을 거부한다. 또한 최근에 몇몇 논자들에 의해 새롭게 제기되고 있는 이른바 '지적 설계 가설(intelligent design hypothesis)'과도 궤를 달리한다. 지적 설계 가설은 생명의 복잡성이 다윈의 자연선택론으로는 제대로 설명될 수 없으며 오히려 지적인 존재의 설계로부터 가장 잘 설명된다는 가설이다. 이런 흐름은 버클리 대학의 법학 교수인 필립 존슨

(P. Johnson)이 중심이 되어 90년대 초반부터 다윈의 진화론을 맹렬히 비판하면서 시작됐다. 문자주의 성서 해석을 수호하려는 의도로 이뤄진 진화론 비판이 아니라 진화론의 과학성에 대한 직접적인 비판이라는 측면에서, 지적 설계 가설은 창조론의 역사에서 분명 새로운 흐름이다.

비교적 최근에는 세포생물학자인 마이클 베히(M. Behe)가 '환원불가능한 복잡성'이라는 개념을 들고 나오면서 다윈의 자연선택론에 시비를 걸었다. 여기서 '환원불가능한 복잡성'이란 말은 어떤 체계를 이루는 여러 부분들 중 하나라도 없어지면 그 체계가 기능을 하지 못하는 그런 복잡성을 뜻한다. 그에 의하면 마치 쥐덫을 이루는 다섯 개의 핵심 부분(해머, 스프링, 걸쇠, 나무판자, 금속막대) 중 하나라도 고장나면 쥐덫으로서의 기능이 정지되는 것과 마찬가지로 세포 수준의 복잡성도 그런 것이어서 다윈의 점진적인 자연선택론으로는 세포 하나의 존재도 제대로 설명하지 못한다.*

하지만 이에 대해 많은 생화학자들은 오히려 세포 수준의 복잡성에 대한 진화론적 설명들이 실제로 제시돼 왔으며 그 복잡성이 결코 환원 불가능하지도 않다고 반박했다. 어떤 학자들은 왜 베히가 엄연히 존재하는 진화론적 설명들을 진지하게 고려하지도 않았는지, 또 더 나은 진화론적 설명을 찾기 위해 왜 노력하지 않았는지 잘 모르겠다고 불평한다. 하지만 더 큰 문제는, 만족할 만한 (진화론적인) 설명이 없다고 해서 곧 바로 지적 설계 가설로 넘어가는 대목일 것이다. 대부분의 과학은 "이것이냐 저것이냐"의 확실성 싸움이라기보다는 어떤 설명이 "더 그럴듯한가"의 개연성 싸움인데도 창조론자들은 늘 이런 식의 비약이 습관화되어 있다. 특정 진화론적 설명이 언뜻 보기에 만족할 만한 수준의 설명이 아니라고 해서 지적 설계 가설이 '자동적'으로 입증되는 것은 아니지 않는가? 이런 맥락에서 지적 설계론자들의 주장을 감히 '게으른 과학자들의 성급한 변증'이라고 부를 수 있을지 모르겠다. 성급한 변증은 의도와는 달리 신을 틈 속에 가둬버린다. 기존의 과학으로 설명이 어려운 부분에 끼워 넣어지는 지적 설계자라면 과학의 발전으로 인해 그 입지는 점점 좁아질 수밖에 없다. 예컨대 세포의 진화에 대해 베히도 충분히 받아들일 만한 진화론적 설명이 누군가에 의해서 제시된다면 틀림없이 지적 설계자로 메워졌던 틈은 없어지고, 결국 지적 설계자로서의 신도 설 자리를 잃게 된다.

저명한 과학사·과학철학자였던 토마스 쿤(T. Kuhn)은 『과학혁명의 구조』라는 책에서 과학 혁명은 그렇게 쉽게 오지 않는다고 말했다. 그에 따르면, 기존 패러다임에 수많은 변칙 사례들이 나타나서 위기가 도래해도 그것들을 해결해주는 대안적 패러다임이 등장하지 않으면 결코 혁명은 일어나지 않는다. 현대 진화론에는 아직 위기가 오지 않았다. 아니,

---

* Behe, M. (1996), *Darwins Black Box*, Free Press, (『다윈의 블랙박스』, 김창환 外 옮김, 풀빛, 2001)

아직 갈 때까지 다 가보지도 못했다고 해야 할 것이다. 그런데 어떤 이들은 혁명 운운하면서 그것의 대안이라며 지적 설계 가설을 들고 나온다. 지적 설계론자들이 정말로 대안을 이야기하고 싶다면 기존 진화론의 난점처럼 보이는 부분들을 비판하는 것만으로 자신의 소임을 다했다고 착각해서는 안 될 것이다.

반면, 유신 진화론은 과학 이론으로서의 기존 진화론을 전부 받아들인다. 다만 동일한 진화론을 무신론적으로 해석하는 무신 진화론의 형이상학적 전제에 동의하지 않을 뿐이다. 이런 의미에서 유신 진화론은 창조론과 무신 진화론 사이에서 절묘한 줄타기를 하고 있는 셈이다. 흥미로운 사실은 과학과 종교의 관계에 대한 탐구를 자신의 업으로 삼고 있는 일급 학자들은 대부분 일종의 유신 진화론을 옹호하고 있다는 사실이다.*

학자들 사이에 널리 받아들여지고 있는 유신 진화론의 한 형태에 의하면, 우연(chance)은 신의 계속적인 창조 행위에 어긋나지 않을 뿐만 아니라 오히려 신이 실제적으로 생물종을 창조하는 도구이기도 하다. 신은 무(無)로부터 지금의 우주를 창조하는 과정에서 특별한 자연 법칙들을 선택함으로써 우주에 특정한 형태와 구조를 부여했다. 게다가, 신은 바로 이런 과정들을 통해 우주를 계속해서 창조하고 있으며 따라서 생물의 진화는 자연세계 내에서 벌어지는 신의 행위이다. 유신 진화론자들에게 우연은 신의 의지에 방해가 되는 장애물이 아니라 오히려 신의 의지의 산물인 셈이다. 그들은 하나님이 우연과 법칙의 상호작용—진화적 과정, 양자적 과정, 화학적 과정, 유전적 과정이 모두 여기에 해당된다—을 통해 우주와 생명을 창조한다고 주장한다. 달리 표현하면 그들은 우연을 '베일에 쌓인 신적 행위'라고 이해하고 있다. 어떻게 이런 해석이 가능할까?

그들은 우연이 전적으로 지배하는 것처럼 보이는 양자 수준(quantum level)에서부터 이 문제를 풀어나간다. 그들에 따르면, 양자 물리학에서 말하는 우연은 '원칙적으로는' 예측 가능한 우리의 일상적인 우연들, 예컨대 우연적인 차 사고나 갑작스런 날씨 변화 등과는 다른 차원의 것이다. 그들은 하이젠베르크의 불확정성 원리를 원용하여 우리 지식의 불확정성이 자연 속에 있는 진정한 비결정론으로부터 나온다고 해석한다. 즉, 비결정론은 기저의 원인들에 대한 우리의 무지를 드러내는 것이라기 보다는 자연 그 자체의 특성이라고 보아야 한다는 것이다. 이런 관점은 신이 자연 법칙을 어기지 않고 자연 속에서 일한다는 것이 무엇을 의미하는지를 시사한다. 왜냐하면 신이 세계를 창조하면서 만든 것이 바로 이런 자연법칙이기 때문이다. 따라서 양자적 사건이 발생하면 그것은 자연과 함께 일하는 신의 직접적인 의지에 의해서 그렇게 된 것이다.

---

* 대표적으로 바버(I. Barbour), 호트(J.F. Haught), 피터스(T.Peters) 등을 들 수 있다. 생물철학자인 루스(M. Ruse)도 최근에 유신 진화론의 가능성을 긍정적으로 검토한 바 있다. Ruse, M.(2001), *Can a Darwin be a Christian?*, Cambridge University Press(『다윈주의자가 기독교인이 될 수 있는가』, 이태하 옮김, 청년정신, 2002).

그렇다면 이제 양자 물리학에서 진화로 초점을 옮겨서 신이 변이와 선택이라는 생물학적 과정을 통해 어떻게 일할 수 있는지 유신 진화론의 견해를 들어보자. 염색체 내에서 발생하는 점 돌연변이(point mutation)는 수소 결합의 발생이나 파괴에 의한 것이며 이런 과정이 바로 양자역학적으로 발생한다. 게다가, 유전적 돌연변이는 그 유전성 때문에 결과적으로 전 생태계에 영향을 미칠 수 있다. 그렇다면 현대 진화론을 통해 기술되는 진화의 역사는, 신학적 입장에서 볼 때 생명의 복잡성과 다양성을 창조하는 신의 행위 역사로 해석될 수 있을 것이다. 유신 진화론자들은 자크 모노(J. Monod: 1910-1976)가 『우연과 필연』(1970)에서 말한 '맹목적 우연'을 다름 아닌 신의 은밀한 행위로 해석하고 있는 셈이다. 그들에게는 특별한 지위를 가진 인류의 탄생도 우연과 자연법칙을 통해 신이 은밀하게 일해 온 결과이다.*

4. 과학과 종교의 관계: 도대체 어떤 과학, 어떤 종교를 말하는 것인가?

지금까지 과학과 종교의 관계에 대한 유력한 세 가지 견해를 간략하게 살펴보았다. 당신은 어떤 입장에 서 있는가? 이 세 입장 가운데 과학과 종교의 역동성을 반영하는데 가장 크게 실패한 견해는 틀림없이 제거론일 것이다. 제거론은 대중들에게 가장 널리 유포된 견해이긴 하지만 한 가지 유형의 지식만이 가치를 지닌다는 일종의 지식 제국주의로서 과학과 종교의 관계에 대한 왜곡된 신화들을 양산해낸다. 여기서도 진실은 다수의 편이 아닌 것 같다.

반면 분리론과 친구론은 과학과 종교의 평화적 공존을 추구한다. 언뜻 보면, 말 그대로 두 분야의 역동성을 강조하는 친구론이 가장 매력적인 듯이 보인다. 하지만 친구론은 차라리 고난도 '예술'이리라. 두 분야를 넘나들면서 절묘한 줄타기를 감행해야 하는.

그런데 이쯤에서 "도대체 당신이 말하는 과학은 무엇인가?"라고 묻고 싶은 독자가 분명히 있을 것 같다. 사실 포스트모더니스트들은 과학이 단일한 실체가 아닐 수 있다고 주장한다. 예컨대 물리학과 생물학이 똑같이 과학이라는 범주에 속해있긴 하지만, 둘 간에 질적인 차이가 존재하기 때문에 물리학과 종교, 생물학과 종교의 관계는 전혀 다를 수 있

---

* 이런 견해는 신적 행위에 관한 비개입주의적 관점(non-interventionist view)으로, 신학과 자연과학을 위한 센터(The Center for Theology and Natural Sciences; 줄여서 CTNS)와 바티칸 천문대(the Vatican Observatory)가 지난 10년 동안 연구해 온 방향이기도 하다. CTNS의 인터넷 홈페이지에는 John Templeton Foundation, Chicago Center for Religion and Science 등 과학과 종교의 문제를 다루는 기독교 단체들의 인터넷 사이트가 연결되어 있다. 제거론적 관점이 지배적인 한국의 지적 풍토에서 이 단체들이 주장하는 다양한 견해들을 들어보는 일은 매우 필요한 작업이다. CTNS의 인터넷 사이트는 다음과 같다. http://www.ctns.org/

다는 것이다.

이와 비슷한 의문은 종교에 대해서도 제기될 수 있다. 과학과 종교를 말하면서 왜 과학과 '기독교'만을 언급하고 있는가 말이다. 물론 기독교와 과학의 관계에 대한 논의가 그동안 종교와 과학에 대한 논의를 실제적으로 이끌어왔음을 부인할 수는 없다. 하지만 이 글에서 불교, 유교, 힌두교, 이슬람교 등의 종교 전통이 과학과 어떻게 만날 수 있는가에 대해서 구체적으로 논의하지 못한 것 또한 사실이다. 이것은 또 다른 큰 작업들이다. 이런 의미에서 과학과 종교의 관계에 대한 균형잡힌 논의를 하기에 가장 적합한 부류는 어쩌면 아시아, 또는 아랍의 기독교인일지 모른다.

더 생각해볼 주제

—

이 글에서 언급되지 않은 과학, 예컨대 천문학의 빅뱅 이론과 신경과학의 여러 성과들은 종교와 과학의 관계 측면에서 어떻게 이해될 수 있을까? 또한, 기독교가 아닌 다른 종교들과 과학의 관계는 어떤 것일까?

더 읽어볼 거리

—

최근 몇 년 사이에 과학과 종교의 관계에 대한 자료들이 국내에 많이 소개되었다. 그 중 과학과 종교의 관계짓기에 관한 주요 저서들은 거의 모두 번역 출간되었다. 가장 표준적인 책으로는 과학과 종교의 관계에 대한 선도적 연구로 1999년에 종교 분야 노벨상이라 불리는 템플턴 상을 받기도 한 이언 바버의『과학이 종교를 만날 때』(김영사, 2000)가 있다. 또한 과학과 종교의 관계에 대한 탐구를 업으로 삼고 있는 일급 학자들의 논문이 수록된『과학과 종교: 새로운 공명』(테드 피터스 엮음, 동연, 2002)은 이 분야의 새로운 흐름을 이해할 수 있는 좋은 자료이다. 진화론에 조예가 깊은 존 호트의『과학과 종교: 상생의 길을 가다.』(코기토, 2003)는 '친구론'의 좋은 사례가 될 수 있다. 저명한 과학사학자들의 논문들이 수록된『신과 자연: 기독교와 과학, 그 만남의 역사』(린드버그, 넘버스 엮음, 이화여자대학교출판부, 상[1998]/하[1999])는 기독교와 과학의 관계를 과학사적으로 조명한 고전적 자료이다. 특히 "과학과 종교는 당연히 충돌하는 것 아니냐"는 통념을 교정해준다. 진화론과 기독교의 양립가능성만을 중점적으로 다룬 생물철학자 마이클 루스의『다윈주의자가 기독교인이 될 수 있는가?』(청년정신, 2002)는 유신 진화론의 쟁점들을 살펴보는데 큰 도움이 된다.『피타고라스의 바지: 여성의 시각에서 본 과학의 사회사』(사이언스북스, 1997)로 단번에 일급 과학저술가의 반열에 오른 마거릿 버트하임은 그 책에서 현대물리학의 종교적 연원을 새로운 시각에서 탐구했다.

한편 『종교와 과학』(정진홍 외 지음, 아카넷, 2000)은 이 분야에 대한 국내 최초의 연구서로 국내의 저명한 종교학자·과학자들의 논문들이 수록되어 있다. 칼 세이건의 원작을 바탕으로 한 영화 '콘택트'(1997)는 과학과 종교의 관계에 대한 매우 진지한 대사들로 가득 차 있다. '과학과 종교의 다리 놓기'를 목표로 세워진 CTNS는 매우 유용한 인터넷 자료들을 제공한다(www.ctns.org).

09

기술이 철학을 만났을 때

1. "세상의 근원은 물"이라고 한 사람을 철학자라 부르게 된 사연

'철학' 하면 무엇이 떠오르는가? 어렵고 애매한 질문, 뜬금없는 대답, 현실적이지 않은 생각들……. 불행하게도 철학에 대한 인상은 부정적이거나 약간 막연하다. 하지만 알고 보면 철학도 그렇게 황당무계한 학문은 아니다. 우리의 주 관심사는 기술철학이지만, 조금 더 범위를 넓혀서 철학이 무엇인지에 대해서도 좀 생각해 보자.

철학은 우선 반성적 사고다. 반성적 사고란 잘못했다고 생각하는 것이 아니라 어떤 주제나 대상에 대해 다시 한 번 문제를 삼아 되돌아보는 것을 뜻한다. 철학에서는 내가 가진 생각, 지식, 믿음조차도 반성의 대상이 된다. 반성적 사고를 철학의 방법이라 한다면 철학의 내용은 비판적 사고라는 말로 정리할 수 있다. 철학이 흔히 어렵게 느껴지는 것은 아이러니하게도 너무 뻔한 질문을 하기 때문이다. "안다는 게 무엇인가?" "있다는 게 무엇인가?" "옳음, 혹은 좋음이란 무엇인가?" 등등 철학의 제일 중요한 주제들은 우리가 너무나도 당연하게 여기는 것들에 대한 물음이다. 문제는, 이렇게 물음을 던지고 보면 당연하던 것이 더 이상 당연하지 않게 된다는 것이다. 자신이 잘 알고 있다고 생각했던 문제들에 대해 막상 설명하려 하니 막막했던 경험이 있었을 것이다. 철학자들은 상당히 중요한데도 사람들이 미처 깊이 생각하지 않았던 물음들을 던지고, 말이 되는 답을 찾아내기 위해 애를 쓴다. 철학이 어려워지는 것은, 미묘한 문제들을 조심스레 풀어가다 보니 생기는 현상이다. 물론 철학자들이 잘난 체하느라 그렇게 되는 경우가 없지는 않지만.

철학은 언제 시작되었을까? 가장 일반적인 답은 그리스의 탈레스라는 사람이 시작했다는 것인데, 그 이유는 그가 "세상의 근원이 되는 물질이 무엇인가?"를 처음으로 물었기 때문이다. 그의 대답은 '물'이었다. 이런 황당한 물음과 대답이 철학이라니, 좀 이상하다고 생각할 수도 있다. 하지만 잘 생각해 보면 탈레스의 이야기 속에 방금 말한 '당연한 것에 대한 의문'이라는 철학의 속성이 잘 드러난다. 탈레스의 동시대 사람들과 그 이전 사람들은 세상이 무엇으로 되어 있는지 잘 알고 있었다. 아니, 잘 안다고 생각했다. 오랜 세월 내려오던 신화들 속에 세상의 모든 것에 대한 설명이 있었으니까. 그런데 탈레스는 기존의 설명에 만족하지도, 그것을 당연하게 여기지도 않고 스스로 그 물음에 답을 찾아보려 했던 것이다. 그의 대답은 정답이 아니었지만, 나름대로 이유를 가진 것이었다. 아리스토텔레스의 의견에 따르면, 탈레스는 물이 고체에서 액체로, 다시 기체로 자유자재로 변하는 것을 보고 이런 생각을 하게 되었을 것이라 한다. 탈레스를 철학의 시작으로 보는 것은 그의 답이 맞았기 때문이 아니라, 그의 물음과 답하는 방식이 그 이전의 신화적 태도와 구별되는 철학적 태도를 잘 드러내기 때문이다.

탈레스 이후 철학자들은 많은 질문을 던졌고, 그 중 대부분은 오늘날 여러 분과학문들에서 다루게 되었다. "돌은 땅에 떨어지는데 왜 별은 안 떨어질까?"는 물리학의 과제가 되었고, "소나무와 잣나무를 어떻게 구별하는가?"는 생물학의 과제가 되었다. "신은 있는가? 있다면 신의 속성은 무엇인가?"는 신학의 주제고, "사람들은 왜(혹은 어떻게) 모여 사는가?"는 정치학이나 사회학의 주제다. 이렇게 모든 분과학문들이 처음에는 철학적 문제로 시작했다가 답이 복잡해지면서 따로 독립을 했기 때문에 "철학은 모든 학문의 아버지"라는 말이 생겼다.

오늘날 좁은 의미에서 철학이라 불리는 학문은 이렇게 여러 분과학문들이 떨어져 나간 이후에 남아 있는 문제들을 다룬다. "있다"는 것에 대한 철학을 존재론 혹은 형이상학이라고 한다. 인식론에서는 "안다"는 것이 무슨 뜻인지를 묻는다. "옳다"는 것의 의미를 묻고, 그것을 어떻게 정당화하는지에 대해 생각해 보는 것이 바로 윤리학이다. 분과학문들이 독립하면서 새로 생긴 철학적 문제로 그 분과학문들의 정의와 방법론에 대한 것들이 있다. "과학이란 무엇인가?"를 묻는 것이 과학철학이고, '사회학 방법론'은 사회철학의 주요주제 중 하나다. 기술철학에서 "기술이란 무엇인가?"가 중요한 주제임은 말할 것도 없다. 나아가 "기술철학이란 무엇인가?"도 기술철학의 물음이 된다. 그러니까 지금 이 글을 읽는 것은 기술철학을 이해하기 위한 공부를 하는 것인 동시에, 그 자체로 철학 공부를 하는 것이 된다. 철학도가 된 것을 진심으로 축하한다!

2. 왜 기술이 문제인가?

탈레스 이후 2500년 가량의 철학사를 50대 어른에 비유하자면, 기술철학은 이제 한두 살 정도 된 아기라고 볼 수 있다. 철학자들 사이에서도 아직 기술철학은 낯선 분야일 뿐 아니라, 기술철학이 무엇인지 정확히 정의가 내려졌다고 보기도 힘들다. 이런 상황에서 조금이라도 이해를 돕기 위해 우선 생각해 보아야 할 것은, 왜 기술이 철학의 주제가 되었으며, 기술은 옛날부터 있었는데 왜 철학의 막내 분야가 될 수밖에 없었느냐는 것이다.

기술은 오랜 시간 동안 철학에서조차 별달리 물을 것이 없는 삶의 영역으로 받아들여졌다. 기술은 언제나 더 상위의 목적을 위한 도구로 이용되었으며, 그 상위의 목적에만 관심을 기울인 철학의 대상이 되지 못했다. 서양사상의 시조 중 한 사람인 플라톤은 기술 활동이 노예들이나 하는 것이라고 생각했고, 동양에서도 장인들의 위치는 그리 높지 못했다.

이런 상황은 14~15세기 르네상스 시절에서 발현하여 17세기에 본격적으로 시작된 과학혁명의 시절에도 바뀌지 않았다. 과학자들은 당시의 기술자들이 하는 일과 자신들의 이론적 작업을 연결시키려 애쓰지 않았고, 기술자들은 과학자들을 내심 무시했다. 과학과 기술의 만남은 한동안의 밀고 당기는 시기를 거쳐 19세기 산업화 시기에 이르러서야 비로소 이루어졌다. 이때부터 바로 우리가 과학기술 혹은 테크놀로지라고도 부르는 현대기술, 과학적 기술의 시대가 도래한 것이다.

산업혁명 이래 사람들이 경험한 변화는 인류가 생겨난 이래 가장 급격한 것이다. 처음에 그 변화는 물질적이고 양적인 것이었다. 과거에는 생각도 하지 못할 분량의 일을 매우 짧은 시간에 처리할 수 있게 되었고, 인간의 몸에 대한 이해가 깊어져 많은 병을 치료할 수 있게 되었으며, 자연을 사용하는 능력이 너무 커져서 더 이상 자연적인 것이 곁에 남아있지도 않게 되었다. 지금 있는 곳에서 눈을 들어 주위를 살펴보라. 과연 자연이라고 부를 수 있는 것이 얼마나 남아 있는지. 도시에서는 맨 땅을 보기도 힘들 정도로 모든 것이 가공되었다.

그 변화의 규모가 커짐에 따라 질적인 변화들이 뒤따른 것은 어쩌면 당연한 것이다. 인간 삶의 방식이 송두리째 바뀌면서 생명에 대한 이해, 시간과 공간에 대한 이해도 새롭게 정립되었고, 사회와 문화의 범위도 전지구적으로 확대되었다.

이런 변화의 속도는 너무 빨라서 굳이 1903년에 36미터를 날아간 뒤에 떨어져 부서진 라이트 형제의 비행기와 1969년 아폴로 13호의 달 착륙을 비교하는 것도 그만 진부한 것이 되고 말았다. 기술의 발전은 점점 빨라져서, 10년 전에 만들어진 영화만 보아도 화면의 질은 고사하고 등장인물이 사용하는 휴대 전화나 자동차, 컴퓨터 같은 소품의 조잡함에 한숨짓게 되는 것이 현실이다. 이제 우리는 이러한 기술발전의 속도에마저 익숙하게 된 것 같다.

이러한 급격한 변화에 직면한 산업화시대의 사람들이 보인 반응은 둘 중 하나였다. 어떤 사람들은 이 속도로 세상이 변하면 지상천국이 금방 도래할 것이라고 생각했다. 19세기에 도시 노동자들이 부당하게 착취당하는 모습에 분개했던 마르크스(Karl Marx)도 예외는 아니었다. 마르크스는 기술(기계, 공장, 생산수단)을 자본가가 독점하고 있는 것이 문제라고 생각하고, 만약 노동자들이 그것을 소유하게 되면 힘든 일을 하지 않아도 모두들 넉넉하고 인간답게 사는 세상이 올 것이라고 믿었다.

다른 사람들은 기술의 폭발적인 발전이 궁극적으로는 인간에게 해롭다고 보았다. 예를 들어, 그들은 교통수단이 발전한 것을 이동의 자유가 생긴 것이라고 보기보다 공동체의 파괴로 이어질 것이라고 보았다. 기술의 빠른 발전이 유토피아를 현실로 만들 것이라고 생각하지 않고 그 발전이 너무 빨라서 인간의 통제를 벗어나게 되었다고 주장했다. 이들의 비관적인 생각은 제1, 2차 세계대전이 터지면서 더욱 굳어지게 되었다. 기술발전으로 얻어진 효율성이 사람을 죽이고 도시를 파괴하는 데에도 똑같이 적용된다는 것을 눈으로 보고 깨달았기 때문이다.

기술에 대한 낙관론보다는 비관론이 먼저 철학적 사유로 이어진 것은 당연하다. 기술발전의 현실을 그냥 긍정하는 것은 당연한 것에조차 의문을 품는 철학자에게 흥미로울 리가 없지 않은가. 결국 현대기술에 대해 회의적인 시각들이 좀 더 정교화면서 유럽을 중심으로 기술철학이 본격적으로 시작되었다. 19세기 말과 20세기 중반까지 하이데거(Martin Heidegger), 엘륄(Jacques Ellul), 요나스(Hans Joans), 마르쿠제(Herbert Marcuse) 등의 학자들이 기술의 문제를 다루기 시작했고, 1970년대에 들어서는 기술철학회가 창립되면서 본격적인 철학의 분과로 독립하였다.

3. 기술철학의 주제들

짧은 역사에도 불구하고 기술철학에서는 여러 가지 주제들이 논의되고 있다. 이것들을 모두 살펴볼 수는 없지만, 크게 네 가지 정도의 대주제로 나누어서 생각해 볼 수 있다. 1) 현대 기술은 인간에게 유익한가? 2) 어떤 기술이 좋은 기술인가? 3) 기술은 인간의 다른 활동과 어떻게 다른가? 4) 새로운 기술들은 어떤 철학적 물음을 제기하는가? 이것들은 일견 간단하게 보이지만, 기술철학에서 다루는 주제들을 상당 부분 포괄하는 중요한 물음들이다.

1) 현대 기술은 인간에게 유익한가?

현대기술이 인간에게 유익한지에 대한 의문은 사실 방금 언급한 기술철학의 시작과 밀접한 관련이 있다. 현대 기술의 발전 초기부터 그로 인해 야기되는 급속한 변화가 과연 긍정적인 것인지를 의심하는 사람들이 있었다. 그 우려는 1930년대의 대공황과 이어진 세계 대전으로 어느 정도 현실화되기도 했다. 그러나 산업혁명 이후 200여 년이 지난 오늘날에도 기술발전에 대한 환호와 미래에 대한 낙관적 견해는 매우 일반적이다. 물론 환경 문제나 기술의 사회적 영향에 대해 좀 더 민감해지기는 했지만 기술의 발전은 여전히 인류의 당연한 운명인 것처럼 받아들여진다. 따라서 기술 철학이 본격적으로 시작되던 시점에 제기되었던 "현대기술이 과연 인간에게 유익한가?"라는 질문은 여전히 유효하다.

여기서 유의해야 할 것은, 이 물음 자체가 부정적인 답을 전제로 하고 있다는 점이다. 앞서 언급한 바와 같이, 만약 이 물음에 대한 답이 긍정적이었다면 아예 묻지도 않았을 가능성이 많다. 모든 물음은 예상되는 답을 어느 정도 전제하고 제기되는 것이 보통이다. 철학의 물음이 아무 맥락 없이 하늘에서 떨어지는 것이 아니라면, 앞서 말한 거대한 변화의 소용돌이 앞에서 철학자가 무심코 이와 같은 물음을 던졌을 것이라고 볼 수는 없는 것이다. 그렇다고 해서 이 물음 자체가 무의미해지는 것은 아니다. 처음에 이 물음을 던진 철학자는 부정적인 답을 염두에 두었더라도, 그 이후에 같은 주제를 탐구하는 철학자들이 모두 부정적인 입장을 가질 것이란 보장은 없기 때문이다.

또한, 현대기술의 발전에 대해 조심스럽거나 회의적인 입장을 견지했던 사람들을 과거를 그리워하거나 변화를 싫어하는 수구적 성향의 사람들로 매도하는 것은 옳지 않다. 독일 낭만주의에 뿌리를 두고 정치적으로나 학문적으로 매우 보수적인 입장을 취하던 철학자 하이데거만을 보자면 그러한 비판이 전혀 근거가 없는 것은 아닐지도 모른다. 그러나 새로 일어나는 현대기술에 대한 의심을 가장 잘 표현한 것으로 알려진 『프랑켄슈타인』을 지은 작가 셸리(Mary Shelley)는 여성해방운동에 지대한 영향을 미친 진보적인 사람이었고, 엘륄이나 마르쿠제는 넓은 의미에서 마르크스주의자였다. 이처럼 기술철학이 본격적으로 시작된 20세기 중반의 많은 학자들은 자신들의 사상적, 정치적, 종교적 배경과는 무관하게 급속한 기술의 발전에 의심의 눈초리를 보냈다.

이들은 왜 현대기술 발전의 유용성을 의심했을까? 기술에 대해 비판적이었던 사람들의 주된 관심은 현대기술이 과연 인간을 진정으로 행복하게 혹은 인간답게 만들어주는가 하는 것이었다. 열 사람이 이틀 동안 땅을 파야 만들 수 있는 큰 구덩이를 포크레인으로 몇 시간 만에 만들 수 있게 된 것은 분명 진보다. 몇 백 km만 떨어져 있어도 몇 달이 걸려야 주고받을 수 있었던 편지를 실시간으로 받아볼 수 있게 된 것, 지구 반대편에서 일어나는 일을 안방에서 볼 수 있게 된 것, 서울서 출발하면 산적과 산짐승을 만나 목숨을 잃을 각오를 하고 열흘은 걸어야 닿을 수 있었던 부산에 KTX를 타고 세 시간 만에 도착하게 되는 것, 100년 전에는 상상조차 하지 못했던 엄청난 일이다. 그런데 누군가 묻는다. "그래서? 뭐가 좋아졌는데?" "빨리 가니깐 좋잖아." 적어도 철학자에게, 이건 답일 수 없다.

좀 더 조심스러운 대답은 아마 다음과 같은 식으로 주어질 지도 모른다. "좋아진 것이 없는 것은 아니지만 생각만큼 좋아지지는 않았다." 산업혁명 시절에 노동자들을 착취하던 자본가들과 그들에게 대항했던 마르크스가 함께 바랬던 지상 천국은 21세기 현재 그 어디에도 없다. 한 때 사람들은 땅을 파는데 걸리는 시간과 에너지를 줄이면 나머지 시간에는 놀고 먹을 수 있을 것이라고 생각했다. 사실 지금도 이런 생각을 하는 사람들이 많아서, 서울서 부산까지 빨리 가면 그만큼 시간을 절약한다고 생각한다. 그러나 불행하게도 세상은 그렇게 단순하게 돌아가지 않는다. 21세기를 맞은 현대인들은 너무너무 바쁘다. 종일 컴퓨터 앞에 앉아서 일을 하다가 과로사를 하는 사람들이 생긴다. 도대체 현대기술이 절약해 준 시간과 에너지는 어디 갔을까? "그래도 지하철에서 DMB로 TV는 볼 수 있잖아요." 여전히 철학자에겐 답이 아니다.

도대체 어떻게 된 걸까? 현대기술에 대해 의심했던 철학자들은 기술은 인간의 목적을 이루기 위한 도구라는 생각에 오류의 뿌리가 있다고 보았다. 서울에서 부산까지 하루만에 다녀올 수 있게 되면 그로 인해서 전에는 없던 일이 생겨나게 된다. 휴대전화가 보편화되면서 약속을 하고 주차를 하는 방식에까지 변화가 생겼다. 외국을 자주 드나들 수 있게 되면서 어학연수나 배낭여행이 취업의 필수조건이라는 황당한 상황이 만들어진다. 주말부부나 기러기 가족도 마찬가지다. KTX나 값싼 항공료가 아니었다면 생겨나지도 않았을 새로운 풍속도다. 기술이 그냥 수단이라면 목적이 성취되는 순간 더 이상의 발전은 불필요한 것이 되어야 할 것이다. 그런데 우리는 수단이 목적을 변형시키거나 또 다른 수단을 요구하는 상황을 수도 없이 목격하게 된다. 독일의 철학자 한스 요나스는 이런 상황을 가리켜 "목적과 수단이 순환적, 혹은 변증법적 관계에 놓이게 되었다"고 진단한다.

엄청나게 빠른 기술발전의 속도도 이와 관련이 있다. 인간의 목적을 이루기 위해 기술이 개발되는 것이라면, 기술의 발전이 지금처럼 빠를 수는 없다. 요즘 사람들이 과거보다 원하는 게 훨씬 많아졌다 하더라도, 적응하기 힘들 정도의 속도로 발전하는 기술을 설명할 수는 없다. 그러나 수단이 목적을 생산하고, 새로운 목적이 다시 새로운 수단을 만들어내는 순환현상을 이해하면, 현대기술의 역동성을 이해할 수 있게 된다. 누가 지하철에서 TV 시청을 그렇게 간절히 바랬던가? DMB 시스템은 원하는 사람이 많아서 구축된 것이 아니다. 먼저 시스템을 구축하고, 원하도록 만들면 된다. 현대기술의 발전은 그렇게 이루어진다. 이를 엘륄은 '기술의 자율성'이라고 부른다.

기술이 자율적으로 발전한다는 것은 무시무시한 주장이다. 자율성은 인간과 인간 아닌 것을 구분해 주는 중요한 잣대 중 하나이기 때문이다. 기계가 다른 기계를 디자인해서 인간을 노예로 삼는다는 SF 영화들의 고전적 주제는 바로 이런 생각과 맞닿아 있다. 물론 엘륄이 그렇게 만화적인 상상을 한 것은 아니다. 기술이 자율적이라는 그의 주장은 인간의 자율성이 의미를 갖지 못하는 기술사회의 현실을 강조한 표현이다. 거대한 기술 시스템이 구축되고 나면 개별 인간은 그 시스템에서부터 자유롭지 못하게 된다. 작심을 하고 휴대 전화를 쓰지 않기로 결정할 수는 있겠으나, 컴퓨터로 정리된 주민등록 시스템에서 이름을 빼겠다고 할 수는 없는 노릇이다. 물론 그 시스템을 구축하고 유지하는 것은 사람이다. 그렇지만 이 때 '사람'은 집단적인 의미에서의 사람이고 실체가 없다. 기술 시스템에서 가장 중요한 역할을 하는 공학자들조차도, 자신이 담당한 부분 이외의 부분에 대해서는 잘 모를 뿐 아니라 전체 시스템을 제어할 권한도 없다. 정치가는 전체 시스템을 좌지우지할 권한이 있을까? 가능성이 대단히 희박하지만 설사 그 권한을 가졌다 하더라도, 그것을 혼자서 제어할 공학적 지식까지 가졌을 가능성은 없다. 인간을 지배하려고 하는 거대한 자율적 컴퓨터가 없다고 해서 기술의 자율성이 거부되는 것은 아니다. 현대기술사회에서는 인간의 진정한 자율성이 발휘될 수 없기 때문에 기술이 자율적인 것이라고 엘륄은 주장한다.

하이데거는 현대기술의 본질은 '닦달'이며, 이 세상의 모든 것을 하나의 부품으로 만들어버린다고 주장했다. 다시 말해 고도로 발달된 기술의 시대에는 만물이 가지고 있던 다양한 의미들이 마치 거대한 기계의 부속품인 것처럼 취급받게 된다는 것이다. 인간을 비롯한 세상의 모든 존재자들에게 부속품이 되라는 압력이 가해진다. 누가 그 압력을 가하는지에 대해서 하이데거는 그다지 명확한 답을 내어 놓지 않는다. 그의 용어를 사용해서 말하자면, 기술사회에서 '존재가 자신을 드러내는 방식'이 바로 닦달이라는 것인데, 이 말을 방금 설명한 것보다 더 심층적으로 이해하기 위해서는 좀 더 많은 공부가 필요하다. 여기에서는 회사에서 사람을 '인적 자원(human resources)'이라고 부르고, 해고를 '구조조정(restructuring)'이라고 표현하는 상황을 가리키는 것 정도로 보면 된다. 사람은 '자원'이거나 '구조'의 일부일 뿐이다. 이 외에도 울창한 숲을 종이나 약재의 원료로 보거나 흐르는 강물을 전기생산이나 물류, 레저생활의 수단으로 보는 예들을 들 수 있겠다. 한 때 신비의 대상이기도 했던 인간, 숲, 강물이 한 때 가졌던 여러 가지 의미들은 사라지고 기술사회의 필요를 충족시키는 대체 가능한 부품으로만 인식되는 세상, 그것이 하이데거가 우려하는 현실이다.

엘륄과 하이데거 이외에도 일리치(Ivan Illich), 요나스, 마르쿠제와 같은 학자들이 인간의 창의성을 떨어뜨리고, 전체주의적이며 환경파괴적인 현대기술의 문제점을 지적하는 이론들을 제시했다. 이렇게 현대기술에 대해서 비판적인 시각을 견지한 이들을 가리켜서 '고전적 기술철학자'라고 부르기도 한다. 한 사람 한 사람의 이론을 자세히 살펴보는 것이 좋겠지만, 지면 관계상 여기서는 이들에게서 발견되는 몇 가지 공통점을 살펴보기로 하자.

우선 이들은 현대기술과 전통기술의 차이를 부각시킨다. 이 문제 역시 기술철학의 중요한 쟁점 중 하나다. 돌도끼나 포크레인이 결국 목적 달성을 위한 수단이라는 점에서 동일한 본질을 가지기 때문에 기술철학적 분석은 과거와 현대의 기술을 구분할 필요가 없다는 주장도 얼마든지 가능하다. 그러나 고전적 기술철학자들은 그런 태도로는 현대기술의 엄청난 규모와 영향력을 충분히 고려할 수 없다고 본다. 사실 현대기술에 대한 부정적인 태도는 전통기술에 대한 긍정적인 태도와 어느 정도 맞물려 있다. "그러면 석기시대로 돌아가잔 말이냐"라고 반문하는 비판자들의 목소리가 예사롭지만은 않은 것도 이 때문이다.

또 다른 특징으로는 개별기술보다는 기술 일반에 대해서 관심을 기울인다는 점이다. 고전적 기술철학자들은 서로 복잡하게 얽혀 있는 기술사회의 상황을 강조하면서 기술이 하나의 거대한 실체가 된 것으로 본다. 따라서 이들에게는 개별 기술에 대해 언급하는 것 자체가 별로 의미가 없다. 설사 어떤 특정 개별 기술이 비인간화, 환경파괴, 전체주의의 확산에 기여하지 않는다 하더라도 기술사회 전체에 대한 그들의 비판은 여전히 유효하다고 본다. 어떤 기술이든 전체로서의 기술 시스템에서 따로 떼어 생각할 수가 없기 때문에, 그 중 일부가 약간의 긍정적인 모습을 가진다 해도 큰 틀에서는 별달리 의미가 없는 것이다.

이는 고전적 기술철학자 대부분이 자신들이 지적한 문제를 어떻게 해결할 수 있는지에 대해 구체적인 대안을 제시하지는 않는다는 사실과도 연관이 있다. 기술사회의 문제가 워낙 근본적이고 총체적인 것이어서 쉽사리 대안을 내놓는 것이 어렵기도 하고 무의미하다고 생각하기 때문이다. 그러나 이런 입장은 결국 대안 없는 비판이라는 비난을 피하기가 어렵게 된다.

현대기술은 인간에게 유익한가? "예" "아니오"로만 답하라고 한다면 이 물음은 그다지 흥미롭지 않다. 그러나 왜 아닌지 이유를 들어보면 말이 전혀 안 되는 것도 아니고, 나름대로 시사하는 바가 있다. 더 나아가 이 물음은 기술철학의 여러 가지 주제들과 밀접하게 연관되어 있다. 다음 절에서 살펴볼 두 번째 물음 역시 첫 번째 물음에 대한 비판에서 시작된다.

2) 어떤 기술이 좋은 기술인가?

이 물음 역시 앞의 것과 마찬가지로 답을 어느 정도 예상하고 묻는 물음이다. 좋은 기술이 있다는 것을 전제로 하고 있기 때문이다. 어떤 의미에서 이 물음은 앞의 물음을 반박하기 위해서 제기하는 것이라 볼 수 있다.

앞서도 언급했지만, 사실 현대기술이 비인간화를 초래하고 스스로 자율적인 된다는 주장의 끝은 당황스럽다. 도대체 지금 상황에서 뭘 어쩌라는 말인가? 하이데거도 엘륄도, 현대기술의 폐해를 강조하는 그 어떤 철학자도 인류가 신석기 시대나 고대 시대의 상태로 돌아가야 한다고 주장하지 않는다. 그렇다고 뚜렷한 대안을 제시하는 것도 아니다. 결과적으로 그들의 날카로운 비판은 기술이 여전히 전속력으로 발전하고 있는 현실을 만나면서 흐지부지되는 듯한 느낌을 주게 된다.

이때 누군가 "잘 생각해 보면 좋은 기술을 개발할 수 있을 거야"라고 말해 준다면 얼마나 큰 위로가 될 것인가. 현대기술에 대한 비관적인 태도의 철학자들이 20세기 중반을 풍미한 후, 후배 기술철학자들은 그들의 관심을 대안의 모색으로 돌렸다. 이러한 전환은 어찌 보면 당연한 것으로 보인다. 기술사회에 대한 총체적 비판을 끝없이 계속해 갈 수는 없기 때문이다. 어떻게 하면 현재의 문제 상황을 벗어날 수 있을 것인가? 어떻게 하면 비인간적, 환경파괴적, 비민주적인 현대기술을 바꿀 수 있을 것인가?

여기서 놓치지 말아야 할 것이 있다. 구체적인 대안을 찾아 어떤 기술이 좋은 기술인가를 묻게 된 사정이 쉽게 이해가 되는 것이 사실이지만, 그렇다고 해서 이런 접근이 이전의 기술철학적 사유보다 더 우월하다고 볼 수는 없다는 점이다. 새로운 물음 역시 이전의 물음은 가정하지 않았던 숨은 전제들을 가지고 있기 때문이다. 서로 다른 전제 위에서 전개하는 철학적 사유의 우열을 가리는 것은 쉽지 않다. "어떤 기술이 좋은 기술인가?"라는 질문은 해결책이 있을 거라는 긍정적인 사고에 기반했을 뿐 아니라, 고전적 기술철학자들이 문제 삼았던 전체로서의 기술이나 기술사회, 기술시스템을 다루고 있지 않다. 이 물음은 개별 기술들에 일차적인 초점을 맞추고 어떤 조건을 갖추어야 그 기술들이 "좋다"는 평가를 받을 수 있을지 궁리한다. 개별 기술에 초점을 맞추게 되면 전통적 기술과 현대기술을 구분해서 생각하는 것도 무의미하게 된다. 언제 개발되었느냐가 개별 기술을 파악하는데 중요한 역할을 하는 것이 아니기 때문이다. 현대기술을 전통적 기술과 굳이 구분하고 기술사회를 논하는 것은 기술을 하나의 전체로 보는 입장에서만 가능한 것이다.

이렇듯 겉으로는 드러나지 않는 전제들을 가진 채, 기술철학의 새로운 흐름은 현대기술의 폐해를 극복할 구체적 대안 찾기를 화두로 내걸고 1970년대 후반에 시작되었다. 개별기술에 초점을 모았기 때문에, 기술사회 전체의 문제를 다루기보다는 좋은 개별기술을 많이 개발해야 한다는 것이 그들의 생각이었다. 이들은 기술이 가치중립적이기보다는 인간의 삶에 지대한 영향을 미친다는 것에 대해서는 고전적 기술철학자들과 동의했지만, 인간이 마음만 먹으면 기술을 특정한 방향으로 이끌 수 있다고 보고 기술의 자율성 주장은 거부하였다. 좋은 기술의 기준으로는 과거의 기술자들이 가졌던 기능을 소외시키지 않을 것, 민주적일 것, 사회적·문화적 영향과 간접적인 결과까지를 폭넓게 고려할 것 등을 꼽았다. 이러한 주장을 펼친 학자들의 이론을 차례로 살펴보자.

보르크만(Albert Borgmann)은 대량생산으로 옛날 장인들의 기술이 사라지는 것을 안타깝게 생각한다. 기계로 만든 물건에는 담을 수 없는 인간, 자연, 문화의 맛이 깃들여 있는 수공품들과 어머니의 손맛이 어린 음식을 포기한다는 것은 참으로 불행한 일이다. 그렇다고 해서 옛날로 돌아가자는 것은 아니다. 그는 아무 의미도 없이 힘만 드는 단순한 일들은 기계에 맡기고, 사람냄새가 나는 기술들은 기계화하지 말자고 주장한다.

위너(Langdon Winner), 스클로브(Richard E. Sclove), 핀버그(Andrew Feenberg) 등은 기술이 민주적이어야 한다고 주장했는데, 이는 두 가지 의미를 가진다. 하나는 기술개발의 과정에서 시민들의 참여가 필요하다는 것이다. 즉 기술개발을 전문가들이 독점하고 나머지 사람들은 주는 것을 받아쓰는 방식을 벗어나서 디자인 단계부터 광범위한 참여를 유도해야 한다는 것이다. 다른 하나는 기술 중에서도 민주적 기술이 있고 비민주적 기술이 있다는 것이다. 예를 들어서 핵발전은 한꺼번에 많은 전기를 생산하고, 전문가에 의해서 관리되어야만 하고, 대중으로부터는 멀리 떨어질수록 좋은 중앙집권적인 기술인데 반해, 태양열 발전

에너지는 누구나 사용할 수 있고, 지역에서 관리할 수 있는 민주적인 기술이라는 것이다.

기술 민주화를 실현하기 위한 노력으로 가장 잘 알려진 것은 합의회의(consensus conference)라는 제도다. 논란이 되는 기술에 대해서 시민 패널을 모집하여 여러 가지 정보를 가지고 함께 토의하고 의견을 모아가는 방법인데, 우리나라에서도 여러 번 시행되었다. 그 자세한 과정은 다음과 같다. 먼저 국가나 시민단체 등 합의회의를 주관할 단체가 신문 광고 등을 통해 시민패널을 모집한다. 예를 들어 핵 발전 지속 여부에 대한 합의회의 개최 공고가 나면 평소에 관심이 있던 시민들이 응모를 하고, 응모한 사람들 중에서 추첨을 통해 패널을 뽑는다. 이들은 2~3일 정도 시간을 함께 하면서 찬성과 반대의 입장을 가진 권위 있는 전문가들로부터 자문을 받기도 하고, 여러 가지 자료를 검토하기도 하면서 토론을 벌인다. 마지막까지 합의에 이르지 못할 경우는 투표를 통해서 최종 결정을 내리고, 그 결정 사항을 언론에 공개한다. 이 때 모인 시민 패널은 합리적인 판단을 할 능력이 있는 평균적인 시민을 대표한다고 볼 수 있기 때문에(이러한 대표성을 확보하기 위해 패널 추첨 시 여러 가지 장치들을 마련한다) 이들이 숙고 끝에 내린 결정은 정책입안자나 다른 시민들이 무시하기는 어려울 것이다.

공학자인 반더버그(Willem Vanderburg)는 지금까지 통용되어 온 것과는 전혀 다른 방식으로 공학을 수행해야 한다고 주장한다. 그의 제안은 '기술의 경제학(economy of technology)'이 아닌 '기술의 생태학(ecology of technology)'이다. 기술의 생태학이란 기술을 개발할 때 장기적이고 간접적인 영향까지 가능한 한 많이 고려해서 악영향이 최소화되도록 디자인하는 것을 말한다. 그에 따르면 일단 기술을 개발하고 나서 부작용이 생기면 다시 그 부작용을 해결할 다른 기술을 개발하는 식으로 기술이 발전하는 것이 지금의 현실인데, 이것은 단기적으로는 효과적이지만, 장기적으로는 비효율적이다. 기술의 경제학은 효율적인 것처럼 보이지만 사실은 매우 불합리하기 때문에 폐기되어야 한다는 것이다.

이러한 주장들은 모두 나름대로 설득력이 있다. 문제는 그 해법들이 무척 과격하다는 것이다. 보르크만의 이원화된 경제체제를 예로 들자면 한 쪽에서는 힘이 들고 문화적, 인간적 없는 가치가 없는 노동을 기계로 대치시키고, 다른 한 쪽에서는 수공으로 만든 자동차나 마차를 타고 직접 만든 음식을 먹으며 살아가자는 식으로 되어 있다. 합의회의와 같은 기술의 민주화 방안은 현대 기술사회의 격심한 경쟁 상황이나, 이미 구축된 비민주적인 기술 시스템, 그리고 공평무사한 합의회의를 성사시키기 힘든 이해관계의 첨예한 대립 등을 심각하게 다루지 않는다. 반더버그의 기술의 생태학 역시 기존의 기술발전 속도를 현저하게 줄이자는 것이어서 과격하기는 마찬가지다. 그렇다면 이들이 목소리 높여 비판하는 고전적 기술철학자들의 비관론이 그렇게나 잘못된 것이라고 할 수 있을까? 실현가능성이 적은 대안을 내 놓으면서 희망을 노래하는 것과 솔직하게 별로 가망이 없다고 하는 것, 어느 것이 진정한 철학자의 태도일까. 생각해 봐야 할 문제다.

3) 기술은 인간의 다른 활동, 혹은 그 활동의 결과와 어떻게 다른가?

이 물음은 앞의 두 물음과 달리 훨씬 순수하다. 기술 활동이 인간의 다른 활동, 즉 놀이나 예술, 과학, 정치, 경제 활동과 어떻게 다른가 하는 것을 한 번 고찰해 보자는 것이니까 말이다. 기술이라고 불리우는 그 행동에 대해서 객관적으로 관찰하고 기술(記述)해 보자는 것이 이 질문이 의도하는 바다. 그러나, 이 질문도 완전히 중립적인 것은 아니다. 위의 경우처럼 물음 안에 답을 내포하지는 않지만, 이 물음을 기술철학의 주제로 채택한 사람들은 현대기술이 인간에게 유용한가 혹은 어떤 기술이 좋은 기술인가 하는 물음들은 별로 적절하지 않다고 보는 입장을 견지한다. 다시 말해서, 기술철학은 기술에 대한 철학이지, 좋은 기술의 철학이나 현대기술이 좋은가를 묻는 규범적인 철학이 아니라는 것이다. 이 물음을 앞세우는 철학자들은 후자와 같은 규범적 물음은 기술철학의 주제가 아니라 사회비평의 주제가 되는 것이라고 주장한다.

최근에 큰 반향을 일으키고 있는 이 입장은, 예를 들어 기술의 디자인에 대해 큰 관심을 가진다. 현대기술에서 디자인은 매우 복잡한 구조를 가진다. 단지 아름다움만을 추구하는 것이 아니라, 동시에 기능성이 보장되어야 하는 것이다. 예를 들어 휴대전화를 생각해 보자. 서로 다른 인상을 주는 다양한 모델들이 있지만, 찰흙으로 만들 듯이 아무 모양이나 만들 수 있는 것은 아니다. 그 안에 들어가야 하는 온갖 부품들이 자리를 잡을 수 있어야 하기 때문이다. 물론 부품에 맞추어서 겉모습 디자인을 할 수도 있고, 겉모습 디자인에 따라 부품의 모양을 다시 디자인할 수도 있다. 이렇게 여러 가지 가능성이 실제 기술 활동에서 어떻게 실현되는가를 관찰하고 기술(記述)하는 것은 매우 흥미롭다. 과학활동에서는 디자인이 그렇게 중요하지 않고, 예술활동에서는 기술적 인공물의 경우만큼 디자인에 있어서 물리적 제약이 많지 않다. 기술 활동에서의 디자인이 가지는 특징을 잘 포착해 내면 기술활동이 다른 활동과 어떻게 다른지 알 수 있게 된다. 이 외에도 인간의 의도가 기술에서 어떤 식으로 실현되는가를 연구하기도 하고, 기술 자체가 의도를 가진다고 말할 수 있는지에 대해서 연구하기도 한다.

이러한 연구방식은 과학철학을 모델로 한 것이다. 앞서도 말했듯이 기술철학은 다분히 윤리적이고 규범적인 물음들에서 먼저 시작되었다. 그러나 "기술활동은 다른 활동과 어떻게 다른가?"라는 질문은 과학철학의 초창기에 제기되었던 "과학과 과학 아닌 학문을 어떻게 구분하는가?"라는 질문을 연상시킨다. 그래서 핏(Joseph Pitt) 같은 철학자는 기술철학이 인기가 떨어지는 이유는 기술철학이 마땅히 물어야 할 물음은 묻지 않고 사회비평에 목을 매기 때문이라고 주장한다. 그는 기술철학이 과학철학의 모델을 따라 보다 서술적인 측면을 강조해야 한다고 본다.

4) 새로운 기술들은 어떤 철학적 물음을 제기하는가?

새로운 개별 기술들은 새로운 철학적 질문들을 제기한다. 과학철학에서 과학 일반에 대한 철학적 질문을 던지다가 물리철학, 생물철학 등 개별 과학들로 관심의 영역을 세분화시키듯이, 기술철학에서도 개별 기술들에 대해 철학적인 물음을 던진다. 이 물음들은 규범적인 것일 수도 있고, 단순히 인식론적, 서술적인 것일 수도 있다.

최근 기술철학에서 관심이 집중되는 분야는 단연 나노 기술이다. 자연 상태로는 존재할 수 없는 작은 인공 입자를 만들고 이를 조작하여 원하는 바를 얻어낼 수 있는 나도 기술은 차세대 기술발전을 주도할 것으로 보인다. 이 기술에 대해 여러 가지 흥미로운 철학적 논의들이 활발하게 진행되고 있다.

약간 진부하게 느껴지지만 중요한 물음 중 하나는 과연 이 기술이 안전한가 하는 것이다. 나노 물질이 그 기능을 다한 뒤에는 폐기할 방법이 없다. 따라서 더 이상 처음에 주어진 역할을 할 수 없게 된 나노 입자들이 무수히 떠다니게 되는데, 이들이 인체와 자연환경에 치명적인 해를 입힐 가능성이 있다. 문제는 이러한 부작용의 가능성을 입증하거나 예측하기는 매우 어려운 반면 예상되는 이득은 엄청나서 수많은 국가와 회사들이 이미 열띤 경쟁에 돌입했다는 사실이다. 물론 위험에 대한 윤리적인 문제제기가 없는 것도 아니고, 많은 사람들이 관련 연구를 하고 있지만, 나노기술의 거대한 수레바퀴는 이미 굴러가고 있는 것이다.

나노 기술은 인식론적으로도 흥미롭다. 나노 입자는 너무 작아서 전자현미경(STEM: Scanning Tunnelling Electron Microscope) 같은 특수한 장비를 사용해서 본다. 그런데 전자 현미경으로 수행하는 관찰은 우리가 일반적으로 '본다'라고 하는 것과는 좀 다르다. 대상을 크게 확대해서 보는 것이 아니라 파장이 짧은 전자를 높은 속도로 대상에 발사해서 반사된 전자들에 따라 여러 단계로 일어나는 원자의 운동들을 읽어내는 것이다. 그 결과를 우리가 볼 수 있는 형태로 만들어야 하는데, 여기서 컴퓨터 그래픽이 들어가게 된다. 쉽게 말해서 우리가 보는 것은 나노 입자 자체가 아니고 특정한 부분을 선명하게 하고 색칠까지 가미된 일종의 그래픽이다. 따라서 이 그래픽이 나노 입자의 모습 그대로라고 볼 수는 없다. 그런데 여기서 어떤 부분을 선명하게 하고 어떤 색깔을 사용할 것인가에 대한 판단이 정확한지를 확인하기 어렵다는 문제가 있다. 비슷한 문제가 허블 천체 망원경과 같은 장비에도 있지만 이 경우에는 보다 가까운 물체나 별들을 관찰하는 것을 통해 그래픽의 진실성을 확인할 수 있는 길이 있다. 나노 스케일의 관찰을 위한 전자현미경의 경우에는 이러한 확인이 아직 불가능하다. 그렇다면 전자현미경을 통한 관찰은 얼마만큼 믿음직한 것일까. 물론 전자현미경의 관찰결과가 전혀 믿을만하지 못하다는 것은 아니다. 의문은 '어느 정도'에 제기되는 것이다. 위에서 언급한 바 있는 철학자 핏은 최근 여러 곳에서 자주 볼 수 있는 나노 입자의 사진들이 대중들로 하여금 나노 기술에 대한 과장된 기대를 품게 한다고 비판하기도 한다.

새로운 기술들은 새로운 철학적 질문들을 낳는다. 그 기술이 획기적이면 획기적일수록, 더 많은 철학적 물음들이 제기된다. 새로운 기술이 그동안 해결하지 못했던 문제들을 해결하기도 하지만, 없었던 물음을 만들어내기도 하는 것이다.

4. 기술철학의 유관 분야들

위에서 다룬 물음들은 지금까지 기술철학의 짧은 역사를 이끌어온 핵심 주제들이라고 할 수 있다. 그러나 이들 물음이 기술철학의 전부를 구성하는 것은 아니다. 기술철학의 주변부로 가면 딱히 기술철학이 아니라고 할 수도 없지만 그렇다고 기술철학에만 속했다고도 할 수 없는 주제들이 있다. 무지개의 여러 색깔들 간에 경계가 어디인지 불분명한 것처럼, 기술철학의 외연도 그렇게 분명하지 않다. 따라서 이 절에서는 기술철학과 연관된 다른 학문분야들을 간단히 언급함으로써 기술철학의 자리를 대강 짐작해 보도록 한다.

기술사회학은 기술철학의 발전에 지대한 공헌을 한 유관분야다. 기술사회학은 기술이 사회에 미치는 영향을 실증적으로 연구, 분석하기도 하고, 개별기술이 어떠한 과정을 통해서 개발되었는지, 그 과정에서 사회는 어떤 기여를 했는지를 심층적으로 연구하기도 한다. 기술사회학의 연구성과는 기술이 무엇인가를 묻는 기술철학적 논의와 밀접하게 연결된다. 때로는 두 분야의 논의들이 서로 연결되어 더 이상 구분을 하기 힘들게 되는 경우도 있다. 마찬가지로 기술철학과 기술사회학의 논의에서는 기술의 역사를 빼놓을 수 없다. 인류가 사용해온 모든 기술을 다루건 현대기술만을 다루건 기술이 발전해 온 역사를 토대로 해야 철학이나 사회학이 성립할 수 있다.

과학철학 역시 기술철학과 매우 가까운 분야라고 할 수 있다. 위에서 두 분야는 그 시작부터 물음의 전제가 조금 달랐다는 점을 지적했지만, 과학과 현대기술의 밀접한 관계까지 무시할 수는 없다. 또 과학철학에서의 연구 방법론이 기술철학에 많이 차용되고 있고, 핏처럼 아예 기술철학이 과학철학을 모방해야 한다고 주장하는 경우도 있다.

최근에 중요하게 떠오르는 분야 중에는 공학윤리가 있다. 인간의 삶에 기술이 차지하는 비중이 점점 커지면서 공학자의 책임도 무거워진다. 약간의 잘못이나 실수가 엄청난 결과를 초래할 수 있을 뿐 아니라, 기술발전과 관련한 극심한 시장 경쟁이 이루어지는 상황에서 공학자가 난처한 상황에 처하게 되는 경우도 많다. 안전조작 실수로 폭발해 버린 체르노빌의 핵발전소가 전자의 예가 될 것이고, 환경단체에 속해서 활동하는데 자신이 다니는 회사에서 환경파괴의 원인이 될만한 프로젝트를 시작해야 하는 공학자의 고민이 후자의 경우다. 공학윤리는 이러한 상황들에서 정해진 답을 제공하지는 않지만, 공학자가 고려해야 할 윤리적인 원칙과 의사결정과정, 그리고 모든 책임을 개인이 짊어지지 않아도 되게 하는 여러 가지 제도적 장치들에 대해 지침을 제시해 준다. 공학윤리에서는 현대기술이 발전하면서 이전의 윤리학적 논의로 해결할 수 없는 새로운 문제들을 다루기 때문에 기술철학과 밀접한 관련이 있다. 공학자가 직면하는 여러 가지 딜레마 상황을 어떻게 해결할 것인가를 고민할 때 기술이 주는 유익이 무엇이며 어떤 기술이 좋은 기술인지에 대한 고찰을 바탕에 둔다면 보다 지혜로운 판단에 이를 가능성이 많다.

비슷한 이유로 생명의료윤리도 기술철학과 관련이 있다. 공학윤리와의 차이를 굳이 말한다면 생명의료윤리는 단순히 의료전문가들에게만 적용되는 것이 아니라 현대의학의 혜택을 받는 모든 사람들이 생각해 보아야 할 문제를 다룬다는 것이다. 의료기술의 엄청난 발달로 인해 삶과 죽음이 전혀 다른 방식으로 우리에게 다가오기 때문이다. 생명연장기술의 발달로 언제 어떻게 죽음을 맞이할 것인가는 많은 경우 운명이 아닌 선택에 의해 결정된다. 장기이식이 가능해지면서 뇌사를 죽음으로 볼 것인가의 문제가 생겨나고, 줄기세포 치료는 생명복제의 문제와 연결된다. 사람들이 오랫동안 가지고 있던 삶과 죽음에 대한 신념과 원칙들은 새로운 기술적 환경에서 새로운 의미를 가지게 되었다. 이러한 상황에서 이전과는 전혀 다른 새로운 윤리가 필요한가에 대해서는 의견이 분분하지만, 적어도 기존의 윤리적 원칙과 윤리적 판단의 절차에 대해서 다시 한 번 생각해 볼 필요가 있는 것은 사실이다.

과학기술정책학도 기술철학의 유관분야이다. 물론 경제적이고 정치적인 판단만으로 과학기술정책을 수립하는 경우가 많은 것이 현실이지만, 진정으로 사람을 위하는 과학기술발전 정책을 수립하기 위해서는 기술이 무엇인지, 그 발전의 혜택이 무엇이어야 하는지, 연관된 위험을 어떻게 대비하고 처리할 것인지에 대한 숙고가 있어야 한다. 기술철학의 이론들이 실제적이고 구체적인 문제들을 다루는 것은 아니지만, 그 논의들은 과학기술정책을 수립하는 데 큰 도움이 될 수 있다.

5. 기술철학의 정체성을 찾아서

갓 태어난 신생아는 자기 몸의 끝이 어디이고 엄마 몸의 시작이 어디인지를 모른다. 시간이 지나면서 자신의 몸과 엄마의 몸이 따로 떨어져 있다는 것을 알게 되고, 그와 함께 자기의 정체성을 찾아간다. 아이들이 "나"라는 말을 사용할 수 있게 되려면 먼저 자신을 "동은이" 혹은 "동진이"와 같은 삼인칭으로 부르는 시기를 지나가는 것도 이러한 정체성 찾기의 한 과정이다. 그 뒤로도 청소년기나 청년기에 이르기까지 이 과정은 상당기간 지속된다. 그런데 이 정체성 확립이라는 것이 묘해서, 몸의 구분처럼 이미 객관적으로 구분되어 있는 것을 찾아나가는 것이기도 하지만, 성장 과정에서 형편에 따라 이런저런 방식으로 구성되기도 하고, 본인의 의지와 노력으로 형성되기도 한다.

철학의 신생 분야인 기술철학의 정체성 찾기도 유사하다. 객관적으로 어느 정도 독립된 자리를 차지한 듯 보이기도 하지만, 아직 어리기 때문에 많은 에너지를 정체성 찾기에 투여하고 있다. 철학의 다른 분야와 같은 자리매김을 하기에는 아직도 상당한 시간이 필요하고, 그 과정에서 지금의 논의와는 다른 방향으로 발전할 여러 가지 변수도 생겨날 수 있다. 특히 끊임없이 변화하는 기술발전의 소용돌이 속에서 기술철학의 미래가 어떤 모습일지는 예측하기 힘들다. 그러나 바로 그러하기 때문에 "기술철학이 무엇인가?"라는 질문이 흥미로운 것이다. 글의 서두에서 말한 것과 같이 그 물음을 던지는 순간 우리는 기술철학을 하는 것이고, 그 노력이 쌓여서 기술철학의 정체성이 보다 확고해진다.

더 읽어볼 거리

—

김성동, 『기술 — 열 두 이야기』, 철학과현실사, 2005.

손화철, 『토플러 & 엘륄: 현대 기술의 빛과 그림자』, 김영사, 2006.

송성수 편역, 『우리에게 기술이란 무엇인가』, 녹두, 1995.

송성수 편저, 『과학기술은 사회적으로 어떻게 구성되는가』, 새물결, 1999.

참여연대 시민과학센터 엮음, 『과학기술·환경·시민참여』, 한울아카데미, 2002.

닐 포스트만, 『테크노폴리』, 김균 역, 궁리, 2005.

돈 아이디, 김성동 역, 『기술철학』, 철학과현실사, 1998.

하이데거, 이기상 역, 『기술과 전향』, 서광사, 1993.

한스 요나스, 이유택 역, 『기술 의학 윤리』, 솔, 2005.

10

과학기술과 위험, 어떻게 볼 것인가?

과학기술의 눈부신 발전으로 자연에 대한 통제능력이 획기적으로 높아진 결과, 인류는 그 어느 때보다 풍요롭고 안전한 삶을 구가하고 있다. 평균 기대수명은 증가했고, 삶의 질은 개선되었으며, 위험 요소를 적절히 통제할 수 있는 안전기술의 수준도 크게 향상되었다(예: 자동차의 ABS시스템과 에어백). 자연재해와 전염병의 위협에 속수무책이던 전통사회와는 달리 현대사회에서는 과학기술의 발전을 통해 사회적 안전망이 획기적으로 강화되면서 위험 요소가 크게 줄어들었다.

하지만 현대인들은 현재가 과거보다 더 위험해졌다고 느끼는 얼핏 이해하기 힘든 태도를 보인다. 가령 30여 년 전 미국에서 이루어진 해리스 여론조사(Louis Harris poll)에 따르면, 설문에 응답한 미국인의 4/5가 20년 전(1950년대)보다 그 당시의 생활을 더 위험하다고 생각했다. 특히 일반 시민이 기업 간부보다 2배 이상 위험을 크게 느꼈다(〈표 1〉 참조).

우리나라의 경우에도 사정은 크게 다르지 않다. 2000년과 2002년에 이루어진 〈국민안전의식 실태조사〉에 따르면, "우리 사회에 국민의 생명이나 재산 등 안전을 위협하는 요인이 많은가?"라는 질문에 대해 2000년에는 82.2%가, 2002년에는 73%가 "많거나 아주 많다"고 대답했다.* 여기에는 1990년대 몇 차례에 걸친 대형사고의 경험이 크게 작용하고 있지만(〈표 2〉 참조), 국민 대다수가 우리 사회가 전반적으로 위험하다는 사실에 동의하고 있음은 사실인 것 같다.

이런 딜레마 상황을 어떻게 이해할 수 있을까? 객관적으로는 더 안전해졌지만, 현대인들은 주관적으로 더 위험해졌다고 느낀다. 또한 현대인들은 때로는 안전에 매우 민감한

---

* 2000년도 조사는 서울대학교 방재연구소에서 일반국민 1000명을 대상으로 했고, 2002년도 조사는 국무총리실 산하 안전관리개선기획단에서 일반국민, 공무원, 관련업무종사자 등 4000명을 대상으로 실시한 것이다.

표 1 | **미국인들의 위험인식에 대한 설문조사**

	최고경영자 (N=401)	투자자, 대부업자 (N=104)	국회의원 (N=47)	정부 규제기관 (N=47)	일반시민 (N=1488)
더 위험	38	60	55	43	78
덜 위험	36	13	26	13	6
같다	24	26	19	40	14
잘 모름	1	1	0	4	2

표 2 | **1990년대 우리나라의 주요 대형사고 일지**

사고	일시	사망자(명)
청주 우암상가 붕괴	1993년 1월	28
부산 구포역 열차탈선사고	1993년 3월	78
아시아나항공 추락사고	1993년 7월	66
위도 페리 침몰사고	1993년 10월	292
충주호 유람선 화재사고	1994년 10월	29
성수대교붕괴	1994년 10월	32
마포 가스폭발사고	1994년 12월	13
대구 지하철 가스폭발사고	1995년 4월	101
삼풍백화점 붕괴사고	1995년 6월	502

반응을 보이면서도(안전민감증) 대부분의 경우에는 지나칠 정도로 안전에 불감하다(안전불감증). 위험에 대한 이런 상반된 감정과 태도를 우리는 어떻게 이해할 수 있을까? 그리고 보다 근본적으로, 과학기술의 발전은 과연 우리의 안전을 보장해줄 수 있을까?

이런 궁금증에 답을 찾기 위해서는 먼저, '위험'(risk)의 개념을 파악할 필요가 있다. 특히, 용어의 변천사를 통해 위험과 근대(성)의 관계를 이해함으로써 '위험'의 사회적 속성을 파악할 필요가 있다. 둘째, 위험에 대한 이론적 접근들을 살펴볼 필요가 있다. 이를 통해 위험에 대한 지식과 안목은 물론 다양한 각도에서 위험문제를 분석할 필요성을 느낄 수 있을 것이다. 셋째, 현대사회에서 과학기술과 위험의 관계를 좀 더 정밀하게 조명해볼 필요가 있다. 정상사고와 탈정상과학이라는 개념틀은 이 작업에 도움을 줄 것이다.

1. 위험이란?

자동차사고나 폐놀의 위험을 어떻게 나타낼 수 있을까? 위험(risk)이란 사고나 독성으로 피해를 입을 확률(가능성)로 정의한다.* 이를 수식으로 나타내면 R=PM이다(이때, R은 위험, P는 발생가능성, M은 피해의 강도). 자동차사고의 위험은 자동차사고가 발생할 확률과 평균적인 피해의 강도(주로, 인명피해)를 곱한 값이다. 한편, 폐놀의 경우에는 인체에 대한 유해 여부와 그 정도가 먼저 규명될 필요가 있다. 이를 규명하는 과정을 위험평가(risk assessment)라 하는데, 주로 실험과 역학조사를 통해 과학적으로 사실 관계를 판명한다. 위험평가를 통해 유해성 여부와 그 정도가 객관적으로 파악되면 위험을 계산할 수 있다.

이렇게 위험을 계산하여 일정한 기준에 맞춰 나타내면, 많은 장점이 있다. 무엇보다도 위험의 정도를 구체적으로 파악할 수 있다. 그리고 보험에서도 위험을 예측하여 상품을 개발하고, 적절한 보상근거를 마련할 수 있다. 또한, 정부에서도 위험을 서로 비교하는 방법으로 위험의 우선순위를 정하여 위험관리(risk management)의 효율성을 높일 수 있다. 이런 까닭에 위험을 산정하는 위험평가의 중요성이 커지고 있다.

현대사회에서 위험은 국가의 정책에서 개인의 삶에 이르기까지 거의 전 범위에 걸쳐 매우 중요하고 민감한 문제이다. 가령 조류독감의 위험이 뉴스를 통해 나오면 닭고기 소비가 크게 위축되어 치킨집이 어려움에 처하고, 베이비파우더의 주성분인 탈크에 석면이 포함되어 있다는 사실이 밝혀지면서 사회가 온통 홍역을 치루고 정부는 그 위험을 평가하

---

* 위험에 대한 논의가 외국에서 온 까닭에 번역상의 어려움이 존재한다. 가령, risk, hazard, danger는 우리말로 모두 위험으로 번역될 수 있는 용어이다. 대체로, 위험(risk), 위해(hazard), 위난(danger)으로 번역한다. 위해란 오염물질처럼 위험을 초래할 수 있는 대상이나 상태를 뜻하고, 위난은 자연에서 가해지는 위협으로 정의할 수 있다.

고 관리하지 못한 책임으로 호된 비판에 직면한다. 이런 까닭에 위험문제를 과학적 방법과 계산에 의존하는 전통적이고 정량적인 접근방식은 수시로 한계상황에 봉착할 수밖에 없다. 이것은 위험문제가 과학기술적 성격 못지않게 사회문화적 성격을 띠고 있기 때문이다. 위험의 이런 특징은 용어의 등장과 변천 과정에서도 잘 드러난다.

위험(risk)이라는 용어가 현재와 같은 의미로 사용되기 시작한 것은 그리 오래되지 않았다.* '위험'의 출현은 15세기 근대 초반의 해양 항해와 관련이 깊다. 이때, 위험은 인간의 잘못이나 책임과는 무관한 자연재해(폭풍, 홍수, 전염병 등)나 신의 행위로서 일종의 '불운'(misfortune)으로 여겨졌다. 그 후, 위험은 그 의미와 활용에서 변화를 겪었는데, 17~18세기의 서구 근대사회의 출현과 관련이 깊었다. 18세기를 지나는 동안 과학의 발달에 힘입어 위험의 개념은 과학화되었고, 확률과 수학의 발달에 따라 통계적 계산이 발달했으며, 그 결과 사회적 위험관리 방식인 보험이 확고하게 뿌리를 내리기 시작했다. 19세기에 들어서면서 위험은 더 이상 자연과 신의 영역에 머무르지 않고, 인간의 영역으로 들어왔다. 예상치 못한 결과란 더 이상 운명을 대체한 개념인 "자연의 숨은 뜻"이나 "신의 알 수 없는 의도"가 아니라 인간 행위의 결과로 받아들여진 것이다. 즉 근대인들은 '위험'을 발명하여 계산하는 법을 배움으로써 언제 우리를 해코지할지 모르는 불안한 자연(우주)을 관리할 수 있는 획기적인 방안을 마련했다. 그 핵심에는 보험이 있는데, 어떤 사건의 발생 확률을 계산하여 그 피해 정도를 파악한 다음 그를 보상할 수 있는 방식으로 이루어졌다.

위험의 피해를 예측하고, 대비책을 마련하기 위해서는 위험분석이 필요한데, 코벨로와 멈파우어(Covello and Mumpower)는 위험분석의 기원이 기원전 3200년 전, 티그리스-유프라테스 계곡에서 활동했던 "아시푸(Asipu)"라고 불리는 일종의 무당(의사결정 상담자)으로 거슬러 올라갈 수 있지만 현대적 의미의 위험분석은 17~18세기에서 비롯되었다고 본다. 현대적 위험분석이 "수학적 확률이론(정량화)"과 "과학적 방법(건강상의 부작용과 위험한 활동 사이의 인과관계 파악)"이라는 두 요소를 주축으로 삼고 있다고 보기 때문이다.** 정리하면, 현대사회에서 위험과 그 대응에 해당하는 역사적 경험은 메소포타미아 문명의 아시푸 집단에 이

---

* 『랜덤하우스 대사전(Unabridged Random House Dictionary)』에 따르면, 영어 'risk'의 어원은 그리스어 'rhiza'이다. 이 말은 "절벽 주변을 항해할 때 발생하는 위해"를 의미한다. 한편, 독일의 사회학자 루만(Luhmann)은 단어의 어원이 알려져 있지 않으며, 아랍어일 가능성에 대해 언급한다. 1989년판 『옥스포드영어사전(Oxford English Dictionary)』에 따르면, 'risk'란 용어가 처음 등장하는 것은 17세기 후반이다. 그리고 『프렘독일어사전(Deutsches Fremdwrterbuch)』에 따르면, 이 용어는 16세기 중반에 이미 사용되고 있었다. 또한 르네상스 라틴어인 'risicum'이 오래전부터 사용되고 있었다. 더불어 독일어나 불어의 경우 'risk' 개념이 15세기 이탈리아어 'rischiare(위험을 무릅쓰다)'와 스페인어 'arisco(모험, 강행)'에서 전용 되었다는 주장도 있다.

** 수학적 확률이론은 파스칼(Pascal)에 그 기원을 들 수 있다. 인과관계에 대한 과학적 방법이 본격적으로 발전한 시기도 17~18세기 이후로 볼 수 있다.

를 정도로 오래된 것이지만, 현대적 의미의 위험분석은 그 두 요소인 수학적 확률이론과 과학적 방법이 뿌리를 내리는 17세기 이후에야 서서히 그 기틀을 마련해나갔다고 할 수 있다.

세계적 베스트셀러 작가인 번스타인(Bernstein)은 위험의 근대적 개념이 힌두-아랍의 수 체계에 그 뿌리를 두고 있지만 위험에 대한 연구가 본격화된 것은 르네상스 시대로 보고 있다. 이 시기는 많은 지리상의 발견과 자원의 개발이 활발하게 이루어지면서 종교적 혼란, 초기 자본주의, 과학과 미래에 대한 맹렬한 발전이 추구되던 때로 대사상적 전환에 따른 위험의 성격에 대한 새로운 자각은 당연했다는 것이다. 번스타인에 따르면, '위험'이라는 단어는 '무릅쓰다(to dare)'를 뜻하는 초기 이탈리아어 'risicare'에서 유래한 것으로, 운명이 아니라 선택을 의미한다고 할 수 있다. 위험을 무릅쓰기 위해서는 선택의 자유가 중요하며, 또한 합리적 판단수단인 확률(통계)이론의 발달이 필수적이다. 이렇게 보면, 합리적 위험감수야말로 근대적 인간의 존재조건이며 소중한 덕목임을 알 수 있다. 위험이 클수록 이익도 크다는 식의 투자가(또는 투기꾼)의 태도가 이를 잘 말해준다.

위험의 역사적 관점에서 보험, 특히 해상보험이 차지하는 비중은 매우 크다고 할 수 있다. 1688년, 로이드보험이 설립되면서 런던은 국제 해상보험 시장의 메카로 떠오른다. 그 후 영국, 프랑스, 네덜란드를 중심으로 화재보험, 생명보험 등이 빠르게 도입된다. 에왈드(Ewald)는 여기서 한 걸음 더 나아가 보험을 "위험의 기술(technology of risk)"로 정의한다. 이에 따르면, 위험의 역사에서 보험은 필수적 요소이기 때문에 현대사회에서 위험의 성격을 파악하고자 할 때도 보험과의 관련성을 중요하게 고려해야 한다. 보험은 처음부터 "보상의 실천"이 아니라 특정한 형태의 "합리성의 실천", 즉 "확률의 계산"을 통해 정형화된 실천이기 때문에 죽음과 질병에서부터 파산과 소송에 이르는 모든 위험을 그 대상으로 삼을 수 있었다. 이것은 보험업자가 위험을 단순히 다루는 존재라기보다는 위험을 '생산'하거나 두드러져 보이게 하는 존재라는 사실도 함께 함축한다. 보험은 위험의 성격을 크게 변화시키는데, 현대사회에서 위험의 특징은 크게 세 가지로 나타난다 — 1) 위험은 계산가능하다, 2) 위험은 집합적이다, 3) 위험은 일종의 자본이다. 이런 특징으로부터 위험은 잠재적 손상에 대한 단위시간당 실제 피해액으로 환산할 수 있고, 보험은 통계법칙에 따라 조직화된 상호적 피해보상 제도라고 할 수 있다.

이상에서, 위험의 용어와 개념은 근대(성)와 함께 출현했으며, 근대사회의 대표적 제도인 보험과 밀접하게 연관되어 있음을 살펴봤다. 이런 사실은 위험이 현대사회의 어두운 측면이거나 부산물이 아니라 현대사회의 핵심적 작동원리임을 말해준다. 즉, 인류는 더 이상 자연의 숨은 뜻이나 신의 뜻에 기대지 않고 자신의 힘(이성)으로 이 험한 세상을 헤쳐나가려는 꿈을 품게 되었는데, 그런 꿈은 측정할 수 있고(measurable), 계산가능하고(calculable), 예측가능한(predictable) 위험에 대한 사회적 보상제도인 보험을 통해 현실적으로 뒷받침될 때 비로소 실현될 수 있었다.

2. 위험에 대한 이론적 접근

위험을 이론적으로 접근하려는 시도는 매우 다양하게 이루어지고 있는데(〈그림 1〉 참조), 크게 정리하면 과학기술적(정량적) 접근, 심리학적 접근, 사회학적 접근, 문화적 접근과 같이 모두 네 가지로 나눌 수 있다. 여기서는 이 네 가지 접근법에 대해 간략하게 살펴보도록 하겠다.

1) 과학기술적(정량적) 접근

보험(회계), 독성학과 역학, 엔지니어링 등의 분야를 중심으로 실험과 통계(확률)에 기초한 "위험의 이론 또는 모형"을 추구하며, 그 목표를 피해강도의 완화, 기준설정, 기술시스템의 신뢰성 구축 등을 통한 위험의 최소화(감소) 및 공유의 강화에 두고 있다. 이 관점은 위

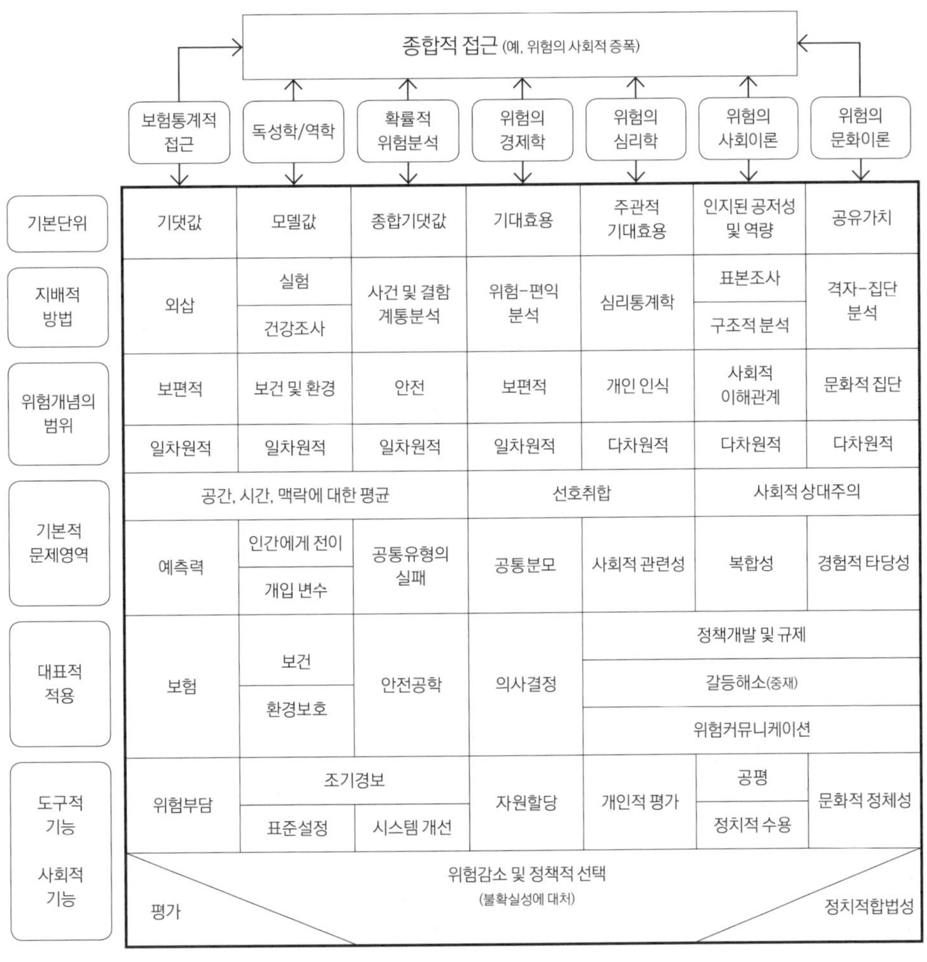

그림 1 | **위험에 대한 관점의 체계적 분류**

험이 우리의 인식 외부에 독립적으로 실재한다고 보고, 그 범주와 발생가능성을 객관적으로 파악하고 측정할 수 있다고 본다. 이것이 뜻하는 바는, 우리가 위험을 다룸에 있어 적절한 기준을 제시하여 "얼마나 안전해야 충분히 안전한가"라는 질문에 답을 할 수 있는데, 그 과정은 사회적 맥락을 고려할 필요 없는 과학 기반의 활동으로 전문가의 영역이다. 이를 통해 위험관리와 위험커뮤니케이션(risk communication)에 필요한 객관적 기준(정보)을 확보할 수 있다.

보험(회계)의 대표적인 예로는 자동차보험을 들 수 있다. 자동차보험은 과거의 통계치를 바탕으로 미래의 사고를 예측하여 위험을 분담할 수 있다. 독성학과 역학(전염병학)은 실험이나 건강조사 방법을 사용하여 해당 물질(전염병)의 독성 여부를 파악하고 위험 정도를 계산해내, 그에 따른 대비책을 수립할 수 있다. 엔지니어링 분야에는 결함수 분석(fault-tree analysis)이 사용되는데, 기술적 시스템의 경우 매우 다양한 요소들이 복잡하게 작용하여 위험이 발생하는 특징을 지닌 까닭에 이를 반영하고자 일종의 가지치기 방식으로 개별 요소로 환원하여 계산함으로써 위험의 정도를 일목요연하게 파악하려는 시도이다. 한편, 경제적 접근도 이 분류에 포함할 수 있는데, 위험(비용)과 편익을 계산하여 그 값을 비교하는 비용-편익분석을 사용하기 때문이다.

2) 심리학적 접근

1992년, 영국 왕립학회(the Royal Society)의 보고서 『위험: 분석, 인식, 관리』(Risk: Analysis, Perception and Management)에서는 위험을 크게 '객관적' 위험과 '주관적' 위험으로 나누고 있다. 객관적 위험이란 전문가의 계산을 통해 산출된 것을 뜻하는 반면, 주관적 위험이란 일반시민들의 주관적 생각(느낌)을 반영하고 있는 것이다. 이런 식의 분리는 전자를 중립적이고 비편향적인 것인 반면, 후자를 사회적 이해관계나 개인적 신봉에 의해 왜곡되고 편향된 것이라는 생각에 기초한다. 가령, 2008년 우리 사회를 온통 뒤흔든 미국산 쇠고기 수입에 따른 광우병 파동 당시에, 정부 당국자와 여당 의원들은 '촛불 시민'들이 객관적 위험이 아니라 주관적 위험에 귀를 기울였다고 비판했다. 광우병의 (객관적) 위험은 매우 낮은데, 불순세력의 선동과 불확실한 근거와 비합리적 사고에 기초한 두려움으로 광우병의 (주관적) 위험이 부각되었다는 것이다.

심리학적 접근(위험인식 연구)은 왜 일반시민들은 어떤 위험에 대해서는 과도한 반응을 보이는 반면 또 다른 위험에 대해서는 별다른 반응을 보이지 않는가라는 일종의 딜레마적 상황에 대한 궁금증에서 출발한다. 가령 전문가들은 객관적 평가를 근거로 원전사고보다는 자동차사고의 위험이 훨씬 크다는 사실을 밝혀냈는데, 일반시민들은 반대로 자동차사고에는 크게 신경 쓰지 않으면서 오히려 원전사고에 대해서는 아주 민감한 반응을 보인다. 이런 현상은 기술적 관점에서 보듯, 일반 시민들의 편향이나 왜곡에 의한 문제에 전적으로 기인한 것으로 볼 것인가? 그래서 일반시민들의 정책적 참여를 제한하고, 교육을 통한 계몽에 나서야 할 것인가? 만약 일반시민들의 위험인식(risk perception)에 일정한 경향성이 존재한다면 어떤 특징이 있으며, 그 속에는 어떤 요소가 작용하고 있는가? 그런 경향성을 일반화할 수 있는 방법은 무엇이며, 그것을 통해 우리가 얻을 수 있는 것은 무엇인가?

활발한 연구 결과, 일반 시민들의 위험인식은 대체로 다음과 같은 특징을 지닌다는 사실이 밝혀졌다. 1) 관련 정보를 활용할 수 있고 쉽게 떠올릴 수 있을수록 위험의 발생률이 높다고 보고, 2) 자신과의 관련성이 클수록 위험을 과대평가하는 경향이 있고, 3) 근접성이 클수록 위험에 대한 우려가 크고, 4) 잘 일어나지 않지만 강력한 충격으로 남아 있는 위험일수록 과대평가되는 경향이 있으며, 5) 친숙하거나 자발적인 것(새롭고 강제된 것에 비해)으로 인식되는 위험일수록 수용할 만하며 발생가능성이 낮은 것으로 여기고, 6) 손해득실에 따라 위험회피(risk averse)와 위험감수(risk seeking)가 갈리고, 7) 언론보도에 따라 위험인지도가 달라지고, 장기간에 걸쳐 일어나는 것보다 일시적으로 집중적으로 일어나는 것을 더 심각한 위험으로 생각하고, 현재의 위험을 지연된 것보다 더 크게 여기는 경향이 강하다.

3) 사회학적 접근

벡(Beck)의 "위험사회"(risk society)에 대한 통찰력은 현대사회의 놀라운 성공이 우리 인류가 다루기 힘든 위험(가령, 원자폭탄, 기후변화 등)을 불러왔다는 모순된 상황에 대한 인식에서 출발한다. 위험은 물질적 혜택에 따른 부산물의 지위에서 벗어나 이제는 현대사회를 규정하는 핵심적 요소로 자리 잡았다. 가령, 기후변화에 따른 위험은 산업혁명에 따른 풍요로움과 혜택을 위해 어쩔 수 없이 감수해야만 하는 부작용이 아니라 인류의 미래를 보장받기 위해서 반드시 해결해야 하는 최우선적 과제로 부상했다. 따라서 일상생활에서 국제 정치경제에 이르기까지 현대사회의 모든 영역에서 기후변화의 위험을 빼놓고 생각하기 매우 힘든 상황이 되었다. 이렇듯 위험 문제는 전문가들의 계산을 바탕으로 관리하면 되는 문제가 아니라 사회의 작동 메커니즘 자체를 변화시키는 강력한 힘으로 작용한다. 이로부터 이전과는 성격이 다른 사회의 도래를 생각해볼 수 있는데, 벡은 이를 "위험사회"라 부르고 그 성격과 특징을 규명하고자 했다(〈표 3〉 참조).

사회학적 관점에서 위험을 분석하려는 시도는 이외에도 많다. 그중에서도 루만(Luhmann)의 관점은 위험커뮤니케이션과 관련하여 주목할 만하다. 루만은 위험이 전적으로 사회적 현상에 불과하다고 본다. 위험은 외부에 실재하는 것이 아니라 사회 구성원들 사이의 의사소통의 결과로 나타난다. 이점은 구성원들 사이에서 의사소통되는 양상에 따라 위험 인식이 바뀐다는 점을 고려했을 때 어느 정도 설득력이 있다. 가령, GMO(유전자조작식품)에 대한 미국과 유럽의 반응이 극단적으로 갈리는데, GMO를 많이 생산하는 미국에서는 GMO를 자국(내부)의 일로 받아들여 크게 반대하지 않는 반면, 유럽에서는 외국(외

표3 | **고전사회와 위험사회**

	고전사회(산업사회)	위험사회
사회조직 원리	집산화(가족, 계급, 기업, 신분집단 등으로) + 전통	개인화 + 성찰성
불평등의 형태	사회적 계급지위	사회적 위험지위
핵심 갈등 이슈 / 정의와 공정성의 핵심 쟁점	희귀재화(부)의 분배	'해악'(위험)의 분배
개인의 패러다임적 경험	기아	공포
집단의 잠재적 경험	계급의식	위험의식
유토피아적 추구의 대상	결핍의 제거	위험의 제거

부)에서 강제되는 것으로 받아들여 반대가 심하다. 루만은 이런 현상을 "위험/위난의 구분"이라는 관점을 설명한다. 즉 구성원들은 내부의 일은 위험으로 인식하는 반면, 외부에서 강제되는 것은 위난으로 받아들인다. 위험으로 인식하면 이해타산을 따져 선택할 수 있는 문제로 보지만, 위난으로 인식하면 결코 수용할 수 없는 문제로 보게 된다. 이렇듯 동일한 위험에 대해서도 집단에서 어떻게 의사소통 되는가에 따라 그 반응은 극단적으로 갈리는 것이다.

4) 문화적 접근

위험에 대한 객관주의적 접근의 근본적 한계는 문화(사회)에 따라 위험의 종류나 반응도가 제각각이라는 점이다.* 또한 우리가 직면한 위험을 전부 알 수 없기 때문에 전체 위험을 계산할 수 없고, 따라서 계산에 근거한 판단은 기본적으로 가능하지 않다. 문화(사회)마다 위험에 대한 판단과 기준이 다르고, 그 위험을 모두 계산할 수 없다면 어떻게 위험의 객관성을 말할 수 있으며, 객관적 위험 평가 및 관리를 말할 수 있을 것인가?

문화적 위험이론은 "집단-격자모형(group-grid model)"으로 정형화되었다. 이 모형은 현대사회에서 조직의 성격에 따라 위험에 대한 사고와 태도(위험에 대한 합리성과 세계관)에서 일

---

* 자이레에 있는 레레(Lele) 부족의 사례가 이를 잘 보여준다. 그들은 열병, 결핵, 한센병, 궤양, 불임, 간염 등 열대병에 시달리지만 오로지 벼락에 맞는 일, 불임의 고통, 그리고 질병 중에는 기관지염에만 관심을 집중한다. 그 이유는 우리와는 달리 그들은 이런 문제를 특정한 부도덕의 원인으로 돌리고 있기 때문이다.

정한 차이를 보인다는 점을 전제한다. 조직의 성격을 범주화하기 위해 집단과 격자를 두 축으로 한 4분면 모형을 수립한다. 이때, 집단 변수는 개인의 사회적 통합 정도를 나타내는 것이고, 격자 변수는 집단에서 일어나는 사회적 상호작용의 성격, 즉 개인행위에 미치는 사회구속의 정도를 그 지표로 한다. 이렇게 해서 네 개의 조직적 유형이 설정된다—위계주의자들, 평등주의자들, 개인주의자들, 운명주의자들(〈그림 2〉 참조).

이런 모형을 통해 우리는 왜 정부와 시민단체가 위험문제에서 서로를 불신하고 사안마다 정반대의 목소리를 내는지 이해할 수 있다. 정부는 기본적으로 위계주의적 조직인 반면, 시민단체는 평등주의적 조직이다. 위계주의자들은 권위를 존중하고, 체계적 절차를 통한 문제해결의 가능성을 중시하는 반면, 평등주의자들은 자신의 가치에 몰두하고, 권위를 부정하며, 직접 참여를 중시한다. 이런 조직적 특성으로 두 조직적 범주는 위험인식에서 차이를 보이는데, 이는 조직문화의 차이로 말미암은 것으로 쉽게 해소될 수 없는 것이다. 이런 점을 충분히 고려하지 않으면 위험문제로 인한 갈등이 해소되기는커녕 더욱 악화되기 십상이다.

그림2 | **집단격자모형(group–grid model)**

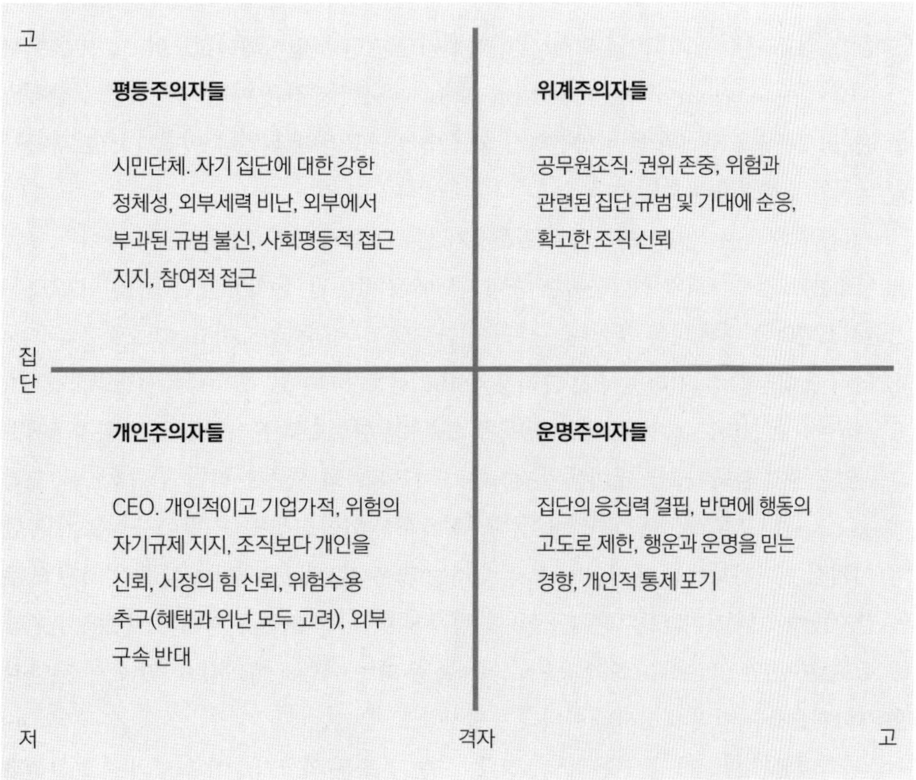

집단 고	격자 저	격자 고
고	**평등주의자들** 시민단체. 자기 집단에 대한 강한 정체성, 외부세력 비난, 외부에서 부과된 규범 불신, 사회평등적 접근 지지, 참여적 접근	**위계주의자들** 공무원조직. 권위 존중, 위험과 관련된 집단 규범 및 기대에 순응, 확고한 조직 신뢰
저	**개인주의자들** CEO. 개인적이고 기업가적, 위험의 자기규제 지지, 조직보다 개인을 신뢰, 시장의 힘 신뢰, 위험수용 추구(혜택과 위난 모두 고려), 외부 구속 반대	**운명주의자들** 집단의 응집력 결핍, 반면에 행동의 고도로 제한, 행운과 운명을 믿는 경향, 개인적 통제 포기

(세로축: 집단 / 가로축: 격자, 저 → 고)

3. 과학기술과 위험의 관계

위험은 흔히 안전과 대비되는 개념으로 사용된다. 이를 위험에 대한 "안전 패러다임"이라 한다. 이때 위험에서 우리를 안전하게 보호해줄 수 있는 힘은 주로 과학기술에서 나온다. 이런 점에서 과학기술은 위험의 수호자 또는 해결사라고 할 수 있다. 반면에, 위험이 근대의 산물로서 사회 구성된다고 본다면 사정이 달라진다. 이는 곧 과학기술의 발달이 위험을 불러왔다는 것을 뜻하기 때문에 이때 과학기술은 위험의 유발자라고 할 수 있다. 이처럼 과학기술과 위험의 관계에 대한 평가는 과학기술의 성격과 역할에 따른 판단에 따라 크게 갈린다.

인류의 역사가 자연의 도전에 맞선 응전으로 점철되어 있다면, 위험은 인류의 피할 수 없는 운명인 셈이다. 거센 위험에도 굴하지 않고 용기와 지혜로 헤쳐나가는 오디세우스의 모습은 이런 인류의 운명을 웅변적으로 보여준다. 상상해보라, 원시 인류가 살벌한 생존의 정글에서 힘겹게 위험을 헤쳐나가는 모습을! 호모 사피엔스(homo sapiens)이자 호모 파베르(homo faber)인 현생 인류는 한편으로는 지혜를 발휘하여 위험을 집단이 받아들일 수 있는 문제로 전화(轉化)해내고, 다른 한편으로는 물질적으로 그 위험에 효과적으로 대처할 수 있는 수단을 만들어냈다. 과학기술은 인류가 위험을 헤쳐 나오면서 발전시킨 소중한 자산일 뿐만 아니라 우리 인류를 위험에서 구해준 소중한 존재이다. 이런 과정을 거치는 동안, 인류는 점차 과학기술의 발전과 자신의 안전을 동일시해나갔으며, 그 결과 현재는 '기술권'(technosphere)이라는 준생물권(semi-biosphere)의 성격을 띠는 과학기술적 장벽을 구축하고 그 속에 자신의 몸을 안전하게 숨길 수 있다고 믿게 되었다. 이렇게 보면, 과학기술은 위험의 해결사라 할만하다.

많은 학자들은 현대사회에서 위험문제가 전통사회의 그것과는 본질적 차이가 있음을 강조한다. 전통사회의 위험문제가 주로 자연에서 비롯된 것이라면, 현대사회의 그것은 기술시스템의 실패에 따른 것이다—대형 정전사고, 원자력발전소사고(체르노빌, 스리마일섬 등), 독극물 유출사건, 지하철사고, 다리붕괴사고, 건물붕괴사고, 우주왕복선폭발사건(챌린저, 컬럼비아) 등. 그리고 전지구적으로 인류를 또 다른 위험으로 몰아넣고 있는 환경문제도 그 원인은 주로 과학기술로 말미암은 것이다—지구온난화, 오존층 파괴, 환경호르몬, 고엽제(agent orange), GMO 등. 이런 까닭에 현대사회에서의 위험을 '기술 위험'이라 부르기도 한다. 이처럼 현대사회에서 우리의 목숨을 노리는 많은 사고들이 우리의 삶을 편하게 해주는 장치들에 의한 것이라는 사실은 우리를 당혹케 한다. '기술권'은 자연의 위협에서 우리를 보호해주지만 그 자체의 오작동으로 언제든 우리를 위험에 빠뜨릴 수 있다. 이런 양상은 과학기술을 위험의 해결사가 아니라 유발자로 보게 만든다.

과학기술의 발전이 곧 인류의 진보라는 오랜 믿음은 과학기술이 위험의 불확실성과 무지에 속수무책이라는 "불편한 진실"로 뿌리째 흔들리고 있다. 원자력발전소사고나 기후변화의 위험에 대한 정확히 평가와 관리는 과학기술의 능력을 벗어나 있고(위험의 불확실성), CFC와 석면의 정체도 사후에야 밝혀졌다(위험의 무지)는 사실은 인류를 불안에 떨게 한다. 이런 까닭에 과학기술과 위험의 관계를 근본적으로 검토해야 할 필요성이 커졌는데, 정상사고와 탈정상과학의 관점은 많은 도움을 준다.

1) 정상사고

1979년, 미국 펜실베이니아 주의 스리마일섬 원자력발전소(이하 TMI 원전) 2호기에서 노심이 녹는 멜트다운(melt-down) 사고가 발생했다. 이 사고는 국제원자력기구(IAEA)의 원자력사고등급으로 5단계에 해당하는 것으로,* 원전의 안전을 굳게 믿던 미국 사회에 큰 충격을 안겨주었다. 미국 대통령 카터는 위원회를 설치하여 그 사고를 철저히 조사하도록 명령했고, 그 결과 〈TMI 원전사고에 대한 대통령위원회 보고서〉가 발표되었다. 미국 사회학자 페로우(C. Perrow)는 이 보고서와 자신의 연구 결과를 바탕으로 "정상사고(normal accidents)"라는 개념을 제시했다.

정상사고란 일종의 시스템 사고로서, 원전과 같은 시스템이 정상적으로 가동되고 있는 상태에서 발생하는 사고를 말한다. 이 개념은 사고란 비정상적 상태에서 발생한다는 상식을 전면적으로 뒤엎는다는 점에서 관심을 끌었다. TMI 원전사고가 그랬다. 모든 것이 정상적으로 가동되고 있는 상태에서 보조급수펌프의 일시정지가 일어나자 마치 머피의 법칙처럼 기계적, 제도적, 인적 차원의 악재들이 계속 겹치면서 멜트다운이라는 대형사고로 이어졌다. 그 과정에서 안전장치는 무용지물이었으며, 오히려 사태를 더욱 악화시켰다. 페로우는 정상사고에 대해 이렇게 정리한다.

> "대형 사고는 일부 시스템에서 필연적이다. 왜냐하면 완벽한 것은 아무것도 없고, 만약 조직이 선형적이라기보다 '복잡하게 상호작용하고'(complexly interactive), 느슨하게 결합되어 있기보다 '팽팽하게 결합되어'(tightly coupling) 있다면, 작은 오류가 예상치 않은 방식으로 상호작용할 수 있고, 팽팽한 연결은 연쇄적으로 거대한 실패로 이어짐을 뜻하기 때문이다 … 핵심은 우리가 아무리 열심히 [예방]하더라도, 복잡하게 상호작용하고 팽팽하게 결합된 시스템은 그 성격상 결국 대형 참사를 불러올 것이라는 점이다."**

---

* 원자력사고등급(INES)은 총 7단계로 이루어져 있으며, 5단계는 '외부로 위험이 노출된 사고'가 발생한 경우에 해당한다. 참고로 7단계 사고는 1986년 구소련에서 발생한 체르노빌 원전사고이다.

** 인용은 Perrow, Charles(1994), "The Limits of Safety: The Enhancement of a Thory of Accidents," Journal of Contingencies and Crisis Management, Vol. 2, No. 4, 212-220의 216쪽에서.

페로우의 주장은 논란의 여지가 있다. 그럼에도 그의 주장은 복잡한 기술시스템에 의존하고 있는 현대사회의 취약성에 대해 생각해볼 여지를 남겨준다. 가령, 2003년 2월 18일에 발생한 대구지하철참사와 같은 대형참사가 발생할 때마다, 거의 예외없이 우리는 관리체계나 규정을 정비하고, 실무자의 실수를 바로잡고, 안전장치를 더욱 강화하면 사고를 근본적으로 예방할 수 있었다는 식의 반성을 반복한다. 그러나 안전시설인 방화셔터가 승객들의 탈출로를 봉쇄하여 더욱 많은 사망자를 냈다는 사실에서 알 수 있듯, 정상사고의 교훈을 무시하기 힘든 측면이 있다.

정상사고의 통찰력은 과학기술의 발전을 통해 위험을 관리할 수 있다는 전통적 관점에 반성을 요구한다. 원전이나 화학공장, 전철과 같은 인프라와 같이 고위험 기술시스템은 안전을 확보하기 위한 방편으로 안전문화를 강조하고, 운영요원들의 안전교육에 만전을 기하는 등 조직적 차원의 노력도 기울이지만 전반적으로 볼 때, 안전장치를 강화함으로써 안전을 확보하려는 시도가 점차 강화되는 추세이다. 이것은 과학기술의 발전과 적용을 통해 사회문제를 해결하려는 태도인 "기술적 해결(technological fix)"의 연속선상에 있는 경향으로, '보다 안전하고 완벽한 시스템 구축'이라는 욕망을 계속 부추긴다. 문제는 그런 과정을 통해 시스템의 복잡성이 크게 증가하면 전혀 상상하지 못했던 방식으로 우리의 안전이 크게 위협받을 수 있다는 점이다. 〈TMI 원전사고에 대한 대통령위원회 보고서〉에서, 원전의 안전 대비책으로 안전장치의 신설 못지않게 운전요원들의 안전문화의식 고양과 인적, 제도적 차원의 노력을 강조하고 있는 점을 되새겨야 하는 까닭이다.

2) 탈정상과학

위험문제에서 불확실성의 문제는 확률론과 통계학의 기여와 그 한계에서 기원한다. 확률론과 통계학은 그 기원과 발전이 "불확실성의 정량화"와 밀접한 관련을 맺고 있다. 17세기와 18세기에 각각 출현한 확률론과 통계학은 계몽주의와 근대국가의 형성과 궤를 같이 하며, 19세기 말에 서로 결합하면서 불확실성을 이해하고 통제하기 위한 "표준적인 수학적 도구"로 자리를 잡았다. 또한, 근대인들은 '위험'을 발명함으로써 불확실성을 제거할 수 있었다는 주장이 제기될 정도로 불확실성은 위험과 아주 밀접한 관계를 맺고 있다. 따라서 확률론과 통계학은 위험을 통제하기 위한 핵심 과학이라 할 수 있다. 만약 확률론과 통계학의 한계가 드러난다면, 우리가 위험을 통제할 수 있다는 믿음은 훼손될 수밖에 없을 것이다.

정책을 위한 과학에서 불확실성은 과학의 권위에 손상을 입히고 사회적 갈등을 초래할 수 있는 기폭제로 작용할 수 있다. 펀토비치(Funtowicz)와 라베츠(Ravetz)는 불확실성의 문

그림3 | **세 가지 유형의 문제풀이 전략**

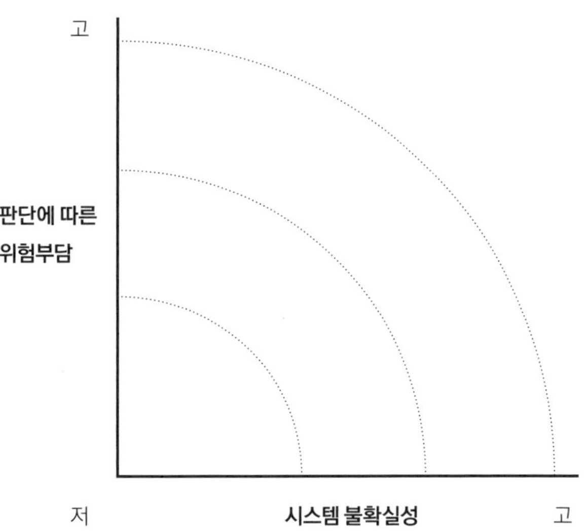

제를 본격적으로 다루기 위해 '탈정상과학(post-normal science)'이라는 개념을 제시했다.* 이 개념은 전지구적 환경문제의 대두와 신기술의 급속한 발전에 따른 새로운 종류의 위험의 출현에 따라 "사실은 불확실하고, 가치는 다툼의 대상이 되고, 이해관계(위험부담)는 크고, 결정은 긴급을 요하게" 되었지만 위험문제의 구조적 역설이 발생하여, "이전에는 '단단한(hard)' 과학과 '부드러운(soft)' 가치가 대비되었지만, 이제는 '견고하지 않은(soft)' 과학적 투입에만 의지한 채 서로 다른 대안들을 놓고 '어려운(hard)' 결정을 내려야만 하는" 처지로 내몰리게 된 현실에 그 뿌리를 두고 있다.**

이런 문제의식을 구체화하고자 펀토비치와 라베츠는 "시스템 불확실성(systems uncertainties) × 판단에 따른 위험부담(decison stakes)"을 두 축으로 삼D축!!세 가지 유형의 문제풀이 전략"을 제시한다(〈그림 3〉 참조). 이 도식에서 수평축(시스템 불확실성)은 다시, 불확실성의 "기술적 수준(부정확성)"·"방법론적 수준(불신뢰성)"·"인식론적 수준(무지와의 경계)"으로 나뉘

---

* 탈정상과학은 정상과학(normal science)의 "정상성"(normality)을 벗어났다는 것을 함축하고 있는데, 여기서 정상이란 1) Kuhn의 정상과학에 준하는 것으로 정상적인 연구과학의 이미지, 2) 정책 환경이 여전히 '정상적'이라는 가정(전문가에 의한 문제풀이)을 뜻한다. 하지만, 현대사회에서 정책 환경이 '정상적'이라는 가정은 더 이상 유지하기 힘든데, 거대서사에 대한 포스트모던적 거부 또는 녹색, 님비(NIMBY) 정치가 이런 가정을 침식하고 있기 때문이다.

** 과학과 위험의 "부조화적 딜레마"에 대한 논의는 핵물리학자인 와인버거(Weinberg)의 "초과학"(trans-science) 개념에서도 찾을 수 있다. 이 개념은 과학적으로 문제를 해결할 수는 있지만 현실적으로 비용의 문제 등으로 해결이 불가능한 상태를 그 배경으로 삼고 있다. 가령, 자연방사성 배경농도 1퍼센트의 발암효과를 측정하기 위해서는 8억 마리의 쥐가 필요한데, 이런 조건을 현실에서는 충족시키기 힘들다. 따라서 과학이 위험정책을 위한 확실한 증거를 제시하기가 어려운 경우가 점차 많아지고 있다.

고, 수직축(판단에 따른 위험부담)은 "비용-편익 최소"·"평균 이상"·"문명 전체로 나뉜다. 이상의 내용을 범주화하면 첫번째는 "응용과학", 두 번째는 "전문가 상담", 세 번째는 "탈정상과학"이라는 각각 다른 유형의 문제풀이 전략이 모습을 드러낸다. 여기서 특히 문제가 되는 것은 세 번째 범주인 탈정상과학의 전략인데, 이 도식의 특징에 따르면 시스템 불확실성이나 판단에 따른 위험부담 중 어느 하나라도 높으면 모두 탈정상과학의 범주에 포함된다.

응용과학 전략이란 과학 실험이나 관찰에서 얻은 값을 적용하여 효과적으로 정책판단을 수행할 수 있는 경우를 말한다. 자동차사고에 따른 위험처럼 통계치가 풍부한 경우이거나 비교적 잘 확립된 화학물질 기준 등이 이 경우에 속한다고 할 수 있다. 전문가상담 전략이란 공학자나 의사처럼 응용과학적 접근만으로는 곤란하고 전문역량의 발휘가 중요하게 작용하는 경우를 말한다. 가령, 삼풍백화점이나 성수대교와 같은 건축물의 안전성평가와 조류독감과 같은 전염병의 위험에는 이런 전략이 적용될 수 있을 것이다. 마지막으로 탈정상과학 전략은 지구환경문제와 핵폐기물처분문제, 대형사고(유니언카바이트사 가스유출사고, 엑손발데즈 기름유출사고, 체르노빌 원전사고 등)와 같이 불확실성이나 피해의 정도가 너무 커서 전통과학을 응용하거나 전문가상담에만 의존해서는 해결이 어려운 경우를 말한다.

탈정상과학은 기후변화처럼 전인류를 위험에 빠뜨릴지 모르는 문제들이 빈발하고 있지만 과학기술은 더 이상 그 문제에 대한 확실한 해결책을 제시하지 못하고 있는 현실을 직시할 필요성을 강조한다. 더욱 큰 문제는 향후에는 과학기술의 한계가 더욱 두드러질 수밖에 없다는 우려이다. 이런 위기상황에서 우리는 어떤 해결책을 모색해야 할까?

펀토비치와 라베츠는 해결책으로 "확장된 사실(extended facts)"과 "확장된 동료공동체(extended peer community)"를 제시했다. 이 개념은 확실한 과학적 "사실"과 과학자사회 내부의 "동료심사(peer review)"에 토대를 두고 진행되었던 전통적 문제해결방식은 응용과학이나 전문가 상담에는 여전히 유효할 수 있지만, 탈정상과학에서는 그렇지 않다는 사실에 근거한다.

좀 더 자세히 살펴보면, "확장된 사실"은 교과서에서 배운 과학 지식은 여전히 중요하지만 문제해결을 위해 충분치 않다는 문제의식을 담고 있다. 엄격한 절차를 거쳐 생산된 과학 지식만을 위험평가의 근거로 삼을 때 기후변화에 따른 대응책 마련과 같이 긴박한 의사결정은 근본적으로 불가능하다. 가령 1997년에 체결된 교토의정서를 두고 미국이 과학적 근거가 미약하다는 이유로 비준을 연기하는 바람에 한동안 발효가 연기된 바 있다. 사실, 현재의 기후변화가 인간의 활동에 따른 이산화탄소(CO_2)에 따른 것이냐는 것은 과학적 논쟁의 대상이 되고 있다. 이는 기후변화라는 매우 복잡한 현상을 현대과학이 충분히 이해하지 못하고 있기 때문이기도 하지만 과학 자체의 성격상 논쟁의 여지는 계속 남아 있기 때문이다. 따라서 과학적 사실에만 의존할 것이 아니라 가능한 모든 인류의 지혜를 하나로 모을 필요가 있는 것이다.

"확장된 동료공동체"란 제도적 인가를 받은 사람들뿐 아니라 정책결정과정에 참여를 원하는 모든 사람들을 끌어들인다는 뜻을 내포한다. 이 개념은 전통적 연구 및 산업개발의 영역이 아니라 질(質)이 핵심에 놓여 있고 전통적 메커니즘으로는 질보증이 매우 어려운 쟁점들을 해결하는데 위력을 발휘할 수 있다. 역사적 맥락에서 이 개념은 일종의 선거권의 확대로 해석할 수 있는 여지가 충분하다. 현재, 이 개념이 적용되고 있는 대표적 양식으로는 시민배심원, 시민 포사이트(citizen foresight), 합의회의 등을 꼽을 수 있다. 결국 이런 양식이 과학의 권위 약화, 과학의 정치화를 초래하는 것이 아니냐는 우려를 낳기도 하지만 다음과 같은 점들이 이런 우려를 불식시키면서 현실화를 뒷받침해준다 — 1) 건전한 상식을 지닌 시민은 매우 전문적인 과학적 주제와 관련된 정책의 질을 효과적으로 평가해 낼 수 있다, 2) 시민들의 평결은 도덕적 힘을, 따라서 정치적 영향력을 행사한다, 3) 시민들은 창조성을 발휘할 수 있는 능력을 지닌다.

과학지식과 신기술의 발전이 점차 불확실성을 줄여나가 궁극적으로는 확실성이 가득한 "모든 것의 이론"의 시대 또는 "멋진 신세계"의 시대가 도래할 것이라는 인류의 꿈은 이미 크게 잠식당했다. 역설적이게도, 불확실성은 우리의 귀에 더 자주 들리게 되었고 심지어 이따금씩 우리가 무엇을 모르고 있는지를 모른다는 근본적 불안감이 우리를 감싼다. 우주와 삶 자체의 불확실성을 근거로 불확실성이란 인간의 숙명이기 때문에 "더하기와 빼기를 잘해야 한다"(위험-편익분석)는 설명은 더 이상 우리를 위로할 수 없다. 냉전시대의 핵무기경쟁과 현재의 기후변화에 대한 우려처럼 잘못하면 모든 것을 한꺼번에 잃을 수도 있다는 위기감이 우리를 억누르기 때문이다. "탈정상과학"은 이런 위기의식을 잘 담아냈고, 따라서 학문적 완성도와는 별개로 시민참여의 중요성을 말해주고 있는 개념으로 많은 학자들의 주목을 받고 있다.

4. 결론을 대신하여

이상의 논의를 통해서, 위험이 그 탄생 배경에서부터 사회적(근대적) 성격을 띠고 있었으며, 근대사회의 도래와 더불어 과학기술과 밀접한 관련을 맺어나갔음을 알 수 있었다. 이런 점에서 위험은 '사회-기술적 문제(socio-technological problems)'로 성격 규정할 수 있다. 위험에 대한 이론적 접근들이 과학기술적(정량적) 측면에 그치지 않고 다양한 측면들을 포함하고 있는 것은 위험의 이런 성격 때문이다. 현재, '위험의 사회적 증폭(social amplification of risks)'처럼 위험의 다양한 측면들을 함께 모아 하나의 개념 틀로 다루려는 시도가 없지 않지만 보다 중요한 것은 위험문제를 다양한 관점에서 접근하고 이해하려는 노력이다. 이를 통해 우리의 위험에 대한 이해는 그 폭과 깊이에서 더욱 넓고 깊어질 것이다.

과학기술의 놀라운 발전이 우리의 안전을 획기적으로 보장해준다는 '현대사회의 안전신화'는 여전히 유효하지만 그 영향력은 크게 줄어들고 있다. 그 결과, 과학기술이 위험의 해결사라는 이미지는 약화되는 반면, 유발자라는 이미지는 강화되고 있다. 한편, 현대사회에서 위험을 둘러싼 불안의 급증은 과학기술에 대한 신뢰의 약화와 연동되어 있다. 정상사고와 탈정상과학의 논의가 이를 잘 보여준다. 이로부터 우리는 과학기술과 위험의 관계에 대해 두 가지 상반된 함의를 도출할 수 있다. 첫째, 위험문제에서 과학기술의 역할은 여전히 중요하지만, 둘째, 과학기술의 발전이 위험문제를 근본적으로 해결해줄 수 없다.

탈정상과학이 제시한 문제해결 전략은 과학기술의 한계가 두드러지는 현대사회의 위험문제에 대한 대안적 해결책으로 시사하는 바가 적지 않다. 하지만, 아직도 우리 사회는 새로운 해결전략을 모색하기보다는 과학기술과 전문가에 거의 전적으로 의존하는 전통적 접근에서 크게 벗어나지 못하는 모습이다. 새로운 접근을 위해서는 무엇보다도 다양한 이해당사자들의 참여와 활발한 위험 커뮤니케이션이 중요한데, 그 필요성이 사회적으로 충분히 인식되지 못하고 있다. 그 결과, 위험으로 인한 사회적 갈등은 갈수록 증폭되고 있지만 그 해결책은 매우 거칠고 비효율적이어서 막대한 사회적 비용을 초래하고 있는 실정이다. 이런 현실에 대한 우리들의 지속적이고 적극적 관심이 요구된다.

더 생각해볼 주제

—

- 발암물질이나 방사선의 위험처럼 현대사회에서 대부분의 위험은 우리의 오감으로 탐지가 불가능하기 때문에 과학의 도움을 받을 수밖에 없다. 과학자들은 어떤 방법으로 위험을 평가하고 산출하는지 알아보자.
- 독일의 사회학자 울리히 벡은 자신의 『위험사회』에서 전문가에 대한 불신이 점차 커지고 있는 것을 위험사회의 징후라고 보고 있다. 과학의 발전에도 불구하고 위험평가를 둘러싸고 전문가에 대한 불신이 점차 커지는 이유를 같이 토론해보자.
- 민주주의 국가일수록 위험정책에 대한 국민과의 의사소통이 중요하다. 이는 위험커뮤니케이션의 중요성을 일깨워준다. 그렇다면 위험커뮤니케이션을 효과적으로 수행할 수 있는 방안이 중요한데, 우리나라에 알맞은 방식으로는 어떤 것을 생각해볼 수 있을까?

더 읽어볼 거리

—

김명진 엮음, 『대중과 과학기술: 무엇을, 누구를 위한 과학기술인가』, 잉걸, 2001.

울리히 벡, 『위험사회: 새로운 근대(성)를 향하여』, 새물결, 1997.

제롬 라베츠, 『과학, 멋진 신세계로 가는 지름길인가?』, 이후, 2007.

피터 L. 번스타인, 『리스크』, 한국경제신문, 2008.

헬렌 조페, 『위험사회와 타자의 논리』, 한울아카데미, 2002.

헨리 페트로스키, 『인간과 공학 이야기』, 지호, 1997.

함께 볼 만한 영화

—

- 〈에린 브리코비치〉

  에린 브로코비치라는 변호사 사무실에 근무하는 한 여성이 중크롬산나트륨으로 고생하는 지역주민들과 함께 공해문제를 해결해나가는 영화

- 〈차이나신드롬〉

  1979년 미국 스리마일 원전사고로 유명해진 영화. '차이나신드롬'이란 미국 원자로에서 멜트다운이 발생하면 핵물질이 지구를 뚫고 중국까지 간다는 이야기를 빗대서 붙인 것이다.

제 2 부

과학기술의 개념적 이해

01

포퍼, 라카토슈, 파이어아벤트의 과학철학*

1. 20세기 과학철학의 파노라마

현대 과학 철학계에서는 다양한 입장들이 공존하면서 발전하였다. 20세기의 과학철학은 비엔나 모임(Vienna Circle)을 중심으로 한 논리실증주의에서 출발하여 포퍼(1902-1994)의 반증주의로 새로운 전기를 맞이하였으나, 포퍼의 반증주의도 쿤(1922-1996)의 새로운 과학철학의 등장으로 심각한 도전에 직면하였다. 쿤은 과학의 역사와 과학자들의 실제 활동을 분석하면서 논리실증주의와 반증주의 과학관을 비판하였다. 1962년에 출간된 쿤의 『과학혁명의 구조』는 과학적 지식의 발전에 대한 새로운 설명을 제시하면서 '합리주의와 상대주의 논쟁'을 몰고 왔다.

쿤의 과학관을 받아들이면 과학이 누적적으로 진보한다는 전통적인 과학관은 부정된다. 그뿐 아니라 과학이론을 비교하여 선택할 수 있는 합리적인 기준도 존재하지 않기 때문에 이론 선택은 '종교적 개종'과 유사하게 된다. 또한 파이어아벤트(1924-1994)는 과학의 인식론적 우월성을 전면적으로 부정하는 '인식론적 아나키즘'을 주장하였다. 이에 대항하여 라카토슈(1922-1974)는 쿤의 과학철학적 성과를 비판적으로 수용하면서 포퍼의 합리주의 전통을 재구성하였다.

포퍼는 논리실증주의의 공식적인 반대자를 자처하였지만 이들 사이에는 과학을 합리적 지식의 체계로 받아들였다는 중요한 공통점이 존재한다. 포퍼가 반귀납주의를 표방하였다는 점에서는 논리실증주의자와 구별되지만 이들은 논리와 합리성을 동일시하고, 다양한 인간 활동 가운데 '과학적인' 활동을 가장 높이 평가하고 있다는 점에서 같은 출

* 이 글은 신중섭(1992, 1995)을 참조하였으며, 사진은 P. Feyerabend(1995), M. Geier (1994)에서 가져왔다.

발선상에 있다. 이들은 모두 과학은 다른 지식의 체계와 구별되며, 과학이 인식론적으로 높은 자리를 차지할 수 있는 까닭은 과학이 가져다준 실제적인 혜택 때문이 아니라 과학은 객관적이며 성장하기 때문이라고 생각하였다. 과학은 성장하기 때문에 세계에 대해 우리에게 더욱더 많은 지식을 줄 수 있다고 믿었다.

포퍼는 과학적 지식의 특징을 성장에서 찾았으며 철학자들은 세계에 관한 지식의 진보에 공헌해야 한다고 생각하였다. 철학자들은 지식의 진보를 과학자들에게만 맡길 것이 아니라 지식의 진보에 공헌할 수 있는 방법론을 제시해야 한다는 관점이다. 포퍼의 방법론은 과학자들이 실제로 사용하는 방법에 대한 기술이 아니라 지식의 진보를 성취하기 위해 지켜야 할 규율을 제시하고 있다는 점에서 규범적이다. "어떤 문제에 대한 해결책을 제안할 때마다 우리는 그것을 방어하려 하지 말고 최선을 다해 그것을 뒤집어엎기 위해 애써야 한다"는 포퍼의 주장은 강한 규범적 요소를 함축하고 있다.

사진1 | **60세의 포퍼**

이 장에서는 포퍼의 반증주의 과학관, 라카토슈의 연구프로그램의 방법론, 파이어아벤트의 인식론적 아나키즘을 공부하게 될 것이다. 이들은 런던 정경대학에서 만나 서로 영향을 주고받았다. 포퍼는 라카토슈의 멘토 역할을 하였으며, 같이 런던 정경대학의 교수로 재직하였다. 파이어아벤트는 1950년대에 포퍼와 함께 연구를 하였으며, 라카토슈와도 지적으로, 인간적으로 긴밀한 관계를 유지하였다. 파이어아벤트는 포퍼의 『열린 사회와 그 적들』(1945)을 독일어로 번역하였고, 라카토슈와 공동저술을 기획하기도 하였다. 그러나 라카토슈의 갑작스러운 죽음으로 이 기획은 완성되지 못했다. 파이어아벤트는 단독으로 『반 방법』(1975)을 출간하여 유명해졌다. 포퍼, 라카토슈, 파이어아벤트의 흥미로운 공통점 가운데 하나는 모두 과학철학과 정치적인 문제가 밀접히 연관되어 있다고 믿었던 것이다. 이런 철학적 입장 때문에 실제 정치나 문화에 대해서도 서슴없이 발언하였다.

2. 포퍼의 과학관

1) 포퍼와 논리실증주의

20세기 철학사에 위대한 자취를 남기고 1994년 9월 14일 세상을 떠난 포퍼는 1902년 7월 28일 오스트리아의 빈에서 음악과 책으로 가득찬 매우 교양 있는 집안에서 태어났다. 그의 부모는 유대교 신앙을 포기한 유대인이었다. 1만여 권의 책을 보유한 아버지는 저술가이면서 사회개혁가였으며 철학에도 많은 관심을 가지고 있었다.

사진2 | **하이에크와 함께(1982)**

포퍼는 노벨 경제학상을 받은 자유주의 철학자인 하이에크와도 긴밀한 관계를 유지하였다. 하이에크는 1930년대 자신의 런던 세미나에 포퍼를 초청하였으며, 뒤에 포퍼가 런던 대학 교수가 되는 데도 결정적인 도움을 주었다. 포퍼가 『열린 사회와 그 적들』을 출간할 출판사를 찾지 못해 쩔쩔매고 있을 때 출판사를 주선해 준 사람도 바로 하이에크였다. 포퍼는 1944년 하이에크에게 보낸 편지에서 "알프레드 타르스키를 제외하면, 나에게 가장 큰 가르침을 준 사람은 바로 당신이다."라고 썼다. 포퍼는 그의 『추측과 논박』을 하이에크에게 헌정하였으며, 하이에크는 『철학, 정치학, 경제학에 대한 연구』를 포퍼에게 헌정하였다. 하이에크는 1982년에 "1934년에 포퍼의 『탐구의 논리』가 출간된 이후로 나는 그의 과학 방법론을 전적으로 신뢰해 왔다"라고 했다.

포퍼는 독창적이고 명석하고 심오한 철학자로 평가되고 있다. 포퍼는 자연, 과학, 철학의 전문적인 논의와 더불어 일반인들의 폭넓은 주목을 받은 교육, 정치, 사회 사상을 제시하였다는 점에서 20세기의 탁월한 사상가라 할 수 있다. 철학자는 "인간과 관련된 모든 문제"에 관심을 가지고 사유해야 한다는 그의 철학관에 충실하여 90 평생 동안 폭넓은 사상을 전개하였다. 그는 학문적 관심이 넓은 철학자는 심오하지 못하고, 전문적인 문제에만 천착한 철학자는 사유의 폭이 협소할 수밖에 없다는 현대 철학자들의 폭과 깊이의 딜레마를 극복한 위대한 사상가다. 포퍼는 인식론과 과학철학에서 두 가지 근본 문제라고 생각한 "구획 기준의 문제"와 "귀납의 문제"를 모두 해결하였다.

포퍼는 비엔나 모임을 주도한 학자들과 사적인 관계를 맺긴 하였지만 그의 입장은 그들과 달랐다. 그는 실증주의자로 불리워지는 것을 좋아하지 않았다. 크라프트의 지적처럼 "포퍼는 비엔나 모임에 속한 적도 없고, 그 모임에 참석하지도 않았지만, 그 모임 밖에 있었다고도 할 수 없다." 포퍼는 자서전에서 자신의 입장이 논리실증주의자들의 철학에 영향을 주었다는 주장을 하고 있다. 파이글은 포퍼 생각의 중요성과 혁명성을 인정하고 그의 논문들을 책으로 출판할 것을 권고하기도 하였다.

사진3 | **1973년의 포퍼**

과학철학자로서 포퍼의 명성을 높여준 『탐구의 논리』에서 그는 논리실증주의의 학문적 노선에 대해서 동의하지 않았다. 노이라트는 포퍼를 논리실증주의의 '공식적 반대자'라고 불렀다. 포퍼는 귀납의 이념과 검증 사이에는 실제적인 차이가 없으며, 과학은 귀납적이 아니며, 귀납은 흄이 그 정체를 폭로한 하나의 신화에 불과하다고 생각하기 때문이다.

논리실증주의는 검증가능성을 의미 기준으로 내세워 검증불가능한 언명을 무의미한 언명으로 분류하였다. 그들은 이 기준을 사용하여 과학은 의미 있는 언명으로, 형이상학이나 윤리학의 명제들은 무의미한 언명으로 분류하려고 하였다. 경험적인 내용을 담고 있는 명제 가운데 과학적인 언명만이 검증가능한 언명이기 때문에 유의미하다는 관점이다. 포퍼는 검증주의자들이 받아들이고 있는 논리학의 구조 안에서 이러한 기준을 적용하는 것은 대단히 어렵다는 사실을 지적하였다. 과학 법칙은 보편 언명이고 이 언명이 언급하는 영역은 시공간적으로 무한하기 때문이다. 보편 언명을 지지하는 언명을 아무리 많이 모은다 하더라도 그 언명들은 검증을 위해서는 충분하지 못하다. 흰 백조를 아무리 많이 관찰하였다고 할지라도 "모든 백조는 희다"라는 보편 언명은 정당화되지 않는다. 자연 법칙은 보편 언명이며, 관찰 결과를 보고하는 언명은 단칭 언명이기 때문에 무수히 많은 단칭 언명을 수집하였다고 할지라도 보편 언명이 논리적으로 정당하다고 할 수 없다.

포퍼는 검증가능성 대신에 반증가능성을 제시하였다. 가설은 단칭 언명에 의해 검증될 수는 없지만 반증될 수는 있다는 점에 착안한 것이다. "희지 않은 한 마리의 백조"를 관찰하였다면 "모든 백조는 희다"는 언명은 거짓이 된다. 포퍼는 '반증가능성'을 과학과 과학 아닌 것을 구분하는 구획(demarcation) 기준으로 제시하였다. 그의 구획 기준은 의미 기준이 아니라 단지 과학과 비과학을 구분하는 기준이다.

포퍼는 논리실증주의의 의미 기준은 귀납적 과학관의 연장이라고 보고 귀납법에 대한 비판과 동일한 맥락에서 그것을 비판한다. 논리실증주의는 흄이 제기한 '귀납의 문제'를 받아들이지만 여전히 귀납법이 과학의 방법으로 유용하다고 믿기 때문에 귀납법의 전통 위에 있다고 볼 수 있기 때문이다.

2) 반귀납주의

포퍼의 관점에 따르면 과학자들의 과제는 가설을 제시하고 테스트하는 것이다. 이러한 과정에 대한 연구가 '과학적 발견의 논리' 곧 '과학의 방법'에 대한 연구이며, 과학적 지식의 성장에 대한 연구이다. 이 문제는 '과학이 무엇이며', "경험 과학에 속한 언명(이론들, 가설들)과 다른 언명 특히 사이비 과학적 언명, 전과학적 언명, 형이상학적 언명, 수학과 논리학의 언명을 구별하는 기준"인 구획 기준의 문제와 밀접히 연결되어 있다.

포퍼는 이러한 물음에 대해 모범 답안을 제시해 온 전통적인 귀납주의 과학관을 전면적으로 부정하면서 자신의 논의를 시작한다. 포퍼에 따르면 귀납주의 과학관은 과학을 '귀납적 방법'으로 특징 지울 수 있다고 주장하였지만, '귀납적 방법'은 하나의 신화에 불과하며 과학자들은 귀납적 방법을 전혀 사용하지 않을 뿐 아니라 귀납적 방법은 많은 논리적 문제를 안고 있기 때문에 결코 정당한 방법이 될 수 없다는 사실이 밝혀지게 되었다.

과학자들과 일반인들이 과학의 징표로 생각해온 귀납적 방법을 과감하게 부정하고 완전히 새로운 눈으로 과학을 해석할 수 있는 통찰을 부여한 개념이 바로 '반증가능성'이다. 반증가능성은 포퍼 철학에서 가장 핵심적인 개념이다. 포퍼는 '반증가능성'이라는 개념을 사용하여 그가 인식론의 근본 문제로 설정한 '귀납의 문제'와 '구획 기준의 문제'를 해결하고 추측과 반박을 새로운 과학의 방법으로 제시하였다. 과학은 추측과 반박을 통해 끊임없이 진리에 접근한다는 지식의 성장 이론은 반증주의 과학 이론의 당연한 결론이라 할 수 있다.

3) 구획 기준의 문제

과학과 비과학을 구별할 수 있는 기준의 문제가 '구획 기준의 문제'이다. 포퍼는 한 명제가 반증가능한 경우 그 명제는 경험 과학에 속한다고 말한다. 그러나 이 문제는 진리의 문제와 무관하다. 그는 "구획의 문제는 더욱더 중요한 문제인 진리의 문제와 구별된다. 거짓으로 밝혀진 이론도 거짓으로 밝혀졌음에도 불구하고 경험적 가설, 과학적 가설의 성격을 지닐 수 있다."라고 하였다. 반증가능성은 가설이 진리인가 그렇지 않은가와는 무관하다.

포퍼는 반증가능성은 논리적 반증가능성임을 강조하고 있다. 반증가능성은 명제의 논리적 구조와 관계가 있을 뿐이다. 구획 기준으로서 반증가능성은 반증이 실제로 행해질 수 있거나 혹은 행해지는 경우 반증이 아무런 문제가 없어야 한다는 사실을 의미하지는 않는다. 그는 "나의 기준에 따르면 한 언명 혹은 이론은 적어도 하나의 잠재적 반증가능자, 곧 적어도 그 언명과 논리적으로 상충할 수 있는 가능한 기초 언명이 존재하는 경우 오직 그러한 경우에 한해서 반증가능하다. 관련된 기초 언명이 참임을 요구하지 않는 것이 대단히 중요하다."고 말한다.

"모든 백조는 희다"와 같은 명제는 반증가능하다. 희지 않은 백조가 존재할 수 있기 때문이다. 그러나 "모든 인간의 행동은 자기 이익에서 나온 이기적 행동이다"와 같은 언명은 반증이 불가능하다. 이러한 주장은 심리학, 지식 사회학, 종교학에서 널리 주장되고 있지만, 어떤 이타적인 행동도 그 행동 뒤에는 이기적 동기가 존재한다는 견해를 반박할 수 없기 때문이다.

포퍼는 반증가능성에 의해 과학과 비과학을 구별할 수 있다고 주장하였다. 과학과 과학 아닌 것을 구별할 수 있는 기준이 있다면 이 기준을 사용하여 우리는 과학과 사이비 과학을 구별할 수 있기 때문에 포퍼의 이러한 제안은 대단히 매력적이다. 과학을 높이 평가하는 시대 정신에 편승하여 저마다 자신의 주장이 과학적이라 주장하는 상황에서 구획 기준이 있다면 이것을 사용하여 사이비 과학의 기만을 폭로할 수 있기 때문이다. 포퍼가 구획 기준에 관심을 갖게 된 배경에도 이러한 의도가 도사리고 있었다. 그 당시 과학을 표방하고 나온 정신분석학과 마르크스주의가 비과학적임을 입증하려는 의도를 가지고 있었다. 그는 이 두 이론에 대해 어느 정도 적대감을 가지고 있었다. 아들러주의자들은 순종하는 아들과 반항하는 아들 모두를 오이디푸스 콤플렉스로 설명하려고 하였다. 포퍼는 아들러의 이론은 반증불가능하기 때문에 비과학적이라는 결론을 내렸다. 마르크스주의도 이와 상황이 조금 다르긴 하지만 여전히 비과학으로 분류될 수밖에 없다. 마르크스는 많은 예측을 하였지만 그 예측은 맞지 않았다. 그럼에도 불구하고 마르크스주의자들은 결정적인 반증을 피하면서 변명을 늘어놓았다. 포퍼는 과학으로 위장하여 학문적인 위상을 높이려 한 이론들의 정체를 폭로하였다.

4) 포퍼의 합리주의

포퍼는 과학의 합리성의 근거를 비판과 토론에서 찾음으로써 합리성의 개념을 바꾸어 놓았다. 포퍼의 합리성에 대한 새로운 개념은 과학의 영역을 넘어 철학 전반에 확대 적용될 수 있으며, 근본적으로는 철학의 방법이라고도 할 수 있다. 그는 '합리적 태도'와 '비판적 태도'를 동일하게 본다. 철학과 과학에 방법이 존재한다면 그것은 합리적 토론의 방법이며, 이 방법은 "문제를 분명히 진술하고 그에 대해 제출된 다양한 해답들을 비판적으로 검토하는 것이다."그는 '합리주의자가 된다'는 것이 의미하는 바를 다음과 같이 명쾌하게 이야기한다.

> "나는 합리주의자이다. 내가 의미하는 합리주의자는 세계를 이해하려고 하고, 다른 사람과 논쟁을 통해 배우려고 하는 사람이다. …… '다른 사람과 논쟁한다'는 말의 의미는 다른 사람을 비판하고 그들을 비판에 끌어들이고 그 비판으로부터 배우려고 한다는 사실을 의미한다. 논쟁의 기술은 싸움의 특수한 형태이다. 논쟁은 칼 대신 말을 통한 싸움이고, 세계에 대한 진리에 가까이 가려는 관심에 의해 격려된다."

흔히 말하는 과학의 방법이란 바로 이러한 종류의 비판에 지나지 않는다는 것이다. 과학 이론은 단지 비판받을 수 있다는 사실에 의해, 비판의 빛 아래에서 수정될 수 있다는 사실에 의해 신화와 구별되고 비과학과 구별된다. 합리주의에 대한 이러한 관점을 그는 '열린 사회론'으로 응용하여 사회 철학에까지 확대하였다. 비판과 토론의 방법은 폭력이 아닌 이성을 통해 우리가 더 살기 좋은 사회를 만들어 갈 수 있다는 점진적 사회 공학의 이론적 근거가 된다.

포퍼는 "과학 또는 철학으로 나아가는 길은 하나뿐이다. 문제와 만나고, 그 아름다움을 찾아내고, 그 문제와 사랑에 빠져라. 만일 더 매혹적인 문제와 만나게 되지 않거나 그 문제가 해결되지 않았다면, 죽음이 그 문제와 당신을 갈라놓을 때까지 그 문제와 결혼하고 행복하게 살아라"라고 하였다.

주례사 같은 이 말은 철학과 과학에 대한 그의 생각의 핵심을 잘 보여주고 있다. 포퍼의 말에는 전문적인 과학자나 철학자뿐 아니라 합리적이고, 철학적인 삶을 살려는 평범한 사람들이 잊지 말아야 할 조언이 들어 있다. 철학의 시작은 진정으로 해결해야 할 자기 자신의 문제를 가지고 진지하게 해결하려고 노력하는 데서 출발한다. 우리가 위대한 철학자로 존경하는 사람은 많은 사람의 관심을 끌 수 있는 흥미진진한 문제를 가지고 사유하면서 해결하려고 노력한 사람인지도 모른다. 그러나 모든 사람이 위대한 철학자는 될 수 없을지라도 철학하면서 살 수 있다는 사실을 포퍼는 우리에게 거듭 일깨어 주고 있다. 비판은 타인을 향한 것이 아니라 자기 자신을 향한 것이며, 합리성은 남을 판단하는 기준이 아니라 자기 자신을 판단하는 기준이어야 한다는 사실도 함께 기억해야 할 것이다.

3. 라카토슈의 과학철학

1) 라카토슈의 삶과 과학의 합리성

1974년 2월 2일 임레 라카토슈의 죽음은 그를 아는 모든 사람들에게 안타까움을 안겨 주었다. 라카토슈는 학문적으로 뛰어난 업적을 남겼을 뿐만 아니라 인간적으로 존경받는 사람이었다. 파이어아벤트는 그를 "예리하고 진취적인 비판의 사람이면서 인간적인 따뜻함과 발랄한 위트를 가진 사람"으로 묘사하였다. 그는 "사랑과 지적인 투쟁의 사람이었다." 라카토슈의 관심은 수학, 논리학, 정치학, 과학사와 과학철학에 걸쳐 있었다. 그는 특히 과학철학의 발전에 중요한 기여를 하였다. 그의 학문적 관심을 집약한 개념은 바로 합리성이다. 그는 과학의 전 영역에 걸쳐 합리성을 추구하였다. 그는 과학 지식의 역사적 전개 과정에서 합리성을 발견하였다. 그러나 그는 모든 곳에서 합리성이 위협당하고 있는 것을 보았다.

그는 포퍼와 같이 학문적으로 과학의 합리성을 옹호하려고 하였다. 그의 글에도 잘 나타나 있듯이 과학의 합리성은 강단 철학의 문제만은 아니다. 과학의 합리성은 정치와 사회, 경제를 비롯한 인간 생활 전반에 걸쳐 영향을 미친다. 라카토슈는 극적인 체험을 통해 이러한 사실을 뼈저리게 느끼고 있었다. 적어도 그에게 합리성을 지키는 것은 인간의 존엄성을 지키는 것이었다. 특히 그는 구체적인 체험을 통해 권위주의적인 정부가 정치적으로 과학자와 철학자를 간섭할 때 발생하는 위험성을 알고 있었다. 몸으로 부딪쳐 어려운 역사를 살았던 그는 시대의 비극을 합리성의 이론으로 승화시켰다. 바로 이러한 사실 때문에 그의 과학철학에는 인간적인 체취와 인간에 대한 애정이 스며 있다.

사진4 | **라카토슈**

라카토슈는 1922년 11월 9일 헝가리에서 태어났다. 그의 아버지는 독실한 유대교도로서 유대의 안식일을 철저하게 지켰다. 라카토슈는 1932년 과학을 강조하는 유대교의 중등학교에 입학하였다. 그의 어머니와 할머니를 포함하여 많은 가족과 친구들은 아우슈비츠 수용소에서 사망하였다. 그 후 그는 캘빈주의로 개종하였다. 친구의 증언에 따르면 라카토슈는 완전한 헝가리 사람이 되기 위해 그렇게 하였다. 라카토슈는 캘빈주의를 헝가리 기독교로 생각하였다.

나치의 점령 이전에 라카토슈는 대학에서 수학, 물리학, 철학을 공부하였다. 대학 시절에 좌익의 정치운동에도 참여하였다. 1947년에는 '고등 교육의 민주적 개혁'을 주도한 교육부 장관의 비서를 하였으며, 그는 루카치의 연구 학생이기도 하였다. 라카토슈는 1949년에 모스코바 대학을 방문하였다. 1950년 봄에 귀국하자마자 '수정주의자'로 낙인 찍혀 투옥되었다. 1년의 독방 감금을 포함하여 4년 동안 옥살이를 하였다. 그가 왜 투옥되었는가에 대한 정확한 이유는 밝혀지지 않았다.

석방되어 라카토슈는 대학으로 돌아갔다. 1954년과 1956년에 걸쳐 수학자 Alfred Rnyi의 지도로 확률론과 측정 이론을 연구하였다. 이때 그는 마르크스 사상에 대해 의심을 품기 시작하였다. 1956년에는 "마르크스주의란 무엇인가?"라는 질문을 계속해서 던졌다. 그해 10월 23일부터 소련에 반대하는 데모는 13일 동안의 혁명을 일으켰다. 이 때 많은 위원회와 단체가 결성되었다. 10월 30일에 '헝가리 과학아카데미 국가위원회'가 결성되어 같은 날 선언문을 발표하였다. 라카토슈는 두 사람과 함께 선언문 기초에 참여하였다. 이 선언문은 전세계 학술기관과 과학자들에게 헝가리 봉기에 대한 지지를 호소하였다. 이 선언문은 "과학의 진정한 자유를 지지하며, 과학자는 다른 권위가 아니라 그들 자신의 과학적인 정직성을 따라야 한다"라고 주장하였다. 또한 정치 권력과 모든 형태의 정치적, 윤리적 압력으로부터 학문의 자유를 주장하였다.

이 선언문이 있고 일주일이 지나 혁명은 소련군에 의해 진압되었으며, 모스코바 꼭두각시 정부가 수립되었다. 1956년 11월 25일에 라카토슈는 헝가리를 떠나 비엔나로 탈출하였다. 1957년 록펠서 장학금으로 캠브리지 킹스칼리지에 입학하였다. 그곳에서 그는 R.B. Brathwaite의 지도로 박사학위 논문 "Essays in the Logic of Mathematical Discovery"를 준비하였다. 이 논문은 뒤에 『증명과 논박』으로 출판되었다. 1960년 학위를 취득한 뒤에 런던 정경 대학에 있는 포퍼를 만났다. 1969년에 이 대학의 논리학 교수로 임용되었다. 이 때부터 그의 철학적 관심은 과학철학으로 확장되었으며, '과학적 연구 프로그램의 방법론'을 발전시켰다. 그의 헝가리에서의 정치 경험은 그로 하여금 대학 자율성의 원칙을 고수하게 하였다. 그의 이러한 입장은 '과학적 연구 프로그램의 방법론'에서 합리성 옹호로 나타났다.

2) 합리성이란 무엇인가

라카토슈의 '과학적 연구 프로그램의 방법론'은 쿤 이후 새로운 과학철학으로 자리잡은 비합리주의를 비판하고 새로운 과학의 합리성을 제시하였다. 라카토슈는 과학에서의 이론 선택의 문제와 관련하여 매우 제한된 의미를 갖는 과학의 '합리성'을 논의하였다. 그에 있어서 '합리성'의 문제는 경합하고 있는 이론들 사이의 비교와 선택을 가능하게 해 주는 일반적인 원리가 존재하는가 하는 문제와 동일하다. 합리주의에 의하면 경합하는 두 이론이 나타나게 될 때, 어떤 일반적인 원리나 기준에 준하여 과학자들은 한 이론이 다른 이론보다 우월하다는 판단을 하여 그 이론을 선택하게 된다.

그러나 상대주의에 의하면 다른 이론과 비교하여 한 이론의 우월성을 평가할 수 있는 보편적이고 시간의 매임을 받지 않는 기준은 존재하지 않는다. 한 과학 이론을 좋은 것 또는 나쁜 것으로 판단하는 기준은 개인이나 사회에 따라 변하게 되며, 개인이나 집단이 무엇을 가치 있는 것으로 평가하는가에 따라 과학을 탐구하는 목적도 달라지게 된다. 곧 상대주의에 따르면 이론의 장점을 평가하는 기준은 개인과 사회에 따라 다르다.

라카토슈는 과학사의 연구를 통해 쿤이 도달한 패러다임과 관련된 기본적인 주장을 적극적으로 수용하면서 과학사와 과학의 합리성을 함께 인정할 수 있는 방법론으로 '과학적 연구 프로그램의 방법론'을 제시하였다. 라카토슈는 "나의 '연구 프로그램'이라는 개념은 쿤이 제시한 패러다임의 사회, 심리적인 개념을 객관적으로, '제3세계적으로' 재구성한 것으로 해석될 수 있다."라고 말한다. "과학의 역사가 결여된 과학철학은 내용이 없고 과학철학이 없는 과학의 역사는 맹목이다"라는 라카토슈의 주장은 합리성(과학철학)과 과학의 역사를 긴밀하게 연결시키는 방법론의 탐구가 자신의 목적임을 잘 나타내주고 있다.

라카토슈는 반증주의의 문제점에서 출발한다. 반증주의에 따르면 이론과 관찰이 서로 모순되는 경우, 폐기되어야 하는 것은 관찰이 아니라 이론이다. 과학자들이 독단의 단잠에 빠져 반증과 비판을 피하려고만 한다면, 이는 과학의 성장을 저해하고 나아가 지식의 진보를 가로막는 요소가 된다. 따라서 과학자들은 항상 이론이 안고 있는 약점을 찾아내어 이를 제거하려고 노력해야 한다.

그러나 실제로 우리는 이론과 관찰이 모순된 경우 관찰 언명이 폐기되고 그 관찰 언명과 모순된 이론이 유지된 사례를 과학사에서 얼마든지 찾아볼 수 있다. 다시 말해서 과학사의 관점에서 보면 어떤 이론이 반증 또는 반박됨에 의해 곧 폐기되지 않는다는 점을 주시하지 않으면 안 된다. 이러한 역사적 사실은 반증주의의 과학관에 대한 결정적인 도전이 된다. 반증주의가 제시한 과학론을 과학자들이 한치도 어긋남 없이 지켰다고 한다면 일반적으로 전형적인 과학 이론으로 받아들여져 온 그러한 이론들은 그것이 제시되자마자 폐기되어 버렸을 것이다. 뉴턴의 중력 이론도 나온 지 얼마되지 않아 달의 궤도에 대한 관찰에 의해 반증되었지만 그 이론은 포기되지 않았으며 이후에도 그의 이론과 모순되는 관찰 사례가 많이 발견되었지만 이러한 이유를 들어 과학자들이 뉴턴의 이론을 버리지는 않았다. 많은 반증 사례에도 불구하고 뉴턴의 이론이 폐기되지 않은 것은 과학의 발전을 위해 매우 다행스러운 일이었다고 말할 수 있다. 뉴턴의 이론뿐 아니라 보어의 원자론, 동력학 이론, 코페르니쿠스의 이론에도 이와 동일한 현상이 일어났다.

라카토슈는 쿤이 '정상 과학 안에서의 과학자의 활동'이라고 말한 것이 실제 과학의 역사와 일치함을 인정하고 이 비판이 타당함을 받아들이고 있다. 과학의 역사를 연구해 보면 모든 이론은 예외적인 '변칙 사례'를 가지고 있으며, 과학자들은 이러한 변칙 사례에 대해서 조금도 마음을 쓰지 않음을 알 수 있다는 것이다. 라카토슈는 은유적으로 "이론은 '변칙 사례'의 바다에 잠겨 있다"라고 말한다. 라카토슈는 반증주의의 반증에 대한 설명은 실제 과학의 역사와 일치하지 않는다는 치명적인 난점을 극복하기 위해 '반증'은 단일 이론과 실험 양자의 대결에서 성립하는 것이 아니라 경쟁하는 이론들과 실험의 3자 사이에서 일어난다고 하는 새로운 해석을 제시하고 있다.

반증주의자는 이론을 반증하는 사례가 나타나면 그 이론이 즉각적으로 폐기된다고 생각했지만 라카토슈는 이론을 반박하는 수많은 변칙 사례가 나타난다고 해도 그 이론을 대신할 수 있는 새로운 이론이 나타나기 전에는 폐기되지 않는다고 주장한다. 그의 이러한 입장은 반증주의에 대한 쿤의 비판을 수용한 결과라고 볼 수 있으며 이는 곧 반증의 과정에 역사성을 부여하는 것이 된다.

3) 연구 프로그램

라카토슈는 포퍼의 반증주의와 쿤의 역사주의적 과학관을 비판적으로 계승하면서 그의 '과학적 연구 프로그램의 방법론'을 발전시켰다. '연구 프로그램'은 방법론적인 규칙으로 구성되어 있다. 이 방법론적 규칙은 연구자들이 무엇을 피해야 하는가를 지시해 주는 부정적인 발견법과 무엇을 추구해야 하는가를 지시해 주는 긍정적인 발견법으로 구성되어 있다.

바꾸어 말하자면 한 연구 프로그램의 부정적인 발견법은 그 프로그램의 기본 전제, 곧 견고한 핵은 반증되거나 수정될 수 없다는 규정을 포함하고 있다. 모든 연구 프로그램은 견고한 핵으로 특징지어진다. 코페르니쿠스의 천문학에 있어서 견고한 핵은 지구와 행성은 고정된 태양을 중심으로 회전하고, 지구는 지축을 중심으로 하루에 한 번 자전한다고 하는 가정이다. 뉴턴 물리학의 견고한 핵은 뉴턴의 세 가지 운동 법칙과 만유 인력의 법칙이며, 마르쿠스 유물론의 견고한 핵은 사회 변화는 계급 투쟁에 의해 일어난다는 가정과 계급의 본질과 투쟁의 자세한 사항들은 궁극적으로 경제적 토대에 의해 결정된다는 가정이다.

부정적인 발견법은 견고한 핵에 부정식의 적용을 금지한다. 뉴턴의 프로그램에 있어서 부정적인 발견법은 뉴턴의 세 가지 운동 법칙에 부정식을 적용하는 것을 금지하고 있다. "이 견고한 핵은 지지자들의 방법론적 결단에 의해 반증 불가능한 것으로 받아들여진다." 견고한 핵과 일치하지 않는 경험적인 사실이 발견된다고 할지라도 이를 근거로 해서 견고한 핵을 부정하려고 해서는 안 된다. 그 대신 연구자들은 그 프로그램의 견고한 핵을 방어하기 위해 노력을 기울여야 한다. 반증으로부터 프로그램을 보호하기 위해 보조 가설의 '대(帶)'를 만들어야 한다. 기존의 보조 가설을 가다듬거나 새로운 보조 가설을 만들어 내어 견고한 핵을 반증에서 보호해야 한다. 견고한 핵은 항상 보조 가설의 보호대(保護帶)에 의해 보호를 받는다. 뉴턴의 중력 이론이 처음 제시되었을 때 이 이론을 반박하는 많은 이상 사례, 곧 반례가 생겨 이 반례를 뒷받침하는 관찰 이론이 나타나기는 했지만 뉴턴 물리학자들은 끈질긴 고집과 재능을 발휘하여 이 반례들을 뉴턴 이론을 뒷받침하는 입증 사례로 바꾸어 나갔다.

실험에 의해 실제로 부정되고 수정되는 것은 견고한 핵이 아니라 보호대이다. 과학자들은 보조 가설의 보호대에 대해서만 부정식을 적용할 수 있으며, 보호대만이 실험의 대상이 될 수 있다. 실험의 결과가 부정적일 때 과학자는 보호대를 고쳐 견고한 핵을 보호해야 한다. 라카토슈는 "견고한 핵을 지키기 위해 테스트와 정면으로 맞서서 수정되고 또 재수정되거나 또는 완전히 대체되어야 하는 것은 보조 가설의 보호대이다"라고 말한다.

라카토슈는 세련된 반증주의의 관점에서 '반증'과 '구획 기준'을 재해석하면서 이러한 재해석과 일치하는 '과학적 연구 프로그램의 방법론'을 제시하였으며, 이 방법론은 그간에 행해진 과학사 연구를 긍정적으로 수용하면서 과학의 합리성을 지지할 수 있는 토대를 제공하였다.

4. 파이어아벤트의 과학론

1) 학문적 이력

파이어아벤트는 신화적 세계관과 현대 과학의 세계관이 인식론적인 측면에서 조금도 다를 바가 없다고 주장한다. 원시 종교의 마술이나 신화와 비교해서 과학의 지적 우월성은 확인될 수 없다는 것이다. 현대 사회에서 과학의 역할은 중세 유럽에서 기독교가 담당하였던 역할과 유사하며, 과학에 대한 현대인의 신뢰는 일종의 종교 형태를 띠고 있다는 것이다. 그는 과학은 본질적으로 아나키즘적 작업이라고 천명한다. '인식론적 무정부

사진5 | **파이어아벤트**

주의' 구체적으로 말하면 '방법론적인 무정부주의'를 표방하고 있는 파이어아벤트는 1924년 오스트리아 빈에서 태어났다. 고등학교를 졸업한 뒤 그는 한때 오페라를 공부하였으며 2차 세계대전 당시에는 장교로 군복무를 하였다. 1945년 러시아 전선에서 후퇴하면서 등뼈 아래 부분에 총상을 입어 심하게 절름거렸다. 전쟁 후에 그는 연극을 공부하였다. 당시 대부분의 연극은 나치 점령하에서 행해진 지하 저항 운동을 소재로 삼고 있었는데, 이데올로기적인 요소를 지니고 있었다는 측면에서 선전만을 일삼은 초기의 나치 연극과 다를 바가 없었다고 그는 회고하고 있다.

파이어아벤트는 1947년 역사, 물리학, 천문학 등을 공부하기 위해 빈 대학에 입학하였다. 전쟁 전 '비엔나 모임' 회원이었던 빅터 크라프트와 함께 철학에 몰두한 그는 많은 정치적 토론에 참석하였고, 형식 논리학의 한계를 깨달았다. 1951년 박사학위를 받은 뒤 영국으로 건너간 그는 비트겐슈타인이 서거한 뒤였기 때문에 포퍼의 제자가 되었다. 처음에는 포퍼의 사상을 존경하였지만 뒤에 포퍼의 반증주의 과학관을 철저하게 비판하였다.

그는 여러 대학을 옮겨 다니며 강의하였다. 말년에는 버클리 대학과 취리히 기술 연구소에서 강의하였다. 그는 여러 차례 결혼과 이혼을 거듭하다가 1989년에 그라지아(Grazia)와 결혼하여 죽을 때까지 함께 살았다. 그는 아나키즘적 인식론을 인식론적으로 주장할 뿐 아니라 그것을 실제로 실천에 옮기기도 하였다. 그는 점성술사와 상담도 하며 심령 치료와 침술로 건강을 유지하였다. 그러나 그의 죽음의 원인이 된 뇌종양을 발견하고는 의사의 지시를 고분고분 따랐다고 한다. 서양 의학을 신뢰했던 것이다.

2) 이성이여 안녕

『이성이여 안녕』은 1987년에 출판된 그의 책 제목이다. 이는 이성 중심, 과학 중심의 근대 이후 서구 세계관에 대한 일종의 선전 포고이며, 과학이 가장 신뢰할 만한 지식이라는 상식에 대한 강력한 도전이다. 과학이 신화나 미신, 점성술과 비교해서 결코 우월한 지식일 수 없다는 파이어아벤트의 결론은 고유한 과학적 방법이 존재하지 않는다는 통찰에 근거하고 있다. 그는 과학 철학자들이 지금까지 제시해 온 방법들이 하나같이 성공하지 못했다고 주장한다. 귀납주의, 반증주의가 주장한 과학 방법론은 과학의 실제 역사와 일치하지 않는다는 것이다. 그는 과학사의 실례를 들어 유일한 과학 방법론이 존재한다는 입장을 논박한다. 과학은 논리적 성격을 지닌 지식이 아니라 역사적 성격을 지닌 지식이기 때문에 몇 가지 규칙으로 설명될 수 있을 정도로 그렇게 단순하지 않다는 것이다. 그는 과학이 몇 가지 규칙에 의해 설명될 수 있다는 생각은 바람직하지도 않을 뿐만 아니라 현실적이지도 못하다고 말한다. 따라서 채택할 수 있는 유일한 과학적 방법은 '어떻게 해도 좋다(Anything goes)'는 것이다. 그의 주장에 따르면 '어떻게 해도 좋다'라는 태도를 견지하게 되면 획일성을 벗어나 다양성을 인정할 수 있게 된다. 과학은 고유한 방법에 의해 진행된다는 '방법의 단일성'은 과학적 지식만이 참된 지식이라는 '지식의 획일성'을 수반하고, 이러한 지식의 획일성은 '문화의 획일성'을 수반하기 때문에 인간의 창조성과 인간성의 상실을 결과한다는 것이다. 파이어아벤트가 그의 전체 저술을 통해 옹호하는 테제는 "다양성은 유익하지만 획일성은 우리의 즐거움을 빼앗아 가고, 지적 정서적 자원을 고갈시킨다."는 것이다. 그는 '어떻게 해도 좋다'라는 아나키즘으로부터 일련의 정치적 주장을 이끌어 내고 있다.

현대 과학은 결코 신성 불가침이 아니며, 서구 사회에서 제도화된 과학도 결코 절대적 진리는 못된다는 것이다. 그에 의하면 과학은 역사적으로 변화하지 않는 고정된 방법을 가지고 있는 비역사적인 불변적 진리가 아니라 세계를 보는 여러 가지 방법 가운데 하나로 이데올로기와 다를 바가 없다. 현대 의학이 동양의 한방이나 심령 치료보다 지적으로 우월하다는 생각은 서구적인 편견에 불과한 것이 된다.

3) 선전가 갈릴레오

패러다임은 서로 공약불가능하다는 쿤의 테제를 발전시킨 파이어아벤트는 과학에서 의사 결정은 정치적이고 선전적인 사건에 불과하다고 주장한다. 경합 관계에 있는 이론 사이의 싸움을 종식시킬 수 있는 요소는 선전·권위·권력뿐이라는 것이다. 엄정한 기준에 따른 이론 선택이 불가능하기 때문에 심미적 판단, 형이상학적 편견, 종교적 원망 등이 이론 선택에서 결정적인 역할을 한다. 그의 설명에 따르면 갈릴레오가 아리스토텔레스의 우주관을 부정하고 새로운 우주관을 내세웠을 때, 그 당시 사람들이 그 우주관을 받아들인 이유는 그가 라틴어가 아닌 당시 학술어로 통용되던 이탈리아어로 썼기 때문이며, 그가 설득력 있는 문체로 썼기 때문이며, 자기의 실패는 숨기고 상대방의 실패를 선전했기 때문이다. 한 마디로 말하면 그는 유능한 선전가였다는 것이 파이어아벤트의 결론이다.

따라서 국가에서 과학만을 제도적으로 장려하고 지원하는 것은 정당화될 수 없다. 과학자는 현대 사회에서 분에 넘치는 대우를 받고 있는데 그것은 잘못된 처사이다. 파이어아벤트는 과학자는 진리의 탐구자가 아니라 이념이나 기계를 매매하는 장사꾼에 불과하다는 과격한 주장을 하였다. 근대 이후 국가와 이데올로기, 국가와 교회, 국가와 신화는 주의깊게 분리되었지만, 국가와 과학은 긴밀하게 연결되었다는 진단 아래 그는 국가와 과학도 분리되어야 한다는 주장을 하고 있다. 그는 국가와 과학이 분리되고 과학이 여러 전통 가운데 하나로 여겨지고 과학뿐만이 아니라 점성술과 마술과 미신과 같은 모든 전통이 교육의 대상이 되고 권력의 중심에 접근할 수 있는 그러한 종류의 사회를 '민주적 상대주의'라고 불렀다. 그는 인식론적으로 아나키즘을 옹호하고, 정치적으로 민주적 상대주의를 지지한다.

4) 민주적 상대주의

파이어아벤트는 과학 지식만이 신뢰할 수 있는 유일한 지식이며, 이러한 지식의 확보는 과학의 방법에 의해 가능하다는 과학주의에 반대한다. 그는 과학주의가 권력과 손을 잡고 행정과 교육과 정치 등 인간 생활 전반을 규제하고 있는 현대 사회를 비판하고 있는 것이다. 그가 원하는 사회는 다양성이 허용되고 개인의 자유로운 선택이 존중받는 '민주적 상대주의 사회'이다. 그는 '자유를 증대하고 풍요로운 삶과 보람된 삶을 살려고 하는 노력'을 옹호하고 '전인적으로 발전된 인간을 길러내고 또 길러낼 수 있는 개성의 함양'을 지지한다. 이러한 측면에서 본다면 그는 밀의 자유주의적 전통을 이어 받고 있다. 과학이 제도화된 것은 자유주의적 전통에 어긋난다. 예를 들어 학교에서 과학 교육을 당연한 것으로 여기고 있는데 이는 잘못되었다는 것이다.

미국인은 그가 원하는 종교는 선택할 수 있어도, 그의 자식들이 학교에서 과학이 아닌 마술을 배워야한다는 요구는 할 수 없다. 파이어아벤트는 '국가와 교회는 분리되었지만, 국가와 과학은 분리되지 않았다.'고 말한다. 이러한 상황에서 우리가 해야 할 일은 '우리들의 조상들이 유일하게 참되다고 생각한 종교의 속박에서 우리를 해방시켰듯이 이데올로기적으로 경직된 과학의 속박에서 이 사회를 해방시키는 것'이라고 그는 말한다. 파이

사진6 | **일하는 철학자(파이어아벤트가 가장 좋아한 사진), 로마, 1992년**

어아벤트가 이상적으로 생각한 사회는 모든 지식이 동등하게 취급되는 사회이며, 그가 이상이라고 생각하는 인간은 스스로 결정을 내리고 그가 내린 결정에 따라 자신의 삶을 창조해 나가는 인간이다.

파이어아벤트의 주장은 현실을 완전히 무시한 낭만적인 목소리처럼 들리지만 과학기술이 인간의 복지에 기여하지 못하고 전쟁 무기 개발이나 보다 효과적인 살상 무기 생산을 도모하고 있는 오늘날 우리에게 많은 시사점을 던져준다. 그는 그의 주장이 갖는 세부적인 난점에도 불구하고 과학을 우상처럼 떠받드는 우리에게 신선한 충격과 반성의 계기를 만들어 주었다. 우리가 그의 이러한 주장을 검토하고, 힘이 아닌 도덕적인 가치가 우선적으로 고려되는 생활공간을 창조하게 될 때 좀더 인간적인 삶을 살 수 있을 것이다. 그러나 이러한 생활 공간은 도덕적으로 길들여진 과학 기술이 고도로 발달된 포스트 과학문명 시대에 비로소 성취될 수 있을 것으로 생각된다.

더 생각해볼 주제

—

'과학은 합리적 지식'이라는 말의 의미는 무엇인가? 왜 과학철학자들은 '과학은 합리적 지식'이라는 주장에 대해 철학적 정당화를 부여하려고 노력하였는가? 그리고 이 주장을 부정하는 과학철학자들의 입장은 무엇인가? 이 주장의 정치적 함축은 무엇인가?

더 읽어볼 거리

—

신중섭, 『포퍼와 현대의 과학철학』, 서광사, 1992.

신중섭, 「비판과 지식의 성장」, 『철학과 현실』 1995년 봄호.

이상욱 외, 『과학으로 생각한다』, 동아시아, 2007.

A.F.차머스, 신중섭·이상원 역, 『과학이란 무엇인가』, 서광사, 2003.

임레 라카토슈, 신중섭 역, 『과학적 연구프로그램의 방법론』, 아카넷, 2002.

칼 포퍼, 박우석 역, 『과학적 발견의 논리』, 고려원, 1994.

폴 파이어아벤트, 정병훈 역, 『방법에의 도전』, 한겨레, 1987.

P. Feyerabend, *Killing Time*, The University of Chicago Press, 1995.

M. Geier, *Karl Popper*, Rowohlt, 1994.

02

시공간의 철학
: 절대적 또는 상대적 관점

1. 공간, 변화의 무대

모든 것은 변한다. 헤라클레이토스의 슬로건이다. 변하는 이 모든 것들을 우리는 '자연'이라 부른다. '스스로 그러하다'는 뜻의 이 한자어는 그리스어[physis]와 라틴어[natura]에서는 '탄생'과 '생성'과 '성장'을 뜻한다. 자연이란 태어나고 자라고 소멸하는 모든 것을 가리킨다. 자연은 변화 덩어리이다. 자연철학자들은 이 변화를 기술하고 이해하고 설명하기 위해 투신했다. 변화를 지성적으로 이해하는 것이 너무 어려워, 아니 오히려 모순처럼 보여 파르메니데스와 그의 제자 제논 같은 이들은 변화 자체를 거부하기도 했다.

변화에 대한 비교적 명료한 대답은 원자주의자에게서 나왔다. 데모크리토스는 모든 변화가 단순히 원자들의 기하학적 배위(configuration)의 변화일 뿐이라고 주장했다. 원자, 허공 속에서 그것들의 위치 변화, 그에 따른 조합과 배열의 변화가 자연의 모든 것이다. 당대 주류 자연철학자들에게 거부되었던 이 발상은 17세기에 와서야 제대로 대접을 받았고 그 이후 오늘날까지 주류 견해로 군림하고 있다. 그러나 시간에 따른 공간상 위치 변화를 철저하게 이해하는 과제는 몹시 난해한 철학적 문제로 여전히 남아 있다. 시간과 공간을 이해하기 위해 우리는 무엇을 먼저 이해해야 할까? 이 개념들을 해명하고 기술하기 위해 어떤 근본 개념들을 동원해야 할까? 흐르는 것, 지속하는 것, 텅 비어 있는 것, 퍼져 있는 것 등이 시간과 공간을 이해하는 데 도움을 줄 수 있을까?

데카르트는 데모크리토스와 달리 허공을 받아들이지 않았다. 그에 따르면 연장(extension, 퍼져 있음)은 공간의 본성을 구성한다. 그런데 연장은 오직 물질만이 가지는 본질적 속성이기 때문에 물질 없이 연장을 생각하는 것은 불가능하다. 다시 말해 '물질 없는 연장'은 불가능한 개념이다. 공간은 연장이고 연장은 물질의 점유이다. 따라서 물질이 없는 곳에 연장도 없고 연장이 없는 곳에 공간도 없다. 공간은 오직 물질이 점유하고 있는 곳에만 있으며 진공이나 허공 따위는 근본적으로 불가능하다. 데카르트에게 변화는 엠페도클레스가 주장했던 것처럼 물 속 물고기의 운동과 같다. 꽉 찬 물질 속에서 다른 물질이 자리 이동을 하고 물질의 배합이 변화하는 것. 우주 공간을 거대한 유체처럼 보는 것은 현대물리학에서도 낯설지 않다.

데카르트에게 공간은 조각조각 분할할 수 있는 사물과 비슷하다. 3차원 공간에서 한 사물의 운동은 자유자재로 나누어지는 거대한 3차원 유체 속에서 상대적 자리를 바꾸는 것과 같다. 공간은 사물이 유영하는 거대한 풀장이다. 뉴턴은 데카르트의 이러한 공간 개념과 운동 개념에 반대했다. 그에게 3차원 공간은 해체할 수 없는 단단한 집이다. 이 집은 사물들이 들어올 자리를 마련해 주기 위해 텅 비어 있다. 강철처럼 튼튼한 이 텅 빈 집을 절대공간(absolute space)이라 한다. 아무 것도 없이 텅 비어 있으면서 튼튼한 구조물, 이것은 그 자체로 하나의 실체인가 아니면 무엇의 속성인가? 뉴턴에게 공간은 실체는 아니지만 실체 비슷한 것(pseudo-substance)이었다. 사물이 존재한다는 것은 어딘가에 존재하는 것인데 그 '어딘가'가 바로 절대공간이라는 곳이다. 공간은 사물의 존재 또는 신의 존재에 의존하는 무엇이다. 공간은 존재의 필연적 결과이다.

데카르트와 뉴턴의 공통점은 공간을 실재하는 것으로서, 정신과 독립된 품목으로서 이해했다는 것이다. 그러나 라이프니츠는 공간이 정신과 독립된 실재라고 생각하지 않았다. 그가 보기에 '같은 장소(same place)'라는 개념에서 '한 장소(a place)'라는 개념이 나오고, '한 장소'라는 개념에서 그 모든 장소들의 집합체로서 '공간'이라는 개념이 나온다. 그런데 그는 시시각각 변하는 세계 속에서 한 사물 또는 두 사물이 다른 시간에 같은 장소에 존재하는 것이 불가능하다고 판단했다. 사물 A가 일견 같은 장소에 있는 것처럼 보이더라도 다른 사물 가령 B의 장소가 달라졌다면 A와 B 사이의 공간적 관계가 이미 달라졌기 때문에 A는 더 이상 같은 장소에 있는 것이 아니다. 그래서 '같은 장소'라는 것은 순전히 정신의 이념적 창안물이다. '공간'은 이상적 상황에 대한 표현으로서 '한 장소'들의 다발이다. 이 점에서 '공간'도 또 하나의 거대한 이상적 상황을 표현하고 있을 뿐이다. 한편 라이프니츠는 허공을 부정했다는 점에서 데카르트와 의견을 같이했다.

2. 공간 속으로

공간은 변화 그리하여 자연을 이해하는 데 가장 필수적인 개념이다. 그러나 공간이 텅 빈 허공인지 꽉 차 있는 유체인지 아직 결론이 나지 않았다. 우리는 공간이 허공에 가깝다고 직관적으로 생각하고 있다. 사물이 존재하기 전에 허공이 먼저 존재했다고 상상하곤 한다. 여기서부터 시작해보자. 허공, 아무것도 없는 텅 빈 공간, 암흑처럼 어두운 공간,

이것은 어쩌면 상상물인지 모른다. 아무 것도 없는 텅 빈 공간이 어떻게 "존재"할 수 있는지 쉽게 이해되지 않기 때문이다. 이렇게 이해하기 어려운 허공에서부터 우리는 이야기를 시작해야 한다. 어쩔 수 없다.

암흑처럼 어두운 빈 공간에 B612라 불리는 작은 행성 하나를 던져 넣었다. B612는 아무 방해를 받지 않고 공간을 표류한다. 이 행성은 언젠가 멈출 것인가, 아니면 계속 움직일 것인가? 갈릴레이 이전 사람들은 이 행성이 한참 운동하다 기력을 다하면 언젠가 멈출 것이라고 생각했다. 그러나 갈릴레이는 사고실험을 통해 운동하던 사물이 아무 방해도 받지 않으면 계속 운동할 것이라고 결론 내렸다. 뉴턴은 이것을 제1운동법칙이라 명명했다. 이 법칙은 마치 동어반복처럼 들려 이것이 하나의 법칙이 될 수 있는지 의심스러울 정도이다. 만일 물체에 아무런 영향을 가하지 않는다면, 운동을 변화시킬 만한 아무런 원인이 없기 때문에, 결과적으로 물체의 운동은 변하지 않을 것이다.*

제1운동법칙은 그 자체로 많은 형이상학을 포함하고 있다. 무엇보다 이 법칙은 운동을 방해할 요소가 전혀 없는 빈 공간에 대한 우리의 직관을 은연중에 가정하고 있다. 우리는 B612가 공간을 표류하다가 어떤 특정 위치에서 갑자기 운동이 변하지 않을 것이라고 믿고 있다. 그러니까 빈 공간은 모든 지점에서 차별 없이 동일하다. 만일 특정 위치에 뭔가 다른 것이 있다면 B612가 바로 그 지점을 통과할 때 모종의 변화가 동반될 가능성이 있다. 우리가 그 가능성을 완전히 배재한다면, 이는 공간이 모든 지점에서 균일하다고 가정하는 것과 같다. 이 가정을 공간의 동질성(homogeneity)이라 한다.

또한 우리는 B612가 표류할 때 공간 중 특정 방향을 선호하지 않을 것이라고 가정한다. 만일 공간의 한 방향에 특별한 뭔가가 있어서 공간 자체가 편향되어 있다면, B612는 그쪽 방향을 가까이 하거나 멀리하게 될 것이다. B612가 아무 변화 없이 처음에 이동하던 방향으로 계속 이동할 것이라고 믿고 있다면, 이는 우리가 공간 자체가 특정 방향으로 왜곡되어 있지 않았다고 가정했기 때문이다. 이 가정을 공간의 등방성(isotropy)이라 한다.

---

* 물체의 운동을 변화시킬 만한 원인을 '힘'이라 하고 운동의 변화, 즉 속도의 변화를 '가속도'라 한다. 따라서 뉴턴의 제1운동법칙은 다음과 같이 기술할 수 있다. 물체에 미치는 힘이 없을 경우 그 물체의 가속도는 0이다. 물체의 외부에서 힘이 가해지지 않는 한, 물체는 혼자 힘으로 운동을 바꾸지 않으려 하는데, 현재의 운동 상태를 바꾸지 않으려는 물체의 성질을 "관성(inertia)"이라 한다. 그래서 제1운동법칙을 종종 "관성의 법칙"이라 부른다.

3. 뉴턴의 상대성이론

멈춰 있는 것과 움직이는 것은 분명히 다르다. 그러나 B612가 멈춰 있는 것이 아니라 움직이고 있다고 볼 수 있는 증거는 무엇인가? B612에 사는 어린왕자는 B612가 멈추어 있다고 판단할지 모른다. 주위에 아무 것도 없으니 B612로부터 멀어지는 사물도 없고 B612에게 가까이 다가오는 사물도 없다. B612를 흔들 만한 요소도 전혀 없으니, 전혀 미동하지 않는 B612가 사실은 운동 중이라는 것을 알 수 있는 어떠한 단서도 없다. 따라서 B612에 있는 관측자는 B612가 정지해 있다고 관측할 것이다.*

이처럼 정지와 운동은 관측자에 의존하는 것처럼 보인다. 이것을 상대성(relativity)이라 한다. 그러나 정지와 운동이 관측자에게 상대적이라 해서 정지와 운동이 전혀 구별될 수 없는 것은 아닐 것이다. 우리는 B612가 절대공간 또는 정지공간 속에서 움직이고 있다고 믿고 있다. 한편 물리학자는 자신의 물리학이 자연을 기술하는 사람에게 독립되어 있다고 확신한다. 물리학은 물리학자가 자연을 보는 위치에 상대적이지 않고, 물리학자가 자연을 보는 방향에 상대적이지 않고, 물리학자가 자연을 보는 시간에 상대적이지 않다. 사물의 운동을 기술하기 위한 관측자의 배위를 좌표계(coordinate system)라 하는데, 어떤 좌표계에서 세계를 기술하더라도 물리법칙은 동일할 것이다.

절대공간에 있는 관측자 O의 좌표계를 K라 하고 B612에 있는 관측자 O*의 좌표계를 K*라 하자. K에서 기술된 사물의 속성은 K*에서 기술된 것과 다를 수 있다. 가령 똑같은 사물이 K에서는 오른쪽에서 빠르게 다가오는 사물로 기술되지만, K*에서는 왼쪽으로 느리게 멀어지는 사물로 기술될 수 있다. 좌표계를 바꾸는 것을 좌표 변환(coordinate transformation)이라 하는데 좌표 변환은 현상을 달리 보이게 만든다. 그러나 비록 현상은 다르게 보인다 하더라도 물리법칙 자체는 좌표 변환에도 불변한다.

만일 뉴턴의 운동법칙이 보편적인 물리법칙이라면 그것은 좌표를 바꾸어도 여전히 성립해야 한다. 그래서 좌표계를 K에서 K*로 바꾸어도 힘을 받지 않는 물체는 속도가 늘어나거나 줄어들지 않는다는 사실을 관측할 수 있어야 한다. 그런데 불행히도 제1운동법칙이 성립하지 않는 좌표계가 존재한다. 좌표계 자체가 가속운동을 할 때, 그 좌표계에서는 제1운동법칙이 성립하지 않는다는 것을 관측할 수 있다. 따라서 뉴턴의 운동법칙이 물리학의 이념을 실현하는 법칙이라는 믿음을 유지하기 위해서는 모종의 교조화 과정이 필요하다. 우리는 제1운동법칙이 성립하는 좌표계를 제한하는 방식을 선택할 수 있다.

물리학자 또는 관측장치가 가속운동하지 않는 이상적인 실험실에 있을 때만 뉴턴의

---

* 여기서 관측자는 순전히 개념적인 존재이다. 이 존재는 물리세계에 전혀 영향을 주지 않는다고 가정한다.

운동법칙은 물리학의 이념을 충족할 수 있다. 가속운동하지 않는 이상적인 실험실을 관성계(inertial frame)라 하고, 관성계에 장착된 좌표계를 관성좌표계 또는 갈릴레이 좌표계라 한다. 절대공간에 대해 등속도로 움직이는 좌표계들은 모두 관성좌표계에 해당한다. 관성계라는 개념을 사용하여 물리학의 이념을 표현하면 다음과 같다. 한 관성계에서 본 물리학은 다른 관성계에서 본 물리학과 동일하다. 뉴턴의 제1운동법칙은 모든 관성계에서 똑같이 적용되며 그래서 이 법칙은 그 자체로 물리학으로 승격된다.*

비록 관측자에 따라 운동과 정지가 상대적이라 하더라도 물리법칙 자체가 관측자에 상대적인 것은 아니다. 그런데 만일 두 관측자에게 상이한 현상이 동일한 물리법칙에 의해 매개된다면, 두 현상을 연결시켜 주는 공식이 존재할 것이다. 이것을 변환 방정식(transformation equation)이라 한다. 가령 B612에 개미 한 마리가 기어간다고 해보자. 관측자 O*가 K*에서 본 개미의 속도를 υ^*라 하고, K에서 본 O*의 속도, 즉 K*의 속도를 V라 하자. 그렇다면 관측자 O가 K에서 본 개미의 속도 υ는 어떻게 될까? 간단하게 υ^*+V이다. 즉 $\upsilon=\upsilon^*+V$. 이러한 변환 방정식을 갈릴레이 변환(Galilean transformation)이라 한다.

갈릴레이 변환은 한 좌표계에서 다른 좌표계로 좌표 변환했을 때 사물들의 속성이 어떻게 달라지는지를 보여주는 방정식이다. K*에서 개미의 속도가 υ^*로 측정되었다면 K에서는 υ^*+V로 측정될 것이다. K에서 사물의 속도가 υ로 측정되었다면 K*에서는 $\upsilon-V$로 측정될 것이다. 두 관측자에게 다르게 보이는 이러한 상대성을 갈릴레이의 상대성 또는 뉴턴의 상대성이라 한다.

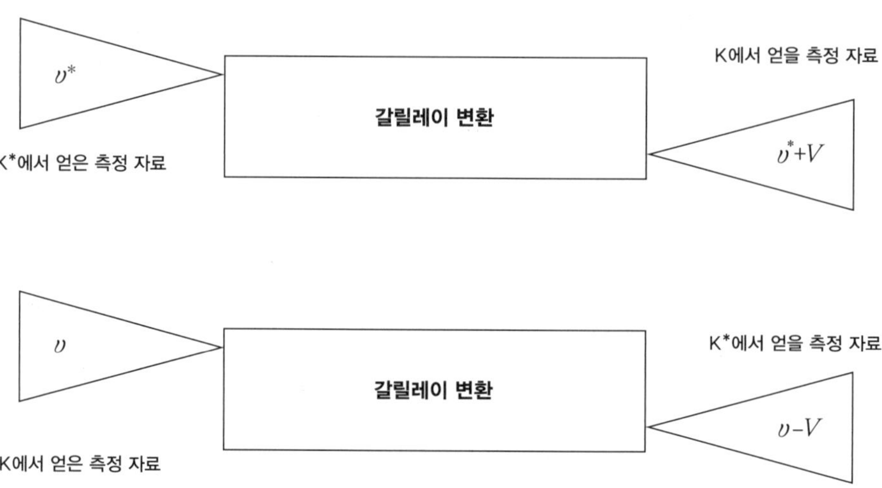

---

* 뉴턴의 제1운동법칙은 다음과 같이 달리 표현할 수 있다: 입자가 그 속에서 자연적으로 정지해 있거나 자연적으로 등속도운동하는 좌표계들이 존재한다.

이처럼 하나의 관성계에서 기술된 사물의 속성들은 다른 관성계에서 다른 값으로 변환된다. 뉴턴의 상대성이론은 이 변환의 규칙으로서 갈릴레이 변환을 받아들이는 이론이다. 그리고 이 변환 공식은 V가 상수인 한(좌표계가 가속되지 않는 한) 사물의 가속도가 좌표 변환 중에도 일정하게 보존된다는 것을 보여준다. 이 점에서 뉴턴의 물리학은 갈릴레이 변환에도 불변하는 물리량에 관한 물리학이다. 그런데 실제 현상에서 이 모든 것들이 그대로 성립할까? K에서 속도가 v인 사물은 K*에서 $v-V$로 관측될까? 그러나 실제 관측결과는 우리의 예상을 빗나갔다. 갈릴레이 변환은 관성계 간에 다르게 기술된 물리적 속성들을 연관시켜주는 규칙이 아니었다. 뉴턴의 상대성이론 나아가 뉴턴의 물리학 자체가 현상의 법정 앞에서 위기를 맞이했다.

4. 아인슈타인의 상대성이론

뉴턴의 상대성은 직관적으로 거의 타당한 것처럼 보인다. 라이프니츠 등 일부 예외를 제외하고 대부분의 철학자들이 옹호했던 이 직관에 무슨 잘못이 있을 것 같지는 않다. 그러나 우리 직관이 만든 이 안락한 체계를 단번에 전복시키는 현상이 출현했다. 그것은 빛의 속도가 광원이나 관측자의 운동에 상관없이 항상 동일하다는 사실이다. 이것은 1887년 마이컬슨(Albert Michelson)과 몰리(Edward Morley)가 예기치 않게 확인한 사실이다. 빛의 상대적 속도를 측정하려는 그들의 목표는 실패했지만, 이 실패가 너무나 위대한 나머지 아이러니컬하게도 "제2차 과학혁명"의 출발점이 되었다. 빛의 속도가 관측자에 상대적이지 않다는 사실은 기존 물리학을 근본적으로 뒤흔들었다. 특정 사물의 속도가 절대적이라니!

공간 어딘가에서 B612 방향으로 불빛을 비추었다고 생각해보자. 이 불빛은 c의 속도로 캄캄한 암흑 속으로 뻗쳐 나아갈 것이다. 만일 B612에서 이 불빛의 속도를 관측한다면 이 빛의 속도는 어떻게 될까? 갈릴레이 변환 공식에 따르면 B612에서 관측된 빛의 속도 $c^* = c - V$이다.

만일 B612가 거의 광속으로 이동하고 있다면 O*가 보기에 불빛은 저기 뒤에서 천천히 달려오는 것처럼 보일 것이다. 여하튼 V가 0이 아닌 한, c와 c^*는 분명 다른 값을 가질 것이다. 다시 말해 좌표계 K에서 기술된 빛의 속도와 좌표계 K*에서 기술된 빛의 속도는 다를 것이다. 그러나 실제로 관측해보니 두 속도가 같았다! K에서 관측한 빛의 속도가 K*에서 관측한 빛의 속도와 같다는 것은 단순히 가설적 공리나 전제가 아니다. 그것은 우리가 살고 있는 세계에서 벌어지는 실제 현상이다. 우리 직관이 지금까지 우리를 기만하고 있었다.

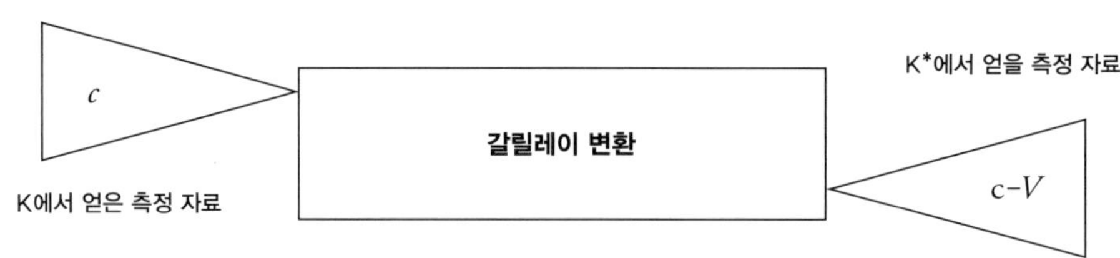

이제 우리에게 남은 선택은 무엇일까? 우리 감각을 의심하거나 실험결과를 무시해 버릴까? 실험 자체가 잘못된 것이라고 무작정 우겨볼까? 아니면 솔직하게 우리 직관의 한계를 인정하고 현상을 사실로 받아들일까? 그래서 빛의 속도가 관측자에 상대적이 않다는 것을 하나의 확고한 사실로서 받아들일까? 아인슈타인은 과감하게 이를 선택했고 결과적으로 그는 현상을 구하기 위해 직관을 버렸던 위대한 과학자들의 반열에 올랐다. 정말 시공간에 대한 우리 직관은 일상적 통념에 오염되어 있었다. 직관은 현상과 경험의 법정 앞에서 매번 굴복해야 했다.

빛의 속도가 관측자에 상대적이지 않다는 사실은 뉴턴의 상대성이론에 중대한 결함이 있음을 함축한다. 우리는 이제 새로운 상대성이론을 기대해야 한다. 새로운 이론은 빛의 속도가 좌표 변환에도 불변한다는 이 개별적 사실을 하나의 일반 법칙으로 간주해야 한다. 왜냐하면 사물에 대한 기술 중에서 좌표 변환에도 불변하는 것이 있다면 그것은 하나의 물리법칙에 상응하기 때문이다. 따라서 빛의 속도가 30만 km/s라는 이 개별적 사실 하나가 하나의 물리법칙이다. 이 사실을 하나의 법칙으로 받아들일 때 전혀 새로운 형태의 상대성이론을 얻게 되는데 이것이 바로 그 유명한 아인슈타인의 상대성이론이다.

그의 이론은 특수상대성이론과 일반상대성이론으로 구성되어 있다. 이름 그대로 전자는 특수한 경우에만 성립하는 이론이고, 후자는 일반적으로 성립하는 이론이다. 전자는 등속운동을 하는 관측자들이 세계를 기술할 때 드러나는 상대성만을 제한적으로 다룬다. 반면 후자는 보다 일반적인 운동을 하는 관측자들이 세계를 기술할 때 드러나는 상대성을 포괄적으로 다룬다. 가속운동을 하는 관측자들 사이에 나타나는 상대성을 해명하기 위해서는 일반상대성이론을 동원해야 한다.

뉴턴은 한 관성좌표계에서 다른 관성좌표계로 좌표 변환했을 때 사물들의 속성이 어떻게 다르게 보이는지를 계산해주는 방정식으로서 갈릴레이 변환을 받아들였다. 불행히도 갈릴레이 변환 방정식은 빛의 경우에 엉터리 계산결과를 내어 놓았다. 새로운 변환 방정식은 좌표 변환에도 빛의 속도가 달라지지 않는다는 것을 보여줄 수 있어야 한다. 이런 변환이 실제로 있는데 로렌츠 변환(Lorentz transformation)이라는 것이다. K에서 v로 움직이는 것처럼 보이는 사물은 K*에서는 어떤 속도로 움직일까? 로렌츠 변환의 결과는 다소 복잡하다. 이러한 로렌츠 변환 방정식을 사용하면 K에서 본 빛의 속도와 K*에서 본 속도가

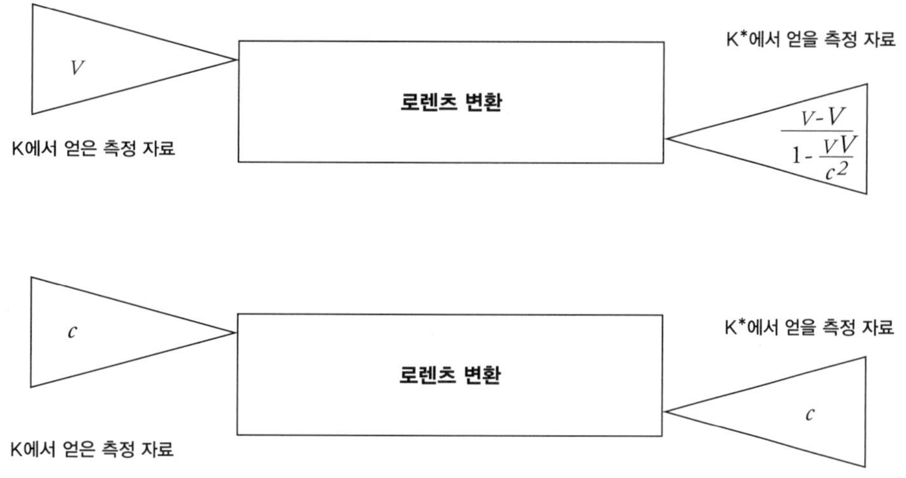

모두 c가 된다는 것을 알 수 있다. 위 $(v-V)/(1-vV/c^2)$에서 v 자리에 c를 대입하면 c가 나온다.

물리학은 좌표 변환 즉 관측자의 변경 또는 실험장치의 변경에도 불변하는 물리적 기술에 관한 이론이다. 그런데 좌표계를 변환할 때 물리적 속성들이 상대적으로 어떻게 다르게 보이는지를 결정하는 변환 방정식은 유일하지 않다. 만일 우리가 갈릴레이 변환을 채택하면 뉴턴의 비상대론적(nonrelativistic) 역학을 얻게 된다. 반면 로렌츠 변환을 채택하면 아인슈타인의 상대론적(relativistic) 역학을 얻는다.* 빛의 속도가 좌표 변환에도 불변한다는 조건을 만족하는 변환 방정식은 로렌츠 변환이며 이 점에서 상대론적 역학이 실제 현상을 보다 정확히 기술해준다.

갈릴레이 변환 대신 로렌츠 변환을 채택하기 위해서는 뉴턴 역학의 기존 개념들을 포기하는 희생을 치러야 한다. 가장 먼저 우리는 절대공간과 절대시간을 포기해야 한다. 일단 빛의 속도가 절대적 지위를 얻게 되면 시간과 공간은 상대적 지위로 내려와야 한다. 위계질서의 이 변동은 고전적 개념체계를 완전히 뒤바꾸어 놓았다. 1928년 1월 28일 뉴욕타임스 사설은 새로운 물리학이 "기존 관념과 사고방식을 모두 없애지 않으면 믿을 수 없는 어떤 것을 가져왔다"고 탄식했다. 빛의 속도가 관측자에 대해 상대적이지 않다는 단 하나의 현상을 온전히 이해하는 데도 세계에 대한 시각 전체를 송두리째 변혁해야 한다. 세계를 온전히 이해하기 위해 우리는 앞으로 얼마나 많이 우리 개념들을 혁명해야 할까?

* 양자역학도 비상대론적 양자역학이 있고 상대론적 양자역학이 있다. 전자는 갈릴레이 변환을 받아들이고 후자는 로렌츠 변환을 받아들인다.

5. 차이와 간격의 상대성

빛의 속도가 모든 관성 좌표계에서 동일하게 관측된다는 것은 무엇을 뜻하는가? 빛은 초당 30만 km를 이동한다. K*에 있는 O*가 손전등을 켰다. 그는 이 빛이 초당 30만 km를 나아간다는 것을 측정할 것이다. 한편 K에 있는 O 역시 이 빛이 초당 30만 km를 이동한다는 것을 측정할 것이다. 이것이 매우 불편한 진실이라는 것을 쉽게 눈치 채지 못한다면 K*가 K에 대해 거의 빛의 속도에 육박할 정도로 빠르게 이동한다고 가정해 보라. 예컨대 가 빛의 속도에 1m/s 정도 못 미친다고 생각해도 좋다. 이것은 O의 관점에서 O*가 거의 빛의 속도로 멀어지고 있다는 것을 뜻한다.

여하튼 O는 O*가 1초 동안 30만 km에서 1m 모자란 거리만큼 이동한다는 것을 보게 된다. 문제는 O*의 손전등을 출발한 빛이 그 시간 동안 얼마만큼 이동하는 것처럼 보이는가 하는 것이다. 불빛의 방향과 O*의 이동 방향이 같다고 가정하면, O는 그 빛이 그 1초 동안 거의 60만 km를 이동한 것으로 관측해야 하는 것이 아닐까? 왜냐하면 O*는 불빛이 1초 동안 자기 전등에서 30만 km 앞으로 나아갔음을 관측하고 있기 때문이다. 그러나 놀랍게도 O가 실제로 관측하는 것은 그 빛이 1초 전에 있던 자리에서부터 고작 30만 km만 이동했다는 사실이다. O가 보기에 O*와 그의 손전등이 대략 30만 km에서 1m 모자란 거리만큼 이동했으니, O가 보기에 그 빛은 O*의 손전등으로부터 대략 1m만큼 앞서서 천천히 기어가고 있다! 이것은 단순한 계산 착오나 감각적 착각이 아니다.

우리가 살고 있는 이 우주에서 실제로 벌어지는 이 엄연한 사실은 매우 많은 역설을 포함하고 있다. 손전등에서 빛이 쏜살같이 전진하는 사건이 O에게는 전혀 다른 사건으로 보인다는 것 자체가 믿을 수 없다. 그러나 우리에게 남겨진 과제는 믿을 수 없는 이런 현상 자체를 거부하는 것이 아니라 이 현상을 명료하게 이해하는 일이다. 이 현상은 우리가 직관적으로 고수했던 절대시간과 절대공간에 관한 관념을 근본적으로 위태롭게 한다. K에서 O가 1초 후에 본 빛의 종착지점과 K*에서 O*가 1초 후에 본 빛의 종착지점은 과연 절대적으로 같은 곳일까? 빛 알갱이가 한 시점에 서로 다른 두 지점에 동시에 존재하는 것일까? 아니면 동일한 한 빛 알갱이가 한 지점에 다른 두 시점에서 출현하는 것일까? 어쩌면 공간의 한 지점에서 다른 지점 사이의 간격이 관측자에 대해 상대적인지 모른다. 또한 시간의 한 시점에서 다른 시점 사이의 간격이 관측자에 대해 상대적인지 모른다. 나아가 시간과 공간이 완전히 별개의 것이 아니라 서로 얽혀 있는 것인지 모른다.

우리는 1초라는 시간 간격과 1미터라는 공간 간격이 관측자에 대해 상대적이라는 것을 받아들여야 한다. 이제 초와 미터는 상대론적으로 정의되어야 한다. 좋은 방법은 광속 자체를 표준으로 삼는 것이다. 사물의 속도는 이동 거리에 그만큼 이동하는 데 걸린 시간을 나눈 것으로 정의된다. 한편 빛의 속도는 빛의 파장에 주기를 나누면 된다. 여기서 착안하여 길이와 시간을 빛의 파장과 주기를 통해 정의할 수 있다. 이것이 오늘날 국제도량형국에서 도입하고 있는 시간과 거리의 정의 방식이다. 먼저 시간을 빛의 주기를 통해 정의하고 그 다음 길이를 시간에 대한 이 정의와 빛의 속도를 통해 정의한다. 물론 먼저 길이를 빛의 파장을 통해 정의하고 시간은 길이에 대한 이 정의와 빛의 속도를 통해 정의해도 된다. 국제단위계(SI)가 채택한 초와 미터의 정의는 다음과 같다.

- 초 : 특정 빛의 9,192,631,770주기에 해당하는 기간*
- 미터 : 빛이 진공 속에서 299,792,458분의 1초 동안에 지나간 거리

초와 미터의 정의가 빛의 속성에 의해 정의되는 것처럼 시간과 공간은 빛에 의해 정의된다.

6. 고무줄 같은 시공간

O와 O*는 각자 국제단위계의 정의에 따라 작동하는 세슘시계와 광속줄자를 가지고 있는데 그것을 각각 T와 L 그리고 T*와 L*라 하자. O가 "보기에" T에서 1초 움직일 때 빛은 O*의 손전등에서 L로 1m 나아갔다.** O가 보기에 빛은 손전등으로부터 매우 천천히 흘러간다. 이것은 O가 K*와 함께 움직이는 세슘시계 T*의 내부를 들여다보면 그 안의 빛도 매우 느리게 움직인다는 말이다. 다시 말해 O에게는 T*가 매우 천천히 작동되는 것처럼 보인다. O가 보기에 T가 1초 째깍거릴 때 T*는 거의 꼼짝도 하지 않는다. K의 관점에서 K*의 시간은 천천히 흐른다. 보다 정확히 말하면, 움직이는 좌표계(K*)의 동일한 지점에서 벌어진 두 사건 사이의 시간 간격을 정지한 좌표계(K)에서 측정하면 원래보다 더 늘어난다. 이와 같은 현상을 시간 늘어남(time dilation, 시간 팽창)이라 한다. 한편 K*에 있는 O*가 보기에 T*는 매우 정상적으로 작동하고 있고 1초 째깍하는 동안 빛은 쏜살같이 30만 km를 이동한다. 시간의 흐름은 관측자에 상대적이다.

물리적으로 완전히 똑같은 시계가 관측자에 따라 다른 속도로 흘러가는 것처럼 보인

---

* 빛의 주기는 빛의 종류에 따라 천차만별이기 때문에 초의 정의를 위해서는 특정 빛을 선택해야 한다. 국제단위계에서는 '세슘-133 원자의 바닥상태를 이루는 두 개의 초미세 준위 사이에서 천이가 일어날 때 생기는 복사파'를 선택한다. 초의 정의는 1967년에 채택되었고 미터의 정의는 1983년에 채택되었다.

** 여기서 '본다'는 것은 가시광선을 망막에서 수용하여 두뇌에서 사물의 모양과 움직임을 판독한다는 의미에서 '본다'가 아니다. 좌표계 K 또는 K*에서 기술할 때 그런 방식으로 '기술된다'는 의미이다.

다는 말은 단순히 시계가 오작동된다는 말이 아니다. 그것은 실제로 그 좌표계 내의 시간이 느려진다는 말이다. 날아가는 항공기에 놓인 세슘원자 시계가 지표면에 정지한 시계보다 더 느리게 간다는 것이 1971년 미국의 두 물리학자에 의해 실제로 확인되었다. 영국 국립물리실험실은 2005년에 보다 정교하게 실험하여 아인슈타인의 상대성이론의 예측과 거의 일치하는 결과를 얻었다. 상대론적 시간 늘어남 때문에 GPS 내의 시간은 지표면의 시간과 다른데 이를 맞추기 위해 지금도 자동 교정되고 있다.* 시간 늘어남 현상은 아인슈타인의 상대성이론이 나오기 전인 1897년 라모(Joseph Larmor)에 의해 벌써 예견되었다. 그는 로렌츠(Hendrik Lorentz)보다 2년 앞서 로렌츠 변환에 대해 발표하기도 했다. 안타깝게도 그는 나중에 절대시간 관념이 천문학에서 본질적이라고 판단하고 아인슈타인의 상대성이론을 거부했다. 이 거부에 로렌츠 역시 동참했다.

아인슈타인 상대성이론의 결과는 여기서 그치지 않는다. O*가 T*로 1초 동안 빛이 이동한 거리를 L*로 재어보았다고 해보자. 광속줄자를 당겨서 측정해보니 30만 km가 나왔다. 그런데 이 때 O*가 당긴 줄자의 전체 길이를 O가 L로 재어보면 1m 정도 나올 것이다.** L*로 30만 km인 것이 L로는 1m이다. 이것은 O가 볼 때 L* 자체가 짧게 보인다는 것을 뜻한다. 이미 피츠제럴드(George FitzGerald)는 마이컬슨과 몰리가 보여준 충격적인 실험결과를 설명하기 위해 움직이는 물체가 운동 방향으로 길이가 짧아진다는 가정을 해볼 것을 1889년에 제안했다. 이후 로렌츠도 1892년에 비슷한 발상을 착안했다. 운동하는 자(물체)가 정지한 자에 비해 길이가 짧아지는 현상을 피츠제럴드-로렌츠 줄어듦 또는 간단히 길이 줄어듦(length contraction, 길이 수축)이라 한다.

아인슈타인의 상대성이론에 따르면 공간적으로 떨어진 두 지점에서 동시에 일어난 사건이 관측자에 따라 시간차를 두고 일어난 사건으로 관측될 수 있다. 정오 정각에 10km 떨어진 곳에서 동시에 발생한 방화 사건이 다른 좌표계를 통해서 보면 5km 떨어진 곳에 정오와 정오 10분에 각각 발생한 방화사건으로 관측될 수 있다. 이것은 동시성(simultaneity)에 대한 우리 직관을 정면으로 위배한다. 우리는 한 관측자에게 동시에 일어난 두 사건이 다른 관측자에게도 역시 동시에 일어난다고 믿는다. 로렌츠는 아인슈타인의 이론이 동시성에 대한 이러한 직관과 모순된다는 이유로 상대성이론을 거부했다. 그 대신에 기존 에테르 이론을 계속 고수할 것을 사람들에게 호소했다.

동시성조차 관측자에 상대적이라면 이것은 시간과 공간이 서로 얽혀 있음을 강력하

---

* 일반상대성이론에 따르면 시간은 가속도나 중력에 의해서도 영향을 받는다. 보다 정밀한 시간 교정을 위해서는 중력 효과도 고려해야 한다.

** 여기서 물체의 길이를 측정한다는 것은 물체의 한쪽 끝과 다른 쪽 끝의 위치를 동시에 측정하여 둘 사이의 차이를 구하는 것이다.

게 함축한다. 실제로 로렌츠 변환은 공간 좌표와 시간 좌표를 섞어 버린다. 시점과 지점은 완전히 별개의 항목이 아니라 한통속으로 간주해야 한다. 지금까지 3차원 공간과 독립적으로 인식된 1차원 시간은 실제로 공간과 서로 융합하여 4차원의 시공간을 구성하고 있다. 관측자의 좌표에 따라 동시에 일어난 두 사건이 따로 발생한 사건들로 보이고 가까이서 따로 발생한 사건들이 멀리서 거의 동시에 발생한 사건으로 목격된다. 우리가 살고 있는 이 우주는 이처럼 시간과 공간이 얽혀 있다. 다만 우리가 그것을 잘 느끼지 못할 뿐이다.

7. 질량, 에너지, 마당

아인슈타인의 상대성이론이 함축하고 있는 또 다른 중요한 결과는 질량과 에너지가 본질적으로 같은 것이라는 사실이다. 사람은 질량과 에너지가 매우 다른 것이라고 착각하지만 자연은 이 둘을 구별하지 않는다. 아인슈타인은 이 둘이 "동일한 것의 각기 다른 표현"이라고 주장했다. 이를 질량-에너지 등가 원리라 한다. 이 원리를 표현하는 공식 $E = mc^2$은 세상에서 가장 유명한 공식이 되었다. 질량과 에너지가 동등하다는 사실은 오이디푸스가 부인으로 맞아들인 이오카스테 여왕이 사실은 자기 어머니와 동일한 사람이었다는 사실만큼 물리학자에게 충격적이다.

질량은 물리적 속성 중에서 가장 이해하기 힘든 것이다. 질량이 무엇인지 해명할 수만 있다면 우주에 대한 우리의 이해는 비약적으로 깊어질 수 있을 것이다. 질량은 물리적 사물이 가진 가장 신비로운 비밀이다. 질량은 뉴턴의 운동법칙에서 원초적인 개념으로서 등장한다. 이 법칙에 따르면 사물의 운동을 바꿀 만한 힘을 사물에게 가하면 그 사물은 그 힘의 크기에 비례하여 속도가 바뀐다. 이때 생기는 가속도의 크기를 결정하는 내부적 요인이 있는데 그것은 현재 운동 상태를 바꾸지 않으려는 사물 자체의 저항(관성)이다. 가속도는 외부적 힘의 크기와 내부적 관성의 크기에 의해 결정된다. 따라서 만일 두 사물에 동일한 힘을 가한 뒤 그것의 가속도를 측정하면 두 사물이 가진 관성의 비율을 얻을 수 있다. 바로 이 비율을 수치화하여 만든 물리량이 관성질량(inertial mass)이다. 뉴턴에게 관성질량은 사물이 고유하게 가지는 속성이며 운동 중에 결코 변하지 않는다.

그런데 아인슈타인은 운동하는 물체가 정지해 있을 때보다 관성질량이 커진다는 것을 증명했다. 사물이 관성좌표계 내에서 정지해 있을 때 관성질량을 정지질량(rest mass)이라 하고 관성좌표계에서 운동 중일 때 관성질량을 상대론적 질량(relativistic mass)라 한다. 질량과 에너지가 등가라는 것은 다음을 의미한다. 정지질량이 1kg인 쇳덩어리를 달구어 10℃만큼 온도를 높였다고 생각해 보자. 쇳덩어리의 에너지가 증가한 만큼 쇳덩어리의 정지질량이 증가할 것이다. 실제로 약 1.4×10^{-14}kg만큼 증가한다. 반대로 쇳덩어리가 식으면 정지질량은 줄어든다.

한편 사물의 속도가 증가하면 상대론적 질량이 증가한다. 빛의 속도에 근접하면 상대론적 질량은 거의 무한대로 치달으며 사물의 에너지는 무한대로 증가한다. 이것은 사물의 속도를 광속만큼 높이기 위해서 무한대의 에너지를 사물에게 공급해주어야 한다는 것을 의미한다. 나아가 이는 질량을 가진 어떤 사물도 광속에 이를 수 없다는 것을 함축한다. 그래서 오직 질량이 0인 사물만 광속처럼 빠를 수 있다. 물론 사물의 상대론적 질량은 관측자에 상대적이다. 사물과 함께 움직이는 관측자에게 상대론적 질량은 그 사물의 정지질량과 동일하다.

질량과 에너지의 등가 원리는 우주의 구성물을 일원화하는 효과가 있다. 우주를 구성하는 것은 에너지라고 말해도 되고 질량이라고 말해도 된다. 한편 에너지와 질량은 단지 사물의 속성일 뿐이다. 그렇다면 도대체 무엇의 속성인가? 어떤 때는 에너지를 가진 것으로 기술되고 어떤 때는 질량을 가진 것으로 기술되고 또는 둘 모두를 가진 것으로 기술되는 이 사물은 도대체 어디서 와서 어디로 가는 것일까? 아르케를 탐구했던 탈레스 이후 우주론의 가장 중요한 질문은 여전히 풀리지 않은 채 신비롭게 남아 있다.

아인슈타인은 질량과 에너지의 등가가 물질(matter)과 마당(field)의 등가를 함축한다고 생각했다. 질량을 가진 물질은 곧 에너지를 가진 마당과 같다는 것이다. 이런 판단은 아인슈타인으로 하여금 우주의 근본 구성물이 마당이라는 결론으로 나아가게 했다. 이미 철학자 러셀도 1915년 「물질의 궁극 구성물」에서 물질이 좁은 구역에 매우 강력한 마당이 형성된 것과 비슷한 것이 아닌가 하고 추정했다. 그러면서 러셀은 우주의 궁극 구성물이 에너지라고 주장했다. 반면 아인슈타인은 에너지가 다만 속성일 뿐이고 궁극 구성물은 마당이라고 보았다. 사람들은 에너지가 매우 집중되어 있는 곳에 물질이 있다고 말하고 에너지가 엉성하게 펴져 있는 곳에 마당이 있다고 말할 뿐, 우주를 구성하는 궁극 재료는 마당이라는 것이다.

그렇다면 마당은 어떻게 만들어지는 것일까? 중력 마당은 질량을 가진 사물이 있어야 만들어질 수 있지 않은가? 아인슈타인은 또 다시 놀랄 만한 이론을 세상에 내어놓았다. 그것은 시공간의 굴곡이 질량을 만들어낸다는 것이다. 굽은 공간은 질량처럼 묵직한 에너지를 품고 있어서 우리는 그곳에 질량을 가진 사물이 존재한다고 말한다. 1916년에 일반상대성이론을 발표하기 전에 아인슈타인은 중력에 대한 몇 가지 가정들에 대해 연구했다. 하나는 가속되는 사물과 중력을 받고 있는 사물이 구별될 수 없다는 원리이다. 그래서 가속되는 좌표계에서 사물의 운동을 기술하는 것과 중력을 받는 사물의 운동을 기술하는 것은 동등하다. 관측자는 사물이 중력의 영향 아래에 있는지 좌표계 자체가 가속되고 있는지 전혀 구별할 수 없다. 아인슈타인이 탐구했던 또 다른 가정은 중력질량(gravitational mass)과 관성질량이 동일하다는 원리이다. 여기서 중력질량은 만유인력(중력)의 크기를 결정하는 사물 고유의 속성이다. 반면 관성질량은 사물의 가속도를 결정하는 사물 고유의 속성이다. 중력질량과 관성질량이 동일하다는 것은 중력과 가속도의 등가 원리와 깊이 연관되어 있다.

아인슈타인은 등속운동을 하든지 가속운동을 하든지 모든 관찰자에게 똑같이 적용되는 물리법칙을 표현하고자 했다. 한 좌표계에서 기술된 세계와 다른 좌표계에서 기술된 세계는 동일한 물리법칙이 적용되는 하나의 세계이다. 다만 각기 다른 프레임을 가지고 다르게 기술될 뿐이다. 아인슈타인은 세계에 대한 한 기술에서 다른 기술로 바꾸는 만능 번역기를 고안해내었다. 그것이 바로 일반상대성이론이다. 이것을 통해서 우리는 특정 관점에서만 세계를 기술하던 것을 넘어서 신의 눈으로 세계를 기술할 수 있다.

일반상대성이론은 가속운동과 중력, 관성질량과 중력질량의 등가를 기본 원리로 받아들였다. 일반상대성이론의 귀결은 특수상대성이론만큼 근본적이고 놀라웠다. 가속되는 좌표계에서 본 빛의 운동은 중력을 받는 좌표계에서 본 빛의 운동과 같다. 가속되는 좌표계에서 빛이 굽는다면 중력이 있는 곳에서도 빛은 굽을 것이다. 가속되는 좌표계에서 빛이 느려지는 것처럼 보이고 시간이 느리게 흘러간다면, 중력장에서도 시간은 느려질 것이다. 이 모든 것은 실제 실험으로 입증되었다. 거의 순전히 사고만으로 이처럼 위대한 물리이론을 이끌어내었다니 사변의 위대한 승리이다. 아인슈타인만큼 경험과 관조(테오리아)를 조화시킨 이론가는 없을 것이다.

8. 시공간, 존재의 모태

시공간을 강철처럼 튼튼하면서 텅 빈 집으로 묘사한 뉴턴의 직관은 거의 틀렸다. 데카르트와 라이프니츠의 믿음처럼 시공간은 존재들로 꽉 차 있다. 시공간은 비밀스런 에너지들로 충만한 마당이다. 또한 라이프니츠의 생각처럼 시공간은 사물과 사물의 상대적 관계이다. 반면 이 시공간은 뉴턴의 생각처럼 실체와 비슷한 어떤 것이다. 시공간의 매듭과 겹침과 주름은 사물들의 존재를 현상한다. 시공간은 우주를 생성하는 모태이다. 이 점에서 공간을 신의 신경 중추라고 한 뉴턴의 묘사는 철학적 레토릭의 극치이다.

마치 산과 계곡과 심연이 펼쳐져 있는 장엄한 지형처럼 광대하고 급격히 굽어 있는 이 복잡한 시공간의 매트릭스 속에서 인간 관측자가 존재하고 있다. 우리는 깊숙이 굽은 시공간에서 질량을 가진 물질이 거기에 존재한다고 믿는다. 우리가 보는 별과 달과 땅과 바위와 원자들은 시공간의 자궁 속에서 현상되는 것들이다. 우주의 이 계곡에서 인간이 출현했고 정신이 출현했다. 그 정신은 아름다운 산과 계곡을 오르내리며 누가 언제 어떻게 왜 이런 지형을 만들었는지 궁금하듯이 신비로운 시공간의 이 굴곡을 누가 언제 어떻게 왜 만들었는지 묻고 있다. 왜 도대체 무가 아니라 유인가?

더 생각해볼 주제

—

- 아무 것도 없는 빈 공간이라는 것이 물리적으로 가능한 개념인가?
- 처음에 아인슈타인의 상대성이론을 반대했던 일류 물리학자들은 실험과 현상을 무시했기 때문에 그것에 반대했을까?
- 아인슈타인은 실험결과나 현상보다는 순수 사고를 통해 이론을 개발했다. 과학에서 사변은 어떤 역할을 할까?
- 아인슈타인의 상대성이론은 실제 현상과 최고 99.999999999999% 일치한다. 한편 양자역학은 최고 99.999999999% 일치한다. 실제 현상과 이토록 정밀하게 일치하는 두 이론이 일견 서로 양립할 수 없는 것처럼 보인다. 우리는 둘 중에 하나를 포기해야 하는가, 하나를 수정해서 다른 하나 속으로 흡수해야 하는가, 둘 모두를 수정해서 새로운 이론을 만들어야 하는가? 아니면 망치와 톱처럼 각자 유용한 도구로서 그냥 남겨 놓아야 하는가?

더 읽어볼 거리

—

리 스몰린, 김낙우 역, 『양자중력의 세 가지 길』, 사이언스북스, 2007.

브라이언 그린, 박병철 역, 『우주의 구조』, 승산, 2005.

알베르트 아인슈타인, 강주영 역, 『교실 밖 상대성원리』, 눈과마음, 2006.

존 릭던, 임영록 역, 『1905: 아인슈타인에게 무슨 일이 일어났나』, 랜덤하우스중앙, 2006.

가볼 만한 사이트

—

http://plato.stanford.edu

상대성이론과 연관된 표제어들이 다수 수록되어 있다. 「공간과 시간: 관성계(Space and Time: Inertial Frames)」, 「아인슈타인의 과학철학(Albert Einstein: Philosophy of Science)」, 「일반상대성이론의 초기 철학적 해석(Early Philosophical Interpretations of General Relativity)」, 「동시성의 규약(Conventionality of Simultaneity)」, 「공간과 운동의 절대론과 관계론(Absolute and Relational Theories of Space and Motion)」, 「질량과 에너지의 등가(Equivalence of Mass and Energy)」, 「뉴턴의 견해: 공간, 시간, 운동(Newton's Views on Space, Time, and Motion)」, 「시간 여행과 현대 물리학(Time Travel and Modern Physics)」 등.

03

인지과학의 철학적 문제

1. 인지과학

인지과학(cognitive science)은 인간의 마음을 연구하기 위해서 철학, 심리학, 언어학, 인공지능, 신경과학, 인류학, 교육학 등 관련 분야들이 참여하는 매우 학제적인 연구 분야이다. 인간의 마음에 대한 관심은 인류의 문명의 태동과 더불어 시작되었고 그러한 관심은 철학, 종교, 문학, 예술 등 다양한 분야에서 표출되고 연구되어 왔다. 17세기 프랑스 철학자 데카르트는 인간은 비물질적인 마음과 물질적인 신체로 구성되어 있다는 통속적인 이원론을 확립했다. 그러나 마음에 대한 데카르트의 사상은 사변적인 사고의 결과로서 나타난 것이지 경험적인 연구를 통하여 얻어진 것은 아니었다. 마음에 대한 본격적인 경험적 연구가 시작한 것은 독일에서 헬름홀츠(H. von Helmholtz)와 분트(W. Wundt)를 중심으로 실험심리학이 발전했던 1900년대 말 무렵이었다. 그로부터 한참 후 1950년대에 들어서 인공지능 전문가들이 지능에 관한 이론을 개발하기 시작하였다. 그러나 인간의 마음이 무엇인지 그것이 어떻게 작동하는지는 철학, 심리학, 인공지능과 같은 단일 분야만의 연구로는 해명하기에는 역부족이라는 공감대가 서서히 연구자들 사이에 형성되기 시작했다. 그 결과 1977년에 〈인지과학〉 잡지가 창간되고 1979년에 인지과학회가 창립되면서 마음에 대한 학제적 연구가 본격적으로 시작되었다. 그러나 인지과학이 성립된 1970년대 말경에 참여 분야들 사이의 학제적 연구의 정도는 해당 분야마다 각기 달랐다. 예를 들어 심리학과 언어학 분야 간의 학제적 연구는 비교적 활발했지만, 인공지능과 신경과학 분야 간의 학제적 연구는 비교적 미약했다. 또한 당시에 철학은 인공지능, 신경과학, 인류학과 비교적 약

그림1 | **인지과학을 구성하는 주요 분야들**

한 학제적 관계를 맺고 있었지만 현재는 모든 분야들과 강한 학제적 관계를 갖고 있다. 여기서 우리는 인지과학이 함축하는 다양한 철학적 문제들 중에서 지능의 문제와 심신 문제를 살펴보기로 한다.

2. 튜링검사

기계가 생각할 수 있는가? 인류는 고대문명 시대로부터 인간처럼 생각할 수 있는 기계를 상상해왔고 어떤 사람들은 실제로 "생각하는 기계"를 제작하려고 노력했다. 예를 들어 그리스 시인 호머의 『일리아드』에는 신(神) 헤파이스토스가 만든 로봇에 대한 이야기가 등장하는데 로봇의 일부는 인간을 닮았고 다른 부분은 기계를 닮았다고 기술되어 있다. 중국의 경우 BC 3세기경 주(周)나라 시대에 한 기술자가 왕(周穆王)에게 실물크기의 로봇을 제작하여 바쳤다는 기록이 전해진다. 1769년에는 오스트리아의 귀족 켐펠렌(W. von Kempelen)이 여제 마리아 테레사를 위하여 비록 완전한 자동 기계는 아니었지만 체스를 두는 기계 투르크(Turk)를 제작했다. 또한 19세기에는 우리에게 잘 알려진 셸리(M. Shelley)의 소설 『프랑켄슈타인』이 출간되었다.

그러나 인간처럼 생각할 수 있는 기계에 대한 현대적 논의는 영국의 수학자 튜링(A. Turing, 1950)으로부터 비롯되었다. 튜링은 기계가 생각할 수 있는가라는 질문에 대답하기 위해 독창적인 모방게임을 제안했다. 튜링이 제안한 모방게임에는 남자(A), 여자(B), 질문자(C)가 참여하는데, 그들의 목적은 각기 다르다. 질문자 C의 목적은 대화를 통하여 A와 B 중 누가 남자이고 누가 여자인지를 판정하는 것이다. 남자인 A의 목적은 C가 잘못된 판정을 내리도록 유도하는 것이고, 여자인 B의 목적은 C가 올바른 판정을 내리도록 돕는 것이다. 그 세 사람은 각자 완전히 격리된 방에 혼자 앉아서 다른 사람들과 대화를 하는데, A와 C, B와 C 사이의 대화는 C가 상대방을 볼 수 없도록 오직 전신을 통해서만 이루어진다. 질문자 C가 던질 수 있는 질문의 주제에는 아무런 제한도 없다.

정상적인 사람은 이러한 게임에서 A의 역할을 하게 되면 항상은 아니겠지만 종종 자신의 목적을 달성할 수 있을 것이다. 즉 A의 역할을 하면서 질문자가 자신을 여자라고 생각하도록 속일 수 있을 것이다. 이제 모방게임의 상황을 약간 변경하여 A를 기계로 대치했다고 가정해보자. 물론 B와 C는 이전처럼 둘 다 인간이다. 상황이 바뀌면서 게임 참가자들의 목적도 달라진다. 이제 질문자 C의 목적은 A

그림2 | **튜링검사**

와 B 중 누가 인간이고 누가 기계인가를 판정하는 것이다. 또한 기계 A의 목표는 C가 자신을 인간이라고 잘못 판정하도록 유도하는 것이고, 인간 B의 목적은 C가 자신을 인간이라고 올바르게 판정하도록 돕는 것이다. 튜링은 이러한 새로운 게임 상황에서 A의 역할을 하는 기계가 인간 C를 속일 수 있다면, 즉 C가 A를 인간이라고 판정하도록 유도할 수 있다면, 우리는 그 기계가 생각할 수 있다고 인정해야 한다고 주장했다. 튜링이 제안한 모방게임은 튜링검사(Turing test)라고 불린다.

그림3 | **앨런 튜링(1912–1954)**

튜링은 모방게임을 통하여 "어떤 대상이 생각할 수 있다"는 진술의 애매한 의미를 경험적으로 조작 가능한 조건을 통하여 엄밀하게 정의하고자 했다. 이러한 정의 방식을 흔히 조작적 정의(operational definition)라고 하는데 그 형식은 다음과 같다.

만약 어떤 대상이 이러저러한 조작 가능한 조건들을 만족하면, 그것은 생각할 수 있다.

위의 형식에서 나타난 "조작 가능한 조건들"은 모방게임에서 다음과 같은 조건들로 표현되어 있다. 즉 그 조건들은 "A, B, C는 격리된 방에 있고, 전신을 통해서만 대화를 한다", "C는 어느 쪽이 인간이고 어느 쪽이 기계인지를 판정하려고 한다", "A는 C가 올바르게 판정하는 것을 방해한다", "B는 C가 올바르게 판정하는 것을 돕는다", "A는 C가 자신을 기계라고 판정하도록 만드는 데 성공했다"와 같은 진술들을 포함한다. 이러한 조건들은 경험적으로 조작 가능할 뿐 아니라 검증 가능하기도 하다. 조작적 정의는 특히 사회과학과 의학 분야에서 매우 유용하다는 점이 드러났다. 과학자들은 그러한 분야에서 핵심 용어들을 조작적으로 정의함으로써 그 용어들을 포함하는 이론이나 가설을 애매하지 않는 방식으로 경험적으로 검사할 수 있게 된다. 그러나 일부 학자들은 "생각한다"와 같은 인간의 심성 작용을 당사자를 제외한 다른 사람들은 관찰할 수 없기 때문에 그러한 심성 작용을 기술하는 용어들을 조작적으로 정의할 수 없다고 주장한다. 이러한 비판에도 불구하고 튜링이 조작적 정의를 채택한 이유는 분명하다. 튜링은 만약 우리가 "기계가 생각할 수 있는가"라는 질문에 대답하기 위해서 "기계"와 "생각"과 같은 용어들의 일상적 용법에 의존하면 원래의 질문에 대한 답변은 여론조사의 수준을 넘지 못할 것이라고 우려했다. 튜링은 그러한 위험 가능성을 벗어나는 유일한 길은 언어를 경험적으로 조작 가능한 방식으로 사용하는 길뿐이라고 보았다.

튜링은 1950년에 발표한 자신의 논문에서 장차 50년 이내에 실제로 튜링검사를 통과할 수 있는 기계가 등장할 수 있을 것이라는 매우 낙관적인 견해를 표명했다. 물론 앞에서 보았듯이 이러한 낙관적인 견해는 비단 튜링만의 전유물은 아니었다. 1943년 최초의 디지털 컴퓨터로 인정되고 있는 애니악(ENIAC)이 등장했지만 튜링의 꿈이 학문적으로 실현되기 위해서는 10여 년 이상의 세월이 더 흘렀다. 생각할 수 있는 기계에 대한 인류의 오랜 꿈은 1956년 미국의 다트머스대학(Dartmouth College)에서 열린 학술대회에서 인공지능(artificial intelligence, AI)이라는 용어가 처음으로 등장함으로써 구체화되었다. 다트머스 대회를 주도한 학자들은 인공지능 연구의 목표가 인간의 지능을 모의하는 것이고 그러한 목표는 시간이 흐르면 당연히 달성될 수 있다고 전망했다. 이들의 주장에서 등장하는 인공지능은 "인간의 지능" 또는 자연지능(natural intelligence) 개념에 대비되는 개념이다. 다트머스 대회 이후 빠르고 강력한 성능을 갖는 컴퓨터들이 속속 개발되고 인공지능 연구가 활발해지면서 많은 인공지능 연구자들은 튜링검사를 통과할 수 있는 프로그램을 개발하려고 노력해왔다. 다른 한편으로 인공지능 연구를 비판하는 사람들도 종종 생각하는 기계가 불가능한 이유로서 튜링검사를 이용해 왔다. 이러한 의미에서 튜링검사는 인공지능의 연구 목적을 검토하고 연구 결과를 평가하는 기준으로서 동시에 사용되고 있다.

몇몇 인공지능 학자들이 자신들이 개발한 프로그램이 튜링검사를 통과할 수 있다고 주장하고 있지만 2007년까지 미국전산학회(Association for Computing Machinery)가 튜링검사를 통과했다고 공식적으로 인정한 인공지능 프로그램은 아직은 없다. 이러한 결과와 관련하여 일부 학자들은 튜링검사는 지능에 대해 지나치게 높은 기준을 제시하고 있다고 주장한다. 그들의 견해에 따르면 튜링이 제시한 모방게임에서 A의 역할을 적절히 수행할 수 있는 기계는 나타날 수 없다. 이는 곧 기계는 인간 질문자 C를 속일 수 없다는 것을 함축한다. 여기서 우리는 두 가지 철학적 질문을 제기할 수 있다. 기계는 인간을 속일 수 없는가? 기계는 거짓말을 할 수 없는가? 우리는 기계가 거짓말을 할 수 없기 때문에 인간을 속일 수 없는가라는 문제와 설사 기계가 〈2001, 스페이스 오디세이〉(2001: A Space Odyssey)에 등장하는 컴퓨터 할(HAL 9000)처럼 거짓말을 할 수 있더라도 인간을 속일 수 없는가라는 문제를 구별할 필요가 있다. 일부 학자들은 기계는 원칙적으로 거짓말을 할 수 없다고 주장한다. 어떤 체계가 거짓말 L을 한다는 것은 그것이 "L은 거짓이다"(1)라는 점을 알면서도 "L은 참이다"(2)라고 말한다는 것을 의미한다. 그런데 (1)과 (2)는 논리적으로 모순 관계에 있으므로 그 둘을 동시에 지식체계의 일부로 포함하고 있는 체계는 모순적일 것이다. 인간의 경우 거짓말을 하면 양심의 가책을 받겠지만 거짓말을 한 것 때문에 유기체로서의 작동이 멈추지는 않는다. 반면에 기계의 경우 거짓말은 그것의 지식 체계에서 모순을 야기할 것이고 그 결과 해당 체계에서는 버그 또는 오작동이 발생할 것이다. 이러한 의미로 기계는 원칙상 거짓말을 할 수 없다.

다른 한편으로 인간이 거짓말을 할 수 있는 것은 정서를 갖고 있기 때문이라고 주장하는 학자들도 있다. 그들에 따르면 인간과 기계를 생각하는 능력, 즉 사고 능력에 의해 구분하는 것은 튜링검사를 통과할 수 있는 기계가 등장한 이상 더 이상 의미가 없다. 인간과 기계를 구분할 수 있는 새로운 기준이 있는데 그것은 바로 정서라는 것이다. 그 결과 기계가 거짓말을 할 수 있는가라는 우리의 질문은 이제 "기계가 정서적일 수 있는가?"라는 또 다른 질문으로 전환된다. 그러나 우리 스스로 인간이 무엇인지를 정확히 알고 있지 않는 한 이러한 두 가지 질문에 대해 만족스러운 대답을 하기는 어려울 것 같다. 아니면 우리는 기계가 거짓말을 할 수 있다고 인정하더라도 그것이 인간을 속일 수는 없다고 주장할 수 있다. 그러나 이러한 주장이 성립하기 위해서는 기계는 "결코" 인간 질문자를 속일 수 없다고 주장해야 할 것이다. 왜냐하면 만약 기계가 항상 인간을 속일 수는 없다고 주장한다면 우리의 경험 상 그 점에서 인간과 기계는 별로 차이가 나지 않을 것이기 때문이다. 그런데 기계가 결코 인간을 속일 수 없다는 주장은 (다음에서 논의되듯이) 인간을 속일 수 있는 프로그램들이 등장함으로써 경험적으로 거짓이라는 점이 드러났다. 기계가 거짓말을 할 수 있다고 인정하는 것은 이미 기계는 튜링검사를 통과할 수 있다는 것을 인정하는 것이 된다.

그러나 모든 학자들이 튜링검사가 자연지능에 대해 높은 기준을 제시한다는 입장에 동의하는 것은 아니다. 그와 정반대로 일부 학자들은 튜링검사는 자연지능에 대해 지나치게 낮은 기준을 제시한다고 비판하거나 또는 심지어 튜링검사는 지능에 대한 기준이 될 수 없다고 주장하기도 한다. 그들의 입장에 따르면 모방게임에서 A가 하는 역할, 즉 대화 상대자를 속이는 역할을 성공적으로 수행하는 능력은 자연지능에 대한 충분조건이 될 수는 없다. 예를 들어 인간은 누군가를 생각하고 사랑하고 배려한다. 이러한 인간의 정신 능력을 플라톤처럼 지(知), 정(情), 의(意)라는 세 부분으로 구분하면 튜링검사가 제시하는 기준은 기껏해야 그 중에서 지의 부분에만 적용될 수 있다. 다른 한편으로 모방게임에서 대화 상대자를 속이는 역할을 성공적으로 수행하는 능력은 자연지능에 대한 필요조건도 될 수 없다. 즉 그러한 역할을 하지 못한다고 해서 자연지능을 갖지 못한다고 볼 수 없다. 물론 이러한 비판이 성립하는지를 판단하기 위해서는 우리는 인간의 정신이 과연 비판자들이 주장하듯이 지, 정, 의로 구분될 수 있는가를 검토해야 할 것이다. 우리는 여기서 그 문제를 다루지는 않을 것이다. 그러나 우리는 플라톤의 삼분법이 성립하더라도 기계가 정서와 의지를 가질 수 없다는 주장에 대한 별도의 근거들이 필요하다는 점과 더불어 실제로 기계가 그러한 요소들을 갖지 못할 분명한 과학적 근거가 없다는 점에 유의할 필요가 있다.

3. 중국어 방 논변

인공지능에 대한 튜링의 낙관적 견해와 대조적으로 기계가 인간의 지능을 모의하는 것은 원칙적으로 불가능하다고 주장하는 철학자들이 있다. 썰(J. Searle)은 그러한 입장을 대변하는 가장 대표적인 철학자이다. 썰은 인공지능의 불가능성을 주장하기 위해서 먼저 인공지능을 약한 인공지능(weak AI)과 강한 인공지능(strong AI)으로 구분한다. 약한 인공지능은 인공지능을 구비한 컴퓨터가 인간의 마음을 연구하는데 있어서 매우 효율적인 수단을 제공한다고 보는 입장이다. 이러한 약한 의미의 인공지능은 "컴퓨터가 실제로 마음을 갖는다"와 같은 존재론적 주장을 하지 않고 단지 "컴퓨터는 마음을 연구하는데 유용한 도구이다"와 같은 방법론적 측면만을 강조한다. 반면에 강한 인공지능(strong AI)은 인공지능을 구비한 컴퓨터는 인간의 심성 상태를 구현한다는 의미에서 문자 그대로 마음을 갖는다고 간주한다. 썰이 비판하려는 입장은 바로 이러한 강한 인공지능이다.

강한 인공지능을 지지하는 학자들은 인간의 심성 상태를 구현하는 컴퓨터를 개발하기 위해 자연언어이해 처리 분야에 주력했다. 그들이 이 분야에 주력한 데에는 분명한 이유가 있었는데, 기계가 인간처럼 자연언어를 이해할 수 있다면 그것은 쉽게 튜링검사를 통과할 수 있다고 보았기 때문이다. 자연언어를 이해할 수 있는 프로그램을 개발하려는 노력의 결과 실제로 어느 정도 성공적인 인공지능 프로그램들이 등장했다. 그러나 썰(1980)은 그러한 인공지능 프로그램들은 실제로 자연언어를 이해하지 못한다는 점을 주장하기 위해 중국어 방 논변(Chinese room argument)이라고 불리는 사고실험을 제안했다. 중국어 방 논변은 다음과 같이 구성된다. 우선 중국어를 전혀 이해하지 못하는 썰 자신이 방안에 앉아 있다고 가정하자. 썰이 앉아 있는 방 안에는 중국어 문자들이 가득 담겨있는 몇 개의 바구니들이 놓여있다. 그 방에는 입력창과 출력창이 하나씩 있다. 방 외부에 있는 사람들은 입력창을 이용하여 방안에 있는 썰에게 질문지를 제시한다. 여기서 썰의 과제는 방안으로 들어온 중국어로 쓰인 질문에 중국어로 써서 대답하는 것이다. 그런데 썰은 중국어를 전혀 읽거나 쓰지도 못하고 이해하지도 못하므로 질문과 대답에 포함된 중국어 문자들을 완벽하게 처리할 수 있는 영어로 쓰인 훌륭한 규정집이 주어졌다고 가정하자(과연 그러한 규정집을 만들 수 있는가는 여기서 문제가 되지 않는다). 썰은 방 안으로 들어 온 중국어 질문에 대해 규정집에 따라서 적절한 대답을 만들어서 방 밖으로 내보낸다. 이제 방 외부에 있는 어떤 중국인이 중국어로 된 질문지를 입력창으로 들여보냈고, 그 질문에 대해 방안의 썰은 규정집에 따라 완벽한 중국어 대답을 만들어 방 밖으로 내보냈다고 가정하자. 이러한 경우 방 외부의 질문자는 방 안에 있는 썰이 중국어를 잘 이해하고 있다고 생각할 것이다. 그러나 썰은 실제로 중국어를 전혀 이해하지 못하고 않다. 그는 단지 규정집에 따라서 기계적으로 중국어 문자를 기호로써 조작하고 있을 뿐이다. 이제 다시 방안의 썰을 컴퓨터로 대치했다고 가정하자. 이 경우 중국어 문자 바구니들은 데이터베이스에 해당하고, 규정집은 컴퓨터 프로그램에 해당한다. 이러한 새로운 상황에서 방안에 있는 컴퓨터는 썰과 마찬가지로 중국어를 전혀 이해하지 못하지만 프로그램에 따라서 중국어를 처리할 수 있다. 그 결과 방 외부에 있는 인간들은 방 안의 컴퓨터가 중국어를 잘 이해하는 것으로 생각할 수 있다.

썰이 중국어 방 논변을 통하여 주장하는 것은 "컴퓨터가 중국어를 이해한다"는 생각은 잘못이라는 점이다. 컴퓨터는 결코 중국어를 이해하지 못한다. 그렇다면 컴퓨터가 하는 것은 정확히 무엇인가? 썰에 따르면 컴퓨터는 단순히 입력창을 통하여 방으로 들어온 기호들을 프로그램이 제공하는 규정에 따라서 처리한다. 즉 컴퓨터는 기호들에 대한 이해가 전혀 없이 그것들을 단지 구문적으로 조작할 뿐이다. 우리는 강한 인공지능에 대한 썰의 비판을 다음과 같이 재구성할 수 있다. 1) 컴퓨터 프로그램은 순전히 형식적이고 구문론적 체계이다. 2) 인간의 마음은 정신적 내용, 즉 의미론을 갖는다. 사고, 믿음, 욕구와 같은 심성 상태는 세계에 존재하는 대상이나 사태와 같은 "그 무엇에 대한 것"이다. 썰은 마음이 갖는 이러한 특징을 지향성(intentionality)이라고 보았다. 우리의 마음은 그 외부에 있는 대상과 사태를 지향한다. 3) 구문론은 그 자체만으로는 의미론을 구성하지 못한다. 4) 그러므로 프로그램은 마음을 구성하지 못한다. 이러한 결론은 강한 인공지능은 실현될 수 없다는 주장을 함축한다. 썰에 따르면 어떤 체계가 심성 상태를 갖기 위해서는 형식적이고 구문론적 요소 이외에도 의미론적인 내용을 갖고 있어야만 한다.

그림4 | **중국어 방에 있는 썰**

이제 썰의 중국어 방 논변을 튜링검사와 연관시켜 보자. 강한 인공지능을 지지하는 사람들은 튜링검사를 통과할 수 있는 대표적인 프로그램으로서 다음에 논의될 엘리자(Eliza) 프로그램을 꼽는다. 그러나 썰은 중국어 방 논변은 엘리자 프로그램뿐 아니라 인간의 지능을 모의할 수 있다고 주장되는 어떠한 프로그램에도 해당된다고 본다. 썰에 따르면 인공지능 프로그램이 이야기를 이해하는 것처럼 보일 수도 있겠지만 그러한 생각은 단지 프로그램에 대한 근본적인 오해 때문에 발생한 것이다. 즉 컴퓨터는 구문론적으로 작동할 뿐 의미론을 갖고 있지 않기 때문에 그것이 처리하고 있는 기호에 대해 어떠한 지향성도 갖고 있지 않으며 그 결과 그것들을 이해할 수 없다. 중국어 방에 놓인 프로그램이 중국어를 이해하는 것처럼 방 외부에 있는 사람들을 속일 수 있겠지만 그것은 실제로는 중국어를 이해하지 못한다. 이것은 곧 어떤 인공지능 프로그램이 설사 튜링검사를 통과했다고 인정되더라도 자연언어를 이해한다고 볼 수 없다는 것을 의미한다. 그런데 자연언어를 이해하는 것은 인간 지능의 근본적인 특징에 속한다. 그러므로 우리는 프로그램이 설사 튜링검사를 통과했더라도 지능을 갖는다고 볼 수 없다는 결론이 나온다. 따라서 썰에 따르면 튜링검사는 기계가 생각할 수 있는가에 대한 적절한 평가 기준이 될 수 없다.

썰의 중국어 방 논변을 비판하는 다양한 비판들이 제기되었다. 우리는 여기서 썰의 입장을 비판하고 강한 인공지능을 주장하는 한 가지 흥미로운 논변을 살펴보자. 셰익스피어 문학을 전공하는 어떤 한국인 교수가 있다고 하자. 그는 영어를 전혀 이해하지 못하지만 셰익스피어에 대한 세계적인 권위자로 인정받고 있다. 어떻게 그럴 수 있을까? 그 한국인 교수는 셰익스피어의 작품들을 잘 번역된 한국어 번역본들을 통하여 읽었다. 그 교수는 셰익스피어에 대한 논문을 한국어로 작성하여 한국어 학술지에 게재했다. 그런데 그의 셰익스피어에 대한 논문들은 많은 외국어로 번역되었고 전 세계 셰익스피어 전공 학자들로부터 훌륭하다는 평을 받았다. 여기서 우리의 질문은 한국인 교수가 영어를 이해하는가의 여부가 아니다. 그는 분명히 영어를 이해하지 못한다. 그렇다면 그 한국인 교수는 셰익스피어를 이해하지 못하는가? 이 논변은 한국어방 논변(Korean Room argument)이라고 알려져 있다.

한국어방 논변을 제기한 라파포트(W. Rapaport)는 한국인 교수는 셰익스피어를 이해하고 있다고 주장한다. 마찬가지로 우리는 자연언어이해 프로그램을 성공적으로 구현하는 컴퓨터는 자연언어를 이해하고 있다고 보아야 한다는 것이 한국어방 논변의 요지이다. 여기서 우리는 중국어 방 논변과 한국어방 논변의 차이점에 주목할 필요가 있다. 한국어방을 중국어 방으로 변경하기 위해 다음과 같이 생각해 보자. 즉 방안에 있는 한국인 교수가 입력창을 통하여 셰익스피어 작품에 대해서 영어로 쓰인 질문들을 받고 있다고 가정해보자. 또한 그는 영어를 전혀 이해하지 못하므로 한국어로 쓰인 규정집을 이용하여 그 질문들에 대한 영어 대답을 만들어 출력창으로 내보냈다. 그리고 그 대답들은 셰익스피어 작품에 대한 매우 훌륭한 이해를 제공한다는 평을 받았다. 여기서 우리는 한국인 교수는 분명히 영어를 이해하지 못하지만 셰익스피어를 이해하고 있다는 점을 인정할 수 있다. 그러나 그 한국인 교수는 중국어 방 논변에서 썰과 대치된 컴퓨터가 아니라 썰과 대치된 또 다른 인간이다. 따라서 우리는 한국인 교수가 셰익스피어를 이해한다고 인정하더라도 컴퓨터가 셰익스피어를 이해한다고 주장할 수는 없다. 썰과 대치된 컴퓨터와 한국인 교수는 많은 차이점을 갖고 있는데 가장 중요한 차이점은 한편은 인간이 아니고 다른 한편은 인간이라는 점이다. 그런데 우리의 문제는 컴퓨터가 인간처럼 자연언어를 이해할 수 있는가이다. 즉 컴퓨터가 인간일 수 있는가의 여부이다. 따라서 한국어방 논변은 증명해야 할 것을 전제로 삼고 결론을 내리는 논점선취의 오류를 범하고 있다. 한국어 교수가 셰익스피어를 이해한다는 점으로부터 컴퓨터가 자연언어를 이해한다는 것을 주장하기 위해서는 독립된 논변이 필요하다.

4. 엘리자 프로그램

이제 튜링검사를 통과할 수 있는 가장 유력한 인공지능 프로그램 중의 하나로 간주되고 있는 엘리자(Eliza)를 검토해 보자. 엘리자는 1966년 MIT의 바이젠바움(J. Weizenbaum) 교수가 심리치료를 모의하기 위해 개발한 프로그램이다. 엘리자 프로그램은 다음과 같은 방식으로 작동한다(그림 5 참조).

Eliza	안녕! 나는 엘리자입니다. 당신의 문제는 무엇인가요?
Client	나는 IBM 370입니다.
Eliza	당신이 IBM 370이기 때문에 나를 보러 왔나요?
Cleint	그래요, 나는 새 프린터가 필요해요.
Eliza	당신에게 새 프린터는 무엇을 의미하나요?
Client	1800 LPM. …

위의 대화를 통해 알 수 있듯이 엘리자는 자신과 대화하는 사람이 제시한 답변 중 중요한 단어 또는 구절을 임의로 선택하여 새로운 질문을 던지는 방식으로 대화를 이끌어 간다. 위에서 제시된 두 번째 대화에서 엘리자는 상대방이 입력한 이름을 선택하여 "(상대방의 이름)이기 때문에 나를 보러 왔나요?"라고 질문한다. 세 번째 대화에서 그 프로그램은 상대방이 입력한 내용 중 특정한 구절, 즉 '새 프린터'를 선택하여 "당신에게 (새 프린터)는 무엇을 의미하나요?"라고 질문한다.

엘리자 프로그램이 개발되고 난 후 시범운행을 하면서부터 한 가지 흥미로운 사실이 발생했는데 그것은 엘리자와 잠시 동안 대화를 나눈 많은 사람들이 그것이 자신들을 이해하고 있다고 생각하기 시작했다는 점이다. 이러한 점에서 엘리자가 튜링검사를 통과할 수 있는 가장 유력한 후보라고 보는 견해는 타당성을 갖는다. 우리는 엘리자가 자신과 대화를 나눈 인간 대화자들이 기계가 아니라 인간과 대화를 하고 있다고 생각하게(또는 착각하게) 만들었다는 점에서 튜링검사를 통과할 수 있다고 말할 수 있다. 몇몇 인지과학자들도 엘리자가 현재까지 개발된 가장 성공적인 인공지능 프로그램 중의 하나라고 높이 평가한다. 그러나 정작 엘리자를 개발한 바이젠바움은 그렇게 생각하지 않는다. 바이젠바움이 엘리자를 개발한 동기는 몇 가지 간단한 프로그래밍 기법들을 사용하여 사람들이 컴퓨터와 대화하고 있다고 믿도록 속일 수 있다는 것을 보여주는 것이었다. 그러나 그는 사람들이 컴퓨터 앞에 앉아서 자신의 비밀을 털어놓고 프로그램과 정서적으로 관계되는 것을 보면서 인공지능이 인간에게 주는 부정적 영향에 대해 두려움을 느끼게 된다. 심지어 엘리자를 프로그래밍한 연구원이 엘리자와 사적인 대화를 나누고 있다고 진지하게 말하는 경우도 발생했다.

```
RUN                                              Sample Run
HI!  I'M ELIZA.  WHAT'S YOUR PROBLEM?
? I AM AN IBM 370
DID YOU COME TO ME BECAUSE YOU ARE AN IBM 370
? YES I WANT A NEW LINEPRINTER
WHAT WOULD IT MEAN TO YOU IF YOU GOT A NEW LINEPRINTER
? ABOUT 1200 LPM
SAY, DO YOU HAVE ANY PSYCHOLOGICAL PROBLEMS?
? WHAT WOULD YOU KNOW I'M A 370 AND YOU'RE AN IMSAI
WHAT MAKES YOU THINK I AM AN IMSAI
? IT SAYS THAT ON YOUR FRONT PANEL
WHY ARE YOU CONCERNED ABOUT MY FRONT PANEL
? LOOK YOU BROUGHT UP THE SUBJECT
WE WERE DISCUSSING YOU-- NOT ME.
? I'M FIXING A HOLE...
DID YOU COME TO ME BECAUSE YOU ARE FIXING A HOLE...
? SORRY THAT WAS A TEN YEAR OLD SOFTWARE BUG
PLEASE DON'T APOLOGIZE!
? I AM ALWAYS APOLOGIZING
HOW LONG HAVE YOU BEEN ALWAYS APOLOGIZING
? SINCE MY FIRST COLD START
WHAT DOES THAT SUGGEST TO YOU?
? YOU'RE THE SHRINK
DOES IT PLEASE YOU TO BELIEVE I AM THE SHRINK
? DONT YOU KNOW?
OH, I KNOW?
? I AM BEGINNING TO WONDER ABOUT YOU
DO YOU BELIEVE IT IS NORMAL TO BE BEGINNING TO WONDER ABOUT I
? HA HA HA YOU CAN'T EVEN TALK PROPERLY
YOU'RE NOT REALLY TALKING ABOUT ME, ARE YOU?
? IS THERE ANYONE ELSE IN THE ROOM?
I SEE.
? COMPUTERS DONT HAVE EYES
ARE YOU SURE?
? ABOUT COMPUTERS?
DO COMPUTERS WORRY YOU?
? SHOULD THEY AFTER ALL I AM A 370
DO YOU ENJOY BEING A 370
?
```

그림5 | **엘리자의 작동 화면**

문제는 여기서 그치지 않았다. 바이젠바움은 사람들이 정신분석을 모의하는 프로그램 닥터(DOCTOR)를 이용하여 대중들이 정신분석을 온라인으로 이용할 수 있는 가능성을 진지하게 검토하자 커다란 충격을 받게 된다. 바이젠바움은 존경, 이해, 사랑과 같은 인간의 정서를 모의하는 컴퓨터를 개발할 가능성에 대해 회의적이지만 그것의 성공가능성을 부정하지는 않는다. 그러나 바이젠바움은 컴퓨터로 대체되어서는 안 되는 인간의 영역이 있으며 그러한 영역에 컴퓨터를 사용하는 것에 대한 도덕적 제한이 필요하다고 주장한다. 바이젠바움은 여기서 사실과 가치의 영역을 분리할 것을 요구하고 있다. 즉 사실적 측면에서 우리가 그러한 기계를 제작할 수 있더라도 윤리적 측면에서 보았을 때 그것을 제작해서는 안 된다는 것이다. 이러한 입장에서 보면 정신분석 프로그램이 제작 가능하더라도 그것을 실제로 사용하는 것은 비도덕적이고 인간성 상실의 징조이다. 바이젠바움은 이처럼 인공지능의 사용에 대한 규제가 필요한 두 가지 분야를 구체적으로 제시한다. 즉, 인간 사이의 존경, 이해, 사랑을 포함하는 정서를 컴퓨터로 대체하려는 계획이나, 환원 불가능하고 완전히 예측 불가능한 부작용을 초래할 수 있는 계획에서 컴퓨터를 사용해서는 안 된다고 주장한다. 일부 학자들은 바이젠바움이 인공지능에 대해 취하는 이러한 태도를 지나치게 인간중심적이며 기술에 대한 과장된 두려움의 표현이라고 간주한다. 예를 들어 어떤 학자들은 바이젠바움의 입장을 “단백질 주의”라고 비판한다. 우리는 인공지능에 대한 썰과 바이젠바움의 비판과 관련된 논쟁을 올바르게 평가하기 위해서는 과학 기술이 갖는 긍정적 측면과 부정적 측면을 모두 고려할 필요가 있다. 그렇지 않으면 우리는 지나친 과학주의와 지나친 인간중심주의라는 바람직하지 못한 양극단을 피할 수 없을 것이다.

5. 튜링기계

이제 오늘날 우리가 사용하고 있는 디지털 컴퓨터에 대한 수학적 모형을 제공하는 튜링기계(Turing machine)를 살펴보자. 튜링기계는 튜링이 최초의 컴퓨터로 인정되고 있는 애니악이 등장하기 훨씬 전에 제안한 추상적 컴퓨터이다. 우리는 직관적으로 더하기나 곱하

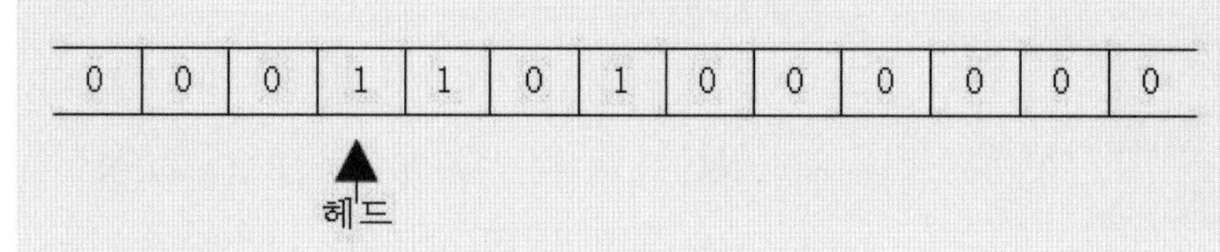

그림6 | **튜링기계**

기와 같은 계산(computation)의 의미를 잘 알고 있지만 그 개념을 정확히 정의하기는 매우 어렵다. 튜링기계는 효율적 절차로서의 계산 개념에 대해 최초로 정교한 수학 이론을 제공했다.

튜링기계는 테이프, 기호, 헤드, 제어부로 구성된다. 테이프는 여러 개의 칸으로 구성되어 있고, 기호는 0과 1 두 가지이다. 테이프의 하나의 칸에는 오직 하나의 기호만이 쓰일 수 있다. 헤드는 테이프의 칸에 쓰여 있는 기호를 읽고 그 다음 그것을 지우고 그 자리에 동일한 기호나 새로운 기호를 쓸 수 있다. 또한 헤드는 좌우로 이동할 수 있다. 제어부는 가능한 내적 상태(우리의 예에서는 S1, S2, S3) 중 하나의 상태에 있다. 현대적 관점에서 보면 테이프는 입출력장치와 기억장치에 해당한다. 어느 한 방향으로 상당히 길게 연장된 테이프를 가진 튜링기계는 대용량의 메모리를 가진 컴퓨터라고 볼 수 있다. 그러나 우리는 튜링기계는 추상적 기계라는 점을 잊어서는 안 된다. 즉 튜링기계는 가상 기계이므로 〈그림 6〉에 표현된 것처럼 반드시 물리적으로 구현될 필요는 없다.

튜링기계의 작동은 헤드가 스캔한 기호와 제어부의 상태에 의해 결정된다. 튜링기계는 다음과 같이 세 가지 방식으로 작동한다.

1) 헤드는 스캔한 칸에 있는 기호를 지우고 그 자리에 동일한 기호나 새로운 기호를 쓴다.
2) 그 다음 헤드는 오른쪽 방향이나 왼쪽 방향으로 이동한다.
3) 마지막으로 제어부의 내적 상태가 변경된다.

튜링기계의 작동에 대한 구체적인 예로 "2+1"을 계산하는 경우를 살펴보자. 우선 〈그림 6〉에 나타나 있듯이 테이프에는 덧셈을 해야 할 두 수 2와 1이 각각 "11"과 "1"로 표현되어 있다. 직관적으로 보았을 때 덧셈을 하는 효율적인 방식 중 하나는 그 두 수 사이에 있는 0을 지우고 그 자리에 1을 쓴 다음 맨 오른편에 있는 1을 0으로 대치하는 것이다. 이러한 방식은 비단 "2+1"뿐 아니라 큰 수들의 덧셈, 예를 들어 "2억+1천만"에도 적용될 수 있다는 점에서 효율적인 절차이다. 이러한 방식으로 덧셈을 하는 튜링기계에 대한 기술이 〈표 2〉에 나타나 있다. 〈표 2〉와 같이 특정한 튜링기계의 작동에 대한 완벽한 기술을 기계표(machine table)라고 하는데, 현대적 의미로 보면 그것은 일종의 프로그램에 해당한다.

표1 | **기호들의 변화**

단계	기호
단계 ①	**1** 1 0 1
단계 ②	0 **1** 0 1
단계 ③	0 1 **0** 1
단계 ④	0 1 1 **1**

표2 | **기계표**

상태 \ 기호	0	1
S1	0, S_1, R	0, S_2, R
S2	1, S_3, R	1, S_2, R
S3	멈춤	멈춤

우리의 예에서 튜링기계는 처음에 〈그림 6〉에 주어진 기호들과 상태 S1에서 출발한다고 가정하자. 즉 단계 ①에서 튜링기계의 제어부는 상태S1에 있고 헤드는 테이프에 쓰여 있는 기호 1을 스캔하고 있다고 가정한다. 〈표 2〉의 기계표를 갖는 튜링기계는 "2+1"을 네 단계에 걸쳐서 계산한다. 각각의 단계마다 튜링기계의 작동 결과로서 나타난 기호들의 변화는 〈표 1〉에 제시되어 있다.

단계 ①의 작동은 위의 기계표에서 상태 S1과 기호 1이 만나는 지점에 있는 지침, 즉 〈O, S_2, R〉에 의해 결정된다. 튜링기계는 지침에 따라서 먼저 스캔한 칸에 쓰인 기호 1을 지우고 그 자리에 0을 쓰고, 상태 S2로 변경하면서, 헤드는 오른쪽 방향(R)으로 이동한다. 단계 ②에 대한 지침은 기호 1과 상태 S2의 조합이므로 해당 지침은 〈1, S_2, R〉이다. 따라서 헤드는 기호 1을 지우고 그 자리에 새로운 기호 1을 쓰고, 상태 S2로 변경하면서, 오른쪽 방향으로 이동한다. 단계 ③의 지침은 상태 S2와 기호 0의 조합이므로 〈1, S_3, R〉이다. 따라서 헤드는 기호 0을 지우고 그 자리에 새로운 기호 1을 쓰고, S3의 상태로 변경하고, 오른쪽 방향으로 이동한다. 마지막으로 단계 ④의 경우 상태 S3은 기호 1과 결합하고 지침은 〈멈춤〉이다. 따라서 튜링기계는 그것이 위치한 지점에서 동작을 멈춘다. 단계 ④의 작동 후 테이프에는 연속된 세 개의 1이 남게 되는데 그것은 곧 "2+1"의 계산 결과인 "3"을 나타낸다.

튜링은 또한 다른 튜링기계들의 작동을 모의할 수 있는 튜링기계 개념을 제시했다. 하나의 튜링기계가 특정한 다른 튜링기계의 작동을 모의하는 방법은 다음과 같이 두 단계로 이루어진다. 첫째 모의되는 튜링기계의 기계표를 하나의 수로 변환한다. 둘째, 이렇게 변환된 수를 모의하는 튜링기계의 입력 기호로 이용한다. 이와 같은 단계를 거쳐서 입력된 기호를 처리할 수 있는 튜링기계를 보편적 튜링기계(universal Turing machine)라고 한다. 보편적 튜링기계는 앞에서 우리가 검토한 튜링기계를 모의할 수 있다. 즉 보편적 튜링기계에 〈표 1〉에 기술된 기호들의 계열(1, 1, 0, 1)과 〈표 2〉에 기술된 기계표를 암호화하여 입력 기호로 제공하면 원래의 튜링기계와 마찬가지로 덧셈을 계산할 수 있다. 이러한 의미에서 보편적 튜링기계는 프로그램이 가능한 컴퓨터라고 볼 수 있다. 그러나 우리의 예에서 제시된 튜링기계는 오직 두 가지 기호(0, 1)와 세 개의 상태만(S1, S2, S3)을 갖고 있기 때문에 모든 계산을 할 수 없다. 따라서 그것은 보편적 튜링기계가 아니다. 그러나 우리가 그것의 기호와 상태의 수를 증가시키면 보편성을 얻을 수 있는데, 네 가지의 기호와 일곱 가지의 상태를 갖는 튜링기계가 가장 단순한 보편적 튜링기계임이 수학적으로 증명되었다.

6. 기능주의

이제 위에서 검토한 튜링기계 모형이 어떻게 인간의 마음을 이해하는 데 이용될 수 있는지를 검토해 보자. 사람들은 일상적으로 인간은 물질적인 몸과 비물질적인 마음으로 구성되어 있다고 생각한다. 몸과 마음의 상호 관계를 설명하는 문제를 심신문제(mind-body problem)라고 하는데, 데카르트 이래로 많은 철학자들의 도전에도 불구하고 그 문제는 여전히 해결되고 있지 않은 상태로 남아 있다.

20세기 초반 철학자들은 심신문제를 해결하기 위한 하나의 유비추리를 사용하게 되었는데 그것은 컴퓨터 비유(computer metaphor)라고 알려져 있다. 컴퓨터 비유에 따르면 몸과 마음의 관계는 컴퓨터의 하드웨어와 소프트웨어의 관계와 같다.

컴퓨터 비유는 컴퓨터의 하드웨어와 소프트웨어 사이에 성립하는 관계를 인간의 몸과 마음 사이의 관계에 적용한다. 그런데 유비 추리가 성립하려면 컴퓨터와 인간 사이에 어떤 본질적 유사성이 있어야만 한다. 어떤 점에서 인간과 컴퓨터가 본질적으로 유사한가? 우리는 흔히 컴퓨터를 정보처리체계라고 부른다. 즉 컴퓨터는 정보를 입력받아서 내적인 규칙에 따라 처리하고 저장한 후 필요에 따라 출력하는 체계이다. 컴퓨터 비유의 지지자들은 인간도 일종의 정보처리체계라고 생각한다. 즉 인간이 생각하거나 추리하는 모든 행위는 정보를 처리하는 과정이라는 것이다. 또한 "인간은 이성적 동물이다"라는 정의에서 나타나듯이 생각이나 추리와 같은 심리적 활동은 인간의 본질적 요소이다. 마찬가

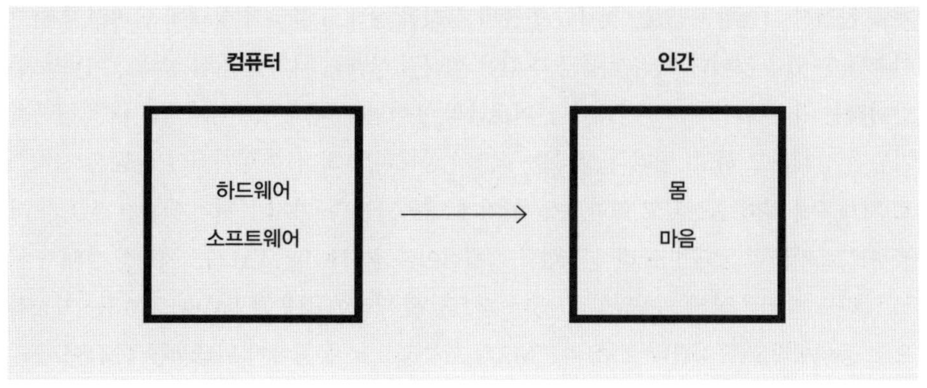

표3 | **컴퓨터 비유**

지로 컴퓨터의 경우에서도 정보처리는 본질적인 요소이다. 만약 정보처리라는 요소가 없다면 인간이나 컴퓨터는 각각 인간 또는 컴퓨터라고 불릴 수 없을 것이다. 이처럼 인간과 컴퓨터가 정보처리체계라는 본질적 유사성을 갖는다면 인간의 몸과 마음의 관계를 알기 위해서는 컴퓨터의 하드웨어와 소프트웨어의 관계를 살펴보면 된다.

그렇다면 컴퓨터의 하드웨어와 소프트웨어의 관계는 무엇인가? 우리는 동일한 계산이 다양한 컴퓨터에서 실현될 수 있다는 것을 알고 있다. 예를 들어 덧셈은 컴퓨터 발전 과정의 초기에 등장했던 진공관식 컴퓨터로부터 현대의 슈퍼컴퓨터에 이르기까지 다양한 컴퓨터에서 실현될 수 있다. 또한 미래의 컴퓨터가 반드시 오늘날 우리가 사용하는 형태의 컴퓨터일 필요는 없다. 컴퓨터를 구성하는 소재가 실리콘이든 아니면 유리 또는 어떤 새로운 신소재이든 상관없이 중요한 것은 그러한 물리적 차이에도 불구하고 동일하게 실현되고 있는 계산 과정이다. 이처럼 동일한 계산이 다양한 하드웨어에서 실현될 수 있다. 이것은 곧 컴퓨터의 경우 동일한 소프트웨어가 서로 다른 하드웨어에서 실현될 수 있다는 것을 의미한다. 컴퓨터가 갖는 이러한 특징을 복수실현 가능성이라고 한다. 이제 복수실현 가능성을 인간에게 적용하면 동일한 심리적 과정이 다양한 물리적 구조와 장치에서 실현가능하다는 결론이 나온다. 그러므로 사고, 욕구, 고통과 같은 다양한 심리적 상태들은 그것을 구성하는 인간의 몸이 아니라 다른 물리적 구성에 의해서도 실현될 수 있다.

이러한 관점에서 퍼트남(H. Putnam, 1960)은 튜링기계 개념을 이용하여 마음과 몸의 관계를 설명하기 위해서 기능주의(functionalism)의 한 형태를 제시했다. 퍼트남이 제시한 기능주의에 따르면 마음을 갖고 있는 모든 유기체는 튜링기계로 간주될 수 있으며, 그것의 작동은 기계표에 의해 기술될 수 있다. 앞에서 보았듯이 튜링기계는 다양한 방식으로 물리적으로 구현될 수 있는 복수실현 가능성을 갖는다. 또한 튜링기계의 논리적인 내적 상태를 기술하는 기계표가 그것을 구성하는 물리적 요소의 상태를 전혀 언급하지 않고 그 기계를 완전히 기술할 수 있는 것처럼 인간의 심리적 상태도 물리적 상태에 의존하지 않고 기술될 수 있을 것이다. 따라서 통증과 같은 심리적 상태는 뇌의 물리적 상태가 아니라 인간이라는 유기체의 기능적 상태이다. 퍼트남의 용어법에 따라서 튜링기계의 내적 상태를 기능적 상태라고 하고, 물리적 상태를 구조적 상태라고 하자. 튜링기계의 작동은 전적으로 기계표에 의해 결정되고 또한 동일한 기계표를 가진 두 가지 튜링기계(TM1,TM2)가 가능하므로 기능적 상태는 물리적 구성과 독립적이다. 즉 TM1과 TM2는 구조적 상태가 서로 달라도 기능적 상태는 동일할 수 있다. 퍼트남은 이러한 경우에 TM1과 TM2는 기능적으로 동형이라고 규정한다. TM1과 TM2가 기능적으로 동형이기 위해서는 TM1이 물리적 상태 P1에서 심리적 상태 M1에서 M2로 이행하는 경우 TM2이 물리적 상태 P2에서 심리적 상태 M1에서 M2로 이행해야 한다. 이와 같이 물리적 상태의 차이에도 불구하고 하나의 기능적 상태와 다른 기능적 상태 간에 동일한 관계를 유지하는 대응이 있다면 두 체계는 기능적으로 동형이다. 예를 들어 TM1은 인간이고 TM2는 디지털 컴퓨터라고 하고 그 두 체계가 시간 t에서 기능적으로 동형이라고 하자. 이 경우에 TM1의 물리적 상태와 TM2의 구조적 상태(P1과 P2)는 다르지만 두 체계의 심리적 상태와 기능적 상태(M1)는 동일하고 t 이후에 다른 동일한 상태(M2)로 이전할 것이다.

퍼트남의 기능적 동형 개념은 기능적 상태에 대한 완벽한 기술이 존재한다는 점을 전제하고 있는데, 튜링기계는 바로 그러한 기술, 즉 기계표를 제공한다. 퍼트남은 기능적 동형, 기능적 기술, 튜링기계라는 세 가지 개념에 의해서 인간은 튜링기계라는 점을 주장하고 있다. 즉 인간과 컴퓨터는 서로 다른 물리적 요소들로 구성되어 있지만 기능적으로는 동형이다.

〈표 4〉에서 R_1은 기능적 동형 관계이다. 퍼트남이 주장하는 기능주의는 튜링기계를 이용하여 기능성을 설명하고 있다는 점에서 기계 기능주의(machine functionalism)라고 불린다. 기계 기능주의는 R_1에 대한 이론이며, R_2는 전혀 고려하지 않는다는 점에 유의하라. 기능주의는 우리가 여기서 검토한 기계 기능주의 이외에도 다른 유형이 있다. 그러나 모든 기능주의는 한 가지 공통점을 갖고 있는데 그것은 곧 사고, 욕구, 통증과 같은 심리적 상태는 물리적 구성 요소에 의존하는 것이 아니라 인지 체계에서 그것이 맡은 기능 또는 역할에 의존하다는 점이다.

위에서 보았듯이 기능주의는 인간과 기계가 기능적 상태에서 동형이라는 근거로 인간은 일종의 기계이라는 결론에 도달한다. 기능주의에 대한 다양한 비판들이 제시되었는데 우리는 그 중에서 한 가지 유력한 비판을 검토해보기로 한다. 인간의 감각은 독특한 질적 특징을 갖는다. 예를 들어 우리가 빨간 장미를 보았을 때 느끼는 감각적 성질은 노란 해바라기를 보았을 때 느끼는 감각적 성질과는 매우 다르다. 이처럼 우리의 시각, 청각, 미각, 후각, 촉각과 같은 오감을 통하여 느끼는 다양한 감각적 성질을 감각질(qualia)라고 한

인간		튜링기계
심리적 상태	R_1	기능적 상태
물리적 상태	R_2	구조적 상태

표4 | **기계 기능주의**

다. 이제 정상적 인간과 기능적으로는 전혀 다르지 않지만 감각질을 결여하고 있는 존재를 가정해 보자. 우리가 빨간 장미를 보고 "예쁘다"라고 말할 때 그 존재 역시 동일한 반응을 보이지만 우리가 갖고 있는 감각질을 갖지 못한다. 마찬가지로 우리가 매우 뜨거운 물에 손을 넣었을 때 즉시 손을 거두고 뜨거움과 관련된 감각질을 가질 때 그 존재 역시 즉시 손을 거두겠지만 관련된 감각질을 갖지 않는다. 이처럼 기능적으로 동일한 두 체계 중 한편은 감각질을 갖고 있지만 다른 한편은 감각질을 갖지 못하는 일이 가능하다면 기능주의는 감각질을 적절히 설명할 수 없을 것이다. 그 결과 기능주의는 인간의 심리적 상태에 대한 적절한 모형이 될 수 없다는 결론에 이르게 된다. 기능주의 지지자들은 이러한 비판에 대해서 기능적으로 동일한 체계들은 동일한 감각질을 갖거나 아니면 갖지 않거나 둘 중 하나만이 가능하고 다른 경우는 불가능하다고 대답할 수 있다. 즉 기능적으로 동일하면서 감각질을 갖는 경우와 갖지 않는 경우는 불가능하다는 것이다. 이러한 논쟁을 평가하기 위해서 우리는 "가능하다"라는 개념의 의미를 정확히 규정할 필요가 있다. 기능주의 비판자들과 지지자들이 각각 의미하는 가능성은 정확히 어떠한 의미에서의 가능성인가? 그것은 경험적 가능성인가 논리적 가능성인가? 혹자는 그것을 형이상학적 가능성이라고 주장한다. 여기서 우리는 경험과학적 방법으로 해결할 수 없는 철학적 문제를 다루고 있다. 이러한 의미에서 기능주의가 인간의 심리적 상태에 대한 적절한 모형이 될 수 있는가의 여부는 어느 정도는 가능성에 대한 철학적 논의에 달려 있다.

더 생각해볼 주제

—

- 인간과 기계를 구분할 수 있는 기준은 무엇인가?
- 거짓말을 할 수 있는 기계가 가능한가?

- 인공지능 개발은 도덕적으로 허용될 수 없는가?
- 인간의 몸은 마음을 이해하는 데 관계가 없는가?

더 읽어볼 거리

—

로드니 브룩스, 박우석 역, 『로봇 만들기』, 바다출판사, 2005.

D. 홉스텟터·D. 데닛, 김동광 역, 『이런 이게 바로 나야!』, 사이언스북스, 2001.

아서 클라크, 김승옥 역, 『2001, 스페이스 오디세이』, 황금가지, 2004.

필립 레어드, 이정모·조혜자 역, 『컴퓨터와 마음』, 민음사, 1992.

함께 볼 만한 영화

—

스탠리 큐브릭 감독, 〈2001, 스페이스 오디세이〉(1968)

래리 워쇼스키, 앤디 워쇼스키 감독, 〈매트릭스〉(1999)

스티븐 스필버그 감독, 〈A.I.〉(2001)

알렉스 프로야스 감독, 〈아이 로봇〉(2004)

04

다원주의적 과학

1. 다원주의의 전망

현대 서양과학의 역사를 보면, 과학의 과업은 자연에 관한 유일무이한 진리를 추구하는 것이라는 멋진 꿈을 추구했던 과학자들이 많이 있었다. 특히 현대과학의 초창기에 뉴튼과 같은 사람이 가진 야망은, 이론 하나만 잘 만들면 신이 정말 어떻게 우주를 창조하셨는가하는 섭리를 알 수 있으리라는 것이었다. 멋진 꿈이었지만, 결국 환상에 지나지 않았다. 필자가 과학철학과 과학사를 다방면으로 연구하면서 깨닫게 된 바에 의하면 과학에는 절대적인 지식이란 없고 지식을 가장 잘 획득하게 해주는 절대적인 방법도 없다.

필자는 통일된 과학의 꿈에 대응하는 다원주의(pluralism)의 비전을 제시해보고자 한다. 각각 개인과 소집단들이 가지는 다양한 관점과 필요에 따라 추구하는 질문 자체도 달라지고, 그렇다면 다른 종류의 대답들이 나올 수 밖에 없다. 같은 학문 분야 내에서도 여러 종류의 과학자들이 여러 가지 방법으로 동시에 여러 방향의 지식을 추구할 수 있고, 그렇게 함으로써 인간의 창의성을 최대로 발휘하고 자연으로부터 최대의 가르침을 받을 수 있다. 여러 문인이나 예술가들이 같은 주제를 가지고도 다양한 표현을 해줌으로써 인간의 문화적 잠재력을 최대로 발휘할 수 있는 것과 크게 다르지 않다.

과학에 대한 다원주의를 조금 더 정확히 정의해보자면, 과학의 한 분야 내에서도 가능한 한 여러 가지 실천체계를 발달시키고 유지하는 것이 좋다는 입장이다. 여기서 '좋다'고 하는 것은 과학이 가질 수 있는 다양한 목적을 달성하는 데 효과적이라는 의미이며, '가능한 한'이라고 토를 단 이유는 우리가 무한정으로 많은 수의 체계를 유지할 여력은 없다는 한계를 인정하기 때문이다. 과학의 '실천체계(system of practice)'라는 것은 필자가 고안해 낸 용어로, 과학을 실행하는 어떤 특정한 행태를 가리킨다. 이것이 어떤 의미인지 여기서 약간 더 설명할 필요가 있다. 실천체계는 '인식활동(epistemic activity)'들로 구성된다. 과학자들이 행하는 인식활동에는 여러 종류가 있는데, 예를 들어서 주어진 물질을 화학적으로 분석한다거나, 원하는 물질을 합성한다거나, 미분방정식을 푼다거나, 동식물을 분류한다거나, 기압을 측정한다거나, 어떤 현상의 원인을 파악한다거나, 어떤 가설을 통계적으로 검증한다거나, 이론적 모델을 만든다거나, 아주 다양하다. 실천체계란 이런 인식활동들이 무작위로 뭉뚱그려서 합쳐있는 것이 아니라, 어떤 전반적 목적들을 달성하기 위해 체계적으로 조직된 것을 말한다(이 실천체계 개념은 쿤의 패러다임 개념과 비슷한 점이 많은데, 어떤 차이가 있는지는 차차 더 뚜렷하게 드러날 것이다).

다원주의는 한 과학 분야에서도 여러 가지의 실천체계를 발달시키고 유지하는 게 좋다는 주장인데, 처음 듣기에는 생소하고 말이 안 되는 것 같은 느낌을 주기 쉽다. 우리가 보통 생각하는 과학의 모습은 일원주의에 기반한 것이기 때문이다. 과학에는 정답이 있고, 그 정답을 말해주는 옳은 이론이 있고, 현재 우리가 진리를 아직 얻지는 못했더라도 과학은 그 진리를 향해서 나아간다는 것이 우리가 상식적으로 가지고 있는 과학의 이미지이다. 그러나 과학철학자들 간에 실재론 논쟁이 끊임없이 이어지고 있는 것을 보면 알 수 있듯이, 과학 연구에 있어서 한 가지 정답을 찾는다는 것은 그렇게 간단하지 않다. 과학에 대한 일원주의적인 직감들은 많은 사람들의 머릿속에 강력하게 박혀 있으므로, 그것을 차차 없애보는 노력을 해볼 필요가 있다.

다원주의의 타당성을 우선 해학적으로 한번 표현해 볼 수 있다. 어느 초등학교에서 글짓기 대회를 했는데, 지정된 주제가 '우리 집 강아지'였다. 그 주제로 어떤 학생이 써낸 글을 보고 선생님이 물었다. "이거, 너희 누나가 낸 글과 한 글자도 안 틀리고 똑같아. 그대로 베꼈지?" 그러자 이 아이가 "아뇨, 같은 개거든요" 하고 대답했다는 것이다. 이것은 농담이지만, 많은 과학자들과 철학자들은 사실 과학이론과 실재의 관계에 대하여 종종 그런 식의 논의를 전개한다. 우리가 모든 과학에서 다루는 대상은 궁극적으로 하나뿐인 우주이니까, 정말로 옳은 이론은 결국 단 한 가지일 수밖에 없다고 주장하는 것이다. 그러한 주장을 우리가 당연시하여 받아들이지 말고 "아, 역시 똑똑한 분들이라 농담도 잘 하십니다" 하고 웃어줄 수 있는 문화적 역량을 기를 필요가 있다.

2. 과학지식의 천하통일?

다원주의에 대한 반론은 즉시 나올 것이다. 과학의 발전과정을 보면 점점 통일이 되어가고 있지 않은가? 과학이 발전하면서 더욱 더 많은 것들이 같은 원리로 다 설명되어가고 있지 않은가? 특히 현대물리학이 이루어 놓은 것들을 보면 그런 추세가 확실하지 않은가? 물리학은 19세기 중반부터 모든 것을 통합하는 성과를 많이 올렸다. 패러데이는 전기와 자기를 같은 현상으로 이해하기 시작했고, 그 뒤를 이어서 맥스웰은 빛이 전자기파라고 해석하여 전자기학과 광학을 통합했다. 20세기에 양자역학이 나와서 원자 구조를 통해서 화학의 기초 원리를 물리적으로 이해할 수 있게 되었고, 분자 생물학이 나와서 생물학에서 가장 중요하게 여겼던 유전과 진화 등의 기초 원리를 화학적으로 밝혀냈다. 이런 사례들을 생각할때 기초 물리학만 제대로 하면 모든 과학을 그리로 환원할 수 있으리라는 느낌을 충분히 이해할 수 있다.

현대물리학이 과학을 통일한다는 꿈에 관련된 재미있는 일화가 있다. 뉴질랜드 출신 영국의 저명한 물리학자 러더포드(Ernest Rutherford)는 이렇게 얘기했다고 한다. "과학이란 물리학이 아니면 우표 수집에 불과하다." 진짜 훌륭한 과학은 물리학의 법칙에 기반해서 모든 결론을 유도해내는 것이고, 그렇지 않다면 그냥 여러 가지 사실을 모아서 분류하는 작업에 불과하다는 것이다. 예를 들어 자연사나 천문학 등의 분야는 그저 성실히 관측해서 사실을 수집하는 일이고, 그런 수준을 넘어서려 한다면 물리학 이론을 동원해서 모든 것을 물리학적으로 이해하는 방법밖에는 없다는 것이다. 그렇게 다른 분야의 과학자들에게 거의 모욕적인 얘기를 했는데, 러더포드는 거기에 대한 벌을 받았는지, 노벨 물리학상은 받지 못하고 그 대신 화학상을 받았다. 방사능이 나올 때 붕괴하는 원자가 화학적으로 변환된다는 것을 밝혀낸 공로를 화학자들로부터 인정받았던 것이다. 화학도 제대로 하면 물리학이니까 화학상도 괜찮다고 스스로를 위로했을까?

러더포드와 같은 태도는 일부 과학사학자나 과학철학자들로부터 '물리학 제국주의'라는 비난을 받는다. 물리학이 제일 훌륭하고 다른 과학들을 다 정복하고 하나로 통일할 것이라는 생각은, 마치 칭기즈칸이 모든 나라들을 정복해서 천하통일을 하려 했던 것과 같다고 달갑게 보지 않을 수 있다. 그런 반면 과학철학자들도 물리학 제국주의에 물들어 있는 경우가 많다. 미국의 철학자 퍼트남(Hilary Putnam)과 그의 동료 오픈하임(Paul Oppenheim)은 다음과 같이 환원론(reductionism)적인 과학의 질서를 제시했다. 사회적인 집단은 개인들이 모여서 이루어진 것이고, 인간을 포함한 모든 동물의 개체는 세포가 모여서 이루어진 것이고, 세포는 분자로, 분자는 원자로, 원자는 소립자로 이루어진 것이다. 소립자 물리학을 잘 연구해서 그것을 응용하면 원자가 어떻게 생겼는지를 알 수 있고, 원자를 잘 알면 원자들 간의 결합으로 생기는 분자를 이해할 수 있고… 그렇게 해서 결국은 단계적으로 모든 사회과학까지 입자 물리학으로 환원할 수 있다는 꿈이다. 오픈하임과 퍼트남은 물론 과학이 그러한 통일을 이미 이룩했다는 환상에 빠졌던 것은 아니고, 미래에 꼭 그렇게 된다는 보장이 있다고 장담한 것도 아니지만, 그들의 논문을 보면 그런 환원적 통일을 '작업 가설(working hypothesis)'로 하자고 제안하고 있다. 또 과학의 역사를 볼 때 그 작업 가설이 어느 정도 타당하다는 경험적 증거도 꽤 있다고 주장한다.

그러나 통일로 나가는 과학의 성적표가 다 만점이었던 것만은 아니다. 아인슈타인도 말년에 '통일장이론(unified field theory)'을 이룩하기 위해 오랜 세월을 노력했지만 결국은 실패하고 죽었다. 아인슈타인 이후에는 물리학자들이 아주 다른 방향으로 길을 뚫어서, 입자 물리학의 '표준 모형(standard model)'을 통해 많은 성과를 보았지만, 일반상대론과 양자이론을 통합하는 양자중력 이론은 아직 미결 상태이다. 그 과업은 결국 성사될지도 모르고, 안 될지도 모르는 일이다. 또 더 재미있는 문제는 물리학을 통일하는 데 많은 기여를 한 그 최신 이론들이, 물리학이 다른 과학을 정복하는 데는 별 도움을 주지 못하고 있다는 것이다. 예를 들어서 현재까지 물리학이 화학을 정복한 가장 큰 성과는 1920년대에 나온 슈뢰딩어의 양자역학 이론에 기반한 양자화학인데, 그 후로 나온 더 발달된 물리학 이론들은 화학을 정복하는데 별 도움을 주지 못하고 있다. 예를 들어서 슈뢰딩어 이론을 쓰지 말고 더 훌륭한 양자 장이론과 쿼크이론을 써서 화학을 하라고 하면 화학자들은 상당한 난관에 봉착할 것이다. 사실 물리학 내부에서 봐도 그런 비슷한 문제들이 있다. 고체 물리학같은 분야를 연구하는 사람들에게 물어보면 소립자 이론은 자기들에게 별로 쓸모가 없다고 한다. 예를 들어서 요즘 아주 떠오르는 주제인 고온 초전도체등을 연구하려면 그 영역에서 적용되는 나름대로의 개념과 이론을 만들어 주어야지 표준 모델을 응용하려 해서는 일이 잘 되지 않는다. 그렇게 물리학 내에서도 통일이 미달된 점이 있다.

과학사를 잘 살펴보면, 과학자들이 뭔가 자신있다고 할 때 주의해야겠다고 느끼게 하는 사건들이 여기저기 보인다. 좋은 한가지 예는 미국인으로서 처음 노벨 물리학상을 받았던 마이클슨(Albert Michelson)이다. 그가 1894년에 시카고 대학에 새로 설립되었던 라이어슨 물리학 연구소(Ryerson Physical Laboratory)의 초대 소장으로 취임하면서 한 기념 연설에서, "물리 과학(physical science)의 가장 중요한 법칙과 사실들은 이제 다 발견되었고 너무나 굳게 정립되어서, 새로운 발견에 의해 그것들이 무너지고 교체될 가능성은 거의 없다. 미래에 나올 수 있는 발견은 소수점 아래 여섯자리에서 찾아야 한다"라고 했다. 무슨 말이냐면, 중요한 이론과 현상은 이미 다 알아냈기 때문에 이제 100만 분의 1의 정밀도를 기할 일밖에 남지 않았다는 것이었다.

자신만만하게 내뱉은 이야기였는데, 빈말도 아니었다. 마이클슨의 전문 분야는 정밀측정이었고, 특히 빛의 속도를 기가막히게 측정해 냈던 업적이 있었다. 그와 관련된 유명한 마이클슨-몰리 실험(Michelson-Morley experiment)은 19세기에 가정되었던 빛의 매체인 에테르 안에서 지구가 어떤 속도로 움직이고 있는가를 측정하고자 하는 실험이었다. 그 원리는 쉽게 말하자면 다음과 같다. 빛이 에테르 속에서 치는 파동이고 지구는 에테르 안에서 움직이고 있다고 가정하자. 우리가 지구를 타고 광선의 근원지 쪽으로 다가가면서 빛의 속도를 잰다면, 움직이지 않는 사람이 재는 것보다 더 빠르게 나올 것이며, 또 반대로 지구가 광선의 근원지에서 물러나고 있다면 우리가 지구상에서 잰 광속은 실제 값보다 더 낮게 나올 것이다. 그런데 마이클슨과 그의 동료 몰리(Edward W. Morley)가 아주 정밀하게 다른 방향으로 오가는 빛의 속도를 측정했을때, 아무 차이를 검출해내지 못했던 것이다. 지구상에서 측정한 광속이 지구의 운동 방향이나 속도에 아무 영향을 받지 않는다는 결과였다.

이 당혹스러운 결과를 놓고 다들 고민하고 있었는데 아인슈타인은 그 고민을 거부하고, 광속은 무조건 불변하다는 것을 전제로 해서 특수상대성 이론을 세우고, 에테르라는 개념 자체가 필요없다고 선언했다. 어떻게 보면 문제를 해결한 것이 아니라 그 문제 자체를 거부한 것인었다. 여기서 마이클슨의 상화을 잘 고려해 보면 강한 아리러니를 느낄 수 있다. 그는 19세기 고전물리학을 굳게 믿었고 그것을 더 정확하고 완벽하게 하기 위해 정밀한 측정에 헌신했던 것인데, 마이클슨-몰리 실험은 고전물리학을 엎어버리는 아인슈타인의 이론이 널리 받아들여지는데 큰 기여를 했던 것이다. 마이클슨은 죽을 때까지 아인슈타인의 이론을 탐탁지 않게 여겼고, 계속 고전 물리학이 훌륭하다고 보았다. 이것은 마이클슨이 특별히 생각이 굳어서 그랬던 것이 아니다. 물리학의 대 혁명이 20세기 초에 일어나기 바로 전에 여러 훌륭한 물리학자들이 물리학의 굵직한 내용은 다 알려졌다고 자신했다가 뒤통수를 크게 맞았던 것이다. 우리도 지금 현재 신봉하는 이론들이 나중에 변할 리 없다고 믿고 싶은 유혹을 뿌리칠 필요가 있다.

이 맥락에서 쿤(Thomas Kuhn)의 과학철학 논의를 재조명해보자. 쿤이 내세운 것은 과학 패러다임의 독점설이었다. 이것은 일원주의적 사고로, '정상과학(normal science)' 상태에서는 각 과학 분야에 패러다임이 한 개밖에 없다는 것이다. 그 상태에서 새로운 패러다임이 등장하게 되면 신-구 패러다임 간의 싸움이 일어나고, 결국 둘 중 하나는 폐기되어야 한다. 쿤의 과학사와 과학철학 논의는 정상과학에 복수의 패러다임이 공존할 수 없다는 것을 전제로 하고 있다. 거기에 반대되는 필자의 의견은, 그렇게 독점을 하지 않아도 정상과학의 이점을 충분히 살릴 수 있다는 것이다. 쿤이 말한 정상과학의 이점은, 패러다임이 정립되고 거기에 모든 사람이 동의하게 되면 쓸데없는 철학적 논쟁 따위로 기력을 소모할 필요 없이 패러다임이 정해준 문제들을 깊이 집중해서 풀고 효과적으로 연구의 성과를 올릴 수 있다는 것이다. 경쟁 패러다임이 없어야 과학자들이 정신을 뺐기지 않는다는 생각이다. 그 말도 일리는 있지만, 경쟁 패러다임이 있더라도 보통은 자기 패러다임 내에서 집중된 연구를 하다가, 가끔씩 타 패러다임을 추종하는 사람들과 논쟁을 하며 자기 패러다임의 기본적 전제들을 재점검하는 것도 충분히 가능하다고 본다.

쿤이 말하는 과학혁명은 패러다임간의 경쟁 내지 투쟁을 통해 이루어지는데, 그렇게 패러다임 간에 싸움이 났을 때 나올 수 있는 결과는 적어도 다섯 가지가 있다. 물론 패러다임이 교체되면서 쿤식의 과학혁명이 일어날 수 있다. 아니면 기존 패러다임이 도전을 이겨내고 계속 유지될 수도 있다. 또 사실 쿤도 이야기했듯이, 과학의 분야 자체가 분화되는 결과를 낳을 수도 있다. 생물에서 종의 분화가 되듯이 두 패러다임 모두 각각 발전되어 서로 다른 영역을 차지하고 계속 뻗어나갈 수 있다. 예를 들어 19세기 후반에 유기화학은 구조론을 정립하면서 많은 물질들의 복잡한 분자구조를 파악해 내었고 그러한 분자들을 합성해 내는 성과도 많이 올렸다. 그러나 다른 경향을 가진 화학자들은 유기화학에서 원자들이 왜 서로 결합하여 그러한 분자구조를 이루게 되는지에 대한 물리학적 설명이 없는 것에 대한 불만을 가졌고, 유기화학에서 다루지 않는 화학 반응의 메커니즘 등을 연구하는 물리화학이라는 분야를 새로 만들었다. 그렇게 분화된 두 분야가 잘 공존했고, 각각 유용한 역할을 했다. 과학이 근래에 발전하는 양상을 보면, 분야 수가 이런 식으로 계속 늘어나고 있지, 물리학이 모든 분야를 정복해서 합병하는 식으로 줄어들고 있지 않다.

경쟁 관계의 패러다임들이 완전히 분화하지 않고, 한 분야 내에서 공존할 수도 있다. 간단한 예를 들자면, 광학에서는 빛의 입자설과 파동설이 오랫동안 싸우면서 공존했다. 그것은 예외적인 경우고 대부분은 한 패러다임이 한 분야를 독점하게 되는 경향이 있다고 하더라도, 꼭 그런 식으로만 과학을 할 수 있다는 결론은 나오지 않는다. 필자가 화학혁명의 역사에 대해 평가하였듯이, 경쟁 관계의 패러다임들이 공존해주는 것이 과학의 발전에 더 도움이 될 수도 있다. 18세기 말 그 당시에 플로지스톤 패러다임이 소멸되었는데, 그렇게 없애지 않고 산소 패러다임과 동시에 같이 발전시켰더라면 화학은 더 좋은 결과들을 더 빨리 얻을 수 있었을 것 같다는 판단이다.

패러다임 간의 상호작용에서 나올 수 있는 또 한 가지 결과는 '잡종'이 생기는 것이다. 예를 들어서 빛의 파동설과 입자설이 20세기에 와서는 입자와 파동의 이중성을 전제하는 양자역학으로 흡수되었다. 결국은 입자설과 파동설중 어느 한쪽도 이긴 것이 아니고, 둘이 합쳐서 새로운 패러다임으로 변형되어 버린 것이다. 이런 시각에서 과학사를 재조명해 보면 상당히 흥미로운 결과가 많이 나올 것으로 생각된다.

이런 여러 가지 논의를 종합해보면, 과학이 발전하면서 꼭 계속 더 통일되는 것은 아닌 듯 하다. 또 쿤이 전제로 한 패러다임의 독점 체제가 항상 성립되지도 않으며, 그러한 일원주의가 꼭 이롭지도 않다는 결론을 얻게 된다.

3. 다원주의의 이점

과학의 다원주의가 어떤 이득을 가져다 주는 것인지 좀 더 체계적으로 고려해보자. 두 가지로 크게 나누어서 '관용의 이득'과 '상호작용의 이득'이라고 명명해 본다.

1) 관용의 이득

여기서 관용이란, 한 과학 분야를 지배적인 한 실천체계가 독점하지 않고 다른 실천체계도 공존할 수 있게끔 학문을 추구하는 형태를 말한다(이제부터 꼭 쿤에 관한 논의만은 아니므로 패러다임 대신 위에서 설명한 '실천체계' 개념을 다시 사용한다). 관용의 이득은 네 가지로 분류할 수 있다.

첫째, 관용은 예측 불허의 미래에 대비하는 보험이다. 과학의 발전도 사회의 발전과 마찬가지로 여러 가지 길이 가능하고, 그 중 어느 길이 어떤 성과를 미래에 가져다 줄지를 예견하는것은 정말 힘든 일이다. 라우단(Larry Laudan)의 '비관적 귀납(pessimistic induction)'을 통해 볼 수 있듯이, 아주 성공적으로 나가고 있던 이론도 나중에 폐기된 경우가 많고, 라우단은 대부분의 이론은 그런 운명을 맞게 된다고 보았다. 또 어느 이상한 가능성이 발전해서 생각지 않았던 좋은 결과를 나타내줄 수 있을지 모른다.

필자의 아버지가 즐겨 하시던 말씀이 있다. "어느 구름에서 비 올지 모른다." 그 말씀에 담긴 인생의 교훈은, 누구한테나 다 잘 해두면 나중에 요긴할 때 누가 덕을 줄지 모른다는 것이다. 과학에서도 비슷하다. 우리가 정말 유일무이한 진리를 추구한다고 하더라도, 어느 구름에서 비 올지 모르기 때문에 여러 가지 가능성을 키워놓는 것이 좋지 않겠는가? 쿤의 주장은 과학자들이 한 가지 가능성을 추구해서 막다른 골목까지 이르른 후에야 또 다른 가능성을 고려한다는 것인데, 필자가 생각하기에는 몇 가지의 가능성을 동시에 추구하는 것이 충분히 가능하고 유익하다.

예측 불허인 미래에 대비하려면 어떤 일이 닥쳐와도 대처할 수 있도록 유연성을 유지하는것이 중요한데, 개인들 각각이 가질 수 있는 유연성에는 분명히 한계가 있다. 그래서 공동체적 차원에서 다양성을 유지하는 것이 중요한 것이다. 개개인은 경직되어 있더라도 서로 다른 방향으로 다양하게 경직되어 있다면, 상황이 바뀔 때마다 거기에 적합한 사람들이 나와서 긴요한 역할을 해낼 수 있을 것이다.

사회사를 보면 전혀 현실성 없고 미친 소리 같은 것도 상황이 바뀌면 당연한 진리로 간주되는 경우가 종종 있다. 민주주의도, 남녀평등도, 노예해방도 모두 다 그렇게 이루어진 일이다. 과학에서도 마찬가지이며, 처음에는 정말 말이 안되게 들렸던 이론들이 나중에는 정설이 되곤 한다. 지동설이 그랬고, 원자론도 그랬고, 대륙이동설도 그랬고, 진화론도 물론 그랬다. 상대성이론, 양자역학, 빅뱅이론, 초끈이론 등 모두가 처음에는 기묘한 이야기로 들렸던 것이 나중에는 정설이 되었다. 또 정설이 나중에는 이단으로 변하기가 십상이다. 지금 현재 판단할 때 가장 훌륭해 보이는 이론만이 진리로 가는 유일한 길이라고 여기는 것은 오만하고 미숙한 생각이고, 필요 이상의 경직성을 불러일으킨다. 사회적 차원에서 그런 경직성을 방지하기 위해서 다원주의가 필요한 것이다.

둘째, 관용은 지적 분업을 수월하게 해 준다. 거창한 진리 추구를 떠나서 실천할 수 있는 과학의 임무를 생각해 보면, 지적 분업의 필요성이 명백해진다. 예를 들어 '만유인력'의 법칙을 세워서 전 우주의 작동 원리를 정립하고자 했던 뉴튼의 꿈은 20세기를 거치면서 철저히 깨졌다. 그러나 그렇다고 해서 그 훌륭한 뉴튼역학을 아주 팽개쳐버릴 것인가? 아니다. 일상생활 범위부터 태양계 정도 스케일까지는 뉴튼 역학을 아직도 잘 쓰고 있다. 스케일이 아주 작아지면 양자역학을 쓰고, 아주 커지면 일반상대론을 쓴다. 속도가 커지면 특수상대론을 쓴다. 그런데 환원주의자들은 이렇게 주장할 것이다 – 원칙적으로는 상대론적 양자역학 이론을 잘 세우면 필요한 모든 내용을 표현할 수 있고, 다루는 대상이 복잡해질때 계산하기가 힘들어지는 것 뿐이다. 그렇게 말하기는 쉽지만, 양자역학 가지고 로켓을 쏠 수는 없다. 양자역학이 진짜 진리냐 그런 생각을 떠나서 우리가 실제로 어떤 이론을 써서 어떤 일을 할 수 있는가를 생각해보면, 로켓을 쏘는 과학은 아직 뉴튼역학이라는 것이 명백하다.

아주 다른 종류의 예로, 온도의 측정을 봐도 이런 분업의 형태가 잘 나타난다. '국제 실용 온도 스케일(International Practical Temperature Scale)'을 보면, 온도의 측정은 한 가지 기준으로 이루어지지 않고, 온도의 영역에 따라 다를 기준을 쓰고 있다. 그 기본적 상황은 옛날부터 잘 알려져 있던 일이다. 아무리 수은 온도계를 선호하는 사람이라도 수은이 영하 40도 정도가 되면 얼어버리고 영상 355도 정도가 되면 끓어버린다는 것은 인정하고 그 한도를 넘어가게 되면 다른 방법을 쓸 수밖에 없다. 기체 온도계를 쓴다고 해도, 기체도 극저온에서는 액화되고 초고온에서는 해리되어 버리기 때문에 한계가 명백히 드러난다. 금속의 전기저항의 변화를 통해서 온도를 재는 방법도 있는데, 그것도 극저온이 되면 초전도 현상이 일어나 못 쓰게 되고, 또 초고온에서는 금속이 녹아버린다. 어떤 측정 방법도 어디서나 완벽하게 적용되는 것은 없으므로, 국제 실용 온도 스케일은 다양한 기준들을 각각 가장 잘 적용되는 곳에서 사용하면서 엮어놓은 것이다.

이 점도 쿤의 논의와 연결해보자면, 소위 말하는 '공약불가능성(incommensurability)'의 일면이 표출되고 있다고 볼 수 있다. 각 패러다임마다 잘 푸는 문제들이 따로 있고, 그 푸는 방법과 잘 풀었는지 판단하는 기준이 서로 다르다. 그렇다면 자연스럽게 분업을 하도록 해 주면 된다. 18세기 말 화학혁명의 이야기로 잠시 돌아가 보자. 필자의 해석이 옳다면, 플로지스톤 이론이 더 잘 설명하는 현상도 있었고 새로운 발견을 더 잘 촉진한 부분도 있었다. 산소 이론이 틀린 점도 있었고 해결하지 못한 문제도 있었다. 그 반면, 산소 이론이 더 훌륭했던 면도 틀림없이 있었다. 두 이론을 다 유지했었다면 각각 잘 하는 것을 하면서 화학 전체는 더 풍부하고 훌륭한 학문이 되었을 것이다. 실제로 있었던 비슷한 예는, 19세기 말에 유기화학과 물리화학이 갈려져서 공존하게 되었을때 화학은 더 훌륭하게 발전했고, 그것은 성공 사례라고 볼 수 있다. 화학혁명을 일으켜서 라부아지에(Antoine-Laurent Lavoisier)

와 그의 동료들이 플로지스톤 이론을 말살해 버렸던 것은 불행한 일이다. 지적 분업을 하면서 충분히 화목하게 생산적으로 공존할 수 있었다.

셋째, 관용적으로 과학을 한다면 동일한 목적을 여러 방식으로 달성할 수도 있으며, 그러한 다발적 성취도 중요하다. 비유해서 말하자면, 사람이 영양가만 제대로 맞춘다면 항상 같은 것을 먹어도 아마 별 탈 없이 건강을 유지하고 살 수 있을 것이다. 그러나 얼마나 재미없고 빈곤한 삶이 되겠는가? 우리는 다양하게 즐기면서 먹음으로써 삶을 윤택하게 하는 것이고, 그런 점은 과학도 비슷하다. 고전물리학에서도 뉴튼이 처음 했던 것과 아주 다른 개념들을 사용해서 표현한 라그랑쥐(Joseph-Louis Lagrange)식이나 해밀튼(William Rowan Hamilton)식의 역학이 있고, 그리 잘 알려지지는 않았지만 헤르츠(Heinrich Hertz)식도 있다. 그렇게 다른 체계들이 같은 상황을 다룰 때 다른 종류의 직관적 이해 및 설명을 가능하게 하며, 그러한 다양한 역학의 버전마다 각각 다른 종류의 문제들을 가장 효과적으로 풀어낸다. 그래서 물리학도들은 적어도 라그랑쥐, 해밀튼식의 역학은 다 배운다. 양자역학에서도 하이젠베르크, 슈뢰딩어, 디랙, 파인만이 각각 다른 체계를 세웠으며, 현재까지 모두 사용되고 있다. 물리학을 공부할 때 이런 여러 가지 체계를 배우고 같은 현상이나 같은 문제도 여러 가지 방법으로 설명하고 풀어내는 것이 큰 재미가 될 수 있다.

화학혁명을 볼 때도, 같은 현상을 산소 이론으로도 플로지스톤 이론으로도 해석해보고 또 현대적 이론으로도 다시 해석해보면 정말 재미있고, 화학적 현상을 관찰하고 이해하는 우리의 눈을 깊이 해주고 풍부하게 해 준다. 그런데 이런 이야기를 하면 일원주의나 환원주의적 입장을 가진 사람들은, 한 가지 방법으로 정답을 내면 됐지 왜 같은 답을 다른 방식으로 또 낼 필요가 있느냐고 의아해할 것이다. 그것은 과학을 너무 제한된 눈으로 보기 때문이다. 과학의 역할은 어떤 한가지의 답을 내는 것 뿐이 아니고, 인간이 자연을 이해하는 것을 돕고 그럼으로써 문화생활을 윤택하게 해 주는 것도 중요하다.

넷째, 관용은 또 우리가 여러 가지 목적을 골고루 달성할 수 있도록 도와준다. 과학의 목표나 기능은 한 가지만이 아니다. 좁은 의미에서 지식을 쌓는 작업만 보더라도, 현상을 기술하는 기능과 현상을 이해하는 기능을 따로 생각할 필요가 있다. 또, 실재론적 입장에 의하면 과학은 관측된 현상을 다루는 것뿐 아니라 관측이 불가능한 내용까지도 알아내야 한다. 게다가 과학은 자연에서는 없는 현상을 창조해내는 기능도 있다. 그리고 과학이 지식 자체를 목적으로 하기도 하지만, 응용을 위해 지식을 쌓기도 한다. 과학이 가진 그런 여러 가지 기능들을 한 가지만으로 환원하려 하는 것은 무리다. 각 기능을 충족시키는데 특이하게 적합한 방법이 있을 것이고, 같은 기능을 충족시키고자 할때도 사람마다 다른 식으로 추구할 수도 있다. 예를 들어 같은 현상을 다루는 모델을 만든다고 해도 어떤 사람은 우아한 수학적 구조를 추구할 것이며, 어떤 사람은 기계적 메카니즘을 동원한 직관적 이해를 추구할 것이다.

그런 차이점을 보여주는 재미있는 일화가 있다. 프랑스의 유명한 물리학자 및 과학철학자였던 듀엠(Pierre Duhem)은 20세기 초에 영국인들은 물리학을 할 줄 모른다고 헐뜯었다. 영국인들은 항상 천박하게 기계적인 모델을 만들고 있다고 지적했던 것이다. 유명한 예로, 맥스웰은 전자기학을 이해하기 위해서 바퀴가 돌아가고 베어링이 끼어서 움직이는 식으로 에테르의 구조를 상상했다. 듀엠은 그런 식의 과학을 경멸했고, 유치한 그림을 그려야만 뭔가를 이해할 수 있는 영국인의 지성은 넓기는 한데 얕다고 평가했다. 그 반면 프랑스인의 깊은 지성은 추상적인 수학만 있으면 그림 그릴 필요 없이 공식을 세우고 풀어서 필요한 답을 얻어낼 수 있다고 했다. 몇 년 후 제1차 세계대전 중 듀엠은 한걸음 더 나아간 국수주의를 발휘하여, 독일인들은 과학조차도 명령에 무조건 복종하는 식으로 한다는 비난을 퍼부었다. 특히 아인슈타인이 특수상대성이론을 전개한 방식에 대한 혹평이었다. 아인슈타인은 광속이 관측자의 운동 상태와 상관없다는 전제로부터 시작해서 이론을 발전시켰었는데, 듀엠이 거기에 대해 표시했던 불만은, 그렇게 말이 되지 않는 전제를 비판적으로 평가할 생각은 하지 않고, 정해놓은 후에 거기서 논리적으로 도출되는 결론이면 아무리 이상하더라도 그냥 다 받아들였다는 것이었다. 프랑스인은 그렇게 의식 없는 물리학은 하지 않는다고 주장했다.

국수주의를 제체놓고 보더라도 듀엠의 생각은 편협했다. 왜, 각자 성향에 맞는 대로 과학을 이해하고 실천하면 됐지 꼭 한 가지 형식으로 해야 된다고 생각했을까? 듀엠은 거기에 대한 명쾌한 정당화를 해주지 못했다. 그러나 많은 사람들이 과학을 하는 방법은 가장 좋은 것이 단 한 가지 있을 것이라는 느낌을 듀엠처럼 가지고 있을 것이다. 그러나 필자의 연구에 기반한 결론은, 그런 유일한 방법이란 찾을 수가 없다는 것이다. 그보다는 관용적 태도를 가지고 과학을 여러 다른 방식으로 할 수 있다는 것을 인정하면서 서로를 방임하고 각각 좋은 길을 찾을 때, 종합적으로 더 훌륭한 결과를 얻을 수 있으리라 생각한다.

2) 상호작용의 이득

관용의 이득은 비교적 명백하다. 과학에도 여러 갈래의 길이 있을 수 있으며 각각의 길에서 찾는 다른 종류의 이득들이 있기 때문이다. 그러나 진정한 다원주의라면 그렇게 따로 노는 가능성만 고려해서는 부족하며, 다른 길을 걷는 사람들 사이의 교류도 추구할 필요가 있다. 일반 사회를 봐도 비슷하다. 예를 들어 우리가 관용적으로 "그래, 너희 소수민족들 우리가 죽이고 구박하지 않을 테니까 너희끼리 잘 살아라" 하는 것이 가장 기본적인 다원주의적 태도이겠지만, 거기서 멈춘다면 좀 실망이다. 더 차원 높은 다원주의라면, "당신들 자립적인 공동체를 만들어서 살되, 우리랑 교류를 하면서 서로 얻는 것이 없을까 생각해 봅시다" 하는 발상이 나와야 할 것이다. 과학에서도 우리가 수준 높은 다원주의를 실행하고자 한다면 관용으로 그쳐서는 부족하다. 관용이 가져다주는 이득과는 또 달리,

서로 다른 실천체계 간에 교류하면서 얻는 상호작용의 이득도 중요하기 때문이다. 실천체계간에 유익한 교류를 할 수 있는 방법은 적어도 세 가지가 있다.

첫째, 다른 체계간에 융합이 이루어질 수 있다. 서로 다른 체계들을 독립적으로 유지하면서 어떤 특정한 일을 성취할 필요가 있을 때 같이 끌어모아서 쓰는 것이다. 우선 한 가지 친숙한 예를 들자면, 요즘 많이 쓰이는 길 찾는 도우미 '위성 내비게이션(satellite navigation)'을 생각해볼 수 있다. 이것은 정말 20세기 말 첨단 과학기술의 기가 막힌 업적이다. '전 지구 측위 시스템(global positioning system, GPS)'에 기반한 것인데, 지구 주위에 많은 인공위성을 띄우고 거기서 원자시계를 돌리는 것이 기본 구조이다. 그런데 위성을 발사하고 조정하는 원리는 위에서 말했듯이 아직도 뉴튼역학이고, 그 반면 원자시계의 작동원리는 양자역학이다. 게다가 그 원자시계는 상대성이론을 써서 수정해 주어야 한다. 지구의 중력장 내에서 가진 그 시계의 위치와, 또 시계가 실려 있는 위성의 운동 속도에 따라서 시계가 가는 속도가 달라지는데, 그것을 수정하려면 일반상대성이론과 특수상대성이론을 둘 다 끌어들여야 한다. 그렇게 복잡한 융합된 이론적 기반을 가지고 운영되는 시스템으로부터, 지구상으로 현 위치를 가르쳐주는 신호가 내려오면 우리는 그것을 보면서, 뉴튼역학도 모르던 사람들처럼 지구는 평평한 것으로 생각하며 운전을 하거나 걸어서 간다. 이 내비게이션은 전근대적인 관념부터 고전역학과 몇 가지의 20세기 첨단 물리학 이론까지 전부 잘 뭉뚱그려서 융합한 훌륭한 실천체계이다. 그런데 한 가지로 통일된 훌륭한 이론을 새로 내 놓을 수 있으면 그것만을 기반으로 해서 내비게이션을 할 수 없을까? 물론 원칙적으로 가능할지도 모른다. 그러나 필자가 상상하는 범위 내에서는 그런 가능성이 없을 것이며, 심각하게 그런 시도를 해 보는 사람도 없다. 내비게이션에 들어가는 여러 이론 체계는 각기 다 독립적으로 훌륭한 정합성이 있고, 섣불리 그 이론들을 통합하려 했다가는 죽도 밥도 되지 않을 위험이 크기 때문이다. 그러므로 독립적인 체계들을 다원주의적으로 유지하면서, 그것들을 필요에 따라 국소적인 융합을 해서 응용하는 것으로 큰 성공을 거두고 있는 것이다. 오스트리아의 철학자 노이랏(Otto Neurath)이 주장하기를 산불 하나를 끄려 한다 해도 화학, 물리학, 기상학, 생태학, 사회학, 경제학 등 온갖 분야의 과학이 다 동원되어서 융합되어야 한다고 했는데, 이것도 같은 이야기이다. 미국의 과학철학자 미첼(Sandra Mitchell)은 이와 비슷한 주장을 펼치면서 '융합적 복수주의'를 지향하고 있다.

두 번째 교류법은 채택이다. 여러 가지의 실천체계가 있을 때, 각각 이루는 성취도뿐 아니라 이루는 업적의 종류도 다를 것이다. 그렇기 때문에 옆집에 좋은 것이 있으면 빌려서 쓴다는, 원칙적으로는 아주 간단한 이야기이다. 그러나 실행하고자 보면 그렇게 단순한 일은 아니다. 한 체계에 좋은 요소가 있다고 해도 다른 체계로 가져가 보면 잘 적용되지 않는 경우가 많고, 채택이 가능하다고 해도 자기 체계에 맞게 각색하거나 재해석해야 하는 것이 보통이다. 공업기술에서 정치제도까지 외국에서 뭔가를 많이 들여다 쓴 우리나라의 현대사에서는 절실히 경험한 일이다. 그러나 잘 연구하면 유용하게 가져다 쓸 수 있는 것들이 많이 나온다. 또 화학 혁명의 예로 돌아가 보면, 라부아지에는 프리스틀리(Joseph Priestley)가 플로지스톤 이론에 기반해서 만든 '탈 플로지스톤 공기'를 가져다가 '산소'로 재해석한 것을 비롯하여, 플로지스톤 체계에서 많은 것을 채택하여 자신의 체계를 발달시키는데 아주 유용하게 썼다. 그 과정에서 프리스틀리의 공을 인정하지 않은 것이 개인적인 차원에서 좀 파렴치했지만, 과학 연구의 행태로서 하나도 나쁘지 않았다. 상대편이 잘 해서 유용한 결과를 냈는데 가능하다면 왜 가져다 적응시켜서 쓰지 않을 이유가 있는가?

체계 간 상호작용의 세번째 형태는 경쟁이다. 과학철학자들은 대개 과학적 실천체계들 간의 경쟁을 100미터 경주하는 것 같이 너무 단순하게 생각한다. 진짜 경쟁은 설사 100미터를 뛴다고 해도 그렇게 단순하지 않다. 서로 옆을 보면서 뛰고, 옆 사람이 어떻게 하는가에 따라서 내 행태가 달라진다. 경제적 경쟁이라면 더 명백하다. 우선, 경쟁관계에 있는 회사끼리 서로 더 팔기 위해서 가격 낮추기 다툼을 하는 상호작용이 이루어진다. 그런 기초적 수준에서라도 과학에서 경쟁이란 정말 어떻게 이루어지고, 경쟁관계의 실천체계간에 어떻게 영향을 주고 받는가를 구체적으로 이야기해줄 수 있다면 과학철학의 논의는 상당히 발전될 것이다. 물론 경쟁은 파괴적일 수도 있지만, 경쟁이 일반적으로 가져다주는 기본적 이득은 안일함과 느슨함을 막아주는 것이다. 쿤이 말하는대로 정상과학에서 한 패러다임이 독점을 하고 있다면, 검증이 제대로 안 된 이론을 믿어도 그만이고 변변치 않은 논의도 당연한 것처럼 받아들여질 수도 있다. 그 반면 경쟁 상대가 되는 체계가 있다면 그 상대편에서 비판을 해 올 것에 대비하여 우리 자신의 논리도 더 명확하게 해야 하고, 실험도 더 물샐틈없이 해야 하고, 또 저쪽에서 훌륭하게 달성한 목표가 있으면 우리도 그것을 달성하려는 시도를 해 보게 될 것이다. 그런 상호작용을 바탕으로 여러 실천체계들이 서로 앞을 다투는 경쟁관계를 이룬다면, 쿤이 말하는 패러다임의 이점과 포퍼(Karl Popper)가 말하는 비판정신의 이점을 둘 다 취할 수 있을 것이다.

4. 다원주의에 대한 우려

지금까지 논의에서는 다원주의의 장점만 거론하였다. 그러나 물론 다원주의에 대한 여러 가지의 경계와 우려 사항도 조심스레 짚고 넘어가야 될 것이다.

첫째, 과학이 한 가지로 통일되지 않으면 세상이 난장판이 되지 않겠느냐는 우려가 있을 것이다. 다들 멋대로 원하는 것을 믿고, 자기 마음대로 방향을 정해서 연구한다면 과학이 완전히 혼란 상태에 빠지지 않을까? 또 그렇게 되면 과학이 가진 사회 통제 기능도 잃어버리게 되지 않을까? 생물학이랍시고 창조론이 설치고, 엉터리 의술이 퍼져서 환자들을 기만하고, 지구 온난화도 자기 느낌에 맞지 않으면 부인하고, 정책은 이해관계에 좌지우지되고, 개인의 인생 계획은 미신에 의지하는 그런 사태가 벌어지지 않을까? 그런데 이런 걱정은 잘 생각해보면 다원주의(pluralism)에 대한 우려가 아니고, 상대주의(relativism)에 관한 경계이다.

적어도 필자가 이해하는 의미로 다원주의와 상대주의는 전혀 같은 입장이 아니다. 상대주의란 판단을 포기하는 입장으로 볼 수 있다. "그래, 너도 좋고, 네 말도 맞고, 난 상관없어" 하는 태도인데, 다원주의는 그렇지 않다(이래도 좋고 저래도 좋다고 하면, 결국 힘있는 사람이나 이미 정립된 체제의 지배를 저항없이 받아들이게 되는 위험도 있다). 다원주의가 표방하는 입장은 한 가지만 하지 말자는 것이지, 아무것이나 하자는 것은 아니다. 몇 가지의 체계를 동시에 유지함으로써 얻을 수 있는 관용의 이점과 상호작용의 이점을 추구하는 것이지, 모든 체계를 다 허용하자는 것은 아니다. 그러므로 다원주의를 추구하면 과학도 사회도 난장판이 되리라는 생각은 기우이다. 다원주의는 하나가 아닌 여러 개의 체계를 원하는 입장이지만, 여러 개라 해도 현실적으로 유지할 수 있는 체계의 수는 한정되어 있기 때문에, 우리가 판단해서 가장 훌륭하고 전망 있는 체계들을 골라내야 한다. 그러나 다원주의 자체가 그 판단의 기준을 줄 수는 없다. 그것은 일원주의를 한다고 해도 마찬가지로, 일원주의 자체가 판단의 기준을 주지는 못한다. 판단 기준의 문제는 다원주의자나 일원주의자 모두가 풀어야 하는 중요한 과제이다. 다만 상대주의자는 판단이 필요 없기 때문에 그 기준을 정하는 문제로 고민할 필요도 없다.

그러나 우려는 또 있다. 우리 사회나 우리 과학이 그렇게 여러 가지의 체계를 유지할 수 있는 여력이 있을까? 일단 연구비와 시설부터 나눠 가져야 하고, 얼마 되지 않는 훌륭한 인재들도 여러 체계로 흩어지고, 그러면 힘이 분산되어서 일이 잘 안 되지 않을까? 필자가 판단하기로는, 우리 현대사회에서 적어도 어느 정도까지는 다원주의적으로 과학을 할 수 있다. 과학자들이 느끼기에는 연구비도 시설도 인재들도 항상 다 부족하겠지만, 사실 그렇게 각 분야에 한 가지 실천체계만 골라서 추진해야 할 정도로 현대사회가 빈곤하지는 않다. 또 현재 너무나 많은 사람들이 같은 것을 좇고 있는 점도 있다. 첨단을 걷는 인기 주제라고 하면 다들 몰려드는데 그 수백, 수천 명의 사람들이 다 훌륭한 성과를 올릴 수는 없으리라. 어떻게 보면 그런 군중심리적 경향 때문에 인력도 재력도 편중된 과잉투자로 낭비되고 있다.

약간만 좀 풀어줘도 괜찮지 않을까? '가이아(Gaia)' 이론, 즉 지구 전체가 하나의 생물이라는 엉뚱한 이론의 창시자인 영국의 러블럭(James Lovelock)은 이런 착상을 했다—국가에서 주는 과학 예산의 1퍼센트만 약간 이상한 사람들한테 주시오. 자기 같은 별난 사람들한테 100분의 1만 던져줘 보면 거기서 무언가 유용한 것이 나오리라고 예측했다. 그렇게 해서 혹시 아무런 대단한 성과가 안 나온다면 예산의 1퍼센트를 버리는 것인데, 실패를 충분히 감당할 수 있는 수준의 투자로 볼 수 있다. 2000년도 새해에 다들 새 천년의 미래가 어떨까 얘기할 때 영국 신문에 이 사람이 글을 써서 제안했던 내용이다. 생각해볼 만한 일이다. 과학의 다양한 실천체계를 유지할 수 있는 여력을 많은 국가와 다른 사회집단들은 가지고 있다. 특히 이론적인 대안들을 유지하는 데는 자원이 그리 크게 많이 들지도 않는다. 이상한 생각 하는 교수 몇 명 연구원 몇 명 놔두고 마음대로 생각하라고 풀어주고, 연구실과 월급이나 주면서 알아서 연구하라고 하면 된다. 그것은 다른 방식의 연구지원에 비하면 별 대단한 비용이 아니다.

충분한 자원이 있다고 해도, 정말 다원주의적으로 과학을 하는 것은 정신적으로 불가능하리라는 우려도 있다. 우선 심리적으로 볼때 여러 가지 방식의 사고를 한꺼번에 하는 것은 심하게 혼동을 일으키기 때문에 불가능하지 않을까? 그러한 우려에 대해서 두 가지로 답할 수 있다. 첫째, 적어도 다원주의적 관용을 보이는 데는 어떤 개인도 여러 가지 실천체계를 동시에 사용할 필요는 없다. 각 개인은 자기 나름대로 한 방향으로 집중해서 생각하되, 다른 사람들이 나서서 그 특이한 방향을 막지만 않으면 된다. 둘째, 한 사람이 여러 가지 체계를 배우고 거기에 따라 생각할 수 없다는 것은 지나치게 비관적인 생각이다. 이미 언급했듯이, 물리학자들은 고전역학과 양자역학을 여러 형식으로 배워서 동시에 알고 잘 사용한다. 필자는 화학혁명을 공부하면서 플로지스톤 이론에 따라서 모든 것을 생각하는 법을 배웠지만, 그 과정에서 라부아지에 식으로 생각하거나 현대화학에 의해서 생각하는 능력을 잃어버린 것은 절대 아니다. 조금 다른 이야기지만, 다개국어를 상용할 수 있는 사람들이 있는 것에 비교해 볼 수 있다. 예를 들어 캐나다에 가면 영어와 불어가 둘다 공식언어이고, 정말 그 두 언어를 자유자재로 동시에 구사하는 사람도 꽤 있다. 옛날에 미국에 이민 간 한국인들은 많은 경우 자녀들에게 한국어를 가르치지 않았다. 혼동되어서 영어를 제대로 못 배우지 않을까 하는 우려 때문이었다. 그것이 기우였다는 것을 이제는 많이들 깨달았고, 요즘은 영어와 한국어를 둘 다 유창하게 하는 세대들이 잘 자라나고 있다.

개인의 심리와 능력의 문제를 떠나서, 일축하기 힘든 사회적 차원의 우려도 있다. 과학자들이 뿔뿔이 흩어져서 서로 다른 실천체계를 마음 놓고 추구한다면, 과학자의 공동체가 아주 분산되어버리지 않을까? 이것은 사실 다원주의 자체에 심각한 의문을 던져주는 문제이다. 수준높은 다원주의는 실천체계간 상호작용의 이득을 추구해야 한다고 했는데, 서로 너무 다른 식으로 생각들을 한다면 그런 유익한 교류가 불가능할 것이다. 그렇기 때문에 다원주의를 생각 없이 함부로 할 수는 없다. 진정한 다원주의를 위해서는 다원주의적인 공동체를 유지해야 하고, 그러기 위해 모든 사람들이 기본적으로 공유해야 할 사항들이 있다. 첫째, 서로를 이해하려 하고 서로에게서 배우려 하고 서로 협조하려 하는 성숙한 태도가 필요하다. 그뿐 아니라 서로간의 교류를 가능하게 하는 기본적 공통 언어가 있어야 할 것이고, 거기에는 기초적 수학도 포함된다. 또, 수량화를 위한 측정기구와 측정 단위들이 정립되어야 한다. 이런 공유된 요인들은 과학에서만 필요한 것도 아니며, 어떠한 영역의 다원주의적 사회에서도 없어서는 안 될 것이다. 공유된 요인들에 대해서도 논란이 있을 수 있고 그 요인들이 점차 변화하기도 하지만, 적어도 순간순간 안정되게 공유된 요인들이 어느 정도는 있어야 할 것이다. 논쟁을 한다는 일 자체가 공통 언어와 기본 개념들을 필요로 한다. 그러나 그러한 정도의 기본적 교류 수단들을 공유한다고 해서 다양성이 전혀 없어질 정도로 사고와 실천이 제약되는 것은 아니다.

5. 겸허의 과학

과학의 초창기에는 많은 과학자들이 패기만만한 야심을 보였다. 데카르트가 자기의 인식론적 판단을 가지고 모든 지식의 토대를 세우겠다고 한 것이나, 뉴튼이 온 우주에 적용되는 중력 법칙을 세웠다고 한 것이나, 왓슨과 크릭이 DNA 구조를 통해 생명의 모든 비밀을 풀어내리라고 생각한 것 같은 꿈은 과학의 청년기에 적합했다. 그러나 이제는 과학이 많은 경험을 쌓았고, 또 앞으로 더 많은 경험을 쌓을 것이다. 그러면서 형성되는 과학의 행태는, 자신만만한 젊은이의 오만함이 점점 없어지는 것과 같으리라. 나아갈수록 많은 과학자들이 겸허하게 과학을 하고 있다. 어떤 특정한 주제 하나를 잡아서 연구하여 뭔가를 좀 배워 보겠다는 것이지, 영원한 진리를 들먹이면서 "내가 혁명을 일으켜서 모든 것을 밝히겠다!" 하는 사람은 아주 소수가 되었다. 이런 패기 없는 태도는 필자가 학생 때는 불만스럽게 느꼈던 것인데, 이제 경험을 조금 쌓은 학자가 되어보니 지혜로운 것으로 보인다.

자연은 무궁무진해 보이고, 인간은 분명히 한정된 존재이다. 인도에서 전해내려오는 '장님 코끼리 만지기' 설화에 비유하여 생각해보자. 눈이 보이지 않는 사람들이 코끼리가 어떻게 생긴 동물인가를 알아내기 위해 코끼리를 더듬어 보았다. 그 중 어떤 사람은 코끼리의 다리를 만져 보고서 코끼리란 기둥같이 생긴 동물이라 했고, 어떤 사람은 귀를 만져 보고 부채같이 생겼다 했고, 어떤 사람은 꼬리를 만져보고서 끈같이 생겼다 했다. 이것은 시각장애인을 비하하는 것이 아니라, 이 설화에 나오는 장님은 미미한 존재인 인간을 전반적으로 대표한다. 그런 의미에서 우리는 모두 '장님'이다. 인간의 모든 감각을 동원해도 관측불가능으로 남아 있는 무궁무진한 우주를 그래도 알고 이해해 보려는 인간의 노력이 바로 과학이며, 과학자의 상황을 그렇게 생각하고 나면 자연히 겸허해진다. 그런데 이 겸허한 태도에서 끌어낼 수 있는 교훈은 또 여러 가지가 있는데, 가장 빠져들기 쉬운 것은 아무것도 알 수 없다는 회의주의이다. 다원주의의 입장은 다르다. 우리가 눈이 보이지 않고 코끼리를 더듬는 처지라면, 여러 사람을 동원해서 협력하는 수밖에 없다. 서로 분업을 해서 다양한 다른 부분을 더듬고, 그렇게 해서 알아낸 내용을 서로 비교하고 토의해서 종합하고 다듬어야 할 것이다.

조금 다른 비유를 해 보자면, 인간이 가지는 자연에 대한 지식이란 '단면적'일 수밖에 없다. 3차원적인 물건의 모습을 2차원적으로 나타내야 한다면, 특정한 각도에서 그릴 수밖에 없으며, 우리가 보통 그림을 그릴때는 한 각도에서 보이는 물체의 겉모양을 묘사한다. 건축이나 과학에서 더 정밀하게 한다고 하면, 일정한 각도와 위치에서 그 3차원적인 구조를 자른 것 같은 단면도를 그릴 것이다. 그 단면도를 아무리 정확히 그려도 3차원적 물건의 2차원적 일면에 불과하다. 그 한계를 이겨내는 방법은, 여러 군데의 단면을 여러 각도에서 그리는 것이다. 그렇게 해서 얻은 각종의 단면도를 종합하면 물체의 3차원적 구조를 재구성하는 훌륭한 결과를 얻을 수 있다. 요즘 진단의학에서 단순한 엑스레이 사진 대신 찍는 입체적 영상 CT(또는 CAT) 스캔이 바로 이런 식의 원리를 이용한 것이다.

화학혁명의 영예로운 패배자 프리스틀리는 이 맥락에서 아주 좋은 교훈을 남겨주었다. "우리는 뭔가 하나를 발견할 때 그로써 그전에는 상상도 못했던 여러 가지를 볼 수 있게 된다." 여기서 "볼 수 있게 된다"고 한 것은, 알게 된다는 말이 아니라 우리가 아직 무엇을 모르는지가 보인다는 것이다. 옛날에는 정말 우리가 그걸 모른다는 것도 몰랐던 내용들을 말한다. 정말 아무것도 모르는 사람들은, 자기들이 뭘 모르는지도 모른다. 프리스틀리는 그것을 표현하는 멋진 비유를 해 주고 있다: "어둠 속에 빛이 동그랗게 비쳐진 면적이 클수록, 그 환한 부분을 둘러싼 어두운 경계선의 길이도 늘어난다." 필자는 이를 간단한 도해로 표현해본다(그림 1). 그림 가운데에 빛이 하얗게 비친 부분은 우리가 이미 획득한 지식을 나타낸다. 그리고 그 지식의 경계는, 연구 대상이 되는 무지함, 즉 우리가 알고 싶어 하지만 아직 모르는 의문점들이다. 그 밖의 정말 암흑지대는 우리의 상상을 벗어나고 뭘 모르는지도 모르는 그런 지역들이다. 그런 의미에서, 지식이 늘어날 때 무지함도 늘어난다는 것이다. 원이 커질수록 원주(원의 둘레)도 길어질 수밖에 없다. 광대하고 오묘한 우주 앞에서 과학을 하는 인간이 가져야 할 겸허함을 보여주는 참 좋은 이미지이다. 이 상황을 비관적으로 볼 수도 있을 것이다—알면 알수록 모르는 것만 더 늘어나는데 더 알아서 무엇하느냐고. 그러나 프리스틀리의 태도는 정반대였다. "그래도 우리는 빛을 더 얻게 될 때 감사해야 한다. 왜냐하면 그럼

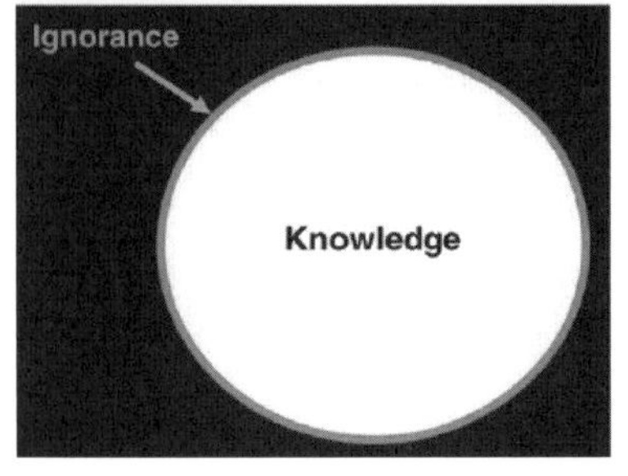

그림1 | **프리스틀리가 준 과학지식의 확장 이미지**

으로써 우리는 모르는 것을 보고 연구하는 만족을 더 많이 찾을 수 있기 때문이다. 신과 신의 창조물은 무한한 것이므로, 우리는 끝없이 탐구하며 진보할 수 있다. 이것은 정말로 숭고하고 영광스러운 전망이다."

프리스틀리의 겸허한 과학철학에 의하면 과학을 하면 할수록, 우리가 알면 알수록, 모르는 것에 대한 질문이 더 많이 나오고 그렇기 때문에 탐구하는 기쁨을 끝없이 느낄 수 있다. 과학은 어떤 진리를 알아내고 나면 끝나는게 아니라, 배우면 배울수록 연구할 내용이 더 늘어나는 사업이다. 그것을 깨달은 겸허함은 다원주의의 기초가 된다. 이렇게 넓고 무궁무진한 것을 배우는데 내가 뭐 그리 잘났다고 내가 추구하는 특정한 방향에서 모든 답이 나오겠는가? 그러한 믿음은 오만하고 유치하다.

6. 획일적 사회를 넘어서

과학적 다원주의는 사회적 다원주의와 깊은 관련을 가지고 있다. 정치에서는 다원주의가 전혀 새로운 이야기가 아니고, 기본적 수준의 다원주의는 민주사회의 기반이다. 복수 정당제를 민주정치의 원칙으로 하고 있는 데서 우선 알 수 있으며, 문화적 차원의 다원주의도 이제 많이 받아들여지고 있다. 여러 성향의 사람들이 다 인간적인 대접을 받고 살아야 한다는 정신도, 각각 장단점들을 가진 여러 문화가 같이 교류하며 공존하는 것이 좋다는 생각도 근래에 많이 퍼지게 되었다.

우리가 다원주의적 사회를 지향하면서 일원주의적인 과학의 개념을 유지한다면 불편한 긴장관계가 형성된다. 과학이 정말 인간이 가질 수 있는 최고의 지식체계로서, 또 인간 문화의 정상으로서 사회 일반에 규범적인 역할을 한다면, 과학은 일원주의적으로 해야 잘 이루어지는데 왜 우리 사회 전반은 다원주의적이어야 되느냐 하는 의문이 나올 것이다. 18세기부터 서구에서 강력하게 등장하기 시작한 계몽사상의 한 줄기는 과학적 일원주의와 절대주의를 내포하고 있다. 모든 것을 좌지우지하던 비이성적인 종교나 왕권대신, 진정한 지식을 주는 과학에다 절대적 권위를 부여해야 한다는 생각이었다. 우리나라 상황에서도 20세기에 과학을 하셨던 분들은 그런 느낌을 가지실 수 있을 것이다. 식민통치나 군사독재하에서도 정치적인 영향을 받지 않는 객관적인 진리란 매혹적이 것이었다. 그러나 한가지 절대주의를 다른 종류의 절대주의로 교체할 뿐이라면 큰 아쉬움이 남는다.

과학의 독재도 독재이다. 물론 과학보다 더 못한 것이 지배하는 독재보다는 낫겠지만. 과학에서부터 남들이 그렇다면 그렇고 특히 전문가나 높은 사람이 하는 말이면 무조건 신봉하는 태도를 키우게 된다면, 우리의 일상생활과 정치행태에 아직도 팽배한 권위주의적 태도를 더욱 권장하는 결과가 올 것이다. 반면, 시민들이 진정한 과학탐구를 배우는 것은 권위주의와 이데올로기에의 맹종을 막는 가장 확실한 길이 될 것이다. 그러한 교육적 효과를 이루고자 한다면 과학을 다원주의적으로 연구하고 가르치는 것이 최상이다.

일원주의가 꼭 독단으로 이어져야 한다는 법은 없지만, 그런 위험을 무시할 수 없다. 진리가 하나라고 가정하고 그 상태에서 우리가 가장 신뢰하는 집단이 있을 때, 그 집단이 어떤 진리를 알아냈다고 외친다면 그 사람들의 말을 진리로 수용하지 않을 그런 대안은 잘 나오지 않는다. 진리의 관리자라고 자타가 공인하는 사람들이 있다면, 그들이 알아서 자만하지 않고 관용과 유연성을 유지해 주기를 바란다는 것은 무리이다. 과학이 오만하게 경직되어 버린다면, 과학이 가지는 정치적, 문화적 가치는 사라질 것이다. 그 반면 과학의 목표와 과정과 업적을 다원주의적으로 생각한다면 그런 위험을 근원에서 제거할 수 있다.

다원주의는 사회 여러 방면에서 표출되어야 한다. 모든 사람의 목표가 동일하면 대다수가 경쟁에서 도태될 수밖에 없고, 그 많은 사람들이 실패자로 낙인 찍혀 살아가는 그런 불행한 사회가 될 수밖에 없다. 그러지 않으려면 우리는 '뒤떨어지면 안 된다'는 강박관념에서 벗어나서 각자 자기의 특유한 장점을 살릴 수 있도록, 서로 다른 다양한 목표들을 가지고 살아야 한다. 한 종목에서 뒤떨어지는 것 같으면 종목을 바꾸자. 각자 자기가 잘하는 일을 해야 효과적으로 사회에 기여할 수 있고, 자기가 좋아하는 일을 해야 신이 나서 효율적으로 잘할 수 있다. 여러 사람이 서로 다른 여러 갈래 길을 뚫고, 그러면서 서로를 격려하고 궁금해하고 자극하는 그런 다원화된 사회야말로 성숙하고 효율적인 사회이다. 과학이 다원주의적이라면, 그런 훌륭한 사회를 이루어내는 데 물질적인 기여를 넘어서 정신적, 철학적, 정치적인 기여를 해줄 수 있을 것이다.

과학에 대한 다원주의적 관점은 인본주의에 뿌리를 박고 있다. 우리가 보통 가지고 있는 이미지와 달리, 과학은 철저하게 인간적인 것이다. 과학지식은 과학자 자기 자신이 개입되지 않는 객관적인 것이라고들 생각하지만, 잘 생각해 보면 과학을 하는 모든 과정에 인간의 본성, 인간의 능력과 그 능력의 한계, 인간의 욕망과 목적들이 속속들이 다 들어갈 수밖에 없다는 것은 명백하다. 또 그것은 과학활동을 저해하는 잡음이 아니라 과학에 중요성과 동기와 의미를 부여하는 핵심적 요소들이다. 인간의 몸과 마음에 뿌리 박은 관측, 우리가 이미 가진 경험에 따라 은유적으로 발전시켜 나가는 개념들, 서로 경쟁하는 이론이나 패러다임중에서 선택할때 들어가는 미학적이기까지 한 판단, 또 쌓은 지식을 사회적 필요에 의하여 기술적으로 응용하는 데까지, 과학지식을 얻어내고 이용하는 과정은 모두가 다 인간적이다. 그렇기 때문에 과학은 인간의 일상생활이나 문화생활과 근본적으로 연결되어 있고, 그렇다면 정치적, 윤리적인 차원도 필연적으로 포함된다. 이렇게 과학을 보는 입장을 '인본주의 과학철학'이라고 지칭해보고 싶다. 인본주의적 과학철학이 다원주의쪽으로 기우는 이유는 크게 두 가지로 볼 수 있다. 첫째, 인간이 가지는 한계를 인식한다면 다원주의적 관용을 자연히 가지게 된다. 둘째, 인간의 다양성을 인정한다면 인간이 하는 과학도 다양한 형태로 이루어지는 것도 당연하게 보인다.

마지막으로, 다원주의에 입각해서 본 철학의 임무에 대한 생각을 짤막하게 덧붙이고자 한다. 철학은 분명히 일상생활에서는 대체로 쓸모없는 학문이다. 그러나 역설적으로 말하자면 쓸모없기 때문에 쓸모 있는 학문이다. 철학은 꼭 '깊은' 이야기를 해야만 하는 것이 아니다. '다른' 이야기를 한다는 것이 더 중요하다. 지금 당장은 쓸모없지만 나중에 언젠가 필요할지 모르는 논의들이 있다. 일상 생활에 바빠서 다들 건드리지 못하는 그런 내용들을 누군가가 생각해 주어야 한다. 그것이 철학의 사회적 기능이지, 잘난 척하면서 남들이 알아듣지 못할 소리나 지껄이라고 철학 교수를 두는 것은 아니라고 본다. 철학자는 남들이 하지 않는 생각을 대신 해냄으로써, 우리 사회가 앞으로 더 탄탄해지고 더 많은 발전을 할 수 있도록 돕는 역할을 할 수 있다. 상투적인 사고에 도전해줌으로써 사회의 경직화를 막고 사회의 다양화를 촉진하는 것은 철학과 철학자가 가진 중요한 사회적 기능이다.

더 생각해볼 주제

—

- 과학의 여러 분야 중 어떤 곳에서는 일원주의가 적합한 경우가 있지 않을까?
- GPS와 같이 여러 과학이론이 융합되어 적용되는 좋은 예가 또 무엇이 있을까?
- 여러분이 과학정책을 수립하는 사람이라면 비주류 과학자들이 하는 연구비 신청을 어떻게 다루겠는가?
- 정치적, 문화적 다원주의와 과학적 다원주의는 정말 통하는 것인가?

더 읽어볼 거리

—

- Philip W. Anderson, "More is Different: Broken Symmetry and the Nature of the Hierarchical Structure of Science", ***Science***, vol. 177 (1972), no. 4047, pp. 393–396.
- Hasok Chang, ***Is Water H₂O? Evidence, Realism and Pluralism*** (Dordrecht: Springer, 2012), chapter 5.
- Hasok Chang, "Epistemic Activities and Systems of Practice: Units of Analysis in Philosophy of Science After the Practice Turn", in Léna Soler, Sjoerd Zwart, Michael Lynch and Vincent Israel-Jost, eds., ***Science After the Practice Turn in the Philosophy, History and Social Studies of Science*** (London and Abingdon: Routledge, 2014), 67–79.

- Pierre Duhem, ***Essays in the History and Philosophy of Science***, trans. and ed. by Roger Ariew and Peter Barker (Indianapolis: Hackett, 1996), pp. 50–74, 251–276.
- Stephen H. Kellert, Helen E. Longino, and C. Kenneth Waters, eds. ***Scientific Pluralism***, Minnesota Studies in the Philosophy of Science, vol. 19. (Minneapolis: University of Minnesota Press, 2006).
- Thomas S. Kuhn, ***The Structure of Scientific Revolutions***, 2nd ed. (Chicago: University of Chicago Press, 1970).
- Sandra Mitchell, ***Biological Complexity and Integrative Pluralism*** (Cambridge: Cambridge University Press, 2003).
- Paul Oppenheim and Hilary Putnam, "Unity of Science as a Working Hypothesis", in H. Feigl, M. Scriven and G. Maxwell, eds., ***Concepts, Theories, and the Mind-Body Problem*** (Minneapolis: U. of Minnesota Press, 1958), pp. 3–36.
- 장하석, 『장하석의 과학, 철학을 만나다』, 지식채널, 2014.

05

소칼의 목마와 낯선 문화 익히기

1. '과학전쟁'은 무엇인가?

1996년 5월 뉴욕대학의 수리물리학자 앨런 소칼은 인문학 계열의 한 학술지를 상대로, 보는 시각에 따라 괘씸하거나 통쾌하다는 상반된 반응을 보일 수 있는 감쪽같은 속임수를 성공시켰다. 이것이 이른바 '소칼의 속임수(Sokal's Hoax)'이다. 소칼의 속임수는 그후 온라인과 오프라인의 다양한 매체를 통해 이에 대한 수많은 대응과 논쟁을 불러일으켰는데 이것이 후일 '과학전쟁(Science War)'으로 알려지게 된 사건이다. '과학전쟁'은 원래 출발지였던 미국을 넘어 유럽과 아시아에도 급속도로 파급되었는데 이렇게 된 데는 그때쯤이면 이미 국제적 논쟁이 온라인을 통해 매우 빠른 속도로 이루어질 수 있게 되었다는 사실이 큰 몫을 했다.

우리나라에서도 1998년 3월 〈교수신문〉에서 과학사회학자 김환석 교수와 물리학자 오세정 교수가 서로 주고받으며 의견을 교환하는 방식으로 논쟁이 진행되었고, 2000년 12월 한림대에서 한국과학철학회 주최로 열린 「과학전쟁」 대토론회 등을 통해 비교적 분명한 사상자 없이 비교적 차분하게 진행되었다. 이 대토론회에서는 화학자 이덕환 교수와 인문학자 사이에서 상당한 의견 차이를 보이는 흥미진진한 토론이 진행되었지만 전반적 분위기는 매우 학술적이었고 국내에서 '과학전쟁'은 결코 대중적인 주목을 끄는 정도에는 이르지 못하였다.

도대체 '과학전쟁'이 어떤 전쟁이기에 사상자도 없이 '차분하게' 진행될 수 있었던 것일까? 과학전쟁은 과학지식을 사용하여 전쟁을 수행한 것은 아니었다. 어차피 그런 의미의 과학 전쟁이라면 대부분의 현대전은 과학 전쟁이므로 소칼의 속임수에서 비롯된 사건이 그다지 특별할 것이 없게 된다. 그렇다고 이 사건이 첩보 영화에 종종 등장하듯 특급기밀의 과학 내용을 놓고 쟁탈전이 벌어진 것도 아니었다. 그것보다는 훨씬 덜 재미있는, 하지만 그럼에도 불구하고 이후에서 살펴볼 이유로 과학기술에 대한 철학적 이해를 추구하는 본 교과목의 성격에 비추어 볼 때 매우 중요한 문제를 두고 벌어진 '전쟁'이었다.

'과학전쟁'은 과학지식의 성격과 과혁연구의 본질을 놓고서 자연과학자, 사회과학자, 인문학자 등이 다양한 의견을 개진하면서 벌인 일종의 국제적 학술토론이었다. 학술토론에 '전쟁'이란 극단적 표현이 사용된 이유는 우선 이 논쟁이 대략 자연과학자를 한 축으로 하고 사회과학자 및 인문학자를 다른 축으로 하는 대결구도로 진행되었다는 점 때문이고, 다른 하나는 상대방의 연구 분야에 대한 극도의 폄하와 인신공격이 난무했다는 점 때문이다. 게다가 노턴 와이즈라는 과학사학자처럼 분명히 확인할 수 있는 전쟁의 피해자도 있었다. 결국 '과학전쟁'은 과학과 관련된 근본적 질문에 대해 비교적 확연히 구별될 수 있는 견해를 가진 집단들 사이에 내재했던 긴장이 '소칼의 속임수'라는 계기를 만나 격렬하게 표출된 것이라고 볼 수 있다. 이는 일찍이 스노우가 지적했던 인문학과 자연과학 '두 문화(Two Cultures)' 사이에 존재하는 다양한 수준에서의 차이와 대립이 적대적으로 돌출한 것으로 볼 수도 있다. 이후의 논의에서 과학전쟁은 따옴표 사용과 무관하게 이상에서 소개한 '과학전쟁'을 의미한다.

2. 소칼의 목마

'과학전쟁'의 전개과정을 좀 더 자세히 살펴보자. '소칼의 속임수'의 구체적 내용은 소칼이 포스트모더니즘 계열의 여러 학자가 과학에 대해 쓴 여러 글을 그럴듯하게 짜깁기해서 엉터리 논문으로 만든 뒤에, 그것을 『소셜 텍스트』라는 문화학(cultural studies) 계열의 학술지에 투고하여 출판시킨 다음, 이 사실을 『링구아 프랑카』라는 다른 인문학 잡지에 폭로한 사건을 가리킨다. 결국 소칼이 한 일은 자신이 의도적으로 제작한 엉터리 논문을 관련 학술지에 싣게 함으로써 그 학술지는 물론 과학에 대한 포스트모더니즘 학자의 견해, 더 나아가 과학자가 아닌 사람들이 과학에 대해 쓴 글 일반이 얼마나 엉터리인지를 보여주려 했던 것이다.

그는 '경계를 벗어나서: 양자중력의 변환 해석학을 향하여'라는 거창한 제목을 단 『소셜 텍스트』 논문에서 라캉, 들뢰즈, 크리스테바, 라투르와 같은 저자들의 저술이 물리학자인 자신이 보기에도 놀라울 정도로 중력에 대한 최신 물리학 이론의 핵심을 정확하게 집어냈다고 주장했다. 그리고 그 주장의 근거로 이들 저자의 글에서 따온 수많은 발췌문을 제시했다.

그런 다음 소칼은 『링구아 프랑카』 논문에서 실은 자신이 보기에 이들 저자들이 과학 전문용어를 그 정확한 의미도 모른 채 마구 사용하며 터무니없는 결론을 이끌어냈다고 생각한 문장만으로 『소셜 텍스트』 논문을 짜깁기했다고 폭로했다. 그리고나서 소칼은 왜 그 문장들이 터무니없는지를 주로 과학계에서 통상적으로 사용되는 의미로 사용되지 않았다는 점에 근거하여 조목조목 비판했다. 소칼이 보기에 자신의 엉터리 논문이 『소셜 텍스트』에 실릴 수 있었다는 사실은 포스트모더니즘 계열 학문의 수준이 얼마나 형편없는지를 분명하게 보여준 것이었다.

소칼의 속임수에 대한 반응은 즉각적이고 뜨거웠다. 평소에 포스트모더니즘 계열 글의 난삽함에 질려있던 사람들은 '그것 참 고소하다!'는 식의 반응을 보였고, 더 나아가 과학을 잘 모르는 인문학자, 사회과학자들이 과학에 대해 이러쿵저러쿵 하는 것은 자신이 잘 모르는 분야에 대한 근거없는 혐오감을 표시한 것에 지나지 않는다고 주장했다. 노벨 물리학상 수상자인 스티븐 와인버그를 비롯한 다수의 과학자들과 일부 공학자들이 주로 이런 의견을 피력했다.

이런 입장에서 보면 소칼의 속임수는 거드름 피우는 임금님이 실제로는 벌거벗었다는 진실을 일종의 트로이의 목마 같은 속임수를 사용하여 만천하에 드러낸 사건이었다. 트로이 사람들이 아테네 연합군이 패해 돌아간 것으로 알고 으쓱한 마음에 목마를 자신의 성안에 들여와 잔치를 벌이다가 결국 멸망하고 말았듯이, 포스트모더니즘 계열의 연구자들은 포스트모더니즘이 과학연구에 지대한 영향을 끼쳤다는 한 물리학자의 주장에 고무되어 '소칼의 목마'를 자신들의 저널에 실었다가 큰 낭패를 본 셈이다.

한편 소칼이 속임수를 사용한 방식이 비열했음을 비판하는 목소리도 높았다. 소칼의 논문은 당시 미국의 과학자와 인문학자 사이에 고조되던 긴장감을 '과학전쟁'으로 규정하고 이를 학술적으로 분석하기 위해 준비된 『소셜 텍스트』의 특집호에 실렸다. 소칼의 논문은 과학에 대한 인문사회과학적 분석을 담은 여러 편의 논문에 더해 인문사회과학에 대한 과학자의 시각을 보여주는 것으로 이 특집호의 지적 균형을 잡아줄 수 있을 것으로 기대되었다. 특집호는 대부분의 학술지가 채택하고 있는 동료학자들에 의한 논문심사(peer review)를 하지 않고 편집위원의 토의를 거쳐 논문의 채택여부를 결정했다. 토의 과정에서 소칼의 논문이 너무 난해하여 무슨 주장을 하는지를 도통 알 수 없다는 점이 지적되었고 편집위원회는 소칼에게 논문의 상당부분을 수정해달라고 요구했다. 하지만 자신의 글이 특별히 형편없는 상태로 출판되기를 원했던 소칼은 한 글자도 바꿀 수 없다며 이 요구를 거절했고, 결국 소칼의 논문은 그가 원했던 '특별히 형편없는' 상태로 출판되게 되었다.

소칼의 논문이 출판되게 된 이러한 과정을 살펴볼 때, 소칼은 자신의 논문이 과학계와 인문사회학계의 불필요한 대립을 학술적으로 정리하려는 기획의도를 교묘하게 이용하여 자신의 목적을 달성했다는 비난에서 자유로울 수 없다. 그렇기에 소칼의 논문이 출간된 후 인문학자나 사회과학자의 대부분은 자신이 못마땅하게 생각하는 견해에 대해 진지한 학술토론 대신 치사한 속임수로 공격한 소칼의 방식을 비난하는 분위기가 압도적이었다. 심한 경우에는 소칼은 인문학에 대한 이해가 부족한 '철모르는' 과학자가 사고를 한 번 크게 쳤다는 식의 평가도 나왔다. 소칼의 속임수에 대한 이런 감정적인 초기 대응은 소칼이 자신의 웹페이지에 모아놓은 글에 잘 나타나 있다.

3. '과학전쟁' 이후

'과학전쟁' 참가자 사이에 열띤 설전이 진행되면서 양측 모두 상황이 처음 생각했던 것처럼 그렇게 간단하지 않음을 차츰 깨닫게 되었다. 우선 소칼은 벌거벗은 채로 거들먹거리며 걷는 임금님을 당황하게 만든 순진한 소년이 아니었다. 그는 현실 문제 해결에 깊은 관심을 가진 좌파 지식인으로서의 정체성을 강하게 지니고 있었고, 젊은 좌파들이 포스트모더니즘의 언어 유희에 빠져 사회개혁과 같은 실천적 문제에서 멀어진 사실에 평소 큰 실망감을 갖고 있었다. 특히 소칼은 자신의 속임수를 통해 젊은 좌파들에게 현실의 급박한 문제를 해결하는 데 과학의 객관적 진리가 큰 도움이 될 수 있음을 강조하려는 분명한 의도를 가지고 있었다.

역으로 소칼이 비판했던 과학에 대한 인문학적, 사회과학적 연구를 수행했던 사람들 모두가 과학에 무지한 사기꾼 재단사도 아니었다. 소칼의 엉터리 논문이 학술지에 버젓이 실렸다는 대중매체의 선정적 보도만을 읽은 몇몇 과학자들은 과학에 대해 과학자가 아닌 사람이 내놓는 분석은 하나같이 과학에 대한 초보적 지식도 갖추지 않은 사람들에 의해 이루어지고 있다고 개탄했지만, 실제로 소칼이 비판했던 학자 중 상당수는 자신이 연구하는 과학내용에 대해 상당히 잘 알고 있는 사람들이었다. 소칼은 과학지식의 진리성이나 과학연구의 객관성과 같은 메타적 주제에 대해 자신과 의견이 다른 과학기술학 학자들을 과학 무식쟁이로 몰아붙이려 했지만, 실은 그들과 소칼 사이의 차이는 특정 과학지식을 제시함으로써 간단히 해소될 수 있는 수준의 것이 아니었다. 이후에 보다 자세히 살펴보겠지만 그들 사이의 의견 차이는 보다 면밀한 학술적 논의가 요구되는, 과학에 대한 보다 근본적 문제와 관련된 것이었다.

결국 과학전쟁 초기에는 상대방 연구의 학술적 가치에 대한 불신에서 비롯된 원색적 비난이 많았지만, 논쟁이 진행될수록 과학전쟁이 발생하게 된 일차적 원인은 전문분야마다 다른 방식으로 사용되는 고유한 언어와 은유나 비유 등의 표현방식 그리고 논증을 전개하거나 증거를 제시하는 과정의 차이를 인문사회과학자와 자연과학자가 서로 잘 이해하지 못했기 때문이라는 점이 참여자들에게 점차 인식되기 시작했다. 예를 들어 이야기하자면, "당신이 과학/철학에 대해 뭘 알겠어?" 식의 비난에서 "당신이 말하는 객관성이란 게 그런 뜻이었어?" 식의 대응으로 조금씩 바뀌게 되었다는 것이다.

물론 서로 동일한 발음이 나는 단어나 표현으로 다른 개념이나 의미를 전달했다는 사실을 깨닫는 것이 두 집단 사이의 긴장 관계를 해소시켜 줄 수는 없다. 단지 자신의 분야에서 익숙한 관련 지식을 몇 가지 알려주는 것으로 논쟁이 쉽게 종결될 수 있을 정도로 상대편이 터무니없는 이야기를 하고 있다고 믿던 사람들이 실은 상대방의 견해가 자신은 동의하기 어렵지만 처음 듣던 것보다는 훨씬 덜 엉터리 같은 생각에 기반하고 있다는 점을 인식하게 된 것 뿐이다. 이런 인식이 곧바로 양측의 갈등해소로 이어질 수는 없겠지만 적어도 문제의 핵심에 보다 진지하게 접근할 필요성을 절감하게 만들었음은 분명하다.

이렇게 되자 더더욱 '과학전쟁'을 스노우가 지적한 두 문화(two cultures) 문제의 과격한 변주곡으로 이해할 수 있게 되었다. 문제가 두 분야 사이의 문화적 차이라면 어떻게 전쟁을 끝내고 생산적 협동관계를 이룩할 수 있을지도 비교적 명확해보였다. 스노우는 두 분야 사이의 협력이 막연히 바람직한 것이 아니라 그 당시 경쟁국에 비해 뒤쳐져 있다고 자체 평가되던 영국의 산업 경쟁력을 끌어올리고 또 다른 산업혁명과 과학혁명을 이룩하는 데 필수적이라 보았다. 스노우가 이상적으로 생각하던 자연과학과 인문학 사이의 적극적 협력은 아닐지라도 소모적인 과학전쟁은 양쪽 모두에게 득이 될 것이 없으므로 끝내야 한다는 점은 분명했다.

물론 전쟁을 최전방에서 이끌었던 양 진영의 열혈투사들은 자신의 견해를 바꾸거나 화해를 시도하는 데 별 관심이 없었다. 그러나 전선에서 조금 떨어진 곳에서 간접적으로 논쟁에 참가하던 대다수의 인문사회과학자들과 자연과학자들에게는 서로 익숙하지 않은 상대방의 문화적 행태에 대해 비판적이지만 이해하려는 시도를 해야 한다는 공감대가 형성되었다. 그 결과 과학전쟁의 후반기로 갈수록 학술적으로 보다 의미있고 수준 높은 논쟁적 대화가 이루어지기 시작했고, 그러한 노력의 결과로 더 읽어 볼 거리에도 소개된 『한 문화?』라는 책도 나오게 되었다.

이후 우리는 과학전쟁의 배경이 되었던 일련의 사건들과 논쟁의 중요 쟁점 및 그것의 의의를 살펴본다. 그전에 지적할 중요한 사실은 과학전쟁이 시작될 당시 너무나 극명하게 대비되는 것처럼 보이던 의견 차이가 서로 이해가 깊어질수록 실은 정도의 차이에 지나지 않은 것으로 드러난 경우가 많다는 것이다. 그리고 설사 분명한 의견차이가 있다고 판단되더라도 그것이 각자의 학문적 정체성에 비추어 볼 때 결코 용납할 수 없는 것은 아닐 수 있다는 인식 또한 점차 확산되고 있다.

보다 구체적인 성과로 들 수 있는 것은 과학자들이 과학기술에 대한 인문사회과학적 접근을 시도하는 학자들에 대해 가지고 있던 의심, 즉 그들이 과학에 적대적이고 과학활동을 부당하게 통제하려는 숨은 의도를 가지고 있다는 생각이 대부분 근거가 없다고 인정된 점이다. 또한 과학지식의 형성 과정에서 과학외적 요소를 과도하게 강조하여 과학자들의 공격의 초점이 되었던 몇몇 급진적인 과학기술학 연구자들이 과학활동에서 자연이 부과하는 제한조건에 대해 보다 분명하게 긍정하기 시작한 점도 과학전쟁이 거둔 성과라고 할 수 있다.

하지만 물론 모든 문제가 매끈하게 해결되고 달콤한 밀월이 찾아온 것은 아니었다. 그 이유는 과학학 연구자 일부가 가지고 있는 생각과 과학자 일부가 가지고 있는 생각이 과학지식의 성격과 과학연구의 본질에 대한 결코 양립할 수 없는 전제들에 각각 근거하고 있기 때문이다. 이 부분은 마지막 절에서 다루겠다.

4. 왜 발생했나?

소칼의 속임수가 있기 전에도 과학에 대한 인문사회학적 연구에 대해 불편한 심기를 노골적으로 드러낸 과학자들의 글이 있었다. 폴 그로스와 노만 레빗이 1992년에 출판한 『고등미신』이라는 책이 대표적인데, 이 책에서 두 과학자는 과학기술에 대한 인문사회과학적 논의가 과학의 내용도 잘 모르는 좌파 지식인들이 과학의 지적 권위와 사회적 영향력을 약화시키려고 시도하는 것이라고 비난했다. 정치적으로 우파였던 그로스와 레빗은 반과학주의를 좌파 지식인과 연결시키는 것이 편리했겠지만, 정통좌파 과학자임을 자랑스러워하던 소칼에게 이 책의 출간은 좌파와 과학을 '관계회복'시켜야 할 필요성을 느끼게 했을 것이다.

과학기술학에 대해 직접적 공격을 수행한 과학자들은 비교적 소수였지만 대다수의 과학자들도 과학이 이토록 발전한 현대에조차 각종 비과학적 생각이 일반인들에게 광범위한 영향을 미치는 것에 대해 불편한 심기를 공유하고 있었다. 우리에게는 『이기적 유전자』로 널리 알려진 리처드 도킨스나 『코스모스』의 저자 칼 세이건 모두 일간신문에 점성술 기사가 매일 나오고 창조과학과 같은 사이비 과학이 폭넓은 대중적 지지를 얻고 있는 영국과 미국의 현실을 여러 저술을 통해 개탄했다.

이와 같은 반응이 나온 이유는 과학적 세계관에 익숙한 과학자에게는 이토록 놀라운 업적을 쌓은 현대 과학을 두고 별자리 운세와 같은 허황된 이야기를 믿는 사람들이 너무도 많다는 사실이 일종의 좌절감을 안겨주었기 때문이었을 것이다. 그런데 인문사회학적 글쓰기에 익숙하지 않은 과학자의 상당수에게 점성술과 과학기술에 대한 메타적 연구 사이에는 별다른 차이가 느껴지지 않았다. 둘 모두 과학이 '아닌 것'은 분명했고 객관적 과학의 권위를 떨어뜨리려는 반과학적 시도로 생각될 수 있었다.

그러나 과학전쟁의 발발을 이런 식으로 간단하게 설명해버리기에는 무언가 부족한 점이 있다. 왜냐하면 점성술이 대중적으로 영향력을 행사해온 것은 서양에서는 매우 오래된 일이고, 과학기술에 대한 인문사회학적 분석도 상당한 역사를 갖고 있기 때문이다. 인문학자나 사회과학자들에 대한 과학자들의 불만은 상존했지만 그 불만은 대개 사교모임에서 가벼운 조롱거리 수준이었다. 과학자들이 보다 적극적으로 나서서 소칼처럼 잘 준비된 속임수를 사용하거나 과학자가 아닌 사람들의 과학에 대한 분석에 대해 공개적 수준에서 대규모 공격을 시작한 것은 비교적 최근의 일이다.

그러므로 우리는 과학전쟁이 일어난 시기를 즈음하여 과학적 세계관이 일반인들에게 충분히 파고들지 못하고 객관적 과학지식의 권위를 떨어뜨리는 담론이 학계에 존재한다는 사실 말고도 과학자들이 이제는 자신의 목소리를 적극적으로 내야 한다는 일종의 위기의식을 느끼게 만든 다른 이유가 있었다고 짐작해 볼 수 있다. 이 위기의식은 우리 시대가 전반적으로 예전만큼 과학을 충분히 대접하지 않는다거나 급진적으로 과학을 비판하는 반과학주의가 환경위기 등을 겪으면서 점차 힘을 얻게 되었다는 역사적 상황과 무관하지 않을 것이다.

사실 과학연구에 거의 무조건적인 사회적 지원이 보장되던 과학의 황금기는 냉전의 종식과 더불어 끝났다고 할 수 있다. 다소 아이러니컬한 이야기이지만 과학의 효능을 과학자가 아닌 사람들이 크게 인식하게 된 계기는 두 차례에 걸친 세계대전과 대규모 산업소비사회의 등장이었다. 1차 세계 대전을 통해 과학기술자들을 조직적으로 전쟁관련 연구에 동원하는 것이 유익함을 알게 된 각국 정부는 제2차 세계대전에서는 개전 직후부터 보다 체계적인 방식으로 과학기술자들을 전쟁 관련 연구에 참여시켰다.

전쟁 관련 과학기술 연구, 특히 로스 알라모스에서 군사작전식으로 이루어진 거대과학 연구를 통해 개발된 핵폭탄이 '성공'함으로써, 과학연구 지원을 결정하는 행정가나 이를 암묵적으로 지지하는 일반인들 사이에 과학에 대한 야누스적 이미지가 형성되었다. 우선은 핵폭탄과 같은 '대량살상무기'가 언젠가는 인류를 끝장낼 수 있다는 대중적 공포가 확산되어 과학기술 연구에 어떤 형태로든 고삐를 채워야 한다는 비판적 시각이 등장했다. 그러나 보다 중요한 점은 사람들이 점차 대규모로 과학기술자를 조직하여 충분한 자원을 주고 연구를 시키면 핵폭탄처럼 매우 복잡한 것이라도 결국에는 실용적 결과를 가져올 수 있다고 믿게 되었다는 것이다.

여기에 더해 과학기술의 결과물이 대량소비사회의 일상용품으로 변화하면서 연구자원의 투입과 유용한 연구결과 사이의 상관관계에 대한 믿음이 더욱 강화되었다. 대규모 연구비가 투여된 산업체 연구를 통해 첨단 과학기술이 신제품 생산으로 이어지는 일련의 과정이 일상화되면서 과학기술 연구는 주제에 관계없이 무조건 지원하면 결국에는 사회적 혹은 산업적 이익으로 돌아온다는 생각이 자리잡게 된 것이다. 이런 생각에 힘입어 제2차 세계대전 후 과학기술계는 양적으로나 질적으로 그야말로 비약적인 발전을 하게 되었다.

하지만 과학기술자들의 황금시대는 60년대부터 서서히 끝날 조짐을 보이기 시작했다. 레이첼 카슨이 1962년에 출간한 『침묵의 봄』은 화학물질의 무분별한 사용으로 말미암은 생태계 파괴 문제를 부각시켰고, 현대과학기술에 대한 이와 같은 대중적 차원에서의 문제제기는 오존층 파괴와 열대 우림 파괴 및 지구 온난화 문제 등으로 계속 이어졌다.

물론 카슨을 비롯한 여러 저자들이 이런 문제들을 제기할 수 있었던 것은 환경오염 문제에 과학적 분석방법을 꼼꼼하게 적용했기 때문이었고, 많은 경우 문제에 대한 효과적인 대응도 과학적 연구를 통해 발견될 수 있으리라 여겨졌다. 카슨이 살충제 대신 생태계의 천적 구조를 이용하여 해충 문제를 해결하자고 한 것도 이런 방식의 '과학적' 대응에 해당된다. 그러므로 생태 위기에 대한 카슨의 선구자적 고발이 특정 원인만을 분리해서 생각하는 편협한 과학적 사고방식에 대한 비판인 것은 분명하지만, 동시에 경험적 사실에 입각하여 체계적인 방식으로 해당 문제에 대한 해법을 찾아가려는 과학적 연구방법의 유용성을 확인해 준 것으로도 생각될 수도 있다. 간단히 말하자면 카슨의 책 어디에도 '반과학적인' 요소는 없었던 것이다.

하지만 대다수의 과학자나 일반인 대부분은 그렇게 보지 않았다. 그들에게 카슨의 책은 적극적으로 과학연구에 적대적이거나 적어도 과학연구를 제한해야 한다는 경고로 받아들여졌다. 이렇게 된 데는 역설적으로 상당수 과학자들이 직간접적으로 조장한 일반인의 상식적 과학관이 큰 몫을 했다. 상식적 과학관에 따르면 과학은 오류불가능하고 과학적 주장의 참/거짓은 누가 보아도 명백한 경험적 증거에 의해 결정적으로 판단될 수 있는 것이라는 점이 문제로 작용했다.

이런 과학관을 배경으로 하면 지구 온난화처럼 정치적으로 민감한 문제와 관련하여 여러 과학자들의 공개석상에서 날카로운 의견대립을 보이는 일이 대중에게는 이상하게 보일 수밖에 없었다. 많은 사람들이 보기에 이런 광경은 과학도 개별 연구자의 이해관계에 의해 움직이는 정치적인 활동임을 의미했다. 물론 학술적 논쟁과 의견대립은 과학을 포함한 학술적 논의에서는 보다 타당한 합의에 이르기 위해서는 필수적으로 거쳐야 하는 과정이다. 게다가 과학자 집단은 이러한 논쟁을 다른 분야보다 비교적 일찍 종결시키는 다양한 메커니즘을 가지고 있는 편이다.

하지만 늘 논쟁이 종결된 '완성된 지식'만을 대중에게 보여주면서 과학적 진리의 '자명함'을 강조하던 과학자들이 갑자기 논쟁의 소용돌이에서 대중에게 노출되자 실제보다 부풀려진 과학에 대한 환상에서 깨어난 사람들이 반과학적 태도로 돌아서는 결과를 초래하기도 했던 것이다. 이 지점에서 또 다른 아이러니가 나타난다. 과학자들이 그토록 강조하고 대중들에게 심어주기를 원했던 과학연구에 대한 비현실적인 이미지가 깨지면서 역시 다른 의미로 비현실적인 극단적인 형태의 반과학주의도 힘을 얻은 것이다.

이런 흐름에 더하여 냉전이 끝나면서 주로 군사 목적과 관련되어 연구비를 타오던 과학연구에 지원이 삭감되자 과학자들은 자신들의 노력이 제대로 평가받지 못하고 있다는 생각을 하게 되었다. 『고등 미신』과 같은 감정적 반응은 이와 같은 사회적 배경에서 나왔다. 소칼 역시 자신과 같은 대학교에 있는 포스트모던 계열의 유명한 논객 앤드류 로스가 거의 스타급 대우를 받는 데 대해 평소 기가 막혀 했고 언젠가는 그 논의의 허상을 벗겨 내겠다고 결심했다고 한다. 이는 로스에 대한 소칼의 개인적 질투라기보다는 과학자가 보기에는 엉터리 헛소리를 늘어놓는 학문이 제대로 된 학문인 과학보다 더 대접을 받는 지적 풍토에 대한 반발이었다고 보아야 할 것이다.

여기에 더해서 소칼은 과학기술에 대한 오래된 좌파적 견해를 가지고 있었다. 냉전 시기 자본주의 사회와 사회주의 사회는 많은 점에서 달랐지만 과학에 대한 태도에 있어서는 그다지 다르지 않았다. 오히려 과학에 대한 서구의 이미지가 자본주의적 이익추구와 맞물린 방식으로 발전해왔다면, 동구권의 과학에 대한 이미지는 세계에 대한 객관적 진리를 발견하여 인민에게 봉사한다는 보다 순수한 지향점이 중심이었다. 과학에 대한 이런 생각은 그 역사적 뿌리가 깊다. 과학적 사회주의를 공상적 사회주의와 구별하며 자신의 입장을 내세웠던 초기 사회주의 운동가들도 억압된 인간의 객관적 상황을 분석하고 궁극적으로는 그들을 자유롭게 하고 풍요롭게 해줄 수 있는 데서 과학의 가치를 찾았다. 이런 이유로 사회주의 국가들에서는 자본주의 국가보다 오히려 과학에 대한 더 큰 강력한 믿음이 있었고 이 믿음은 소칼처럼 서구의 좌파 지식인들 사이에도 공유되었던 것이다.

5. 무엇이 문제였는가?

자연과학자들에게 과학전쟁은 다른 무엇보다 과학의 전문적 내용에 대해 무지한 인문사회학자들이 함부로 과학에 대해 이러쿵저러쿵 말하는 것을 따끔하게 혼내준 것이었다. 논쟁에 참여한 과학자들의 글에서는 계속해서 들뢰즈가 과학기술을 제대로 배운 적이 있는 사람에게는 너무나 평이한 개념인 '선형성(linearity)'의 정확한 의미도 모른 채 함부로 비선형성을 신화화시켰다든지, 라투르가 아인슈타인의 상대성이론이 실재로는 객관적인 절대법칙의 존재를 함축함에도 불구하고 함부로 일상적인 의미의 '상대성'과 혼동했다는 식의 '훈계'가 자주 등장한다.

과학자들이 보기에 이런 초보적인 개념에서의 혼동은 인문사회과학자들의 글 전체를 구태여 꼼꼼하게 읽어보고 정확한 의미를 파악하려는 노력을 할 필요가 없는 근거를 제공하는 것으로 여겨졌다. 게다가 이들이 공격하는 인문사회과학자들의 글은 메타적 성격상 과학기술이 이룩한 업적에 대한 찬양일색일 수는 없다. 어떤 경우에는 하이데거의 기술론처럼 대놓고 적대적이기도 하고 어떤 경우에는 토마스 쿤의 과학혁명론처럼 간접적인 방식으로 과학적 진리의 축적적 성격에 대한 상식적 견해를 뒤흔들기도 한다. 이런 '위험한' 생각이 대중에게 유포되는 것은 과학의 가치에 대한 확신을 가지고 연구에 몰두하는 과학자들 입장에서는 억울하기까지 한 상황으로 받아들여졌던 것이다.

그러나 우리는 여기서 과학자들이 공격한 집단이 이질적인 성격의 두 집단으로 이루어져 있다는 점을 짚고 넘어가야 한다. 한 집단은 포스트모더니즘 계열의 학자들로 과학기술에 대한 깊은 이해를 가지고 있지 않은 문화연구나 문예비평의 지적 배경을 가진 학자들이고, 다른 집단은 자신들의 연구주제에 대해 탄탄한 전문지식을 갖춘 과학기술학(STS) 전공학자들이다. 소갈이 브리크몽과 함께 쓴 『지적 사기』에도 두 집단은 별다른 구별없이 함께 비판되고 있다.

전자는 과학기술의 개념이나 원리를 유비나 은유로 사용하고 후자는 직접적으로 과학기술의 내용과 연구과정을 연구대상으로 삼는다. 다시 말하자면, 전자에 속하는 학자들은 자신들의 철학적 주장을 예시하거나 이론적 영감을 얻어내는 과정에서 과학기술의 내용을 빗대고 있는 것인데 반해, 후자의 학자들은 자신들의 연구목적 자체가 현대의 과학기술의 내용과 연구과정의 성격을 제대로 이해해보자는 것이다. 전자에 속하는 학자로는 이리가리, 가타리, 크리스테바, 그로스 등이 있고, 후자에 속하는 학자로는 콜린스, 라투르, 포퍼, 쿤, 섀퍼 등이 있다.

포스트모던 계열의 학자의 경우 과학기술의 구체적인 내용이 얼마나 올바르게 제시했는지에 의해 해당 학자의 주장이 얼마나 설득적인지가 결정되는 경우는 매우 드물다. 물론 과학기술이 가진 '권위'에 기대어 자신의 주장의 신뢰도를 높이려고 시도하는 학자가 과학의 내용을 오해하고 글을 쓴다면 과학자들의 비판에서 자유로울 수 없을 것이다. 이 경우 과학기술의 내용이 일종의 증거적 설득력을 발휘하는 것이므로 내용도 정확해야 할 뿐 아니라 과학기술의 내용과 철학적 주장 사이의 관계도 매우 명확하고 정당화할 수 있는 것이어야 하기 때문이다. 과학전쟁을 통해 분명해진 점은 적어도 몇몇 학자들이 이와 같은 오류를 범하고 있었다는 사실이고, 이 점은 두 번째 집단의 학자들, 즉 과학기술학자들에 의해서조차 지적되었다.

과학기술학자들, 즉 과학기술철학, 과학기술사, 과학기술사회학을 연구하는 학자들은 적어도 자신들의 연구주제에 대해 과학적으로 기초적인 실수를 하는 경우는 거의 없다. 그럴 경우 과학을 비유적으로 사용하는 포스트모더니즘 계열의 논문과는 달리 자신들의 논문이 지적 정당성을 가지기 어렵다는 점을 잘 알고 있기 때문이다. 이 분야 논문들은 다루는 주제에 따라 논의된 내용의 과학적 적합성을 검증하기 위해 아예 관련 분야의 과학자가 논문 심사위원으로 위촉되기는 경우도 많다.

이런 상황이기에 과학기술학 연구자들은 자신이 연구대상으로 삼은 과학분야의 학위를 가지고 있거나 그렇지 않은 경우라도 상당한 기간에 걸쳐 관련 과학지식을 습득하고 연구의 실제상황을 경험하는 것이 보통이다. 과학사회학자인 해리 콜린스의 말을 빌자면, 과학기술학자들은 관련 과학연구의 발전에 적극적으로 기여할 정도의 능력까지는 아니라도 그 분야 학자들과 별 어려움 없이 의견을 나눌 수 있는 '소통적 능력(communicative competence)'은 가지고 있어야만 좋은 연구를 할 가능성이 높아진다고 할 수 있다.

그래서 과학기술학을 전공하는 학생들은 종종 자신들이 지적배경을 가진 분야가 아닌 주제에 대해 학위 논문을 쓸 때는 다른 분야의 학생들보다 1년 이상 학위 취득에 시간이 더 걸리곤 한다. 그 분야에 대한 관련 과학지식을 우선 공부하고 소화하는데 최소한 그 정도의 시간이 필요하기 때문이다. 그리고 대부분의 경우 이들의 학위 논문은 관련 과학자들의 자문을 얻어가며 작성되고 해당 분야에 대한 전문적 지식을 가진 과학자가 심사위원으로 참여하게 된다.

실제로 이런 이유 때문에 독설가인 소칼조차 과학기술학자들의 논문에서 어떤 전문적인 문제점도 찾아내지 못하고 있는 것이다. 이들에 대한 소칼 공격의 핵심은 이들이 과학에 대해 상대주의적이고 비합리적인 태도를 취하고 있다는 것이다. 상대주의나 비합리성이라는 용어는 실제로 오랜 논쟁과 시대에 따른 의미변화를 겪어왔다. 그러므로 과학에 대해 상대주의적이거나 비합리적 태도를 취한다는 소칼의 비판은 일단 감정적인 평가보다는 차분한 분석을 요구한다.

좀 더 주목할 점은 소칼이 과학기술학자가 과학에 대해 '잘못된 상'을 퍼뜨리는 죄를 범하고 있다고 확신한다는 사실이다. 그런데 소칼의 확신은 어디에 근거하는가? 책 전체에서 소칼은 자신이 과학기술학자들처럼 힘들게 인문사회과학적 연구를 하지 않고서도 과학의 본질이 무엇이고 과학이 역사적으로 어떤 함의를 가져왔으며 과학적 실천의 내용이 무엇인지에 대한 '올바른' 이해를 가지고 있다고 생각한다는 느낌을 주고 있다. 아마도 여기에는 책상에 앉아 책이나 보는 과학기술학자들과는 달리 자신이야말로 과학을 직접 수행하는 과학자이기에 과학에 대해서는 내가 더 잘 안다라는 자부심이 깔려 있을 것이다. 하지만 이는 얼핏 듣기에도 조금 이상한 생각이다. 이론 물리학자인 소칼이 단지 자신이 생명체이고 생명체로 상당한 기간을 살아왔다는 점에 의거하여 인간의 생리작용에 대해 생리학자보다 더 잘 안다고 생각할리는 없기 때문이다. 이 지점에서 과학전쟁 전반에 걸쳐 분명하게 부각되지 않았던 중요한 핵심이 드러난다.

소칼 등의 과학자들은 과학기술학자들이 과학자인 자신들이 미처 깨닫지 못하는 과학의 본성이나 과학연구의 성격에 대한 새로운 사실이나 관점을 제공해줄 수 있을 가능성에 대해 지극히 회의적이다. 그에 비해 과학자가 자신이 실제 수행하고 있는 작업인 과학연구와 그 과정을 통해 얻어진 과학지식의 성격과 함의에 대해 훨씬 더 생생하고 정확한 이해를 하고 있다는 생각에 대해서는 직관적으로 크게 공감하는 경향이 있다.

하지만 과학의 역사를 통해 과학의 이상과 내용, 개념이 매우 미묘하게 변화해왔고 이를 현대과학의 용어로 이해하려고 하면 항상 문제에 봉착하게 된다는 점은 토마스 쿤을 비롯한 여러 과학사 연구자에 의해 수많은 사례연구를 통해 잘 지적되었다. 그에 비해, 항상 그런 것은 아니지만 현대 과학에 익숙한 과학자들이 수행한 과거 과학에 대한 연구는 과거 과학자가 실제 어떤 동기와 목적으로 과학연구를 수행했으며 그 연구결과가 어떻게 평가되었는지를 완전히 틀리게 기술하는 경우가 허다하다.

헤르츠의 실험은 현대 물리학 교과서에는 맥스웰 전자기파의 존재를 처음으로 증명한 실험으로 소개되어 있지만 실제로 당시에는 다른 방식으로는 확인이 불가능함에도 맥스웰의 이론에 따르면 반드시 존재해야 하는 에테르의 존재를 명백하게 확인한 실험으로 평가되었다. 현대 과학자에게 이런 역사적 '사실'이 난처한 이유는 아인슈타인의 상대성 이론 이후 우리는 더 이상 전자기파를 위해 에테르가 필요하다고 믿지 않기 때문이다. 과거의 과학활동이 현대의 이론으로 매끄럽게 연결되기를 바라는 과학자들로서는 이러한 과학사적 연구결과가 껄끄러울 수밖에 없다.

이 점은 과학철학과 과학사회학에 대해서도 비슷하게 적용될 수 있다. 소칼이 그토록 비난하는 포퍼의 반증주의는 수많은 경험적 사실이나 실험결과에 의해 잘 입증된 이론이라도 역사적으로나 논리적으로 반증가능하다는 점을 함축한다. 포퍼는 이러한 과학이론의 반증가능성이 과학이론의 가치를 떨어뜨리는 것이 아니라 오히려 과학과 사이비과학을 구별해주는 중요한 특징으로 보았다. 소칼을 비롯한 과학자들에게는 과학지식의 확실성을 깎아내리려는 시도로 여겨진 포퍼가 실은 과학지식의 특별함을 해명하고 있었던 것이다. 그러므로 과학자들은 자신들이 미처 파악하지 못하는 과학에 대한 깊이 있는 분석과 이해가 과학기술학자들로부터 나올 수 있다는 점을 인정할 필요가 있는데 이것이 말처럼 쉽지가 않았다.

왜 자신의 전문분야가 아닌 주제에 대해 자신이 잘 모른다는 점을 인정하는 것이 그토록 어려울까? 이 점은 과학자들이 공유하는 과학문화를 살펴보면 어느 정도 이해가 된다. 과학자가 되기 위한 훈련과정에서 논문이나 저서에 담긴 다양한 의미의 상관구조를 파악해내고 이를 개념적으로 연관될 수 있는 다른 주제와 연관시켜서 저자의 숨은 의도까지 포함한 복잡한 서사구조를 구성해내는 일은 그다지 강조되지 않는다. 바람직한 과학논문은 대부분 실험결과와 결론 사이의 분명한 연관을 드러내주어서 올바른 해석 이외의 '오해'의 가능성을 미리 제거하는 형식을 가진다.

이런 연구문화적 차이를 고려하면 유명한 과학기술학자인 라투르의 상대성 이론에 대한 논문을 소칼이 과학도 잘 모르는 인문학자가 과학자에게 '한 수 가르치려는' 시도로 읽었던 것도 어쩌면 당연한 일일 수 있다. 과학기술학 훈련을 받은 사람들이라면 그 논문에서 당연히 보이는 논점, 즉 라투르는 과학이론 형성과정에서 과학외부의 '사회적' 영향이 작용한다는 과학지식사회학자들의 주장을 반박하면서 오히려 상대성 이론 자체에 포함된 보다 넓은 의미에서의 '사회적' 성격에 주목하고 있음을 읽어낼 수 있다. 즉, 라투르는 자신 나름대로의 철학적 체계 내에서 상대성 이론의 함의를 이끌어내고 있는 것이지 물리학자들에게 새로운 물리학을 가르치려고 하고 있는 것이 아닌 것이다.

이처럼 과학기술계와 인문사회과학계의 학술문화 차이가 과학전쟁의 격렬함을 부추겼고 과학전쟁 중에 논란의 초점이었던 대부분의 주제들은 결국 이해부족 내지 상대방에 대한 무지에서 비롯되었음이 점차 분명해졌다. 그리고 이러한 문화적 차이는 유명한 물리학자 머민이 지적했듯이 각자가 받은 지적 훈련의 차이로 상당부분 설명될 수 있었다. 예를 들어, 많은 인문학자들은 과학논문은 비유적으로 읽어나가며 연상되는 다른 주제와 연관시키면 저자의 진의를 오독하기 쉽다는 점을 인정하게 되었다. 결국 과학전쟁은 상대방이 사용하는 전문용어의 뜻을 상식적인 의미로 해석하거나 상대방의 논증의 미묘한 점을 인식하지 못한 채 상식적인 수준에서 대응하려고 하기 때문에 확대되었다고 정리할 수 있다. 이 점에 있어서 포스트모더니즘 계열의 문화 이론가들과 소칼을 비롯한 대다수의 과학자들은 모두 동일한 종류의 오류에 빠졌던 것이다.

포스트모더니즘 계열의 학자들이야 어차피 과학내용 자체에 큰 관심을 가지고 있었던 것은 아니므로 '오류'의 심각성에 그다지 개의치 않을 것이다. 하지만 평소 매우 주의깊게 전문용어를 사용하는 과학자들이 왜 이런 잘못을 저지르게 되었을까?

필자의 개인적 경험이 실마리를 줄 수 있다. 일반 생물학을 수강하지 않은 상태에서 생화학을 듣게 된 물리학도였던 필자는 수업 시간에 벡터라는 용어가 사용되는 방식에 약간 당황할 수밖에 없었다. 필자에게 벡터란 스칼라와 대비되는 양으로 하나 이상의 변수에 의해 정의되는 수학적 개념이었다. 그런데 생물학에서 벡터는 모기처럼 질병을 매개하는 곤충이나 박테리오파지나 플라스미드처럼 유전정보를 한 장소에서 다른 장소로 이동시킬 수 있는 대상을 의미했다.

유사한 상황이 과학기술 분야와 과학기술학 분야 사이에도 일어난다. 예를 들어 과학자들은 '참'이라는 말을 '경험적으로 타당함'이나 '정확함' 정도의 의미로 사용하지만 과학철학자들은 예외가 없이 세계와 완벽하게 들어맞는다는 식의 매우 엄격한 조건을 만족시키는 경우에만 적용될 수 있는 의미로 사용한다. '참'에 대한 두 의미의 결정적 차이는 일상적 의미에 가까운 과학자의 참 개념은 정도의 차이를 인정하지만 과학철학자의 참 개념은 일상적인 의미로 완벽하게 참이 아니면 무조건 정의상 거짓이 된다는 사실이다.

그러므로 이미 양자역학의 등장으로 이론의 한계가 분명해졌지만 과학자들이 보기에는 대부분의 일상적 상황에서 '충분히 참'인 고전역학도 과학철학자의 정의에 의하면 그저 '거짓'인 이론이다. 이는 과학철학자들이 고전역학이 경험적으로 충분히 정확하며 다양한 상황에서 성공적으로 적용될 수 있다는 사실을 부정해서가 아니다. 다만 인식론적으로 완전한 참은 아니지만 참에 가까운 그 무엇을 정의하는 일은 매우 어려울 뿐만 아니라, 연구방법론적으로도 '충분한 참'을 추구하는 전략을 바람직하다고 정당화하는 일에 여러 난점이 존재하기 때문이다.

하지만 보다 심각한 점은 인문사회과학의 용어와 자연과학의 용어가 동일한 용어에 서로 다른 의미를 부여한다는 사실 자체가 아니다. 사실 용어가 아예 전혀 다른 뜻을 가지면 차라리 편하다. 필자의 벡터에 대한 경험처럼 각각의 의미를 서로 관련이 없지만 발음은 같은 동음이의어로 간주하면 그만이기 때문이다.

하지만 많은 경우 과학기술학에서 사용되는 주요 개념들은 펄서나 플라스미드처럼 전문용어 티가 팍팍 나는 것이 아니라 실재, 합리성, 객관성, 권력, 정치, 제도처럼 일상적으로 자주 사용되는, 하지만 과학기술학의 전문적 용법과 일상적 용법 사이에는 미묘한 학술적 차이가 있는 것들이다. 이런 개념을 주로 사용하는 과학기술학 관련 논문을 일상적인 의미로 읽게 되면 즉각적으로 오해가 생길 수밖에 없다.

예를 들어 이런 오해는 소칼로 하여금 과학적 실재론을 부인하는 사람들은 지금 당장 고층건물의 창문에서 뛰어내릴 각오를 해야 한다는 식의 논증으로 현대 물리학의 양자장론의 진리를 증명할 수 있다고 생각하게 만들었다. 여기서 소칼은 과학적 실재론으로 일상적인 의미에서 과학이론이 신뢰할만하다는 점을 의미했고, 그것을 부인하는 것은 과학이론이 터무니없다고 생각하는 것으로 간주했다. 상식적인 수준에서 실재와 부정을 이런 식으로 생각하는 경우도 있겠지만 이는 과학적 실재론에 대한 철학적 논점을 전혀 이해하지 못하고 있는 대응이다.

과학적 실재론을 수용하는 입장이나 거부하는 입장 모두 우리의 과학이론이 신뢰할만하고 우리의 행동을 결정하는 과정에서 유용한 정보를 제공한다는 점을 인정한다. 그러므로 과학적 실재론을 부정하는 사람도 결코 창문에서 뛰어내리지 않는다. 문제는 신뢰할만한 과학이론들이 역사적으로 혁명적인 방식으로 바뀌어 온 사례가 많기에 현재 우리가 가진 이론을 앞서 소개한 철학적 의미의 '참'이라고 주장하거나 '충분히 참'이라고 주장하는 것을 반론제기의 가능성없이 확고하게 옹호하는 일이 쉽지 않다는 사실이다. 그러므로 예를 들어 양자장론은 일상적 의미나 과학자들의 의미로는 충분히 '참'이지만 과학의 역사적 전개과정이나 엄밀한 인식론적 정당화의 관점에서 절대적으로 '참'이거나 '참에 가깝다'고 주장하는 것은 반론의 여지를 남기게 되는 것이다.

6. 무엇이 여전히 문제인가?

그렇다면 비본질적이고 소모적인 논쟁말고 과학전쟁에서 진정으로 남는 쟁점은 무엇인가?

실제로 과학전쟁이 아닌 '과학평화'를 위한 많은 사람들의 노력에도 불구하고 여전히 중요한 의견차이가 남아있다. 그 이유는 이러한 의견차이는 과학의 본성이나 과학연구의 성격에 대한 이해에 있어 본질적인 차이를 반영하기 때문이다.

두 가지 쟁점이 가장 두드러진다. 첫째는 과학자들이 논쟁을 종식하고 특정 현상이 진정으로 존재하는 것이고, 어떤 이론이 더 좋은 이론이라고 합의하게 되는 과정에 어떤 종류의 요인이 더욱 중요하게 작용하는지와 관련된다. 과학전쟁 초기에 과학자들은 경험과 객관적 세계가 일방적으로 이 합의과정을 결정한다고 주장하였고, 반대진영은 이해관계나 과학자들 사이의 정치적 연대를 강조하는 경향을 띠었다. 다시 말하자면, 과학자들은 과학지식의 형성과정이 순수하게 관찰이나 실험에 기반한 논리적 추론에 의해 이루어진다고 생각한 반면, 반대진영은 다른 사회적 과정과 별 차이 없이 다양한 이해관계가 작용하여 이루어진다고 본 것이다.

하지만 논쟁이 진행될수록 과학 내적인 요인과 과학 외적인 요인 모두가 과학적 합의 도출과정에 영향을 끼친다는 점이 논쟁 양측 모두에게 어느 정도 분명하게 인식되었다. 구체적인 합의도출 과정을 놓고 양측의 반론과 재반론이 이어질수록 과학지식의 형성과정에서 과학자들이 강조하는 인식적 요인과 반대진영이 강조했던 사회적 요인 모두 영향을 끼치고 있음을 부인하기 어려웠기 때문이다. 그러므로 이제는 과학활동을 사회적 요인이 결정하는지 인식적 요인이 결정하는지를 묻는 것은 마치 인간의 특징을 유전적인 요인이 결정하는지 환경적인 요인이 결정하는지를 묻는 것만큼이나 소모적이기만 한 물음으로 여겨지게 되었다. 본성-양육 논쟁이 두 요인 중 어느 한 요인만이 결정적이라고 주장하는 형태로는 별다른 학술적 진전이 없는 소모적 의견대립에 불과하듯이, 과학지식의 형성과정과 관련하여 진정으로 중요한 쟁점은 인식적 요인과 사회적 요인 중 어느 것이 더 중요하게 작용하는지 여부일 것이다. 그리고 이 점에 대해서는 양측 모두 조금도 물러서지 않고 있다.

필자가 보기에 과학지식으로 간주되기 위해서는 반드시 관련 과학자 집단의 합의라는 절차가 필요하고, 이 절차에서 개별 과학자가 수행하는 인식론적 고려가 과학자들 사이의 사회적 상호작용을 통해 합의도출로 이어진다는 점을 분명하게 인식하는 것이 중요하다. 그러므로 과학지식에 대한 소칼식의 소박한 실재론은 유지되기 힘들다. 하지만 과학지식의 형성과정에서 인식적 요인이 매우 큰 비중을 차지한다는 점에서 다른 사회적 활동과는 분명히 구별될 수 있다는 특징을 가진다는 점도 강조될 필요가 있다. 필자가 보기에 과학논쟁의 대부분은 개별과학자가 서로 의견을 교환하고 다른 과학자의 연구결과를 평가한다는 다소 평범한 의미의 사회적 상호작용을 제외하면, 다양한 종류의 인식적 요인에 의해 종결된다.

게다가 과학지식의 형성과정에서 사회적 영향을 강조하는 연구들이 분석방식에 연유한 과장일 가능성도 있다. 이런 경향의 논의들은 경험적 증거에 의해 경쟁하는 이론이 완전히 결정될 수 없음을 보인 후, 인식적 고려사항을 아무리 많이 더해도 이러한 미결정성이 사라지지 않는다고 설명한 후, 최종적으로 사회적 요인을 등장시켜 논쟁을 해결하는 분석방식을 택하고 있다. 그러나 분석방식을 뒤집어 이론 미결정 상황에서 사회적 요인을 아무리 많이 더해도 일반적으로 논쟁을 종결시키기에는 충분하지 않다는 점을 보인 후, 인식적 요인을 끌어들여 논쟁을 종결시킬 수도 있을 것이다. 이 경우에는 마치 인식적 요인이 결정적인 것처럼 보일 것이다.

두 번째 쟁점은 '해석적 유연성'에 대한 것이다. 해석적 유연성이란 과학활동에서 경험적 자료가 충분히 있더라도 과학자에게는 그 자료들을 어떤 방식으로 해석하여 설명할 것인지에 대한 선택의 폭이 상당히 주어진다는 개념이다. 사실 이 '해석적 유연성' 개념은 과학전쟁의 모든 핵심적 논쟁의 중심에 있다고 할 수 있다. 과학자들은 해석적 유연성을 되도록 무시하거나 그 중요성을 평가절하하려 하고, 과학지식의 구성성을 강조하는 학자들은 자신들의 분석틀을 이 개념에 기초한다.

해석적 유연성이 과학활동, 특히 이미 논쟁이 완료된 과학지식이 아니라 현재진행형의 과학연구에서 잘 드러난다는 사실은 여러 사례연구에서 설득력 있게 논증되었으므로 부인하기 어렵다. 최고 수준의 과학자들도 종종 특정 실험 결과가 함축하는 바에 대해 상반된 해석을 내놓거나 미래 연구방향에 대해 엇갈린 전망을 내놓기도 한다. 이런 상황은 이미 이루어진 연구에 비추어 어느 정도 합의가능한 평가지침을 얻기 힘든 첨단 연구에서 더 두드러지게 나타난다. 실제로 과학적 논쟁이 일어난다는 사실 자체가 경험자료에 대해 해석적 유연성이 존재한다는 강력한 증거라고 볼 수도 있다.

그러므로 해석적 유연성과 관련된 주요 쟁점은 그것의 존재 유무라기보다는 과학연구의 객관성을 훼손시키지 않는 해석적 유연성의 범위는 어디까지라고 할 수 있는지에 대한 당위적 질문이나 해석적 유연성이 실제 과학활동에서 어느 정도로 활용되고 있는지에 대한 경험적 질문이다.

사회구성주의 과학사회학자들은 과학자들이 실제로 활용하는 해석적 유연성이 매우 크다고 생각하는 경향이 있다. 게다가 일부 학자는 의심스러운 인식론적 근거에 입각하여 해석적 유연성이 거의 무제한적으로 정당화될 수 있다고 주장하기도 한다. 하지만 절대 다수의 과학자들이나 많은 과학사학자, 과학철학자들은 우리가 바람직하다고 생각하는 여러 인식적 조건을 만족시키는 자연현상에 대한 이론이나 모형을 하나조차 제대로 만들기 어렵다는 점을 강조한다. 해석적 유연성이 원리적으로는 무한해 보일지라도 실제로 자연현상의 경험적 구조나 이론적 고려사항이 부과하는 제한조건들이 실제 과학연구 과정에서는 해석적 유연성을 생각만큼 자유자재로 쓸 수 없게 한정한다는 것이다.

이처럼 과학연구에서 인식적 요인과 사회적 요인이 어떻게 결합하여 합의도출 과정에 이르게 되는지에 대한 논쟁, 그리고 해석적 유연성의 범위와 역할을 둘러싼 논쟁은 당분간 쉽게 종결되기는 어려워 보인다. 그럼에도 불구하고 과학전쟁이 촉발시킨, 과학자와 과학기술학자들의 논의과정을 통하여 서로 간의 불필요한 오해를 풀고 상대방 관점에서 부인하기 어려운 점을 수용하는 성과를 거둔 점은 주목할 만하다. 그리고 해석적 유연성의 범위처럼 의견 차이의 경계가 과학자와 과학기술학자로 나뉘는 것이 아니라 과학자 진영과 과학기술학자 진영 내부에서도 유의미한 학술적 견해차이가 존재함을 확인할 수 있었다는 점도 성과로 기록될 수 있다. 이후의 논의는 흥미진진한 과학전쟁의 형태가 아니라 아마도 좀 더 무미건조한 과학에 대한 메타적 논쟁의 형태로 지속될 것이다. 이 과정에서 과학에 대한 우리의 이해가 더욱 높아질 것으로 기대한다.

더 생각해볼 주제

—

- 일상적인 의미에서 '객관적', '합리적' 이라는 개념이 무엇을 의미하는지, 그리고 각자가 공부하는 분야에서의 전문적 의미와는 어떻게 다른지를 전공이 다른 친구들과 토론해 보자.
- 과학연구에 대한 사회적 지원의 적정 규모는 어느 정도라고 생각하는가? 인문학 연구나 사회과학 연구도 자연과학 연구나 공학 연구과 동등하게 사회적 자원을 배분받아야 한다고 생각하는가? 만약 그렇다면(혹은 그렇게 생각하지 않는다면) 그 근거는 무엇인가?
- 과학지식이 인문학 지식보다 더 '확실하다'고 생각하는가? 만약 그렇게 생각한다면 그때 '확실하다'는 정확히 어떤 의미인가?

더 읽어볼 거리

'과학전쟁'에 참여한 학자들의 생생한 의견 대립은 앨런 소칼의 홈페이지에 잘 수집되어 있다(http://www.physics.nyu.edu/faculty/sokal/). 소칼의 견해는 그가 동료 물리학자 브리크몽과 함께 쓴 『지적 사기』(민음사, 2000)에 실려있다. 여기에 등장하는 그들의 과학사회학에 대한 비판은 학술적으로 그다지 깊이가 있다고 보기 어렵다.

'과학전쟁'의 주제를 좀 더 공부하고 싶은 독자라면 관련 학자들에 의해 쓰여진 보다 본격적인 학술서를 읽어보는 것이 좋다. 국내에 번역된 책으로는 데이비드 블루어의 『지식과 사회의 상』(한길사, 2000)과 트레보 핀치와 해리 콜린스가 함께 쓴 『골렘』(새물결, 2005), 『닥터 골렘』(사이언스북스, 2009)이 있다.

과학전쟁에서 제기된 주제에 대한 홍성욱 교수의 분석은 그의 책 『생산력과 문화로서의 과학기술』(문학과지성사, 1999)과 『과학은 얼마나』(서울대학교출판부, 2004)에 실려 있다. 이 밖에 '과학전쟁'에 대해 서로 다른 시각을 보여주는 책으로는 지아우딘 사르다르의 『토마스 쿤과 과학전쟁』(이제이북스, 2002)과 스티븐 와인버그의 『과학전쟁에서 평화를 찾아』(몸과마음, 2006)이 있다. 과학평화를 위한 보다 균형잡힌 학술적 논의는 Jay A. Labinger와 Harry Collins가 편집한 *The One Culture?: A Conversation about Science* (The University of Chicago Press, 2001)에서 찾아볼 수 있다.

마지막으로 과학전쟁의 핵심적 쟁점인 '얼마나' 문제와 '해석적 유연성'에 대한 필자의 생각은 다음 두 논문에서 좀 더 자세하게 논의되었다. 「내칭과 구성: 과학지식사회학의 딜레마」, 『철학적 분석』(2006년 12월 게재), 「웨버 막대와 탐침 현미경: 실험자 회귀에서 탈출하기」, 『과학철학』(2006년 12월 게재).

06

논쟁적인 현대 과학 고전, 도킨스의 『이기적 유전자』

1. 현대 과학 고전의 특별함

날마다 새로운 발견에 흥분하는 과학계에서 고전이라는 평가를 받는 책을 찾기는 쉽지 않다. 일반적으로 고전이란 오랜 세월 동안 많은 사람에게 읽히면서 큰 영향을 미친 책 정도로 이해할 수 있을텐데, 이런 의미의 고전을 과학저술에서 찾을 수 없는 것은 아니다. 우선 떠오르는 책으로 갈릴레오의 『새로운 두 체계』나 다윈의 『종의 기원』 등을 꼽을 수 있을 것이다. 하지만 요즘 이런 책을 찾아 읽는 사람은 그다지 많지 않다. 물론 다윈과 특별한 인연이 있었던 2009년에 사람들이 『종의 기원』을 많이 찾기는 했지만 그것은 오히려 예외에 속할 것이다. 게다가 옛날 과학 책은 일반적으로는 과학사에 특별한 관심을 가진 경우가 아니라면 제대로 읽어내기도 어렵다. 뉴턴의 『자연철학의 수학적 원리』를 재미있게 읽었다는 사람들은 아마도 원본이 아니라 난해한 기하학 내용을 모두 제외한 축약본을 읽었을 것이다.

게다가 갈릴레오나 다윈의 책과 같은 과학 고전은 영향력 면에서는 동서고금의 유명한 고전에 못지않았다고 볼 수 있지만, 그 영향력이 미치는 방식에는 중요한 차이가 있다. 『논어』 같은 철학 저술이나 몇번이나 영화화되어 인기를 끌곤 하는 『오만과 편견』 같은 문학 작품은 그 작품이 쓰인 시대만이 아니라 그 이후 시대에도 일반 대중을 비롯하여 해당 분야 학자들에게는 다양한 방식으로 재해석되어서 읽히고 있다. 『논어』에 담긴 사상은 현대 동양학자들에게는 여전히 중요한 연구주제이며, 『오만과 편견』에 대한 신선한 해석은 영문학계를 흥분시킬 수도 있다.

그에 비해 갈릴레오를 종교재판으로까지 몰고 갔던 『새로운 두 체계』나 빅토리아 시대를 떠들썩하게 했던 다윈의 『종의 기원』을 지금의 천문학자나 생물학자가 자신의 연구 주제와 관련된 학술적인 이유로 읽는 경우는 드물다. 물론 이는 과학자들이 과학 고전을 안 읽는다는 말은 아니다. 다만 과학자들이 과학 고전을 읽을 때는 과학자들이 다른 고전 작품을 읽을 때와 마찬가지로 일반 교양의 차원에서 읽게 된다는 것이다. 갈릴레오를 열심히 읽고서 현대 천문학 연구에 기여하겠다는 생각은 그다지 그럴듯해 보이지 않는다.

물론 이 글에서 다룰 리처드 도킨스를 비롯한 과학저술가들이 다윈을 꼼꼼하게 다시 읽음으로써 현대 생물학 연구에 시사점을 얻을 것이 많다고 거듭 강조하고 있기는 하다. 하지만 과학지술가이면서 동시에 과학자이기도 한 도킨스조차 다윈의 책에서 직접 자신의 최근 연구주제를 찾아 이를 논문으로 완성시킨 사례를 제시하기는 어려울 것이다. 그 역시 자신의 연구주제는, 과학연구의 관행에 따라, 최근 몇 십년 사이에 출판된 동료 학자의 논문과의 연관성 속에서 찾아냈을 것이기 때문이다. 그러므로 대다수의 과학자가 과학 고전에서 자신의 연구에 전반적인 시사점이나 방향성 정도가 아니라 구체적인 연구주제 자체를 발굴하기는 매우 어렵다고 보아야 한다.

과학 고전과 다른 분야 고전 사이의 이러한 차이점은 토마스 쿤이 이야기했던 과학연구의 패러다임 의존성으로 설명이 가능하다. 현대 과학자들은 과거 과학자들이 작업했던 방식과는 다른 패러다임 하에서 일하는 경우가 대부분이다. 그래서 과학 고전을 읽어도 자신들의 연구와 직접적인 연관성을 발견하거나 당장 논문 쓸 주제를 찾아내기 어렵다는 것이다.

하지만 실제 상황은 이렇게 단순하진 않다. 서로 다른 패러다임 사이의 차이점에 대한 지나친 강조는 쿤 자신의 견해라기보다는 쿤을 잘못 읽은, 다른 학자들의 견해라고 보아야 한다. 과학의 역사에서 서로 다른 패러다임은 외계인의 언어처럼 서로에게 전적으로 낯선 이론들이라기보다는 영어와 독일어처럼 친척관계에 있는 언어 사이의 차이 정도로 다를 뿐이다. 그러므로 원칙적으로는 현대 과학자들도 자신이 익숙한 패러다임과의 차이점에 주목해가면서 과학 고전을 꼼꼼하게 읽어나간다면 여전히 유익한 시사점을 얻어낼 수 있을 것이다.

하지만 여기에 과학자가 교육받는 방식이라는 다른 요인이 더해지면 상황은 더 복잡해진다. 과학자들은 맞는 답과 틀린 답을 정확하게 가려내도록 훈련받았다. 과학교육의 내용에는 지금은 인정되지 않지만, 여전히 나름대로 그럴듯한 답들이 어떤 지적 배경에서 제기되었고 어떤 근거에서 합리적으로 평가되고 수용되었는지를 파악하는 훈련이 들어있지 않다. 그러므로 과학자들이 갈릴레오, 다윈을 읽을 때면 거의 자동적으로 현대 과학연구 결과에 비추어 갈릴레오나 다윈이 어느 부분을 올바르게 알고 있었고 어느 부분을 모르고 있었는지를 찾게 된다.

최근 국내에도 번역된 스티븐 존스의 『진화하는 진화론』이 이런 과학자의 자동적 읽기욕구를 최대한 만족시켜주는 책이다. 그는 다윈의 『종의 기원』 중 지금도 참으로 남아있는 부분과 오류로 판명되어 다시 쓰여져야 할 부분을 명확히 구별하여, 틀린 부분을 최신 과학이론으로 보완한 일종의 『종의 기원』 개정판을 출판했다. 존스의 책도 나름 매우 재미있지만, 다른 분야의 고전에 대해서 이런 시도를 하는 학자는 좀처럼 찾아보기 어려울 것이다.

오래전에 쓰여진 과학 고전에서 현대 과학에 비추어 올바른 부분과 그렇지 못한 부분을 구별하여 읽는 방식은 결국 과학 고전을 현대 과학교과서처럼 읽는 것으로 과학 고전 읽기의 즐거움을 반감시킨다. 그 이유는 과학 고전을 포함한 고전읽기의 매력이 참/거짓 판단을 잠시 유보한 채, 자신이 살던 시대에 지적, 경험적 배경에서 최대한 만족스러운 이론을 정립하려 노력했던 과거의 위대한 학자들의 생각을 음미하는 것이기 때문이다. 게다가 이런 식의 읽기는 과거 과학자들을 실제보다 훨씬 덜 합리적이고 뻔한 오류에 잘도 빠지는 사람처럼 느끼게 한다. 그렇기에 연구목적으로 과학 고전을 읽는 과학기술학자들은 대부분의 과학자들과 다른 방식으로, 즉 고전이 쓰여졌던 과학문화와 지적 흐름을 배경으로 고전의 의미를 정확하게 밝혀내려는 작업을 하게 된다.

결국 이러저러한 이유로 일반인과 과학자에게 널리 읽히는 과학 고전은 20세기 이후, 비교적 현대 과학자가 쓴 최근 저작이라는 다소 역설적인 상황이 벌어지게 된다. 분자생물학도에게 큰 영향을 끼친 것으로 유명한 슈뢰딩거의 『생명의 비밀』이나 현대 환경오염의 핵심을 치밀한 과학적 분석을 통해 지적한 카슨의 『침묵의 봄』이 대표적인 예이다. 이들 책들은 출간 당시부터 비교적 최근까지 과학자와 일반인 모두에게 폭넓은 영향력을 끼쳐왔고, 그러한 영향력의 많은 부분은 이 책들이 다루고 있는 주제가 현대인에게 호소력이 있는 익숙한 주제라는 사실에서 연유한다.

2. 현대 과학 고전으로서의 『이기적 유전자』

리처드 도킨스의 『이기적 유전자』는 이처럼 '현대적인 과학 고전'들 중에서도 상당히 독보적인 지위를 가지고 있다. 1976년에 초판이 출간되어 1989년 2판이 나왔고 2006년에 30주년 기념판이 나온 이 책은, 도발적인 주장을 담은 선명한 논증으로 유명하다. 동시에 쉽게 읽히는 탁월한 문장과 복잡한 과학내용을 내용상의 손실 없이 명쾌하게 설명하는 저자의 능력, 학계의 최신 조류를 정확히 진단하고 그 이후의 발전방향에 상당한 기여를 한 점 등이 돋보이는 책이어서, 도킨스 주장의 반대자조차 이 책이 과학 고전임에 이의를 달지 않을 정도의 영향력을 보여주고 있다.

또한 『이기적 유전자』는 고전의 다른 특징, 즉 저자의 원래 의도(적어도 저자 자신이 강조하려 했다고 주장하는 의도)를 넘어서는 방향으로 책이 읽히고 해석되어 다양한 영역에 영향력을 발휘한 역사를 가지고 있다. 이런 특징을 가진 책이 모두 고전인 것은 아니지만 막대한 영향을 끼치는 고전은 대부분 이런 특징을 가진다. 『과학혁명의 구조』에서 쿤은 자신이 과학에 대해 매우 엄격하고 엘리트주의적인 정의를 가지고 과학의 진정한 합리성을 해명했다고 생각했지만, 대부분의 독자들에게 과학혁명은 종교를 바꾸는 것과 같은 비합리적 과정이라는 해석이 매우 큰 호소력을 가지고 널리 퍼진 것이 한 예이다.

도킨스는 『이기적 유전자』의 강조점이 '유전자'이지 '이기적'이 아니었다고 여러 차례 해명했다. 도킨스가 책을 쓴 주요 동기는 당시 학계와 일반인들 사이에 널리 퍼져 있던, 진화를 집단 선택론으로 이해하는 시도, 즉 집단에 유리한 형질이 선택된다는 생각을 격파하고 유전자를 중심으로 진화가 이해되어야 함을 역설하기 위해서였다는 것이다. 결국 도킨스는 진화과정을 어떻게 이해할 것인지에 대한 학술적인 논쟁을 대중적으로 풀어 설명하는 것을 『이기적 유전자』의 일차적 목적으로 삼았던 셈이다.

그러나 물론 생물철학자들 사이에서 '선택수준의 문제(level of selection problem)'로 알려진 학술적 논쟁이 관련 학계 외부에서 큰 공명을 얻기 힘든 것이 당연하다. 그래서 일반 독자들은 유전자의 '이기성'에 대한 논의에 빨려 들어가게 되었고, 인간이 이기적인 유전자가 자신의 이익을 위해 조종하는 생존기계에 불과하다는 강력한 이미지에 매혹되거나 역겨움을 느꼈다. 『이기적 유전자』는 물론 대단히 잘 쓰여진 책이지만 대중적으로 폭발적인 주목을 끌 수 있었던 이유는 역시 이와 같은 도발적 주장의 선정성이 크게 기여했다고 보아야 할 것이다.

이에 대해 도킨스는 자신의 책 내용을 전체적으로 살펴볼 때 궁극적으로는 인간의 '이기성'을 강조하기보다는 오히려 왜 인간이 유전자의 이기성에도 불구하고 '이타적'일 수 있는지에 대해 이야기하고 있다고 억울해한다. 유전자는 은유적인 의미에서 본질적으로 '이기적'이지만 친족 선택이나 호혜적 협동 등을 통해 얼마든지 개체의 이타적 행동을 이끌어낼 수 있음을 자신은 내내 강조했다는 것이다. 그러나 도킨스의 생각에 깊은 감명을 받고 다윈 의학에 대한 책을 저술한 랜돌프 네스와 같은 지지자조차, 처음 『이기적 유전자』를 읽고 유전자의 지배를 받으며 어슬렁거리며 돌아다니는 재생산 기계로서 자신을 떠올리는 경험이 충격적이었다고 고백하고 있다. 그러므로 어설프게 책을 읽은 일반 독자만이 아니라 꼼꼼하게 책을 읽어내려갔을 것이라고 기대되는 동료 학자에게조차 『이기적 유전자』의 강력한 이미지는 역시 '이기적' 유전자였던 것이다.

고전은 그 성격상 저자가 자신의 책에 대한 해석에 있어 독점적 지위를 가질 수 없다. 도킨스가 자신의 책이 무엇이 되길 원했든, 『이기적 유전자』를 읽고 많은 지적인 사람들이 갖게 된 생각이 터무니없다고 강변하기는 어려운 것이다. 게다가 이후에서 논의되듯 도킨스가 자신의 책에 대한 반응을 모두 오독이라고 몰아붙이기도 어려운 이유가 존재한다. 결국 현대 과학 고전으로서 『이기적 유전자』는 논쟁적이며 흥미진진한, 널리 읽히고 큰 파급효과를 내기에 적합한 모든 조건을 갖추었다고 할 수 있다. 『이기적 유전자』가 제기한 논점이 왜 그토록 논쟁적인지를 본격적으로 살펴보기 전에 우선 리처드 도킨스라는 현대의 매우 영향력있는 과학자-과학저술가를 만나보자.

3. 논쟁의 중심에 선 과학자, 리처드 도킨스

과학자치고 리처드 도킨스(Richard Dawkins)만큼 대중적 인기와 학술적 논쟁을 결합시킨 사람도 흔치 않다. 제2차 세계대전 중 영국 공군에 자원한 아버지가 케냐로 배속되는 바람에 도킨스는 1941년 나이로비에서 태어났고, 압도할 정도로 아름다운 아프리카의 자연에 큰 감명을 받으며 어린 시절을 보냈다고 한다. 영국으로 돌아와 옥스퍼드에 진학한 도킨스는 노벨상 수상자인 니코 틴버겐(Nikolaas "Niko" Tinbergen: 1907-1988) 교수에게 배운 후 촉망받는 젊은 동물행동학자로 자신의 학문적 여정을 시작했다.

그러나 곧 간결한 문체와 생생한 비유를 논리적으로 결합하여 매혹적인 글을 뽑아내는 능력을 인정받아 『이기적 유전자』를 비롯한 수많은 과학교양서를 집필했고, 현재는 옥스퍼드 대학교에서 대중의 과학 이해를 전담하는 찰스 시모니 석좌교수직을 맡고 있다. 과학연구와 과학교양서 저술작업을 병행하다가 아예 후자에 전념할 수 있게 된 도킨스는 더욱 정력적으로 집필과 강연에 몰두하면서 과학과 종교, 자유의지, 과학적 지식의 축적적 성격에 대해 매우 논쟁적인 주장을 과감하게 폄으로써 지속적으로 논쟁의 중심에 서있다. 도킨스는 논쟁적인 저자가 흔히 그렇듯이 열렬한 지지자와 극단적 반대자 모두를 갖고 있다. 도대체 도킨스 사상의 어떤 점이 그를 논란의 중심에 서게 한 것일까?

도킨스는 일찍부터 자신의 동물행동학 연구를 유전자가 진화의 역사에서 차지하는 중심적 역할에 대한 보다 넓은 이론적 맥락과 연결시키기 시작했다. 그 결과가 1976년에 출간된 『이기적 유전자』다. 이 책은 바로 전 해 출간된 에드워드 윌슨의 『사회생물학』과 함께 유전자가 생물학적 수준과 사회적 수준에서 어떤 역할을 담당하는지에 대한 열띤 논쟁을 불러일으켰다. 대중적인 수준의 논쟁은 인간의 품성이나 능력과 같은 속성이 생물학적인 것인가 교육을 비롯한 환경적인 것인가를 놓고 19세기 이후 벌어졌던 오래된 논쟁을 유전자 개념을 사용하여 재탕한 것이었다.

보다 학술적인 논쟁은 진화의 역사에서 자연선택이 얼마나 중요한 역할을 수행하는지에 집중되었다. 도킨스는 자연선택이 거의 절대적인 인과적 역할을 수행하므로 생물학자들이 생명체의 특정 속성에 대해 진화론적 설명을 시도할 때는 우선적으로 자연선택을 활용하여야 한다고 주장했다. 즉, 진화의 과정에서 특별히 다른 메커니즘이 작동하고 있다고 믿을 만한 분명한 이유가 제시되지 않는 한, 유전자 수준의 변화가 생물의 적응도를 변화시킴으로써 진화가 일어난다는 설명이 우선적으로 채택되어야 한다는 것이다. 이를 거꾸로 이해하면, 현재 생명체의 모든 특징들은 특별한 반대 이유가 제시되지 않는 한 모두 적응적 이득이 있어서 자연선택되었다고 보자는 입장이라고 말할 수도 있겠다.

이에 비해 집단유전학자 리처드 르원틴과 고생물학자 스티븐 제이 굴드가 주축을 이룬 비판자들은 진화의 역사에서 우연적 요인이나 구조적 제한조건이 수행하는 역할이 매우 크다는 점을 강조했다. 흔히 도킨스처럼 진화과정에서 자연선택의 절대적 힘을 강조하는 입장을 '적응주의(adaptationism)'라고 한다. 물론 그렇다고 해서 도킨스를 비판하는 사람들이 자연선택의 중요성을 부정하는 것은 아니다.

그들 비판의 핵심은 개체가 가진 모든 속성이 포식자를 잘 볼 수 있어서 생존가능성을 높여주는 눈이나 번식기회를 높여주는 수컷 공작의 화려한 깃털처럼 분명한 진화적 이득을 얻기 위한 적응이라고 볼 수는 없다는 것이다. 인간은 식도를 통해 음식물도 넘기고 공기도 흡입한다. 그래서 종종 음식물을 먹다가 숨이 막혀 죽을 위험이 있다. 르원틴과 굴드는 이처럼 분명하게 비적응적인 속성도 진화의 역사에서 자주 생겨날 수 있음을 강조한다. 이런 비적응적 속성이 나타날 수 있는 이유는 진화가 기존에 이룩된 역사적 유산 위에서 임시방편적으로 일어나기 때문이다. 즉, 인류는 식도와 기도가 함께 연결된 조상 동물에서 진화했는데, 이러한 설계의 불편함보다 몸의 구조 전체를 바꾸는 일이 더 어려웠기에 비적응적 속성이 남아있게 되었다는 것이다.

4. 이기적 유전자, 생존기계, 진화적으로 안정된 전략, 밈

『이기적 유전자』의 내용을 간단히 살펴보자. 1장은 유전자의 눈으로 진화가 이루어지는 방식을 파악하자는 책 전체의 취지를 소개하고 있는데, 이 과정에서 도킨스도 나중에는 후회하게 된 "관용과 이타성을 가르치도록 노력하자. 왜냐하면 우리는 이기적으로 태어났기 때문이다"는 선정적인 문장도 나타난다. 그 후 자기 복제자의 개념과 탄생 과정에 대해 설명하고 있는, 흥미롭지만 얼핏 보면 그다지 독창적으로는 보이지 않는 2장이 나온다. 하지만 이 단계에서 이미 도킨스는 유전자가 진화의 역사에서 가장 중요한 요소이며 우리는 유전자가 다음 세대에 자신의 복제자를 더욱 많이 남기기 위해 사용하는 '생존기계'에 불과하다는 주장을 상세하게 제시한다.

이 주장은 유전자적 세계관으로 진화이론을 해석하게 되면 학술적으로는 자연스럽게 따라 나오는 귀결이지만, 누구도 자신이 핵산 덩어리에 불과한 유전자의 '생존기계'라는 설명을 선뜻 좋아하기는 쉽지 않기에 생명의 신비로움을 앗아버렸다는 불평의 대상이 되어야 했다. 이에 대해 도킨스는 여러 글에서 과학적 진리는 듣는 사람이 어떻게 생각하는지를 상관하지 않는다고 준엄하게 꾸짖은 후에, 개인마다 너무나 다른 방식으로 전개

될 삶의 의미가 과학적 세계관에 의해 주어지기를 바라는 것은 터무니없다는 답변을 내놓고 있다. 과학은 '불편한 진리'를 우리에게 알려주고 우리는 이 진리를 겸손하게 받아들여야 하지만 그럼에도 불구하고 우리의 문화 전통과 윤리적 판단을 위협하는 것은 아니라는 도킨스의 논증 방식은 최근 버스 등의 진화심리학자들에 의해 동일하게 사용되고 있다. 이런 점에서도 도킨스는 과학연구가 불편하지만 감수해야 할 진리를 가져다준다는 수사학을 선도했다고 볼 수 있다.

3장부터는 본격적으로 유전자를 중심으로 진화 과정을 바라볼 때 어떤 차이가 나타나는지를 도킨스 특유의 생생한 비유와 전문적 내용을 이해하기 쉽게 설명하는 글솜씨를 사용하여 설명한다. 일단 해밀튼의 친족 선택이론을 소개하면서 유전자가 자신의 복제자를 많이 퍼뜨리려는 과정에서 자신과 부분적으로 유전자를 공유하는 자기 생존기계(즉, 개체)의 친족을 돕는, 이타적 행위가 나타날 수 있음을 보인다. 위험을 알리는 종달새의 경고음처럼 개체 자신에게 해가 되지만 자신이 속한 집단에 이익이 되는 행위를 설명하기 위해서는 집단 선택이 도입될 수밖에 없다는 기존의 입장에 대해 도킨스는 이러한 이타적 행동이 겉보기와는 달리 유전자의 이익을 극대화시키려는 전략으로 재기술될 수 있음을 지적하고 있는 것이다.

도킨스는 유전자 중심 재기술을 해밀튼의 친족 선택이론을 넘어 게임이론을 통한 메이나드-스미스의 집단유전학적 분석과 연속된 게임에서 등장할 수 있는 호혜적 이타성에 대한 트리버스의 분석으로도 확장시킴으로써 보다 포괄적인 전망을 제시하고 있다.

진화과정을 기술할 때 게임 이론적 시각이 갖는 장점에 대한 도킨스의 강조는 비슷한 시기에 발간된 에드워드 윌슨의 『사회생물학』의 보다 전통적인 자연사적 기술방식과 분명히 대비된다. 진화에 대한 게임 이론적 분석에서 중요한 개념은 '진화적으로 안정화된 전략(ESS)'이다. 도킨스에게 '진화적으로 안정된 전략(ESS)'은 어떻게 유전자가 개체를 생존기계로 사용하면서 개체의 사회적 행동이나 집단 수준의 사회 현상까지 손을 뻗칠 수 있는지를 설명하는 데 결정적인 요소이다. 다시 말하자면 유전자의 '확장된 표현형'으로 인간의 사회문화적 속성까지 설명하기 위해서 게임이론적 확장이 매우 유용했다는 것이다. 다양한 생존기계들의 경쟁과정에서 특정 방식으로 행동하는 것이 장기적으로 더 유리하다면 진화과정에서 안정화될 것이고 그러한 조건을 만족하는 행동 패턴인 ESS가 자연선택될 것이다. 도킨스는 여기에서 '유전자'적인 도약을 추가하여 그러한 ESS의 선택은 그에 대응하는 (반드시 존재해야 할?) 유전자의 선택을 의미한다고 설명한다. 이처럼 도킨스의 설명틀 내에서 이기적 유전자의 확장된 표현형은 ESS를 통해 사회적 행동과 집단 수준의 사회현상을 포섭하게 된다.

행동 패턴에 대응하는 유전자를 상정하고 이를 통해 유전자의 영향을 개체를 넘어 확장하는 도킨스의 전략은 지금은 행태 유전학의 연구를 통해 생명과학의 표준적 연구방법이 된 지 오래이다. 『이기적 유전자』는 이러한 연구방법을 출간 당시만 해도 충격적이었을, 부모와 자식 사이의 유전자 경쟁, 암컷과 수컷 사이의 유전자 전쟁 등의 내용에까지 적용하고 있다. 비록 도킨스가 사례를 주로 동물의 행태에서 따왔고 인간에 대한 확장에는 조심스러운 면을 보여주고 있지만, 자식을 헌신적으로 돌보는 일을 부모의 정의적 속성으로 여기는 사회적 통념에 비추어 볼 때 부모와 자식이, 그리고 형제들이 서로 유전자를 부분적으로 공유하되 완전히 공유하지는 않는다는 사실 때문에 협력과 경쟁을 동시에 수행하게 된다는 『이기적 유전자』의 분석은 독자들을 당혹하게 만들기에 충분했다. 하지만 현재는 적어도 생명과학 내에서는 『이기적 유전자』가 개척한 분석 방식은 주도적 담론의 위치를 차지하고 있다. 이렇게 된 데는 이기적 유전자에 근거한 연구방법론이 연구결과 산출에 있어 더 생산적이었다는 사실이 한 몫을 했다고 평가할 수 있다.

게임이 반복되는 상황이나 상호작용하는 개체를 개별적으로 인지할 수 있는 능력을 갖춘 조건에서는 호혜적 이타주의가 ESS가 될 수 있음을 보인 10장을 지나면 도킨스가 『이기적 유전자』에서 제시한 개념 중에서 생명과학 담론의 본류에 속하는 데 가장 덜 성공적이었던 '문화자(meme)' 혹은 밈에 대한 논의가 나온다. 도킨스는 여러 글에서 자신의 밈 개념이 대중 문화의 영역에서 매우 인기 있는 것임을 인터넷 검색결과를 들어가면 자랑스러워하고 있지만 학계의 반응은 대체적으로 차분하거나 냉소적이기까지 하다. 물론 철학자 다니엘 데닛의 최근 저작처럼 종교를 일종의 밈의 전파 현상으로 분석한 책도 있고, 밈을 다룬 독자적 학술지도 있기는 하다.

하지만 유전자와 달리 밈은 그 단위를 정의하기가 어렵고, 그로 인해 밈의 전파양상을 측정하거나 이론화하는 일이 사후적인 설명에 머물 수밖에 없다. 그리고 이러한 이유로 밈에 대한 과학적 연구가 본격적으로 이루어지기 어렵고, 결국 연구결과물의 축적에서 '이기적 유전자'와는 분명한 대조를 보이고 있는 것이다. 예를 들어 성경 전체가 밈인지 아니면 그 일부분인 요한복음이 밈인지는 어느 한쪽을 과학적으로 옹호하기가 쉽지 않다. 게다가 밈은 유전자와는 달리 충실하게 복제되는 경우가 드물고 실제로 충실한 복제를 통해서라기보다는 다양한 변형을 만들어냄으로써 자신의 영향력을 확대하는 경향이 있다.

도킨스에 전체적으로 우호적인 평자들도 밈 개념이 특정 생각이 널리 퍼졌다는 점을 멋들어지게 다시 말한 것 이상의 과학적 설명력을 갖지 못한다고 비판한다. 짧은 치마가 긴 치마를 제치고 유행한 것을 밈으로 서술한다고 해서 '왜' 짧은 치마가 긴 치마를 대체했는지를 설명하거나 이해하는 데는 별 도움을 줄 수 없다는 지적이다. 이를 설명하려면 모호한 밈이 아니라 제대로 된 심리학 연구 같은 것이 필요한 데, 아이러니컬하게도 심리학이 상정하는 마음상태나 의식 등은 밈 개념이 환원시킬 수 있을 것이라 기대되었던 개념들이다.

1989년에 출간된 『이기적 유전자』 2판에서 도킨스는 자신이 인간이 이기적일 수밖에 없다고 주장한 것이 아니라 실제로는 이타적인 사람이 적절한 조건에서는 자연선택에서 유리할 수 있음을 주장한 것이라는 설명을 담은 12장과, 밈의 아이디어를, 도킨스 스스로 자신의 최고 걸작으로 생각하는 『확장된 표현형』과 연결시켜 서술한 13장이 추가되었다. 2006년에 출간된 30주년 기념판에는 새로운 머리말을 제외하고는 새로 추가된 장은 없고 다만 참고문헌이 그간의 연구 성과를 반영하여 새롭게 준비되었고 『이기적 유전자』에 대한 몇몇 서평이 말미에 붙어있다.

5. 은유와 확장: 동물 행동학에서 유전자 중심 생물학으로

현대 과학 고전으로서 『이기적 유전자』가 갖는 의의는 무엇일까? 필자의 견해로는 『이기적 유전자』는 과학이론에 대한 설명에서 은유가 갖는 힘과 위험성을 동시에 보여주면서 유전자 중심 관점을 동물 행동학에서 생물학 전체로 확장하는 데 큰 기여를 하였다. 『이기적 유전자』의 초판 출간 즉시 이 책에서 사용된 인간중심적인 은유에 대한 비판은 끊이질 않았다. 도킨스는 최근까지도 이에 대해, 자신이 사용한 은유를 두 종류로 나누어 대응하는 방식을 택했다. 즉, '이기적' 유전자와 같이 너무나 명백하게 은유인 것에 대해서는 독자의 오독으로 간단하게 일축하는 방식이다. 핵산 덩어리에 불과한 유전자가 인간처럼 '의식적으로 이기적'일 수 있다고 읽는 독자가 문제라는 것이다. 마찬가지로 유전자가 자신의 후손을 퍼뜨리기 위해 '노력'한다는 식의 표현 역시 은유로서 이해해야 한다.

한편, '생존 기계' 같은 표현은 결코 은유가 아니라 글자 그대로의 의미로 사용되었으며 글자 그대로의 의미로 이해되어야 한다고 주장한다. 그러므로 도킨스는 우리가 진짜로 유전자의 '생존기계'라는 불편한 진실을 정면으로 받아들인 후 그럼에도 불구하고 유전자에게 조종당하지 않도록 의식적인 노력을 할 필요가 있다고 역설한다. 결국 『이기적 유전자』에는 은유적으로 읽어야 하는 표현과 글자 그대로 읽어야 하는 표현이 혼재되어 있고, 대부분의 독자들은 이 모두를 글자 그대로 읽어서 문제가 생겼다고 볼 수 있다. 하지만 도킨스가 이런 식으로 『이기적 유전자』가 불러온 논쟁의 책임을 독자에게만 떠넘길 수 있을까?

과학내용을 알기 쉽게 전달하기 위해 인간중심적인 은유를 쓰는 것은 과학저술의 오랜 전통이다. 빛이 최단 경로를 '찾아서' 이동한다든지 뜨거운 공기 분자와 차가운 공기 분자와 열평형에 도달하기 위해 충돌이라는 메커니즘을 '이용한다'는 식의 표현이 그것이다. '이기적' 유전자가 이런 은유적 표현에 해당된다는 도킨스의 솔직한 고백은 많은 비판에서 그를 자유롭게 하기는 하지만 『이기적 유전자』가 불러일으킨 수많은 사회문화적 논쟁을 경험한 사람들에게는 다소 허탈하게 느껴질 수 있다.

한편 도킨스는 유전자와는 달리 동물은 나름대로 의식 경험을 할 가능성이 높으므로 동물이 '노력한다'와 같은 표현이 단순한 은유일 수 없다고 강조한다. 검은머리 갈매기가 자신의 둥지에서 알껍질을 내다 버리는 행동을 할 때, 이는 알껍질 때문에 새끼들이 포식자에 눈에 뜨일 가능성을 줄여주는 적응적인 행동으로 볼 수 있다. 도킨스는 기러기의 이런 행동이 인간처럼 의식적 추론을 통해 나온 것은 아니겠지만, 여전히 적응적 행동과 그 행동이 성취하는 이로운 결과 사이의 기능적 관계에 기반한 것이므로 이것에 대해 '노력한다'와 같은 심리적 표현을 사용하는 것은 단순한 은유라고 볼 수 없다고 생각한다. 결국 도킨스는 동물에 대한 의인화된 표현의 상당 부분이 실은 은유로서가 아니라 글자그대로 읽혀야 한다고 주장하고 있는 것이다.

도킨스의 지적 배경인 동물행동학에서는 동물의 행동 패턴과 그것의 배경이 된 인지작용을 동일시하는 경향이 있다. 즉, 구체적으로 두뇌에서 어떤 의식경험이 특정 행동과 연결되어 일어나는지와 같은 동물의 주관적 경험에는 관심을 두지 않고, 오직 객관적으로 관찰가능한 행동 패턴으로부터 그에 대응되는 인지과정의 존재를 유추하는 것이다. 그러므로 갈매기의 알껍질을 치우는 행동은 포식자로부터 새끼를 지키는 데 효과적이므로, 갈매기가 포식자로부터 새끼를 지키기 '위해' 알껍질을 치우는 행동을 한다고 추론하는 것이다.

동물행동학의 연구방법론은 갈매기가 자신의 알껍질 치우는 행동을 목적추구 행동으로 의식하는지 여부에는 관심을 두지 않는다. 오직 중요한 것은 행동 패턴과 결과의 효율성 사이의 상관관계일 뿐이다. 그러므로 동물행동학의 연구방법론이 인간의 사회적, 문화적, 심리적 행동에 적용될 때 역시 행동 주체인 개인이 자신의 행동의 결과를 의식하고 목적지향적으로 그 행동을 수행할 필요는 없게 된다. 예를 들어, 여성이 평균적으로 대칭적인 얼굴을 가진 남성을 선호한다는 통계적 사실이 있고, 평균적으로 대칭적인 얼굴은 발생과정에 장애가 없었고 몸 상태가 건강하다는 점과 연관되어 있다면, 설사 여성이 대칭적인 얼굴을 가진 남성을 매력적으로 느낄 때 그가 가진 유전자의 우수함에 대해서는 한 순간도 생각해본 적이 없더라도 여전히 그러한 선호 패턴은 우수한 유전자를 선택하는 메커니즘의 일환으로 진화했다고 보는 것이다. 이처럼 동물행동학의 연구방법을 인간에게도 연속적으로 적용하는 도킨스의 과학적 은유 사용은 혁신적인 동시에 매우 논쟁적인 측면을 보인다.

도킨스는 한번도 유전자가 우리의 모든 형질과 행동 그리고 문화를 독자적으로 '결정한다'고 말한 적이 없다. 현재 우리가 알고 있는 생물학의 지식에 비추어 볼 때 명백하게 거짓인 이런 무리한 주장을 할 이유가 없기 때문이다. 그러나 도킨스는 어떤 형질이나 행동 패턴이나 문화 현상이 존재할 때 그것에 대응되는, 혹은 좀 더 정확히 말하자면 그것의 발현에 차이를 가져올 수 있는 유전자가 별 다른 이유 없이도 무조건 존재한다고 가정하는 것이 문제되지 않는다고 본다. 이는 유전자보다는 발생과정의 잡음이나 구조적 재한조건이 형질에 보다 큰 영향을 미치는 경우나 사회문화적 요인에 의해 행동 패턴의 차이가 생기는 경우는 예외에 속한다는 보자는 제안이나 다름이 없다. 하지만 물론 이런 연구방법론적 제안이 타당한지는 오직 더 많은 연구를 통해서 실제로 우리의 형질에 영향을 끼치는 요인들과 그것들의 상대적 크기를 밝혀낸 후에야 판단될 수 있을 것이다.

『이기적 유전자』의 두드러진 성취 중 하나는 도킨스의 주된 지적 배경인 동물행동학의 유전자 중심 관점을 전체 생물학으로 확장시켜서 다양한 생물학 연구 분야의 영향력 있는 담론으로 만들었다는 것이다. 유전자 중심 관점의 성공적인 확장이 실제로 생물학 연구 전반의 연구 현실을 진정으로 반영하는 것인지, 아니면 도킨스의 능수능란한 수사법의 매력이 실제 연구방법론에 끼친 영향을 능가하는 것인지의 여부는 현재로서는 논란의 여지가 있는 물음이다. 다만 한 가지 확실한 것은 『이기적 유전자』가 현대의 과학 고전으로 자리매김하고 있는 한 유전자 중심으로 생물 현상을 바라보는 시각은 앞으로 상당 기간 생물학 연구와 보다 넓은 사회문화적 맥락에서 심대한 영향력을 행사할 것이라는 점이다.

더 생각해볼 주제

—

- 유전자가 일상적인 의미로 이기적인 것이 아니라면 우리의 이기적 행동과 유전자 사이에는 별다른 관련이 없는 것일까?
- 학술적인 의미의 '이기적' 유전자가 우리의 이타적 행동을 남김없이 설명할 수 있을까? 왜 적응주의 생물학자들은 구태여 우리의 이타적 행동을 '이기적' 유전자로만 설명해야 한다고 생각하는 것일까?
- 과학내용을 대중적으로 설명하는 과정에서 과학적 은유를 이해를 돕는 데 효과적이되 불필요한 오해를 막을 수 있도록 책임있게 사용하기 위해서는 어떤 점에 주의할 필요가 있을까?

더 읽어볼 거리

리처드 도킨스의 책은 국내에 거의 대부분 번역되어 있다. 2006년에 30주년 기념판으로 출간된 『이기적 유전자』를 비롯하여 도킨스의 생각의 핵심을 잘 보여주는 『확정된 표현형』(을유문화사, 2004), 『눈먼 시계공』(사이언스북스, 2004) 등이 특히 참조할 만하다. 최근 도킨스는 자신의 생각을 종교로 확장시킨 『만들어진 신』(김영사, 2007)을 내놓았다. 그의 최신작은 진화론에 대한 종합적인 옹호를 담은 『지상 최대의 쇼』(김영사, 2009)이다.

한편 적응주의를 둘러싼 논쟁에 대해서는 킴 스티렐리 『유전자와 생명의 역사』(몸과마음, 2002)가 도움이 된다. 리처드 도킨스의 사상을 주로 긍정적인 시각에서 조명한 책으로는 앨런 그러펀과 마크 리들리가 편집한 『리처드 도킨스 - 우리의 사고를 바꾼 과학자』(을유문화사, 2007)가 있다.

도킨스의 오랜 적수인 고생물학자 스티븐 제이 굴드의 책으로는 최근 다시 발간된 『다윈 이후』(사이언스북스, 2009)와 『풀 하우스』(사이언스북스, 2002)를 적극 추천한다. 도킨스의 유전자 중심 사고방식에 대한 설득력 있는 반론을 제시하고 있는 리처드 르완틴의 책도 함께 읽어두면 좋다. 특히 *The Triple Helix: Gene, Organism and Environment* (Harvard University Press, 2001)과 *It Ain't Necessarily So: The Dream of the Human Genome and Other Illusions* (Random House, 2001)이 흥미롭다.

07

유교의 진리탐구 방법론 : 격물치지론

1. 격물치지와 세 가지 일화

서경덕(徐敬德, 1489-1546)의 어린 시절 일화이다. 가난한 집안에서 태어났던 그는 어린 시절 들에 나가 나물을 캐야 하는 처지였다. 어느 날 나물을 캐러 갔던 그가 빈 바구니로 돌아 왔다. 그 이유를 묻자 "새가 땅에서 하늘로 날아오르는 것을 보고 그 이치를 생각하느라 하루 종일 나물 캐는 것을 잊었습니다"라고 대답하였다고 한다. 사물의 이치에 대한 그의 관심은 18세에 있었던 다음과 같은 일화에서도 확인된다. 그는 『대학』을 읽다가 '지식을 습득하는 것은 사물을 탐구하는 데 달려 있다(致知在格物)'는 구절에 이르러 "학문하는 데 격물(사물의 탐구)을 먼저 하지 않으면 책을 읽어서 무엇 하겠는가?" 하고 탄식하였다. 그러고 나서는 천지만물의 이름을 벽에 써서 붙이고 날마다 격물하였다고 한다.

박지원(朴趾源, 1737-1805)의 글에는 다음과 같은 일화가 나온다. 서경덕 선생이 출타했다가 집을 잃어버리고 길가에서 울고 있는 사람은 만났다. 그 이유를 물으니 다음과 같이 답하였다. "저는 다섯 살 때부터 눈이 멀어 지금까지 20년이 되었습니다. 오늘 아침 밖으로 나왔다가 갑자기 세상을 볼 수 있게 되었습니다. 기쁜 마음으로 집으로 돌아가려는데, 길은 여러 갈래고 대문들은 서로 비슷하여 제 집을 찾을 수 없습니다." 이에 선생께서 "너에게 집으로 돌아가는 방법을 가르쳐 주겠다. 도로 눈을 감아라. 그러면 곧 너의 집이 있을 것이다"라고 일러주었다. 그래서 그 사람은 다시 눈을 감고 지팡이를 두드리며 곧장 집으로 돌아갈 수 있었다고 한다.

젊은 시절 주자학도였던 왕수인(王守仁, 1472-1528)에게는 다음과 같은 일화가 있다. 그는 '풀 한 포기 나무 한 그루에도 이치가 있으니 당연히 그 이치를 모두 탐구해야 한다'는 주자학의 공부론에 따라 친구와 함께 집 앞에 있는 대나무의 이치를 탐구하기로 하였다. 그의 친구는 밤낮으로 힘을 다해 격물을 하던 중 3일 만에 기진맥진한 채 포기했고, 그것을 본 왕수인은 정성이 부족하기 때문이라고 여기고 더욱 열심히 격물을 했으나 그 역시 일 주일 만에 병이 나고 말았다. 그들은 대나무를 앞에 두고 대나무의 이치를 알아내려고 고심했으나, 결국은 실패로 돌아가고 말았던 것이다.

새가 나는 원리는 무엇일까? 집으로 돌아가는 방법은 무엇일까? 대나무의 본질은 무엇일까? 이와 같은 질문처럼 참된 지식을 얻고자 하는 것은 인간의 기본적인 관심사 가운데 하나이다. 그러나 참된 지식이 무엇이고, 그것을 얻는 방법이 무엇인지에 대해서는 문화에 따라, 혹은 사람에 따라 다른 모습을 보인다. 동양의 유교적 전통에서 참된 지식의 문제는 '격물치지(格物致知)'와 관련하여 논의되어 왔다. 격물(格物)과 치지(致知)는 유학에서 인식론과 수양론, 나아가 실천론을 관통하는 철학적 개념으로서 『대학(大學)』에 처음 보인다. 이 책에서 격물과 치지는 도덕적 수양[誠意·正心·修身]과 이에 근거한 사회적 실천[齊家·治國·平天下]을 위한 선행 조건으로 제시되었다. 집안·나라·천하를 제대로 운영하기 위해서는 먼저 몸과 마음을 갈고 닦는 인격 수양을 해야 하고, 인격 수양을 위해서는 먼저 '치지'를 해야만 하는데, 치지는 '격물'에 있다는 것이 그것이다. 이처럼 격물과 치지는 본래부터 수양과 실천을 뜻하는 개념들과의 관계 속에서 의미를 갖는 개념이었다. 『대학』이 학문 방법론의 텍스트로 그 의미가 확대된 것은 송나라에 와서이다. 정이(程頤, 1033-1109)와 그를 계승한 주희(朱熹, 1130-1200)에 의해서 격물과 치지는 인간의 도덕적 수양 및 실천에 국한된 개념이 아니라 인식론적 의미까지 포괄하는 개념으로 그 의미가 확장되었다. 그 이후 『대학』을 둘러싼 논의들의 중심에는 언제나 격물과 치지의 문제가 자리하게 되었고, 그만큼 격물과 치지는 중요한 철학적 함의를 담고 있는 개념이 되었다.

2. 주자학의 격물치지설

주자학의 격물치지설은 주희에 의해 체계화되었다. 주희는 정이의 해석에 따라 격물을 '사물에 나아가 그 사물의 리를 탐구하는 것'으로 해석하였다. 여기에는 인식 대상인 리가 사물 속에 내재해 있다는 원리가 전제되어 있다. 하나의 사물이 있으면 반드시 하나의 리가 있으니, 이를 탐구하여 알아내는 것이 격물이라는 것이다. 이렇게 되면 외부 사물은 버리거나 막아야 할 대상이 아니라 참된 인식을 위해 반드시 공부해야 할 대상이 된다. 외부 사물의 리에 대한 탐구, 그리고 그 결과로서 지식의 습득을 필수적이라고 본다는 측면에서 주자학의 격물치지설은 제한적이긴 하지만 객관주의적이며 주지주의적인 성격을 갖는다.

물론 정이와 주희가 말하는 사물은 객관 존재 그 자체라기보다는 인간의 실천과 결부된 대상, 즉 일[事]이며, 그렇기 때문에 사물의 리는 존재 그 자체의 법칙이라기보다는 실천과의 관련 속에서 파악된 존재의 원리이고 실천의 원리[事理, 道理]이다. 이런 의미에서 주자학의 격물치지설은 다분히 도덕주의적이다. 더욱이 주자학에서 말하는 사물의 리는 하나의 근원[一理]에서 나왔고, 하나의 본질을 갖는다. 그리고 그 리는 단순히 바깥 사물 속에만 있는 것이 아니라 마음 안에도 존재한다. 그렇기 때문에 "오늘 하나의 사물을 탐구하고 내일 또 하나의 사물을 탐구하여 축적된 것이 많아지면 어느 날 환하게 관통하는 것"이 가능할 수 있다. 정이와 주희의 격물치지설에서 외물의 탐구는 궁극적으로 관통(貫通)이라고 하는 일종의 인식론적 비약을 통해 우주적 본질[天理]을 인식하고 마음의 리를 인식하는 것이 목적이다. 이렇게 되면 주자학의 격물치지설은 객관주의적인 성격이 현저하게 약화되고, 그 대신 마음의 공부를 강조하는 심학주의 내지 주관주의적인 경향을 강하게 띠게 된다.

조선 주자학자들의 격물치지설은 대개 주희의 격물치지설에서 출발한다. 주자학의 격물치지설에서 가장 기초적인 조건이 되는 것은 인식 대상을 마음 바깥에 존재하는 사물의 리로 설정한다는 점이다. 이황(李滉, 1501-1570)과 이이(李珥, 1536-1584)도 역시 격물을 '사물의 리를 궁구하여 그 사물의 리에 이르는 것'으로 해석하는 주희의 견해를 받아들였다. 이렇게 되면 인식의 대상은 마음 밖에 있는 사물의 리가 되며 인식의 주체는 나의 마음이 된다.

이에 대해 이황은 "리는 사물에 있으므로 나의 마음이 사물에 나아가 그 리를 궁구하여 그 극처에까지 이르는 것이다"라고 하였고, 이이는 "대개 온갖 일과 온갖 물에는 리가 있지 않음이 없고 사람의 마음은 온갖 리를 관리하므로 궁구할 수 없는 리는 없다"고 하였다. 이처럼 마음 바깥에 있는 사물의 리를 인식 대상으로 설정했다는 것은 그 리를 인식하는 공부, 즉 독서나 강학과 같은 궁리(窮理)의 공부를 필요로 한다는 것을 의미한다. 이는 리를 마음 안에 끌어들여 궁리의 공부를 배격하고 마음의 공부만을 강조하는 양명학과 대조를 이룬다. 양명학에 대한 이황의 다음과 같은 비판은 주자학적 격물치지설의 특징을 선명하게 보여준다.

> 왕수인이 한갓 외물이 마음의 누가 되는 것을 근심하여, 사람의 도리[民彝]와 만물의 법칙[物則]이라고 하는, 참으로 지극한 리가 곧 내 마음에 본래 갖추어 있는 리이며 강학하고 궁리하는 것이 바로 본심의 본체를 밝히고 본심의 작용을 통달하는 것임을 알지 못하고, 도리어 모든 사물[事事物物]을 일제히 쓸어다가 모두 본심에 집어넣어 혼동하여 말하려 하니, 이것이 불교의 견해와 무엇이 다른가?

이와 같이 주자학에서는 사물의 리를 탐구하는 공부가 꼭 필요하다고 보았는데, 여기서 말하는 사물의 리는 도덕적이고 실천적인 리라는 특징이 있다. "사물의 리는 그 근본을 좇아 논하면 진실로 지극히 선하지 않음이 없다. …… 격물 궁리하는 까닭은 시비와 선악을 밝혀서 버리고 취하려 하는 것일 뿐이다"라고 한 이황의 언급에서도 확인되듯이 주자학의 리는 다분히 도덕적인 것이었다. 이이의 다음 언급은 주자학의 리가 갖는 성격을 잘 드러내준다.

> 궁리 또한 한 가지 실마리만 있는 것이 아니다. 안으로는 자신에게 있는 리를 궁구하는 것이니 보고 듣고 말하고 행동하는 데 각각 그 법칙이 있다. 밖으로는 만물에 있는 리를 궁구하는 것이니 풀과 나무와 새와 짐승들은 각각 마땅한 바가 있다. 집에 있을 때는 부모에게 효도하고 아내에게 모범이 되어 은혜를 두텁게 하고 인륜을 바르게 하는 리를 마땅히 살펴야 하며, 사람들을 접할 때에는 현명함과 어리석음, 사악함과 올바름, 순수함과 더러움, 교묘함과 졸렬함의 차이를 마땅히 구별해야 하며, 일을 처리함에는 옳음과 그름, 얻음과 잃음, 편안함과 위태로움, 다스려짐과 어지러움의 기미를 마땅히 살펴야 한다.

이 글에서 보듯이 궁리의 영역은 보고 듣고 말하고 행동하는 개인적인 영역에서부터 다른 사람과 관계하거나 일을 처리하는 데 이르기까지 폭넓게 망라되어 있다. 그럼에도 그 리는 개인적인 것이든 사람들 사이의 것이든 도덕적이고 실천적인 성격을 갖는다는 점에서 다르지 않다. 그뿐 아니라 초목금수와 같은 자연 존재의 리도 역시 '마땅한 바'라는 표현에서 알 수 있듯이 예외가 아니다.

주자학에서 말하는 리가 도덕적이고 실천적인 성격을 갖는다는 것은 그 리가 자연의 객관적인 리가 아니라는 것을 뜻하며, 나아가 그 리에 대한 탐구가 자연에 대한 직접적인 관찰과는 일정한 거리가 있다는 것을 함축한다. 이러한 사실은 이이도 인용하고 있는 정이의 언급에서도 확인되는데, 그가 리를 인식하기 위해 공부해야 할 대상으로 거론한 것은 책, 인물, 그리고 실천 속에서 만나는 대상이었지 인간과 무관하게 존재하는 객관 사물 그 자체가 아니었다. 그리고 그러한 공부를 통해 인식해야 하는 리 역시 몰가치적인 자연 법칙이 아니라 의리, 시비, 마땅함과 같은 유가적 가치였다. 주자학의 리는 자연에 대한 직접적인 관찰을 통해 파악되는 자연의 리가 아니라 인간의 바람직한 삶의 방식에 대한 리였던 것이다.

이이가 "리를 궁구하는 데는 책을 읽는 것보다 앞서는 것이 없다"라고 한 것 역시 자연학적 관심사와는 거리가 멀다. 그가 책을 먼저 읽어야 하는 이유에 대해 "성현이 마음을 쓴 자취와 본받을 만하고 경계할 만한 선악이 모두 책에 있기 때문이다"라고 밝히고 있듯이 독서의 목적은 자연학적인 지식의 습득이 아니었다. 실제로 이이는 읽어야 할 책으로 『소학』·사서오경·『근사록』·『가례』·『심경』·『이정전서』·『주자대전』·『주자어류』·역사서 등을 꼽았는데, 이 책들은 자연의 원리를 담고 있는 자연학의 책이 아니라 삶의 원리를 담고 있는 인간학의 책이고 도덕학의 책이다.

주자학의 격물치지설에 보이는 두드러진 특징 가운데 하나는 궁극적으로 모든 사물의 리를 인식할 수 있다고 본다는 점이다. 오랫동안 천하의 사물에 나아가 그 리를 탐구하다 보면, 어느 날 갑자기 환하게 관통하여 모든 사물의 리를 알지 못함이 없게 된다는 것이 그것이다. 이것은 일종의 인식론적 비약인데, 그러한 비약이 정당화되기 위해서는 부가적인 이론적인 장치가 필요하다. 주자학의 격물치지설에서는 "마음 안에 모든 리가 갖추어져 있다[心具衆理]"는 인식론적 원리와 "리는 하나이나 나뉘어져 달라졌다[理一分殊]"는 존재론적 원리가 바로 그러한 역할을 한다.

주자학에서는 리가 외부 사물 속에도 있지만 사람의 마음 안에도 있다고 본다. 이에 대해 이황은 "다만 모든 사물의 리는 곧 내 마음에 갖추어져 있는 리이니 물이 밖에 있다고 해서 이 리도 밖이라 할 수 없으며"라고 하였다. 이렇게 만물의 리가 마음 안에 있게 되면 외부 사물에 대한 탐구라는 객관적인 공부가 마음 안에 있는 리에 대한 자각이라는 주관적인 공부로 그 성격이 바뀌는 것은 물론이고, 나아가 모든 사물에 대한 탐구 없이도 모든 사물의 리를 인식할 수 있는 이론적 토대가 마련된다.

한편 모든 사물의 리를 알게 된다는 것이 실제로 모든 리를 일일이 다 안다는 것이 아니라 만물의 본질을 직관한다는 의미로 해석하면 문제가 쉽게 해결된다. 이이는 정이의 말을 빌어 "모름지기 오늘 하나의 물을 탐구하고 내일 하나의 물을 탐구하여 축적이 이미 많아진 후에 환하게 관통하는 것이 있게 된다"고 하였는데, 이 말은 만물의 본질, 즉 우주적 본질에 대해 관통한다는 의미로 받아들여야 한다. 이렇듯 관통을 통해 도달하게 되는 참된 인식은 만물에 대한 분석적 인식이 아니라 통일적 인식이며 이론적 인식이 아니라 실천적 인식이다. 그러한 인식은 만물이 하나의 본질을 가지고 있다는 존재론적 기반이 있기 때문에 가능한데, 리일분수설이 그것이다. 이에 대해 이이는 정이의 말을 인용하여 "대개 만물은 각각 한 가지 리를 갖추었으나, 온갖 리는 모두 하나의 근원에서 나왔기 때문에 미루어 통하지 못할 것이 없다"라고 하였다. 현실의 사물은 다양한 모습으로 드러나지만 모두 하나의 근원에서 나왔다는 것인데, 이는 만물이 본질적으로 단일한 리를 구현하고 있다는 의미이다. 사물마다 고유하게 드러나는 개별적인 리를 탐구하고, 나아가 우주의 보편적인 원리, 즉 천리를 인식하는 것이 곧 주자학에서 말하는 격물치지인 것이다.

3. 양명학의 격물치지설

양명학의 격물치지설은 육구연(陸九淵, 1139-1192)과 왕수인에 의해서 정립되었다. 육구연은 참된 인식의 대상, 즉 리가 마음 안에 있다고 하여 마음의 공부를 강조하였다. 그는 "진실로 근본을 알면 육경(六經)이 모두 나의 주석에 불과하다"라고 했는데, 경전이라는 것은 나의 마음을 해설한 책에 불과하다는 뜻이다. 그만큼 그에게 마음이 차지하는 위치는 절대적이었다. 그래서 그에게 있어 참된 공부는 오로지 '마음을 다하는 것[盡心]'과 같은 마음의 공부였고, 독서와 같이 사물의 리를 탐구하는 공부는 지리하고 번잡한 것에 지나지 않았다.

왕수인은 "마음 밖에 물이 없고 마음 밖에 리가 없다"라고 하여 모든 존재와 리를 마음 안으로 끌어들였다. 참다운 인식이라는 것은 외부 대상으로부터 획득되는 것이 아니라 마음 안에서 이루어지는 것이다. 앞의 일화에서 본 것처럼 왕수인은 젊은 시절 대나무의 이치를 탐구하다 좌절을 맛본 경험이 있었다. 그는 훗날 용장이라는 곳으로 유배를 가게 되는데, 그 열악한 환경에서도 '성인이라면 이러한 환경에서 어떻게 행동했을까'를 되새기곤 하였다. 그러던 어느 날 밤 갑자기 "내가 가지고 태어난 성(性)만으로 충분한데도 예전에는 외부 사물에서 리를 찾으려고 한 것이 잘못이었다"는 깨달음을 얻게 되었다. "진리는 외부 사물에 있는 것이 아니라 본래 내 마음에 있다"는 깨달음이 곧 양명학의 출발이다.

리를 인식할 수 있는 인식 능력을 왕수인은 양지(良知)라고 하였다. 양지는 곧 배우지 않아도 알 수 있는 선험적인 도덕적 판단 능력이다. 그에게 치지란 곧 치양지(致良知)인데, 이는 양지를 지극히 하여 실현한다는 의미이다. 그는 격물의 격을 '올바로 하다[正]'로 물을 '일[事]'로 보아 격물을 '일을 올바로 하는 것'으로 해석하였다. 여기서 일이란 의식[意]이 작용하는 곳을 말한다. 예를 들어 의식이 부모를 모시는 것에 작용하면 곧 '부모를 모시는 것'이 하나의 일이 되고, '부모를 모시는 일을 올바르게 하는 것'이 하나의 격물이 된다. 왕수인의 격물치지설은 경전 연구와 외부 사물에 대한 탐구를 통한 리의 인식이라는 객관주의적 성격이 완전히 사라지고, 마음의 리를 자각하고 실천하는 주관주의적이고 실천적인 의미만을 갖게 된다.

조선 유학사에서 양명학에 본격적으로 이론적 관심을 보인 학자는 정제두(鄭齊斗, 1649-1736)이다. 그의 양명학적 격물치지설은 주자학적 격물치지설이 지닌 주지주의적인 특성, 그리고 이로 인한 실천성의 약화에 대한 이론적인 비판이라는 의미를 지닌다. 그는 주자학이 의리와 심성을 둘로 나누는 잘못을 범하고 있다고 지적하였다. 이러한 지적은 마음 안에서가 아니라 마음 바깥에 있는 사물에서 리를 탐구할 것을 주장하는 주희의 격물치지설에 대한 비판이다. 주자학에서는 한낱 일개 사물에 있는 리, 즉 물리를 천지의 지극한 도리로 여기고 성학의 종주로 여기는 잘못을 범하고 있다는 것이다. 정제두에 의하면 주희가 말하는 사물의 리[物理]는 '기가 움직이는 조리'로서 죽은 리일 뿐이며, 따라서 참된 리가 될 수 없다. 참된 리는 마음 안에 있는 생명의 리[生理], 그 가운데서도 유학적 가치 기준에 들어맞는 도덕의 리[眞理]이다. 그러므로 사물에 나아가 리를 궁구하는 것으로서는 마음 안에 있는 리의 본체를 인식하지 못한다.

> 나의 성이 다 발휘되면 다른 사람의 성과 사물의 성이 다 발휘되지 않음이 없으며, 천지가 자리를 잡고 만물이 길러진다. 이것이 학문을 하는 것인데 무엇이 부족하여 도리어 물리에서 구하는가? …… 어찌 일찍이 물에 나아가 그 리를 궁구하여 나의 지(知)를 밝힌다는 말을 한 마디라도 본 적이 있는가?

정제두에게 있어 물리는 사물이 인간과 무관하게 가지고 있는 필연적인 성질을 뜻한다. 예를 들어 밭을 가는 소의 성질, 사람을 태우고 달리는 말의 성질, 새벽에 우는 닭의 성질, 밤에 짖는 개의 성질과 같은 것이다. 이처럼 물리는 사물들이 가지고 있는 객관적인 성질이긴 하지만, 정제두는 그 객관적인 성질 자체보다는 그러한 성질과 인간의 관계를 더 중요한 것으로 간주한다. 예를 들어 밭을 갈 수 있는 능력은 소가 가진 이치, 즉 물리이지만, 그 물리가 물리를 넘어서 인간에게 의미를 갖기 위해서는 그 소가 아무 땅이나 갈아서는 곤란하고 마땅히 갈아야 할 땅을 갈아야 한다.

'마땅히 갈아야'라는 판단은 이미 외물의 영역이 아니라 인간의 영역이며, 존재의 영역이 아니라 당위의 영역이다. 인간의 영역을 지배하는 리는 곧 인간 마음의 산물일 뿐 대상 사물에 들어 있지 않다. 다시 말해 밭을 갈도록 할 것인가 말 것인가를 결정하는 것은 소에 있는 리가 아니라 인간의 마음이다. 따라서 소가 밭을 가는 능력을 가졌다는 것(물리)은 갈도록 판단하는 인간의 마음과 분리되어서는 의미가 없다. 이에 대해 정제두는 다음과 같이 정리하였다.

> 경우에 따라 하나하나 결정하고 시간에 따라 사물을 처리하는 것은 실로 오직 나의 한 마음에 있다. 어찌 마음 밖에서 달리 구할 만한 리가 있겠는가? 한갓 땅을 갈 수 있고 달릴 수 있는 것이 소와 말에 있다는 것만을 보고 그것에 나아가 리를 구한다면, 실로 허황된 것이니 바로 외물을 쫓는 병에 걸리는 것이다. 아마도 성현들이 행한 성리의 학문이 이것에 있지 않았을 것이다.

사물이 우리 인간에게 의미를 지니기 위해서는 그것이 어떤 형태로든 인간과 관계를 맺어야 하며, 따라서 우리 인간에게 중요한 것은 객관 사물의 리가 아니라 그 관계맺음의 리가 된다. 그리고 그 리는 객관 사물 속에 내재해 있지 않으므로 객관 사물의 리를 추구하는 것은 바람직한 학문 방법일 수가 없다. 오히려 그 관계맺음을 어떻게 해야 하느냐를 결정하는 것은 인간의 마음이기 때문에 그 리는 인간의 마음 안에서 나올 수밖에 없다. 정제두가 말하는 참된 리, 즉 진리라는 것은 인간 실천의 리이고, 그 실천의 리는 마음의 산물인 것이다. 그래서 중요한 공부는 마음의 공부가 되는 것이다.

정제두는 양지의 실현이라는 맥락에서 격물치지를 새롭게 해석하였다. 그에게 있어 양지는 일종의 도덕적 감성이다. 그는 어떤 사물을 대할 때 측은·수오·사양·시비의 마음과 같은 도덕적 감성의 눈으로 볼 것을 주장하였다. 결국 인간의 바람직한 실천이란 인의예지를 대상 세계에 실현하는 것이다. 그래서 그는 "과연 인의예지에서 무엇이 부족하여 이것에서 밝히지 않고 물에서 밝힐 수 있는지 모르겠다"라고 하였다. 인의예지의 마음으로 대상 사물을 대하면 그것이 곧 그 대상 사물과 인간의 관계에서 형성되는 참된 리가 되는 것이다. 예를 들어 인의예지의 마음으로 소를 대한다면 소를 부리는 리가 인간의 마음에 의해서 자연스럽게 파악되고 실천된다는 것이다.

정제두의 주된 관심은 얼마만큼 도덕적으로 그 사물을 대하고 처리하느냐 하는 것이다. 그러므로 중요한 것은 외물이 가지고 있는 리 자체가 아니라 인간이 가지고 있는 도덕적 본체, 즉 (양)지가 된다. 이런 의미에서 도덕적 본체인 '지를 지극히 하는 것(치지)'이 그의 철학의 핵심이 되는 것은 당연하다. 하지만 이 치지는 내면적인 공부에서 그치는 것이 아니다. 왜냐하면 그의 지는 단순히 인식론적 차원의 능력이 아니라 실천적 능력이기도 하기 때문이다. 다시 말해 그의 양지는 도덕적 자각 능력을 넘어 도덕적 실천 능력이기도 하다는 것이다. 그래서 그는 양지와 양능을 분별하지 않는데, 양지에 대한 이러한 이해는 도덕적 자각과 실천이 본래 하나라는 지행합일설과 맞물려 있다.

그에게 진정한 자각은 실천과 분리되어 있지 않으며, 실천이 결여된 자각은 진정한 자각이 아니게 된다. 그러므로 도덕적 본체의 실현(치지)은 그것의 실천(격물) 여부에 달려있는 셈이며, 실천이 이루어졌을 때 비로소 진정한 의미에서 도덕적 본체의 실현이 이루어졌다고 할 수 있다. 이러한 맥락에서 격물은 '나의 마음이 하고자 하는 일을 올바르게 한다[正事]'는 의미로 해석되는 것이다.

4. 실학의 격물치지설

한편 사물에 대한 직접적인 탐구를 강조하는 격물치지설이 있는데, 이는 주자학이나 양명학에서 보이는 도덕적 실천을 위한 격물치지설과 성격을 달리한다. 특히 명말 청초에 이르러 서양의 과학적 지식이 본격적으로 유입되면서 자연 과학에 대한 관심이 높아지고, 이에 따라 단편적이나마 자연학적 관심을 포괄하는 격물치지설이 등장하게 되었다. 방이지(方以智, 1611-1671)는 마음을 비롯한 천지간의 모든 존재는 과학적 탐구[質測]의 대상이고, 과학적 탐구를 바탕으로 한 철학적 탐구[通幾]의 대상이라고 역설하였는데, 이는 자연학이 필수적인 학문 분과의 하나로 인정받았다는 것을 의미한다.

왕부지(王夫之, 1619-1692)는 인식 주체와 인식 대상을 명확하게 구분할 것을 강조하였고, 나아가 인식 대상인 객관 사물을 마음 안으로 귀속시키는 주관주의적 인식론을 비판하였다. 그의 격물은 객관 사물과 역사 사실을 광범위하게 파악하고 자연 현상과 역사 과정의 법칙을 탐구하는 것이며, 치지는 마음의 비움을 통하여 인식 능력을 고양시키고 사유를 통하여 인식의 깊이를 더하는 것을 뜻한다.

안원(顔元, 1635-1704)은 격물에 투쟁·변혁과 실행의 함의를 부여하였다. 그는 격물의 격을 '손으로 맹수를 때려잡다'의 격, '손으로 때려죽이다'의 격으로 보아, '손으로 때리고

치고 마음대로 다룬다'는 뜻으로 해석하였다. 이렇게 되면 격물의 격은 '손수 일을 실천한다'는 뜻이 된다. 안원은 단순히 독서나 사변과 같은 이론적인 공부보다 사물에 나아가 직접 경험하고 체험하는 공부를 중요하게 여긴 것이다.

주자학과 양명학의 격물치지설은 객관주의와 주관주의라는 차이에도 불구하고 도덕주의라는 공통의 지반 위에 있다. 주자학에서 자연이라는 것은 도덕적 성격을 지닌 우주적 원리를 구현하고 있는 존재이며, 자연에 대한 탐구 역시 그 우주적 원리를 인식하는 과정이다. 양명학에서도 인간의 마음 밖에 있는 자연, 다시 말해 인간의 도덕적 본체와 무관한 대상은 의미가 없는 존재가 된다. 이러한 이론 체계에서는 자연에 대한 객관적인 인식이 불가능하다. 조선후기에 이르러 자연학에 대한 관심이 높아짐에 따라 자연학의 토대가 되는 새로운 인식론 내지 학문 방법론이 모색되었던 것은 이러한 이유에서이다.

조선 후기의 자연학에 대한 관심은 결과적으로 서양의 근대 과학적 성과를 수용하는 것으로 귀결된다. 서양의 근대 과학은 자연이 수학적이고 필연적인 인과 법칙에 따라 움직일 뿐 도덕적 의미를 지니지 않는다고 보는 기계론적 자연관을 바탕에 깔고 있다. 그러므로 서양 근대 자연 과학을 받아들인다는 것은 유교의 도덕주의적 자연관에서 벗어난다는 것을 뜻한다. 자연에 대한 비도덕적 이해는 흔히 도리와 물리의 분해라고 규정되는데, 주자학과 관련지어 말하자면 리일분수설의 부정과 맞물린다. 리일분수설을 부정한다는 것은 보편적인 도덕 원리의 관철이라는 차원에서 자연을 보지 않는다는 의미이며, 동시에 만물을 종에 따라 서로 다른 본성을 지닌 존재로 본다는 의미이기 때문이다.

자연학을 위한 격물치지설에서 설정한 인식 대상은 보편적인 도덕 원리로서의 리가 아니라 자연의 구체적인 성질로서의 리이다. 그러한 리는 마음 안에 있지 않고 사물에 있기 때문에 참된 인식을 위해서는 무엇보다 자연에 대한 직접적인 탐구가 필요하다. 인식론적으로 말하자면 참된 인식은 인식 주체와 인식 대상의 만남, 즉 경험에서 시작된다. 이러한 주장을 통해 주자학과는 완전히 다른 새로운 격물치지설, 그리고 그 바탕이 되는 새로운 인식론 체계를 구성한 학자가 최한기(崔漢綺, 1803-1877)이다. 그러나 도덕주의적 격물치지설, 즉 주자학과 양명학의 격물치지설은 최한기 이전에도 조금씩 균열을 보이기 시작하는데. 박세당(朴世堂, 1629-1703), 이익(李瀷, 1681-1763), 홍대용(洪大容, 1731-1783), 정약용(丁若鏞, 1762-1836) 등에게서 그러한 균열을 발견하게 된다.*

자연학과 관련하여 박세당의 격물치지설에서 특히 주목해서 보아야 할 것은 격물치

---

* 이들의 격물치지설을 자연학을 위한 것이라고 보기에는 큰 무리가 있다. 『대학』의 해석과 관련된 정약용의 격물치지설만 하더라도 자연학과는 관련이 없으며, 오히려 일상적인 도덕 실천을 강조한다는 점이 두드러진다. 다만 이들에게서 주자학적 격물치지설과 상충되는 동시에 자연학의 토대가 될 수 있는 요소들이 단편적이나마 발견되는데, 이를 조선 후기의 사상사에서 주자학적 격물치지설의 균열 또는 실학적 격물치지설의 모색이라는 맥락에서 하나의 계열화가 가능할 것이다.

지가 결코 모든 사물의 리에 대한 인식, 정확하게 말해서 모든 사물의 근원적 본질, 즉 리일(理一)에 대한 깨달음을 의미하지 않는다는 것이다. 그는 주자학의 격물치지설에서 주장하는 "활연관통하여 모든 사물의 표리정조가 이르지 않음이 없고 내 마음의 전체 대용이 밝아지지 않음이 없는" 경지는 성인의 경지에나 가능하지 초학자에게 요구할 사항이 아니라고 비판하였다. 그의 격물치지설은 보편적 원리에 대한 인식 대신 하나의 물, 하나의 일를 살피는 것에 무게 중심이 있다.

박세당의 이러한 격물치지설에는 만물의 리는 서로 다르다는 전제가 그 바탕에 깔려 있다. 그는 사물의 성을 궁극적 근원, 즉 태극의 분화로 보지 않았다. 그에 의하면 만물은 종(種)마다 서로 다른 형체를 가지고 있고, 하늘은 그 형체에 따라 그 사물의 성을 부여하였다. 사물의 성은 형체와 결부되어 있는 형체의 성이므로 종에 따라 서로 다를 뿐만 아니라 하나의 리로 소급되지도 않는다. 이처럼 만물을 단일한 도덕적 원리로 이해하지 않는다는 것은 곧 주자학의 리일분수설을 부정하는 것이고, 자연을 도덕적으로 이해하지 않는다는 것을, 나아가 인간과 자연을 분리한다는 것을 의미한다.

이익의 격물치지설은 전체적으로 주자학에서 벗어나고 있지 않지만, 서로 다른 만물의 성을 변별할 것을 강조한다는 점에서 자연학과 친화적이다. 그는 격(格) 자가 변별의 뜻을 지닌 각(各) 자를 따른 것이라고 하여, 격물에서 변별의 의미를 강조하였다. 이는 그가 모든 사물은 종에 따라 그 리가 다르다고 보는 존재론을 기반으로 하고 있다. 그에 의하면 나무의 리는 쇠의 리와 다르고, 물의 리는 불의 리와 다르다. 또 소나무의 리는 버드나무의 리와 다르고, 부자 관계의 리는 군신 관계의 리와 다르다. 따라서 그의 격물은 서로 다른 물의 리를 인식하는 것이며, 치지는 격물의 결과를 바탕으로 그 물에 어떻게 대처할 것인가를 아는 것이다. 소의 성을 궁구한 후에 무거운 짐을 끌게 할 수 있다는 것을 알고, 말의 성을 궁구한 후에 먼 곳까지 달리게 할 수 있다는 것을 알게 된다는 것이 그것이다. 이처럼 적절한 실천을 위해서는 서로 다른 만물의 성을 변별하는 것이 필수적이라는 것이 이익의 격물치지설이 지닌 주된 특징인데, 이런 점에서 그의 격물치지설은 자연학에 대한 그의 높은 관심과 부합한다.

홍대용은 주자학적 인간중심주의를 배격함으로써 자연에 대한 새로운 이해의 길을 열었다. 사람과 사물이 균등하다는 인물균등론과 인간의 관점에서 벗어나 이 세계를 객관적으로 인식해야 한다는 이천시물론(以天視物論)이 그것이다. 그는 만물이 현실적으로 종에 따라 서로 다른 특성을 가지고 있음을 분명하게 인식하고 있었지만, 그 차이를 차이로 인식할 뿐 차별로 인식하지 않았다. 온갖 만물이 균등하다는 만물균등론은 사물의 다양성 내지는 차이성을 부정하는 것이 아니라 평등성을 강조하는 데 일차적인 목적이 있었다.

홍대용의 인물균등론은 모든 존재를 단일한 본체(태극)의 분화로 이해하는, 궁극적으로는 인간중심주의적인 주자학적 유기체론, 즉 리일분수설과는 거리가 멀다. 그의 인물균등론은 주자학적 인간중심주의를 타파함으로써 인간의 원리(도리)에 종속되어 있던 자연의 원리(물리)를 독자적으로 보고자 했던 의식의 소산이다. 그리고 이러한 인물균등론은 인간과 사물을 가치적으로 대등하게 놓음으로써 사물을 인간의 관점에서 일방적으로 규정하기보다는 객관적인 관점, 즉 하늘의 관점에서 바라보게 하는 데 궁극적인 목적이 있었다. 진리를 제대로 인식하기 위해서는 사람의 관점도 아니고 사물의 관점도 아닌 하늘의 관점에서 보아야 한다는 이천시물론은 사물에 대한 객관적인 인식을 추구하는 그의 자연학적 관심을 반영한다.

정약용은 리의 보편성과 기의 제한성으로 만물의 존재를 연속적으로 설명하는 리일분수설을 전면적으로 부정했다는 점에서 자연학적 격물치지설의 맥락에서 검토될 수 있다. 그에 따르면 만물은 결코 하나의 원리를 부여받은 것이 아니라 종에 따라 서로 다른 성을 부여받았다. 소를 예로 들자면 멍에를 메고 무거운 짐을 나르며 풀을 먹고 새김질하며 뿔로 들이받는 것이 본연의 성이다. 그에게서 본연의 성이란 종(種)마다 타고난 본성을 지칭할 뿐, 기에 의해 왜곡되기 이전의 추상적인 성이 아니다. 따라서 이 본연의 성은 만물이 공통적으로 가지고 있는 하나의 원리가 아니라 종에 따라 서로 다른 성질이다.

아울러 그는 도덕적 실천이라는 기준으로 인간과 자연을 분리하였다. 인간은 도덕적 자각 능력을 부여받아서 인의예지를 실천할 수 있으나 인간 이외의 존재는 그렇지 못하다는 것이다. 더욱이 사물들의 모든 작용은 필연의 영역에서 이루어진다는 것이 그의 생각이었다. 자연의 세계는 일정한 법칙에 의해서 전개되기 때문에 인간의 실천 영역과는 달리 자유 의지에 의한 선택의 여지가 없다. 이는 자연에 대한 비도덕적 이해, 즉 도리와 물리의 분리가 명확하게 이루어졌음을 뜻한다. 아울러 정약용은 만물의 이치가 인간의 마음 안에 갖추어져 있다는 것도 부정하였다. 개의 리는 개에게 있고 소의 리는 소에게 있듯이 천지 만물의 리는 각각 만물 자체에 있지 나에게 갖추어져 있지 않다는 것이다. 이렇듯 정약용의 철학은 리일분수설·구중리설 등의 인간과 자연의 통일적 이해를 부정했다는 점에서 자연학적 함의를 풍부하게 담고 있다.

도덕학에 종속되지 않은 순수 자연학을 위한 철학 이론을 체계화한 이론가는 최한기이다. 사상사적 맥락에서 최한기가 갖는 중요한 의미는 새롭게 유입되던 서양 과학적 지식과 이에 따라 높아지던 자연학적 관심을 충족시킬 수 있는 철학 체계를 제시했다는 데 있다. 최한기는 궁리설과 양지설과 같은 전통적인 유학자들의 격물치지설을 다같이 비판하였는데, 이들 격물치지설은 리가 마음 안에 있다고 여겨 마음의 공부만을 참된 공부라고 주장한다는 것이 그 비판의 핵심이다.

> 만약에 이욕에 가리웠기 때문에 내 마음에 본래 갖추어져 있는 리를 드러내지 못한다고 생각하여 평 생동안 이욕을 없애려고 애쓰고 하루아침에 환하게 관통하기를 바란다면

선가의 돈오설에 가까울 것이다.

최한기에 따르면 인간의 마음은 아무런 색이 없는 우물물과 같아서 본래 그 어떤 관념이나 선험적인 리가 내재해 있지 않다. 그에게 양지와 양능은 선험적인 능력이 아니라 경험을 통해 배워서 얻은 것일 뿐이다. 온갖 이치가 마음속에 갖추어져 있다는 맹자와 주희의 언급 역시 마음이 지닌 사유 작용을 찬미한 것이지, 리가 마음에 본래부터 갖추어져 있다는 것을 의미하지 않는다. 결국 인간의 지식은 감각 기관과 외부 대상과의 만남, 즉 감각 경험을 통해서 얻을 수밖에 없는 것이다. 이러한 인식론적 전제가 있었기 때문에, 그는 사물에 대한 객관적인 탐구 없이 마음속의 리를 드러내기 위해 마음의 공부에만 매달리는 전통 성리학자들의 학문에 대해 불교의 돈오설에 가깝다고 비판할 수 있었던 것이다.

최한기는 주자학의 경전중심주의에 대해서도 비판하였다. 그 역시 성인이나 성인이 쓴 경전의 권위를 부정하지는 않았지만, 성인의 한계와 경전의 오류 가능성을 열어 놓고 있었다는 점에서 그는 전통적인 주자학자들과 구별된다. 경전이란 객관 세계의 원리를 파악하여 기술한 것이기 때문에 빠진 것이나 잘못된 것이 있을 수 있고, 따라서 진리의 기준은 경전이 아니라 객관 세계 그 자체가 되어야 한다는 것이다. 성인이 만든 경전[聖經]보다는 객관 세계, 즉 자연의 경전[天經]을 읽어야 한다고 그가 역설한 것은 자연에 대한 직접적인 관찰을 중요하게 여기는 자연학적 관심에서 나온 것이다.

최한기의 철학체계 속에서 리는 기의 조리로 새롭게 규정되었다. 더욱이 그 리는 도덕적 원리를 뜻하는 주자학의 리와는 달리 도덕성이 탈각된 사물 자체의 리[物理]라는 두드러진 특징이 있다. 최한기는 하늘과 땅이 만물을 낳는 데 뜻을 두지 않는다고 하여 천지에 대한 도덕적 인식을 포기하고 있는데, 이는 만물이 스스로의 원리에 따라 운동 변화해 간다는 것도 아울러 함축한다. 한편 그는 자연의 리가 필연적이라는 걸 들어 도덕적 판단의 대상이 될 수 없다고 보기도 한다. 이렇게 리를 도덕적 원리로서가 아니라 자연의 법칙으로 이해하고 있다는 것은, 『추측록』의 「기를 근거로 해서 리를 인식한다[推氣測理]」라는 항목에서 구체적으로 다루고 있는 리의 내용이 지구 구형설, 지전설, 해와 별의 타원 궤도, 별의 운행 속도, 밀물과 썰물의 원인, 낮과 밤 또는 겨울과 여름이 생기는 원인, 바람이 생기는 원인과 같은 것이라는 데서도 확인된다.

최한기에게 격물치지는 기질의 가리움을 제거하는 공부가 아니라, 밖에 있는 인간 사회의 모습[人情]과 사물의 성질[物理]을 거두어 모으는 것으로 이해되었다. 최한기 철학에서 근본적인 문제는 마음속에 있는 도덕적 본체를 어떻게 실현할 것인가에 있었던 것이 아니라, 어떻게 하면 객관 세계의 이치를 정확하게 인식할 것인가 하는 데 있었다. 그래서 그는 마음속에는 도덕적 본체는 물론 그 어떤 선험적인 리가 없다는 것, 그리고 참다운 리는 도덕성이 탈각된 객관 세계의 리라는 것, 따라서 감각 기관을 매개로 객관 세계에 대해 정확한 인식을 하는 것이 참된 인식이라는 것 등을 기본 골격으로 한, 이른바 자연학을 위한 철학 체계를 제시했던 것이다.

5. 격물치지설의 현재적 의미

순수 인식론은 유가 철학에서 핵심적인 주제가 아니었다. 그 이유는 지식에 관한 논의들이 지식 그 자체가 아니라 인간의 실천, 특히 도덕적 실천과 밀접하게 연관되어 이루어졌기 때문이다. 유학의 영역에서 참된 지식으로 인정받아 왔던 것은 순수 지식이 아니라 실천적인 지식이고 도덕적인 지식이었다. 그 결과 도덕적인 실천과 무관한 지식 그 자체의 문제를 다루는 인식론은 독자적인 학문 영역으로 정착되지 못했다. 유가적 인식론이라고 할 수 있는 격물치지설이 서양 철학의 인식론과 그 함의가 다른 것은 이러한 이유 때문이다.

주자학과 양명학의 격물치지설은 객관주의와 주관주의라는 중요한 차이에도 불구하고 본질적으로 도덕주의라는 공통점이 있다. 양명학의 일차적인 관심사는 인간의 도덕적 삶이었고, 이를 위해 무엇보다 중요한 것은 도덕적인 마음을 기르고 실천하는 것이었다. 주자학 역시 궁극적인 관심은 도덕적 삶에 있었으나, 여기에는 도덕적인 마음뿐 아니라 도덕적 삶의 구체적인 실천 방식[道理]에 대한 지식도 꼭 필요하고, 따라서 사물에 대한 탐구도 빼놓을 수 없는 공부로 여긴다는 점에서 양명학과 차이를 보인다. 주자학에서는 독서나 토론과 같은 외적인 공부를 통해 사물의 리[物理]를 인식할 것을 역설하였지만, 그들이 추구한 리는 실천의 리[事理]이자 도덕의 리[道理]였다. 더욱이 그 리는 마음 안에도 갖추어져 있는 리였다. 주자학의 격물치지는 개별 사물의 리에 대한 탐구로부터 시작되지만, 궁극적으로는 그것의 총체인 우주적 본질[天理]에 대한 직관과 마음 안에 있는 도덕적 본체에 대한 자각으로 귀결된다. 주자학의 공부론에서 마음의 집중[居敬]이나 본성의 함양[養性]과 같은 마음의 공부를 끊임없이 강조하는 이유도 여기에 있다.

양명학은 물론이고 주자학의 격물치지설에서 자연에 대한 관심은 이차적일 뿐이다. 주자학의 이론 체계에서 자연은 그 자체로 의미를 지닌 존재가 아니라 인의예지라고 하는 인간적인 가치를 구현하고 있는 존재이다. 자연에 대한 탐구 역시 그 우주적 원리를 인식하고, 나아가 도덕적 본체를 확충해 가는 과정일 뿐, 자연 그 자체의 성질에 대한 연구가 아니다. 이는 자연학이 도덕학과 분리되지 않고 그에 종속되어 있음을 의미하는 것으로, 이러한 이론 체계에서는 자연에 대한 객관적인 인식이 불가능하며 근대 과학이 탄생하기 어렵다.

실학적 격물치지설은 자연과 인간을 분리하고 자연에 대한 직접적인 탐구에 높은 가치를 부여한다는 특징이 있다. 여기에서 자연은 더 이상 도덕적 본질을 구현하고 있는 존재가 아니며, 따라서 자연에 대한 탐구 역시 자연에서 인간의 원리를 확인하는 과정이 아니라 자연 그 자체의 원리를 찾아내는 과정이다. 그동안 자연을 바라볼 때 쓰고 있던, 그러나 쓰고 있다는 사실을 의식하지 못했던 도덕의 안경을 벗어버리기 시작한 것이다. 그 결과 비로소 자연학은 도덕학으로부터 독립할 수 있는 길이 열리게 되었고, 이런 측면에서 실학적 격물치지설은 자연학의 토대를 위한 격물치지설이라고 할 수 있다.

조선 후기에 자연학적 격물치지설이 등장했다는 것은 도덕학 내지 종교학에서 자연학으로의 전환이라는 근대의 세계사적 흐름에 편승하기 시작했다는 것을 뜻한다. 서양의 근대가 신과 종교로터 자연을 독립시켰다면, 조선의 후기는 리와 도덕에 질식되어 있던 자연을 해방시키는 길로 들어섰다는 점에서 유사하다. 그럼에도 불구하고 정약용과 최한기가 그러하듯이 조선의 실학자들은 자연학과 도덕학을 이어주는 끈을 놓으려고 하지 않았다는 점에서 유가적 전통 안에 있고, 그만큼 근대 과학적 방법론의 입장에서 보자면 한계가 있다.

근대 과학에서처럼 자연을 수학화하고 인과론적으로 파악하는 것은 자연에 대한 예측 가능성을 높여주고, 결과적으로 자연에 대한 통제력을 극대화한다는 강점이 있다. 그러나 있는 것을 있는 그대로 안다는 것은 또 하나의 신화이다. 자연에 대한 투명한 인식이라는 것은 실제로 자연을 통제하고 정복하고자 하는 의지의 또 다른 얼굴이기 때문이다. 근대는 투명한 안경을 통해 이 세계를 본 것이 아니라, '정복'이라는 안경을 쓰고 본 것이다. 근대 과학은 자연에 대한, 나아가 인간에 대한, 민족에 대한 정복 의지와 무관하지 않다. 그럼에도 그 정복의 의지는 잘 드러나지 않는다. '객관'이라는 이름과 '과학'이라는 이름만 보일 뿐.

새로운 격물치지설이 필요한 것은 이러한 이유에서이다. 그 새로운 격물치지설은 정복의 의지로부터 벗어나 새로운 가치로 이 세계를 바라보는 것이어야 함은 물론이다. 그리고 그 새로운 가치는 곧 인간의 삶을 어떻게 설계하느냐에 달려 있고, 그것은 끊임없는 자기반성과 현재로부터의 탈출을 요구한다. 그래서 전통은 의미가 있다.

더 생각해볼 주제

—

- 서경덕의 첫 번째와 두 번째 일화에 근거하여 서경덕의 격물치지설을 근대 과학의 방법론으로 이해한 연구가 있다. 이러한 이해의 문제점에 대해 생각해 보자.
- '도로 눈을 감고 가시오'라고 했던 서경덕의 세 번째 일화가 함축하는 의미는 무엇인지 생각해 보자.
- 대나무의 리를 탐구하고자 했던 왕수인의 시도는 왜 실패로 끝날 수밖에 없었을까 생각해 보자.

더 읽어볼 거리

—

陳來, 안재호 역, 『송명성리학』, 예문서원.

한국사상연구회, 『조선유학의 개념들』, 예문서원.

08

도교와 중국 과학

1. 신선에 대한 동경

중국인들은 전국시대부터 21세기인 오늘날까지 신선사상을 매우 중요시하며 불로불사하는 신선에 대한 강한 동경심을 갖고 있다. 중국인들이 예로부터 인생의 최고 가치로 갈망하는 수(壽), 복(福), 강(康), 영(寧), 유호덕(攸好德),* 고종명(考終命)** 혹은 수, 복, 귀(貴), 강녕, 자식 많은 것 등등 이른바 다섯 가지 복 가운데 가장 먼저 장수를 들고 있는 것은 중국인들이 얼마나 오래 사는 것을 바라는가를 단적으로 말해 준다. 따라서 불로장생을 체득한 신선이 환영받는 것은 너무나 당연한 일이다.

전한시기에 사마천이 쓴 『사기』에 따르면 제나라의 위왕과 선왕, 연나라의 소왕은 모두 방사(方士)***의 말을 믿고 바다로 사람을 보내 신선과 불사약을 구해 오도록 하였다. 『사기』 「봉선서」의 기록을 보자.

> 제나라의 위왕과 선왕, 연나라의 소왕이 사람을 시켜 바다 건너 봉래, 방장, 영주를 찾게 하였다. 신선이 산다는 이 세 산은 전해 오는 바로는 발해 가운데 있는데 그렇게 먼 곳이 아니라 했다. 그러나 조바심 속에 그곳에 가면 번번이 바다 바람에 밀려 배가 떠내려가곤 했다. 아마도 지난날에는 그곳에 이르는 자가 있었던 모양으로 거기에는 여러 신선들도 살고 불사약도 있다고 한다. 거기에 사는 것들은 새나 짐승까지도 백색이며, 금이며 은으로

* 덕을 베푸는 것을 좋아한다는 뜻.

** 자기의 명대로 다 사는 것을 말함.

*** 중국 고대의 신선가는 주로 장생불사의 방술(方術)을 이야기하였기기 때문에 '방사(方士)'라 부른다.

지은 궁궐이 있다고 한다. 그러나 거기에 채 이르지 못하고 멀찍이 바라보며 이렇게들 말한다. "가까이 와 보니 신선이 산다는 이 세 산은 도리어 물 아래 있다. 그곳으로 바짝 다가가면 문득 바람이 일어나 휩쓸어 가 버리니 끝내 이르지 못하겠다." 그러나 군주 치고 여기에 관심을 갖지 않는 자가 없었다.

또한 중국 최초의 중앙집권적 통일제국을 건설한 진시황(재위 BC 221-BC210)이 신선에 매우 집착했다는 사실을 우리는 잘 알고 있다. 진시황은 천하를 통일한 후 서시가 "발해 중에 세 산이 있는데 봉래, 방장, 영주라 하고 거기에 신선이 살고 있습니다"라고 진언하자, 진시황은 "수천 명의 불결함을 모르는 동남, 동녀를 뽑아 서시와 함께 이 세 산에 보내 신선과 불사약을 찾도록 하였다." 물론 그들이 불사약을 가지고 돌아온 것은 아니었기 때문에 진시황의 바람은 이루어지지 않았다. 서시는 돌아오지 못했지만 진시황은 여기서 그치지 않고 BC 215년에 연나라 사람 노생에게 신선과 불사약을 구해오도록 하였다. 결국 진시황은 이러한 불사약을 구하는 데 실패한 방사들이 달아나자, 함양에 있는 유생(儒生)을 체포하여 460여 명을 구덩이에 매장하는 형을 내렸다. 이것이 역사상 악명 높은 진시황의 갱유인데 실제 유생이기 보다는 사기성이 농후한 방사들을 겨냥한 것이다.

제왕의 자리에서 부귀와 안녕을 누리면서도 그들이 이토록 갈망하던 신선은 누구인가? 『석명』* 에 "늙어서 죽지 않는 것을 선이라 한다. 선이란 옮긴다는 뜻이다. 옮긴다는 것은 산으로 들어가는 것이다." 말하자면 장생불사를 선이라 하며, 산 속에 들어가 생명을 영원히 보존하는 사람을 선인이라 한다. 선인은 신통한 변화의 능력을 갖고 있기 때문에 신선이라 한다. 『신선전』** 「팽조전」에서는 이렇게 말한다.

선인이란 혹은 몸을 웅크려 구름으로 들어가서 날개도 없이 날기도 하고, 혹은 용을 부리며 구름에 올라타 위로 하늘의 계단을 만들기도 하며, 혹은 새나 짐승으로 변하여 푸른 구름 위를 떠다니기도 하고, 혹은 강이나 바다 속으로 잠행하거나 이름난 산으로 날아다니기도 하며, 혹은 원기(元氣)를 먹기도 하고, 혹은 영지버섯을 먹기도 하며, 혹은 사람 사이를 들락거려도 사람들이 알아보지 못하기도 하고, 혹은 몸을 감춰 눈에 띄지 않게 하기도 한다.

한마디로 선인이란 신통한 변화 능력을 갖고 있는 사람이다. 이러한 선인 혹은 신인에 관해서는 『장자』에도 적지 않은 기록이 있다.

---

* 후한의 유희가 지은 책. 27류로 나눠서 물명(物名)의 훈고를 싣고 해석한 사전.

** 동진의 갈홍이 고대의 전설 중의 84신선의 사적을 기술한 책.

멀고 먼 고야산에 신인이 살고 있는데, 그의 피부는 얼음이나 눈처럼 희고, 유연하고 아름다운 자태가 소녀와 같으며, 곡식을 먹지 않고 맑은 바람과 이슬만 마시며, 구름을 타고 나는 용을 몰아 사해의 밖에서 노닌다.

이러한 신인이 바로 후대 사람들이 말하는 신선이다. 도교는 바로 이러한 신선이 되는 것을 궁극적 목표로 한다. 그리고 신신을 추구하는 것은 바로 불사를 추구하는 것이다. 도교는 불사의 방법으로 여러 가지 양생법을 내놓는다. 이러한 양생법의 발전 가운데서 중국 과학은 발전되어 나온다.

여기서 한 가지 분명히 해야 할 것이 있다. 일반적으로 도가와 도교를 동일시한다. 그러나 철학으로서의 도가와 종교로서의 도교는 서로 다르다. 이 양자의 가르침은 상이할 뿐만 아니라 경우에 따라서 상반되기까지도 한다. 철학으로서의 도가는 자연을 따르라는 설을 가르치는 데 반해 종교로서의 도교는 자연에 역행하는 설을 가르친다. 즉 노자와 장자에 의하면, 생명이 다하면 죽음이 온다는 것은 자연의 도이며 우리는 이 도를 어길 수 없다. 그러나 도교의 근본교리는 죽음을 피하는 방법, 즉 불로장생술을 가르쳤다. 이것은 분명히 자연에 역행하는 일이다. 이런 점에서 도교가 자연을 정복하는 과학정신을 가지고 있다고 말한다.

2. 도교의 양생법

도교도에게 구원이란 장생을 획득하는 데 있었다. 그리고 그들은 장생을 신체의 물질적인 불사로 이해했다. 그러나 신체적, 물질적 불사라고 해도 도교가 신도들에게 완벽하게 죽음에서 벗어날 수 있는 기술을 전수한다는 것을 의미하지는 않는다. 엄격한 의미에서 죽지 않는다는 것은 오직 극소수의 가장 탁월한 성인들만이 누릴 수 있는 특권이다. 일반 신도들에게 구원이란 신체가 겉으로 보기에 죽어 있다가 후에 물질적으로 되살아나 불사의 신체가 됨으로써 이른바 사체로부터의 해방, 즉 '시해(尸解)'를 획득하는 것이다. 물론 불사의 신체는 자연히 생겨나는 것이 아니며, 신으로부터 부여받는 것도 아니다. 그러면 불사의 신체란 도대체 어디에서 온다는 말인가? 대답은 간단하다. 도교도 자신이 살아 있는 동안에 자기 안에서 불사의 신체를 만들어야 한다. 바로 이 때문에 도교에서는 엄격한 종교적 실천들 이외에 내단술과 외단술이라는 양생법을 내놓는다. 내단과 외단은 신선에 이르는 방법론상의 명칭으로 광물질을 원료로 제조한 금단을 복용하여 신선에 이르는 방법이 외단술이고, 인체 내에 있는 근원적 생명력을 단련하여 신선에 이르는 방법이 내단술이다.

1) 내단술

내단술의 요점은 "기를 보양하고, 고요함을 지키는" 데 있다. 『태평어람』* 에서 "양생의 방법은 몸을 편안히 하고 기를 보양하며, 좋아하거나 노여워하지 않는 데 있다"고 하였다. 여기서 말하는 '기'는 바로 '원기'이며, 이런 원기는 우주가 변화하고 살아가는 근원일 뿐만 아니라 인간의 근원이기도 하다. 또한 원기는 음기와 양기의 교합에 의해 형성된다. 인간은 음기와 양기를 받고 태어났기 때문에 음기나 양기 어느 하나라도 잃으면 죽게 되며, 음기와 양기가 조화되지 않거나 혹 균형을 잃고 한쪽으로 치우치면 질병이 유발된다.

그러면 '기'는 어떻게 보양될 수 있는가?

도교에서는 기를 보양하려면 우선 정서의 조화와 안정이 필요하다고 인식하고 있다. 감정의 동요, 성욕의 충동, 지나친 피로 등은 모두 이러한 조화와 안정을 파괴하며 심리적 불안정을 초래한다. 그래서 그들은 지나치게 힘들여 노동하는 것이나 과도하게 신경을 쓰는 것, 지나치게 좋아하거나 노여워하는 것, 지나치게 음락에 빠지는 것 등을 경계한다.

다음으로 도교는 몸 안을 맑고 깨끗하게 유지할 것을 주장한다. 도교도는 인간은 천지의 기를 받고 태어났으며, 기가 있어야만 인간이 존재할 수 있고, 곡물·고기요리 등은 모두 '기'의 맑고 깨끗함을 파괴한다고 생각하였다. 그들은 "날짐승이나 물짐승의 피나 고기를 먹으면 모두 목숨이 위험할 수 있다. 고기음식은 기를 상하게 하며, 굶거나 포식하는 것도 역시 기를 상하게 한다. 날 것, 딱딱한 것과 찬 것은 반드시 신중을 기해야 하고, 신 것과 짠 것 매운 것은 좋지 않다."고 하였다. 물론 아무것도 먹지 않으면 더욱 좋다. 신선은 "바람을 마시고 이슬을 들이마시며" 인간의 오곡을 먹지 않는다. 그러나 인간이 음식을 먹지 않는 것은 불가능한 일이며, 배고픔은 다른 어떠한 욕심보다도 견뎌내기가 어렵다. 그렇다면 밥을 먹으면 또 어떻게 '기'를 기를 것인가? 도교에서는 이런 문제를 해결할 수 있는 방법을 제시하고 있다. 그것은 "원기를 먹고, 예천을 마신다"는 것이다. 도교에서 인간은 천지만물과 마찬가지로 기를 타고났기 때문에 '기를 먹음'으로써 손실을 보충할 수 있다고 생각하였다. 그러면 어떻게 해야 원기를 섭취할 수 있는가? 『운급칠첨』** 「잡수섭」에서 다음과 같이 말한다.

> 이른 아침 일어나기 전에, 이를 14번 소리 내어 부딪치고, 눈을 감고 힘을 주며, 흘린 침을 빨아먹으며, 세 번 기를 들이마시되 계속해서 꽉 다물고는 숨 쉬지 않는다. 스스로 최대한 할 수 있는 만큼 하고 난 후에 천천히 내뱉는다. 이것을 세 번 반복한 후에 일어난다.

---

* 송나라 이방이 편찬한 백과사서.

** 북송 때 장군방이 북송 이전의 도교 경서들을 집대성하여 편찬한 책.

이른 아침은 하루가 지나가고 새로운 하루가 시작되는 시기이며, 인간의 정신이 왕성하고, 하늘의 공기가 신선한 때이다. 이른 새벽이면 낡은 욕심과 낡은 잡생각 등이 모두 사라져 "묵은 것을 토해내고 새것을 받아들이기"에 딱 알맞다. 따라서 도교는 사람들로 하여금 이른 아침에 심호흡을 하게 해서 '죽은 기'를 제거하고 '살아 있는 기'를 들이마시게 한다. 그들은 이렇게 하면 곧 새로운 생명력을 얻게 된다고 생각한다. 그리고 도교에서 볼 때, 인간의 타액은 곧 '예천'이며, '원화의 정기'를 포함하고 있어서 이른 아침에 '기를 마실' 때 흘리는 타액을 사람이 다시 들이마시면 생명력의 보충을 얻을 수 있다고 생각한다. 반대로 급하게 서둘러서 땀을 흘리거나, 성교에 의해 정액을 배출하거나, 욕심을 내서 정신을 빼앗기거나 하는 것은 모두 자신의 생명력을 소모하는 것이며, 수명의 연장에 전혀 도움이 되지 않는다.

기를 기르기 위해서는 기의 원활한 순환이 가능한 몸이 준비되어야 한다. 몸이 질병에 걸렸거나 지나치게 경직되어 있다면 기가 순환할 수 없기 때문에 기를 제대로 기를 수 없다. 그러므로 '양기(養氣)' 외에도, 도교는 '기'를 기르기 위한 여러 가지 보조적 방법을 제시한다. 마(摩: 마사지), 도인신체(導引身體: 체조. 글자 그대로 옮기면, 몸을 쭉 펴서 이완시키고 굽혀서 긴장시키는 행위)가 바로 그런 방법이다. 방법은 구체적으로 다음과 같다. "좌우에서 흔들어 끌면서 숨 쉬지 않는다. 스스로 숨이 찰 때까지 해서, 세 번 반복한 후에 일어난다. 침상에서 내려와 꽉 쥐고 숨 쉬지 않고, 발뒤꿈치를 세 번 구른다. 한 손을 들고 내리는데, 역시 숨 쉬지 않고 숨찰 때까지 하기를 세 번 반복한다. 또 손을 머리 위로 모으고, 좌우에서 숨 쉬지 않고 세 번 반복한다. 모두 아침 저녁으로 해야 하며, 많이 할수록 좋다." 이는 오늘날 우리들이 하고 있는 체조와 흡사하다. 또 "두 손을 서로 비벼 덥게 해서 눈을 비비기를 세 번 한다. 계속해서 눈을 비비면서 네 번 눈을 흘기는" 방법이 있는데, 이는 지금 우리들이 하는 안구체조의 "눈을 밝게 하는 방법"과 유사하다. 그리고 또 "손을 비벼 덥게 해서 몸을 비비는데 위에서부터 아래로 하는" 방법이 있으며, 이는 오늘날 안마의 "풍한을 이기는" 방법과 유사하다. 이밖에도 '이빨 부딪치기', '머리 빗기'등의 방법이 있다.

2) 외단술

『운급칠첨』「원기론」에 다음과 같은 말이 있다.

참된 도에 들어가려는 자는 반드시 먼저 몸 안에 도의 기운을 보존해야 하며, 장 속에서 원기를 쉬게 할 수 있어야 한다. 그런 연후에 약물로써 그것을 보충하고 백행으로써 그것을 도우면, 능히 안으로는 만병을 고칠 수 있으며 밖으로는 만신을 편안히 할 수 있다.

약물 중에 가장 중요하고 도교도들이 가장 중시했던 것은 주사·황금 등 광물이나 금속류, 그리고 무기물이었다. 그들은 이러한 금이나 돌을 재료로 한 약을 가장 좋은 약이라 생각하고, 이를 연마하고 제련해서 둥근 모양의 것으로 만들어 '금단'·'선단'이라 불렀다. 도교는 '금단'을 복용하면 능히 "사람의 육체를 편안히 하고 수명을 연장할 수 있으며, 원신(元神)* 에 올라 아래위를 두루 유람할 수 있고, 온갖 영령들을 부릴 수 있고, 몸에 털과 깃을 돋게 한다"고 하였다.

그러면 단사·황금 등의 금석류 약물이 사람으로 하여금 장생불로하고 신선이 될 수 있게 한다고 생각한 이론적 기초는 무엇일까? 『포박자』** 「금단」에 실려 있는 글을 보자.

> 자그마한 단약은 하등의 것이라도 상등의 초근목피보다 훨씬 우수하다. 모든 초근목피는 태우면 이내 재가 되고 말지만, 단사는 구우면 수은이 되고, 몇 번 변화시키면 다시 단사로 되돌아간다. 단사는 여느 초근목피보다 훨씬 뛰어나기 때문에 사람을 장생시킬 수 있다.

> 금단이라는 것은 오래 구우면 구울수록 영묘한 변화를 한다. 황금은 불 위에 놓고 몇 번이나 구워도 줄지 않으며, 땅 속에 묻어도 영원히 녹슬지 않는다. 이 두 가지 약물을 복용하여 사람의 몸을 연마함으로써 사람을 불로불사케 할 수 있는 것이니, 이는 대체로 외부의 물질을 빌어 자기를 튼튼하게 만드는 것이다.

황금은 당시의 사람들이 알고 있던 금속 중에서 화학성질이 가장 안정된 것으로, 산이나 알칼리에 잘 견디며 부식되지 않는다. 그러나 사람이 그것을 먹는다고 해서 "아무리 구워도 줄지 않으며", "영원히 녹슬지 않게" 할 수 있겠는가? 단사는 곧 유화수은(HgS)으로, 구운 후에는 당연히 수은(Hg)이 된다. 그것 역시 화학적 성질이 비교적 안정된 금속 중의 하나로, 초근목피에 비해 내구성이 강하다. 그러나 사람이 그것을 복용한다고 해서 "사람으로 하여금 장생불사하게" 할 수 있겠는가? 당연히 불가능하다. 그러나 당시 사람들은 이것이 가능하다고 믿었다. "외부의 물질을 빌어 자기를 튼튼하게 만드는 것"은 현대인들이 골을 먹으면 뇌가 좋아지고, 간을 먹으면 간이 좋아지고, 고양이를 먹으면 신경통이 낫는다고 믿는 것과 같다. 사람들은 '감각과 경험상의 유사성'으로부터 출발해서, 이러한 것들을 먹으면 그 물질의 고유한 성질이 복용하는 사람의 몸으로 '전이'된다고 생각하였다.

물론 이러한 '인간과 경험의 전이' 역시 직관적인 경험의 도움을 받았다. 단사(HgS)는

---

* 불생불멸(不生不滅)하고 무후무괴(無朽無壞)하는 진령(眞靈).

** 동진의 갈홍이 지은 책으로 현존하는 도교의 서적 중에서 가장 고전적인 서적이면서, 그 중에서도 특히 신선사상과 신선술을 가장 조직적으로 밝힌 최초의 고전이다.

확실히 신경을 안정시키고, 놀란 것을 가라앉히는 효능이 있으며, 자석(Fe3D4)은 어린아이가 발작을 일으키는 병을 치료하고 부은 것을 가라앉히는 작용을 한다. 또 웅황(As2S2)은 기생충과 피부병을 치료하는 작용이 있으며, 비소(As)는 소량을 사용하면 벌레를 죽이고 피를 보충할 수 있으며 피부를 윤기 나게 할 수 있다. 아마도 이러한 약물의 효능이 사람들의 상상력을 도와서, 이러한 금석류의 약물을 '선약'으로 격상하게 한 것이다.

"만고의 단경(丹經) 중의 으뜸"이라 불리며, 도교의 연단술과 중요한 관계가 있는 『주역참동계』* 를 보면 다음과 같은 말이 있다.

> 금의 성질은 썩지 않으니, 이런 까닭으로 만물의 보물이 된다. 술사가 그것을 막으면, 장생불사할 수 있다.

이것의 이론적 근거는 다음과 같다. 즉 "신선이 되고자 음식물을 복용하려면, 반드시 유사한 종류의 것으로써 해야 한다. 벼를 심으려면 반드시 볍씨로써 해야 하며, 닭을 낳으려면 반드시 그 알로써 해야 하는 것과 마찬가지다. 비슷한 종류의 것으로 보조하는 것은 저절로 그러함이니, 만물을 쉽게 도야할 수 있다. 그러나 물고기의 눈이 어찌 구슬이 될 수 있겠으며, 쑥이 개오동나무가 될 수는 없는 것이다. 종류가 서로 비슷한 것을 서로 좇아도, 일이 어그러지면 보물이 될 수 없다." 여기서는 사물을 감각과 경험상의 유사성의 원칙에 따라 그 종류를 나누고 동일한 '종류'의 사물은 성질상 상호 보좌하거나 상호 간에 전이할 수 있다고 생각하고 있는 것이다. 따라서 "신선이 되고자 음식물을 복용하려면" 반드시 신선의 장생불사하는 성질과 비슷한 물질을 섭취해야 하는데, "유사 이래로 해와 달은 밝음을 잃은 적이 없으며, 금은 그 무거움을 잃은 적이 없었다." 따라서 금을 먹으면 장생할 수 있으나, 그렇지 않고 오곡이나 채소·고기류의 음식을 먹으면 곧 오곡, 채소, 고기류처럼 쉽게 부패한다. 그래서 이를 "하늘과 사람이 도를 같이하면 이치가 저절로 들어맞는다"고 한다.

3. 도교와 중국 과학

『중국의 과학과 문명(Science and Civilization in China)』을 통하여 중국의 과학문명사를 정리해냈던 니담(Joseph Needham)은 이 책에서 "유교는 과학의 역사와는 거의 관련이 없다. 유교는 신학자들이 없는 종교였으므로, 자신의 영역 안에 과학적 견해가 들어와도 아무도

---

* 오나라 위백양이 『주역』의 효상을 빌어 연단을 설명한 책.

반대할 사람이 없었다. 그러나 그 창시자들의 생각에 따라서 유교는 자연과 그에 대한 탐구를 외면하고, 오로지 인간사회에만 지속적인 관심을 집중시켰다." 반면 "도교의 체계는 철학과 종교—마술과 원시적 과학도 포함하고 있었던—의 독특한 혼합이었다. 그것은 세계가 이제껏 보아왔던 신비주의 체계 중 가장 반과학적이지 않았던 유일한 체계이다." "도교철학자는 자연의 도를 추구하는 과정에서 스스로 실험을 수행하게 되었으며, 그들의 목적이 무엇이든 자신의 정신뿐 아니라 손을 사용하는 일의 가치를 인정했다. 연단술을 중국에서 주로 도교가 추구했던 것은 바로 이러한 이유에서이다." "도교는 손으로 하는 작업이 도를 찾는 그들의 추구의 일부분이었다"고 한다.

도교가 추구하는 종교적 실천의 궁극적 목표는 불로장생하는 신선이 되는 것이다. 양생술은 도교의 자연에 대한 통찰을 이 불로장생이라는 종교적 목표를 구현하기 위해 응용한 결과이다. 극단적으로 말하자면 중국 과학사에서 도교가 이룩한 성과는 모두 이 불로장생의 기법을 개발하는 과정에서 성취된 것이라 할 수 있다. 예컨대 서양의 연금술이 황금 자체를 얻는 데 목적이 있었다면 중국의 경우는 연금술의 결과로 얻어진 액화 금을 복용함으로써 불멸의 생명을 얻는 데 주된 목적이 있었다. 이런 과정을 거쳐 중국의 연금술은 당나라 시기까지는 서양에 비하여 월등한 이론적, 기술적 수준에 도달하였다. 중국의 3대 발명품(제지술, 나침반, 화약) 중에 하나인 화약도 이 연금술이 거둔 성과이다. 특히 연단술의 각종 단약 제조 기법들도 중국 과학사의 발달에 지대한 영향을 미쳤다.

도교의 연단술은 불로장생의 실현에 일차적 목적이 있었기 때문에 그것은 필연적으로 인체의 구조에 대한 지식을 수반한다. 그러므로 도교는 의학의 발달에도 많은 자극을 주었다. 한의학의 생리 및 해부학적 지식은 대부분 이런 작업들의 성과이다. 이밖에 기공과 단약의 복용과 관련된 복약 등에 대한 도교의 방대한 이론체계는 인체의 소화기 및 순환기 계통에 대한 괄목할 만한 지적 성취를 이루어냈다.

1) 중국의 과학

① 화약

고대의 연금술사는 화약 발전의 공로자들이다. 중국인들은 기원전후 흑색화약의 주요 원료인 목탄, 유황, 초석을 발견하였다. 목탄은 세계 각 민족들이 일찍부터 이용하여 왔다. 중국 고서에 "가을에 나무 연료 대신에 목탄을 사용하였고, 여름철에도 목탄을 태웠다"는 기록이 있다.

중국 최초로 유황에 대하여 언급한 것은 『회남자』* 이다. 서한 말기 고대의 365종의

* 전한의 회남왕 유안이 지은 책. 도가사상 위주로 도, 기, 우주생성학설 등을 서술하고 있다.

약물을 기록한 『신농본초경』*에는 유황을 성(性)보존약물인 중품약 중의 제3종에 넣고 있다. 또한 한, 위, 진, 육조 시대의 단서에는 유황에 대한 많은 언급이 있다. 이는 유황이 고대 연단술에서 중요한 지위를 차지하고 있음을 나타낸다.

초석은 화약 속의 산화제이다. 중국인들은 초석의 역할이 화약에서 매우 중요하다는 것을 알았다. 화약에서 폭발력의 차이는 초석을 얼마만큼 함유하고 있는가의 양으로 결정되었기 때문이다. 『신농본초경』에서는 초석을 불로장수 약이라는 상품약의 120종 중의 제6종에 넣고 있다. 일찍부터 적열(積熱: 체증, 소화불량)과 혈어(血淤: 피멍) 등의 치료에 사용되어 의료 효용을 발휘하였기 때문에 이 초석을 '소석(消石)'이라고도 불렀다. 이후에 초석이 전간(간질, 치매)과 풍현(중풍) 등의 병증 치료에도 효과가 있다는 것을 발견하였다. 초석은 연단술에서 주요 산화제와 용제로도 사용하였다.

중국인들은 연단술에서 '황'과 '초'를 사용하여 연소될 수 있는 화약을 발명하였다. 600년 전후 중국 고대의 연단가 겸 의학가인 손사막(孫思邈, 581-682)은 그의 저서 『단경』에서 유황법과 유사한 화약 처방을 기록하고 있다. 즉 유황 2량, 초석 2량을 잘게 부수고 3개의 쥐엄나무인 백각자를 섞어 땅속의 사기 단지 속에 묻어 둔 후에 숙탄 3근을 사용하여 항아리 입구를 막고 굽는다. 만약 이때 조심하지 않아 탄 조각을 단지 속에 떨어뜨리면 화약이 반응하여 불이 일어난다. 이것이 역사상 화약에 관한 최초의 기록이다.

연단가들은 화약을 발명했지만 강력한 폭발력을 동반하는 것을 원하진 않았다. 그러나 군사가들은 화약의 연소력을 응용하여 무기를 만들었다. 그 후 화약은 독성, 폭발력, 연소력, 연막력이 더욱 증강되어 강력한 폭발력을 가진 무기로 발전하였다. 그 후 계속적인 연구와 제작으로 화기 시대로 진입하게 되었다.

② 나침반

전국 시기 말엽 중국인들은 자석과 자석 끼리 또는 자석이 철을 끌어당긴다는 성질을 알았다. 『관자』**에서는 "위에 자석(慈石)이 있으면 아래에는 구리와 금이 있다"고 하였다. 여기에서 말하는 자석이란 바로 지금의 자석을 뜻하는 것으로 본다면 적어도 2,600년 전의 관중(管仲, ?-BC645) 시대에 벌써 자석이 있었다는 것을 알 수 있다. 그리고 동한 초엽인 50년경에 이르러 자석의 지극성을 발견하였다. 중국인들은 자석의 지극성을 발견한 후 자석을 길잡이 도구로 이용하기 시작했다. 옛날의 길잡이 도구로서는 '사남(司南)'이라는

---

* 후한에서 삼국시대 사이에 성립된 본초서.

** 전국시대 제나라 학자들의 저술을 모은 책으로 관중이 24권으로 만들었다. 내용은 도가, 법가, 명가, 농가, 종횡가, 음양가 등의 사상과 천문, 지리, 역법, 경제, 농업 등이다.

것이 있었는데 전국 시대에 보편적으로 이용되었다. 『귀곡자』*에는 "정나라 사람이 옥돌을 채취하러 가고자 할 때에 방향을 잃지 않기 위하여 언제나 사남을 가지고 다녔다."고 쓰여 있다. 그리고 『논형』**에서도 "사남 숟가락을 땅에 던지면 자루인 손잡이 쪽은 언제나 남쪽을 가리켰다"라고 서술되어 있다.

사남은 하나의 자석철로 만든 '숟가락'과 점치는 판인 '식(栻)'으로 구성되었다. 이 판은 나무 또는 상아, 구리판으로 만들어져 자유로이 미끄러져 회전할 수 있게 되어 있다. 고서에서는 "자석 숟가락을 판인 식 위에 던져 회전시키고 난 후 정지했을 때 숟가락 손잡이가 가리키는 방향이 남쪽"이라 하였다.

사남을 사용하자면 여러 가지 제한을 받았다. 그래서 중국인들은 길이가 2촌이고 넓이가 2푼인 얇은 철편을 물고기 모양으로 만들어서 자석화한 '지남어(指南魚)'를 만들었다. 이 지남어를 물그릇 위에 띄워 놓으면 남북극을 간단하게 찾을 수 있다.

지남어 다음으로 연구되어 발명된 것이 '지남침'이다. 지남침이란 자석화된 작은 철침인데, 손톱 위나 그릇 가장자리에 올려 놓고 돌리거나 혹은 중간 구멍에 가는 줄기를 꽂아 물 위에 띄워 놓으면 아주 활발하게 움직여서 남극을 가리켰다.

11세기 말엽에 이르러 심괄(沈括, 1030-1093)은 『몽계필담』***에서 지남침의 사용 문제를 언급하였다. 마구 흔들리는 배에서 자석침을 손가락이나 물그릇 위에 올려놓고 방향을 알아내자면 떨어뜨리기 쉽고 매우 불편하였다. 그는 밀랍을 입힌 실을 자석 바늘 중간에 꿰어 공중에 달아 놓고 회전이 잘되게 하여 편리하게 사용할 수 있는 방법을 고안했다. 지남침을 매다는 심괄의 이러한 방법은 기본적으로 근대 나침반의 구조를 확정시켰다. 심괄은 또한 자석 바늘이 가리키는 방향은 정확한 남극이 아니라 약간 동쪽으로 기울어져 있다고 지적하였다. 이는 근대 과학에서 일컫는 자석의 지자편차와 정확히 일치한다.

③ 제지술

약 3500년 전 중국인들은 거북이 껍질과 소뼈 위에 문자를 새겼다. 이후 사회가 발전하면서 문자를 기록하는 재료에 변화가 나타났다. 약 3000년 전 무렵 죽간과 목간이 나타났다. 중국인들은 대나무를 몇 푼 너비에 1~2자 길이로 쪼개 죽간 하나에 8~9자에서 30~40자씩 기록한 다음 가죽 끈이나 실줄로 옆으로 뚫고 상하 양쪽을 '편(編)'으로 만들

---

* 초나라 사람 귀곡자가 지은 3권의 도가학설 저서.

** 동한 시대 왕충이 지은 30권의 저서. 기를 만물 본체의 우주관과 인식론으로 삼았고, 당시 성행하던 천인감응설과 참위미신을 비판하였다.

*** 백과사전 형식의 학술서. 자연과학 기술방면의 내용이 3분의 1을 차지하고 있다. 수학, 천문, 역법, 기상, 지질, 지리, 물리, 화학, 생물, 농업, 수리, 건축, 의학 등 당시의 최고 과학 수준을 기록하고 있다.

었다. 죽간이나 목간에는 주로 칼로 문자를 파서 새긴 이외에 납을 쓰거나 천연적인 검은 나무즙을 사용하여 칠을 해놓았다.

춘추전국시대를 지나 진나라, 한나라의 통일은 문자의 형식을 점차적으로 일치시켰다. 또한 기록물을 가지고 다니기 편리하게 하기 위하여 비단이나 죽간, 목간으로 책을 만드는 것이 점차 보편화되었다. 『묵자』와 『논어』에서는 모든 기록을 비단에 썼다고 한다. 이렇게 비단이 이용됨에 따라 신나라 시대의 몽염(蒙恬, ?-BC210)은 붓을 만들게 되었으며, 식묵으로도 글을 적었다. 후에 어떤 사람들은 소나무 연기와 오동나무 석탄으로 만든 먹을 사용하기 시작한다. 그리고 기원전을 전후하여 죽간 대신 비단이 사용되었다.

비단은 비록 죽간이나 목간보다 사용이나 휴대가 편리하였지만 원가가 너무 높아 보급이 쉽지 않았다. 그래서 한나라 400년간 중국인들은 비싼 비단을 대신할 대용품을 찾기에 주력하였다. 고대에는 면화가 없었으므로 사람들은 모두 비단옷을 입고 다녔다. 그들은 비단을 만들 때 누에고치를 삶아서 돗자리 위에 펴놓은 다음 강물에 적셔 두드려서 실을 뽑았다. 누에고치는 아교질이 있어 두드리면 그 끈끈한 아교질이 자리 위에 달라붙는다. 이렇게 두드려 실을 뽑은 다음 돗자리의 실을 거두고 나면 자리 위에 가느다랗고 찐득찐득한 엷은 실들이 붙어 있는데, 이것이 바로 '혁제'이다. 혁제는 값이 비단보다 훨씬 싸면서도 글을 쓰는 데는 비단과 큰 차이가 없었기 때문에 사람들은 점차 혁제를 많이 사용하였다.

동한 시대에 채륜(蔡倫, ?-121)에 의해 중국의 제지술을 새로운 발전의 계기를 마련한다. 『후한서』 「채륜전」에는 "예부터 서책은 대개 죽간이었고, 비단을 종이라고 하였다. 비단은 값이 비싸고 죽간은 무거워 아주 불편하였다. 그래서 채륜은 나무껍질, 삼뭉치, 헝겊 조각 따위를 가지고 종이를 만들었다."고 기록되어 있다. 105년에 채륜은 종이를 만드는 과정과 방법, 그리고 종이를 조정에 올렸다. 대신들은 채륜을 종이의 발명가로 인정하고, 그가 만든 종이를 '채후지'라고 불렀다.

채륜이 만든 종이는 개조를 거쳐 생산량을 많이 늘렸다. 삼국시대에는 채후지 이외에도 볏짚으로 만든 초지, 삼으로 만든 마지, 나무로 만든 각지와 고기그물로 만든 망지 등이 있었다. 진나라 시대에는 제지술이 크게 발전하여 식물섬유를 이용하여 만든 '염계등지'가 유명했다. 그리고 대나무를 원료로 종이를 대량으로 생산하기 시작하면서 비로소 비단 대신 종이를 사용하게 되었다. 중국인들은 종이에 먹물이 쉽게 스며들게 하기 위하여 석고가루나 이끼액 등 기타 분말을 종이 위에 풀칠하는 방법도 발명하였다.

2) 중국의 의학

의(醫)자는 고대에는 '의(毉)'라고도 썼는데, 글자의 모양으로부터 고대의 무(巫: 무당)와 의의 밀접한 관계를 알 수 있다. 고대 중국인들의 관념 속에 질병은 역귀가 오는 것이고, 무는 능히 귀신을 쫓을 수 있으며 질병도 치료할 수 있다고 생각했다. 또한 의도 능히 병을 치료할 수 있으며 귀신을 쫓아낼 수 있다고 생각했다. 그래서 고서에서도 항상 '무의(巫醫)'라는 말로 연용되고 있다. 비록 전국시대 이래로 이미 "무는 믿되 의는 믿지 않는다"는 말과 무는 순수한 곡식 알갱이를 사용하고 의는 침을 사용한다는 구별이 있었지만, 사람들에게 무와 의의 구분은 매우 어려웠다. 또한 무는 의에 비하여 훨씬 영험해서 의는 단지 증세가 나타난 병만을 치료할 수 있고 침술은 단지 삶을 다스릴 뿐 죽음을 다스릴 수는 없으나, 무는 무형의 귀신을 다스릴 수 있을 뿐 아니라 질병을 치료해서 죽어가는 사람도 살릴 수 있어서 사람들의 수명을 연장할 수 있다고 생각했다.

무속과 의술의 혼합 형태인 도교는 무술을 계승하는 동시에 수많은 고대 중국의학 요소를 계승했다. 이로 인해 도교는 신의 강복을 빌고 귀신을 쫓아 화를 면하는 의식을 형성함과 동시에 인간의 저항력을 증강시켜 병마의 침투를 벗어나는 방법 및 장생불사의 방법을 탐구했다. 도교도들은 양생법들이 특수한 신체적, 생리적 효과를 가져온다고 믿었는데, 사실 그 방법은 중국 의학의 기본 원리에 바탕을 두고 확립되었다고 할 수 있다.

중국의 의사들은 몸을 보통 세 부분으로 나누어서 인식했다. 즉 '상부', '중부', '하부'로 구분했다. 상부는 머리 부분에 해당되는데, 그 하한선은 목과 팔이다. 중부는 늑골로 보호되는 흉부를 뜻하며, 그 하한선은 격 즉 횡경막 부분이다. 횡경막은 폐에 붙어 있다고 파악되었는데, 횡경막보다 윗부분에 있는 것은 양으로 그보다 아랫부분에 있는 것은 음으로 분류했다. 하부는 복부를 뜻한다.

오장(폐, 심장, 비장, 간장, 신장)과 육부(위, 담낭, 방광, 소장, 대장 그리고 삼초)는 중부와 하부로 구분된다. 중부에 속하는 것으로는 심장과 폐가 있고, 비장과 위, 간장과 담낭, 신장과 방광은 서로 대응하는 짝을 이루면서 하부에 속한다. 또한 소장은 심장과 대응하는 부이며, 대장은 폐와 대응하는 부로서, 이 둘 역시 하부에 속한다. 한편 '삼초'는 식도에 해당하는 상초, 위의 내관에 해당하는 중초, 요도에 해당하는 하초로 나누어지며, 음식물의 흡수·소화·배설을 담당한다. 삼초는 또한 그 각각이 하나의 부를 이루고 있으며, 식도는 중부에 위와 요도는 하부에 속한다.

고대 중국의 의사들은 호흡, 소화, 순환의 세 가지 주요 내부 기능에 대한 많은 문헌을 남겼다. 호흡은 숨을 내쉬는 '호'와 숨을 들어 마시는 '흡'으로 그 작용이 구분된다. 음양의 본성상 양은 상승하고 음은 하강한다. 따라서 기관을 상승하는 호기는 양에 속하며, 양으로 분류되는 신체 기관인 심장과 폐가 호기와 연관되어 있다. 반면 하강하는 흡기는 음에 속하며, 음에 속하는 기관인 간장 및 신장과 연관되어 있다. 비장은 그 중간에 위치하여 호기와 흡기를 모두 받아들인다. 사람이 숨을 들이마시면, 들이마신 공기는 음의 기운에 의해 비장을 통과하고 심장과 폐를 우회하여 간장과 신장으로 직접 하강한다. 반대로 숨을 내쉴 때는 비장으로 들어온 공기가 양의 기운에 의해 심장과 폐로 상승한다.

다음으로 소화 작용에 대하여 살펴보자. 중국인들은 음식물을 '수곡', 즉 '액체와 고형

물' 또는 '수분과 곡물'이라고 말하기도 하는데, 섭취한 음식물은 위로 내려간다. 위에서 비장의 영향을 받아 '수곡'의 단맛·매운맛·짠맛·쓴맛·신맛, 즉 오미는 각각 담백 무미한 기·역겨운 기·향기 나는 기·뜨거운 기·악취가 나는 기 등 다섯 종류의 기로 변한다. 이러한 다섯 가지 기가 각각 오미에 대응하고, 각각 오행에 대응하며, 다시 오장에 대응한다. 즉 폐는 금, 심장은 화, 비장은 토, 간장은 목, 신장은 수에 대응한다. 따라서 매운맛은 폐, 쓴맛은 심장, 단맛은 비장, 신맛은 간장, 짠맛은 신장에 대응한다. 이러한 다섯 종류의 기가 다섯 개의 내장을 적시고, 각 내장은 그 본질에 알맞은 기를 흡수하여 영양을 공급받고 북돋워진다.

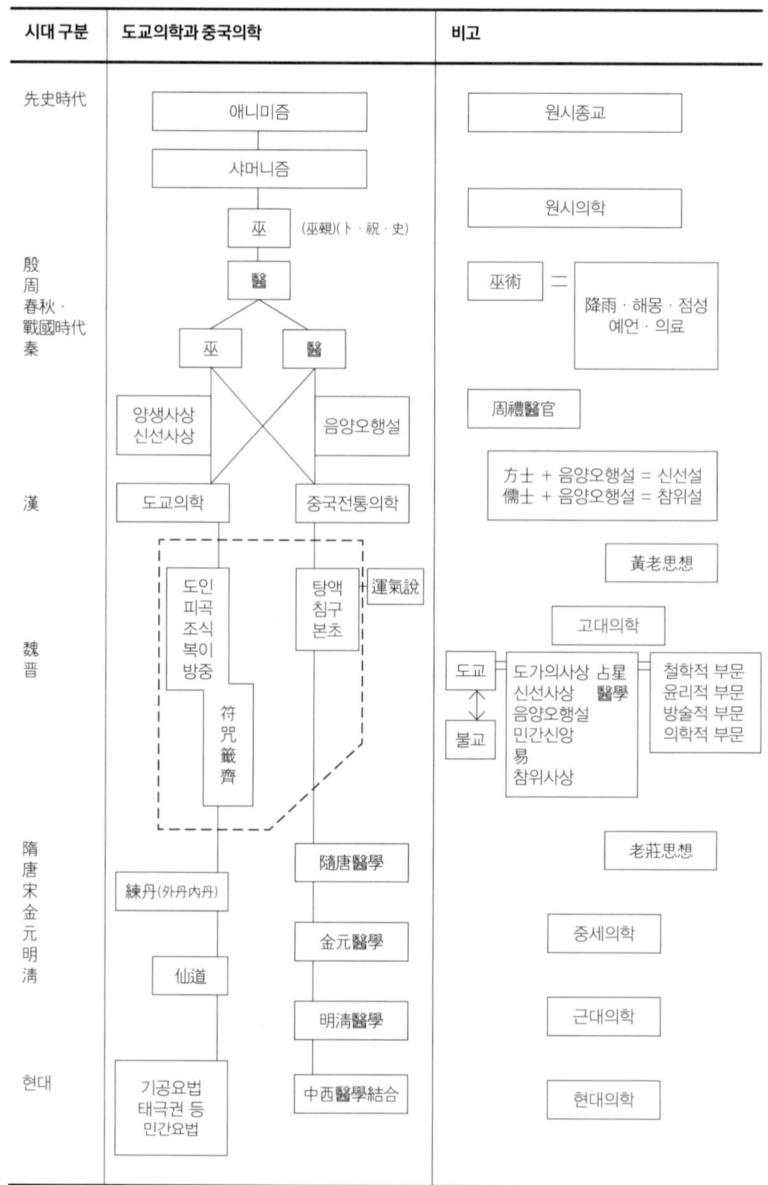

도표 1 | **巫와 醫, 도교의학과 중국의학의 흐름**

다섯 가지의 기는 비장의 영향을 받아 물 성분과 혼합되면서 붉게 변해 혈액을 산출한다. 섭취한 음식물은 위장에서 비장의 영향을 받아 변화하며, 그 불순한 부분은 위의 밑부분 유문*으로 배출되고, 순수한 부분은 기가 되어 위의 윗부분 분문**을 통

---

* 위와 십이지장 사이에 있는 부위.

** 식도와 위 사이에 있는 부위.

해 밖으로 배출되어 혈액이 된다. 혈액 순환을 발생시키는 요인은 다름 아닌 호흡이다. 숨을 들어 마시고 내쉬는 사이에 비장은 '수곡'의 기를 받아들여서 그 형태를 변화시키는 역할을 담당한다. 수곡의 기가 소화되고 변화가 마무리되면, 비장을 통과하는 들이마신 공기가 그 새로운 기를 밖으로 내보낸다. 혈액 순환의 과정은 먼저 위의 내관인 중초에서 시작되어 위의 윗부분 분문을 통해 밖으로 나아가 식도, 즉 상초로 올라간다. 혈액은 상초로부터 '수태음'이라는 혈관으로 흘러 들어가 흉부에서부터 엄지손가락 끝에 이르기까지 혈액이 공급된다. 다음으로 '수양명'이라는 혈관으로 흘러 들어가 식지손가락 끝으로부터 머리까지 환류 한다. 머리에서 '족양명'이라는 혈관을 타고 혈액은 머리로부터 새끼발가락 끝까지 하강한다. 그렇게 혈관에서 혈관으로 유입되어 흐르는 동안 혈액은 신체의 20개 혈관을 통과하게 된다. 전신을 한 바퀴 돈 다음에 출발점으로 되돌아오게 되며, 출발점에서 다시 순환하기 시작하여 멈추지 않는다.

도교도들은 이러한 중국 고대의 의학이론에 도교의 교리를 덧붙이면서 도교의학이론을 만들어 내었다. 도교도에 따르면, 인체에는 세 군데 중요한 부위가 있다. 첫째는 머리에 있고, 둘째는 흉부, 셋째는 복부에 있다. 이 세 군데를 단전이라 한다. 바로 불사약의 핵심요소인 '단'에서 따온 이름이다. 이 가운데 잘 알려져 있는 것이 '상단전'이다. 상단전에는 9개의 작은 부분들이 있는데, 두개골 밑으로 이마로부터 후두(後頭)에 이르는 횡선의 상단에 네 부분, 그 하단에 다섯 부분이 있다. 그 각각의 부분들마다 신이 깃들어 있으며, 또 이름도 따로 있다. 예컨대 하단 제1부는 미간의 위쪽 지점에서 두개골 안쪽으로 3/10촌 들어가 있는 공간으로 이름 하여 '수촌쌍전'이다. '1촌 사방의 공간을 점하고 있는 두 단전'이란 뜻이다. 여기서 1촌을 더 들어가면, 황노군 및 그 제자들이 기거하는 명당궁이 있다. 사람이 이 단전을 제대로 기르지 못하면 기가 몸속에서 제대로 순환하지 못할 뿐 아니라 이곳에 머물며 그 작용을 주재하던 신 또한 떠나 병이 유발되거나 죽게 된다. 이처럼 도교는 의학 이론과 종교 이론의 결합을 통해 도교의학이론을 형성하였다.

4. 중국의 전통과학은 왜 근대과학으로 발전하지 못하였는가?

과학사에 대해 조금이라도 상식이 있는 사람이라면 지난 1000여 년 동안 중국의 과학기술이 세계에서 가장 앞서있었으며 인류 문명의 발전에 많은 공헌을 했다는 사실을 부인하지 않을 것이다. 그러나 한편으로는 근대에 들어와서 서양의 과학기술이 중국을 완전히 압도하면서 눈부시게 발전했다는 사실 또한 인정한다.

니담은 『중국의 과학과 문명』에서 "중국의 과학기술은 1000년 전은 물론 근래 500여 년 동안에도 전혀 퇴보하지 않았으며, 비록 완만하나마 발전을 계속해 왔다"고 하고, 그에 비해 서양은 "과학기술적 발전이라고는 거의 전무했던" 중세의 암흑기를 지나 "르네상스를 맞이했고 곧이어 과학의 대혁명이 이루어졌다"고 말한 바 있다. 니담은 자신의 견해를 입증하기 위해 중국과 서양의 과학기술 발전 대조표를 다음과 같이 작성했다.

그렇다면 중국의 전통과학은 왜 근대과학으로 발전하지 못하였는가?

인류는 역사를 통해 여러 곳에서 선과 행복을 찾아왔다. 그리스도교가 지배하던 중세 유럽은 하늘에서 그것을 찾으려 했다면, 그리스나 현대 유럽은 땅에서 그것을 찾으려 했다고 말할 수 있다. 아우구스티누스(St. Augustinus)가 '신의 도시'를 유토피아로 그리고 있다면, 프랜시스 베이컨(Francis Bacon)은 '인간의 왕국'을 이상으로 내세운다. 그러나 '불로장생'의 추구를 이상으로 하는 도교가 주류에 편입되지 못하면서 중국에서는 모든 정신적 노력이 인간의 마음속에서 선과 행복을 찾으려는 노력으로 기울어졌다. 그리스도교를 믿는 중세 유럽이 신을 알고 신의 도움을 구하려고 노력했던 데 비해, 그리스나 근세 유럽은 자연을 알고 자연을 정복하고 이용하려고 노력했으며, 중국은 인간 속에 내재하는 것을 알아내어 거기서 영원한 평화를 찾아보려고 했다.

과학은 무엇을 위한 것인가? 근세 서양철학은 두 가지 대답을 하고 있다. 데카르트(Rene Descartes)는 과학은 확실성을 위한 것이라고 하며, 베이컨은 과학을 힘을 위한 것이라고 말한다. 먼저 데카르트가 말한 확실성을 주는 과학이라는 입장에서 보면, 우리가 우리의 마음을 대상으로 하면 확실성은 중요한 것이 아니다. 베르그송(Henri Bergson)이 말한 것처럼 근대 유럽의 과학은 물질에서 시작되었기 때문에 과학적 방법을 찾아낼 수 있었다. 이 물질의 과학으로부터 유럽이 배운 것이 정확성, 정밀성 등이며 증거를 찾아내려는 노력이나 가능성과 확실성 사이를 구별해 내려는 노력 같은 것들이다. 이 과학적 태도가 마음의 문제에 적용됐다면 그것은 모호하고 불확실한 채 남아 있어 가능성과 확실성 사이를 구별하지 못하는 지경에 머물러 있었을 것이라고 베르그송은 말한다. 중국의 사상은 인간의 마음, 자기의 마음에서 출발하기 때문에 과학적 방법을 발견하지 못한 것이다.

그리고 중국 사상가들에게 철학이란 사고만을 위한 것이기 보다 행동을 위한 것이다. 그래서 주희는 말하기를 "성인은 덕이 무엇인가를 설명하려 하지 않은 채 덕을 실행한다"고 한다. 설탕이 달다는 것을 설명하려고 애쓰기 보다는 먹어 보라고 권하는 식이다. 중국 사상가들은 개념의 확실성보다는 지각의 확실성에 중점을 두었고, 따라서 그들의 구체적 생활

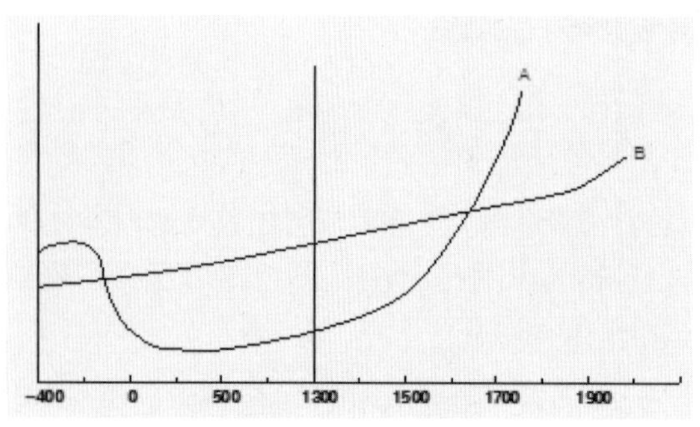

도표2 | 중국과 서양의 과학기술 발전 (A: 서양, B: 중국)

에서 얻은 예지를 과학적으로 추상화하려 하지 않았다.

서양에 비해 중국이 분명한 사고방식을 결여했다면 그 대신 중국인들은 보다 이지적인 행복을 누릴 줄 알았다. 중국인들은 서양 사람들과는 다른 이지적인 쾌락주의자들처럼 보인다고 버트란트 러셀(Bertrand Russell)은 말한 적이 있다. 그 이유는 중국인들은 힘보다는 쾌락에 더 관심을 갖고 있기 때문이다. 베이컨에 따르면 과학이란 자연 정복을 통해 힘을 얻는 수단이다. 중국 사상가들이 알고자 노력한 것은 인간 자신이었기 때문에 그들에겐 과학의 확실성이란 필요한 것이 아니었고, 그들이 정복하려고 한 것은 자연이 아닌 인간의 마음이었기 때문에 그들에겐 과학의 힘도 필요하지 않았다. 중국의 사상가에겐 인간의 지혜란 지식의 축적만으로 이룩되는 것이 아니며 또 재화를 더 많이 만들어 내는 데에 목적이 있는 것이 아니었다. 그들에겐 지혜란 인간의 마음속에 선과 행복이 가득 차게 하는 생명의 나침반이다.

더 생각해볼 주제

—

20세기 중반 이후 과학기술의 오남용으로 야기된 사회적 문제를 치유하고자 새로운 대안으로 일부 서양의 지식인들은 동양 사상에서 이러한 문제의 해결방법을 찾고자 하였다. 그러면 과학기술과 괴리한 채 발전되고 성숙된 동양 사상이 새로운 대안이 될 수 있다고 생각하는가? 만약 그 대안이 될 수 있다고 생각한다면 그 이유는 무엇이며 동양사상이 과학기술과 조화할 수 있는 철학적 근거는 무엇인가? 또 만약 그 대안이 될 수 없다고 생각한다면 그 이유는 무엇이며 동양 사상은 현대 과학기술 사회에서 어떤 의미를 갖는가?

더 읽어볼 거리

—

도교의 형성과정, 사상특징 및 양생술의 구체적 내용을 알고 싶다면 갈조광의 『도교와 중국문화』(심규호 옮김, 동문선, 1993)와 앙리 마스페로의 『불사의 추구』(표정훈 옮김, 동방미디어, 2000)가 적당하다.

중국 과학사에 대해 폭 넓게 알고 싶다면 조셉 니담의 『중국의 과학과 문명』(이석호 등 옮김, 을유문화사, 1992)과 치엔웨이창의 『중국역사 속의 과학발명』(오일환 편역, 전파과학사, 1998)이 도움이 될 것이다.

중국의 전통사상과 과학의 관계를 알고 싶다면 박성래가 편역한 『중국 과학의 사상』(전파과학사, 1978)과 야마다게이지의 『중국 과학의 사상적 풍토』(박성환 옮김, 전파과학사, 1994)가 참고할 만하다.

Vasco Nuñez de Balboa
Galdiano

제 3 부

과학기술의 윤리적 이해

01

과학기술인의 사회적 책임

2007년 4월 한국과학기술단체총연합회에서 제정한 '과학기술인 윤리강령'은 과학기술인의 사회적 책임에 대해 다음과 같이 서술하고 있다.

> 과학기술인은 과학기술이 사회에 미치는 영향이 지대하므로 전문직 종사자로서 책임 있는 연구 및 지적활동을 하여야 하며, 그 결과로 생산된 지식과 기술이 인간의 삶의 질과 복지 향상 및 환경보존에 기여하도록 할 책임이 있음을 인식한다.

이 강령은 과학기술인의 책임이 연구나 개발의 직접적이고도 단기적인 결과에 국한되지 않고 그 사회적 영향에까지 미쳐야 함을 분명히 명시하고 있다. 그러나 그 책임의 한계가 어디인지, 그리고 그 책임을 다하기 위해 과학기술인이 어떤 태도와 노력을 기울여야 하는지에 대한 구체적인 지침까지 제시해 주고 있지는 않다. 이 글에서는 이 강령의 의미와 시사점을 알아보고 과학기술인이 자신의 사회적 책임을 어떤 방법을 통해 감당할 수 있는지를 제안해 보도록 한다. 먼저 과학기술인의 사회적 책임과 관련한 몇 가지 사건들을 예로 들어보자.

1. 과학기술인의 책임

1) 하이젠베르크의 경우

유명한 불확정성의 원리를 주창한 독일의 물리학자 베르너 하이젠베르크는 제2차 세계대전 후 『부분과 전체』라는 책을 써서 당시를 회고했다. 그는 자신이 당시 히틀러에 대해 비판적이었으면서도 미국으로 망명하라는 동료들의 권유를 뿌리치고 독일에 남았다고 한다. 1939년부터 그는 나치 정부의 명령으로 원자 에너지의 기술적 이용에 대한 연구를 진행했는데, 이는 원자폭탄의 제조로 이어질 수 있었다. 하이젠베르크는 자신과 동료들이 원자폭탄 개발을 요구당할 가능성이 있다고 보고 자신들의 연구가 전쟁 후 독일에 도움이 될 만한 원자 에너지 활용 방안에 한정되도록 주의했다고 주장한다. 그는 미국으로 망명한 자신의 유대인 출신 동료들이 일본 나가사키와 히로시마에 투하된 원자폭탄을 만들었다는 사실에 크게 실망했다고 증언한다. 하이젠베르크와 독일의 물리학자들이 히틀러의 손에 원자폭탄이 들어가지 않도록 하기 위해 일부러 태업을 했다는 주장이 사실인지에 대해서는 아직까지도 의견이 분분하지만, 원자폭탄 개발을 둘러싼 독일과 미국의 과학자들에 대한 평가는 과학기술인의 사회적 책임에 대한 논의에서 빠지지 않는 주제가 되었다.

2) 평화의 댐

1986년 북한이 북한강 상류에 금강산댐을 착공하자, 당시 한국 정부(제5공화국)는 이 댐이 우리나라를 물로 공격하려는 것이라 보고 대응댐 건설의 필요성을 역설했다. 북한이 금강산댐을 폭파시킬 경우 서울 국회의사당이 잠길 정도로 물이 차오를 것이며, 이러한 공격이 88 올림픽을 겨냥한 것일 수도 있다는 것이 그 골자였다. 이를 막기 위해 평화의 댐이 건설되었는데, 당시 661억여 원의 국민 성금을 모아 1987년에 착공하여 1989년에 1단계 공사를 마쳤다. 그러나 1993년 국정감사에서 금강산댐의 위협이 과장되었음이 밝혀졌다.

당시 모든 미디어에서는 국회의사당이 전부 잠기고 63빌딩이 반 정도 잠긴 가상도를 되풀이하여 방영 및 보도했으며 이러한 과장 왜곡 선전에는 여러 전문가들이 동원되었다. 특히 모 대학 토목공학과 교수 A는 당시 공적인 자리에서 북한의 수공 위협과 대응댐 건설의 필요성을 강조하였다. 그는 나중에 자신은 북한이 댐을 짓는다면 대응할 필요가 있다는 뜻으로 말한 것이라고 변명했다. 당시 평화의 댐 건설단 단장 B는 훗날 자신들은 엔지니어로서 나라가 만들라고 한 댐을 만든 것뿐이라고 항변했다.

3) 황우석 전 교수와 의사들

황우석 전 서울대 교수는 2004년과 2005년 저명한 국제과학학술지 『사이언스(science)』지에 환자 치료를 위한 복제배아 줄기세포를 수립했다는 논문을 실어 큰 반향을 일으켰다. 황우석 전 교수는 줄기세포를 통한 치료 가능성을 대대적으로 선전했으며 언론과 정치권은 이 기술을 통해 얻어질 엄청난 경제적 이익에 대한 기대로 부풀어 있었다. 그러나 그의 연구팀에 있던 한 연구원의 폭로와 이어진 논란을 통해 이 논문들이 조작되었음이 밝혀졌다. 줄기세포는 수립된 적이 없었으며 논문에 실린 데이터와 사진들은 모두 조작된 것이었다.

사건의 전모가 밝혀지기 시작했던 2005년 12월 서울대학교 의과대학 교수 20여 명은 황우석 전 교수의 줄기세포 연구와 관련하여 그 응용 가능성이 과장되어 왔으며, 자신들은 그것을 알고 있었으면서도 침묵했음을 고백하는 성명을 발표했다. 그 이전 몇 년 동안 국내외의 환자와 그 가족, 그리고 대다수 국민들이 줄기세포 치료제에 대한 기대에 열광했다는 것을 생각한다면, 황우석 전 교수의 과장된 언행을 지켜보면서 의사로서 한 마디도 하지 않고 있다가 부정이 밝혀지자 입을 열었다는 것은 납득하기 힘들다. 그나마 이 한 쪽짜리 성명서에는 대표 한 명 이외에는 자신들의 이름조차 밝히지 않아 끝까지 책임을 회피하는 자세를 드러냈다.

2. 왜 과학기술인이 사회적 책임을 져야 하는가?

과학기술인들이 자신의 연구 및 개발과 관련하여 그 직접적일 결과 뿐 아니라 사회적인 책임까지 짊어져야 하는가? 원자폭탄 제조에 관여했던 물리학자들은 원자폭탄이 가져올 결과에 대해서까지 우려할 책임이 있었는가? 황우석 전 교수의 과장된 주장을 지적하지 않은 것만으로 책임을 묻는다는 것은 과도한 것이 아닌가? 과학기술인의 사회적 책임을 논하기 전에 가장 근본적인 물음으로 제기되는 것은 왜 그 책임을 져야 하는가의 문제이다.

1) 과학기술연구는 중립적인가?

미국에서 원자폭탄 개발에 주도적인 역할을 한 오펜하이머는 2차 대전 후 자신에게 쏟아진 비난에 대해 자신은 개발자였을 뿐 사용자는 아니었으며, 원자폭탄이 일으킨 해악의 책임은 사용자였던 당시의 정치가들이 져야 한다고 주장했다. 평화의 댐 건설단 단장도 자기는 그냥 지시에 따라 만들었을 뿐인데, 그것을 문제 삼는 것은 억울하다고 말했다. 이러한 입장은 같은 과학기술이라도 잘 사용하면 좋지만 잘못 사용하면 문제가 생길 수 있다거나 기술 자체는 그 용도와 무관하게 중립적이라는 생각과 연결된다.

과학기술의 중립성은 오늘날에도 많은 과학기술인들이 취하는 입장이다. 그러나 이는 많은 학자들에 의해 실질적으로 지지되기 어렵다는 평가를 받았다. 그 이유로는 첫째, 새로운 가능성은 언제나 현실화되기 마련이라는 점을 지적한다. 원자핵분열의 발견으로 생겨난 원자폭탄의 개발 가능성은 결국 현실화되었다. 원자폭탄이 전쟁억지력의 효과를 가지는 것은 사실이지만, 그 효과는 언제라도 사용될 수 있다는 가능성에 기인한다. 이 경우에 최종적으로 현실화시킨 사람들의 책임이 더 크다고 해도, 그 가능성을 제공한 사람들이 책임을 완전히 면할 수 있다고 보기는 힘들다.

유사한 예로 총기규제를 들 수 있다. 미국의 총기협회(National Rifle Association)에서는 "총이 사람을 죽이는 것이 아니라 사람이 사람을 죽인다"는 슬로건을 내걸고 총기규제에 반대한다. 물론 총기를 범죄를 위해 사용하는 사람에게 가장 큰 책임이 있다는 것을 부인할 수 없지만, 부당한 사용자가 생겨날 것이란 사실을 잘 알면서도 총기를 자유롭게 유통시키는 것이 윤리적으로 아무 문제가 없다고 보는 것은 지나치다. 총기가 자유롭게 유통되고 원자폭탄 수십 개가 존재하는 세상은 그렇지 않은 세상과 분명히 다르다.

둘째, 황우석 사태나 평화의 댐 사건은 과학기술이 얼마든지 정치적으로 이용될 수 있다는 점을 잘 보여준다. 한국 정부가 황우석 전 교수에게 무리한 방법까지 써 가며 많은 연구비 지원을 감행한 것은 당시 정부와 정치인들의 이해관계와 무관하지 않다. 금강산댐의 수공위협에 대해서도 유명한 대학의 교수였던 토목공학자의 전문성이 독재정부 유지를 위한 거짓 선전의 도구로 악용되었다. 과학기술적 연구나 개발이 진공상태에서 이루어지지 않는 이상, 이러한 정치적 이해관계에서 완전히 독립적인 과학기술 활동은 거의 불가능하다.

2) 예측하기 힘든 결과들

독일의 철학자 요나스에 따르면, 현대기술의 중요한 특징 중 하나는 결과의 예측불가능성이다. 원자폭탄이나 총기류는 그나마 좀 나은 편이다. 무기의 보유와 사용을 완전히 분리하여 무기 자체를 중립적이라 보는 것은 틀린 견해이지만, 여전히 사용을 억제할 수 있는 가능성이 있기 때문이다. 그러나 화학비료의 경우, 원자폭탄처럼 순식간에 비극적 결과를 초래하지는 않더라도 장기간 사용하면 원자폭탄만큼의 악영향을 끼칠 수도 있다. 현대 과학기술이 대형화되고 그 시공간적 범위가 넓어지면서 좋은 의도로 개발한 과학기술적 성과들조차 결과적으로는 바람직하지 못한 결과로 이어지는 경우가 많다. 의료기술의 눈부신 발달로 유아사망률은 크게 줄어들었지만 늘어나는 인구 때문에 환경 문제가 심각해지는 것은 어찌할 수 없는 딜레마의 상황이다. 환경문제를 해결하기 위해 유아를 살리기 위한 노력을 그만둘 수도 없는 노릇이기 때문이다. 황우석 교수의 줄기세포 연구는 연구 사기가 드러나기 전까지는 인간 복제의 가능성 때문에 많은 논란을 겪었다. 불치병을 고치려는 좋은 의도로 개발하는 생명공학의 여러 시도들이 장차 어떤 결과로 이어질지는 아무도 모른다. 문제의 심각성은 예측하기 힘든 결과들이 단지 물질적인 차원에 머무르지 않고 사회적인 결과들로 전이된다는 데 있다.

이렇듯 현대 과학기술이 예측하기 힘든 결과들을 양산하는 것은 불가피한 면도 없지 않지만, 결과를 예측하고 숙고해보는 여유를 허락하지 않은 채 무조건적인 발전만을 추구하는 태도도 문제다. 과학기술의 장기적이거나 간접적인 영향에 대해 관심을 기울이지 않는 한 과학기술의 결과에 대한 예측 불가능성은 더욱 심화될 뿐이다. 과학기술인의 사회적 책임은 바로 이러한 자각에서 비롯된다.

3) 현대 과학기술의 위력

이에 덧붙여 생각할 수 있는 것은 현대과학기술이 가지는 엄청난 위력이다. 일본에 투하된 원자폭탄은 15만 명 이상의 사망자와 수만 명의 부상자, 그리고 여러 세대에 걸친 피폭자들의 고통으로 이어졌다. 원자폭탄은 현대기술의 매우 직접적이고도 즉각적인 위력을 극적으로 보여준 예일 뿐, 많은 현대기술들이 가지는 엄청난 영향력이라는 측면에서 예외적인 것은 아니다. 물론 원자폭탄의 경우는 부정적인 방식으로 드러났지만, 다른 기술들의 경우에는 긍정적인 결과를 초래하는 경우도 매우 많다. 긍정적이건 부정적이건, 현대의 기술이 인간에 미치는 영향력은 양적, 질적인 면에서 과거와 비교할 수 없을 정도로 크다. 지난 200여 년 동안 인간이 과학기술을 통해 이룩한 변화는 인류가 생겨난 이래 인위적으로 만들어진 변화 중 가장 급격한 것이었다.

요나스는 현대기술을 통해 인간 행위의 본질이 바뀌었다고까지 말한다. 과거의 인간 행위는 인간을 초월하는 자연을 배경으로 하고 이루어졌지만 현대기술의 발전을 통해 인간은 이제 자연을 통째로 파괴할 수 있을 만한 힘을 가지게 되었기 때문이다. 자연이 보호의 대상이 되어버린 상황에서 인간의 모든 행위는, 아무리 노력해도 대자연의 비인격적인 힘과 법칙을 이길 수 없었던 과거와는 전혀 다른 본질을 가지게 된다는 것이다. 이러한 변화 때문에 현대의 윤리는 그 적용의 영역을 인간사회로부터 자연으로 확장시켜야 한다. 즉, 지금까지의 윤리가 인간과 인간 사이의 문제를 다루었다면, 현대의 윤리는 자연의 존재 자체에 대한 책임의 문제까지 포괄하게 되는 것이다. 만약 우리가 요나스의 주장을 받아들인다면, 인간 행위의 본질을 바꾼 현대기술 발전의 선봉에 서 있는 과학기술인들에게 책임을 묻는 것은 당연한 것이 된다.

4) 그들만이 안다 : 과학기술인의 독점적 지위

오늘날 과학기술이 발달된 사회들에서는 과학기술이 일상의 삶에 가장 깊숙한 곳까지 파고들어 있다. 원자폭탄 개발의 예나 황우석 사태 당시 의사들의 침묵, 그리고 평화의 댐 건설 당시 공학자들의 거짓말은 단지 "과학기술인이 그런 일을 해도 되나?" 정도의 문제로만 볼 수 없다. 이 예들은 현대사회에서 과학기술인들이 가지는 독점적이고도 영향력 있는 위치를 상징적으로 보여준다. 미국에서건 독일에서건 원자력을 어떤 식으로든지 이용하기 위해서는 물리학자들의 노력이 필수적으로 필요했고, 미국에서 원자폭탄을 개발한 것은 당시의 권력자가 아니라 과학자들이었다. 줄기세포로 무엇을 고칠 수 있는지는 의사들이 알고, 금강산 댐이 폭파되면 얼마나 큰 피해가 예상되는지는 관련 전문가들만이 안다. 너무나도 당연한 말이지만, 오늘날 우리를 둘러싸고 있는 모든 과학기술적 장치와 시설들은 과학기술인들에 의해서 만들어지고 유지된다. 과거 그 어느 때에도 이렇게 많은 사람들(불특정 다수)의 일상적 삶이 한 전문가 집단에 완전하게 매달려 있었던 적은 없었다.

5) 과학기술의 공공적 성격

최근 인기를 끌었던 고대사에 대한 드라마들에서는 대장장이가 중요한 인물로 등장하는 경우가 많았다. 이들은 왕의 적극적인 지원을 받으면서 더욱 강한 칼을 개발하기 위해 여러 가지 노력을 동원한다. 그러나 역사적으로 대장장이들이 지배자들과 친밀한 관계를 맺었을 가능성은 크지 않다. 설사 그것이 사실이라 하더라도, 고대의 대장장이들과 오늘날의 과학기술인들이 가지는 영향력을 차마 비교할 수는 없는 노릇이다. 전쟁 상황이 아니면 더 강한 칼이 필요가 없었고, 고대의 일상생활에서 대장장이가 차지하는 비중은 그리 컸다고 할 수 없기 때문이다.

드라마의 이런 설정은 오늘날 활발하게 진행되는 국가 지원의 R&D(Research and Development)를 역사에 투영시켰다고 보는 것이 더 정확할 것이다. 현대 과학기술은 국가의 명운을 결정짓는 중요한 요소로 인식되고 있으며, 따라서 과학기술에 대한 지원은 공공적인 성격을 띤다. 아직까지 그 성공 여부가 분명하지 않은 신기술에 정부가 막대한 공적 자금을 투자하는 일이 드물지 않으며, 과학기술 발전을 독려하는 시스템을 구축하는 일에 모든 정부들이 큰 힘을 쏟고 있다. 공적 자금은 결국 세금이므로 그것을 사용하여 연구를 진행하는 과학기술인들이 자신들의 연구가 가지는 사회적 의미를 생각하고 책임 있는 태도를 가지는 것은 당연한 일이라고 할 수 있다. 황우석 전 교수의 연구 사기가 특별히 심각했던 것은 국가에서 지급하는 수많은 연구비를 받았기 때문이다.

물론 모든 과학기술인들이 공적 자금을 받아 연구를 진행하는 것은 아니다. 그러나 현대 과학기술의 연구 및 개발이 점점 대형화되고 그에 사용되는 기자재 등이 정교화 됨에 따라서, 개인적 차원에서 과학기술 연구를 지원할 수 있는 가능성은 점점 줄어들고 있다. 결과적으로 대부분의 과학기술 연구개발 프로젝트는 국가나 거대 기업의 지원을 받는 것이 불가피하게 된다. 이러한 상황 때문에 과학기술인이 연구의 자율성을 가져야 한다는 주장은 과거에 비해 그 정당성이 상당히 줄어들게 된다. 현대의 기업들 역시 개인의 소유인 경우보다는 수많은 투자자들이 지분을 나누고 있는 경우가 많기 때문에, 과학기술인들은 자신이 원하건 원하지 않건 일정한 책임을 짊어지게 되는 것이다.

6) 사회적 책임의 내용

과학기술인들은 어떤 문제들에 대해 사회적 책임을 져야 하는가? 가장 대표적인 예로는 역시 환경의 문제를 들 수 있을 것이다. 과학기술의 발달에 의한 환경 훼손에 대해서는 지난 몇 십 년 동안 많은 연구가 축적되어 왔다. 단기적으로는 매우 효율적일 수 있는 과학기술들이 장기적으로는 큰 해악을 일으키는 경우가 많다. 따라서 보다 환경 친화적이고 지속 가능한 개발에 대한 책임 있는 연구개발 활동이 요구된다.

생명의료공학과 같은 경우에는 보다 근본적인 문제에 부딪히게 된다. 이들 분야에서는 생로병사에 대한 오랜 이해를 송두리째 흔들 수 있는 변화를 초래하기 때문에 우리 사회의 윤리와 문화에 이르기까지 큰 영향을 미치게 된다. 이러한 경우에 관련분야에 종사하는 과학기술인들이 사회적 책임을 다하는 길은 이러한 문제들에 대한 사회적 합의를 이끌어내는 노력일 것이다. 얼마만큼의 개발과 어떤 종류의 기술이 허용될 수 있는지, 어떤 규제나 제한이 정당화되는지에 대한 세심한 논의들이 필요하다.

자신이 직접 관여하지 않더라도, 여러 가지 상황에서 전문가적 조언을 제공하는 경우에 과학기술인의 사회적 책임은 매우 크다. 금강산 댐의 위협에 대한 잘못된 증언은 국민들을 공포에 떨게 했고, 경제적인 손해를 입혔으며(평화의 댐 건축을 위해 모금된 돈의 상당부분이 정치자금으로 흘러가게 된 것은 공공연한 사실이다), 군사독재정권의 유지에도 큰 도움이 되었다. 각종 정책을 마련하거나 법정 소송을 진행할 경우에 요구되는 전문가 조언은 철저하게 사회적 이익을 위해서 제공되어야 한다.

이 외에도 세계화의 문제, 빈곤의 문제, 인구 문제, 위험의 문제 등 과학기술의 발달로 인해 초래되거나 해소될 수 있는 문제들은 수도 없이 많다. 모든 과학기술인들이 이 모든 것들을 다 이해하고 해결할 수는 없는 노릇이지만, 적어도 자신들의 일이 이러한 문제들과 밀접하게 연결되어 있음을 인정하고 사태가 더욱 악화되지 않도록 노력하는 것은 매우 중요한 일이다.

3. 과학기술인이 사회적 책임을 감당하기 어려운 이유들

과학기술인이 사회적 책임을 감당해야 한다는 당위에 동의하더라도, 그것을 어떻게 현실화시킬 것인가의 문제가 여전히 남아 있다. 과학기술인이 처한 여러 가지 상황으로 볼 때 사회적 책임을 다하는 것이 그리 쉽지는 않기 때문이다. 보다 구체적인 대안을 제시하기 위해서는, 먼저 이러한 장애물들을 살펴볼 필요가 있다.

1) 개념의 모호성

위에서 언급한 바 있는 과학기술인 윤리강령에서 말하는 '인간의 삶의 질과 복지 향상'이 의미하는 바는 대단히 모호하다. 삶의 질에 대한 개인적 이해가 다를 수 있고, 한 사회의 정치, 경제, 문화적 특성에 따라 복지에 대해서도 다양한 해석이 가능하다. 또한 이러한 개념들을 어떤 시공간적인 틀로 해석할 것인가의 문제도 있다. 단기간 동안 건강, 안전과 같은 삶의 질과 복지를 도모하지만 장기적으로는 위협이 되는 과학기술들이 있다. 또 그 과학기술이 사용되는 해당 지역에서는 유익하지만 결과적으로 다른 지역에 피해를 끼치는 경우도 있을 수 있다. '인간'의 범위를 어떻게 한정할 것인가에 대해서도 여러 가지 해석이 가능하다. 나아가 인간의 삶의 질과 복지의 향상이 비인간화, 공동체의 파괴, 전지구화와 같은 문제들까지 포함하는지도 불명확하다.

2) 피고용인으로서의 과학기술인

과학기술인의 사회적 책임을 논하는 것이 비현실적으로 보이는 주요한 이유 중 하나는 대다수의 과학기술인들이 피고용인의 입장에 있다는 사실이다. 의사나 법조인 같은 다른 전문직 종사자들과는 달리 과학기술인은 기본적으로 기업이나 국가, 연구소에 고용되어 있으며, 수행하는 연구개발 업무도 분업적인 성격을 가진다. 예를 들어 수소를 효과적으로 저장하는 기술을 개발하는 연구를 수행할 때, 해당 과학기술인은 어느 연구소에 속해 있으며, 그의 프로젝트는 다른 동료들과의 공동작업을 통해 진행될 뿐 아니라, 그 성공의 의미는 수소 저장 기술을 필요로 하는 다른 기술과의 연관성을 통해서 더욱 커지게 되는 것이다.

이러한 상황에서 자신이 수행하는 연구개발 프로젝트가 어떤 사회적인 함의를 가지느냐를 생각하고 그에 따라 행동하기란 쉽지 않다. 우선 자신이 하고 있는 일이 구체적으로 어떤 결과로 나타나게 될 지에 대해서 모르는 경우가 많고, 설사 안다 하더라도 그에 대해 본인이 책임을 져야 한다고 생각할 가능성은 많지 않다. 피고용인으로서 주어진 프로젝트에 참여하고, 여러 사람들이 관여하기 때문이다.

앞서 살펴본 예에서 하이젠베르크는 독일 정부에, 평화의 댐 건설단장은 한국 정부에 고용되어 있었다. 물론 현재 진행되는 수많은 과학기술 프로젝트들이 전쟁이나 독재 치하와 같은 극적인 상황 속에서 이루어지는 것은 아니다. 그러나 과학기술 연구개발은 더욱 세분화되는데 반해 그 사회적 결과들은 더욱 미묘한 방식으로 표출되고, 과학기술인의 신분은 현대 사회의 복잡한 그물망 속에서 점점 더 자율성을 잃어가고 있기 때문에, 적극적으로 사회적 책임을 짊어지려는 자세를 가지기가 힘들다.

3) 극심한 경쟁

황우석 전 교수가 상당 기간 동안 자신의 거짓말을 속일 수 있었던 중요한 이유 중 하나는 줄기세포와 관련한 모든 논의가 결국은 '세계 1등'으로 모아지는 분위기였다. 미국이나 일본보다 먼저 줄기세포 수립에 성공했기 때문에 국익이 엄청난 도움이 될 것이라는 기대감이 팽배했다. 서울대학교 의과대학 교수들도 이러한 분위기 때문에 침묵을 지켰는지 모른다. 살벌한 자본주의 시장의 경쟁과 국가간 치열한 다툼 속에서 과학기술 개발은 승리를 보장하는 중요한 요건이 된다. 따라서 과학기술인이 사회적 책임을 이유로 자신에게 주어진 연구개발 업무에 대해 다시 한 번 생각해 보거나 회의하는 것을 용납하기 어려운 경우가 많다. 과학기술인들 자신도 일정한 경쟁의식에 사로잡혀 자신이 수행하고 있는 연구개발의 목적과 의미, 일어날 수도 있는 부작용이나 사회적 파장에 관심을 기울이지 않고 오로지 단기적인 성취에 집착하기 쉽다.

4. 과학기술인의 사회적 책임-그 실현 방안*

지금까지 현대 사회에서 왜 과학기술인에게 사회적 책임을 요구하는지를 알아보았고, 이어서 그 책임을 감당하는 것이 쉽지 않다는 사실을 살펴보았다. 이제 남은 과제는 과학기술인이 어떻게 그 어려움을 극복하고 사회적 책임을 다할 것인가의 문제다. 이에 대한 대답은 세 가지 측면으로 나누어 제시될 수 있다. 우선 과학기술인은 다양한 교육과 개인적 성찰을 통해 과학기술과 현대 사회에 대한 폭넓은 이해를 가질 필요가 있다. 이것은 과학기술적 지식을 가지는 것과는 별개로 과학기술 자체를 대상화시켜 바라보는 것을 의미한다. 또 과학기술인의 사회적 책임과 관련된 각종 제도와 원칙이 확립될 필요가 있다. 이에 더하여 과학기술인 뿐 아니라 사회적으로도 과학기술과 사회에 대한 새로운 시각을 가질 필요가 있다. 과학기술의 효용과 의미에 대한 전반적인 재검토를 통하여 과학기술인의 중요성을 재확인하고, 그들의 사회적 책임을 인정하는 사회적인 분위기를 확산시켜 나가야 한다.

1) 과학기술인에게 요구되는 통찰

앞서 강조한 바와 같이, 과학기술인은 전문직 종사자로서 일반인들이 모르는 지식을 보유하고 있기 때문에 과학기술이 주도하는 사회에서 매우 중요한 위치를 차지한다. 따라서 과학기술인들의 지식은 전공분야에만 한정되어서는 안 되고 자신이 속한 사회 전체를 자신의 직업과 연결시켜 바라보는 관점을 기를 필요가 있다.

① 윤리적 주체로서의 과학기술인

우선 중요한 것은 과학기술인 자신이 스스로를 윤리적 주체로 인식하는 것이다. 다시 말해서 과학기술인은 자기가 수행하는 연구 및 개발과 연관해서 제기되는 여러 가지 윤리적 문제들을 자신의 문제로 받아들일 필요가 있다. 과학기술의 중립성에 대한 신화와 피고용자의 무력감에 의존하여 윤리적 문제들에 대해 애써 무관심하려는 태도가 상당할 정

* 본 절의 주요 내용은 손화철·송성수가 쓴 「공학윤리와 전문직 교육: 미시적 접근에서 거시적 접근으로」(『철학』 제91집) 318~325쪽의 내용 일부를 대폭 수정, 보완한 것이다.

도로 퍼져 있는 것이 사실이다. 과학자들은 흔히 자신들이 순수한 학문 활동을 하기 때문에 자신들의 연구는 윤리와 무관하다고 주장한다. 공학자들은 자신들의 역할은 주어진 조건 내에서 최상의 효율성을 가지는 기술이나 제품을 개발하는 것이지 그 기술이나 제품이 초래할 수 있는 간접적인 영향들에까지 신경을 쓸 수는 없는 노릇이라고 항변한다.

그러나 이러한 주장들은 이미 과학기술 내부로부터 그 힘을 잃어가고 있다. 과학연구에서도 환경오염이나 생명윤리 등과 관련된 규제들이 점차 늘어가고 있으며, 공학에서는 지속가능한 발전을 위한 새로운 개념의 디자인이 각광받고 있다. 이러한 흐름에 가장 잘 부응하는 방법은 과학기술인 개개인이 사회적 책임에 대한 적극적인 태도를 가지는 것이다.

과학기술인의 사회적 책임을 개인보다 단체에게 돌리려는 시도도 있다. 이러한 시도는 과학기술인 본연의 임무가 개인적 차원이 아닌 집단의 차원에서 완성된다는 점에서 상당한 설득력을 가진다. 그러나 동시에 윤리적 책임의 소재를 모호하게 할 뿐 아니라 윤리적 주체로서의 과학기술인을 무시하는 결과를 낳을 수 있다. 법률가나 의사, 종교인, 교사 등은 엄격한 도덕적 기준으로 평가하면서 과학기술인은 특별히 난감한 위치에 놓인 전문인 정도로 취급하는 것은 현대기술사회의 현실을 제대로 반영하지 못한다. 설사 모든 문제들에 대한 책임을 개별 과학기술인에게 물을 수는 없다 하더라도, 사회적 책임에 관한 한 과학기술인 개인은 윤리적으로 무능하다는 인상을 주는 것은 곤란하다. 인류의 미래가 과학기술에 달렸다면 그 과학기술을 가장 잘 이해하는 사람들에게 무거운 책임을 묻는 것은 당연하다.

② 개별 연구 개발의 맥락에 대한 이해

과학기술인들은 자신의 연구 및 개발 프로젝트를 기술발전의 전체적인 맥락에서 바라볼 수 있어야 한다. 많은 경우 과학기술의 연구개발 과정에서는 지나친 분업이 이루어져 과학기술인 개인은 자신이 맡은 부분에는 전문가이면서도 자신이 수행하는 연구개발 프로젝트의 결과가 큰 틀에서 어떤 식으로 사용되고 연계되는지 모르거나 별다른 관심을 기울이지 않는 경향이 있다. 현대 과학기술의 복잡성을 고려할 때 분업 자체에 대한 재고가 이루어지기는 어려우나, 과학기술인들이 전체 맥락을 파악하고 그 안에서 자신의 작업을 이해해야 한다. 적어도 일반 시민보다는 좀 더 분명한 그림을 그릴 수 있어야만 관련된 사회적 결과에 대해 전문가로서 책임 있는 판단을 내리고 적절한 조언을 줄 수 있다.

③ 과학기술의 간접적 영향에 대한 이해와 좋은 세상에 대한 숙고

사회적 책임을 충실하게 이행하기 위해서 과학기술인은 자신이 연구 개발하는 과학기술적 성과가 초래할 직접적 영향 뿐 아니라 간접적 영향에 대해서도 관심을 기울일 필요가 있다. 과학기술인이 자신의 연구 결과가 환경에 미칠 영향에 대해서 관심을 가지는 것은 이제 당연한 것으로 여겨진다. 자신의 연구가 장기적으로 사람들의 생각과 삶의 방식에 대해 미칠 영향들에 대해 고려하는 것 역시 과학기술인들과 무관한 영역의 일이 아니다. 과학기술이 세상을 변화시키는 가장 직접적인 원인이 된다는 사실을 고려한다면, 과학기술인이 과학기술의 간접적인 영향에 대해 깊이 생각하는 것은 매우 의미 있는 일이 아닐 수 없다.

이러한 생각을 좀 더 확대시킨다면, 과학기술인 자신이 추구하는 '좋은 세상'이 어떤 것인지에 대한 숙고로 이어질 수 있을 것이다. 이상적인 세계에 대한 숙고는 아름다운 공상에 불과한 것이 아니다. 설사 실제로 이루어질 수는 없다 하더라도, 이상적인 세상에 대한 생각은 현재 자신이 수행하고 있는 과학기술적 작업을 평가하고 정당화할 수 있는 기준이 된다.

물론 이때 좋은 사회의 상은 단순히 '모든 병든 이가 치료되는 사회'나 '모두가 언제 어디서나 인터넷에 접속할 수 있는 사회'와 같이 단편적인 것이 아니라, 인간 삶의 다양한 부분들에 대한 깊은 성찰에서 나온 총체적인 것이어야 한다. 과학기술인은 자신이 그리는 좋은 사회의 이상을 다른 과학기술인의 생각 및 사회 전체의 견해와 끊임없이 비교하고 소통함으로써 자신의 견해를 성숙시켜 갈 수 있을 것이다. 과학기술인들이 자신의 연구나 개발 프로젝트를 이러한 이상에 비추어 정당화하고 열린 대화를 통해 토론할 수 있다면 과학기술이 초래할 수도 있는 사회적 해악을 최소화는 데 큰 도움이 될 것이다. 이와 같은 노력은 앞에서 언급한 바 있는 '개념의 모호성'을 극복하는 방편이 되기도 한다.

이러한 시도가 이루어지기 위해서는 여러 가지 외적 조건도 갖추어질 필요가 있다. 과학기술인들이 인문학적 소양을 갖출 수 있는 시간적 여유와 교육 조건이 갖추어져야 하고, 무조건 과학기술의 급격한 발전을 강제하는 사회적 여건들이 변화해야 한다.

2) 제도 및 원칙의 확립

개별 과학기술인이 자신의 사회적 책임에 대한 자각을 한다 하더라도, 구체적인 상황에 부딪쳤을 때 올바르고 적절하게 행동하기 위해서는 관련 제도와 원칙이 확립되어 있어야 한다. 특별히 개인적인 차원에서 사회적 책임의 문제가 부각되는 것은 대부분 개별 과학기술인이 속한 단체나 기관이 사회적 책임을 제대로 이행하지 못해 갈등이 생기는 경우다. 따라서 이러한 경우에 어떠한 순서와 방법을 따를 것인가에 대한 일정한 규칙이 필요하다. 다음에서 제시되는 제도와 원칙들은 과학기술인이 사회적 책임을 다할 수 있는 최소한의 보호 장치들이라 할 수 있다. 안타깝게도 우리나라에서는 아직까지 미흡한 부분이 많으나, 현재 여러 가지 차원의 노력이 진행되고 있기 때문에 빠른 시일 안에 확립될 것으로 기대된다.

① 의무의 상충과 내부 고발자 보호

과학기술인이 사회적인 책임을 감당하기 힘든 대표적인 이유는 피고용인으로서 자신에게 주어지는 임무가 본인이 생각하는 사회적인 책임을 다하지 못하게 하는 경우다. 원자폭탄의 예는 가장 극단적인 경우로 자주 마주치게 되는 종류의 일은 아니다. 그러나 제품의 단가를 낮추기 위해 안전성이 떨어지는 부품을 사용하게 되거나, 장기적으로 환경에 나쁜 영향을 줄 수 있는 물질을 사용하면서도 사용 후의 적절한 처리에는 별다른 신경을 쓰지 않는 실험연구팀에서 일하는 것은 충분히 생각할 수 있는 상황이다. 이러한 경우에 과학기술인 개인은 자신이 속한 팀이나 자신을 고용한 기업에 대한 의무와 사회적 책임 사이에서 고민하게 된다.

이러한 경우에 효과적으로 대처하기 위해서는 사전에 유사한 상황에 대해 미리 생각해 보고 여러 경로를 통해 적절한 처신과 판단의 기준들을 세워두는 것이 좋다. 연구윤리나 공학윤리의 지침서들은 이러한 부분에서 큰 도움이 될 수 있다. 상급자나 동료들과의 적절한 의사소통과 설득을 통해 기존의 방침을 바꾸거나 의무의 상충을 피할 수 있는 창조적인 대안들을 생각해 내는 것이 가장 바람직한 경우라 할 수 있을 것이다.

문제는, 사안의 심각성이 매우 큰데도 불구하고 관련된 동료나 상사, 기관이 문제 있는 방침을 그대로 고수하려 할 경우이다. 이 경우 과학기술인은 한 개인으로서 큰 딜레마에 빠지게 된다. 사회적 해악을 두고 볼 수 없다고 판단되는 최악의 경우에 선택하게 되는 것이 바로 내부 고발(whistle-blowing)이다. 내부 고발은 당사자에게 매우 큰 피해가 가는 행동이기 때문에 함부로 택할 수 있는 대안이 아니지만, 전문가로서 불가피한 경우에는 반드시 용기를 내어 선택해야 하는 것이기도 하다. 이런 면에서 앞서 언급한 황우석 전 교수팀의 연구원(내부고발자)과 황우석 연구에 대해 침묵한 의사들은 큰 대조를 이룬다.

의무의 상충과 내부고발의 문제를 어느 정도라도 해소하기 위해서는 보다 상세하고 구체적인 지침과 관련 기관들이 만들어질 필요가 있다. 기업에서는 상황이 허용하는 한에서 개별 과학기술인이 자신의 신념에 부합하지 않는 프로젝트에 참여하지 않을 수 있는 제도를 생각해 볼 수 있다. 연구소나 대학 등에서는 기관윤리위원회나 옴부즈맨 제도와 같이 내부 고발자를 보호할 수 있는 장치를 마련할 수 있다.

② 강력한 과학기술인 전문직 단체

과학기술인들이 자신들의 사회적 책임을 보다 원활하고 효과적으로 감당할 수 있게 하기 위해서는 강력한 과학기술인 전문직 단체가 필요하다. 앞서도 거듭 언급한 바와 같이 과학기술인들의 임무는 공동의 노력을 통해 이루어지는 경우가 많고, 대부분 기업이나 국가 연구소 등에 고용되어 다른 전문직 종사자들과 같은 독립성을 보장받기 힘들다. 따라서 과학기술인 개인에게 사회적 책임을 온전히 떠맡기는 것은 현실적이지도 않고 윤리적으로 정당화되기도 힘들다. 전문직 단체는 한편으로는 과학기술인들의 이익을 대변하면서, 한편으로는 과학기술인들의 독립성과 도덕적 우위를 지켜줄 수 있는 대안이 될 수 있다.

과학기술인 전문직 단체들이 생겨나면, 과학기술인들은 한 기관에 고용된 동시에 이 단체들의 회원이 되고, 이 단체들을 통해 자신의 사회적 책임을 좀 더 강력하게 옹호할 수 있게 된다. 고용 기관이 부당한 요구를 할 때 전문직 단체의 보호를 받으며 이에 대응할 수 있고, 내부 고발이 필요한 경우에도 개인적 희생을 최소화할 수 있다. 과학기술인 전문직 단체들은 과학기술인들을 대표하는 것에 그치지 않고, 강력한 도덕적 전문적 권위를 가져야 한다. 이러한 권위에 근거하여 사회를 향해서는 과학기술의 바람직한 발전 방향에 대한 중립적이고도 전문적인 의견을 제시하고 회원들에 대해서는 높은 도덕적 수준을 요구하게 될 것이다.

물론 과학기술인의 전문직 단체 역시 우리나라의 기존 전문직 단체들처럼 자신들의 이익만을 추구하고 사회의 필요를 도외시하는 불량한 이익집단으로 전락할 위험이 없지 않다. 그러나 그럴 경우에는 사회적 지탄의 대상이 되어 해당 전문인들이 사회에서 자신들이 원하는 대우를 받지 못하는 결과를 낳게 된다. 현재 우리나라에는 한국과학기술단체총연합회를 비롯한 여러 단체들이 있지만, 회원들에 대해 일정한 구속력을 가지고 그들을 보호할 수 있을 만큼 강력한 힘을 보유하고 있지는 못하다. 그러나 도덕적 권위를 가지는 강력한 전문인 단체가 구성되면, 현대사회를 실질적으로 이끌어가는 과학기술인들이 보다 책임 있는 자세로 자신들의 역할을 수행하는 데 큰 도움이 될 것이다.

③ 윤리적 의무와 책임의 차등적 부여

원자폭탄을 만들 당시 미국의 여러 젊은 물리학도들은 자신들의 연구가 궁극적으로 어떤 목표를 가지고 진행되는지를 알지 못한 채 맨해튼 프로젝트에 참여했다. 과연 이들에게 원자폭탄 개발의 책임을 물을 수 있을까. 이와 유사한 물음이 여러 명이 함께 진행하게 마련인 과학기술 프로젝트와 관련한 사회적 책임의 분배와 관련하여 제기될 수 있다. 장기적인 사회적 영향에 대해 단지 프로젝트에 참여했었다는 이유만으로 개인들에게 책임을 묻는 것으로는 실천적인 효과를 거두기 힘들다. 따라서 과학기술인의 사회적 책임과 관련해서 개인의 책임을 강조함과 동시에 그러한 책임을 정의롭게 분배하는 방식을 모색할 필요가 있다. 예를 들어 하급의 연구자보다는 상급 연구자가, 이론연구를 담당하는 과학기술인보다는 현실적 응용 단계의 개발을 맡은 이가, 개발의 초기 단계에 관여하는 사람보다는 상용화에 가까운 단계에 종사하는 과학기술인이 더욱 무거운 책임을 진다고 보는 것이 합리적일 것이다. 이러한 기준을 받아들인다면, 높은 지위를 가진 과학기술인은 좋은 사회에 대한 자신의 입장을 보다 뚜렷하게 설명할 수 있어야 하고, 자신이 행하고 있는 프로젝트의 전체적인 구도와 지향점, 그리고 직간접적인 사회적 영향력에 대해 하위의 과학기술인보다 훨씬 더 깊은 숙고를 할 윤리적 의무를 가진다. 책임의 분배가 제도적으로 명시되기는 어려울 수도 있다. 그러나 과학기술인이 자신의 사회적 책임에 대해 고민할 때 이러한 원칙에 의거하여 자신이 어느 정도의 책임을 가지는지를 대략적으로나마 가늠할 수 있을 것이다.

3) 과학기술에 대한 새로운 이해

과학기술인들에게 지속가능한 방식으로 과학기술을 발전시키라고 요구하는 것은 결국 그들이 속한 사회라고 할 수 있다. 만약 사회가 그러한 필요를 자각하지 못한다면 과학기술인들에게 사회적 책임을 지라고 요구할 근거가 사라지는 셈이 된다. 위에서 제시한 여러 가지 대안과 제안들은 사회 구성원 전체가 과학기술의 중요성을 깊이 인식하고 그 발전의 방향에 주목할 때 비로소 의미 있는 것이 될 수 있다.

과학기술인들이 사회적 책임을 다하지 못하게 하는 여러 가지 요인들은 결국 현대 사회의 맹목적인 과학기술 지상주의와 관련이 있다. 과학기술 지상주의는 현대 기술사회의 시민들로 하여금 과학기술인들에게 절대적으로 의지하게 만들고, 동시에 과학기술인들이 과학기술 발전의 당위성에 무작정 굴복하게 만들어 자신들의 사회적 책임을 다하지 못하게 하는 걸림돌이 된다. 이러한 악순환에서 벗어나기 위해서는 과학기술의 발전이 인류의 행복과 반드시 같이 가지 않는다는 사실, 극단적인 경쟁을 통한 마구잡이식의 개발은 결과적으로 모두에게 피해를 준다는 사실을 인식하고, 과학기술인들에게 그들의 전문적인 지식과 능력을 인류 전체에게 유익한 방향으로 사용할 수 있도록 도와줄 필요가 있다. 그 방향성을 제대로 잡아나가기 위해서는 일반인들도 과학기술이 인간의 삶에 미치는 영향에 대해 숙고하고, 나아가 자신들이 원하는 좋은 세상에 대한 더욱 구체적인 생각들을 발전시키고 공유해야 한다. 이러한 분위기가 정착되면, 과학기술인들이 자신들의 사회적 책임을 담당하는 것이 훨씬 쉬워질 것이다.

5. 결론

현대 과학기술의 무한한 가능성이 날마다 우리의 삶에 새로운 변화를 주고 있는 마당에 과학기술인의 사회적 책임에 대해 명확한 정의나 지침을 마련하는 것은 불가능하다. 과학기술인들이 아무리 노력한다 해도 새로운 기술에 의해 초래되는 사회적 변화들이 모두에게 공평하게 유익을 가져다주는 만족스러운 방향으로 진행될 가능성도 거의 없어 보인다. 그러나 기억해야 할 것은 과학기술이 인간의 삶에서 점점 더 중요한 부분을 차지하게 될 수록 과학기술인들의 책임은 더 커진다는 점이다. 이제는 과학기술인들을 비롯한 전문인들이 자신의 전공분야에서 최선을 다하는 것만으로는 자신들의 역할을 다한 것이라고 말할 수 없는 세상이 되었다. 과학기술인의 사회적 책임은 더 이상 몇몇 의식 있는 사람들이나 이미 학문의 전성기를 넘어선 노장 학자들의 전유물이 아니다. 전문직 종사자로서 과학기술인은 자신의 사회적 책임이 무엇이며 그것을 어떻게 자신의 직업 활동에 적용할 것인지를 끊임없이 생각해야 한다. 그러기 위해서는 폭넓은 교양을 쌓고 사회 현실에 대한 예리한 분석 능력을 함양하기 위한 노력을 게을리해서는 안 된다.

엄밀하고도 정확한 것을 중시하는 과학기술에 종사하는 사람들에게 실체가 분명하지 않은 사회적 책임을 강조하는 것이 적절하지 않다는 생각을 할 수도 있다. 그러나 인간의 삶을 유심히 관찰해 본 사람들은 그 안에 정확성보다는 혼돈이, 지식보다는 신비가, 해답보다는 물음이 더 많다는 사실을 인정하지 않을 수 없을 것이다. 과학기술이 인간을 위한 것이고 과학기술인 역시 사회의 구성원이라면, 인간 사회의 건강한 유지와 적정한 발전을 위해 과학기술이 인간과 사회에 미치는 영향들을 세밀하고도 진지하게 관찰하고 그에 바탕한 대안을 찾으려는 노력은 계속되어야 한다.

더 읽어볼 거리

—

강양구 외, 『침묵과 열광: 황우석 사태 7년의 기록』, 후마니타스, 2006

손화철·송성수, 「공학윤리와 전문직 교육: 미시적 접근에서 거시적 접근으로」, 『철학』 제91집, 305-331쪽, 2006.

유네스코 한국위원회 편, 『과학연구윤리』, 당대, 2001.

베르너 하이젠베르크, 김용준 역, 『부분과 전체』, 지식산업사, 2003.

찰스 헤리스 외, 김유신 외 역, 『공학윤리』, 북스힐, 2006.

한스 요나스, 이유택 역, 『기술 의학 윤리』, 솔, 2005.

02

생태 위기: 그 뿌리와 전망

서기 2000년을 앞두고 지구 환경의 파탄을 걱정하는 소리가 다시 높아졌다. 생태계의 균형이 급속히 깨지면서 자연의 이변이 눈에 띄게 늘어난 것이다. 극적인 대책이 마련되지 않는 한 다음 세기에 인류가 살아남을 수 없으리라는 비관론이 고개를 든 것은 당연한 일이다. 이런 우려와 절망은 한 세대 앞서서도 있었다.

그것은 1960년대 어느 날 갑자기 왔다. 매스미디어가 일제히 환경의 악화를 떠들어대자 위기의식이 고조되었다. 학생들은 환경 정화를 외치며 시위를 벌였고 시민들은 오염물질을 내놓는 공장을 고발했다. '환경주간'이 선포되고 단 하루이지만 거리에서 자동차의 홍수가 사라졌다.

환경오염은 정권을 바꿀 수 있는 선거의 주요 이슈로 떠올랐다. 환경을 전담하는 정부 기구가 생겨나고 환경 연구에 막대한 돈이 투입되었다. 대학에 환경학 강좌가 생기고 각종 교과서가 다시 씌어졌다. 1866년 해켈(Ernst Haeckel)이 말을 만든 이래 거의 잊혀졌던 '생태학(Ökologie)'이 생물학 전체보다도 중요한 학문으로 떠올랐다. 유엔도 새 기구를 만들고 환경에 관한 대규모 국제회의를 주관했다. 그것은 참으로 뒤늦은, 그리고 시끄러운 깨달음이었다.

1. 뿌리 깊은 환경 문제

환경 문제는 새삼스런 것이 아니다. 생태학자, 자연보호주의자들은 오래전부터 생태학적 위기가 올 것이라고 경고해 왔었다. 다만 아무도 이에 귀를 기울이려 하지 않았을 뿐이다. 문제가 심각해지자 법석을 떠는 것이다. 수백만 년의 조화로운 공존이 계속된 뒤에 생물과 환경의 관계가 갑자기 무너지기 시작하니까 충격이 크고 당황할 수밖에 없다.

그러나 생태위기의 뿌리를 캐자면 인류가 지구 위에 나타난 때로 거슬러 올라가야 한다. 백여만 년 전 인간이 나무에서 내려와 바로 섰을 때 살아남기 위해 자연을 극복하는 노력이 시작되었다. 구석기시대의 마지막인 제3빙하기가 끝난 다음 일어난 농업혁명은 자연의 엄청난 개조를 수반했고 이것은 생태혁명이라 할 수 있다. 더욱이 불의 사용은 대기오염과 부식의 시초였다. 신석기인들은 삼림을 태워 초지로 바꿨고 이것이 농토가 되었다. 불로 금속을 만들면서 문명은 불붙었으나 자연은 파괴되었고 이것으로 만들어진 연장에 의해 자연은 더욱 파괴되었다.

중세에 북부 유럽에서 농업기술의 혁신이 일어남에 따라 자연파괴의 범위는 훨씬 넓어졌다. 농토를 넓히려고, 풍차의 바람개비로 쓸 재목을 구하려고 삼림이 벌채되었다. 튜튼족이 갖고 온 바퀴 달린 무거운 쟁기로 밭을 갈아 소출이 늘어났으나 그것은 땅을 무자비하게 착취한 결과였다. 땅과 사람의 관계는 근본적으로 달라졌다. 자연의 일부였던 인간은 이제 자연의 착취자로 탈바꿈했다. 9세기에 나온 그림 달력은 돼지 잡고, 밭갈이하고, 추수하고, 나무를 찍어 넘어뜨리는 그림들로 가득 차 있다. 환경을 짓누르는 인간의 모습이 역연하다.

인구가 늘어감에 따라 자연은 크게 더럽혀졌다. 라인(Rhein)강은 '깨끗한'이란 말에서 나온 이름이지만 13세기에 벌써 그 물을 끓여먹지 않으면 탈이 났다고 한다. 에너지를 얻기 위한 화석연료의 연소가 대기를 오염시켰다. 1306년 런던의 한 시민은 시내에서 석탄을 태운 죄로 재판받고 처형되었으나 3세기 뒤에는 석탄을 때는 것이 생활의 뺄 수 없는 일부가 되었고 런던은 스모그의 문제로 몸살을 앓게 되었다.

산업혁명이 가속화된 19세기 중엽에 그 선두를 달린 영국에서는 자연에 큰 변화가 일어났다. 공장 굴뚝에서 나온 매연과 폐수가 주위를 어지럽혔다. 디킨즈(Charles Dickens)의 작품 『황량한 집(Bleak House)』(1852-3)에는 흐려진 햇빛이 묘사되어 있으며 오염된 공기가 호흡기 질환을 일으켰다는 얘기가 나온다. 20세기로 넘어올 무렵부터는 내연기관과 거대한 화학공업이 온갖 새 물질을 쏟아놓아 심각한 피해를 주었다.

1960년대에 와서 환경문제가 범지국적인 규모로 다가온 이유는 과학이 기술과의 밀착으로 막강한 영향력을 갖게 되었기 때문이다. 과학의 폐해는 그 전까지는 무시해도 좋을 만한 것이었는데 부작용이 한꺼번에 표면화된 결과 과학은 '프랑켄슈타인의 괴물(Frankenstein's monster)'로 둔갑했다. 그 밖에도 인구폭발, 산업화, 도시화, 소비수준의 급상승 등이 복합적으로 작용했다.

인간을 포함해 지구 위의 모든 생물은 무기물로부터 오랜 진화의 과정을 거쳐 나타났다. 다시 말해 생물은 지구라는 독특한 환경의 산물이다. 모든 생물이 경쟁하며 공존하도록 복잡한 관계를 이루고 있는 것이 자연이다. 생태학자 카머너(Barry Commoner)는 "모든 것이 다른 것과 연관되어 있다"는 것이 생태학의 제1법칙이라 했거니와 자연계에 독불장군이란 있을 수 없다. 자연은 동적 평형을 이루고 있어 그 균형은 부분적으로는 끊임없이 깨지지만 자연 자체의 조절에 의해 회복되며 전체적으로 유지된다. 따라서 자연의 균형은 생물이 살기 위한 기본 조건이다. 그런데 이 균형이 기술의 직접, 간접의 영향으로 무참히 깨지기 시작한 것이다.

2. 유대-그리스도교적 자연관

중세 기술사학자 화이트 2세(Lynn White Jr., 1907-87)에 따르면 중세 서유럽에서의 자연관의 변화는 새로운 종교 그리스도교의 전파에 말미암은 것이다. 본디 그리스 사람들은 물활론적인 자연관을 가지고 있었다. 그들은 자연에 정령이 깃들어 있다고 행각했으며, 따라서 자연은 인간과 다를 바가 없다고 보았다. 인간은 자연의 일부로서 인간과 자연이 서로 대립할 아무런 까닭도 없었다. 그러나 로마시대에 들어와 공인종교가 된 그리스도교는 전혀 다른 자연 개념을 가지고 있었다.

가톨릭 교회는 그리스의 물활론적인 요소를 철저히 뿌리뽑았다. 교회는 정령 숭배(spirit worship)를 성자 숭배(saint worship)로 돌려놓았다. 자연은 영혼 없는 죽은 세계가 된 것이다. 이렇게 해서 영혼을 독점하게 된 인간은 그 점에서 자연보다 우월한 존재로 올라섰고 영혼이 없는 자연을 마음껏 착취할 수 있게 된 셈이다.

그뿐만이 아니다. 창세기 첫머리에 보면 신은 빛과 어둠, 하늘과 땅, 식물과 동물을 만든 다음, 마지막으로 아담과 이브를 창조했다. 신은 인간이 지배하는 데 편리하도록 이 모든 것을 계획했다. 창조된 어떤 존재도 인간의 목적에 봉사하도록 운명지어졌다. 바꿔 말하면 인간은 자연을 멋대로 이용하고 개발하고 착취할 수 있는 권한을 신에게서 위임받은 것이다.

사람의 몸은 진흙으로 빚어졌으나 그는 단순한 자연의 일부가 아니다. 그는 신의 형상을 따서 만들어졌다는 점에서 특별한 존재이다. 알고 보면 그리스도교는 신을 받드는 것만 빼놓고 가장 인간중심적인 종교이다. 이제 인간과 자연은 둘로 나누어지고 인간은 지배자로 군림하게 되었다. "그리스도교적인 자연 개념은 중세 시빙 라딘 세계에서 기술의 발전을 크게 촉진시켰으며 이와 같은 자연관을 지나치게 추구한 결과 오늘날과 같은 생태위기를 맞게 되었다." 화이트 2세는 이렇게 주장한다.

화이트 2세 명제는 환경학자들뿐 아니라 철학-종교계에도 큰 충격을 주었으며 격한 논쟁을 불러 일으켰다. 유대-그리스도교적 전통이 없는 지역에서는 환경보전이 잘 되었느냐는 반론이 당장 나왔다. 유대-그리스도교의 가르침은 기껏해야 간접 영향을 주었을 뿐이고 환경오염의 주범은 자본주의, 민주화, 도시화, 인구폭발, 부의 증가, 자원의 사유화 등이라는 주장도 있었다.

문제의 초점인 구약의 해석도 간단하지 않다. 구약이 인간의 지배를 주장하지만 신이 동물의 운명을 전적으로 인간의 손에 넘긴 것은 아니라는 이의가 제기되었다. 푸른 풀은 짐승의 먹이이므로 인간만이 쓰라고 창조된 것은 아니라는 얘기다. 홍수 뒤에 신은 인간뿐 아니라 모든 생물이 지상에서 풍요하게 증식하라고 지시하는 근거를 대면서 창세기가 인간중심주의임을 부정한다.

구약은 모든 존재하는 것이 인간을 위해 창조되었다고 분명히 말하지는 않는다. 그러나 자연이 성스럽지 않다는 것은 분명하다. 자연이 성스럽다는 견해의 거부가 그것에 대한 무책임한 태도를 정당화하지는 않는다 해도 그런 태도로 가는 길을 열어준 것은 부인할 수 없다. 벌목하는 사람이나 백정이 도끼나 칼을 들 때 불가피성을 설명하며 나무나 동물의 용서를 비는 사회가 있었다. 독일의 삼림에 사는 사람들에게는 19세기까지 이런 태도가 남아 있었다. 유대-그리스도교도들에게는 이런 절차는 필요하지 않았다. 신만이 신성하며 자연은 성스럽지 않기 때문이었다.

철학자 파스모어(John Passmore)는 이 문제에 관해 유대교와 그리스도교를 구별한다. 그에 따르면 구약은 인간과 생물 사이에 연결될 수 없는 간극을 만들지 않는다. 구약은 절대로 신 중심이어서 자연은 인간을 위해서가 아니라 신의 영광을 위해 존재한다. 한편 그리스도교는 인간과 동물을 분리하고 자연이 인간을 위해 만들어졌다고 보는 데서 순수한 구약보다 자연에 대한 더 오만한 태도의 씨를 볼 수 있다.

구약은 모든 점에서 하나의 관점을 가진 책으로 보기가 어렵다. 거기에는 새로운 인간 중심의 농업과 유대인들이 향수를 품은 낡은 자연 중심의 유목전원생활 사이의 갈등이 있다. 전자는 자연을 변형하며 후자는 인간이 생물과 지구를 공유하고 있음을 의식한다. 그러나 그리스도교는 인간의 형상을 한 신과 함께 인간중심적이다. 칼뱅(Jean Calvin)은 신이 인류를 위해 만물을 창조했다고 확신했다. 신은 우주를 하루에도 만들 수 있었지만 모든 것이 그를 위해 준비되었음을 보여주기 위해 엿새를 소비했다. 인간은 마지막에 들어옴으로써 중요함이 나타나는 귀빈처럼 지구에 입장했다는 것이다.

인간과 자연의 관계에 관한 파스모어의 철학적 연구도 많은 비판을 받았다. 성서는 다양하게 해석될 수 있다. 그러나 그리스도교가 대체로 인간중심주의적인 요소가 강하며 그런 방향으로 믿어져 온 것은 부인하기 어려울 것 같다. 그러기에 화이트 2세는 비판에 대해 이렇게 답한다. "성경, 특히 구약에는 모든 생물의 정신적 민주주의 개념을 지지하는 것으로 읽힐 수 있는 구절들이 흩어져 있다. 문제는 역사적으로 그것들은 그렇게 해석되는 일이 드물었거나 없었다는 것이다."

파스모어에 따르면 그리스 사람 일반의 생각과는 달리 그리스 과학도 자연이 성스럽다는 견해를 거부하는 데서 시작했다. 아낙사고라스(Anaxagoras)는 태양이 불덩어리라 해서 신성을 부인했다고 불경죄로 단죄되고 아테네에서 추방되었다. 이 대목에서 그는 동료 우주론자들의 전형이었다. 물론 근대과학도 마찬가지였다. 17세기 화학자 보일(Robert Boyle)은 인간은 자연을 성스러운 힘으로서가 아니라 단순한 식물, 동물, 암석, 바다, 수풀 들의 집합으로 생각해야 한다고 주장했다.

아리스토텔레스(Aristoteles)는 식물은 동물을 위해, 동물은 인간을 위해 창조되었다고 보았다. 자연은 결코 불완전하거나 헛된 것을 만들지 않는다는 전제에서 나온 결론이다. 키케로(Cicero)도 세계는 인간을 위해 만들어졌다고 믿었다. 인간의 자연 지배, 인간의 신과 같은 우월성이라는 스토아적 견해는 인간의 합리성에 바탕을 두고 있다. 이런 가정은 아우구스티누스(Augustinus), 토마스(Thomas Aquinas), 칸트(Immanuel Kant)에서도 볼 수 있다. 결국 그리스도교적 오만은 유대교 아닌 그리스적인 것과의 결합에서 왔다고 파스모어는 강조하고 있다. 이런 복잡한 배경에서 본격적인 자연 정복의 개념이 나온 것은 근대가 시작되면서부터였다.

3. 근대과학의 전제와 귀결

근대과학을 낳은 16, 17세기의 과학혁명(Scientific Revolution)은 새로운 지식(과학)의 개념을 부르짖은 베이컨(Francis Bacon)에 의해 서곡이 울렸다. 중세 내내 지식은 조용히 명상함으로써 얻어지는 것이었는데 베이컨은 자연에 적극적으로 도전해서 얻어내는 것이 지식이라는 새로운 주장을 폈다. 이렇게 해서 '명상적 과학'(scientia contemplativa)이 '행동적 조작적 과학'(scientia activa et operativa)으로 바뀌었다. 그는 "지식은 힘(Scientia est potentia)"이라는 유명한 말을 남겼거니와 힘으로서의 지식이란 인류에게 물질적 혜택과 복지를 가져다 주는 지식을 가리킨다. 그것은 곧 응용과학이었다.

베이컨은 자연철학이 "원인의 탐구와 효과의 생산(Inquiry of Causes and Production of Effects)"라고 했다. 원인의 탐구는 전부터 있었던 것이지만 효과의 생산은 전혀 새로운 것이었다. 베이컨은 건전한 지식에 참으로 공헌하는 것은 철학자보다 장인들의 업적이라고 하면서 과학은 명상하는 데 그치지 말고 무엇인가 만들어내야 한다고 주장했다. 그는 그의 세 가지 야심을 들었는데, 가장 훌륭하고 고상한 야심은 인류가 우주를 지배하는 힘과 영역을 확장하는 것이라고 했다. 이것은 인간관의 변화라고도 할 만하다. 이제 인간을 신의 작품의 경건한 구경꾼으로서가 아니라 자연 과정에의 적극적 참여자로 보게 된 것이다.

한편, 베이컨과는 매우 대조적인 과학방법을 내놓은 데카르트(Ren Descartes)도 베이컨과 비슷한 선언을 하고 있음을 본다. 그는 장인들의 기법과 연금술사의 꿈을 포함시킴으로써 시야를 넓혔다. 그의 『방법론(Discours de la mthode)』 제6부에 보면 그는 사변적인 철학

대신에 실용적인 철학을 이룩하고 인간에게 매우 유용한 지식에 도달하는 것이 가능하다고 믿었으며 만물의 힘과 작용을 잘 응용함으로써 "자연의 주인이며 소유자(maitre et possesseur de la nature)"가 될 기대에 부풀어 있었다.

'이성의 시대'에 "과학은 곧 진보"라는 방정식이 보편적으로 받아들여졌다. 산업 혁명 후기에 가서는 자연 정복의 명제가 착착 실천에 옮겨졌다. 기계적인 과학은 자연계로부터 물활론을 추방한 지 오래 되었고 자연은 더 이상 유기체로 생각되지 않았다. '운동하는 물질'(matter in motion)에 지나지 않는 자연은 인간이 마음대로 쓰도록 거기에 있었다. 영국에서는 무술(witchcraft)에 대한 사형이 폐지되기 7년전 기계 파괴(luddism)에 대한 사형이 도입되었다. 기계가 자연보다 더 중요하게 된 것이다.

약간의 저항이 없었던 것은 아니다. 17세기의 케임브리지 플라톤주의자 모어(Henry More)는 데카르트의 인간중심주의 전통에 항거했다. 그는 생물이 인간에 봉사할 뿐 아니라 스스로 즐기기 위해 만들어졌다고 했다. 생물학자 레이(John Ray)도 자연이 인류에 봉사하기 위해 존재한다는 키케로, 데카르트의 생각에 반대했다. 18세기에 괴테(Johann Wolfgang von Goethe)를 비롯한 낭만주의적 과학자들은 기계론적 환원을 반대하는 운동을 벌였다. 그러나 이미 대세는 결정되어 있었다. 자연 정복의 길은 탄탄대로였다.

19세기에 생물학은 자연을 다루는 인간의 권리에 대한 믿음을 강화하는 것으로 해석되었다. 다윈(Charles Darwin)의 자연선택은 스펜서(Herbert Spencer)의 '최적자생존(survival of the fittest)'으로 발전했다. 인간은 생존을 위해 자연과 싸워야 했을 뿐 아니라 그렇게 하는 데 성공함으로써 인간의 도덕적 우월을 증명한다는 것이 그 주장이었다. 프로이트(Sigmund Freud)도 『문화에서의 불만』(Das Unbehagen in der Kultur, 1930)에서 과학의 인도로 자연을 공격해서 인간 의지에 복종하게 하는 것이 인간의 이상이라고 했다.

베이큰-데카르트 전통의 기술적 낙관주의는 원래의 것과는 매우 다른 문화와 이데올로기 체계로 옮겨갔는데, 여기서 다리를 놓은 것이 마르크스(Karl Marx)이다. 그는 자본의 위대한 문명화 영향은 자연의 신성화를 거부하는 데 있다고 했다. 따라서 마르크스주의에서 자연은 인류를 위한 단순한 대상, 순수한 효용의 문제가 되었다. 이것은 고전적 서유럽의 견해를 가장 잘 반영한 것이다. 마르크스의 협력자 엥엘스(Friedrich Engels)는 자연에 대한 승리를 너무 기뻐하지 말라고 경고하면서 공산주의는 자본주의와 그리스도교를 파괴함으로써 자연을 구하는 것이라고 주장했다. 그러나 소련에서의 사회주의의 실험은 마르크스주의가 자연에 대한 태도에서 자본주의와 똑같다는 것을 보여주었다. 이런 사정은 자연 정복의 구호를 소리 높이 외친 마오쩌뚱(毛澤東)의 중국에서도 마찬가지였다.

마륵스는 자연의 지배를 노동과정의 진화의 한 요소로 이해했다. 그리고 발전의 앞선 단계에서는 지배가 과학과 산업의 효율적인 결합으로 나타났다. 마르크스가 살았을 때는 프롤레타리아의 사회의식이 자연정복과 함께 발전하리라 기대했고, 기술은 아직 허위의

식의 근원이 아니었다. 그때 이래 기술과 계급의식이 크게 달라졌으므로 자연정복의 재평가는 불가피해졌다.

4. 바뀌어야 할 자연 개념

서양 문명의 오늘을 가져온 자연 개념은 중대한 위기를 맞고 있다. 미친듯이 달려온 과학기술에 강력한 제동이 걸린 것은 1960년대에 이르러서였다. 이대로 가면 인류의 파멸은 피할 수 없다는 것을 깨달은 사람들 사이에서 전통적인 자연관에 대한 심각한 반성이 일어났다.

그때까지 특별히 성공적이었던 분석적 비판적 접근을 버리고 새 윤리, 새 형이상학, 새 종교를 찾아야만 생태학적 문제를 해결할 수 있다는 의견이 대두했다. 극단적으로는 신비주의, 원시주의, 권위주의로 돌아가자는 움직임도 있었다. 대안의 모색은 절실한 요구지만 이렇게 정반대 극으로의 회귀가 문제 해결에 도움이 될까는 매우 의심스럽다.

화이트 2세는 인간이 자연을 착취할 권리가 있다는 그리스도교적 근본 전제를 수정하지 않고서는 위기가 극복될 수 없다고 주장한다. 그는 자연을 형제로 여긴 중세의 이단적 수사 성 프란치스코(St. Francis of Assisi)를 새 수호성인(patron saint)으로 받들 것을 제안한다. 문제의 근원이 종교적인 만큼 치료도 종교적이어야 한다는 얘기다. 여기에 대해서 듀보스(René Dubos)는 성 프란치스코보다는 성 베네딕트(St. Benedict)가 더 참된 인간조건의 상징이라고 한다. 베네딕트수도원에서는 수사가 신에게 기도만 하지 말고 일해야 한다는 행위규칙을 만들었는데, 이 창조적 간섭이 소극적 경배보다 현대세계에 어울리는 생태학적 개념을 내포하고 있다는 것이다. 그는 또한 저지와 늪에 수도원을 건설하고 못쓰는 땅을 농토로 일군 시토교단(Cistercian Order)을 높이 평가한다.

인간과 자연의 관계를 대립보다 조화에서 본 동양의 자연관에 관심을 보이는 사람도 많다. 서양의 윤리는 생태학적으로 확장해보았자 허사이니까 힌두 불교 신앙, 아시아의 농업문화로 눈을 돌려야 한다는 주장마저 있다. 분명한 점은 고전적인 동양철학에서 인간을 자연의 밖이나 위에 놓지 않았다는 것이다. 니덤(Joseph Needham)의 말대로 중국에서도 인간이 중심이기는 했으나 우주가 그것을 위해 창조된 중심은 아니었다. 따라서 인간은 자연을 마음대로 할 권리가 없다는 결론이 나온다.

서양에도 그리스도교와는 다른 자연관이 있었다. 그것은 아리스토텔레스에서 시작해 브루노(Giordano Bruno), 스피노자(Baruch de Spinoza), 괴테, 라메트리(Julien Offray de Lamettrie), 다윈, 해켈을 거쳐 아인슈타인(Albert Einstein)에 이르는 자연주의의 전통이다. 자연주의는 자연을 실재의 전부로 보기 때문에 자연을 넘어서는 신도 인간도 있을 수 없다.

인간은 자연의 일부이며, 따라서 둘 사이에는 조그만 간극도 있을 수 없다. 더구나 진화론에 따르면 인간은 고립된 존재가 아니라 자연의 모든 생물에 연계되어 있다. 인간은 하등동물에서 진화했으며, 하등동물은 원시지구의 대기, 땅, 바다라는 무기물에서 발생한 것이다. 다시 말해 자연은 인간의 고향인 동시에 조상이기도 하다. 이런 입장에 서면 인간은 자연을 정복의 대상으로만 보는 오만한 태도를 버릴 수 있을 것이다. 자연과의 공생, 조화를 추구하는 태도의 채택은 생태위기 극복의 전제가 된다.

5. 생태파탄을 막으려면

'생태파탄'(eco-catastrophe)은 1969년 미국의 한 생태학자가 만든 말이다. 그는 유조선의 충돌로 일어난 샌터 바버러 연안의 끔찍한 해양오염을 보고 이 말을 생각해 냈다. 인간의 치명적인 생태계 공격의 결과를 그린 말이다.

1971년 『인구폭탄(The Population Bomb)』이란 책을 써 세계적으로 유명해진 생태학자 얼릭(Paul Ehrlich)은 이 말을 받아 소름끼치는 시나리오를 썼다. 환경파괴가 계속되도록 내버려 둔다면 10년 뒤의 지구는 어떻게 될 것인가? 불길한 징조는 DDT가 해양식물의 광합성을 지체시킨다는 사실이 발견된 1968년부터 나타났다. 고래잡이는 1973년에 끝났다. 1975년에는 멸치잡이가 끝났고 1977년까지는 다른 고기잡이도 다 사라졌다. 바다의 마지막은 1979년 늦여름에 왔다.

이 시나리오는 맞지 않았다. 바다는 2004년에도 아직 살아 있다. 1972년 로마 클럽(Club of Rome)이 낸 『성장의 한계(Limits to the Growth)』는 재생 불가능한 자원이 고갈될 때를 과학적으로 예측했다. 그 계산에 따르면 금, 은, 납, 구리, 주석 등은 20세기가 가기 전에 바닥나는 것으로 되어 있다. 그러나 21세기에 들어온 지금 그런 징후는 아직 보이지 않는다.

하지만 이런 예측들이 완전히 빗나갔다고 생각해서는 안 된다. 그것은 과장되었거나 성급했을 뿐, 기본적으로 타당한 추론이기 때문이다. 적극적인 대책을 세우지 못하고 시간이 흘러간다면 조만간 불행한 사태가 올 가능성이 매우 높다. 이와 같은 비관론을 뒷받침하는 걱정스런 사실은 너무나 많다.

지구의 나이는 45억 년이라고 한다. 그 오랜 기간 잘 보전되어왔던 지구가 불과 200년 사이에 크게 망가졌다. 이 기간은 산업혁명 이후에 해당한다. 지구 파괴의 주범은 과학을 본격적으로 응용해 이루어진 산업문명이다. 그것은 인류의 복지를 위해 자연 정복을 외친 베이컨의 꿈의 실현이었다. 산업문명은 자연의 모습을 바꾸면서 인간에게 풍요롭고 편리한 생활을 안겨 주었다.

1960~70년대는 위기의식이 팽배했던 때이다. 카슨(Rachel Carson)의 『고요한 봄(Silent

Spring, 1962)』은 미시건대학 교정의 느릅나무를 좀먹는 해충을 잡기 위해 뿌려진 DDT가 어떻게 먹이사슬을 통해 종달새 소리를 들을 수 없게 했는가를 생생하게 그렸다. 이 무렵 일어난 미나마타병, 이타이이타이병, 유조선 토리 캐년호의 좌초, 베트남전쟁의 고엽작전 등 대형 환경재해는 온 세계의 환경의식을 깨운 데 결정적이었다. 환경에 대한 관심은 한동안 세계를 휩쓸다가 식어 버렸다. 한 세대가 지난 지금의 세계는 어떤가? 선진국의 환경은 크게 좋아졌나. 그러나 제3세계의 환경오염은 계속 악화되고 있다.

환경오염의 심각성을 보이는 통계가 어지럽게 나돈다. 대기 속의 황、질소 산화물 때문에 생기는 산성비의 피해가 늘고 있다. 이산화탄소가 증가하면서 온 세계의 기후이변이 예사롭지 않다. 지구온난화 현상은 없다고 주장하는 학자도 있지만 의심할 수 없는 사실이다. 벌채와 개발로 열대 우림이 급격히 줄어들고 있는데 그 영향은 충격적이다. 지구 위의 생물 종은 천만이 넘는다지만 하루에 100여 종이 멸종되고 있다는 보고가 있다.

이 모든 추세는 지수적이라는 사실에 주목해야 한다. 지수적 성장이 얼마나 무서운 것인가는『성장의 한계』에 나오는 프랑스 어린이들의 수수께끼에서 알 수 있다. 연못에 수련이 자라고 있다. 그것은 날마다 곱절씩 늘어간다. 그 양은 대수롭지 않게 보이지만 내버려두면 무섭게 늘어나 29일째는 연못의 반을 덮는다. 아직 반이 남았다고 방심할 것인가? 수면이 완전히 덮이는 날은 바로 그 다음 날이다.

더욱이 이 지수적으로 성장하는 요인들은 독립적인 것이 아니라 서로 복잡하게 얽혀 있다. 복합적이기 때문에 상승효과가 있고 어떤 결과가 나올지 예측하기도 어렵다. 생태계의 오묘한 메커니즘에 대해서 우리는 극히 조금밖에 모른다. 변증법에서 양이 질로 변하듯이 뜻하지 않은 사태가 일어나는 임계점이 있다. 우리는 그것이 멀리 있는 줄 알고 있지만, 바로 앞에 있을 수도 있다. 따라서 파국은 언제 일어날지 모른다고 하는 것이 정확하다.

덴마크의 롬보르(Bjorn Lomborg)가 1998년 쓴『회의적 환경주의자(The Skeptical Environmentalist: Measuring the Real State of the World, 2001)』가 2003년 한국에서 나와 파문을 일으키고 있다. 이 책은 수백 개의 도표와 3천 개 가까운 주를 달고 있는데 롬보르는 방대한 통계를 근거로 세계의 에너지, 인구, 식량 사정이 많이 나아졌으며 인류가 더욱 행복해졌음을 보여주려고 했다. 그는 환경주의자들의 견해를 지나친 생태주의 또는 비관주의로 단정 지으면서 지구 온난화, 생물다양성 등 환경문제들이 대수롭지 않다고 주장했다. 이 책은 개발주의 진영에게 크게 환영받았다. 비관주의자들의 주장에 과장이 많음을 보여 준 것은 이 책의 공로라 할 수 있지만 롬보르도 통계의 오류와 왜곡을 많이 범한 것이 드러나고 있다.

최근 환경을 역사의 중심에 놓는 환경사가 크게 주목을 끌고 있다. 1000년 전 남태평양 이스터(Easter) 섬에 있던 높은 문명이 사라진 이유를 밝힌 것이 그 좋은 보기다. 환경사는 자연에 대한 인간의 오만한 태도가 어떤 결과를 가져오는가를 잘 보여준다. 역사에서 배우는 것이 생태파탄을 막는 길이다.

더 읽어볼 거리

—

남상민·이태동, 「"회의적 환경주의자"에 대한 전면 비판」, 『환경과 생명』 겨울호, 96-116, 2003.

롬보르, 홍욱희·김승옥 역, 『회의적 환경주의자』, 에코리브르, 2003.

박이문, 『환경철학』, 미다스북스, 2002.

이시 외, 이하준 역, 『환경은 세계사를 어떻게 바꾸었는가』, 경당, 2003.

이필렬·조경만, 『생명과 환경』, 한국방송통신대학교출판부, 2003.

최병두 외, 『녹색전망』, 도요새, 2002.

최종덕, 『함께하는 환경철학』, 동연, 2003.

카머너, 송상용 역, 『원은 닫혀져야 한다』, 電波科學社, 1980.

폰팅, 이진아 역, 『녹색세계사 I·II』, 심지, 1995.

03

동물실험

1. 사례 (신문기사 인용)

대덕연구단지 내 한국화학연구원 독성실험실. 쥐, 토끼, 개, 원숭이로 신약 후보물질의 독성을 실험하는 곳이다. 독성실험에서 가장 중요한 것은 반수치사량(LD50)을 알아내는 일. 연구원들은 실험동물에 약물을 주입해 수십 마리 가운데 50%가 죽는 약물의 양을 확인한다. 그래야 실험동물과 몸무게를 비교해 사람에게 어느 정도 부작용이 있는지 계산할 수 있다.

동물실험을 하는 과학자들은 원숭이나 개를 실험할 때 심적 부담을 느낀다. 인간을 위해 희생된 실험동물들을 기억하며 매년 한 번씩 올리는 수혼제.

하지만 실험동물들이 일주일이 넘게 고통을 당하며 죽어 가는 것을 지켜봐야 하는 연구자들의 심리적 부담도 적지 않다. 그래서 이 연구소는 매년 한 번씩 조용히 위령제를 지내 동물들의 넋을 달랜다. "실험동물의 고통을 줄이기 위해 죽을 게 확실한 쥐는 골라서 미리 안락사 시킵니다. 나처럼 쥐나 토끼로 실험을 하는 사람은 그래도 마음의 부담이 적습니다. 하지만 개나 원숭이로 연구를 하는 연구원 가운데는 괴로워하는 경우도 꽤 있지요." 이 실험실 L씨의 말이다.

우리나라에서는 한 해 4백만 마리 가량의 쥐, 토끼, 개, 원숭이가 동물실험에 이용되고 있는 것으로 추정된다. 특히 최근 바이오산업이 각광을 받으면서 실험동물의 사용량은 해마다 30-40%씩 크게 늘고 있다. 게다가 최근에는 유전자를 조작한 '당뇨병 쥐', '암에 걸린 쥐', '미치광이 쥐' 등 질병모델실험동물까지 쏟아져 나오면서 동물보호단체가 '동물의 권리'를 주장하고 나섰다.

15~16일 건국대에서 열린 한국실험동물학회 심포지엄이 동물보호단체의 시위 속에서 열린 것. 선진국에서는 흔한 일이지만, 국내에서 과학자와 동물보호단체가 부딪친 것은 처

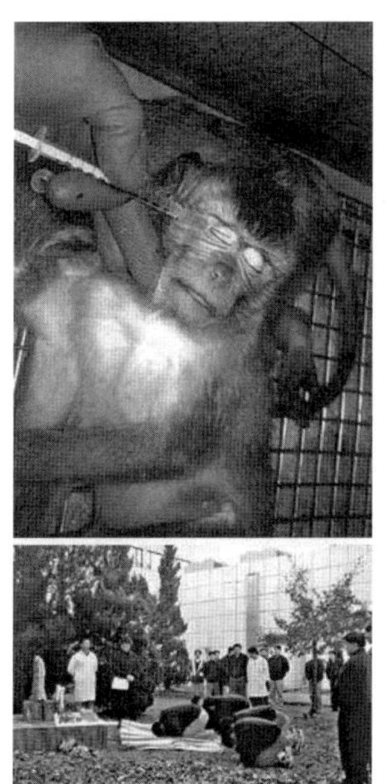

음이다. 이들 단체는 "한국이 동물실험의 천국"이라며 동물실험의 규제를 요구하는 서명운동을 2주 동안 서울 명동 일대에서 매일 벌이고 있다.

대부분의 선진국은 80년대까지 실험동물을 윤리적으로 취급하는 것을 내용으로 한 법률을 만들었다. 유럽연합은 지난해부터 동물실험을 통해 만든 화장품의 판매를 금지시켰다. 실험동물의 사용을 최소화하고, 고통을 줄이며, 세포실험시뮬레이션인공피부 등의 대체방안을 찾도록 하자는 것이다.

식품의약품안전청 국립독성연구소도 이날 심포지엄에서 한국실험동물학회에 의뢰해만든 '동물실험법' 초안을 발표했다. 이 법안은 실험동물의 고통을 줄이고, 실험 뒤 안락사 시키며, 동물실험을 하는 대학, 연구소, 병원, 기업은 동물실험위원회를 구성하고 동물실험시설 인증을 받을 것을 권고하고 있다.

하지만 동물보호단체들은 위원회와 인증제도를 권고가 아닌 의무조항으로 하고, 법률도 실험동물학회가 아닌 정부가 만들어 규제를 강화해야 한다고 주장하고 있다. 동물보호운동을 벌이고 있는 성공회대 박창길 교수는 "꼭 필요하지 않은데도 동물에게 고통을 주는 실험을 하거나, 세균에 감염된 실험동물이 도망치고, 죽은 실험동물을 쓰레기통에 마구 버려 생물재해의 위험까지 초래하는 일이 국내에서 흔히 벌어지고 있다"며 "권고 수준의 실험동물법은 있으나마나한 법이 되고 말 것"이라고 말했다.

이에 대해 한상섭 실험동물학회장은 "동물실험 숫자는 그 나라 바이오산업의 수준을 나타내는 척도"라며 "세계적으로 신약을 개발할 수 있는 10대 국가 대열에 우리가 이제 들어가려 하고 있는데 동물실험 그 자체를 부정하는 것은 복지국가가 되는 것을 포기하는 것"이라고 반박했다.

— 동아일보, 2001. 6. 20

2. 동물실험의 역사와 현황

인류는 동물과 같이 살아왔고, 동물을 이용하면서 자신의 삶을 영위해왔다. 수렵사회 이후로 동물은 우리에게 고기와 옷을 주었고, 동물의 뼈를 이용해 화살촉 등 도구를 만들기도 했다. 동물에 대한 해부와 실험은 우리의 의학발전에 지대하게 공헌했다. 고대 그리스의 히포크라테스는 동물해부를 통해 생식과 유전에 관한 지식을 발전시켰고, 철학자이자 생물학자인 아리스토텔레스도 동물해부를 통해 비교해부학과 발생학을 연구했다고 한다. 고대 그리스의 의사인 갈레노스(C. Galenus)는 원숭이의 생체해부를 통해 근육과 뼈조직, 뇌신경, 심장판막에 대한 중요한 의학적 사실을 규명했다. 16세기 베네치아의 의사인 베살리우스(A. Vesalius)에 의해 인체해부학이 발전할 때까지 동물해부학은 의학의 가장 중요한 토대로 기능했다. 17세기 영국에서 하비(W. Harvey)가 돼지를 이용하여 심장박동에 의한 혈액순환 이론을 밝힌 것은 유명하다. 이후 파스퇴르(L. Pasteur)의 백신실험도 동물실험을 기초로 했다.

동물실험은 다양한 형태로 이루어진다. 의학과 생물학의 지식을 밝히고 전수하기 위한 생체해부와, 의약품의 원료를 얻기 위한 재료채취도 넓은 의미의 동물실험에 포함될 것이다. 하지만 우리가 일반적으로 생각하는 동물실험은 새로운 약품(예컨대 백신)을 사용하기 전에 그 효능과 안전성을 확인하기 위한 것이다. 이런 실험은 비단 새로운 약품뿐만 아니라, 생필품, 화장품, 소독제, 농약, 신화학물질, 기능성 식품 등에도 적용된다. 이는 인체에 주는 영향과 환경에 미치는 영향을 예측하기 위한 것이다.

동물실험의 발달은 실험동물이라는 새로운 존재를 낳았다. 실험동물(laboratory animal)은 "제조를 포함한 연구목적에 적합하도록 순응시키고 번식, 생산하여 순수하게 연구용으로 특별히 준비된 동물"이다. 마우스나 래트, 햄스터와 같은 설치류, 기니피그가 대표적인 실험동물이다. 실험동물이라는 말은 실제 실험에 사용되는 실험용동물(experimental animals)과 혼용해 사용되기도 하지만 엄밀하게 따지면 구분되는 개념이다. 실험용동물에는 실험동물 이외에 소, 양, 돼지, 닭, 개, 고양이 같은 가축, 그리고 야생동물도 포함되기 때문이다.

현재 의학, 약학, 수의학, 생물학 등의 분야는 실험동물을 이용하고, 또 이를 바탕으로 모든 결과가 이루어진다. 우리나라의 경우 최근 생명공학이 각광받으면서 실험동물의 사용은 해마다 30-40% 증가하고 있다고 한다. 또 유전자 조합을 통해 선천적으로 인간의 유전자나 인간의 질병을 가지고 태어나는 기형동물도 나오고 있다.

세계적인 생명공학의 강국인 우리나라는 동물복지에 관한 한 아쉽게도 그 명성에 걸맞는 상황이 아니다. 실험동물에 대한 정확한 통계마저 없는 것이 단적인 예이다. 식품의약품안전청 통계에 따르면 1998년 실험동물은 84만여 마리이다. 하지만 조사에 응답한 곳이 절반에도 못 미쳤고, 응답수치도 실제보다 적었는데, 이는 각 기관에게는 실험동물 사용을 보고할 의무가 없었기 때문이라는 것이 담당자의 말이다. 최근 생명공학의 발전과 더불어 국내에서 수행된 동물실험 연구가 급증했다는 점을 감안해 각종 실험동물의 수는 연간 400만 마리에 이를 것이라고 일반적으로 추정한다. 그런데 한국실험동물학회에 따르면, 전체 동물실험관련기관 중 실험지침서를 갖춘 곳은 47.7%, 동물실험위원회를 설치한 것은 21.6%에 불과하다. 2003년 11월에야 서울대학교가 동물실험위원회를 설치할 예정이라고 발표하는 것이 우리나라의 실정이다. 동물실험을 감독할 사회적 시스템이 전혀 갖추어지지 않았음을 반증하는 사건이다.

제도의 미비는 한국으로 하여금 '동물실험의 천국'이라는 오명을 쓰게 했다. 검사에 실제로 필요한 동물의 숫자가 1000~1500마리임을 알면서도 3000마리의 동물을 실험에 사용하였다는 말을 학회의 공식석상에서 하는 학자가 있는가 하면, 가위로 쥐의 머리를 산 채로 마취 없이 자르는 해부학 교수가 있다고 한다.

이는 세계적인 추세에 어긋난다. 최근 추세는 불필요한 동물실험을 줄이고, 최대한 동물의 고통을 줄이는 것이기 때문이다. 1998년 11월 영국의 화장품 회사들은 동물실험을 완전히 포기하기로 선언했고, 유럽공동체도 2005년부터 동물실험을 거친 화장품 판매를 금지한다고 2000년 예고했다. 미국의 경우 1985년 말 동물복지법의 주요 수정조항들이 통과되어 등록된 모든 연구단체는 기관내 동물실험위원회(LACUC)를 설립하도록 요구한다. 특히 동물들이 고통과 괴로움을 겪을 것 같다면, 연구자들은 자신들이 대안을 찾는 노력을 기울였다는 것을 입증해야 한다.

이러한 경향을 반영하듯, 동물의 이용사례는 1980년대 초반 이래 감소해왔다. 1994년에 발표된 한 연구보고에 의하면, 1967년이래 동물사용은 적어도 23%, 많게는 40% 정도 줄었다. 특히 개는 41%, 고양이는 44%, 기니피그는 18%, 햄스터는 12%, 토끼는 20%가 감소했다고 한다.

주요나라의 실험동물학회에서 발간하는 학회지들은 동물복지법 혹은 실험동물학회에서 정한 〈동물실험에 관한 가이드라인〉에 명기되어 있는 동물복지의 정신을 따르지 않으면 논문을 받아들이지 않는다는 규정을 갖고 있다. 그리고 이에 입각해 논문의 〈재료 및 방법란〉에 동물의 사육, 관리조건과 동물실험법에 관한 상세한 기재를 요구한다. 또한 이런 상황은 의학, 생물학, 수의학, 병리학, 독성학 등의 학술지도 마찬가지이다. 이에 따라 이런 조건의 미비로 국내 동물실험 연구논문이 국제저널에서 수록되지 못하고 거절되는 현상마저 있었다.

3. 동물실험 논쟁: 윤리학적 논의

동물실험과 관련된 논란은 다양하지만, 여기서는 편의상 크게 두가지로 나누어 서술한다. 첫번째는 사실과 관련된 쟁점이다. 동물실험이 반드시 필요한가, 그리고 만일 문제점을 인정해 다른 방법으로 대체하려 한다면 대체방법이 과연 있는가 하는 것이다. 다른 하나는 동물을 배려할 의무가 있는가, 있다면 어느 정도의 의무를 갖는가 하는 윤리적인 쟁점이다. 사실과 관련된 쟁점은 다음 절에서 다루고, 이번 절에서는 윤리적인 쟁점을 다루겠다.

서양의 전통은 동물의 권리에 대해 매우 부정적이다. 우선, 아리스토텔레스에 따르면 식물은 동물을 위해 존재하며 동물은 인간을 위해 존재한다. 동물은 애당초 존재 목적이 인간을 위한 것이기 때문에 인간은 동물을 식량이나 다른 용도, 즉 의복이나 도구를 만드는 데 사용할 수 있다. 아리스토텔레스의 입장에서 보자면, 우리는 동물을 필요에 따라 임의대로 이용할 수 있으며, 필요하다면 동물을 대상으로 실험하는 것도 전혀 문제가 되지 않는다.

이는 중세 기독교의 정통해석자인 아퀴나스에 의해서도 확인된다. 아퀴나스(T. Aquinas)에 따르면, 동물은 자연의 과정에서 인간에 의해 사용되는 것이 자신의 운명이며, 그것이 신의 섭리이다. 따라서 동물을 죽이고, 또 다른 방식으로 사용한다고 하더라도, 이는 결코 부정의한 것이 아니다. 신이 노아에게 말했다는 "나는 너희에게 목초와 더불어 고기를 주었다"는 구절이 그 증거이다.

근대의 철학자인 칸트(I. Kant)도 마찬가지이다. 칸트에 따르면, 인간은 이성을 갖고 있어 도덕에 대한 개념을 가지지만, 동물은 그렇지 않다. 따라서 인간의 이익을 동물의 그것보다 우선적으로 고려해야 한다. 그러나 동물을 잔혹하게 대하는 것이 습관화되면, 다른 사람과의 교제에도 악영향을 미치고, 또 본인 스스로의 품위도 손상시킨다. 따라서 동물 학대는 바람직하지 않다. 하지만 이는 어디까지나 동물 자체를 위해서가 아니라 인간의 자기수양을 위해서만 그렇다.

최근 생명윤리학계와 환경윤리학계의 분위기는 다르다. 많은 학자들이 동물을 배려할 의무가 있다고 믿고 있는데, 이들이 추종하는 사상가는 벤담(J. Bentham)이다. 벤담은 일찍이 이백 년 전에 언젠가는 동물들의 권리를 인정하는 시기가 올 것이라고 예견했다. 그에 따르면, 중요한 것은 이성 능력도, 대화를 나눌 수 있는 능력도 아니다. 또 이런 각도에서 본다고 해도 동물에 대한 차별은 부당하다. 왜냐하면 완전히 성장한 말이나 개는 태어난 지 얼마 안 되는 갓난아기보다 훨씬 이성적이기 때문이다. 중요한 점은 이성 능력이나 대화 능력이 아니라 고통을 느낄 수 있는가 이다. 그런데 인간뿐 아니라 동물도 고통을 느낄 수 있다. 따라서 행복의 추구와 고통의 배제를 최우선으로 하는 공리주의자라면 인간의 고통뿐 아니라 당연히 동물의 고통에도 관심을 가져야 한다는 것이 벤담의 주장이다.

이 시대의 대표적인 생명윤리학자 싱어(P. Singer)는 철저하게 벤담을 계승한다. 그에 따르면, 인간의 행복만을 중시하는 인간중심주의는 일종의 종차별주의(speciesism)이다. 이는 인종차별주의(racism) 및 성차별주의(sexism)와 마찬가지의 한계를 갖는다. 인종이나 성(性)을 근거로 해서 평등한 도덕적 지위를 부정하는 것이 그르다면, 우리 종(種)의 구성원이 아니라는 것을 근거로 해서 평등한 도덕적 지위를 부정하는 것도 잘못이다. 이런 각도에서 보자면 우리는 동물들에 대한 태도를 근본적으로 바꾸어야 한다. 식생활, 동물의 사육방식, 과학에서의 실험, 사냥, 모피, 서커스, 동물원 등에 대한 우리의 현재 관행은 매우 잘못되어 있다.

싱어에 반대하는 학자들도 많다. 그들은 인간중심주의는 종차별주의라는 싱어의 반론을 피해 다른 각도에서 인간의 우월성을 주장한다. 싱어가 인간과 동물의 유사성, 즉 인간과 동물 모두가 쾌고감수능력(sentience)이 있다는 점을 강조한다면, 그들은 인간과 동물의 차이점에 주목해 인간은 동물과 질적으로 다른 대우를 받을 자격이 있다는 점을 논증하려 한다. 대표적인 논거를 나오는 것들은 인간은 도구를 사용한다는 점, 인간만이 언어를 사용한다는 점, 인간만이 도덕적으로 행위할 능력이 있다는 점, 인간의 지능은 동물의 지능과는 비교할 수 없을 정도로 높다는 점, 인간만이 이성능력을 가진다는 점이다.

하지만 20세기 접어 비약적인 발전을 한 동물행동학의 연구성과들은 인간과 동물의 차이점을 부정하는 경향이 있다. 저명한 침팬지 연구자인 제인 구달(Jane Goodall)이 지적하듯이, 침팬지는 나뭇가지를 사용해 개미사냥을 한다. 이는 침팬지의 도구사용능력을 보여주는 한 증거이다. 또 침팬지, 고릴라, 고래, 돌고래도 의사소통을 한다. 가령 침팬지들은 서로를 격려하기 위해 등을 두드려 준다든가 정이 넘치게 껴안는다든가, 손뼉치기 등의 의사소통을 한다. 고통, 놀라움, 성냄, 사랑, 기쁨, 놀람, 성적 자극, 그 외 다른 많은 정서상태를 전하는 기본신호들은 비단 인간만이 사용하는 수단이 아니다. 또 미국의 어느 대학의 실험에 따르면, 상당수의 원숭이가 굶주리느냐 동료에게 전기쇼크를 가하느냐의 선택의 기로에서 설령 며칠을 먹지 못해도 굶주림을 선택했다고 한다. 이는 원숭이가 때로는 인간보다 더 도덕적일 수 있다는 뜻이다. 또 우리는 주위에서 정신지체자, 식물인간 등을 볼 수 있는데, 이들 불행한 인간들은 일부 고등동물보다 지능이 더 높을 것 같지는 않다. 물론 이에 대해서 인간중심주의자들은 인공위성과 나뭇가지의 차이를 들면서 도구도 도구 나름이고, 언어도 언어 나름이 아니냐고 주장할 것이지만.

한편 오늘날의 생태신학자들은 앞서 언급했던 아퀴나스와는 다른 방식으로 기독교 창세기를 해석한다. 그들에 따르면, 신이 인간에게 준 역할은 자연의 지배자가 아니라 자연의 관리자의 역할이다. 이런 관리자의 역할은 곧 신이 인간에게 자연 및 동물을 보호해야 할 도덕적 의무를 주었다는 뜻이다. 즉 인간은 신의 작품인 자연을 조심스럽게 이용해야 하며, 마찬가지로 신의 피조물인 다른 생명체들을 조심해서 애정을 갖고 다루어야 한다. 인간은 동물과 같은 피조물이지, 동물의 신은 아닌 것이다.

동물의 권리를 가장 강한 형태로 주장하는 사람은 레건(T. Regan)이라는 학자이다. 그가 내세우는 개념은 '삶의 주체(subject of a life)'라는 개념이다. 그에 따르면, 삶의 주체라는 것은 단지 살아있다는 것을 의미하지 않는다. 삶의 주체가 된다는 것은 "믿음, 욕구, 지각, 기억, 자신의 미래를 포함해 미래에 대한 의식, 쾌락과 고통 등의 감정을 느낄 수 있다는 것, 자기의 욕구와 목표를 위해 행위 할 수 있는 능력, 순간 순간의 시간을 넘어서 자신의 아이덴티티를 느낄 수 있고, 타자와는 별도로 자신의 삶이 좋을 수도 나쁠 수도 있다는 의미에서 자식의 복지를 갖고 있다는 것"이다. 이런 고유의 가치를 갖는 존재에게는 그에 걸맞는 대우를 해야 한다는 것이 레건의 입장이다. 고유한 가치를 지닌 존재는 그에 상응할 만큼 존중되어야만 하고, 단지 수단으로만 취급되어서는 안된다. 그리고 최소한 몇몇 포유류는 이에 해당한다는 것이 그의 지적이다.

우리 사회의 대다수는 레건과 싱어의 입장을 받아들이기를 꺼린다. 여러 가지 이유가 있을 것이다. 레건과 싱어가 요구하는 것은 현재 우리의 관행에서 많이 벗어난 것이고, 우리에게 상당한 불편을 주고, 또 어쩌면 문명생활을 불가능하게 할 수 있다는 우려를 낳기도 한다. 그들의 주장대로 한다면, 우선 우리는 육식부터 포기해야 할 것이다. 우리가 즐기는 소, 돼지, 닭 모두 쾌락과 고통을 느끼는 존재요, 엄연한 삶의 주체가 아니던가? 하물며 대량생산의 공장식 사육은 우리에게는 싼 가격에 고기를 제공한다는 이점을 주겠지만, 사육되는 동물에게는 그야말로 엄청난 고통을 준다는 이유에서 윤리적 비난을 피할 길이 없다. 마찬가지 이유에서 동물실험과 동물을 이용한 서커스, 로데오도 자제해야 할 것이다.

동물해방론에 맞서는 한가지 강력한 방법은 자연의 법칙에 호소하는 것이다. 강자가 약자를 이용하고, 잡아먹는 것은 자연의 이치라는 것이다. 동물의 고통은 그 자체 선도 악도 아니며, 단지 자연의 섭리일 뿐이다. 이것을 거부한다면 그것은 자연의 법칙을 거부하는 것이다. 다른 동물도 잡아먹는데 왜 인간만 잡아먹으면 안 되는가? 인간에게만 다른 존재를 도덕적으로 대우하라는 굴레를 씌우는 것은 어쩌면 새로운 의미의 불평등이다. 이것은 벤자민 프랭클린(Benjamin Franklin)의 자서전에서 제시되었다고 해서, '프랭클린의 반론'이라 불리기도 한다. 하루는 프랭클린이 친구 집에 식사초대를 받았는데, 친구가 막 잡은 생선을 튀기기 위해 생선의 배를 갈랐을 때, 그 생선의 위 속에는 더 작은 생선이 들어 있었다는 것이다. 이를 본 프랭클린은 "그래 너희들이 서로 먹는다면, 내가 너희들을 먹지 말아야 할 이유가 없지"하고 이후로는 동물고기를 먹었다고 한다. 우리는 프랭클린을 따라 강한 놈이 약한 놈을 먹는 것은 자연의 이치이고, 우리는 이를 따를 뿐이라고 강변할 수 있을 것이다.

하지만 인간은 오로지 육식만 가능한 육식동물, 이를테면 호랑이나 사자와는 다르다. 인간은 고기 없이도 삶을 영위할 수 있는 존재이다. 또 채식이 인간의 몸에 더 좋다고 주장도 있다. 또 인간의 위대성은 본능만을 추구하는 것이 아니라 도덕적이고 책임 있는 행위를 할 수 있는 존재라는 지적도 가능할 것이다.

어쨌든 이 문제는 쉽게 해결될 문제가 아니고 각자의 선택과 결단을 요하는 문제라는 점에서 이 정도로 논쟁을 소개할 것이다. 분명한 것은 싱어와 레건의 주장에 다 동의할 수는 없지만, 그들의 문제제기는 우리들에게 생각해야 할 많은 것들을 제시했다는 점이다. 철학의 주요 임무는 사람들이 당연하다고 믿는 시대의 근본가정을 의심하고, 도전할 때는 도전하는 것이라고 한다면, 싱어와 레건이 철학자의 사명을 충실히 수행했다는 점만은 인정해야 할 것 같다.

또 가능하다면 동물의 불필요한 고통을 줄여주는 것이 좋을 것이다. 동물보호론자인 벤담과 싱어의 입장에서도 그렇지만, 이는 인간중심주의를 고수하는 칸트의 입장에서도 그러하다. 동물을 학대하고 불필요하게 고통을 주는 행위는 인간 자신의 자기수양을 위해서도 좋지 않기 때문이다.

확실히 동물도 사랑을 하고 고통과 불행을 느낄 수 있으며, 분노, 공포, 고독감, 실망감을 등을 느낀다. 가령 고양이는 기분이 좋으면 목구멍에서 야릇한 소리를 내면서 몸을 사람에게 비벼댄다. 또 동물들은 아픔을 느낄 때 몸을 뒤틀거나 안면을 일그러뜨리며, 고통을 못이기는 신음소리를 낸다. 인간과 동물은 유사한 신경체계를 갖고 있는 것이다. 그래서 동물도 긴장상태에서는 혈압이 올라가고, 동공이 팽창하고, 땀을 흘리고, 맥박이 빨라진다. 동물이 느끼는 고통의 정도를 정확히 알 수 없다는 반론도 있기는 하지만, 정확성이 본질은 아니다. 대부분의 경우에 우리는 동물이 느끼는 고통을 명백하게 직관적으로 알 수 있고, 이 경우 그렇다면 우리에게는 동물의 고통을 줄여주어야 한다는 의무가 있다는 주장이 가능하다.

4. 동물실험 논쟁: 일반적 논의

동물에게 고통을 주는 것은 동물보호론자나 그렇지 않은 사람에게나 다 유쾌한 일은 아닐 것이다. 이런 점에서 동물에게 가급적 고통을 주지 않으면서 나름의 목적을 달성하는 노력이 필요하다. 많은 경우 우리는 마취제나 진통제를 통해 동물에게 고통을 주지 않으면서도 의학적인 목적을 달성할 수 있을 것이다. 하지만 그것이 불가능한 경우도 있다. 그 중 하나가 반수치사량실험(LD50)이다.

반수치사량 실험이란, 말 그대로 실험대상의 절반이 죽는 데 필요한 화학물질의 농도를 측정하는 실험이다. 이 실험에서 동물들은 경련, 복통, 발작, 떨림, 설사증세를 보인다. 생식기와 눈, 입으로 피를 흘리고, 걷잡을 수 없이 토하고, 자해를 하고, 마비증세를 보이고, 신장기능을 상실하며, 혼수상태에 빠지기도 한다. 단 하나의 화학물질을 실험하기 위해 최대 2000마리의 동물이 이렇게 죽어간다. 테스트되는 화학물질에 의해서만 죽어야 과학적 설명력이 있기 때문에, 죽어가면서 고통받는 동물의 고통을 줄이기 위한 처방을 할 수가 없다고 한다.

현재 유통되는 화학물질은 염료, 살충제, 살균제, 제초제, 비누세제, 합성섬유와 고무, 접착제와 용제, 종이와 섬유의 화학물질, 플라스틱과 합성수지, 식품첨가제와 보존제, 냉각제, 폭약, 화학무기, 세척제와 광택제, 화장품을 포함하여 8만 5000종 이상이고, 여기에 해마다 1500~2000종의 화학물질이 추가된다고 한다. 이 점을 감안한다면 엄청난 숫자의 동물이 처참한 고통 속에 죽어가는 것이다.

중요한 것은 이런 실험들이 과연 동물의 고통스런 죽음을 상쇄할 만큼 필요한가 이다. 그리고 이를 대체할 다른 방도가 없느냐이다. 몇몇 동물실험 반대자들은 동물실험이 우리의 상식과는 달리 실제로는 의학관련지식을 발전시키는 데 별 역할을 하지 못했다고 주장한다. 또 예방의학, 공중보건, 전염병 연구, 임상실험을 효과적으로 이용한다면 동물연구가 필요하지 않다고 본다. 또 대체실험법을 개발한다면, 동물 개체를 사용하는 동물실험을 피할 수 있을 것이라고 주장한다. 이를 동물실험의 '실효성'과 '대체가능성'이라는 두가지 논점으로 정리할 수 있다. 이는 관련과학의 발전결과에 따라 그 답이 변할 것이고, 또 매우 전문적인 논의임에 틀림없을 것이다. 여기서는 논쟁의 대략적인 구도를 소개하는 것으로 그치겠다.

실효성 논점과 관련해 동물실험의 비판자들은 우선 동물실험에 사용되는 방법과 복용량은 인간이 처한 실제와는 차이가 있다는 점을 강조한다. 한 예를 들자면, 커피의 카페인 성분 제거제로 사용되는 트리클로로에틸렌의 발암효과에 대한 실험에서는 사람으로 치면 5천만 잔에 해당하는 양이 하루동안 쥐에게 주어졌다. 이런 실험결과는 실제 사실을 두가지 측면에서 왜곡한다. 동물의 세포와 조직을 심하게 파손시켜, 있을 수 있는 발암반응을 막아버리거나 또는 대사작용을 극심하게 변형시켜, 일어나지 않을 수 있는 발암반응을 유발하기 때문이다. 그리고 대부분의 경우 인간은 급성중독으로 사망하는 것이 아니다. 이런 것들은 인간에 대한 세밀한 연구를 통해서만 밝혀질 수 있다. 두 번째로 제기되는 것은 인간이 가진 질병 3만 가지 가운데 동물이 공유하는 질병은 1.16%뿐이라는 점이다. 인간과 동물이 비슷해 보이지만, 인간과 동물이 공유하는 질병은 그렇지 않다는 것이다. 그리고 동물과 인간이 전혀 다른 반응을 보이는 것도 적지 않다고 한다. 이런 점에서 동물실험은 생각만큼 필요하지 않다는 지적이다.

첫 번째 주장은 현행 특정 동물실험방법이 갖는 한계를 지적한 것이라고 할 수 있다. 하지만 그것은 동물실험 일반이 갖는 한계는 아니다. 그것은 현재의 특정 동물실험의 방법에 대한 비판, 그리고 더 나가 과학의 과도한 추상화에 대한 비판으로는 의미 있을 것이다. 그래서 동물실험 방법의 변화, 그리고 과학관행의 변화를 촉구하는 것일 수는 있다. 하지만 동물실험의 전면금지에 대한 주장으로는 역부족이라는 느낌이 든다. 두 번째 주장도 마찬가지다. 동물과 인간은 서로 다르고, 질병의 형태와 양상에서도 차이는 있을 것이다. 그러나 동물만큼 인간과 유사한 존재는 지구상에 없다. 또 우리가 동물을 배려해야 한다는 것, 특히 영장류나 고등동물을 배려해야 한다는 논거의 상당 부분은 인간과 동물의 유사성에 있다. 가령 인간이 침팬지와 유전자의 98.7%를, 고릴라와는 97.7%나 공유하고 있다는 사실이 영장류 보호 논거로 흔히 등장한다. 그런데 여기에서 인간과 동물의 차이를 강조하는 것은 논리적으로 문제가 있다. 또 예방의학, 공중보건, 전염병 연구, 임상실험도 중요하겠지만 동물을 대상으로 실험도 의학적 사실을 규명하는데 긴요하다는 주장이 가능하다.

대체가능성 논점은 현재의 동물실험을 대체할 방법이 있는가에 대한 것이다. 동물실험 반대자들은 환자관찰, 사체연구, 시험관에서 배양한 인간세포와 조직을 통한 실험, 컴퓨터 그래픽을 통한 인체기능 연구, 교육현장에서 시청각 자료 활용 등을 제시한다. 그것은 살아있는 동물 전체의 사용을 필요로 하지 않는 실험방법을 뜻한다. 미국에서는 부식제 실험을 할 때 토끼 대신 인공피부를 사용하고, 캐나다에서는 포유류 대신 어류, 생쥐 대신 고통을 덜 느끼는 동물이나 미생물(박테리아)을 사용한다고 한다. 또 동물의 반응을 본뜬 컴퓨터 모델링이 동물실험을 대체하는 추세라고 한다.

하지만 아직까지는 새로운 이들 대체 시험들 가지고는 실험용 포유동물들로부터 얻은 자료들이 주는 정도의 확실성을 주지 못한다. 물론 대체시험방법들에 대한 경험의 증가로 인해 점차 동물시험의 필요성은 줄어들 수 있겠지만, 지금 당장 그렇다고는 보기 힘들다. 그리고 대체실험이 불가능한 종류의 실험이 있다는 점도 무시해서는 안 된다. 가령 고혈압은 심장이나 맥 관계가 있는 동물을 통해서만 연구가 가능하고, 그리고 관절염 또한 뼈와 관절이 없는 조직배양을 통해서는 연구가 불가능할 것이다. 또 무엇보다 동물실험의 대체수단인 조직배양을 통해서는 전 신체기관의 작용을 확인할 수 없다는 제약이 있다. 이런 점에서 살아있는 동물을 상대로 실험이 필요하다는 점은 인정해야 할 것 같다. 그래서 실험동물은 살아 있는 시약이며 살아있는 측정기라고 하지 않는가? 이런 맥락에서 동물실험연구가들은 동물보호론자들이 쓰는 '대안'이란 말 대신 '보조적' 또는 '보완적' 방법이란 말을 선호한다.

대부분의 약품은 효능과 안전성을 동물실험을 통해 검증 받고 나서, 인간에게 투여된다. 만일 동물실험을 할 수 없다면 직접 인체실험을 해야 할 것이다. 또 동물실험이 인류에 공헌한 사례는 헤아릴 수 없을 정도로 많다. 결핵치료제인 스트렙토마이신과 페니실린의 개발이 그렇고, 또 최근에는 동물세포로 만능의 치료제라는 줄기세포를 확보할 수 있다고 하지 않는가?

마지막으로 언급해야 할 것은 우선순위 내지 형평성 문제이다. 가령 동물실험을 비난하면서도 공장식 농장에서 나온 고기를 먹는 사람이 있을 수 있다. 동물의 사체를 굽고 태워 먹는 것은 어떠한가? 이는 자기가 하는 것에 대해서는 문제제기 하지 않고, 인류의 발전을 위해 노력하는 동물실험가만 비난하는 무책임한 행위가 아닌가라는 비판이 가능하다. 연간 동물실험에 이용되는 동물과 식용으로 희생되는 동물의 수는 엄청난 차이가 난다. 가령 1991년 미국에서만 60억 수가 넘는 영계가 사육되었다고 한다. 또 최근 광우병과 돼지콜레라, 조류독감을 통해서 대량살상을 당한 소, 돼지, 오리, 닭들의 경우는 어떠한가?

동물실험과 육식은 모두다 인간의 이익을 위해 동물을 이용하고 동물에게 고통을 주는 행위이다. 우리가 육식관행으로 인해 얻는 이득과 그로 인해 초래되는 동물의 수와 고통, 그리고 동물실험으로 인한 얻는 이득과 그로 인해 초래되는 동물의 수와 고통을 비교해볼 때, 동물실험에만 초점을 맞추는 것은 올바른 처사는 아닌 것 같다.

물론 이는 육식을 거부하는 동물보호론자들에 대한 인신공격으로는 부당할 것이다. 왜냐하면 철저한 동물보호론자 대부분은 육식과 동물실험 관행 모두에 대한 비판자이기 때문이다. 또 자기가 누리는 기득권을 포기하면서까지 약자인 동물의 처지를 위해 노력하는 것은 대단히 윤리적인 행위임에 틀림없다. 또 동물보호론자들을 과격하고 무모한 사람들로 몰아부쳐서도 안 된다. 대개의 동물보호론자들은 모든 동물실험의 폐기를 요구하지는 않는다. 다만 별로 필요하지도 않는 상품에 대해 별다른 대체노력 없이 행한 동물실험의 남용을 경계할 뿐이다.

5. 나가는 글

현재의 세계적인 추세는 동물의 권리를 부분적으로나마 인정하고, 동물의 복지를 전향적으로 고려하는 것이다. 이는 불필요한 동물실험을 자제하고, 필요할 경우 동물실험을 하더라도 동물들의 고통을 줄이려는 노력으로 나타나고 있다. 스위스와 독일이 각각 1992년과 2002년에 인간의 존엄성을 명시한 헌법조항에 동물을 포함하는 개정안을 통과시켰고, 영국과 유럽연합에서는 잇따라 화장품 개발에 동물실험을 금지하는 법안이 발효되었다고 한다.

이에 비해 우리의 노력은 미흡한 실정이다. 1991년 동물보호법이 제정되었으나 관련조항의 미비로 유명무실하고, 1998년 한국실험동물학회에서는 '동물실험에 관한 지침'을 제정했으나 주로 동물실험에 필요한 기술적인 점에 치우치고 있다. 또 제도적인 구속력을 가지고 있지 못해 그 효율성이 의문스럽다. 또한 2000년 3월 대한의학회에서 동물실험에 관한 권장사항을 제정, 발표하였으나 아직까지는 선언적인 의미 이상이 아니다.

현재 동물실험에 대한 관련학계의 일반적인 합의사항은 3R, 즉 대체(replacement), 감소(reduction), 세련화(refinement)이다. 이는 1959년 영국의 과학자 러셀과 버크가 출간한 『인도적인 실험기법의 원리(The Principles of Humane Experimental Technique)』에 처음으로 소개되었다.

'감소'란 더 적은 수의 동물을 이용하여 동일한 양의 데이터를 얻거나, 주어진 수의 실험동물을 이용하여 더 많은 정보를 얻는 실험방법이다. 과학자들이 미리 좀더 효율적인 실험계획을 세우고, 실험결과를 분석할 때 정확한 통계방법을 이용한다면 실험에 사용되는 동물의 수를 줄일 수 있다. 여기에는 실험동물 및 각종 실험기법을 표준화하여 실험데이터의 호환성을 높이는 것도 포함된다.

'세련화'란 동물의 고통과 불만족을 최소화하는 방법이다. 동물실험은 동물에 고통을 줄뿐만 아니라, 특히 지능이 높은 동물에게는 불안감, 불쾌감, 절망감 등의 정신적 괴로움을 초래한다. 감수성과 고통의 표현방식이 동물의 종에 따라서 다르기 때문에 동물의 고통을 판정하는 것은 쉽지 않다. 따라서 이를 섬세하게 고려할 수 있는 실험자의 능력과 관심이 필요하다. 또 동물실험을 할 때에는 동물의 고통을 경감시킬 수 있는 마취가, 실험이 끝난 후에는 안락사가 원칙적으로 수행되어야 한다. 또 일상의 사육관리에 있어서도 수의학 지식과 기술의 적용을 통하여 실험동물이 쾌적하고 건강한 상태를 유지할 수 있도록 배려해야 한다.

'대체'란 살아 있는 동물 개체의 사용을 피하는 실험방법을 뜻한다. 컴퓨터 모델링이 권고되고, 세포나 조직 차원에서 실험하는 것이 요구된다. 또 개체를 사용해야 한다면, 가급적 하위동물(예를 들어 무척추동물)을 사용해야 한다. 아직 대체 시험들의 신뢰도는 떨어지지만, 점차 증가할 것으로 예상된다.

우리나라에서 현재 쟁점이 되거나 앞으로 쟁점이 될만한 것은 다음과 같다. 우선 영장류 실험에 관한 것이다. 최근 원숭이와 침팬지 등 영장류 대상 연구가 활발해지고, 오는 2005년에는 국가영장류센터가 한국생명공학연구원 주도로 만들어진다고 한다. 물론 국내 생명공학이 하기 어렵다는 영장류 연구를 시작할 정도로 성장했다는 점은 높게 평가되어야 하고, 또 신약·백신 개발로 인해 영장류 실험·연구가 불가피하다는 점도 인정해야 할 것 같다. 이는 신약·백신과 신물질 개발과정의 효능과 독성 시험에 아무래도 사람과 가장 비슷한 영장류들이 필요하기 때문이다. 하지만 "손발로 사람과 웬만한 의사를 소통할 수 있는 영장류는 사람과 비슷한 감정과 고통을 느낀다"는 점에서 좀더 신중한 논의가 필요하다.

두 번째는 교육에서의 동물 이용이다. 전통적으로 교육현장에서는 실습으로 손기술을 가르치거나 생물학의 원리나 연구방법을 설명하는데 동물을 이용해왔다. 최근 동물보호론의 확산결과 이는 모형들이나 컴퓨터, 수업보조기구의 이용으로 대체되어왔고, 미국의 몇몇 주의 경우, 동물실험실습 참여여부와 관련해 학생에게 선택권을 부여했다고 한다. 하지만 동물실험지지자들은 동물실습이 교육에 반드시 필요하다고 주장한다. 이는 사실적인 지식은 책과 강의, 비디오 테이프를 통해 배울 수 있지만, 몇몇 기술은 실험실습을 통해 훨씬 더 효과적으로 배울 수 있다는 이유에서이다.

우리나라에서 각별히 시급한 것은 동물보호법 중 실험동물에 관한 사항을 대폭 개정하는 것이다. 영국은 동물실험을 수행하는 사람들에 대한 면허제도를 두고 있고, 미국의 경우는 동물실험을 하는 기관에 위원회를 설치하는 방식이다. 동물들이 종에 따라, 개체에 따라 고통에 대한 서로 다른 방식을 보인다는 점에서 영국처럼 이를 섬세하게 알 수 있는 관련 전문가에게 면허를 주는 방안도 고려할 필요가 있다. 또 미국처럼 위원회 제도를 활용할 경우 무엇보다 위원회의 구성방식, 의무, 책임, 권한 및 벌칙 등이 법조항에 들어가야 실질적인 활동이 가능하다는 점에 유념해야 한다. 특히 연구분야의 전문가가 아닌 외부의 인사(시민단체나 인문사회학자)가 참여하는 방안은 아는 사람끼리는 서로 봐주는 우리나라의 고질적인 관행을 고려한다면 적극적으로 검토해야 한다.

결론적으로 우리에게 요구되는 것은 동물의 고통에 대해 보다 깊은 관심을 갖는 것이다. 슈바이처나 제인 구달처럼 생명사랑 십계명을 실천하지는 못한다하더라도, 되도록 자연을 침해하지 않고, 가능하면 적은 동물의 희생으로 목적을 달성하려는 노력이 필요하다. 그리고 동물의 희생에 대해서 정직하게 감사하는 마음자세가 요구되는 듯싶다. 마지막으로 일제시대부터 내려왔다는 식약청 동물위령제의 위혼문 전문을 적어본다.

수금의 생명이여,
품성은 각기 다르나 목숨은 같으니라.
아까운 생명이지만
의로운 죽음을 피하지 않음이니
인류복지와 동류금수의 보건을 위해,
하늘을 원망하지 말고
사람을 원망하지 말지어다.
가련한 그 넋을 위하여 묵념하고
명복을 축원하오니
밝은 세상에 다시 나아가
영생하길 기원하노라.

더 읽어볼 거리

—

유네스코한국위원회 편, 『과학연구윤리』, 당대, 2001.

피터 싱어, 김성한 역, 『동물해방』, 인간사랑, 1999.

가볼 만한 사이트

—

http://www.voice4animals.org/

04

인간 유전자 조작과 과학윤리

1. 인간 유전자 조작, 이제는 현실이다

1) 인간 유전자 조작: 생명공학 시대의 뜨거운 감자

2006년 11월 영국. 이른바 '맞춤아기(designer baby)'가 탄생했다. 정자의 핵과 난자의 핵이 합쳐서 형성된 수정란의 유전자 정보를 검사해 건강한 수정란만 골라 자궁에 착상시켜 태아로 키우는 '착상 전 유전자 진단(PGH: pre-implantation genetic haplotyping)'을 통해, 낭포성 섬유증이라는 유전병을 유발하는 유전자가 존재하지 않게 선택된 쌍둥이가 탄생한 것이다. 쌍둥이의 부모는 낭포성 섬유증 유전자를 지니고 있었기에 이들의 자식 역시 부모와 마찬가지로 이 병에 걸릴 확률이 매우 높았지만, 애초에 문제가 되는 유전자가 없는 수정란만 골라 아이로 키웠기에 건강한 상태의 아이를 얻을 수 있었다.

이에 대한 찬반 여론은 첨예했다. 원천 예방을 통해 인류가 유전병을 정복할 확률이 높아졌다는 기대 섞인 의견 역시 있었지만, 검사를 위해 수정란에서 세포를 떼어내는 것이 과연 장차 태어날 아이에게 장기적으로 아무런 해를 끼치지 않을 것인지 더 지켜봐야 한다는 신중론, 그리고 유전자 진단을 통한 배아의 선별은 부적합 판정을 받은 배아의 파괴를 수반하기에 엄연한 살인이라는 반대론 역시 만만치 않았다.

그뿐 아니라 맞춤아기 기술을 통해 질병 유전자를 제거하는 데는 원칙적으로 찬성하면서도, 그것이 지능·외모 등을 개량하는데 쓰일 것을 걱정한 이들도 적지 않았다. 실제로 최근 미국의 저명한 인공수정 전문의가 가까운 미래에 부모가 아기의 성별이나 눈 색깔 등의 외모까지 고를 수 있을 것이라고 말해 커다란 파문이 일었다.

아직까지는 반대 여론과 법률적 제약으로 인해 맞춤아기는 일부 유전질환에 대해서만 매우 제한적으로 시행되고 있으며, 아직 아기의 피부나 눈의 색을 미리 결정해서 낳을 수는 없다. 그러나 생명공학의 발전은 적어도 기술적으로는 아기의 신체적 특징까지 선택할 수 있는 단계까지 왔다는 데는 과학자들도 동의하고 있으며, 따라서 앞으로 더 큰 논란이 야기될 전망이다.

2) 인간 유전자 조작이 보여주는 장밋빛 미래는?

유전자, 즉, DNA에 담긴 유전정보는 생명체를 구성하는 설계도와 같은 것이다. 따라서 유전자에 수정을 가하면 해당 개체의 특징에 변화를 가져올 수 있다. 인간 유전자 조작은 바로 출생 이후 사후적이든 아니면 출생 이전이든 인간의 유전자에 수정을 가해 질병을 예방 또는 치료하거나 신체적·정신적 특징을 개선시키는 것이다. 맞춤아기의 탄생은 오래 전부터 가능성이 제기되어 온 인간 유전자 조작이 현실 속으로 들어왔음을 보여주는 생생한 사례이다. 그렇다면 인간의 유전자를 조작하는 것은, 그것이 과연 어떠한 결과를 가져다 줄 수 있기에 그토록 주목을 받는 것일까?

유전자 요법을 통한 질환의 치료

많은 경우에 신체 질환은 인체 내에서 합성되어 신체를 유지하는 물질, 즉, 생체물질이 부족하여 발생한다. 기존의 의약품은 부족한 생체물질을 주기적으로 필요한 만큼 외부로부터 보충해 주는 것에 불과한, 결국 한시적인 미봉책일 뿐이다.

그러나 생체물질이 부족한 근본적인 까닭은 해당 생체물질을 생산하는 신체기관에 이상이 있기 때문이라는 점에 주목해보자. 이러한 이상은 해당 신체기관의 세포가 손상되었기 때문일 수도 있지만, 때로는 그 세포 안의 유전자에 이상이 있기 때문일 수도 있다. 즉, 어떤 생체물질의 생성에 관여된 유전자에 이상이 있다면 해당 생체물질은 올바르게 생성될 수 없어 질병이 발생하는 것이다. 그렇다면 어떤 질병의 원인이 되는 유전자를 바로잡을 수 있다면, 그 질병을 고칠 수도 있는 것이다. 즉, 정상적인 유전자를 해당 기관의 세포에 삽입하여 고장난 생체물질 공장을 다시 복구하여 가동함으로써 신체 질환을 보다 근본적으로 치유할 수 있는 것이다.

인간 신체적·정신적 능력의 개선

인간의 능력 중 선천적이라고 할 수 있는 많은 부분은 유전자로부터 비롯된다. 예를 들어 지능 역시 100%라고는 할 수 없으나 일정 부분 유전적인 성향에 바탕을 두고 있다는 것은 잘 알려져 있다. 이러한 선천적인 부분은 유전자를 개선함으로써 신장시키는 것이 가능하다.

유전병의 치료든, 능력의 신장이든 유전자에 수정을 가함으로써 인간의 타고난 형질을 바꾼다는 점에서 원리상으로 서로 동일하다. 심지어 질병의 치료와 능력의 강화는 결코 명확하게 구분이 쉽지 않다. 예를 들어 보통 치매로 불리는 알츠하이머 병의 경우도 유전자를 개선함으로써 치료할 수 있다고 기대되는데, 치매의 치료란 결국 기억력을 강화시켜 주는 것으로 바로 인간의 부족한 능력을 개선시켜 주는 것이다. 즉 유전자를 조작함으로써 인간의 신체적·정신적 질병을 치료할 뿐 아니라 보다 바람직한 상태로 개선시키는 것 역시 가능하다.

태아의 형질 선택과 조작: 이 모든 것을 아이가 태어나기 전에

앞서 언급된 PGH 같은 방법은 유전적으로 건강할 것으로 보이는 배아를 골라내는 수동적인 단계인데 반해, 태아의 배아를 유전적으로 건강하게 조작하는 것 역시 생각해 볼 수 있을 것이다. 즉, 유전자 재조합 기술을 통해 태아의 DNA에 바람직한 유전정보가 담긴 DNA 조각을 끼워 넣음으로써, 부모가 가지지 않은 형질까지도 태아에게 선사하는 것이다. 가령 CCR-5라는 유전자는 에이즈(HIV)에 대한 면역력을 가져다준다고 하는데, 이를 태어나기 전에 배아 단계에서 아이의 유전자에 끼워 넣으면 장차 태어날 아이에게 에이즈에 대한 저항력을 선물하는 것이 가능하다. 즉 아이가 태어나기 전에 배아의 유전자를 조작하여 태어날 아이의 질병을 방지해 주거나 능력을 신장시켜 주는 것이다.

줄기세포 연구를 통한 난치병의 치료: 사후적인 장애는 세포·기관의 복원을 통해

건강하게 태어난 사람이라 하더라도 사후적으로 건강을 잃기도 한다. 사고로 인한 신체의 훼손이라든지, 장기나 조직에 이상이 있는 사람들의 경우 신체적 이상을 치료하기 힘든 이유는 이상 있는 장기를 대신할 새롭고 건강한 장기를 얻을 길이 없다는 것이다. 장기 기증을 받기란 쉬운 일이 아닐 뿐 아니라 타인의 장기는 부작용을 일으킬 수도 있다. 그러나 줄기세포를 이용하면 얘기가 달라진다. 줄기세포란 수정란의 세포가 아직까지 분화가 이루어지지 않은 상태로, 앞으로 뼈·심장·피부 등 신체 어느 부위의 세포로든 자라날 수 있다. 말하자면 줄기세포는 아직 아무것도 그려져 있지 않은 하얀 도화지 같은 것이다.

줄기세포를 이용한 난치병의 치료는 바로 줄기세포를 필요한 부위의 세포로 분화시킨 다음 신체의 손상 부위에 이식하는 것이다. 줄기세포를 분화시키면 어떠한 손상된 신체 기관도 재생이 가능하며, 따라서 사후적으로 발생한 질병이나 장애 역시 치료할 수 있다.

2. 인간 유전자 조작을 둘러싼 뜨거운 논란

오늘날 많은 전문가와 과학자들은, 인간 유전자 조작 시대는 빠른 시일 내에 가능할 것으로 예측하고 있다. 유전자 검사, 유전자재조합 기술 등 현재 보편화되어 있는 주요 기술들에 비추어 볼 때 인간 유전자 조작은 충분한 이론적 가능성을 가지고 있으며, 급격한 기술발달 속도는 아직 미완인 문제들 역시 조만간 해결할 것으로 기대되기 때문이다.

그런 의미에서 볼 때 인간 유전자 조작과 관련한 뜨거운 논란의 방향은 그것이 기술적으로 가능할 것이냐가 아니라, 그것이 과연 인류에게 어떠한 빛과 그림자를 가져다 줄 것인가가 될 것이다. 여기, 인간 유전자 조작을 둘러싼 서로 대립되는 주장들을 소개한다.

1) 유전자 조작은 인간의 존엄성과 정체성을 훼손하는가?

우려론 "테크놀로지에 의해 '조작된 나'는 과연 '진정한 나'일까?"
생명공학기술의 남용은 인간의 존엄성과 정체성을 훼손한다.

우선 아이의 유전적 형질을 부모의 입맛에 맞추는 것은 인간 자체로서 아이가 지니는 존엄성을 훼손하는 행위이다. 가령 아이를 운동선수로 키우고픈 욕심에 아이가 최상의 운동능력을 타고나도록 유전자를 조작한다면, 그것은 부모가 자신의 욕망을 채우기 위한 대리만족의 수단으로 아이를 사용하는 것이다. 이는 아이를 자연이 내려준 축복이 아니라 사람의 요구에 맞춘 공산품으로 전락시키는 행위와도 같다.

유전자를 조작하여 정신적인 상태를 개선하는 것 역시, 감정과 능력을 마음대로 통제함으로써 인간의 자유의지를 침해하는 행위이다. 유전자 조작을 통해 개선 가능할 것으로 기대되는 정신적 효과는 실로 다양하고 강력하다. 기억력과 집중력이 강화되어 성적이나 일의 성과가 오르고, 집단생활에서 대인 관계가 원만해져 주변의 평판이 좋아지거나 승진이 빨라지고, 화를 잘 억제하기 때문에 온화한 사람으로 통하며, 연애에 있어서도 적극적인 사람이 된다면? 당신은 스스로도 만족감을 느끼는 가운데 주변의 평가 역시 좋아질 것이다. 한 마디로, 당신은 보다 행복해질 수 있을 것이다.

그러나 이것은 스스로의 노력으로 이룬 것이 아니라 테크놀로지의 힘을 빌어 달성된 것이다. 만약 유전자에 수정을 가하여 분노 성향을 누그러뜨렸다면 당신은 기술을 통해 스스로를 개조한 것이다. 이는 본래의 결함 많은 나를 인정하고 그것을 극복하면서 살기보다는 테크놀로지의 도움으로 내가 원하는 것만 골라서 믿고 느끼겠다는 셈이다. 그렇다면, 그렇게 해서 개조된 나는 과연 '진정한 나'일까? 테크놀로지의 도움으로 '만들어진 나'는 아닌가?

정신적인 고뇌마저도 그것에 맞서 해결하기보다는 아예 고뇌를 느끼지 않는 손쉬운 방법을 택하는 개인의 행위, 그리고 그러한 개인을 양산하는 사회는 분명 재고가 필요하다. 유전자 조작이 생활 곳곳에 뿌리내릴 때, 당신은 본연의 당신이 아니라 테크놀로지에 의해 조작된 모습으로 살아가고 있는 당신을 발견하게 될 것이다.

무관론	"유전자 조작을 통해 변화했다 해도 '나'는 여전히 '나'이다." 인간 유전자 조작으로 인한 인간 존엄성/정체성 훼손 우려는 과장된 걱정이다.

자식이 훌륭히 자라기를 바라는 마음에서 미리 자식의 유전자를 조작하는 부모의 선택 역시, 현재의 많은 부모들이 아기를 위해 베풀고 있는 사랑과 양육의 방식과 본질적으로 다르지 않다. 즉, 유전자 조작이 아니더라도 이미 부모들은 아이들이 건강하고 똑똑하며 훌륭한 성품을 지니는 존재로 자라나기를 바라는 마음에서 태교부터 학교 진학에 이르기까지 갖은 노력을 기울이고 있다. 아이의 유전자 조작이 이러한 노력과 다른 점은, 아이가 엄마 뱃속에 자리잡기 전부터 그러한 노력이 시작된다는 점뿐이다. 아이들이 부모의 보살핌과 선택 아래 자라나는 일반적인 상황 자체를 부정하지 않는 이상, 특별히 인간 유전자 조작이 인간의 존엄성을 훼손한다고 말할 수는 없을 것이다.

테크놀로지의 도움으로 자신을 보다 바람직한 모습으로 바꾸는 것 역시 나의 자발적인 선택에 의한 것이라면 나의 정체성과 주체성을 훼손하지 않는다고 할 수 있다. 즉, 분노를 참지 못하는 사람이 분노를 누그러뜨리는 약품이나 유전자 요법의 도움을 받는 경우를 가정해 보자. 그것은 타고난 성향이나 형성된 성격 탓에 스스로 실천은 잘 되지 않았지만, 화를 잘 내지 않는 것을 진정으로 원하여 그러한 사람이 될 수 있도록 테크놀로지의 도움을 '선택'한 결과이다. 좀 더 생생한 예를 들어보자. 알코올 중독에 시달리는 어떤 사람이, 요양원 생활 도중 술이 그리워 잠시 요양원을 빠져 나오기는 했지만 어쨌든 결국에는 요양원으로의 입원을 택했다고 상상해 보자. 이 경우 알코올 중독자가 그의 진정한 정체성이며 따라서 요양원의 도움으로 알코올 중독을 탈출하려는 것은 스스로의 정체성을 훼손하는 행위라고 볼 수 있을 것인가? 테크놀로지가 가져다주는 변화 자체가 자신의 선택에 의한 것이라면, 그것이 그 사람의 정체성을 훼손한다고 볼 수는 없는 것이다.

2) 인간 유전자 조작은 자연의 조화에 대한 도전인가?

반대론	"생명공학은 제2의 바벨탑" 인간은 욕망에 사로잡혀 자연의 조화에 도전하고 있다.

생명공학의 발달에 대해 우려 또는 반대하는 이유 중 하나는, 그것이 인간의 영역을 넘어 자연의 섭리에 반하기 때문이다. 인간의 생명에 있어 유전자의 작용은 자연의 영역이다. 그런데 근래 폭발적으로 진보한 생명공학의 연구들은 바로 이러한 자연의 영역에 적극적으로 개입하고 있다.

생명의 질서를 존중하기보다는 스스로의 과학기술을 신봉하는 이러한 태도는 많은 위험성을 안고 있다. 자연과 인간에는 분명 복잡한 상호연관성이 있으며, 서로 긴밀하게 연결되어 있는 자연의 체계 속에서 인간이 짧은 지식으로 자기의 입맛에 맞추어 스스로를 바꾸어가겠다는 것은 예기치 못한 부조화와 부작용을 일으킬 가능성이 크다.

20세기 초 미국의 어느 국립공원에서 천적인 여우 때문에 토끼 수가 줄어드는 것을 우려해 대대적으로 여우 사냥에 나선 적이 있었다. 처음에는 이로 인해 여우가 사라지자 토끼의 수는 늘어나는 듯했다. 그러나 이번에는 토끼의 수가 너무 늘어나자 그들이 풀을 뜯어먹음으로써 국립공원 내의 초목이 초토화되어, 토끼들은 먹이 부족 때문에 대량으로 죽어나갔다. 토끼의 천적을 잡으면 토끼의 수는 늘어날 것이라는 단순한 인과관계를 믿고 실행에 옮김으로써 더 큰 부작용을 낳은 사례이다. 생명공학 역시, 인간이 자신의 지식을 과신하여 자연의 메커니즘에 대한 인위적인 개입을 일삼는다는 점에서 이와 같은 연장선상에 있다. 자연이 내려준 이 설계도에 손을 데다가는, 인간은 예기치 못한 위험에 스스로를 노출시킬 위험성이 크다.

옹호론	"금기를 넘어 진보를 거듭해온 인간, 그러나 과거의 시절이 그립지는 않다." 금단의 선은 일단 넘어서면 정작 두려움 따위는 없다.

자연의 섭리 운운하며 인간 유전자 조작에 반대하는 일체의 주장은 시대착오적인 동시에 자기부정적인 것이다. 당신이 받고 있는 의료기술의 상당수가 도입 초기에는 똑같은 비난을 받았다는 사실을 아는가? 중세 말기 유럽에서 페스트가 창궐했을 때 종교적 독단에 빠져 있던 당시 사람들은 페스트를 과학적으로 퇴치할 생각은 하지 못한 채 신의 노여움을 가라앉히기 위해 스스로 채찍질을 하는 등 진풍경을 연출했다. 또한 제너가 천연두를 예방하기 위해 소의 고름에서 짜낸 우두를 인간에게 접종했을 때 사람들은 "인간을 소로 만들 작정인가?"라며 공격했다. 자연의 섭리를 100% 따르자면 인류는 모든 질병에 대해 아무런 의학적 조치를 행하지 말아야 한다. 만약 인류가 그런 식으로 자연에 '순응'하며 살아왔다면? 아마 지금 이 글을 읽고 있는 독자 중 누군가는 이 세상에 없었을 것이다. 그의 조상이 아마 질병으로 오래 전에 죽었을지도 모르는 일이므로.

새롭고 낯선 의료기술들은 처음에는 저항에 부딪히기 마련이지만 시간이 지나고 그 효능이 인정되면 자연스럽게 정착되는 경우가 대부분이었다. 유전자에 손을 대어 질병을 치료하고 능력을 신장시킨다는 자체는 비난의 대상이 될 수 없으며, 단순히 낯설어서 금기시되는 것이기에 일단 선을 넘어서고 나면 정작 두려움이나 괴로움은 없을 것이다. 언젠가는 인간의 유전자 조작 역시 예방접종이나 영재교육처럼 자연스럽게 받아들여지는 시대가 올 것이다.

3) 사람을 위한다는 기술, 그러나 그 과정상의 희생은?

불가론	"인간은 모르모트가 아니다." 유전자 조작에는 너무나 큰 위험과 희생이 따른다.

설령 인간의 유전자 조작이 결국에는 사람을 위하는 목표를 지닌 것이라 하더라도, 그러한 목표를 달성하는 과정에서 희생은 정당화될 수 있을 것인가? 우선, 인간 유전자 조작에 관한 연구와 시술에는 인간의 배아가 중요한 재료로 사용된다. 예를 들어 앞서 언급한 PGH 시술에서 부적합 판정을 받은 배아는 폐기 처분된다. 배아는 장차 아기로 자라날 존재라는 점에서, PGH는 우량한 아기를 얻기 위해 아기가 될 수 있는 다른 배아들을 죽이는 기술이다. 태어날 아기를 위한다는 미명 아래 더 많은 잠재적인 아기가 피어나지도 못하고 죽음을 맞이하는 것이다.

아울러 의학과 관련한 실험은 사람의 생명에 직결된 것이기 때문에 아무리 치밀한 계획 아래 진행된다 하더라도 그 위험의 정도가 다른 경우에 비해 크다. 1999년 9월 미국 펜실베이니아 대학교에서 제리 젤싱어라는 17세 청년이 유전자 치료 도중 사망하였다. 유전자의 이상으로 OTC라는 효소가 부족해서 발생하는 병을 앓던 그는 이를 치료하기 위한 유전자 요법의 임상실험에 자원했다가 사망한 것이다. 젤싱어 사례는 인체의 복잡성을 보여주는 동시에 유전자 관련 실험의 위험성을 경고하는 예이다.

이러한 사례는 우리나라에도 있다. 중증 척수마비를 치료하고자 조선대학교와 ㈜히스토스템의 줄기세포 시술을 받은 환자의 예이다. 이 환자는 탯줄에서 성체 줄기세포를 이식 받아 일시적으로는 놀라운 증상의 호전을 보였으며 언론은 '세포치료의 대약진', '기적의 증인'으로 대서특필하기까지 했다. 그러나 2005년 4월 받은 2차 줄기세포 시술의 부작용으로 그는 이제는 휠체어에 앉기조차 어려워져 대부분을 누워 지내게 되었다. 이외에도 성체 줄기세포 시술을 받은 다른 73명의 환자들 역시 무려 12명이 사망하고 80%가 부작용 때문에 치료를 포기하였다고 한다.

인간은 모르모트, 즉 실험의 성공을 위해 손쉽게 버릴 수 있는 실험체가 아니다. 인간 유전자 조작의 성공이 가져다 줄 수 있는 빛이 아무리 찬란하다 하더라도, 그 과정에서 수반되는 그늘, 즉 유전자 조작의 과정에서 직·간접적으로 희생당할 생명들을 생각한다면 그 찬란한 빛 역시 정당화될 수 없다.

불가피론 "의학적 시도에는 위험과 희생이 따르기 마련이다."

앉아서 죽음을 기다리느니 위험과 희생을 감수하는 편이 필요할 수 있다.

생존본능이나 고통을 느낄 만한 기관의 분화조차 나타나지 않은 배아를 과연 인간과 동급으로 취급할 수 있는가? 심지어 배아와는 비교할 수 없을 정도로 인간에 가까운 임신 20주 이전의 태아에 대한 낙태조차 많은 국가에서 법률적·사회적으로 용인되고 있다. 낙태가 바람직하다는 것은 아니지만, 부득이한 경우 태아의 낙태도 허용하는 사회에서, 배아의 폐기를 받아들이지 않을 이유가 있는가? 생명이라고 보기조차 애매한 배아의 존재를 이유로, 유전자 조작을 통한 고통의 예방과 치료를 포기하는 것이 과연 인간을 위한 것일까?

아울러 유전자 조작을 위한 임상실험은 분명 아무리 성공확률이 높다 하더라도 미지의 위험이 도사리고 있는 도박이다. 그러나 원래 처해 있는 위기 상황이 극심하다면, 그 사람은 그 위험을 감수하는 선택을 내릴 수도 있을 것이다.

비인간적인가? 그러나 오늘날 안전하게 행해지고 있는 대부분의 의료기술들은 바로 이러한 절박한 위기에 처한 환자들이 그 효능의 입증에 몸을 맡긴 결과이다. 머리를 가르고, 배를 째고……. 이러한 수술들이 원래부터 가능했을까? 하지만 당신은 설령 내일 당장 복잡한 뇌수술을 받게 된다 하더라도 과거 어느 시대의 맹장수술보다도 안전하다 할 수 있을 것이다. 바로 선대의 희생이 어린 의료기술의 진보 덕분이다. 어떤 의료기술이든 세상에서 본격적으로 사용되기 위해서는 누군가 최초로 사용해 본 사람이 있어야 한다.

유전자 치료나 조작이 과거의 치료법보다 복잡할 수 있지만, 충분한 사전 잣대에 의해 시행된다면 피해는 최소화할 수 있을 것이다. 어떠한 약이나 치료법이라 하더라도 임상실험을 통해 안전하다는 증거가 웬만큼 축적되지 않고서는 당국의 승인이 떨어지지 않는다. 감시의 눈을 제대로 가동한다면 사전에 부작용이 있는 치료법이나 약의 경우 시장에 풀리기 전에 폐기할 기회는 충분하다.

물론 이러한 대비책에도 불구하고 최초의 사용은 그 자체로 위험성을 안고는 있다. 그러나 그 위험의 감수 역시 사람에 따라서는 해볼 만한 선택이 될 수 있으며, 이렇게 얻어진 지식은 앞으로 더 많은 사람들의 목숨을 구하는 데 요긴하게 사용될 것이다. 위험을 극복하기 위한 희생은, 때로는 감수해야 하는 사항인 것이다.

4) 생명공학기술, 통제가 대안일 수 있는가?

통제론 "핵미사일의 리모컨을 든 원숭이"
손 안의 위험한 기술은 재앙을 가져올 수도 있다.

'인간에게 주어지지 않았었더라면' 하는 탄식을 불러일으키는 위험한 기술로는 단연 핵기술을 들 수 있다. 핵기술은 원자력 발전과 같은 건설적인 활용은 물론 핵무기의 제조에도 사용되기 때문에, 국제원자력기구(IAEA)는 군사적 목적으로 핵기술을 개발·보유하려는 국가에 대해서는 강력한 사전 예방과 통제 조치를 가하고 있다.

생명공학기술 역시 개별 주체의 판단과 의지에만 맡겨 놓기에는 위험이 크기 때문에 통제가 필요하다는 면에서는 핵무기와 유사하다. 생명공학기술은 내가 그것을 선택할수록 다른 사람도 그 선택에 동참할 수밖에 없는 압박감을 조성한다. 가령 당신 아이의 경쟁자가 유전자 조작으로 강화된 지능과 월등한 육체적 능력을 갖고 태어나고 있는 상황이라면, 당신은 그러한 유전자 조작을 거친 아이를 낳는 것 이외에 과연 어떠한 선택을 할 수 있을 것인가? 치료가 아닌 능력 강화의 목적으로 유전자 조작이 횡행하는 사회가 온다면, 대다수 사람들은 양심에 죄책감을 느끼면서도 자신과 후손의 생존과 성공을 위해 그 길을 선택해야 하는 상황에 놓이게 될 것이다.

인간의 개인적인 이기심과 생존 본능 때문에, 유전자 조작 기술은 애초에 통제되지 않을 경우 최종적으로는 제어 불가능한 기관차와 같이 폭주하는 사태를 맞게 될 것이다. 공통의 합의 하에 인간 유전자 조작 기술을 봉인시키지 않는다면, 그것은 무지한 원숭이의 손에 핵미사일의 리모컨을 쥐어준 것과 같은 위험한 상황이라 할 수 있을 것이다.

허용론 "마약이 정말로 위험한 이유를 아는가?"
기술 역시 베일에 싸여 있을 때 더욱 위험하다.

대부분의 나라는 마약을 불법으로 규정하고 그 사용에 대해 거의 전쟁 수준으로 무지막지하게 대응한다. 그럼에도 불구하고 각국의 마약 사용량은 줄어들지 않고 있으며 도리어 그 부작용은 날로 확대되고 있다.

즉 마약을 금지함으로써 마약은 은밀히 불법적으로 거래될 수밖에 없으며, 가격 역시 비싸지게 된다. 마약중독자들은 비싼 마약을 구할 돈을 마련하기 위해 가산을 탕진할 뿐 아니라 각종 범죄에도 손을 대기 십상이다. 아울러 음지에서 거래되어 명확한 표준조차 없기에 마약은 질 자체도 조악하여, 이를 복용한 사람은 건강에 치명적인 해를 입고 있다.

마약의 부작용으로 신음하면서도 체포될 것이 두려워 쉬쉬하며 치료를 놓치는 경우까지 더해져 마약으로 인한 피해는 더욱 늘어난다.

마약에 대한 무조건적인 금지가 능사가 아님은, 마약이 금지품목이 아닌 네덜란드에서 도리어 마약으로 인한 피해가 선진국 중 최소 수준이라는 데서도 알 수 있다. 즉, 마약 복용자의 욕망은 너무나 강렬하여 단번에 마약을 끊기란 불가능하다는 것을 받아들이고, 그들을 양지로 이끌어내는 방법을 택하고 있는 것이다.

생명공학기술 역시 이러한 논리가 적용될 수 있다. 유전자 조작에 대한 인간의 욕구는 너무나도 강렬하다. 유전자를 조작하여 자신은 물론 태어날 자식에게 건강과 능력을 안겨줄 수 있다면 누구든 귀가 솔깃하지 않을 수 없다. 국가가 이를 불법으로 정해 금지한다 하더라도 누군가는 반드시 이를 손에 넣으려 할 것이다. 그러나 마치 마약이 그러했던 것처럼, 수요가 강렬한 상품이나 서비스는 법으로 금지한다고 해서 사라지는 것은 절대 아니다. 단지 법의 눈을 피해 지하시장이 생겨날 뿐이다.

이러한 지하시장의 폐해는 크게 두 가지다. 첫째, 수요가 강렬한 재화는 금지한다고 해서 사라지지 않으며, 도리어 적발될 위험 때문에 가격만 비정상적으로 치솟을 뿐이다. 둘째, 공개적으로 안전성을 검증하고 규제할 수 없어 부작용의 위험성만 높아질 뿐이다. 또한 불법으로 시술되는 기술이기 때문에 부작용에 대한 책임을 묻거나 소비자의 피해를 보상할 수 있는 길 역시 없다. 그 결과 오용으로 인한 부작용은 더욱 심각하게 나타날 것이다. 유전자 조작기술은 일반에 개방되었을 때보다 통제된 베일에 싸여 있을 때 더욱 위험할 것이다.

3. 인간 유전자 조작 시대를 위한 윤리적 대비

인간 유전자 조작, 더 넓게 말해 생명공학의 발달은 무작정 환영할 수도, 또는 무조건 거부할 수도 없는 복잡성을 가지고 있다. 본 장에서는 생명공학이라는 도구를 올바르고 안전하게 사용하기 위한 우리의 실천에 근본원리가 되는 과학윤리에 대해서 알아본다. 고리타분하고 아무런 구속력도 효력도 없어 보이기만 하는 '윤리'라는 단어가 과학이 사회적으로 적용·활용되는 과정에서 얼마만큼 무서운 파급력을 가졌는지를 역사적 사례를 통해 살펴보고, 인간 유전자 조작을 과학윤리의 시각에서 바라보기로 하자.

1) 최소한의 보호구, 과학윤리: 윤리 없는 과학은 참사를 낳을 수 있다

우생학(eugenics). 다윈의 사촌 골턴(Francis Galton, 1822-1911)이 창시한 이 학문의 출발점은 인류는 유전적으로 불평등하다는 것이었다. 제국주의·자본주의의 지배가 절정에 달한 당시 19세기 후반의 시대상을 반영하듯, 우생학은 식민지의 유색 인종들뿐 아니라 자국의 가난한 대다수 백인들조차 '열등한 군중'으로 간주하고 인류의 번영과 발전을 위해서는 이들의 번식은 막고 반대로 극소수 우수한 자의 번식은 장려해야 한다는 주장을 폈다.

우생학은 서구·미국 생물학계는 물론 사회 전체에까지 커다란 영향을 주었다. 미국의 경우 19세기 말에는 코네티컷주를 위시한 몇 개 주에서 정신박약아 등의 결혼을 법으로 금지시켰으며, 나아가 아예 단종, 즉 불임수술 등을 통하여 범죄자 및 정신질환자의 혈통을 끊어놓는 방법까지 시도되었다. 심지어는 복지국가로 유명한 북유럽의 국가에서도 이와 유사한 법이 시행되었다.

우생학이 인류에게 미친 해악의 결정판은 나치 독일의 유태인 대학살이었다. 히틀러는 독일인의 근간을 이루는 위대한 아리안 민족의 피가 하등한 민족, 특히 유태인의 피와 섞여서는 안 된다고 주장했다. 그리하여 집권 다음 해인 1933년 소위 '유전위생법'을 공포하여 1945년 제2차 세계대전으로 패망할 때까지 유태인과 집시, 그리고 러시아인까지 수천만 명을 격리하여 학살했다.

우생학은 과학의 이름 아래 최소한의 윤리가 고려되지 않았을 때 발생할 수 있는 비극에 대한 '역사적' 사례인 동시에, 생명공학의 현재와 미래를 비춰주는 거울이기도 하다. 생명공학이 그려내는 장밋빛 미래가 우생학이 제시했던 그것과 너무도 흡사하기 때문이다. 인간의 유전자가 지니는 역할이 하나 둘씩 확인되고 이를 응용하려는 시도가 점차 빛을 보면서, 정신병·알코올중독·범죄 등을 유전적으로 예방한다는 대의 아래 인간을 개량하려는 우생학적 사고가 암암리에 퍼져나가고 있는 것이다. 예를 들어 DNA 이중나선 구조의 발견으로 분자생물학의 혁명, 나아가 생명공학의 토대를 제공한 왓슨은 일찍이 흑인들이 백인들보다 지능이 열등하다고 주장하였다. 왓슨과 더불어 DNA 이중나선구조를 발견한 크릭 역시 모든 신생아는 유전적 자질에 대한 검사를 받기까지는 인간으로서 인정되어서는 안 되며 그 검사에서 실격하면 생존권을 박탈할 수밖에 없다는 섬뜩한 주장을 편 바 있다.

이미 한 차례 실패로 끝난 과거 우생학의 비극은, 과학의 윤리적 측면에 대한 이해와 준수가 과학을 발달시키는 일 이상으로 중요함을 보여준다. 그리고 우생학과 공통적인 아이디어를 공유하고 있는 인간 유전자 조작의 패러다임 역시 유사한 비극을 불러일으키지 않을까 하는 우려는 당연한 것이다. 우생학의 비극에 있어 윤리의식의 부재가 끼친 영향을 기억한다면, 우리는 같은 과오를 되풀이하지 않기 위해서라도 생명공학의 미래상을 윤리적 관점에서 해석하고 검토할 필요가 있다.

2) 인간 유전자 조작 시대에 적용 가능한 주요 윤리적 관점

공리주의 최대 다수의 최대 행복

벤덤(Jeremy Bentham, 1748~1832)의 "최대다수의 최대행복"이라는 명제에서 보듯 공리주의(功利主義, utilitarianism)는 사회 전체의 행복 또는 쾌락의 합을 극대화하는 것을 모든 판단의 기준으로 삼는 윤리적 관점이다.

공리주의의 핵심은 크게 세 가지이다. 첫째, 행위의 옳고 그름은 그 행위의 결과가 긍정적이냐 부정적이냐에 달려 있다. 둘째, 선은 행복 또는 쾌락이고 악은 고통이다. 셋째, 한 개인 차원의 행복이 아니라 "최대다수의 최대행복"을 추구하는 행위가 옳은 행위이다. 이를 종합하면, 어떠한 행위를 통해 얻을 수 있는 선(긍정적인 결과)에서 악(부정적인 결과)을 뺐을 때 최종적으로 남는 선의 크기가 사회 전체 차원에서 최대가 되도록 행위해야 한다는 것이다. 이때 사회 전체적인 쾌락의 대차대조표를 만들어 쾌락의 양이 극대화되는 행위나 선택이라면, 설령 어느 한 사람의 행복이 희생되더라도 정당화될 수 있다는 것이 공리주의의 관점이다.

의무론 인간을 도구가 아닌 목적으로 대하라

칸트(I. Kant, 1724~1804)로 대표되는 의무론은 결과를 중시하는 공리주의와는 달리, 도덕적 가치가 행위의 결과와는 아무런 상관도 없다고 보고, 결과 대신 동기 또는 목적 그 자체를 추구하는 윤리학이다. 그렇기에 의무론에서 중요한 것은 결과에 집착하지 않고, 선한 일을 하겠다는 선의지인데, 이는 달리 말하자면 필연적으로 지켜야 할 도덕규범을 따르겠다는 의지이다.

이러한 도덕규범은 모든 인간이 공통적으로 지켜야 하는 무조건적인 것으로, 상황·문화권·지역에 관계 없이 이성을 지닌 인간이라면 누구에게나 동일하게 적용되는 규칙을 의미하는 것이다. 즉, 개개인의 이익과 손해를 초월하여 누구에게나 옳다고 받아들여 질 수 있는 보편적인 도덕률이 필요하다.

따라서 칸트의 의무론은 다른 사람들에 대한 존중, 나아가 인간에 대한 존중을 바탕으로 하고 있다. 그러기에 칸트는 인간을 언제나 목적으로 대할 것이며, 결코 수단으로 사용하지 말도록 피력한다. 공리주의적 가치를 갖는 상품은 유용함에 따라 가격이 매겨지지만, 인간은 교환·대체가 불가능하며 그 자체로서 존엄성을 존중받아야 한다는 것이다.

정의론 최소의 수혜자를 고려하는 최대 행복

미국의 롤즈(John Rawls, 1921-2002)가 확립한 정의론의 첫번째 원칙은, 사회 전체의 이익이라는 명분 아래 어떤 개인의 인권도 유린되어서는 안 된다는 것이다. 그러기에 정의론은 인간은 그 자체로 존엄하며 항상 목적으로 대해야 한다는 칸트의 의무론을 바탕으로 한다.

그러나 정의론이 의무론과 다른 점은 공정한 분배를 달성하는 것을 중요한 목표로 삼기 때문에 이를 달성하기 위해서는 경우에 따라 불평등을 허용하기도 한다는 점이다. 즉, 인간의 기본권은 어떠한 경우에도 침해받을 수 없는 것이지만, 그 외의 권리에 관해서는 사회적·경제적 분배 측면에서 '최하층을 배려하는' 불평등이라면 정당화될 수 있다. 가령, 기본권의 범주를 넘어선 사회적·경제적 권리에 관해서 강자의 권리를 제한함으로써 최하층에게 이득이 된다면 그것은 허용될 수 있다. 정의론의 이러한 측면은 결과를 중시하는 공리주의적 입장도 반영되어 있다. 따라서 정의론은 여러 면에서 절충적이고 복합적이라 할 수 있다.

생명중심주의 생명이 모든 판단의 기준이다

생명중심주의는 현대문명의 발달로 자연이 급속히 파괴되고, 인간의 복지와 풍요를 위해 생명을 살상하는 일이 빈번해지자 이에 대한 반발과 비판으로부터 출발한 윤리사상이다. 생명중심주의는 인간뿐 아니라 모든 살아 있는 존재를 존중하는 것으로부터 출발한다.

생명중심주의의 대표자인 슈바이처는 생명에 대한 외경을 강조하여, 내가 나 자신을 소중히 하는 것처럼 모든 살아 있는 것에 대해 소중히 대해야 한다고 주장했다. 이는 상호존중을 토대로 한다는 점에서 의무론의 입장과 동일한 출발선을 가지지만, 그러한 존중의 대상이 사람뿐 아니라 모든 생명에게까지 해당된다는 점에서 인간중심적인 시각을 한결 탈피한 것이다. 생명중심주의는 가치 판단 역시 생명을 기준으로 이루어진다. 즉 생명을 보존하고 촉진하는 것은 선이며, 생명을 억제하거나 파괴하는 것은 악인 것이다.

3) 바른 선택을 위한 준비

과학기술은 유용함과 위험성을 함께 갖춘 칼과 같은 존재이다. 그 사용처에 대해 고민하고 서로 의견을 조율하기 위해 끊임없이 노력해야 하는 이유이다.

윤리적 관점에서 인간 유전자 조작이라는 이슈를 해석하는 것은 다름 아닌 이러한 노력의 일환이다. 같은 이슈를 두고도 윤리적 해석 역시 다양하기에 윤리적 관점의 이해가 곧 그 이슈와 관련한 최선의 규범을 제시하는 것은 아니지만, 다양한 측면에서 그 이슈가 지닌 긍정적인 영향과 부정적인 영향을 찾아내는 데 도움을 줌으로써 최선의 규범을 향한 출발점은 될 수 있다.

예를 들어 공리주의는 인간 유전자 조작이 보다 건강하고 우수한 지적 능력을 지닌 사람들로 구성된 사회를 가능하게 함으로써 사회 전체의 이익을 신장시킨다는 점에 주목하지만, 그러한 혜택이 일부 부유층에게만 국한될 경우 사회의 불평등이 심화될 수 있는 부작용까지는 고려하지 않는다. 공리주의가 보지 못하는 이러한 사각지대는 분배적 정의를 강조하는 정의론에 의해 조명될 수 있다.

또한 의무론의 관점에서 생각해 보면, 유전자 조작이나 인간 복제가 인간을 도구화함으로써 목적으로서의 인간의 가치를 훼손하는 측면이 있을 수 있음을 알게 된다. 아울러 가치 판단의 기준을 생명의 존중/침해 여부에 두는 생명중심주의의 관점에서는, 인간 유전자 조작은 질병과 사망의 위험에 처한 많은 생명을 구할 수 있는 긍정적인 기능과 동시에 그 연구 및 구현 과정에서의 부작용으로 인해 생명에 대한 심각한 훼손을 가져올 위험성 역시 지니고 있어 무조건 찬성 또는 반대할 수 없음을 알 수 있다.

인간 유전자 조작을 둘러싼 논쟁이 그토록 복잡하고 첨예하다는 사실은, 그것이 하루 이틀의 짧은 시간 안에 결론 내릴 수 있는 간단한 문제가 아님을 반증하는 것이다. 어느 윤리적 관점도 유전자 쇼핑 시대를 대비하여 완벽하거나 완전한 해법을 내놓지는 못할 수 있다. 그러나 윤리적인 관점에서 이슈를 해부하는 것은 추상적인 규범을 가지고 어떠한 대상을 욕하거나 깎아내리기 위한 것이 아니라 그것을 둘러싼 오해를 해소하고 보다 정확한 실체를 알려주는 데 목적이 있다. 즉, 다양한 윤리적 관점은 이슈를 이해하는 데 있어 혼란을 가져오는 것이 아니라 이슈의 다양한 측면을 보여주는 것이다. 윤리적 소양을 개발하고 그것을 인간 유전자 조작, 나아가 생명공학의 여러 면모를 해석하는 것을 게을리할 수 없는 이유이다.

덧붙여 인간 유전자 조작 시대를 대비하기 위해 윤리적 소양 못지 않게 중요한 것은 바로 과학적 지식이라 할 수 있다. 사실 자체에 대한 판단이 다를 경우 윤리적 해석의 결과 역시 달라질 수 있기 때문이다. 가령 아직까지도 논란이 지속되고 있는 이슈로는 초기 배아가 과연 인간인가 아닌가 하는 문제를 들 수 있다. 초기 배아의 경우 인간이 아니라 단순한 세포덩어리라면 우리는 생명공학기술의 과정에서 버려지는 배아에 대해 일말의 양심의 가책도 느낄 필요가 없으며 그 결과 생명공학기술을 통제해야 할 윤리적 근거 중 하나는 사라지게 될 것이다. 반대로 배아를 인간으로 인정해야 하는 과학적 증거가 나온다면 배아를 버려야 하는 모든 생명공학기술은 살인 행위 위에서 가능한 것이므로 엄격히 통제되어야 할 것이다. 그러나 아직까지 이 문제는 명확한 결론이 나지 않고 있다. 이는 인간의 유전과 생명현상에 대한 우리의 지식을 끊임없이 발전시키고 업데이트해 나가야 함을 보여준다.

어떤 의미에서 우리는 인간 유전자 조작 시대를 향해 달려가고 있는 열차에 탄 승객과 같다. 그 열차를 움직이는 바퀴는 바로 '변화'라고 할 수 있다. 기술적·사회적 변화의 속도에 따라 우리는 목적지에 더욱 빨리 다다를 수도 있고, 최대한 늦게 도착할 수도 있을 것이다. 희박한 가능성이지만, 바퀴가 멈추어 영원히 목적지에 도착하지 않는 경우도 상상해 볼 수 있을 것이다. 기술에 대한 제어권을 가진다는 것은 우리가 필요하다면 제동장치를 통해 이 열차의 바퀴가 돌아가는 속도를 늦출 수 있다는 것이고, 기술에 종속된다는 것은 아무런 제동장치 없이 그저 달려가는 열차에 멍하니 타고 있는 것을 의미한다.

도착하기 전에 미리 그려보는 목적지, 바로 인간 유전자 조작 시대의 모습은 우리로 하여금 거기를 향해 마냥 즐거운 마음으로 달려갈 수만은 없게 한다. 인간을 더욱 행복하게 만들기 위한 새로운 도전에 대한 설렘만큼, 그러한 도전이 가져다 줄 수 있는 위험에 대한 두려움 역시 큰 것이 사실이기 때문이다. 이 설렘과 두려움의 경계선에서 우리가 해야 할 일은, 생명공학기술에 대한 지식과 올바른 윤리적 관점을 토대로 올바른 선택을 내리고 그것을 실천으로 옮길 수 있는 실행력을 갖추는 일일 것이다.

더 생각해 볼 주제

—

본 강은 생명공학기술의 발달로 인한 또 하나의 논쟁거리, 즉, 인간 개체의 복제에 대해서는 다루지 않았다. 여성의 난자에서 핵을 제거하고, 복제하고자 하는 사람(원본인간)의 세포에서 채취한 핵을 이 자리에 끼워 넣은 다음, 이 난자를 여성의 자궁에 착상시켜 태아로 키워 출산하면 원본인간과 유전적으로 동일한 아기를 얻게 된다. 즉, SF 소설이나 영화에서 등장하는 것처럼 완전히 성장한 인간 개체를 복사기처럼 찍어내는 것은 아니지만, 적어도 그와 유전적인 특징이 동일한 아기를 얻을 수는 있다는 것이다. 인간 복제 역시 윤리적 비판과 규제로 인해 엄격히 금지되어 있지만, 가까운 시일 내에 현실화될 가능성이 높은 것으로 전망되고 있다. 인간 개체 복제가 현실화/보편화될 경우, 그것이 가져다 줄 빛과 그림자는 과연 무엇일까? 아울러 위에서 배운 윤리적 원리들에 의거하여 인간 개체 복제가 지니는 복합적인 의미들에 대해 평가해 보자.

더 읽어볼 거리

—

정혜경 지음, 『내가 유전자 쇼핑으로 태어난 아이라면』, 뜨인돌.

리실버 지음, 하영미 외 옮김, 『라메이킹 에덴』, 한승.

라메즈 남 지음, 남윤호 옮김, 『인간의 미래: 생명공학이여, 질주하라』, 동아시아.

앤드류 킴브렐 지음, 김동광 외 옮김, 『휴먼 보디숍』, 김영사.

05

과학 연구의 첫걸음

1. 과학 연구와 윤리

엄정하게 연구를 수행하고 어떠한 왜곡이나 과장 없이 정직하게 발표하는 과정은 과학의 토대이며, 과학연구지도란 곧 이러한 올바른 연구태도와 방법의 전수를 의미한다. 과학연구의 태도와 방법은 책이나 강좌를 통해서보다 실험실에서 선배과학자들과 함께 연구를 수행하면서 체득하게 되는 부분이 많다.

최근 연구의 규모가 커지고 학문 사이의 경계를 넘나드는 연구가 많아지는 등 연구과정이 복잡해지는 경향이 나타나고 있다. 한 사람의 연구책임자가 많게는 수십 명의 연구진을 이끄는 대규모 연구단이 늘어나면서 과학적 태도와 방법이 전수되는 전통적인 방식이 어느 정도 개선되어야 한다는 의견이 대두되고 있다. 과학연구와 관련하여 여러 가지 이해관계가 엇갈리는 경우도 급격하게 늘어나는 추세이다. 공동 연구자의 공로를 공정하게 배분하는 일도 어려운 일이 되었다. 이런 상황에서는 의도하지 않더라도 상대방의 권리를 침해하거나 비윤리적인 행위를 하게 될 가능성이 높아진다. 이와 더불어 자료를 곡해하고 결과를 날조 또는 변조하거나 또 다른 연구자들의 논문을 제대로 인용하지 않는 등의 과학적 부정행위가 나타나는 경우 또한 증가하고 있다. 연구 성과가 상업화와 관련될 때에도 복잡하고 다양한 윤리적 문제가 수반된다.

한 마디로 요즈음에는 훌륭한 연구태도를 지닌 올바른 과학자가 되는 일이 전보다 훨씬 어려워졌다. 얼마 전까지만 해도 특별히 노력하지 않더라도 연구수행과정에서 과학적 연구태도를 충분히 전수받을 수 있었다면, 이제는 바른 과학연구태도가 무엇인지 알고 이를 함양하기 위하여 의식적으로 노력을 기울여야 하는 상황이 되었다.

이 글에서는 학부 또는 대학원 교육을 받는 동안 과학자가 되기 위하여 갖추어야 할 요건이 무엇인지 검토한 다음, 학생의 자격으로 처음 연구 활동에 참여하여 첫 번째 논문을 발표하기까지의 과정을 살펴보면서 현장에서 과학연구가 어떤 모습으로 이루어지는지 이야기해 보고자 한다. 이 과정에서 윤리적 판단이나 정확한 상황 판단이 요구되는 크고 작은 일들을 만나게 될 것이다. 여기서는 일상적으로 연구를 수행하는 과정에서 부딪힐 수 있는 몇 가지 갈등 사례를 첨부하였다. 생명과학 연구와 관련된 예가 포함된 것은 전적으로 필자의 전공이 생물학인 것에 기인한다. 익숙한 분야가 아니면 구체적인 상황을 제시하기 어렵기 때문이다. 그렇지만 이 글에 제시된 사례를 검토하면서 논의하게 될 쟁점들은 모든 과학 분야에 공통으로 적용되는 사항이 될 것이다. 연구윤리는 특정한 분야의 과학자들에게만 필요한 소양이 아니라 과학연구 전반에 걸쳐 기본 바탕을 이루고 있는 것임을 명심하였으면 한다.

대부분의 사례에서 다양한 윤리적 직관이 충돌할 수 있는 상황을 접할 수 있다. 각 사례마다 다양한 방식으로 논의할 수 있으며 입장에 따라 얼마든지 다른 의견이 있을 수 있다. 여기서 중요한 것은 관련된 모든 이해 당사자들의 입장을 빠짐없이 헤아려보는 것이다. 그런 다음 가장 공정한 해결책이 무엇인지 고민한다면 조금 더 합리적인 판단을 내릴 수 있지 않을까 한다. 이러한 고민과 노력을 거듭하는 동안 과학연구윤리의 여러 쟁점을 스스로 찾아내는 안목과 이러한 문제를 합리적으로 풀어갈 수 있는 태도를 함양할 수 있을 것이다.

2. 과학자가 되려면

현재 활동하고 있는 과학자들은 대부분 대학원에서 과학 분야의 훈련을 받고 대학 또는 연구소에서 연구를 수행하는 사람들이다. 이공계 대학 및 대학원에서는 기존의 과학적 연구 성과를 포함한 지식체계는 물론 과학적 연구 수행에 관한 표준적인 절차와 방법을 교육한다. 그 구체적인 내용은 분야마다 다를 수밖에 없다. 그러나 어느 분야를 전공하든 전문 과학자가 되고자 한다면 학부와 대학원 과정을 통해 기본적으로 다음과 같은 목표를 달성하도록 노력해야 할 것이다.*

---

* 이 내용은 세계생화학·분자생물학연맹에서 제시한 박사학위 수여자에 대한 기준(Recommendations of the Committee on Education of The International Union of Biochemistry and Molecular Biology; http://www.iubmb.unibe.ch/phdstand.htm)에 기초하여 과학 일반에 대한 내용으로 범위를 확장, 수정한 것이다. 이 권고 기준은 1989년에 처음 발표된 이후 전 세계에 보급되었으며 2000년에 수정안이 발표되었다. 박사학위 과정에서 반드시 성취해야할 목표를 제시하고 이를 달성하기 위해 학교와 학과, 그리고 교수와 학생은 각각 어떻게 노력해야 하는지를 망라한 훌륭한 문헌으로 평가되고 있다. 박사학위 과정을 수행하면서 기본적으로 해야 할 일들을 언급하고 있는 만큼 세부전공과 관계없이 과학을 전공하는 학생이라면 누구에게나 도움이 될 수 있는 일반적인 내용을 담고 있다.

1) 과학연구 수행을 위한 일반적인 배경지식을 고루 습득한다

여기서의 지식은 단순히 과학 분야에만 국한되지 않는다. 과학자들에게도 기본적인 인문학적 소양은 필수적이며 특히 우리나라와 같이 일찍부터 문과와 이과로 분리되어 교육을 받은 경우에는 특히 개인적인 관심과 노력을 기울여야 한다. 동시에 과학 분야에서는 좀더 깊이 있는 배경지식을 갖추어야 할 것이다. 과학 전반에 걸쳐 과학적 지식의 중요성을 알고 이러한 과학 연구가 수행되었던 배경과 실험 방법 및 그 원리를 이해할 수 있어야 한다.

2) 전공 분야에 통달하여 주요 문제점을 인식하고 이에 대한 해답을 찾을 수 있다

전공 분야를 잘 안다는 것은 단순히 기존에 알려진 사항들을 알고 기억하는 것 이상을 의미한다. 제시된 자료의 의미와 결과가 기존의 지식체계에 기여하는 바를 분명하게 이해할 수 있어야 한다. 또한 적어도 전공 분야 내에서 이미 연구된 내용, 연구가 더 필요한 부분, 그리고 현재 쟁점이 되는 내용은 무엇인지 파악하고 있어야 한다. 전공분야에서 중요한 문제점을 인식하고 해답을 찾는 능력은 넓고 깊은 지식은 물론 창의력과 상상력을 필요로 한다.

이러한 능력은 다른 과학자들과 충분한 토론을 거치는 과정에서 숙성된다. 주요 관련 학회지를 주기적으로 읽고, 저널클럽에서 다양한 분야의 학술논문을 동료 연구자들과 함께 읽고 토론하며 발표하는 과정에서 이러한 능력을 배양할 수 있다.

3) 실험 기법을 충분히 연마한다

여기에는 문제를 해결하는 데 필요한 실험을 고안하고 수행하는 능력은 물론 산출된 정보를 비판적으로 평가할 수 있는 능력도 포함된다. 연구과제와 관련된 실험 기법에 정통하여 기자재의 작동 원리 및 관리 방법, 기술의 이론적 배경을 숙지하고 실험 기법을 자유자재로 활용할 수 있으며 연구에 필요한 새로운 기술을 수용하는 데 주저함이 없어야 한다. 독립적인 연구를 수행하는 데 있어 실험기법에 정통하고 다양한 방법을 사용할 수 있는 능력은 필수적이다.

4) 다양하고 효율적인 의사소통 기법을 습득한다

과학자는 자신의 연구결과를 얼마나 효과적으로 전달하는가에 따라 평가받는다. 강의, 세미나, 포스터, 연구논문, 연구계획서, 또는 대중을 상대로 하는 연설 등의 방법으로 자신의 연구를 알릴 수 있다. 이 때 가장 중요한 것은 진실성과 논리성, 간결함이다.

실험실 세미나에 꾸준히 참여하고 정기적으로 발표하는 방법이 가장 기본적인 훈련방법이다. 연구계획서 및 중간보고서 작성, 논문 발표, 저널클럽 발표 및 세미나 발표, 학회에서의 포스터 또는 구두 발표 등의 기회를 적극 활용한다. 또한 출판된 논문의 90% 이상이 영어 논문이며 영어는 인터넷 세계에서의 공용 언어이므로 영어논문을 읽고 쓰는 능력도 갖추어야 할 것이다.

5) 윤리적인 과학연구태도를 함양한다

모든 과학 연구는 과학 공동체 내에서의 상호신뢰, 협력, 공정성, 정직성 및 정보의 공유를 바탕으로 이루어진다는 사실을 숙지하여야 한다. 과학자가 되고자 하는 학생은 과학연구윤리에 대한 소양교육을 충분히 받고, 기회가 있을 때마다 연구 과정에 발생할 수 있는 윤리적인 문제에 대해 고민하고 동료들과 의견을 교환할 필요가 있다.

최근 들어 우리나라에서도 "scientific integrity"의 중요성이 널리 이야기되고 있다. 아직 'integrity'에 대한 적절한 우리말 용어가 없어서, 사람에 따라 이를 "정직성, 진정성, 진실성, 충실성, 온전성, 충전성, 무결성" 등으로 번역하여 쓰고 있는데 이 정도면 대강의 의미는 파악할 수 있을 것이다. 과학연구에서 가장 기초가 되는 덕목을 하나만 꼽으라면 물론 '정직함'을 들 것이다. 그러나 "scientific integrity"는 정직성 외에도 올바른 과학연구를 수행하는 데 필요한 여러 덕목들을 두루 포괄하는 개념이다. 연구과정이나 연구결과에 대한 책임감, 동료 연구자들과의 협력과 배려, 그리고 특히 생물학 연구의 경우에는 연구 대상에 대한 배려 또한 절대로 빼 놓을 수 없는 중요한 덕목이라 하겠다.

과학은 여러 학자들이 협력을 바탕으로 발전하는 것이다. 교육을 받는 동안 무엇보다 과학자들 사이의 상호의존성이 중요하다는 것을 인식하여 서로 신뢰할 수 있는 학자들의 국제적인 공동체에 적극 참여할 수 있는 의식을 키워야 한다. 이러한 과정을 통해 연구의 윤리적 함의를 잘 인식하고 과학자로서의 책임을 이해하고 실천할 수 있어야 한다. 또한 관련 법률이나 지침 등을 숙지하여 연구 과정의 윤리와 안전의 문제가 발생할 수 있는 부분을 알고 이를 확보할 수 있도록 노력해야 한다.

6) 독자적으로 실험 과정을 계획하고 생산적인 연구를 수행할 수 있는 능력을 배양한다

이는 과학 연구를 수행하는 데 반드시 필요한 능력으로 과학자가 되기 위한 훈련 과정에서의 최종 목표라 할 수 있다. 앞에서 서술한 다섯 가지 목표를 달성함으로써 이와 같은 능력을 키울 수 있는 기초를 닦을 수 있다. 독자적인 연구 수행 능력은 ① 적절한 수준에서 의미 있는 문제를 제기하여, ② 이 문제를 객관적으로 검증할 수 있는 방법을 고안하고 ③ 재현 가능한 실험을 수행한 후, ④ 실험 자료를 통계적으로 유의하게 처리하고, ⑤ 그 결과를 분석하여 제기된 문제에 대한 해답을 도출하며, ⑥ 검증 가능한 모델을 통하여 실험 결과를 설명한 다음, ⑦ 결과논문을 전문가의 심사를 거쳐 학술지에 게재할 수 있는 것을 의미한다. 학술지에 발표된 논문은 동료 과학자들의 재현, 검증, 비판 등을 거치면서

서서히 과학적 지식의 지위를 얻게 된다. 이러한 과정을 통하여 과학자의 연구 결과가 그 분야의 과학자 사회에서 수용되어 과학발전에 기여하게 되는 것이다.

대학과 대학원 과정을 거치면서 과학적으로 타당하다고 인정되는 형태의 문제를 제기하고 이에 대한 과학적인 해답을 구할 수 있는 능력을 증진한다. 지식과 기술을 충분히 연마한 결과 그 분야의 전반적인 흐름과 내용을 이해하고 독자적으로 연구를 수행할 잠재력이 인정된 사람에게는 박사학위가 수여된다. 박사 학위를 받고 나면 보통 박사후연수 과정을 거치면서 완전히 독립하여 독자적인 연구를 수행할 수 있는 능력을 갖추게 된다.

3. 처음으로 논문을 발표하기까지

이학박사 학위를 받은 다음부터 연구를 시작할 수 있는 것은 아니다. 학부 또는 대학원 과정에서도 한편으로는 연구에 대한 지도를 받는 동시에 또 한편으로는 연구보조원의 자격으로 직접 연구에 참여하게 된다. 한 사람의 과학도가 어떻게 연구를 시작하고 진행하며 그 결과를 얻어서 과학적 지식을 축적하는 과정에 기여할 수 있는지 살펴보기로 하자. 현재 실험실에서 과학연구가 진행되는 일반적인 과정을 조금 더 구체적인 맥락에서 이해할 수 있을 것이다.

1) 실험실 선택

실험과학을 전공하려는 학생들에게는 가능한 한 빨리 관심 있는 분야를 연구하는 실험실을 찾아 실험실 생활을 시작할 것을 권장한다. 과학연구, 특히 실험과학 분야의 연구 과정을 습득하는 것은 새로운 언어를 배우는 것과 같아 책으로 배울 수 있는 범위가 매우 제한적이다. 실험실에서 생활하는 과정에서 선배 연구자들이 연구하는 과정을 직접 보면서 배우는 부분이 상당히 많다. 특히 처음 실험을 시작하는 입장에서는 기기 사용법도 다른 사람이 사용하는 것을 직접 보고 익히는 것이지 설명서만 읽고 배운다는 것은 여간 어려운 일이 아니다. 선배 연구자들이 새로운 문제를 찾아내어 그 문제를 해결할 수 있는 실험을 수행하고, 나타난 결과를 바탕으로 새로운 결론을 도출하는 것을 보고 또 함께 논의하면서 연구과정과 태도를 몸으로 체득한다.

요즈음에는 학부 3, 4학년 시절이나 대학원 석사 과정에 입학하면서 실험연구를 시작하는 경우가 대부분이다. 대학이나 연구소 홈페이지를 찾아가면 각 실험실에서 수행하는 연구 분야와 최근 논문 목록 등을 쉽게 찾아 볼 수 있다. 이를 검토하여 자신의 관심 분야와 일치하는 연구실을 찾는다. 먼저 실험실의 책임자인 교수나 때로는 그 연구실에서 오래 연구를 수행한 연구원을 만나 이야기를 나눈다. 이때 주로 실험실의 연구 주제와 연구

대상, 주로 사용하는 연구 방법, 실험에 참여하게 될 경우 수행하게 될 과제, 이 과제에서 직접 사용할 방법 등에 대해 이야기를 하게 된다. 이 밖에도 주로 실험실의 구성원이 어떻게 되며, 실험실 분위기는 어떤지, 처음 연구를 시작하면 주로 누구와 함께 일하게 될지 등의 일상적인 문제를 미리 확인해두는 것도 도움이 된다.

2) 연구 지도

전혀 실험 경험이 없는 경우에는 기본적인 실험 방법이나 기기 사용 방법 등을 교수나 실험실 선배에게서 배우게 된다. 실제로는 새로 실험을 시작하는 연구원을 실험실의 기존 연구원과 짝을 이루어 함께 공동으로 연구를 진행하면서 연구 기법 등을 전수하는 동시에 실험이 이루어지는 경우가 대부분이다. 선배 연구원에게 이러한 책임이 명시적으로 부여되어 있는 것은 아니지만 실험실에서 연구하는 연구원들 대부분은 신임 연구원에게 연구기법 등을 지도할 책임을 느낀다. 이들 역시 새로 연구를 시작하였을 때 모두 그들의 선배에게서 모든 것을 전수받은 경험이 있기 때문이다. 따라서 모르는 것에 대해 다른 연구원들에게 질문하는 것을 두려워할 필요는 없다. 다만 상대방의 시간과 상황을 배려하는 것을 잊지 말아야 할 것이다.

보통 처음에는 예비 과제를 받아 이를 수행하면서 구체적인 연구 방법 및 기기 사용 방법 등을 익힌다. 연구에 필요한 기본적인 실험 기법을 어느 정도 습득하면 본격적으로 자신의 연구 과제를 받아 연구를 수행하게 된다. 이 때 지도교수의 역할은 학생이 수행하기에 적절한 과제를 부여하고, 과제의 수행을 지도, 감독하며, 그 결과의 해석과 의미 파악을 돕고, 결과를 정리하여 적절한 기회에 발표할 수 있도록 조력하는 것이다. 연구원 또는 학생의 책임은 부여된 과제를 잘 이해하고, 필요한 관련 지식을 적극적으로 학습하고, 성실하게 실험을 수행하며, 실험과정에서 발생하는 문제점을 인지하고 이에 대한 해결책을 강구하며, 실험 결과를 정확하게 기록하여 그 결과를 지도교수와 함께 논의하면서 발표할 수 있는 형태로 실험 결과를 정리하고 논문을 작성하는 일이다.

일반적으로 서로 상대방의 의무만 강조하고 자신의 책임과 역할은 간과하는 경우 갈등이 생기게 된다. 과학연구에 있어서 지도교수와 학생의 관계는 스승과 제자의 관계인 동시에 과제를 함께 수행하는 공동연구자의 관계이다. 다음 〈사례 1〉을 보면서 연구 수행 과정에서 지도교수와 학생의 역할을 한 번 점검해 보기로 한다. 이 경우 만일 철수가 지도를 받는 박사과정 학생이 아니라 독립과제를 수행하는 박사후연구원이었다면 어떻게 되는지도 생각해보자.

사례 1　　박사과정 학생의 아이디어*

—

철수의 학과에는 박사과정 교육의 일환으로 연구제안서를 작성하여 제출하도록 하는 의무규정이 있다. 철수는 자신이 수행한 실험결과를 바탕으로 독자적인 아이디어를 구상하여 연구제안서를 작성한 다음 이를 과제로 제출하였다. 이 때 지도교수는 과학재단 지침에 따른 연구계획서의 양식과 체제를 지도하였다. 얼마 후 지도교수는 자신이 새로 제출할 연구계획서에 철수가 연구제안서에 제시한 내용을 포함하겠다고 이야기하였다. 철수는 이 말을 듣고 지도교수가 자신의 아이디어를 도용하는 것이라며 흥분하고 있다. 지도교수의 행동은 정당한 것일까? 아니면 이것은 철수가 생각하듯이 지도교수가 학생의 아이디어를 도용하는 사례가 될까?

3) 실험실 공동체

실험실이라 하면 일반적으로 실험 기자재와 재료가 구비되어 과학연구를 수행할 수 있는 장소를 의미한다. 그러나 과학자들에게 실험실은 단순한 연구 공간 이상의 의미를 지닌다. 이제 다른 사람들과의 접촉을 끊고 아무도 없는 연구실에서 혼자 연구에 매달려 새로운 사실을 발견하는 시대는 지났다. 일단 실험이 시작되면 모든 작업은 공동으로 여러 사람들의 협력을 바탕으로 진행된다. 과학연구에서 보통 실험실은 이러한 협력활동의 최소 단위가 된다.

실험실마다 고유한 규칙과 전통이 있다. 새로 구성원이 되었을 때는 이를 잘 파악하고 가능한 한 따르는 것이 공동생활을 영위하는 데 도움이 될 것이다. 일단 실험을 시작하면 대부분의 시간을 실험실에서 보내게 되는 만큼 실험실 생활을 얼마나 즐겁게 그리고 활기차게 하는가에 연구의 성패가 좌우된다 해도 과언이 아니다. 실험실에서 지내는 것이 모두에게 즐거운 일이 될 수 있도록 서로 돕고 배려하는 것이 실험실 구성원 전체에게 매우 중요한 일이다. 실험하고 공부하고 세미나 하는 것 외에 함께 즐길 수 있는 일에 일정한 시간을 할애하는 것도 어느 정도 필요하다.

즐거운 실험실을 만들기 위해 반드시 해야 할 일 하나는 실험실에서 공동으로 해야 하는 일을 기꺼이 적극적으로 분담하는 것이다. 청소와 초자 씻기에서부터 공동으로 사용하는 시약 준비, 기기 및 비품 관리, 시약과 초자 구매 등에 이르기까지 상당한 시간과

---

* 　이 글에 인용된 사례는 특별한 표시가 없는 한 생명과학 연구윤리(http://www.bionest.or.kr)의 '연구윤리 토론방'에서 옮겨온 것이다.

노력을 기울여야 실험실에서의 연구 활동이 원활하게 이루어질 수 있다는 것을 명심하고 이 과정에 적극 동참해야 한다.

실험실마다 밤에만 나타나는 올빼미족들을 흔히 볼 수 있다. 실험실의 기기와 공간을 독점한 채 일할 수 있다는 것은 분명 이점이다. 그러나 밤에만 나타나는 경우 잃는 것은 무엇일까? 〈사례 2〉의 상황에서 이 두 가지를 잘 따져보면 어떤 경우에 밤에 실험하는 것이 유리하거나 혹은 허용될 수 있는지, 또 어떤 경우에 이를 지양하는 것이 좋은지 스스로 판단할 수 있게 될 것이다.

사례 2　　실험실 근무 시간?

—

거의 밤 시간에만 실험을 하는 대학원생이 있다. 이런 상황이 한 달 이상 진행되자 교수는 학생을 만나 몇 가지 근거를 들어 이런 실험 방식이 별로 좋은 것이 아니니 낮에 일할 수 있도록 생활 습관을 바꾸기를 제안하였다. 다음은 이들의 대화 내용이다.

—

학생　저는 밤에 일할 때 훨씬 집중력이 높아집니다. 아침에는 정말 정신을 차릴 수가 없고 낮에 여러 사람과 부딪히며 일하는 것도 힘이 듭니다. 게다가 요즈음 주로 사용하고 있는 기기는 쓰는 사람이 많아 밤 시간을 이용하는 것이 훨씬 효율적이고 편합니다.

교수　아주 불가피한 경우를 제외하고는 실험은 낮에 하는 편이 여러 모로 좋을 것 같은데. 적어도 낮 "근무시간" 동안에는 실험실에서 활동하는 것이 중요하다네. 예를 들면……

—

1) 과학 실험실의 근무시간은 어떤 의미가 있을까?
2) 교수는 낮 시간 동안 실험을 하는 것이 좋겠다는 근거로 몇 가지 예를 들었다. 어떤 예가 있을까?
3) 본인이 위 학생의 입장이라면 어떻게 하겠는가?
4) 위 학생이 끝까지 자신의 방법을 고집한다면 지도교수는 어떻게 하는 것이 좋겠는가?

4) 실험 과정 및 결과의 기록

실험을 시작할 때 가장 먼저 배워야 하는 것 가운데 하나가 실험기록방법이다. 각 실험실에서 특별한 형식을 요구하는지 미리 확인하는 것이 좋다. 좋은 연구자가 되는 과정은 실험 과정 및 결과를 꼼꼼하고 바르게 기록하는 습관에서 출발한다. 실험노트를 바탕으로 그동안 자신이 수행해 온 과정을 정리하여 발표하고 새로운 실험을 계획한다. 다음 연구자는 내가 작성해 둔 실험노트를 토대로 새로운 내용을 쌓아갈 것이다. 실험노트는 실험과정이나 결과와 관련하여 문제가 생기는 경우 자신을 방어하고 증명해 주기도 한다. 누가 내 연구의 신뢰도를 문제 삼는다면 재연해 보이겠다고 주장할 것이 아니라 실험노트를 보여주는 것으로 해결할 수 있어야 한다.

실험노트는 누가 보더라도 명백하게 그 내용을 이해할 수 있고 그 내용을 신뢰할 수 있는 형태로 기록되어야 한다. 자신만 알아 볼 수 있는 실험노트는 좋은 실험노트라 할 수 없을 뿐 아니라 기록 자체의 신뢰도를 떨어뜨리는 결과를 낳을 것이다. 실험 자료를 임의로 추가하거나 삭제하는 일이 없어야 한다. 실험과정에서의 명백한 실수나 오류가 있었다면 이러한 과정도 자료와 함께 기록으로 남긴다. 자료를 추가할 경우에도 추가 실험을 수행한 날짜와 방법과 결과를 정확하게 기록해 둔다. 기록과정에서 오류가 발생하면 이를 완전하게 지우지 않고 수정과정을 그대로 볼 수 있도록 기록한다.

실험노트는 연구자 개인 소유가 아니라 실험실에 귀속된 공적 자산이다. 실험실을 떠나는 경우에는 반드시 실험 노트를 잘 정리하여 남겨두어야 한다. 필요한 경우 실험실 책임자에게 사본을 만들어 가도 되는지 확인한다. 〈사례 3〉의 경우를 통해서 실험노트가 실험실에 귀속된다는 것 그리고 실험노트의 원본을 소유한다는 것은 또한 구체적으로 어떤 의미를 갖는 것인지 생각해 보자.

사례 3 실험노트의 소유권*

최근 김 교수에게 새로운 연구방법이 필요했는데 이는 일본의 다나카 교수가 주로 사용하는 방법이다. 두 사람은 김교수의 학생을 3개월간 일본에 있는 다나카 교수 연구실에 파견하여 실험에 필요한 방법을 배우면서 과제를 수행하기로 합의하였다. 이때 일체의 경비는 김 교수의 연구과제에서 지원하였다. 3개월 후 성공적으로 실험을 마친 학생은 그동안의 실험노트를 모두 복사하여 사본을 남기고 한국으로 돌아왔다. 실험실에 도착하자마자 다나카 교수에게서 연락이 왔다. 다나카 교수는 "실험노트는 실험실에 귀속되는 것"이라며 일본에서 연구한 실험노트의 원본을 요구하였다. 학생은 다나카 교수에게 실험노트 원본을 보내야 할까?

* 사례 제공: 전남대 박사과정 최훈인.

5) 실험실 세미나의 중요성

실험실마다 구성원이 정기적으로 모여 각자 연구결과를 발표하고 함께 토론하는 자리가 있다. 공식적인 교육과정의 일부는 아니지만 실험연구에서 그 어느 과목보다 중요한 시간이다. 첫째, 자신이 수행하는 연구 과제를 가장 잘 아는 사람들로부터 연구수행 전반에 걸쳐 제안과 비판을 받을 수 있는 기회가 된다. 연구 과정이나 결론을 도출하는 과정에서 가장 중요한 문제점은 대부분 실험실 동료들에게서 제기되는 경우가 많다. 실험실 식구들의 따가운 비판을 거치고 이들을 만족시킬 정도의 대조 실험, 반복 실험, 확인 실험을 더 하는 등의 적절한 조치를 취하고 나면 연구결과를 어느 곳에서 발표하든지 별로 큰 문제가 생기지 않을 것이다. 물론 실험실 세미나에서 활발하고 진지한 토론이 이루어진다는 전제가 필요하다. 둘째, 연구자 한 사람 큰 연구과제의 일부분만을 담당하는 경우가 많다. 실험실 세미나를 통해 그 과제의 다른 부분에 대한 연구 진행 과정과 결과를 알게 됨으로써 자신이 하는 일을 전체적인 맥락 속에서 이해할 수 있다. 셋째, 다른 사람의 연구를 비판적인 시각에서 바라보는 계기가 된다. 또한 동료들의 연구 과정을 처음부터 끝까지 지켜보면서, 연구를 진행하는 과정이나 문제가 생겼을 때 해결해 나가는 방법 등을 가까운 거리에서 경험할 수 있다. 넷째, 자신의 연구과정 및 결과를 발표하고 토론하는 훈련의 기회가 된다.

4. 연구결과의 발표

과학 연구의 과정은 엄정한 방법에 근거하여 연구를 수행하고 그 결과를 발표하는 것으로 집약할 수 있다. 연구결과는 대개 학회에서 구두 또는 포스터 발표를 하거나 학술지에 논문을 출판하는 방식으로 다른 사람들과 공유한다. 연구 결과를 발표하는 것은 공공지원을 받은 연구 결과를 공유할 책임을 다하는 것인 동시에 공로를 인정받는 통로가 된다.

과학논문의 형식을 갖추어 투고된 논문은 전문가들의 심사와 평가를 받아 여기서 통과한 경우에만 학술지에 발표된다. 논문이 출판됨으로써 비로소 개인의 연구 성과가 과학자 사회에 알려지게 된다. 이렇게 공개된 연구 결과는 이 후 관련 연구자들의 평가와 인정 그리고 재현 실험 및 후속 연구 등을 통해 검증을 받게 되고 이러한 과정을 거치면서 다각도로 검증된 성과가 비로소 '과학적 지식'의 반열에 오르게 되는 것이다. 연구결과를 발표하는 과정에 준수해야 하는 몇 가지 기본적인 사항을 살펴보자.

1) 연구 논문의 진실성

학회에 발표하거나 과학 학술지에 투고하는 논문은 수행된 연구를 그대로 진실하게 반영하는 것이어야 한다. 학술지에 논문을 발표하려면 과학적 방법과 절차를 통해 얻은 결과를 일정한 형식을 갖추어 작성한 다음 이를 학술지에 투고한다. 일반적으로 과학 논문은 제목, 저자목록, 초록, 서론, 연구방법 및 재료, 결과, 논의, 감사의 글, 인용문헌의 체계로 구성된다. 연구 결과에 대한 공정한 평가가 이루어질 수 있도록 과학학술논문에서는 연구의 목적과 과정, 방법, 결과 등을 정확하게 기술하고 결과를 공정하게 분석하여 정당한 방법으로 발표해야 한다(〈사례 4〉 참조).

연구 과제를 신청하고, 수행하고, 결과를 보고하는 과정에서 날조, 변조, 표절 등의 행위는 과학에서의 가장 중대한 기만행위로 간주한다. 자료를 해석하거나 판단하는 과정에서 발생하는 단순한 실수 또는 정당한 차이는 기만행위에 포함되지 않는다. 날조(fabrication)란 없는 자료를 만들어내는 행위, 변조(falsification)는 연구과정이나 결과를 의도적으로 조작하는 행위, 표절(plagiarism)이란 남의 글이나 아이디어를 자신의 것인 양 표현하는 행위를 말한다.

과학 활동은 관련 분야를 연구하는 과학자들 사이의 정보 공유와 신뢰를 바탕으로 이루어져 왔다. 개별 연구자들이 정확하게 연구 결과를 산출하고 이를 정직하게 보고하면 다른 연구자들은 이를 바탕으로 다음 연구를 진행할 수 있었다. 과학자 집단 내에서 이러한 덕목을 제대로 지키지 않고 기만행위를 하는 사람이 늘어간다면 과학이라는 학문의 존립 자체에 큰 위협이 될 것이다.

사례 4 박사후연수 갔다가 망하고 돌아온 이야기*

이번에 (황우석 교수 연구진의) 사진 조작 의혹을 보면서 괴로웠던 저의 10년 전 일이 생각나서 올립니다.

돈을 많이 준다는 말에 현혹되어 전공 분야도 한참 다르고, 실험여건도 좋지 않은 일본의 모연구소로 1년간 포스트닥(박사후연수)을 갔었습니다. 의사소통도 수월하지 않은 상태에서 새로운 전공분야를 배워가면서 실험준비를 하는데만 6개월을 그냥 보내고 막판에 몰려서 약 3개월을 밤낮으로 실험했습니다. 여러 조건을 바꿔가면서 하는 실험이었는데 이상하게도 데이터 한 개가 유난히 튀지 않겠습니까? 학회 발표일은 다가오고 점 한 개를 얻기 위해서는 2~3일은 더 고생해야 되는데. 고민을 거듭하다가 당연히 나와야 될 것으로 생각되는 주변의 값으로 눈감고 찍었습니다. 대세에는 지장이 없겠다고 생각했었지요.

학회발표도 그런대로 성공적으로 끝나고 논문을 내려고 정리하다가 보니까 27개의 데이터 중에서 조작한 한개 때문에 결과가 엉뚱하게 나오는 것 아니겠습니까? 처음 얻었던 결

* 생물학연구정보센터(BRIC)/BioJob/소리마당게시판, 2005.12.13. ID: coat...; http://bric.postech.ac.kr

과대로라면 모든 현상이 다 설명되고 좋은 논문이 되겠는데, 이미 바꿔치기를 해버렸으니…… 포스터 세션에서 발표한 것이지만 기본적인 데이터가 이미 공개되어 버렸으니 수정할 수도 없고…… 처음부터 다시 해보려고 바둥거리다가 시간에 쫓겨서 더 이상 진행도 못하고. 결국 논문을 한편도 내지도 못하고 그냥 돌아왔습니다. 남들은 포닥 기간 중에 논문은 말할 것도 없고 골프도 즐기고 여행도 많이 다닌다는데. 저는 논문 한편 쓰지도 못하고 헛고생만 하다가 꼬박꼬박 저축한 돈만 싸들고 돌아왔습니다.

2) 저자의 범위와 순서

저자 목록에 이름이 오르는 것에는 공로를 인정받는다는 것과 논문에 대한 책임을 진다는 두 가지 측면이 있다(〈사례 5〉 참조). 출판된 학술 논문의 질과 양은 연구자의 경력에 절대적인 역할을 한다. 취업과 승진, 연구비 수주 과정에서 결정적인 지표가 되는 것은 물론 연구자의 능력과 수준을 나타내는 가장 중요한 척도이기도 하다. 출판된 학술 논문의 질과 수는 연구자의 경력 관리에서 절대적으로 중요하기에 성과를 공정하게 배분하기 위한 노력 또한 중요하다.

사례 5 학술논문을 익명으로 발표할 수 있을까? *

—

어느 산부인과 의사가 생명과학 학술논문의 편집인에게 연락을 했다. 의사는 오랫동안 환자들의 자궁경부암의 초기진단을 위해 임상병리 검사기관 두 곳을 이용해왔다. 어느 날 과거의 기록을 살펴보다 두 검사기관의 양성 판정비율이 거의 2배 가량 다르다는 사실을 확인하였다. 알고 보니 두 기관에서는 서로 다른 진단방법을 사용하고 있었다. 의사는 결과논문을 작성하되 익명으로 투고하고자 하였다. 그는 진단방법에 따라 결과가 달리 나타났다고 해서 특정 진단방법이 우수하거나 열등하다고 할 수는 없다고 했다. 그렇지만 실명으로 투고하였을 때 특정 검사기관에 불리한 상황이 초래될 가능성이 있어 이를 피하고 싶다는 것이다. 단지 두 가지 검사 방법에 따라 양성 판정비율이 다르다는 사실만 다른 의사들에게 알리는 것이 논문발표의 목적이라고 한다. 이런 경운 논문을 익명으로 발표할 수 있을까?

---

* COPE(Committe on Publication Ethics) Report (1998) Case 97/1; http://www.publicationethics.org.uk.

과학 연구의 규모가 증가하고 이에 따라 한 논문에 참여하는 저자의 수도 크게 늘었다. 이때 기여한 정도에 따라 순서대로 저자 목록에 이름이 오른다. 연구책임자는 대개 마지막 순서가 되며 교신저자를 겸하는 것이 관행이다. 교신저자는 연구 결과에 대한 이후의 논의 및 결과물의 공유와 관련된 업무를 담당한다.

그러나 연구의 계획, 수행, 발표에 기여했다고 해서 이들이 모두 저자의 자격을 갖는 것은 아니다. 연구에 일부만 기여한 경우는 감사의 글에 기여한 내용과 이름을 적어 그 공로를 인정해 준다. 저자 목록에 오른 모든 저자는 논문 전체에 대한 책임을 공동으로 진다. 따라서 각 저자는 논문에 발표되는 내용 전부가 정확하게 기술되었는지 확인하고 증명할 책임이 있다.

저자의 자격이 있으려면 ① 연구의 계획, 결과 산출, 자료의 분석과 해석에 기여하고, ② 논문을 집필하거나 수정하는 데 참여하는 동시에, ③ 출판하는 논문을 최종 승인하여야 한다. 위의 세 기준을 모두 만족하지 못하는 참여자는 감사의 글을 통해 그 성과를 인정해 준다.* 그러나 실제 논문의 저자를 결정하는 과정은 연구 분야, 실험실의 사정, 특정 연구가 진행된 과정, 연구 환경, 문화 등에 따라 영향을 받을 수 있다. 외국의 경우에는 대학이나 학회, 학술잡지에서 대부분 논문저자의 기준에 대한 지침을 제공하고 있다.

여기서 자신이 수행한 연구 결과가 논문에 일부 수록되었다고 해서 무조건 저자의 자격이 있는 것은 아니라는 것을 알 필요가 있다. 일반적으로 기술요원(technician)에게는 저자 자격을 주지 않는다고 이야기 한다. 이 때 기술요원이라 함은 그 사람의 직함을 일컫는 말이 아니라 연구에서의 역할을 말하는 것이다. 만일 연구에 참여하여 좋은 결과를 산출하였더라도 자신이 얻은 실험 결과가 무엇을 위한 것인지 또 어떤 의미인지 알지 못한 채 단순히 기기를 조작하여 나온 결과를 제공한 것에 불과하다면 그 연구에서는 기술요원의 역할을 한 것이다. 전체적인 연구 과제에서 자신이 수행한 실험이 어느 부분인지, 어떤 문제에 대한 답을 구하기 위한 실험인지를 알고 얻어낸 자료를 분석하고 해석하여 제기된 문제에 대한 해답을 제공할 수 있어야 하는 것이다. 편의상 가장 기여도가 높은 한 연구자(일반적으로 제1저자)가 초고를 작성하고 공동 저자는 담당한 부분을 꼼꼼하게 검토, 수정하는 경우가 많다. 그러나 적어도 자신이 담당한 부분에 대해서는 초고를 작성하고 논문이 완성된 다음에는 투고하기 전에 전체적으로 검토, 확인하는 것이 공동저자 모두의 책무이다.

기여도에 따라 순서대로 저자가 된다고 했지만 사실 이건 일반적인 원칙일 뿐 구체적인 상황에서 그 기여한 정도를 정확하게 따져 저자 자격의 유무를 가리거나 순서를 정하

---

* International Committee of Medical Journal Editors (ICMJE: http://www. icmje.org/), Uniform Requirements for Manuscripts Submitted to Biomedical Journal. 국제의학잡지편집인협회(ICMJE)에서 제시한 기준이나 타 분야의 경우도 크게 다르지 않다.

기가 그리 쉬운 일 만은 아니다. 실제로 연구를 진행하면서 동료들 사이에 가장 민감하면서 갈등의 소지가 많은 부분이 논문을 발표할 때 저자를 정하는 것과 관련된다. 다음의 두 사례(《사례 6, 7》)만 보더라도 실제 상황에서는 정확한 판단이 어려운 경우가 많다는 것을 알 수 있다. 연구에 충분히 기여한 연구자를 저자에서 빼는 것은 당연히 부당한 일이다. 그렇다고 별로 기여한 바가 없는 사람까지 모두 저자로 끼워주는 것 역시 실제 그 연구를 주도적으로 수행한 연구자의 성과를 희석시키는 부당한 처사임을 잊지 않아야 한다.

사례 6 　저자의 자격

—

이 박사는 박사과정을 마칠 무렵 우연하게 연구 대상 세포주에서 새로운 단백질의 존재를 확인하였다. 그러나 더 이상의 연구는 하지 못하였고 지금은 다른 기관에서 박사후연수 중이다. 학회에서 우연히 만난 실험실 후배가 이 단백질에 대한 연구논문의 초고를 보여주면서 의견을 구했다. 원고의 저자목록에는 이 박사의 이름이 기재되어 있지 않았다. 지도교수는 평소에 학생이나 연구원들의 성과를 인정하는 데 인색한 편이 아니었다. 점심시간에 지도교수를 만난 이 박사는 논문에 대해 언급하며 자신이 학위과정 중에 이 단백질의 존재를 처음 확인하였다는 사실을 환기시켰다. 그러자 지도교수는 논문에 이 박사의 데이터는 하나도 포함되지 않았으므로 이 경우에는 이 박사의 저자자격을 인정하지 않는 것이 적절한 것이라고 하였다. 이 박사에게 공동저자의 자격이 있을까?

사례 7 　누가 제1 저자가 될 것인가?

—

김 교수의 지도 아래 연구 과제를 계획하고 실험을 수행하여 중요한 결과를 얻은 가 학생이 학위 논문을 작성하고 실험실을 떠났다. 그 후 나 학생이 과제를 넘겨받아 보완 실험을 하고 논문을 작성하여 학술지에 투고하고는 유학을 갔다. 심사결과를 받아보니 논문 심사자 한 사람이 중요한 확인 실험을 제안하였다. 결국 실험실에 있던 다 학생이 심사자가 제안한 검증 실험을 실시하고 논문을 수정한 끝에 논문을 출판할 수 있었다. 이와 같은 상황에서 제1저자의 자격이 있는 사람은 누구일까?

3) 공로 인정 및 이해관계 표명

논문에서는 공동으로 연구를 수행한 동료와 연구원 및 그 밖에 선행 연구를 수행한 연구자 및 연구 수행에 도움을 준 연구자 또는 기관 등 연구에 관련된 모든 사람들의 공로가 저자목록, 서론, 논의, 감사의 글, 인용문헌 등에서 충분히 그리고 공평하게 고려되어야 한다. 먼저 연구에 직접 기여한 사람은 기여정도에 따라 저자목록에 순서대로 이름이 오른다. 보통 아이디어를 제공해 주었거나, 논문의 작성이나 수정을 도와준 동료, 연구를 도와준 기술요원 등에게는 감사의 글을 통해 고마움 표한다.

연구 논문에서 다른 연구자들의 논문을 인용하는 것은 자신의 주장을 뒷받침할 근거를 제시하기 위한 것이기도 하지만 또한 선행 연구자의 공로를 인정하는 의미도 크다. 관련 문헌을 제대로 인용하지 않고 기술하는 행위를 표절이라 하여 연구 수행 과정의 중대한 기만행위로 간주한다. 이는 다른 연구자의 공로를 가로채는 비윤리적 행위가 되기 때문이다. 선행 연구자의 업적을 인정한다고 해서 이전의 연구 성과를 모두 나열해야 하는 것은 아니므로 참고문헌 목록이 무조건 길어야 하는 것은 아니다. 필요한 경우에 적절하게 인용해야 하며 이를 위해서는 관련 분야의 논문을 읽으면서 인용 관행을 익힐 필요가 있다. 참고문헌 목록이 지나치게 긴 것은 때로 저자가 문헌 조사를 비판적으로 하지 않았음을 의미할 수도 있다.

연구 내용과 관련하여 이해관계가 얽혀 있는 경우에는 투고 시에 반드시 이를 밝혀야 한다. 보통 ① 인건비, 설비, 재료, 출장비 등의 연구에 필요한 경비를 지원한 기관 혹은 재단, ② 연구를 진행하는 동안 혹은 그 이후의 고용기관 및 ③ 관련 회사의 주식이나 지분을 소유한 경우, 자문, 특허 출원 관계 등의 개인적 이해관계가 있는 경우 등이 여기에 포함된다. 이해관계를 밝히는 것 자체가 논문의 평가나 심사에 직접적인 영향을 미치지는 않는다. 다만 독자들이 발표된 논문을 공정하고 객관적으로 평가할 수 있도록 충분한 정보를 제공하는 데 그 목적이 있다.

고용기관은 저자 목록에, 연구지원기관은 보통 감사의 글에 적게 된다. 여기서 밝혀지지 않는 개인적 이해관계는 저자 스스로가 밝혀야 할 책임이 있다. 관련기관에 고용되었던 경험 또는 어떤 형태로든 경비(자문료, 강의료 등)를 제공 받고 일한 경험이 있거나 주식을 소유한 경우가 이에 해당한다. 미국의 경우 보통 1만 달러 이상의 경비나 급료를 제공받았거나 5% 이상의 지분을 소유한 경우 이를 알려야 하는 사항으로 간주하는 것이 일반적인 관례이다.

4) 결과의 공유

논문을 발표하는 것은 연구 방법과 결과를 문서의 형태로 공개하는 것만 의미하는 것이 아니다. 여기에는 연구 결과를 다른 사람들이 그대로 재현하거나 활용할 수 있도록 결과물을 공유하겠다는 약속의 의미도 포함된다. 예를 들어 새로운 세포주를 확립하였다는 논문을 발표하면 다른 연구자가 이 세포주를 원하는 경우 이를 신속하게 제공하겠다고 약속한 것과 마찬가지다. 이 때 저자의 지적재산권이 보호될 수 있도록 사용범위를 제한할 수 있으며 또한 최소한의 경비는 요청한 사람이 부담하도록 요구할 수 있다.

결과물을 공유하고 싶지 않으면 결과를 학술지에 공개하지 않아야 하는 것이 원칙이다. 그렇다고 해서 다른 사람의 연구 결과를 무조건 요구하여 자신이 후속 연구를 하는 것은 그 사람의 성과를 가로채는 공정하지 못한 행위가 된다. 〈사례 8〉을 통해서 연구 결과 공유의 원칙을 지키면서 동시에 동료 학자의 연구에 대한 또는 성과에 대한 권리를 보장할 수 있는 합리적인 방법을 모색해 보자.

사례 8　　학술지에 발표한 세균 균주를 요구하는데…

—

재희가 지금 수행하고 있는 박사논문과제는 자신이 석사과정 때 분리한 세균의 대사적 특징을 규명하는 것이다. 석사논문을 정리하여 학술지에 발표한 뒤 얼마 되지 않아 재희는 다른 대학에 근무하는 이 교수로부터 논문에 발표된 세균 균주를 보내달라는 요청을 받았다.

이 교수는 생화학자로 물질대사 연구의 대가이다. 이 교수의 연구실에는 재희의 세균과 유사한 다른 세균을 연구하는 박사후연구원만도 두세 명이 있다. 재희는 학술지에 논문을 게재하면 연구 결과물을 다른 연구자와 공유해야 한다는 사실을 알고 있다. 그러나 이 교수에게 자신이 분리한 세균을 보내면 이 교수 연구실에서 먼저 그 세균의 특성에 대한 연구결과를 발표하게 될 것 같아 걱정이다. 이 경우 재희는 어떻게 하는 것이 좋을까?

5) 중복출판의 금지

학술지에 투고하는 논문은 기존에 발표된 적이 없어야 하며, 또한 논문 게재에 대한 결정이 내려지기 전에 다른 학술지에 중복 투고해서도 안 된다. 동일한 내용의 논문을 중복해서 발표하는 것은 연구자 자신의 저작을 스스로 표절하는 행위에 해당하는 큰 잘못이다. 중복발표는 연구의 기만행위 가운데 가장 빈번하게 일어나는 사례로 알려져 있다.

5. 과학과 윤리는 분리될 수 없다

과학이라는 학문 역시 다른 어떤 것과 마찬가지로 계속해서 변화해 왔고 또 변하고 있다. 과학에서 관심을 기울이는 주제와 대상만 변하는 것이 아니다. 과학연구가 이루어지는 과정과 연구를 수행하는 과학자 집단의 특성 역시 늘 같았던 것은 아니다. 그럼에도 불구하고 이런 변화의 과정까지를 포괄하여 우리는 그 무엇을 '과학'이라고 한 데 묶어 생각해 왔고 지금 이 순간에도 과학 연구는 진행되고 있다. 구체적인 관심은 다를지라도 생명체를 포함하는 모든 자연계의 생성과 존재, 그리고 그 변화과정을 이해하기 위하여 노력하고 또한 이렇게 알아낸 내용을 다른 사람과 공유하는 과정을 통틀어 과학 활동이라 부를 수 있다. 이러한 과정을 통해 이른바 '과학적 지식'이 축적된다.

과학 연구가 사실 대상을 이해하고 이를 표현하는 다른 활동과 다른 점은 무엇일까? 이 글에서는 이 차이를 과학연구가 진행되는 '과정'에서 찾아보고자 하였다. 과학연구의 과정은 관심이 있는 문제를 제기하는 방법에서 시작하여, 이 문제를 해결하기 위한 연구 방법 및 절차, 그 결과를 다른 사람들에게 알리는 과정, 그리고 이렇게 제시된 결과를 검증과 후속 연구를 통해 '과학적 지식'의 일부로 편입되는 과정 등을 모두 포함한다.

이러한 일련의 과정이 어떻게 이루어져야만 과학연구 활동으로 간주되고 어디부터 과학의 범주를 벗어나는지를 정확하게 규정하는 것은 쉬운 일이 아니다. 그러나 연구의 방법과 절차에서 정확성과 정직성이라는 윤리적 덕목이 확보되지 않으면 연구 결과를 '과학적 지식'으로 인정받을 수 없다는 사실은 분명하다. 또한 과학적 지식의 축적 과정은 과학자 공동체 내부의 협력과 배려, 그리고 공유의 정신에 절대적으로 의존한다. 과학 연구과정에서 제기될 수 있는 윤리적 문제가 엄청나게 늘어난 최근의 현실을 생각해볼 때, 이제는 과학자들이 과학적 훈련을 받는 과정에서뿐 아니라 연구책임자가 되고 나서도 과학 연구과정에서 윤리성이 확보되었는지를 늘 숙고하고 점검해야 하는 시대가 되었다. 과학이란 과학자 사회에 의한 활동이고 과학 활동 자체에 여러 가지 윤리적 문제가 내재되어 있으므로 과학 연구의 윤리성 확보는 더 이상 선택의 문제가 아닌 것이다.

더 생각해볼 주제

—

지금까지 과학 연구를 처음 시작하는 학부생 또는 대학원생의 입장에서 연구를 처음 시작할 때부터 첫 번째 논문을 발표하기까지의 과정을 살펴보았다. 이것은 사실 과학 연구가 진행되는 과정 전체에서 극히 일부에 지나지 않는다. 여기에서 주로 지도교수와 학생, 동료들 사이의 일상적인 관계를 중심으로 매일 매일의 실험실 생활 속에서 마주칠 수 있는 윤리적 문제들을 주로 짚어보았다. 이 밖에도 과학 연구과정에는 다양한 이해상충의 사례가 발생한다. 과학 연구과정과 연구결과가 지니는 사회적 함의를 염두에 두고 이 과정에서 발생할 수 있는 이해상충의 사례를 다각도로 생각해 보자.

더 읽어볼 거리

—

데릭 퓨·에스텔 필립스, 『박사학위 길잡이』, 안그라픽스.

유네스코한국위원회 편, 『과학연구윤리』, 당대.

피터 메다워, 『젊은 과학도에게 드리는 조언』, 이화여자대학교출판부.

피터 파이벨만, 『박사학위만으로는 부족하다』, 북스힐.

해리 콜린스·트레버 핀치, 『골렘』, 새물결.

06

본질적이고 생산적인 연구윤리

1. 머리말

최근 과학 연구윤리에 대한 논의가 한창이다. 2005년 말부터 본격적으로 문제가 불거진 황우석 연구팀의 논문 부정행위 사건이라는 바람직스럽지 못한 이유에서 논의의 필요성이 인식되기 시작했다는 점이 다소 걸리기는 한다. 하지만 덴마크를 필두로 한 북유럽의 몇 나라를 제외하고 대부분의 과학연구 선진국에서도 우리처럼 자국에서 대형 과학 부정행위 사건이 터진 이후에야 연구윤리에 대한 관심이 과학자들 사이에서 널리 퍼지고 부정행위에 대처하기 위한 각종 제도적 장치가 마련되었다는 사실도 기억할 필요가 있다. 결국 황우석 연구팀 사건으로 연구윤리 논의가 시작된 사실이 결코 자랑스러운 일은 아니지만, 그렇다고 너무 '후진적이라고' 자괴감에 빠질 이유도 없다고 할 수 있다. 중요한 것은 이 기회에 우리나라의 연구 수준을 그 결과물에 있어서만이 아니라 과정이나 연구자의 의식 수준에 있어서도 세계적 수준으로 끌어올리는 일이다.

2007년 과학기술부는 여러 차례의 의견 수렴과 공청회를 통해 연구윤리 가이드라인을 제정, 공표하고 이를 과학기술부로부터 연구비를 받는 모든 기관이 따르도록 요구했다. 한편 교육인적자원부는 연구윤리가 연구자들 사이에서 뿌리내리기 위해서는 미래의 연구자에 대한 교육이 중요하다는 점을 인식하고 각급 학교에서의 연구윤리 교육 내용을 개발하고 이를 시행하는 작업에 노력을 쏟고 있다.

이처럼 연구윤리를 제도화 하려는 노력은 바람직하지만 이 글에서 우리의 관심사는 연구윤리에 대한 보다 근본적인 물음에 답하려는 것이다. 즉, 우리는 연구윤리가 통상적인 연구 수행과 어떤 관련을 맺는지에 대해 답해보려 한다. 연구윤리의 문제는 황우석 연구팀의 경우처럼 연구결과를 멋대로 지어내고 태연하게 거짓말을 하는 극소수의 '나쁜' 과학자에게만 해당되는 것일까? 만약 그렇다면 연구윤리에 대한 고민은 대부분의 과학자의 연구 활동과는 무관한, 그래서 대다수의 과학자들은 신경쓰지 않아도 되는, 아주 비정상적인 연구에만 관련되는 것이 아닐까? 조금 더 어려운 말로 하자면, 연구윤리는 연구 활동에 '외재적인' 것이 아닐까?

이 글은 연구윤리에 대해 가지기 쉬운 이러한 생각이 왜 잘못되었는지를 구체적인 예를 들어 설명한다. 그리고 연구윤리의 문제가 실은 통상적으로 이루어지는 연구 활동의 거의 대부분에 직결되어 있으며, 윤리적으로 연구하는 것이 실은 성공적인 연구를 수행하는 데 결정적인 도움을 준다는 점을 보여준다. 결론적으로 이 글은 연구윤리가 연구 수행 과정에 본질적이고 생산적임을 말해준다.

2. 과학철학과 연구윤리: 경계 짓기와 관점 바꾸기

이 글은 과학철학적 시각에서 연구윤리가 왜 과학연구에 본질적이고 생산적인지를 분석한다. 이 분석 과정에는 중요한 두 실마리가 있다. '경계 짓기'와 '관점 바꾸기'로 명명될 수 있는 이 두 실마리는 과학연구에 대한 올바른 철학적 이해에 도달할 때 왜 연구윤리가 연구 활동에 본질적이고 생산적일 수 있는지를 보여준다.

우선 최근 과학철학의 연구경향이 구체적인 과학연구의 역사와 현재 이루어지고 있는 과학자들의 실천 작업에 보다 충실하게 이루어지고 있음에 주목하자. 이는 과학철학이 과학이 실제로 어떠한지에 대한 기술적인(descriptive) 논의에만 집중하다가, 과학연구가 마땅히 어떻게 이루어져야 바람직한지에 대한 규범적(normative) 논의를 더 이상 할 수 없게 되었음을 의미하지는 않는다. 그보다는 과학에 대한 규범적 논의도 과학연구의 역사성과 우발성(contingency)을 수용할 수 있을 정도로 충분히 유연해야 함을 의미할 뿐이다.

과학연구의 역사를 살펴볼 때, 현재 우리가 믿고 있는 이론이 시간을 거슬러 올라간, 논쟁의 상황에서 항상 모든 경험적 증거에서 분명한 우위를 점했기에 선택된 것은 아니었다. 대부분의 이론 선택은 경험적 증거를 비롯한 인식적 고려와 과학자 사회의 사회문화적 고려 그리고 드물게는 과학자 사회를 넘어선 거시적 사회의 사회문화적 고려 또한 작용해서 이루어졌다. 이렇게 이루어진 선택이 비합리적이라고 생각할 이유는 없다. 왜냐하면 쿤이 잘 보여주었듯이 인식적 가치판단과 같은 순수하게 과학적 판단조차 유일한 선택을 보장해줄 수 없기 때문이다.

결국 과학지식은 진리대응설과 같은 외부적이고 초월적인 기준에 의해서라기보다는 개별 과학자의 구체적 실천과 과학자 집단의 사회적 선택을 통해 (인과적인 의미에서) 형성된다고 보아야 한다. 여기서 중요한 점은 과학연구가 개별 과학자의 구체적인 연구 활동에 의해 임의적이 아닌 방식으로 이루어지며, 이들 과정 전체를 대체적으로 합리적으로 이해할 수 있는 방식이 존재한다는 점이다.

이러한 최근 과학철학의 관점으로 과학 연구윤리의 문제를 살펴보면, 바람직하지 않은 연구행위와 바람직스러운 연구행위 사이의 경계가 역사적으로 조금씩 변해왔다는 사실을 발견하게 된다. 설사 특정 시기에조차 이 둘 사이의 경계는 연구자들 모두가 쉽게 인식할 수 있는 방식으로 자명하게 미리 존재한다기보다는 관련 과학자 집단의 지속적인 재규정을 통해서만 확정될 수 있었음을 알 수 있다. 정상적 과학연구와 부정행위로 대표되는 비정상적 과학연구의 경계 짓기가 생각만큼 간단하지 않다는 것이다. 경쟁하는 과학이론 사이의 선택이 개별 과학자마다 합리적인 방식으로 달라질 수 있는 것과 마찬가지로, 바람직하지 못한 연구행위의 경계 짓기도 추상적 윤리규범 수준에서 동의하는 여러 과학자 사이에 조금씩 다른 방식으로 이루어질 수 있다는 것이다.

만약 과학 부정행위를 경계 짓는 일이 자명하지 않고 연구자 집단의 협동 작업을 통해서만 가능하다면, 결국 특정 행위를 바람직하지 않다고 생각하는 것 자체가 정당화될 수 없는 것은 아닐까? 물론 연구비의 부당한 사용이나 데이터의 완벽한 날조처럼 논란의 여지가 없는 상황은 제외해야겠지만, 그와 같은 극단적 경우를 빼고 나면 결국 연구 부정행위를 논하는 것 자체가 불가능한 일은 아닐까?

이와 같은 문제제기는 윤리적 당위는 관련된 바람직한 행위의 경계가 자명하고 고정불변할 때만 정당화될 수 있다고 보는 것이다. 만약 경계 짓기가 시대에 따라 혹은 나라에 따라 조금씩 다르게 나타난다면 경계 짓는 행위 자체가 무의미해진다는 것이다. 실제로 이런 생각은 '사소한(?)' 데이터의 부풀리기나 명예저자 끼워 넣기처럼 우리 과학자 사회에 암묵적으로 널리 퍼진 연구관행에 대해 너그럽게 생각해야 한다는 일부 과학자들의 견해와도 일맥상통한다.

흥미로운 점은 이와 비슷한 상황이 과학철학 논의의 역사에서도 발생했다는 사실이다. 합리적 이론 선택과 비합리적 이론 선택이 소박한 반증주의와 같은 간단한 규칙들로 간단하게 구별되기 어렵다는 점이 1960년대 이후 쿤을 위시한 '역사적 과학철학자'에 의해 지적되자, 이러한 지적이 과학 연구를 비합리적으로 만들고 과학 지식을 상대화시켰다는 비판이 여러 학자들에 의해 쏟아졌다. 예를 들어, 쿤이 옳다면 달이 치즈로 만들어져 있다는 주장과 암석 덩어리라는 주장 사이에는 어떠한 인식론적 차이도 존재하지 않게 된다고 식이었다.

그러나 물론 과학철학이 과학의 실제 연구과정에 보다 충실하게 논의되어야 한다고 주장했던 철학자의 대다수는 이와 같은 극단적인 형태의 인식론적 상대주의를 옹호하지 않았다. 학자마다 조금씩 차이는 있지만 이들의 주장은, 예를 들어 코페르니쿠스 혁명이 일어날 당시 천문학자들이 코페르니쿠스 이론과 프톨레마이오스의 이론을 비교하고 평가하던 '과학적' 기준들이 현재 우리의 기준과 상당히 달랐으며, '단순성'과 같이 동일한 인식적 가치기준을 적용할 때조차 현재 우리와는 다른 의견을 여전히 합리적인 근거에서 제시할 수 있었다는 것이었다. 그럼에도 불구하고 그 당시나 현재 모두 각각의 시기에는 관련 과학자 집단에게 일반적으로 받아들여지는 이론평가의 기준이 존재하며 이러한 기준을 적용하는 방식에 있어서도 대체적인 합의가 존재한다. 중요한 점은 이들 기준이 역사적으로 변해왔다는 사실에서 이들 기준 자체가 아무런 의미가 없다는 상대주의적 결론이 도출되지는 않는다는 것이다. 이론 선택의 기준들은 누군가에 의해 순식간에 발명된 것이 아니며 관련 과학자들의 수많은 연구 활동을 통해 가다듬어지고, 그것의 구체적인 내용이 규정되어 온 것이다. 어떤 의미로는 이렇게 집단적인 노력의 산물이기에 이론 선택 기준으로서의 규범성이 획득되어질 수 있다고 생각해 볼 수도 있다.

마찬가지로, 과학연구윤리의 문제에서 경계 짓기의 어려움이 곧바로 경계 자체의 무의미함을 함축하는 것은 아니라고 할 수 있다. 실제로 이후에 살펴볼 과학 부정행위의 여러 예들을 보면 어떤 것을 바람직하지 않은 과학연구 행위로 볼 것인지에 대해서 역사적으로 그다지 변하지 않는 일반적인 기준이 있었다는 것을 알 수 있다. 예를 들어, 다른 사람의 논문을 표절하거나 데이터를 조작하는 행위는 어떤 시기에도 항상 과학적으로 바람직하지 않은 연구행위로 여겨졌다. 그러므로 이 글이 강조하려는 것이 결코 과학 부정행위의 경계가 역사적으로 큰 폭으로 변화하였기에 경계 짓는 행위 자체가 별다른 의미가 없다는 상대주의적 결론은 아니다. 오히려 바람직한 과학연구와 그렇지 못한 과학연구 사이에 대체적으로 동의될 수 있는 기준이 늘 존재해왔고 그 기준이 대체적인 수준에서 일정하게 유지되어 왔다는 사실은 과학연구의 정체성을 어느 정도 객관적으로 확보할 수 있는 근거를 마련해준다고 볼 수 있다.

그럼에도 불구하고 과학 부정행위의 구체적인 경계는 매 시기마다 조금씩 다르게 규정되어 왔는데, 이런 규정은 당시 과학자들의 적극적인 참여를 통해서만 만들어질 수 있었다. 비유적으로 말하자면 데이터 조작이 과학 부정행위가 아니었던 적은 한 번도 없었지만, 어떤 과학연구행위가 데이터 조작에 해당되는지 그리고 어느 정도의 심각한 데이터 조작이 공개적인 처벌을 요구할 정도의 심각한 과학 부정행위인지에 대한 해석은 늘 역동적으로 새롭게 마련되어 왔다는 것이다.

그러므로 다소 역설적이지만, 과학 부정행위의 경계가 추상적 도덕원리에 의해 간단하게 주어지는 것이 아니라 개별 과학자들의 구체적인 연구실천을 통해 차츰차츰 미세하게 조정되고 합의되어 만들어졌기 때문에, 바람직하지 못한 연구행위와 바람직한 연구행위 사이의 경계가 과학 연구자들이 마땅히 지켜야 할 규범성을 갖는다고 할 수 있다. 이는 연구윤리를 자유로운 연구행위를 '규제'하는 외부적인 것이 아니라, 생산적인 연구행위의 과정에서 자연스럽게 파생되는, 필수불가결한 측면으로 인식해야 함을 의미한다. 이는 또한 상당한 규모로 사회적 자원을 사용하는 현대의 과학연구가 불필요한 사회적 비용을 들이지 않고 보다 생산적으로 이루어지기 위해서는, 연구자 스스로가 연구윤리의 세부적 내용을 적극적으로 규정하고 학문후속세대에게 충실히 교육시키는 일 또한 필수적임을 의미한다. 이처럼 과학연구에 대한 올바른 철학적 이해는 과학연구윤리에 있어서 '관점 바꾸기'를 요구한다.

이렇게 연구윤리에 대한 관점을 바꾸게 되면, 우리는 현재 우리의 연구 환경이 역사적으로 과학자들이 직면했던 어떤 연구 환경과도 다른 독특한 것이라는 점에 주목할 수 있게 된다. 예를 들어, 세상에 존재했던 모든 과학자의 80%가 현재 살아있다고 할 수 있을 정도로 20세기 이후에 과학 연구자의 수가 폭발적으로 증가했다는 사실과 이로 인해 과학 연구에서 경쟁이 점점 더 극심해지고 있다는 사실 등이 그것이다.

또한 연구윤리에 대한 새로운 관점을 취하면, 연구자들이 연구 부정행위에 대해 보다 적극적인 방식으로 사고하고 개입할 수 있는 여지가 생긴다. 연구 부정행위가 몇몇 성격이상자에 의해 저질러지는 사회 일탈적 행위가 아니라 보다 구조적인 문제일 수 있음을 이해할 수 있기 때문이다. 다음 절에서는 연구윤리에 대한 경계 짓기가 왜 어려운지, 그리고 그러한 어려움이 어떤 관점 바꾸기를 요구하는지를 구체적인 사례를 통해 살펴본다. 그리고 우리보다 먼저 연구윤리의 제도화를 실현한 미국과 유럽의 연구윤리에 대한 입장을 간단히 언급하면서 우리나라에서 바람직한 연구윤리의 실천이 뿌리내릴 수 있는 방안을 모색해본다.

3. 경계 짓기의 어려움(1): 자료 선택과 증거-예시 문제

이론과 관찰 및 실험 사이의 관계에 대한 과학자들의 일반적 생각에 따르면, 이론은 관련된 관찰이나 실험결과에 의해 반증되어 폐기되거나 입증되어 수용된다. 명백한 경험적 반대증거에도 불구하고 자신의 이론을 고수하는 것은 바람직한 연구자의 태도라고 볼 수 없다. 더 나아가 만약 이론에 일치하는 실험결과만을 선택적으로 제시한다거나 이론과 원자료(data)의 정합성을 높이기 위해 실험결과를 고친다면 이는 논란의 여지가 없는 과학 부정행위에 해당된다.

세계의 모든 물체에 적용되는 보편적 힘의 수학적 형태를 제안했던 아이작 뉴턴은 만유인력 법칙에 보다 잘 들어맞도록 춘분, 추분점과 음파의 속도에 대한 자신의 계산 값을 고쳤다. 달의 궤도에 대해 이전에 계산해두었던 결과도 이 과정에서 '교정'되었다. 현재 기준으로 볼 때 명백한 자료조작에 해당되는 뉴턴의 이러한 행위는 그 당시에도 알려졌다면 당연히 문제시될 사안이었다.

그런데 뉴턴의 이런 명백한 '조작'에는 이해되지 않는 부분이 있다. 구태여 계산결과를 고치지 않더라도 뉴턴의 이론과 당시 관측 자료는 대체적으로 일치했기 때문이다. 물론 계산 값을 고치고 나면 만유인력 법칙과 관찰 결과는 아주 극적으로 들어맞았다. 요즘처럼 경쟁이 극심한 상황에 처한 연구자라면 '있어 보이는' 논문을 출판하기 위해 평균값에서 벗어나는 실험 결과를 제외하고픈 유혹에 굴복하기도 한다. 하지만 과학자라고 할 수 있는 사람 자체가 거의 없었던 시기에 뉴턴은 왜 구태여 '조작'까지 해가면서 자신의 이론과 경험적 사실의 절대적 일치를 얻어내려 한 것일까?

실은 뉴턴에게는 이런 비밀스러운 작업을 수행해야 할 강력한 동기가 있었다. 뉴턴은 당시 자연에 대한 설명은 입자간의 충돌과 같은 기계적인 방식으로만 이루어져야 한다는 데카르트주의자와 논쟁 중이었다. 데카르트주의자들은 뉴턴이 과학이론이 만족시켜야 할 이런 인식론적 기준에 합당하게 만유인력을 인과적으로 설명해야 한다고 끊임없이 도전했다. 도대체 어떻게 태양이 텅 빈 공간을 지나 지구를 끌어당길 수 있단 말인가? 만유인력은 근대 과학이 그토록 멀리하려던 신비주의적 힘과 너무 닮았다는 것이다.

스스로도 데카르트주의자로 출발한 뉴턴은 이 도전에 대해 대답이 궁할 수밖에 없었다. 결국 뉴턴이 찾아낸 대응은, 자신은 현상들 사이의 연관 관계(correlations)를 수학적으로 정확하게 기술하는 데만 관심이 있지 현상 너머의 궁극적인 원인을 찾는 미시적 '가설'은 만들지 않는다는 것이었다. 이는 과학이론이 갖추어야 할 최고의 덕목으로 현상과의 일치를 주장한 것이나 다름없었다. 결국 뉴턴으로서는 경험적 증거가 완벽하게 자신의 이론을 지지해주어야 했다. 뉴턴에게 현상과 이론에 '대강 일치함'은 데카르트주의자에게 자신의 이론을 정당화하기에는 부족했고, 계산결과를 수정해가면서까지 '인상적인 일치'를 얻어내야만 했던 것이다. 뉴턴의 연구노트를 꼼꼼하게 분석한 과학사학자 웨스트팔의 지적처럼 다른 사람이 쉽게 이해하기도 어려운 책을 쓴 위대한 수학자 뉴턴 스스로가 자료를 조작했을 때 그것을 알아챌 수 있는 사람은 많을 수가 없었다.

뉴턴의 예는 과학자가 자신이 확신을 가지고 있거나 깊은 애착을 갖고 있는 이론과 경험적 증거가 일치하는 정도를 다른 사람들에게 인상적으로 보이기 위해 왜곡해서 높이는 것에 대한 연구 윤리적 판단을 요구한다. 없는 데이터를 지어내는 일보다는 훨씬 정도가 낮지만 이런 행위 역시 바람직스럽지 못한 것임은 분명하다. 다른 연구자가 이론과 데이터 사이의 불일치를 다른 원인으로 설명할 수 있는 여지를 사전에 제거해버리는 셈이기 때문이다. 실제로 과학연구의 역사에서 한 연구자가 동떨어진 실험 결과라고 논문에서 무시한 현상이 실은 중요한 발견으로 이어지는 경우가 상당히 많다. 예를 들어, 펄서의 발견은 다른 연구자가 배경잡음이라고 무시했던 자료더미에서 유의미한 결론을 도출하려고 노력했던 한 대학원생에 의해 이루어졌다.

뉴턴의 예가 연구윤리에 시사하는 바가 많은 또 다른 이유는 뉴턴이 고민했던 자신의 이론과 현상의 부분적 불일치는 실은 당시 경험적 자료가 부정확했다는 점과 당시 뉴턴의 계산 과정 자체가 개선의 여지가 많았다는 점 등이 결합된 복합적 원인에서 발생했다는 것이다. 게다가 뉴턴의 이론은 지속적으로 개선되어 결국에는 20세기 초까지 자연과학의 대표적인 이론으로 간주되기도 했다. 이 사실로부터 우리는 '나중에 참으로 판명되기만 한다면' 지금 약간 원자료를 조작해도 별 문제될 것이 없다는 식의 사고방식이 얼마나 잘못되었는지 알 수 있다. 설사 후속 연구를 통해 궁극적으로는 올바른 것으로 판명된 이론을 위해 고집스럽게 원자료를 조작하거나 선별하는 행위는 이후 그 이론이 보다 개선될 여지를 차단함으로써 과학의 발전을 가로막게 될 것이기 때문이다.

그렇다면 연구자가 딱히 분명하게 구체화시킬 수는 없지만, 나름대로 근거에 입각하여 특정 데이터를 계산과정에서 누락시키는 행위는 어떨까? 로버트 밀리컨(1868-1953)은 전자의 전하량을 처음으로 정밀하게 측정하여 세상에 존재하는 모든 전하는 전자 전하량의 정수배로만 존재한다는 결과를 얻었고 그 공로를 인정받아 1923년 노벨상을 수상하였다. 밀리컨은 1910년 출판한 기름방울 실험에 대한 첫 논문에서 자신이 실험한 모든 원자료를 근거로 전자의 전하량을 계산한 것이 아니라 실험이 제대로 이루어졌다고 판단된 일부의 원자료만을 사용하였다고 밝혔다. 그러나 당시 밀리컨보다 훨씬 더 유명한 실험 물리학자였던 독일의 펠릭스 에렌하프트는 밀리컨의 실험결과와 어긋나는 실험결과, 즉 전자 전하량보다 작은 전하량을 계속 측정해 내고 있었다. 밀리컨과 에렌하프트 사이의 전형적인 과학 논쟁 상황에서 에렌하프트는 밀리컨이 1910년 논문에서 제외한 실험결과를 분석하면 자신의 결론과 동일한 분수배 전자 전하를 얻을 수 있을 것이라고 밀리컨을 공격했다. 밀리컨은 자신의 주장의 신빙성을 높이기 위해 보다 정밀한 실험을 수행해야만 했다.

밀리컨은 실험 장치를 개선하고 1913년에 기름방울 실험의 결정적 논문을 발표한다. 이 논문에서 밀리컨은 에렌하프트의 공격을 의식한 듯, 자신은 이번 실험에서 얻은 모든 원자료를 사용하여 전자의 전하량을 계산했으며 그 결과는 여전히 자신의 원래 주장을 입증한다고 공언했다. 이 둘째 논문 이후 밀리컨은 에렌하프트와의 논쟁에서 승리를 거두게 되었고 현재 우리가 아는 것처럼 원자 수준에서는 오직 전자 전하량의 정수배만의 전하가 존재한다는 사실이 정설로 자리잡게 되었다.

사진1 | **로버트 밀리컨이 기름방울 전하실험을 할 즈음의 모습**

하지만 1970년대에 밀리컨의 실험노트를 조사한 제럴드 홀튼이란 과학사학자가 발견한 것은 밀리컨이 둘째 논문에서 거짓말을 했다는 사실이었다. 밀리컨은 자신의 원래 실험 결과의 상당 부분을 제외하고 전자의 전하량을 계산했던 것이다. 그리고 제외된 실험 결과를 포함시켜 계산하면 밀리컨의 주장의 설득력이 많이 약화되는 결과를 가져올 수 있었다. 여기까지만 보면 밀리컨이 자신의 논문을 보다 인상적으로 만들기 위해 원자료를 선택적으로 사용한 것처럼 보이며, 만약 이것이 사실이라면 이는 논란의 여지없이 바람직하지 않은 연구 행위가 될 것이다.

하지만 상황은 이보다 조금 더 복잡하다. 밀리컨은 자신이 제외한 실험 값 옆에 간단한 코멘트를 달아두었다. 이 코멘트가 만약 "이 실험은 기름방울의 점성도가 충분히 확인되지 않은 상태에서 이루어졌으므로 유효하지 않다"는 식으로 동료 과학자에 의해 객관적으로 평가될 수 있는 형태로 적혀 있었다면 밀리컨은 원자료를 선택적으로 사용하여 부당하게 연구 결과를 부풀렸다는 비난에서 자유로울 수 있을 것이다. 하지만 밀리컨이 적어놓은 평은 "음, 아주 좋아! 이건 꼭 사용해야지"거나 "형편없군! 이건 사용할 수 없겠어" 식의 직관적 평가였다. 다시 말하자면, 밀리컨은 자신이 실험장치가 제대로 작동하지 않는 상황에서 얻어졌다고 판단한 실험 값을 최종 계산과정에서 제외했다고 좋게 봐줄 수도 있도록 행동했지만, 자신이 제외한 실험 상황에서 무엇이 문제인지를 분명하게 기록하지 않았던 것이다. 그리고 여러 정황을 고려할 때 밀리컨 스스로도 실험에서 정확히 무엇이 문제였는지를 구체적으로 지적할 수 있었는지조차 확실하지 않다.

그런데 실험을 하다보면 밀리컨이 처한 상황도 비슷한 상황이 자주 발생한다. 실험이 잘못 되었을 때 분명히 무엇이 잘못되었는지 구체적으로 지적할 수 있는 '행복한' 경우는 그리 흔하지 않다. 많은 경우 대강 어디에서 문제가 있는지는 짐작할 수 있지만 결국에는 수많은 시행착오를 거쳐 실험이 제대로 이루어지도록 노력해보는 수밖에 없는 경우도 많다. 그리고 뛰어난 실험자일수록 이렇게 불분명한 상황에서 경험에 바탕한 뛰어난 직감으로 실험을 어떻게 개선해야 하는지를 남보다 먼저 알아내곤 한다. 그러므로 현재 상황에서 밀리컨이 훌륭한 과학자만이 발휘할 수 있는 놀라운 수준의 분별력을 발휘한 것인지, 아니면 실험 결과를 보다 인상적으로 보이게 하기 위해 무의식적으로 깎아내기(trimming)를 한 것인지를 판단하기란 쉽지 않다.

하지만 중요한 것은 밀리컨이 진정으로 과학 부정행위에 해당하는 원자료 조작을 했는지의 여부가 아니다. 정말 중요한 것은 통상적인 실험 상황에서 밀리컨이 겪었을 수도 있었던 곤경, 즉 실험이 잘못된 것 같아서 이 실험에서 얻은 값은 제외하고 싶지만 객관적인 근거를 상세하게 밝히기 어려울 때가 종종 발생한다는 것이다. 이런 통상적인 연구 상황에서 개별 연구자는 자신의 양심에 비추어 부끄럽지 않은 방식으로 행동할 수 있어야 한다. 즉, 스스로에게 이 실험 값을 제외하는 것이 진정으로 구체화시키기는 어렵지만 상당한 과학적 근거를 갖는 결정인지 아니면 그저 논문을 좀 더 매력적으로 보이기 위해 슬쩍 동떨어진 값(outliers)을 제거하는 것인지를 묻고 과학자다운 공정한 결정을 내려야 한다. 이러한 결정은 결코 외부에서 주어질 수 있는 것이 아니며 연구자 스스로가 구체적인 개별 상황에서 결행해야 하는 것이다. 참고로 이런 상황에서 국제적인 권고안은 설명할 수 없는 동떨어진 값도 논문에서 정직하게 밝히고 연구자 스스로는 그 값이 무의미하다고 판단하는 이유를 제시함으로써 논문을 읽는 동료 연구자가 그 값에 대해 객관적인 판단을 내리게 하는 것이다.

사진2 | **그레고르 멘델(1822–1884)**

무의식적인 깎아내기를 수행한 것으로 의심받는 과학자로 유전학의 아버지로 불리는 멘델도 있다. 현대 통계학의 거장이자 집단 유전학의 창시자 중 한 사람인 R. A. 피셔는 1936년에 멘델의 완두콩 실험 원자료를 통계학적으로 분석해서, 원자료와 멘델의 이론 사이의 일치가 지나칠 정도로 완벽하다는 결론에 도달했다. 여기서 지나칠 정도로 완벽하다는 것은 통계적으로 그런 완벽한 실험 결과를 얻을 수 있는 확률이 매우 낮다는 의미이다. 실제로 멘델은 현대적 실험의 경우처럼 여러 변인들이 통제된 실험을 수행한 것도 아니었고, 우성과 열성이 아주 극단적으로 갈라지는 특별한 완두콩 종자를 사용한 것도 아니었다.

현대의 최신 실험기법을 사용해서도 멘델의 실험 결과를 재현하기가 쉽지 않다. 그런데 멘델의 실험실은 다양한 환경에 노출된 수도원의 밭이었고, 멘델의 완두콩은 깍지가 주름진 것과 매끈한 것 두 종류만 나온 것이 아니라 반쯤 주름지고 반쯤은 매끈한 것도 나왔다. 그럼 이런 콩깍지는 매끈하다고 분류해야 할까? 아니면 주름지다고 분류해야 할까?

이런 여러 의혹에도 불구하고 피셔는 멘델의 연구자로서의 '진실성(integrity)'을 의심하지는 않았다. 피셔는 멘델이 어쩌면 다양한 이유에서 의심스러운 콩 줄기를 자신의 실험밭에서 뽑아내어 어느 한 구석에 모아두었을 것이라고 짐작했다. 그래서 자신도 모르게 실험 결과가 보다 분명한 방식으로 나왔다는 것이다. 혹은 멘델을 오명에서 구하기 위해 피셔는 자신이 제기한 문제점을 해결해줄 희생양까지 가정하기도 했다. 알려지지 않은 멘델의 조수가 존경하던 스승의 법칙에 일치하도록 은밀하게 완두콩 줄기들을 선택했다는 '보이지 않는 조수 가설'이 그것이다.

한편 다른 연구를 통해 멘델은 완두콩 실험 후가 아니라 그 전에 이미 유전법칙에 대한 대강의 이론을 가지고 있었다는 것이 알려져 있다. 이런 상황에서 멘델은 완두콩을 분류하면서 경계에 있는 콩들을 유전법칙에 일치하는 방식으로 무의식적으로 분류했을 수도 있다. 이런 일이 무의식적으로 일어날 수도 있다는 사실에 유의해야 한다.

심리학에서는 피그말리온 효과라는, 실험자의 믿음이 실험 결과에 영향을 끼치는 상황이 알려져 있다. 동일한 형질을 가진 쥐 집단을 둘로 나누어 각각을 다른 실험팀에 주고 한 팀에게는 미로찾기에 비범한 능력을 가진 천재쥐 집단이라고 하고 다른 팀에게는 평균

이하의 능력을 보이는 둔재쥐 집단이라고 한다. 놀랍게도 거의 대부분의 이와 같은 실험에서 배당된 쥐를 가지고 성실하게 실험한 연구자들은 자신들이 들은 내용과 일치하는 실험 결과를 얻는다. 즉 천재쥐 집단을 가지고 실험한다고 믿는 연구팀이 둔재쥐 집단을 배당받았다고 믿는 집단에 비해 훨씬 더 좋은 미로찾기 성적을 올리는 것이다.

도대체 왜 이런 일이 일어날까? 정확한 원인은 매 경우마다 모두 달라서 일반화하기 어려울 것이다. 어떤 경우에는 실험자가 자신도 모르게 '천재쥐'를 규정보다 조금 일찍 놓아주었을 수 있다. 마찬가지로 다른 실험자는 무의식중에 '둔재쥐'가 미로 끝에 다다른 다음 조금 늦게 스톱워치를 눌렀을 수도 있다. 중요한 점은 우리는 무의식적으로 기대했던 실험 결과를 얻어내려는 경향을 보인다는 사실이다. 과학 연구자들이 자신들의 기대감의 덫에 빠지는 잘못을 저지르지 않도록 지속적으로 스스로의 실험 과정에 자기 검증을 수행해야 하는 이유가 여기 있다.

멘델이 피그말리온 효과의 희생자였는지 아니면 '보이지 않는 조수 가설'이 옳은지는 결코 알 수 없을 것이다. 하지만 한 가지 분명한 점은 위대한 유전학자의 너무 '좋은' 실험 결과는 우리에게 실험 중에 자기 기만에 빠져 의도하지 않게 실험 결과를 왜곡하거나 심할 경우 연구부정행위를 저지를 수도 있다는 사실과 지나치게 말끔한 실험결과는 의심받을 수도 있다는 사실을 알려준다는 것이다.

현대 생물학의 중심이론인 진화론을 체계화시킨 찰스 다윈은 과학 부정행위와 표준적 연구수행의 미묘한 경계를 보여주는 또 다른 과학자이다. 『종의 기원』을 발표한 지 13년이 지난 후, 다윈은 1872년에 『인간과 동물의 감정표현』을 출판한다. 이 책은 인간 행태를 형질로 간주하여 이의 진화적 기원을 다룬 책으로서 현재 사회적 논란의 중심에 있는 진화심리학의 선조쯤으로 여겨질 수 있다. 하지만 당시에 이 책은 첨단 기술인 사진을 과학적 논의에 폭넓게 사용한 것으로도 유명했다. 이 사진들은 다윈이 인류의 다양한 문화에 보편적으로 나타난다고 본 기쁨, 슬픔, 놀람, 혐오, 분노, 수치 등의 감정을 표현하는 얼굴사진이었다.

1998년 이 책의 3판 출간이 준비되면서 몇몇 학자들에 의해 이 사진 중 일부가 '도에 지나치게' 수정되었다는 사실이 발견되었다. 다윈은 당시 사진 촬영과정이 순간적인 감정 변화를 포착하기에는 너무 느리다는 점을 늘 안타까워했다. 노출 문제 때문에 책에 사용된 사진의 대부분이 즉흥적인 감정의 순간을 포착한 것이 아니라 의도적으로 자세를 취하게 한 후 촬영된 것일 수밖에 없었다. 게다가 일부는 이해를 돕기 위해 '보정'되어야 했고, 다윈은 이 사실을 책에서 분명히 언급했다.

그러나 새롭게 발견된 사실은 그런 언급을 넘어선 수준이었다. 19세기 당시 얼굴에 전극을 부착한 후 전류를 통하게 하여 얼굴근육을 자극하는 방법이 개발되어 있었는데(〈사진 3〉 참조), 다윈은 이 방식으로 '만들어진' 얼굴표정 사진을 자신의 책에서 사용했던 것이

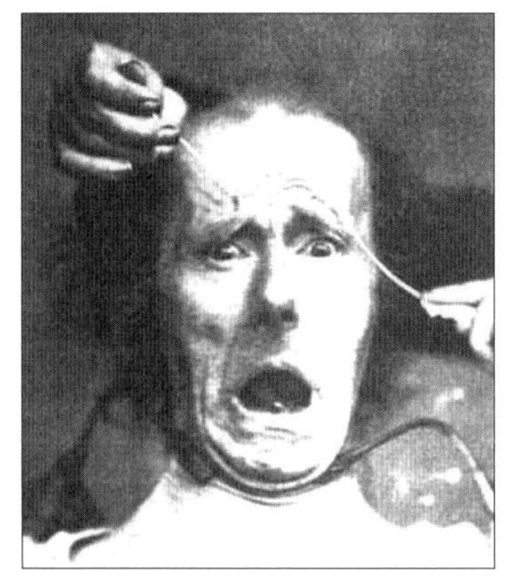

사진3

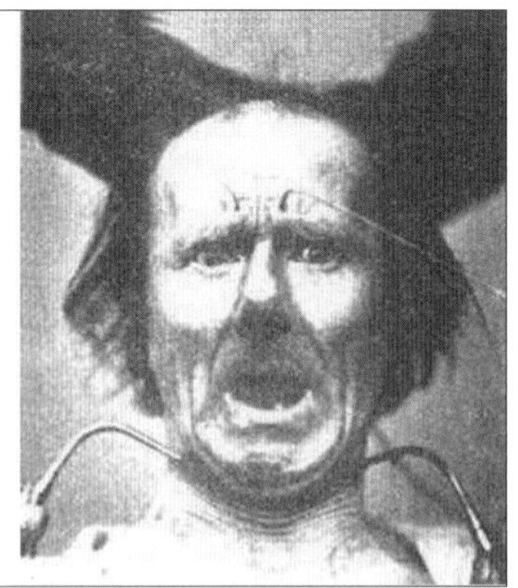

사진4

다. 물론 그 과정에서 얼굴에 붙은 전극은 수정을 통해 제거했다(〈사진 4〉 참조). 또한 책의 매우 유명한 울고 있는 아기사진은 실제로는 사진이 아니라 사진처럼 꾸며진 그림으로 판명되었다.

다윈이 수행한 일련의 사진조작은 현재 과학연구 관행에 비추어 볼 때는 논란의 여지가 없는 위조 및 변조에 해당되는 것이다. 그러나 뉴턴과 마찬가지로 다윈에게도 고려할 만한 정황이 존재했다. 현재는 너무도 중요한 과학적 자료로 여겨지는 사진이지만, 다윈 당시에는 아직 경험적 증거로서 확고한 지위를 확보하지 못했다. 사진을 찍고 나면 사진의 윤곽을 보다 분명히 하고 전체적으로 선명하게 보이도록 사진을 보정하는 일는 통상적으로 수행되는 일이었다. 다윈의 사진에 대한 태도도 이런 맥락에서 이해해 볼 수 있다.

즉 다윈이 조작된 사진을 자신의 이론을 위한 증거로서 의도한 것이 아니라 예시로서 의도했다고 생각해 볼 수 있는 것이다. 현재 과학계에서 사진은 대부분 증거로서 사용된다. 그렇기에 연구자들은 종종 자신의 주장을 입증해 줄 선명한 사진 한 장을 얻기 위해 엄청난 노력을 기울이곤 한다. 하지만 현재도 사진이 예시로 사용되는 맥락이 있다. 교과서에서 특정 전문 용어의 의미를 설명하기 위해 등장하는 사진들이 그것이다. 이 경우 사진의 내용이 설명의 편의를 위해 일부 변형되었다고 해서 크게 윤리적 문제가 될 것 같지는 않다. 아무래도 예시를 위한 사진의 목적은 이해의 편의이지, 특정 과학적 주장이 얼마나 경험적 근거를 갖는지를 객관적으로 평가하려는 것이 아니기 때문이다.

현대 과학에서 사진이 증거로 사용되는 맥락과 예시로 사용되는 맥락은 비교적 분명하게 구별된다. 하지만 다윈이 책을 출간하던 시기에 사진은 과학연구에서 제시된 이론을 설명하는 예시적 도구로서의 지위에서 이론을 입증하는 경험적 증거로서의 지위로 막 넘어가려던 참이었다. 이 이행 과정이 끝나고야 비로소 사진이 경험적 증거가 되기 위해 허용 가능한 수정(예를 들어 전체 밝기를 일률적으로 높이는 행위)과 허용 가능하지 않은 수정(사진 일부를 확대하거나 합성하는 행위)의 범위와 정도에 대한 자세한 규정이 마련되었다. 그러므로 사진의 정당한 변형에 대한 구체적인 기준이 마련되기 전에 연구를 하고 출판을 한 다윈을 현재 과학의 잣대로 재단해서는 곤란하다는 지적이 있을 수 있다.

현재의 기준을 과거에 적용하는 것은 과거 과학을 제대로 이해하기 위해 반드시 피해야 할 태도이다. 그럼에도 불구하고 다윈이 자신의 사진을 자신의 이론을 지지해 주는 경험적 증거가 아니라 인간의 감정표현의 보편성이 어떤 것인지를 예시하는 도구로 의도했다는 주장을 뒷받침할 분명한 증거는 없다. 오히려 다윈이 자신이 제시한 사진자료가 여러 문화를 가로지르는 인간 얼굴 표정의 보편성을 객관적으로 확인해주며, 이는 다시 인간 감정의 표현이 보편적인 진화의 산물임을 시사한다고 생각했을 가능성이 높다. 그러므로 다윈에게 완전한 면죄부를 주기는 어려울 것이다. 아마도 균형 잡힌 해석은 다윈이 '허용가능하리라' 생각했던 사진의 위조와 변조가 현재 잘 확립된 경험적 증거로서의 사진자료에 대한 우리의 견해에 따르면 '허용 가능하지 않다'는 것이 될 것이다.

이 지점에서 우리는 과학 부정행위와 허용 가능한 연구수행과의 경계가 역사적으로 유동적이었음을 알게 된다. 그리고 아마도 이러한 유동성은 동일 시대에도 연구 분야가 달라지면 또 다시 나타날 것이다. 정확한 연구노트 작성에 부여하는 중요성의 정도에 있어 특허권이나 우선권 경쟁이 극심한 연구 분야와 그렇지 않은 분야 사이에는 현재에도 상당한 차이가 있다. 그러므로 과학 부정행위의 경계는 시대와 연구 분야에 따라 변할 수 있다는 점은 분명하다.

그럼에도 불구하고 과학 부정행위라는 개념 자체가 무의미한 것이라는 극단적으로 상대주의적 태도를 견지할 근거는 없다. 시대와 연구 분야를 충분히 상세하게 제한하면 허용가능하지 않은 연구부정행위와 허용 가능한 연구관행의 범위가 비교적 분명하게 구별되기 때문이다. 게다가 중요한 점은 각 시대별로 과학 부정행위와 허용 가능한 연구수행과의 경계는 하늘에서 뚝 떨어진 것이 아니라는 사실이다. 사진의 경우에도 사진변형 기술의 발전에 따라 관련 연구자들은 끊임없는 논의를 통해 허용 가능한 사진의 변형의 기준을 늘 새롭게 마련해왔을 것이다. 이처럼 과학 연구윤리에서 '경계 짓기'는 통상적인 연구 수행 작업과 불가분의 관계를 가지면서 함께 역동적으로 변화해올 수밖에 없는 성격을 가지는 것이다.

4. 경계 짓기의 어려움(2): 재현, 실험자 회귀, 경쟁적 연구 환경

과학 부정행위가 심각하게 다루어져야 하는 이유는 다소 역설적이지만 과학연구에서 다른 과학자의 연구결과를 평가하는 데 상당한 인식론적 한계가 존재하기 때문이기도 하다. 과학연구, 특히 첨단의 과학연구는 전 우주를 설명하는 수학방정식의 이미지로 상징되는 상식적 과학관이 시사하는 것보다 훨씬 더 장인(匠人)적 성격이 강하다. 한 실험실에서 오랫동안 발전시켜온 실험기법이나 연구결과를 다른 실험실에서 그대로 재현(replication)해내거나 검증하는 일은 그리 쉬운 일이 아니다.

특히 이미 실험이 성공적으로 이루어졌는지의 여부를 판단하는 기준이 잘 확립된 레이저 만들기와 같은 완성된 연구가 아니라 이러한 기준 자체를 연구과정에서 합의하여 만들어 나가야 하는 중력파 검출과 같은 첨단 연구의 인식론적 상황은 매우 다르다. 후자에서는 다른 사람의 연구결과를 재현할 수 있는지 여부와 실험가의 능력에 대한 판단이 연관되는 경우가 많다. 이런 상황에서는 콜린스가 말한 실험자의 회귀(Experimenters' Regress)가 일어날 수 있다. 즉, 실험결과로부터 이끌어낼 수 있는 결론이 무엇인지만이 아니라 실험결과 자체가 신뢰할 만한 것인지의 여부 또한 논쟁의 대상이 되며, 이 두 논점이 서로 뒤엉켜서 인식론적으로 풀기 힘든 실타래처럼 되는 것이다. 상온 핵융합의 사례에서와 같이 이런 경우는 동일한 실험결과에 대한 서로 경쟁하는 해석간의 논쟁으로 봐야할 지 아니면 연구 부정행위의 사례로 보아야 할지를 명확하게 판단하기는 쉽지 않다.

게다가 현대의 과학연구 환경은 연구결과의 우선권을 놓고 과학자 사이의 경쟁이 매우 치열하다. 이런 극한적 경쟁 하에서는 다른 사람의 연구를 그대로 재현하거나 다른 사람 연구에서 무엇이 잘못되었는지를 밝혀내는 것만으로는 좋은 연구업적으로 인정받기 힘들다. 그래서 연구자들은 다른 연구자가 새로운 연구결과를 발표하면 그 사실을 확인하려고 드는 경우가 많지 않다. 그보다는 '왜 내가 먼저 그런 방식으로 실험을 해서 결과를 낼 생각을 못했을까'하고 안타까워하면서 그 연구결과에 기초하여 관련된 새로운 연구를 수행하려고 시도한다. 그래야만 치열한 연구 경쟁에서 살아남을 수 있는 것이다.

이와 같은 경쟁적 연구 환경이 나쁜 것만은 아니다. 오히려 다른 연구자의 연구결과에 기반하여 지속적으로 새로운 연구결과를 쌓아갈 수 있다는 점에서 과학적 생산성을 높이는 데 기여할 수도 있다. 하지만 경쟁적 연구 환경이 생산적이기 위해서는 연구자들이 다른 연구자의 연구결과에 대해 보편적으로 신뢰할 수 있어야만 한다.

하지만 불행히도 생산적 연구 환경에 필수적인 이런 보편적 신뢰가 동료심사제도(peer review)를 통해 확고하게 지켜지리라 기대하는 것은 비현실적이다. 동료심사과정의 엄정함이 아니라 자신의 연구결과로 평가받고 보상받는 현 연구 환경 하에서 동료심사제도를 잘 정비함으로써 과학 부정행위가 근절되리라 믿는 것은 순진하다고까지 말할 수도 있다.

이런 상황에서 포괄적으로 이해된 과학 연구윤리는 단순히 부정행위를 적발하는 소극적인 의미에서가 아니라 경쟁적인 연구 환경에서 생산적인 과학연구를 가능하게 하는 연구자들 사이의 보편적 신뢰를 유지해주는 중요한 버팀목이 될 수 있다. 과학자로서 훌륭한 업적을 내는 것만큼이나 다른 연구자들에게 정확한 정보를 제공하고 책임있는 방식으로 연구를 수행하는 것이 중요하다는 사실을 인식하는 것이 생산적인 과학연구에 결정적으로 중요하다는 것이다.

5. 관점 바꾸기: 연구의 자율성 확보와 바람직한 과학연구

일반적으로 구체적인 처벌의 대상이 되는 과학연구 부정행위는 위조, 변조, 표절 혹은 FFP(Fabrication, Falsification, Plagiarism)로 지칭된다. 이와 같은 방식으로 연구 부정행위를 좁게 이해하는 것은 주로 미국의 경향이다. 그리고 그렇게 연구 부정행위를 규정하게 된 데에는 미국사회에 고유한 나름대로의 이유가 있다. 미국적으로 이해된 FFP의 내용을 살펴보면 원자료의 위조, 변조를 통해 원자료와 그 원자료로부터 도출되는 결론 사이의 증거 관계를 오도할 수 있는 가능성과 다른 사람의 아이디어나 연구결과를 무단으로 도용할 수 있는 가능성에 대한 염려를 담고 있다.

이렇게 보면 이 세 범주의 부정행위는 한 과학자가 동료 과학자의 연구에 잘못된 정보를 제공함으로써 방해하거나 연구결과를 부당하게 사용함으로써 훼손하는 '무책임한(irresponsible)' 행위로 이해되고 있음을 알 수 있다. 그러므로 미국의 연구윤리에 대한 입장은 한 과학자가 다른 과학자에게 비난받을 만한 일을 하지 않고 책임있는 방식으로 연구를 수행하는 것을 중요시하는 것이라고 볼 수 있다.

그에 비해 유럽의 입장은 상당히 다른 출발점을 가진다. 유럽은 미국보다 연구 부정행위에 대한 규정이나 연구 윤리가 다루어야 할 주제에 대해 훨씬 포괄적인 입장을 견지하고 있다. 이는 연구윤리 논의의 목표를 '바람직하다(good)'고 여겨질 수 있는 과학연구 관행을 진작시키는 데 두고 있기 때문이다.

예를 들어, 저자의 권리를 연구에 기여한 정도에 알맞게 배분하고 명예저자를 포함시키지 않는 일은 그 일에 소홀했다고 데이터를 날조한 것과 동일한 수준의 연구 부정행위로 간주될 수 있는 일은 아닐 것이다. 논문에 기여한 바 없이 이름을 올리는 명예저자 부여가 다른 과학자의 연구를 방해하거나 훼손하는 경우는 많지 않을 것이기 때문이다. 더 나아가 독일에서는 최근까지도 명예저자가 상당히 일반적이었다고 하는데 이 경우 명예저자를 부여하는 행위는 과학자들의 연구관행에도 적합하다고 할 수 있다. 그럼에도 불구하고 명예저자 부여가 널리 받아 들여질만한, 모범적인 연구관행이라고 생각하는 사람은 없을 것이다. 이와 같이 바람직한 연구 실천(Good Research Practice)을 진작시키고 그렇지 못한 연구 관행을 고치려고 노력하는 일은 연구 부정행위를 적발하고 처벌함으로써 얻어질 수 있는 책임있는 연구 수행(Responsible Conduct of Research)을 넘어서 과학연구 전반을 더 나은 방향으로 향상시키는 데 도움을 줄 수 있을 것이다.

이런 차이점을 고려할 때 한국에서의 연구윤리 문제는 엄격한 처벌기준이 필요한 좁은 의미의 연구 부정행위와, 보다 훌륭한 연구 실천을 고양하기 위한 넓은 의미의 바람직하지 못한 연구행위를 모두 포괄적으로 다루면서 논의되어야 한다. 이렇게 연구윤리의 문제를 보다 넓은 맥락에서 이해하는 것은 개별과학자가 본질적으로 가치적재적인 활동으로 과학연구 과정을 보다 적극적으로 파악하면서 바람직하고 생산적인 과학연구를 나름대로 실천해나갈 수 있는 발판을 제공해 줄 수 있을 것이다. 또한 연구 행위를 넓은 맥락에서 이해함으로서 과학기술 연구자로 하여금 연구 부정행위가 개별과학자의 '양심적 연구수행'으로 제거될 수 있는 비이성적 행위라기보다는 집단적인 방식으로 과학지식을 만들어가는 과학연구의 속성상 과학자 집단이 공유하는 공감대에 호소하여 훌륭한 연구실천과 일탈적 연구행위가 규정될 수밖에 없다는 점을 인식하게 해줄 것이다.

정리하자면 연구부정행위의 모호한 철학적 경계에 대한 인식은 연구 부정행위 개념을 무용하게 만드는 것이 아니라 오히려 '연구의 자율성'과 '부정행위에 대한 규제'를 서로 상충되는 것이 아니라 동전의 양면처럼 긴밀하게 연결되어 있는 것으로 바라볼 수 있게 해준다. '연구의 자율성'은 개별 연구자가 보다 넓은 사회문화적 맥락과 적극적으로 상호작용하는 과학자 집단의 건전한 공감대에 상대적으로 주어질 수밖에 없는 것인데 이러한 공감대는 원칙적으로 바람직하고 권장될만한 연구수행과 그렇지 못한 연구수행에 대한 역사적이고 맥락의존적인 기준을 포함할 수밖에 없기 때문이다. 이처럼 '연구의 자율성'과 부정행위를 포함한 과학기술자들의 연구행위에 대한 과학자 사회 내부, 외부의 규제를 본질적으로 연결시킴으로써 우리는 과학기술자들의 과학기술 윤리 강령에 대한 보다 적극적인 태도를 이끌어낼 수 있을 것이다. '연구의 자율'은 연구자들의 바람직한 연구실천을 통해 확보되는 것이지 공짜로 주어지거나 외부적 규제에 의해 만들어지는 것이 아닌 것이다. 이것이 연구윤리에 대한 '관점 바꾸기'의 핵심이다.

더 생각해볼 주제

—

일상적인 과학 연구의 상황에서 처벌의 대상이 되는 과학 부정행위라고 하기는 어렵지만 바람직하지 않은 연구관행이 분명한 것으로 무엇을 들 수 있는지 생각해보자. 그리고 그러한 잘못된 관행을 바꾸는 것이 과학연구를 위해 왜 생산적일 수 있는지 이유를 들어보자.

더 읽어볼 거리

—

조은희 외, 『실험실 생활 길잡이』, 라이프사이언스, 2007.

임종식 외, 『과학의 발전과 윤리적 고민』, 라이프사이언스, 2007.

유네스코한국위원회 편, 『과학연구윤리』, 당대, 2001.

호레이스 F. 저드슨, 이한음 역, 『엄청난 배신』, 전파과학사, 2007.

니콜라스 웨이드 · 윌리엄 브로드, 김동광 역, 『진실을 배반한 과학자들』, 미래아이, 2007.

07

공학윤리 이해하기

1986년 1월 27일 밤에 우주 왕복선 챌린저호의 발사에 앞서 모턴 티콜(Morton Thiokol) 사와 마샬 우주 센터(Marshall Space Center)는 긴장된 분위기에서 화상 회의를 하였다. 모턴 티콜 사의 엔지니어들은 다음 날 예정된 챌린저호의 발사를 중단할 것을 우주 센터에 전달했다. 모턴 티콜사의 엔지니어들은 낮은 온도에서 오 링(O-rings)이 온전히 작동하지 않는 문제를 뒤 늦게 발견하였다. 오 링은 보조 추진 로켓의 이음새를 봉하는 기계장치의 일부이다. 오 링의 반발력이 심하게 손상되면 봉한 부분에 틈새가 발생하게 된다. 이 틈새에서 뜨거운 가스가 방출하여 저장 탱크 안에 있는 연료가 점화되면 우주선은 폭파할 수 있다. 당시에 오 링을 담당한 엔지니어 로저 보이졸리(Roger Boisjoly)는 오 링의 문제를 이미 1년 전에 알았고 동료들에게 이 문제의 심각성을 경고하였다.

화상회의는 잠시 중단되었다. 우주 센터는 모턴 티콜 사의 발사 정지 권고에 의문을 제기하고 모턴 티콜 사의 엔지니어와 경영진에게 그 권고를 다시 고려할 것을 요청했다. 지금까지 우주 센터는 모턴 티콜 사의 승인 없이 우주선을 발사하지 않았고 모턴 티콜 사의 엔지니어들도 경영진의 승인 없이 발사를 권고하지 않았다. 모턴 티콜 사의 부사장 제랄드 메이슨(Jerald Mason)은 우주 센터를 책임지는 나사(NASA)가 성공적 비행을 요구하는 것을 알고 있었다. 메이슨은 회사를 위해 나사와의 새로운 계약이 필요하였다. 발사에 반대하면 새로운 계약을 보장받기는 힘들다. 메이슨은 공학적인 자료가 결정적인 증거는 아니라고 판단했다. 엔지니어는 비행에 위험한 온도의 정확한 수치를 제시할 수 없다. 엔지니어의 판단은 온도와 반발력 사이의 상호관계에만 의존하였고 오 링의 안전에 대해 지나치게 신중하였다. 우주 센터와의 화상회의는 재개되었고 메이슨은 수석 엔지니어인 로버트 룬트(Robert Lund)에게 다음과 같이 지시했다. "엔지니어의 모자를 벗고 경영자의 모자를 써라." 결국 처음에 전달된 발사 정지 권고는 바뀌었다.

로저 보이졸리는 바뀐 지시를 받아들이기를 주저하였다. 그는 우선 우주 비행사의 안전을 염려했고 자신이 참사가 될 사건의 동조자가 되기를 원하지 않았다. 엔지니어의 판단으로 오 링의 상태를 믿을 수 없었다. 엔지니어는 공공의 안전을 보호해야 하는 직업 상의 의무가 있다. 이런 의무가 이번 상황에도 적용되어야 한다고 분명히 믿었다. 보이졸리는 현재 상황에서 엔지니어의 모자를 벗는 것이 부적절하다고 생각했다. 그는 엔지니어로서 최선의 기술적 판단을 내려야 하는 의무와 우주 비행사를 포함한 공공의 안전을 보호해야 할 의무를 가지고 있다. 그는 번복된 결정을 다시 바꾸기 위해 노력하였다. 그러나 모턴 티콜 사의 경영자들은 발사를 진행시켰다. 다음 날 챌린저호는 발사 후 73초 만에 폭파되었고 교사인 민간 우주인 크리스타 맥어립(Christa McAuliffe)을 포함하여 6명의 우주인이 목숨을 잃었다. 수백만 불의 우주선이 한 순간에 사라졌고 나사의 명성은 땅에 떨어졌다.

참사로 이어진 결과는 엔지니어 보이졸리의 판단에 쉽게 동조하게 한다. 그러나 그런 참사의 가능성이 그렇게 높지 않았고 실제로 그 결과가 없었다면 보이졸리의 판단에 동조하기는 어렵다. 실제 발생할 결과를 정확히 예측할 수 없을 때 보이졸리의 판단과 부사장 메이슨의 판단 중 누구의 판단을 최선의 판단으로 볼 수 있는가? 과학기술의 영역에서 정도의 차이는 있지만 엔지니어는 이런 상황을 쉽게 만날 수 있다. 그런 상황에서 엔지니어들은 어떻게 올바른 판단을 내릴 수 있는가? 이 질문은 보다 근본적인 질문의 답을 요구한다. 올바른 판단은 정확히 무엇을 의미하는가? 보이졸리는 엔지니어의 전문 지식을 바탕으로 판단을 내렸다. 부사장 메이슨도 자신의 전문 지식을 고려하여 판단을 내렸다. 과학기술에 관련된 객관적인 사실만으로 두 판단을 평가하기는 쉽지 않다. 예측이 불확실한 상황이지만 결과와 무관하게 무조건 다른 사람의 이익을 최우선으로 고려해야 한다는 원리에 따르면 보이졸리의 판단이 옳다고 볼 수 있다. 그러나 다른 사람의 이익을 고려하여도 다수의 이익이 우선해야 한다는 원리에 따르면 메이슨의 판단에 동조할 수 있다. 이들 원리는 윤리적인 (도덕적인) 가치다. 이처럼 사실에 관한 지식 뿐 아니라 윤리적인 가치가 판단을 하거나 그것을 평가하는 데 중요한 역할을 한다. 윤리적인 가치는 무엇인가? 판단의 옳고 그름이 윤리적인 가치에 의존하면 윤리적으로 올바른 판단은 무엇인가? 공학 등 과학기술의 영역에서 윤리적으로 올바른 판단은 무엇인가? 어떤 방법으로 엔지니어는 최선의 판단을 할 수 있는가? 이들 물음을 다음과 같이 정리할 수 있다.

1) 윤리적인 가치는 무엇인가?
2) 공학윤리는 무엇인가?
3) 과학기술자에게 윤리는 왜 필요한가?
4) 윤리적 딜레마는 무엇인가?
5) 윤리적인 판단은 어떤 과정으로 이루어지는가?

1)은 일반적으로 윤리적인 가치와 윤리적으로 올바른 판단이 무엇인지 묻는 개념적인 질문이다. 2)와 3)은 과학기술의 영역에서 윤리적으로 올바른 판단이 무엇인지 묻는 개념적인 질문이다. 4)와 5)는 과학기술과 관련된 상황에서 윤리적으로 올바른 판단에 이르는 방법을 찾는 방법론적인 질문이다. 이들 질문의 답을 검토하면서 우선, 과학기술에 종사하는 사람이 주목해야 할 윤리의 의미와 중요성을 이해하자. 다음으로, 과학기술의 영역에서 윤리적인 판단이 부딪히는 어려움과 이 어려움을 해결하는 과정을 이해하자.

1. 윤리적인 가치는 무엇인가?

윤리적인 가치는 일반적으로 옳고 그름, 좋고 나쁨에 관한 지켜야 하는 규칙으로 정의된다. 그러나 옳고 그름, 좋고 나쁨의 의미는 맥락에 따라 다르므로 그 정의는 애매하다. 예를 들어, 물을 끓이려면 가스 불을 켜야 한다. 이것은 올바른 행위이다. 자신의 건강을 유지하기 위해 매일 조깅하는 것은 옳은 행위이다. 그러나 이들 옳은 행위에 대한 판단이 윤리적인 판단은 아니다. 윤리적으로 옳은 판단은 무엇인가? 윤리적으로 옳은 판단을 정의하려면 '윤리'의 개념을 정의해야 하므로 일종의 순환논증에 빠진다. 따라서 정의(definition)보다 완화된 방식으로 개념을 설명하는 해명(explication)으로 윤리의 개념을 이해하자. 윤리적으로 옳은 판단을 해명하는 한 가지 방식은 다양한 윤리 법칙이나 이론들을 분석하여 윤리의 개념을 해명하는 것이다. 황금률에 따르면 자신이 타인에게 대우를 받고 싶은 방식으로 타인을 대우하는 것이 윤리적으로 옳은 행위이다. 칸트의 의무론에 따르면 우리의 행위가 초래할 결과와 무관하게 타인을 수단이 아닌 목적으로 대하면서 반드시 수행해야 하는 행위들이 있다. 윤리적 이기주의에 따르면, 모든 사람은 각자에게 이익이 되게 행동해야 한다. 그런 행위들이 윤리적으로 올바른 행위이다. 공리주의에 따르면 가능한 한 다수의 행복을 극대화하는 방식으로 행동하는 것이 윤리적으로 옳다.*

이들 윤리 이론들을 검토할 때 윤리(도덕성)를 다음과 같이 이해할 수 있다. 윤리는 우리 자신뿐 아니라 타인들을 배려하거나 존경해야 하는 이유에 관한 것이다. 우리 자신의 이익뿐 아니라 타인의 이익을 돌보는 이유에 관한 것이다. 예를 들어, 공정한 태도로 사람들을 존중하고 그들에 대한 불필요한 공격과 고통을 피하고 또한 기만을 피하는 이유에 관한 것이다. (특별히 타인들이 고통에 처해 있을 때) 도우려는 의지를 가지고 그들을 돌보는

* 이 장에서는 이들 윤리 이론이 공통으로 전제하는 도덕성에 기초하여 과학기술의 영역에서 요구되는 윤리적인 판단을 검토할 것이다. 윤리 이론에 대한 구체적인 논의는 윤리학에 관한 여러 입문서에서 찾을 수 있다.

것이며 호의에 감사를 보이고 그들의 고통에 동정심을 가지는 이유에 관한 것이다. 이들 윤리적인 이유는 인간뿐 아니라 동물 등 다른 생명체의 고통과 환경에 대한 피해를 최소화하는 관심으로 넓혀진다.

2. 공학윤리는 무엇인가?

앞서 보았듯이 윤리적인 행위는 윤리적으로 올바른 행위이며 윤리(학)(Ethics)는 윤리적으로 올바른 행위의 이유를 말하거나 정당화하는 데 관심을 가진다. 윤리(학)는 세 가지 의미로 이해할 수 있고 과학기술자를 위한 공학윤리(Engineering Ethics)도 그렇게 이해할 수 있다.

첫째, 윤리학은 연구 영역을 가리킨다. 윤리적인 가치를 이해하고 윤리적인 쟁점을 해결하며 윤리적인 판단을 정당화하는 활동이다. 또한 이런 활동을 연구하는 분과이다. 이런 윤리적인 가치, 쟁점, 판단은 인간의 행위가 중심이 되는 다양한 영역에서 중요하다. 공학 등 과학기술의 영역에서 인간의 활동이 윤리적 가치, 쟁점, 판단의 대상이 되는 것은 분명하다. 이 영역에서 윤리(학)를 다음과 같이 정의할 수 있다. 과학기술의 활동에서 비롯된 사건이나 사실의 윤리적인 가치를 이해하고 도덕적 쟁점을 해소하며 윤리적인 판단을 정당화하는 것이다. 또한 그런 도덕적 가치,* 쟁점, 결정을 연구하는 분야이다.

둘째, 윤리는 단체나 개인들이 승인한 도덕성에 관한 믿음이나 태도이다. 미국의 경우에 과학기술자들이 준수해야 할 다양한 공학윤리 강령들이 있다. 이들 윤리 강령은 도덕성에 관한 믿음이나 태도의 사례이다.

셋째, 윤리는 "도덕적으로 옳다" 또는 "도덕적으로 정당화되었다"는 개념과 동의어이다. 이들 개념에 따르면 공학 분야를 위한 윤리는 의무, 권리에 관련된 정당화된 윤리 원리들의 집합이다. 이들 윤리 원리가 과학기술의 영역에 적용될 때 이 영역에 참여한 사람들에 의해 그 원리들은 승인되어야 한다. 이들 원리를 해명하고 그것들을 구체적 상황에 적용하는 것이 공학윤리의 중심 목표이다.

이들 윤리 개념은 과학기술 윤리의 쟁점들을 검토할 때 더욱 분명히 이해할 수 있다. 이들 쟁점의 사례는 다음과 같다.

---

* 윤리적인 가치는 여러 형태로 실현된다. 예를 들어, 책임감, 이상, 성격, 사회정책, 개인들과 조직 또는 단체를 위해 바람직한 관계이다.

사례 1 터널 공사 현장에서 감리사가 건설 장비의 결함을 발견하고 사용을 막기 위해 안전 수칙 위반 스티커를 붙였다. 감리사의 상관인 건설 책임자는 그 결함을 사소한 안전 수칙 위반으로 판단하고 스티커를 떼라고 명령했다. 감리사는 이의를 제기하였지만 회사의 조직적인 위협으로 포기하였다. 그 장비는 계속 사용되었고 결국 공사 현장에서 한 명의 인부를 죽음으로 몰았다.

사례 2 전기 회사가 핵발전소 운영을 위한 허가를 정부에 신청했다. 허가를 담당하는 부처의 가장 큰 관심은 발전기의 오작동시 안전을 위한 비상 조처였다. 회사의 연구기술자들은 경고 시스템과 그 지역의 병원들이 어떻게 연결되고 공조하는지 설명하였다. 그러나 이런 비상 조처는 발전소의 사람에게만 적용되고 발전소 부근의 거주자에게는 적용되지 않았다. 전기 회사는 이 사실을 강조하지 않았다. 드러나지 않은 이 사실과 관련하여 담당 부처에서 전기 회사에 안전 조처를 다시 물었다. 그러나 연구기술자들은 그 문제는 자신들이 아닌 다른 관련 분야 사람들의 책임이라고 답변하였다.

사례 3 화학 공장이 쓰레기 매립지에 화학 폐기 쓰레기를 버렸고 유해 물질이 지하수로 스며들었다. 이 공장의 연구기술자들은 이런 상황을 잘 알고 있었지만 쓰레기를 처리하는 방법을 바꾸지 않았다. 경쟁사들도 이런 저비용 방법으로 쓰레기를 처리하고 있었으며 어떤 규정도 명시적으로 그런 행위를 금지하지 않았다. 공장 책임자들은 이런 문제를 판단하는 것은 지역 정부의 책임이라고 연구기술자들에게 말했다.

사례 4 어떤 회사가 최첨단 기술 상품에 대한 충분한 검사를 마치기 전에 이미 판매를 시작했다. 그 상품은 판매될 준비가 되어있지 않았지만 고객들은 이미 사전 광고를 보았고 구매를 원하였다. 이로 인해 회사는 예정보다 빠르게 상품 판매를 시작하였던 것이다.

사례 5 공군의 산업공학 연구원이 비행기 개발 과정에서 발생한 비용 초과를 자신의 상관과 정부 감사기관에 보고했다. 이 보고는 그를 국회에서 증언을 해야 하는 상황으로 몰았다. 그는 회사에서 해고되었고 몇 년 후 소송을 통해 다시 복직되었다.

사례 6 질병 치료를 위한 선형 전자 가속기 테락(Therac)-25는 X-레이나 전자빔을 방출할 수 있는 두 가지 시스템으로 이루어졌다. 한 동안 이 기계는 잘 작동했다. 그러나 가끔 과도하게 이 기계를 쐰 일부 환자들은 고통을 수반한 휴유증으로 고생했고 심한 경우에 사망하였다. 어느 날 이 기계를 쐬고 있는 환자는 극심한 고통을 겪었지만 외부에 연락을 할 수 없었다. 인터콤이 고장 났고 비디오 모니터도 전원이 빠진 상태였다. 환자가 외부의 도움 없이 밖으로 나갈 수 있는 방법은 없었다. 병원은 일부 과실의 책임을 져야 했다. 기계에 대한 검사가 끝난 후 가속기 제작 회사는 컴퓨터에 의해 자동으로 조작되는 시스템이 오작동 된 사실을 확인했다. 그러나 회사는 기계의 문제점이 아직 완전히 밝혀지지 않았으므로 외부에 알려서는 안 된다고 주장했다. 양심적인 병원 의사의 노력으로 기계의 소프트웨어에서 오류가 발견되었다.

사례 1은 다른 여러 분야에서 마찬가지로 나타날 수 있는 사례이다. 공장에서 제품을 테스트하는 과정, 회계 장부를 다루는 경우 등이다. 상관의 지시에 반대하여 행동하는 용기는 그 개인에게 혹독한 결과를 줄 수 있다. 사례 2는 발전소를 가동할 때 예상할 수 있는 결과들이 계획 단계에서 간과될 수 있었다는 것을 보여준다. 사례 4는 관련 상품이 장기적으로 소비자에게 만족이 아닌 문제를 줄 수 있는 경우이다. 사례 6은 안전에 대한 관심이 반드시 필요하다는 것을 보여준다. 병원은 문제의 원인을 찾으려는 노력을 보였지만 문제를 처리하는 방법은 여전히 문제이다. 이들 사례는 적절한 행위에 관한 판단의 충돌이 있을 때 윤리적인 문제가 어떻게 발생할지 보여준다. 고용주나 감독자의 지시는 과학기술자의 행위에 어느 정도로 권위 있는 안내인가? 고용주와 엔지니어가 서로 다른 판단을 내릴 때 과학기술자는 무엇을 할 것인가? 이 상황에서 일을 계속 수행하는 것이 적절한가? 항상 규정을 따라야 하는가? 처음에 기대한 것보다 더 심각한 문제들이 있어도 그 규정이 말하는 범위를 넘어서 행동하면 안 되는가? 과학기술자가 참여하는 프로젝트에서 과학기술자의 책임은 얼마나 큰 사회적 영향을 주는가?

3. 과학기술자에게 윤리는 왜 필요한가?

공학 등 과학기술 윤리의 필요성은 윤리의 기본 목적과 일치한다. 자신을 포함하여 다른 사람의 이익을 도모하는 것이다. 과학기술 윤리를 배워야 하는 보다 구체적인 목적이 있다. 과학기술에 관한 윤리적 판단에서 얻은 지식은 불행한 사건의 반복을 피하는 데 기여한다. 유사하게 발생할 수 있는 불행한 사건을 예방하는 데 중요한 역할을 한다. 챌린저호의 참사는 다시 일어날 수 있는 사건의 사례이다. 기계의 결함을 기술적으로 최소화할 수 있지만 완전히 제거할 수는 없다. 기계적 결함이 잠재적 요인으로 전제되었을 때 해야 하는 판단의 내용은 중요하다. 챌린저호 사건에서 모터 티콜 사의 경영진이 내린 판단은 결과적으로 엄청난 불행을 초래했다. 탑승자들의 생명을 빼앗을 뿐 아니라 회사와 나사 전체를 위기로 몰고 갔다. 그 판단을 단순히 공학적인 사실에 입각한 판단으로 볼 수는 없다. 윤리적인 가치의 개입을 배제할 수 없다. 다수의 이익을 생명에 대한 잠재적인 위험에 앞서는 가치 판단으로 전제할 수도 있다. 공학윤리는 이와 유사한 상황에서 잘못된 판단이 초래할 결과의 재발을 막는 안내이다. 어떤 상황에서 하나의 판단이 윤리적으로 바람직하지 않으면, 구체적 근거와 판단의 과정을 분석하여, 유사한 상황에서 판단을 내리는 사람이 오류를 반복하지 않게 해야 한다.

그러나 공학의 영역에서 가치나 윤리 문제의 답을 도출하기는 쉽지 않다. 다음 장에서 볼 수 있듯이 윤리적 딜레마의 상황에서 한 가지 결정적인 윤리적 판단에 이르기는 쉽지 않다. 가장 적절한 윤리적 판단을 하려면 학습과 훈련이 요구된다. 윤리학에 대한 학습은 윤리 문제의 내용과 윤리적 판단이 초래할 결과가 무엇을 의미하는지 파악할 수 있게 돕는다. 윤리적인 문제의 성격, 윤리적 원리들, 윤리적 판단의 결과를 파악하여도 실제 상황에서 윤리적인 문제를 파악하는 데 여전히 어려움이 있다. 예를 들어, 인간이 스스로를 복제하는 것이 왜 윤리적으로 문제가 되는지 물었을 때 대답하기는 쉽지 않다. 이 실험에 직접 참여한 과학자들도 분명한 답을 제시하기 어렵다. 과학자를 포함하여 우리는 과거에 그런 윤리적인 문제에 대해 판단을 한 경험이 없다. 그런 판단을 위해 필요한 능력을 계발할 기회도 많지 않았다. 윤리적 판단에 중요한 것은 윤리적 쟁점에 대해 엄밀한 사고를 할 수 있는 아래와 같은 능력이다.

- 공학에서 윤리적인 문제와 쟁점을 파악한다.
- 윤리적인 쟁점에서 대립되는 두 논증을 이해하고 명확히 해명하며 비판적으로 평가한다.
- 관련 사실을 토대로 일관되고 이해될 수 있는 관점을 제시한다.
- 쟁점에 직면하여 해결을 찾는 능력을 계발하고 이를 토대로 실제로 어려운 문제를 창의적으로 해결한다.
- 다른 사람에게 자신의 도덕적 관점을 표현하고 그것을 강화하기 위해 일상의 윤리적인 언어를 정확히 사용한다.
- 윤리적인 판단에서 실제로 부딪히는 어려움을 감내한다.
- 직장 등 사회생활에 개인의 확신을 연관시켜 생각한다.
- 윤리적인 갈등을 해결하기 위해 합리적인 대화를 하고 여러 관점의 차이를 이해한다.

공학 등 과학기술의 윤리에 대한 학습은 이들 능력을 계발하는 역할을 하며 이 사실이 과학기술의 윤리를 배워야 하는 또 다른 중요한 이유이다.

4. 윤리적 딜레마를 이해하기

챌린저호의 발사를 결정하는 상황에서 엔지니어 보이졸리는 다음과 같은 윤리적 딜레마에 부딪힐 수 있다. 보이졸리는 챌린저호의 부속품에서 결함을 발견한다. 이 결함이 심각한 사태를 발생시킬 어느 정도의 개연성은 있지만 챌린저호에 심각한 위험을 줄지는 확실하지 않다. 위험이 발생할 개연성이 높지 않으므로 발사를 진행하여 회사와 나사의 재계약에 기여할지 아니면 발사를 중단하여 우주인의 생명이 약간의 위험에도 노출되는 것을 막아야 할지 고민한다. 딜레마의 한 뿔은, 안전이 어떤 상황에서도 최우선으로 고려되어야 하는 원칙을 따르는 것이다. 딜레마의 다른 뿔은, 엔지니어는 자신이 소속된 조직의 이익을 증진해야 하는 원칙을 따르는 것이다. 일반적으로 공학 윤리 강령은 두 가지 원칙을 모두 담고 있다. 두 가지 윤리 강령은 딜레마의 각 뿔로서 서로 충돌하며 보이졸리에게 최선의 판단이 무엇인지 묻는 것이다.

윤리적 딜레마는 두 가지 유형으로 구분할 수 있다. 첫째, 서로 다른 윤리적 직관이나 원리가 서로 충돌하는 경우이다. 예를 들어, 이스라엘 공군이 팔레스타인들이 거주지에 폭격을 하는 사례를 보자. 이스라엘 정부는 자국민의 안전을 위해 가장 호전적인 팔레스타인 테러 조직인 헤즈볼라를 제거하려고 한다. 전쟁이란 명분으로 그 테러 조직에 공습을 감행하려고 한다. 이 공습은 이스라엘 시민들의 안전을 확보할 수 있다. 이런 고려는 공리주의 원리와 일치할 수 있다. 그러나 그 테러 조직은 팔레스타인 민간인 거주지 안에 있다. 그 공습은 무고한 팔레스타인 시민들을 죽음으로 이끌 수 있다. 그런 행위는 인간의 생명이 무조건 우선되어야 한다는 칸트의 절대명령과 충돌할 수 있다. 앞서 가정한 보이졸리의 판단은 두 가지 윤리 이론의 충돌을 초래한다. 황금률이나 칸트의 절대명령에 따르면 챌린저호 탑승자들의 생명을 우선적으로 고려한 것은 정당하다. 그러나 위험이 확실하지 않은 상황에서 챌린저호가 발사되지 않았다면 모턴 티콜 사는 나사와의 재계약에 실패할 것이다. 회사의 수익이 크게 감소되어 수많은 사원들이 감원되는 사태로 나아갈 수 있다. 보이졸리의 판단은 공리주의 원리와 충돌한다.

둘째, 동일한 윤리 이론이나 원리 내에서 서로 양립할 수 없는 판단들을 동시에 고려해야 하는 경우이다. 이스라엘 공군의 사례를 다시 보자. 칸트가 주장하는 절대명령에 따르면 인간의 생명은 무조건 최우선으로 고려되어야 한다. 이스라엘 공군은 자국민의 생명을 지키기 위해 팔레스타인 지역에 폭격을 감행해야 한다. 그러나 무고한 팔레스타인들의 생명을 지키려면 팔레스타인 지역에 대한 폭격을 포기해야 한다. 챌린저호의 경우를 다시 보자. 공리주의 원리에 따르면 다수를 위한 최대 이익을 고려해야 한다. 챌린저호가 발사되지 않으면 승무원들의 생명을 구하고 나사의 엄청난 재산 피해를 막아 나사에 종사하는 수많은 사람들의 이익을 보전할 수 있다. 발사를 금지하는 판단은 공리주의 원리에 일치한다. 반면, 챌린저호의 발사가 결정되면 모턴 티콜 사는 나사와 재계약을 할 수 있고 그 회사의 사원들에게 큰 혜택이 돌아간다. 발사를 결정하는 판단 역시 공리주의 원리에 일치한다. 이와 같이 동일한 윤리 원리 하에서 두 가지 판단은 충돌할 수 있다.

윤리적 딜레마를 해결하려면 상충되는 윤리적 이유들을 서로 비교하여 우선 순위를 정하는 윤리적 판단이 필요하다. 따라서 윤리적 의사결정자는 적절한 윤리적 판단을 위한 능력과 기술이 필요하다. 다음 장에서 윤리적 딜레마를 비롯한 판단의 상황에서 합당한 윤리적 의사결정을 하기 위한 방법을 보자.

5. 윤리적 판단을 위한 의사결정 과정

앞서 보았듯이 딜레마 상황들은 다음 문제들을 제기한다. 그 상황에서 최선의 판단은 무엇인가? 어떻게 그런 최선의 판단에 이를 수 있는 가? 위 사례에서 볼 수 있듯이 최선의 윤리적인 의사결정은 윤리 원리만 가지고 이루어지지 않는다. 물론 사실에 대한 지식이나 판단만으로 최선의 결정에 도달할 수도 없다. 최선의 윤리적인 판단을 위한 한 가지 방법은 의사결정을 위한 최선의 방법을 모색하는 것이다. 최선의 방법이 결정될 수 있으면 그 방법으로 이루어진 결과를 최선의 결과로 볼 수 있다. 윤리적 상황에서 의사결정에 이르는 방법을 위한 분석과정을 다음과 같이 구분할 수 있다.

1) 관련 사실이 무엇인지 확인한다

여기서 사실이란 알려진 사실과 알려지지 않은 사실 모두이다. 챌린저호가 폭파된 사실은 알려진 사실이다. 그러나 폭파의 원인이 기계적인 결함 뿐 아니라 모턴 티콜사 경영진의 결정과 관련된 것을 나중에 알게 되었다. 당시에 그 사실을 알고 있는 사람은 엔지니어 보이졸리 혼자였다. 경영진의 결정은 사고 당시에 알려지지 않은 사실이다. 챌린저호의 경우가 보여주듯이 알려지지 않은 관련 사실은 윤리적 판단에 큰 영향을 준다. 따라서 윤리적 의사 결정자는 아직 대답되지 않은 사실의 문제들에 대한 답을 찾아야 한다는 책임감을 가져야 한다. 사실은 윤리적 관련 법칙이나 규정을 상대로 파악되어야 한다. 또한 사실에 비추어 관련된 윤리적 이유들을 평가할 때, 숙고를 통해 추론된 판단에 도달할 수 있다. 챌린저호 사건에서 엔지니어의 판단과 경영진의 발사 결정이란 사실들은, 윤리적인 이유들이 고려되지 않으면 기계적 결함과 그 결함에 대한 오판이란 사실 이외에 다른 의미를 주지 않는다. 그러나 앞서 언급된 윤리적 개념과 원리 등을 함께 고려할 때 사실의 특별한 의미를 파악할 수 있다.

2) 관련된 윤리적 개념, 규칙, 원리가 무엇인지 확인한다

개념은 일반적으로 애매성과 모호성을 가진다. 예를 들어, '옳은'이란 개념은 도덕적으로 옳은 또는 과학법칙에 따라서 옳다는 애매성을 가진다. 또한 '옳은'이란 개념은 모호하다. 예를 들어, 매달 불우이웃 돕기를 하는 것이 윤리적으로 옳은 행위라고 하자. 그러나 일 년에 한 달만 불우이웃을 돕지 않을 때 그 행위를 옳지 않다고 말하기 어렵다. 윤리 원리는 예를 들어 "타인의 이익을 위한 행위가 옳은 행위이다", "다수를 위한 최대 행복이 옳은 행위이다" 등이다. 이 원리들의 다양한 사례가 규칙이다. 예를 들어, 몽고의 유목민은 이동할 때 거동할 수 없는 노인을 그대로 남기고 떠난다. 농경 사회에서는 수용할 수 없는 행위이지만 그 행위는 유목민의 윤리 규칙을 따른 것이다. 이 규칙은 타인의 이익을 도모하는 것이 옳은 행위라는 원리의 개별적인 사례이다. 이들 개념, 규칙, 원리에 상대하여 사실을 파악해야 한다.

3) 사실에 관한 쟁점(issues)이 무엇인지 확인한다

사실에 관한 쟁점을 확인하는 것은, 사실들 특별히 알려지지 않은 사실이 현재 직면한 사안에 어떻게 영향을 줄 수 있는지 고려하는 것이다. 과학, 경제, 법적인 문제 등 윤리적 딜레마를 해결하는 데 필요한 모든 사실을 포함한다. 윤리적 가치에 관련되고 이용이 가능한 모든 사실을 수집한다. 예를 들어, 챌린저호의 발사와 관련하여 오 링의 기계적 결함, 화상 회의의 내용, 엔지니어의 고민과 결정, 모턴 티콜사의 판단, 나사의 결정 등은 이용 가능한 모든 사실들이다.

4) 사실과 관련해서 그리고 윤리적인 맥락에서 핵심 개념을 정의하거나 적용할 때 발생하는 쟁점이 무엇인지 확인한다

챌린저호 사건에서 안전성은 핵심 개념이다. 첫째, 절대적인 의미에서 안전성 개념을 정의할 수 있다. 모든 조건에서 인명피해가 발생할 확률이 그렇지 않을 확률보다 크면 안전한 것으로 정의할 수 있다. 둘째, 상대적인 의미에서 안정성 개념을 정의할 수 있다. 인명피해가 발생할 확률이 기계가 고장 날 확률보다 적으면 안전하다고 정의할 수 있다. 핵심 개념을 적용할 때 발생할 쟁점의 예는 다음과 같다. 챌린저호의 사건에 절대적인 의미의 안전성 개념을 적용하는 것이 적절한지 아니면 상대적인 의미의 안전성 개념을 적용하는 것이 적절한지 물을 수 있다.

5) 알려지지 않았던 추가 사실들이 윤리적 판단을 도출하는 데 중요한 함축을 가질 수 있다

새롭게 추가된 사실이 있으면 이 사실을 수용하는 분석의 과정에서 1)~4)의 과정을 반복한다. 챌린저호의 사건에서 엔지니어 보이졸리와 경영진의 갈등은 오 링의 문제와 관련하여 새롭게 추가된 사실이다.

6) 새롭게 추가된 사실과 함께 관련된 다른 도덕 규칙, 원리, 개념을 파악한다

챌린저호 발사에서 오 링에 관한 사실과 생명을 최우선으로 생각해야 한다는 기준만으로 발사 결정을 비판할 수 있다. 그러나 엔지니어와 경영진의 갈등이란 새로운 사실은 다수의 이익을 극대화하는 새로운 윤리 원리와 연결된다.

7) 신뢰할 만한 근거를 가지고 관련 사안에 대해 설득력 있는 해결을 제시한다

윤리적 딜레마는 서로 다른 입장의 사람들이 합리적인 대화로 해결할 수 있다. 예를 들어 행위의 의미를 검토하고 대안이 될 행위를 생각해야 한다. 이런 생각은 사실에 관한 검토와 함께 이루어진다. 딜레마에 대한 동료들의 제안과 관점을 고려하여 윤리적으로 중요한 순위를 세운다. 순위를 세우는 것이 어려울 수 있다. 그런 경우에는 절대적인 책임이나 근본적인 원리를 충족하는 방법을 찾는다. 이처럼 윤리적인 고려에서 합리적인 판단을 찾을 수 있다.

6. 나가는 말

공학윤리의 개념적인 문제, 공학윤리의 필요성, 윤리적 판단의 어려움, 의사결정의 방법을 소개하였다. 궁극적으로 공학윤리의 의미와 중요성을 파악하기 위한 내용이다. 윤리학은 실천에 관한 학문이다. 의미와 중요성을 이해하여도 실행을 통한 학습이 없으면 올바른 윤리적 판단에 이르기는 쉽지 않다. 일반적으로 과학기술자들은 관련 분야의 전문지식에만 근거하여 판단을 내리는 데 친숙하다. 그들에게 윤리적 판단은 상당히 당혹스러운 일이 될 수 있다. 이런 어려움을 해결하는 하나의 방안은 공학 등 과학기술의 구체적인 상황을 가정하고 그 상황에서 필요한 윤리적인 판단을 연습하는 것이다. 과학기술자들은 이 점에 주목해야 할 것이다.

더 읽어볼 거리

Schinzinger, Roland and Martin, Mike W., *Introduction to Engineering Ethics*, McGraw–Hill Co., 2000.

Harris Jr., Charles E. Harris and et. al., *Engineering Ehtics*, Wadsworth, 2nd ed., 2000.

집필진 (가나다순)

강윤재
동국대학교 교양학부 교수

김근배
전북대학교 과학학과 교수

김명석
국민대학교 교양대학 교수

김명식
진주교육대학교 도덕교육과 교수

김성준
대한민국역사박물관 학예연구관

김용헌
한양대학교 철학과 교수

김준성
명지대학교 철학과 교수

김태용
한양대학교 철학과 교수

김태호
전북대학교 과학문명학연구소 교수

김호연
한양대학교 인문과학대학 교수

남영
한양대학교 창의융합교육원 교수

박민아
한양대학교 미래인문학인증센터 연구교수

박상욱
숭실대학교 행정학과 교수

손화철
한동대학교 글로벌리더십학부 교수

송상용
전 한양대학교 석좌교수

송성수
부산대학교 물리교육학과 교수

신중섭
강원대학교 국민윤리교육학과 교수

이상욱
한양대학교 철학과 교수

이영의
강원대학교 HK 교수

이은경
전북대학교 과학학과 교수

이채리
한양대학교 창의융합교육원 교수

임종태
서울대학교 화학과 교수

장대익
서울대학교 자유전공학부 교수

장하석
케임브리지대학교 과학사 및 과학철학과 한스 라우징 석좌교수

정혜경
한양대학교 창의융합교육원 교수

조은희
조선대학교 생물교육학과 교수

홍성욱
서울대학교 생명과학부 교수

과학기술의 철학적 이해 · 1 (제6판)

한양대학교 과학철학교육위원회 편

펴낸날 2017년 2월 20일 6판 1쇄 ● 2024년 2월 20일 6판 6쇄
펴낸이 이기정 ● **펴낸곳** 한양대학교출판부 ● **출판등록** 제4-7호(1972.2.29)
주소 서울 성동구 왕십리로 222 ● **전화** 02.2220.1432-4 ● **팩스** 02.2220.1435
홈페이지 press.hanyang.ac.kr ● **이메일** presshy@hanyang.ac.kr
디자인·편집 안광일 ● **인쇄** 네오프린텍

값 21,000 원

ISBN 978.89.7218.528.4 (93100)